中国石油科技进展丛书（2006—2015年）

超低渗透油气藏
地面工程建设运行技术

主　编：凌心强
副主编：杨开玖　姬　蕊　罗　凯

石油工业出版社

内 容 提 要

本书系统介绍了中国石油 2006—2015 年超低渗透油气藏地面工程建设运行技术进展，特别是“十二五”以来取得的重大技术进步，系统总结了超低渗透油气藏地面工程技术在超低渗透油气田开发建设中的重要作用。主要内容包括超低渗透油气藏地面油气集输、原油稳定及凝液回收、注水及水处理、工程建设、运行管理及 EPC 管理模式等。

本书适合从事地面工程的工程技术人员和管理人员阅读，也可作为高校相关专业师生的参考书。

图书在版编目（CIP）数据

超低渗透油气藏地面工程建设运行技术 / 凌心强主编. — 北京：石油工业出版社，2019. 6

（中国石油科技进展丛书. 2006—2015 年）

ISBN 978-7-5183-3382-0

Ⅰ. ①超… Ⅱ. ①凌… Ⅲ. ①低渗透油气藏-地面工程-工程技术 Ⅳ. ①P618. 130. 2

中国版本图书馆 CIP 数据核字（2019）第 109720 号

出版发行：石油工业出版社
（北京安定门外安华里 2 区 1 号　100011）
网　址：www. petropub. com
编辑部：（010）64210387　图书营销中心：（010）64523633

经　　销：全国新华书店

印　　刷：北京中石油彩色印刷有限责任公司

2019 年 6 月第 1 版　2019 年 6 月第 1 次印刷

787×1092 毫米　开本：1/16　印张：24. 25

字数：590 千字

定价：200. 00 元

（如发现印装质量问题，我社图书营销中心负责调换）

《中国石油科技进展丛书（2006—2015年）》

编　委　会

专　家　组

《超低渗透油气藏地面工程建设运行技术》

编 写 组

主　　编：凌心强

副 主 编：杨开玫　姬　蕊　罗　凯

编写人员：

薛　岗　张　磊　魏成道　罗　斌　潘新建　毛泾生

梁璇玑　郭　刚　邱　鹏　赵玉君　刘明堃　张　璞

任　哲　李国明　李耀峰　王晓峰

序

习近平总书记指出，创新是引领发展的第一动力，是建设现代化经济体系的战略支撑，要瞄准世界科技前沿，拓展实施国家重大科技项目，突出关键共性技术、前沿引领技术、现代工程技术、颠覆性技术创新，建立以企业为主体、市场为导向、产学研深度融合的技术创新体系，加快建设创新型国家。

中国石油认真学习贯彻习近平总书记关于科技创新的一系列重要论述，把创新作为高质量发展的第一驱动力，围绕建设世界一流综合性国际能源公司的战略目标，坚持国家“自主创新、重点跨越、支撑发展、引领未来”的科技工作指导方针，贯彻公司“业务主导、自主创新、强化激励、开放共享”的科技发展理念，全力实施“优势领域持续保持领先、赶超领域跨越式提升、储备领域占领技术制高点”的科技创新三大工程。

“十一五”以来，尤其是“十二五”期间，中国石油坚持“主营业务战略驱动、发展目标导向、顶层设计”的科技工作思路，以国家科技重大专项为龙头、公司重大科技专项为抓手，取得一大批标志性成果，一批新技术实现规模化应用，一批超前储备技术获重要进展，创新能力大幅提升。为了全面系统总结这一时期中国石油在国家和公司层面形成的重大科研创新成果，强化成果的传承、宣传和推广，我们组织编写了《中国石油科技进展丛书（2006—2015年）》（以下简称《丛书》）。

《丛书》是中国石油重大科技成果的集中展示。近些年来，世界能源市场特别是油气市场供需格局发生了深刻变革，企业间围绕资源、市场、技术的竞争日趋激烈。油气资源勘探开发领域不断向低渗透、深层、海洋、非常规扩展，炼油加工资源劣质化、多元化趋势明显，化工新材料、新产品需求持续增长。国际社会更加关注气候变化，各国对生态环境保护、节能减排等方面的监管日益严格，对能源生产和消费的绿色清洁要求不断提高。面对新形势新挑战，能源企业必须将科技创新作为发展战略支点，持续提升自主创新能力，加快构筑竞争新优势。“十一五”以来，中国石油突破了一批制约主营业务发展的关键技术，多项重要技术与产品填补空白，多项重大装备与软件满足国内外生产急需。截至2015年底，共获得国家科技奖励30项、获得授权专利17813项。《丛书》全面系统地梳理了中国石油“十一五”“十二五”期间各专业领域基础研究、技术开发、技术应用中取得的主要创新性成果，总结了中国石油科技创新的成功经验。

《丛书》是中国石油科技发展辉煌历史的高度凝练。中国石油的发展史，就是一部创业创新的历史。建国初期，我国石油工业基础十分薄弱，20世纪50年代以来，随着陆相生油理论和勘探技术的突破，成功发现和开发建设了大庆油田，使我国一举甩掉贫油的帽子；此后随着海相碳酸盐岩、岩性地层理论的创新发展和开发技术的进步，又陆续发现和建成了一批大中型油气田。在炼油化工方面，“五朵金花”炼化技术的开发成功打破了国外技术封锁，相继建成了一个又一个炼化企业，实现了炼化业务的不断发展壮大。重组改制后特别是“十二五”以来，我们将“创新”纳入公司总体发展战略，着力强化创新引领，这是中国石油在深入贯彻落实中央精神、系统总结“十二五”发展经验基础上、根据形势变化和公司发展需要作出的重要战略决策，意义重大而深远。《丛书》从石油地质、物探、测井、钻完井、采油、油气藏工程、提高采收率、地面工程、井下作业、油气储运、石油炼制、石油化工、安全环保、海外油气勘探开发和非常规油气勘探开发等15个方面，记述了中国石油艰难曲折的理论创新、科技进步、推广应用的历史。它的出版真实反映了一个时期中国石油科技工作者百折不挠、顽强拼搏、敢于创新的科学精神，弘扬了中国石油科技人员秉承“我为祖国献石油”的核心价值观和“三老四严”的工作作风。

《丛书》是广大科技工作者的交流平台。创新驱动的实质是人才驱动，人才是创新的第一资源。中国石油拥有21名院士、3万多名科研人员和1.6万名信息技术人员，星光璀璨，人文荟萃、成果斐然。这是我们宝贵的人才资源。我们始终致力于抓好人才培养、引进、使用三个关键环节，打造一支数量充足、结构合理、素质优良的创新型人才队伍。《丛书》的出版搭建了一个展示交流的有形化平台，丰富了中国石油科技知识共享体系，对于科技管理人员系统掌握科技发展情况，做出科学规划和决策具有重要参考价值。同时，便于科研工作者全面把握本领域技术进展现状，准确了解学科前沿技术，明确学科发展方向，更好地指导生产与科研工作，对于提高中国石油科技创新的整体水平，加强科技成果宣传和推广，也具有十分重要的意义。

掩卷沉思，深感创新艰难、良作难得。《丛书》的编写出版是一项规模宏大的科技创新历史编纂工程，参与编写的单位有60多家，参加编写的科技人员有1000多人，参加审稿的专家学者有200多人次。自编写工作启动以来，中国石油党组对这项浩大的出版工程始终非常重视和关注。我高兴地看到，两年来，在各编写单位的精心组织下，在广大科研人员的辛勤付出下，《丛书》得以高质量出版。在此，我真诚地感谢所有参与《丛书》组织、研究、编写、出版工作的广大科技工作者和参编人员，真切地希望这套《丛书》能成为广大科技管理人员和科研工作者的案头必备图书，为中国石油整体科技创新水平的提升发挥应有的作用。我们要以习近平新时代中国特色社会主义思想为指引，认真贯彻落实党中央、国务院的决策部署，坚定信心、改革攻坚，以奋发有为的精神状态、卓有成效的创新成果，不断开创中国石油稳健发展新局面，高质量建设世界一流综合性国际能源公司，为国家推动能源革命和全面建成小康社会作出新贡献。

王宜林

2018年12月

丛书前言

石油工业的发展史，就是一部科技创新史。“十一五”以来尤其是“十二五”期间，中国石油进一步加大理论创新和各类新技术、新材料的研发与应用，科技贡献率进一步提高，引领和推动了可持续跨越发展。

十余年来，中国石油以国家科技发展规划为统领，坚持国家“自主创新、重点跨越、支撑发展、引领未来”的科技工作指导方针，贯彻公司“主营业务战略驱动、发展目标导向、顶层设计”的科技工作思路，实施“优势领域持续保持领先、赶超领域跨越式提升、储备领域占领技术制高点”科技创新三大工程；以国家重大专项为龙头，以公司重大科技专项为核心，以重大现场试验为抓手，按照“超前储备、技术攻关、试验配套与推广”三个层次，紧紧围绕建设世界一流综合性国际能源公司目标，组织开展了50个重大科技项目，取得一批重大成果和重要突破。

形成40项标志性成果。（1）勘探开发领域：创新发展了深层古老碳酸盐岩、冲断带深层天然气、高原咸化湖盆等地质理论与勘探配套技术，特高含水油田提高采收率技术，低渗透/特低渗透油气田勘探开发理论与配套技术，稠油/超稠油蒸汽驱开采等核心技术，全球资源评价、被动裂谷盆地石油地质理论及勘探、大型碳酸盐岩油气田开发等核心技术。（2）炼油化工领域：创新发展了清洁汽柴油生产、劣质重油加工和环烷基稠油深加工、炼化主体系列催化剂、高附加值聚烯烃和橡胶新产品等技术，千万吨级炼厂、百万吨级乙烯、大氮肥等成套技术。（3）油气储运领域：研发了高钢级大口径天然气管道建设和管网集中调控运行技术、大功率电驱和燃驱压缩机组等16大类国产化管道装备，大型天然气液化工艺和20万立方米低温储罐建设技术。（4）工程技术与装备领域：研发了G3i大型地震仪等核心装备，“两宽一高”地震勘探技术，快速与成像测井装备、大型复杂储层测井处理解释一体化软件等，8000米超深井钻机及9000米四单根立柱钻机等重大装备。（5）安全环保与节能节水领域：

研发了 CO_2 驱油与埋存、钻井液不落地、炼化能量系统优化、烟气脱硫脱硝、挥发性有机物综合管控等核心技术。（6）非常规油气与新能源领域：创新发展了致密油气成藏地质理论，致密气田规模效益开发模式，中低煤阶煤层气勘探理论和开采技术，页岩气勘探开发关键工艺与工具等。

取得 15 项重要进展。（1）上游领域：连续型油气聚集理论和含油气盆地全过程模拟技术创新发展，非常规资源评价与有效动用配套技术初步成型，纳米智能驱油二氧化硅载体制备方法研发形成，稠油火驱技术攻关和试验获得重大突破，井下油水分离同井注采技术系统可靠性、稳定性进一步提高；（2）下游领域：自主研发的新一代炼化催化材料及绿色制备技术、苯甲醇烷基化和甲醇制烯烃芳烃等碳一化工新技术等。

这些创新成果，有力支撑了中国石油的生产经营和各项业务快速发展。为了全面系统反映中国石油 2006—2015 年科技发展和创新成果，总结成功经验，提高整体水平，加强科技成果宣传推广、传承和传播，中国石油决定组织编写《中国石油科技进展丛书（2006—2015 年）》（以下简称《丛书》）。

《丛书》编写工作在编委会统一组织下实施。中国石油集团董事长王宜林担任编委会主任。参与编写的单位有 60 多家，参加编写的科技人员 1000 多人，参加审稿的专家学者 200 多人次。《丛书》各分册编写由相关行政单位牵头，集合学术带头人、知名专家和有学术影响的技术人员组成编写团队。《丛书》编写始终坚持：一是突出站位高度，从石油工业战略发展出发，体现中国石油的最新成果；二是突出组织领导，各单位高度重视，每个分册成立编写组，确保组织架构落实有效；三是突出编写水平，集中一大批高水平专家，基本代表各个专业领域的最高水平；四是突出《丛书》质量，各分册完成初稿后，由编写单位和科技管理部共同推荐审稿专家对稿件审查把关，确保书稿质量。

《丛书》全面系统反映中国石油 2006—2015 年取得的标志性重大科技创新成果，重点突出“十二五”，兼顾“十一五”，以科技计划为基础，以重大研究项目和攻关项目为重点内容。丛书各分册既有重点成果，又形成相对完整的知识体系，具有以下显著特点：一是继承性。《丛书》是《中国石油“十五”科技进展丛书》的延续和发展，凸显中国石油一以贯之的科技发展脉络。二是完整性。《丛书》涵盖中国石油所有科技领域进展，全面反映科技创新成果。三是标志性。《丛书》在综合记述各领域科技发展成果基础上，突出中国石油领先、高端、前沿的标志性重大科技成果，是核心竞争力的集中展示。四是创新性。《丛书》全面梳理中国石油自主创新科技成果，总结成功经验，有助于提高科技创新整体水平。五是前瞻性。《丛书》设置专门章节对世界石油科技中长期发展做出基本预测，有助于石油工业管理者和科技工作者全面了解产业前沿、把握发展机遇。

《丛书》将中国石油技术体系按 15 个领域进行成果梳理、凝练提升、系统总结，以领域进展和重点专著两个层次的组合模式组织出版，形成专有技术集成和知识共享体系。其中，领域进展图书，综述各领域的科技进展与展望，对技术领域进行全覆盖，包括石油地质、物探、测井、钻完井、采油、油气藏工程、提高采收率、地面工程、井下作业、油气储运、石油炼制、石油化工、安全环保节能、海外油气勘探开发和非常规油气勘探开发等 15 个领域。31 部重点专著图书反映了各领域的重大标志性成果，突出专业深度和学术水平。

《丛书》的组织编写和出版工作任务量浩大，自 2016 年启动以来，得到了中国石油天然气集团公司党组的高度重视。王宜林董事长对《丛书》出版做了重要批示。在两年多的时间里，编委会组织各分册编写人员，在科研和生产任务十分紧张的情况下，高质量高标准完成了《丛书》的编写工作。在集团公司科技管理部的统一安排下，各分册编写组在完成分册稿件的编写后，进行了多轮次的内部和外部专家审稿，最终达到出版要求。石油工业出版社组织一流的编辑出版力量，将《丛书》打造成精品图书。值此《丛书》出版之际，对所有参与这项工作的院士、专家、科研人员、科技管理人员及出版工作者的辛勤工作表示衷心感谢。

人类总是在不断地创新、总结和进步。这套丛书是对中国石油 2006—2015 年主要科技创新活动的集中总结和凝练。也由于时间、人力和能力等方面原因，还有许多进展和成果不可能充分全面地吸收到《丛书》中来。我们期盼有更多的科技创新成果不断地出版发行，期望《丛书》对石油行业的同行们起到借鉴学习作用，希望广大科技工作者多提宝贵意见，使中国石油今后的科技创新工作得到更好的总结提升。

2018 年 12 月

前言

低渗透油气藏是指渗透率低、丰度低、单井产量低的油气藏。在石油行业，人们通常把渗透率低于 50mD 称为低渗透，把渗透率低于 10mD 称为特低渗透，而把渗透率低于 1mD 称为超低渗透。已探明的油气储量中，低渗透油气储量占 2/3，特别是近年来超低渗透油气占比持续增大。中国未来油气产量稳产增产将更多地依靠超低渗透油气。

油气藏地面工程是油气田开发系统中的一项主体工程，与油气藏工程、钻采工程等密切相关，为油气藏的动态分析和调整开采方案提供科学依据。

长庆油田超低渗透油气藏主要分布在鄂尔多斯盆地中北部的黄土高原地区和毛乌素沙漠地区。黄土高原地表沟壑纵横、梁峁交错，地面雨水冲刷导致水土流失严重。毛乌素沙漠地区干旱少雨，生态脆弱，人为破坏严重，流沙比重大。这种复杂的建设环境给油气田地面工程设计和数字化管理造成极大困扰。长庆油田属于典型的低渗透、超低渗透油气藏，单井产量低，递减速度快，稳产能力差，单位产能建井数多，造成地面工程投资压力大。

但是，超低渗透油气藏是长庆油田目前和未来建设的主站场，其开发难度和开发力度均是前所未有。超低渗透油气藏整体开发思路是以“提高单井产量，降低投资成本”为两条主线，针对超低渗透油气藏的实际，突出整体性和规模性，切实做到勘探开发一体化，采用新技术、新模式、新机制，实现超低渗透油气藏的低成本、高质量开发。

油气田地面工程包括油气集输与处理、注水、采出水处理、给排水及消防、供配电、道路、通信与自控、供热、矿建、生产维护等内容，是一个复杂而庞大的系统工程，其隶属于油气田开发工程，服务于油气田生产运行。地面工程建设的优劣，很大程度上决定油气田的整体开发效益和水平。根据超低渗油气藏的自身特点，对地面工艺及配套技术进行有针对性地研究，形成先进配套的地面工程建设运行技术对超低渗透油气藏的低成本开发、大规模建设、大油田管理是非常必要的。

本书是产、学、研、用相结合的结晶，集中反映了2006—2015年长庆油田在超低渗透油气藏地面工程方面所取得的优秀成果，书中所述的理念、模式、创新应用与解决方案，为油气藏地面工程建设提供了新思路，有利于超低渗透油气藏建设水平的全面提高。

本书由长庆油田分公司凌心强主编，其中第一章由杨开玖、罗凯编写，第二章由姬蕊、郭刚、潘新建、毛泾生、梁璇玑编写，第三章由张磊、薛岗、张璞、刘明堃、邱鹏、潘新建、梁璇玑、赵玉君编写，第四章由罗斌编写，第五章由魏成道、李国明、任哲编写，第六章由魏成道、李耀锋、王晓峰编写，第七章由杨开玖编写。凌心强负责全书的统稿和定稿，并参与了各章节材料的收集和整理工作。林罡和夏政对全书进行了审阅。

本书在编写和定稿过程中得到了沈平平、王遇冬、汤林、张效羽、班兴安、胡玉涛、张维智、苗新康、崔新村、王春燕等专家的悉心指导，在此一并表示感谢。限于笔者水平，书中不足之处在所难免，敬请读者批评指正。

目录

第一章　绪　论

鄂尔多斯盆地作为中国石油勘探最早的盆地之一，其勘探工作走过了百年的发展历程，经历了盆地周边找油、侏罗系古地貌油藏勘探以及三叠系延长组大型岩性油藏综合勘探等阶段，盆地内蕴含有丰富的超低渗透油气资源。超低渗透油气藏和常规的特低渗透油气藏相比，单井产量更低、开发难度更大，属于经济开发下限的边际油气藏，属于非常规油气藏。目前，从世界石油发展趋势看，大规模开发建设超低渗透油气藏是长庆油田实现跨越式发展的必然选择，对保障中国石油供给意义重大，如何实现超低渗透油气藏经济有效开发是油气藏地面建设工程必须解决的关键问题。

长庆油田在开发建设实践中，通过优化简化、集成创新形成了“标准化设计、模块化建设、数字化管理、市场化运作”的建设管理新模式，适应了超低渗透油气藏“大规模建设、大油田管理”的需要。

第一节　超低渗透油气藏基本概念

一、中国对低渗透油气藏的一般划分

严格来讲，低渗透是针对储层物性特征的概念，一般是指渗透性能较低的储层，国外一般将低渗透储层称为致密性储层。

低渗透油气藏是一个相对的概念，不同国家和地区对其并无统一固定的划分标准和界限，通常根据储层性质和油田开发技术经济指标进行划分。随着技术的进步，中国石油界对低渗透标准的界限不断下移，从100mD、50mD逐步下降到20mD、10mD、5mD、1mD、0.5mD、0.3mD（天然气0.1mD）。这个演化过程充分反映出油气田开发中对低渗透不断深入认识的过程，也反映出技术创新进步的发展过程。

通常的划分标准是根据中国生产实践和理论研究，把油层平均渗透率为0.1~50mD的油藏统称为低渗透油藏，并根据实际生产特征，依据基质岩块渗透率把低渗透油藏进一步细分为三类。

（1）一般低渗透油藏，油层平均渗透率为10~50mD。这类油层接近正常油层，油井初产能够达到工业油流标准，但产量较低，需采取压裂措施提高生产能力，才能取得较好的开发效果和经济效益。

（2）特低渗透油藏，油层平均渗透率为1~10mD。这类油层与正常油层差别比较明显，一般束缚水饱和度较高，测井电阻率较低，正常测试达不到工业油流标准，必须采取一定规模的压裂改造和其他相应措施，才能有效地投入工业开发，例如长庆安塞油田、大庆榆树林油田、吉林新民油田等。

（3）超低渗透油藏，其油层平均渗透率为0.1~1mD（通常也称为非常规油藏）。这类油层非常致密，束缚水饱和度很高，油井基本没有自然产能，在现有技术经济条件下一般

不具备工业开发价值。但如果其他方面条件有利，如油层较厚、埋藏较浅、原油性质比较好等，采取有效提高油井单井产量的技术政策和低成本的开发建设措施，也可以进行工业开发，并取得一定的经济效益，如延长川口油田和长庆合水、华庆等油田。

GB/T 26979—2011《天然气藏分类》将储层有效渗透率为0.1~5mD的气藏划分为低渗透气藏，储层有效渗透率不大于0.1mD的气藏划分为致密气藏（表1-1）。

表1-1　气藏分类表

类别	致密气藏	低渗透气藏	中渗透气藏	高渗透气藏
有效渗透率，mD	≤0.1	0.1~5	5~50	>50
孔隙度，%	≤5	5~10	10~20	>20

二、长庆油田对超低渗透油气藏的划分

长庆油田依据有效孔隙度、主流喉道半径、可动流体饱和度、启动压力梯度等参数，通过构造四元分类系数，建立了超低渗透油藏综合评价模型，将超低渗透油藏进一步划分为三大类（表1-2）。

（1）超低渗透Ⅰ类油藏：相对应渗透率0.5~1.0mD，平均千米采油量不小于1.0t/d。此类油藏“十五”期间已基本实现了有效开发，如长庆西峰、姬塬等油田。

（2）超低渗透Ⅱ类油藏：相对应渗透率0.3~0.7mD，平均千米采油量0.8~1.0t/d。此类为目前超低渗透油藏攻关的主要目标，目前已具备了有效开发的条件。

（3）超低渗透Ⅲ类油藏：相对应渗透率小于0.3mD，平均千米采油量小于0.8t/d，仍需攻关研究。

表1-2　长庆油田超低渗透油藏分类标准

分类	有效孔隙度 %	可动流体饱和度 %	主流喉道半径 μm	启动压力梯度 MPa/m	四元分类系数	相对应渗透率 mD	千米采油量 t/d
超低渗透Ⅰ	6.7~8.0	53~65	1.2~2.5	0.05~0.3	1.5~3.5	0.5~1.0	≥1.0
超低渗透Ⅱ	5.5~8.0	45~55	0.8~1.2	0.3~0.5	0~1.5	0.3~0.7	0.8~1.0
超低渗透Ⅲ	2.7~5.5	35~47	0.25~0.8	0.5~2	-3.5~0	<0.3	<0.8

鄂尔多斯盆地的气田主要分为三类：以靖边气田为代表的下古生界碳酸盐岩型低渗透气田；以榆林气田（包括长北区和榆林南区）为代表的渗透性相对较好的上古生界低渗透砂岩岩性气田；还有以苏里格气田为代表的上古生界低渗透砂岩岩性气田，这类气田广泛分布于鄂尔多斯盆地。

第二节　超低渗透油气藏主要特征

一、油藏主要特征

鄂尔多斯盆地超低渗透油藏主要分布在盆地中南部地区，常规的低渗透与非常规特低渗透油藏相间分布。

超低渗透储层以三角洲前缘相沉积为主，主要发育水下分流河道、河口坝微相，多期砂体相互叠置，大面积连片分布，含油范围大，油层分布稳定，储量规模较大。随着勘探开发的不断深入，在安塞油田、靖安油田、西峰油田、姬塬油田被发现之后，华庆油田等储量超亿吨的超低渗透油田相继被发现，形成了良好的资源接替。根据储量评价，截至2016年底超低渗透油藏三级储量约占鄂尔多斯盆地三级储量的50%，预测超低渗透油藏的潜在资源量约占总潜在资源量的80%。

1. 埋藏深

构成鄂尔多斯盆地中生界主体的伊陕斜坡属典型的西倾单斜构造，是油气聚集的重要场所。位于盆地中、西部的超低渗透油藏，平均井深达2200m，盆地西部的GY油田三叠系延长组长8超低渗透储层的平均井深达2800m。

2. 层系复杂

鄂尔多斯盆地主要发育4套含油（气）层系：侏罗系含油层系、三叠系含油层系、上古生界含气层系、下古生界含气层系。每套层系由多个含油（气）层组构成，其中侏罗系有13个油层组、三叠系有10个油层组。超低渗透油藏的主力开发层位为三叠系下部油层组，目前以长4+5、长6、长8油层为主要开发对象，并兼顾长9、长10油层，开发的层位普遍深于以往开发的层位。

3. 储层物性差

（1）超低渗透储层非常致密，以细砂岩为主，细砂组分平均比特低渗透储层高13%左右，粒度中值只有特低渗透储层的84%左右，胶结物含量比特低渗透储层高出2%，面孔率仅为特低渗透储层的57%，中值压力是特低渗透储层的3倍。与特低渗透储层相比，孔隙差别不大，但喉道半径分布差异较大，超低渗透储层以微细喉道为主，喉道半径小于1.0μm。

（2）储层胶结物成分主要以酸敏矿物绿泥石、浊沸石、方解石为主，水敏矿物较少，利于水驱开发。

（3）储层渗透率一般小于1.0mD，非达西渗流特征明显，压敏效应强，随渗透率的降低启动压力梯度和压力敏感系数快速上升。超前注水是超低渗透油藏开发有效的技术手段，通过超前注水及时补充地层能量，建立较高的有效压力驱替系统，油井初产高，稳产期长，有利于提高最终采收率。

（4）地层原油性质较好，含蜡量较低，黏度低、凝固点低，易于流动，伴生气含量丰富。这一点也是鄂尔多斯盆地超低渗透油藏能够实现经济有效动用的重要因素（图1-1）。

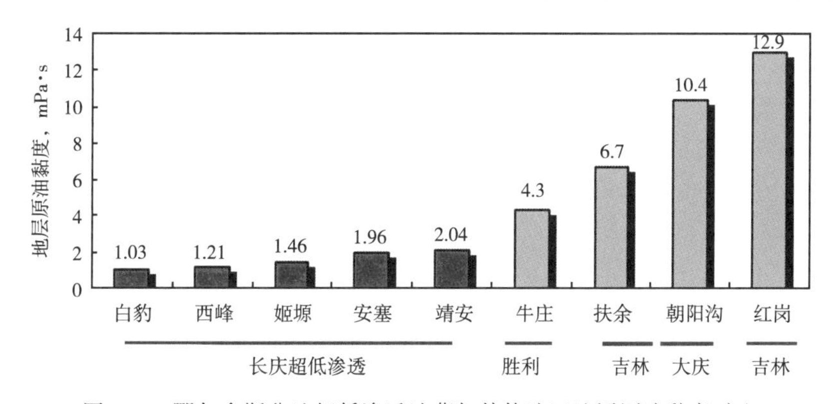

图1-1 鄂尔多斯盆地超低渗透油藏与其他油田地层原油黏度对比

4. 开采难度较大

（1）油井的生产能力较低，平均配产 2t/d 左右，较目前常规产能开发区块（平均配产 4~5t/d）大幅度降低。多井低产是超低渗透油藏无法回避的现实问题。

（2）超低渗透油藏平均递减规律如图 1-2 所示，初期递减率虽大，但后期递减率小，仅为 5%~8%，与其他油藏对比，具有较长的稳产期，累计产油量高，投资回报周期长，综合效益较好。

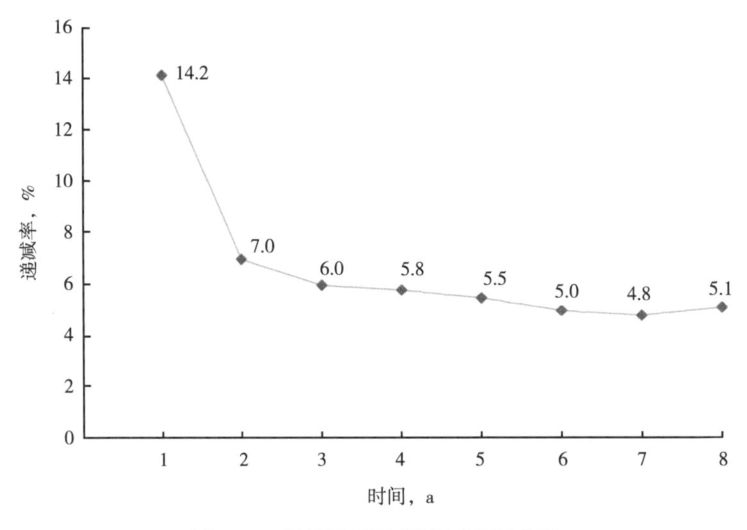

图 1-2 超低渗透油藏递减预测曲线

（3）油井生产初期含水率较低，一般为 15%~20%，甚至不含水，且含水率上升较为缓慢，总体采出液量基本保持稳定。由于采用超前注水开发方式，个别油井初期含水量与以往相比有所上升，但通常不超过 30%。

（4）超低渗透油藏单井注水量小，但注水系统压力普遍较高。如华庆油田设计最大注水压力长 6 层为 20.8MPa、长 8 层为 24MPa。

二、气藏主要特征

鄂尔多斯盆地地处陕西省、内蒙古自治区、宁夏回族自治区三省区，主力开发区位于陕西省和内蒙古自治区境内，北起内蒙古自治区伊金霍洛旗，南抵陕西省安塞区，东至陕西省佳县，西达内蒙古自治区鄂托克前旗。涉及的行政区有：陕西省榆林市、横山区、靖边县、佳县、米脂县、子洲县、定边县、志丹县、安塞区、神木市，以及内蒙古自治区乌审旗、鄂托克前旗、鄂托克旗等。

已探明的 10 个气田中 8 个气田分布在伊陕斜坡构造单元的中部和中东部，盆地各构造单元天然气勘探程度差异较大，除了伊陕斜坡外，其余构造单元勘探程度较低。根据资源量分布盆地天然气勘探现实展开区主要集中在盆地西部的苏里格地区、盆地东部的神木—米脂以及靖边气田西侧、盆地南部的陇东地区，其中苏里格地区、神木—米脂、陇东地区主力勘探层系石河子组盒 8 段，山西组山 1 段、山 2 段及太原组，储层砂岩厚度大，一般为 10~30m，岩石类型以石英砂岩、岩屑石英砂岩为主，孔隙度主要为 5.67%~9.77%，平均为 7.9%，渗透率为 0.52~44.03mD，储层物性较好；靖边气田西侧以下古生界碳酸盐岩储层为主，储层物性和含气性较好。长庆气田所在地和主要工作区域在鄂尔多斯盆地及周缘的断褶盆地和沉降区块。鄂尔多斯盆地由于总体的稳定沉降特征和广泛发育的海陆相沉积体系，构成大面积低渗透的岩性圈闭，成为油气富聚的主要区域；盆地天然气资源具有储层类型多、分布面积广、资源潜力雄厚、储量规模大等特点。

鄂尔多斯盆地气田开发的下古生界奥陶系海相碳酸盐岩气藏主要为靖边气田。下古生界主要为碳酸盐岩气藏，多分布于盆地中部，产层为奥陶系顶部风化壳孔洞型碳酸盐岩，系一套地台型的碳酸岩沉积，经历古岩溶作用后，以白云岩为主的含气储层，埋深3100~3700m，主力气层马五1厚20~25m，物性变化大，平均孔隙度6.4%，渗透率0.39mD，气源岩为石炭—二叠系煤系烃源岩和下古生界碳酸盐岩，具有混合气的特征。

鄂尔多斯盆地气田开发的上古生界陆相砂岩气藏主要有榆林气田、苏里格气田、子洲—米脂气田。上古生界主要为大型砂岩岩性气藏，分布广泛，主要产层为石炭—二叠系石盒子组和山西组砂岩，系一套海陆交互沉积岩体系，储层既有碎屑岩，又有碳酸盐岩，埋深2800~3800m，孔隙度4%~10%，渗透率0.1~3mD。

1. 下古生界奥陶系海相碳酸盐岩气层

1）储层特征

气层孔隙度介于2.53%~15.20%，主要分布在4%~8%，平均6.2%；渗透率介于0.0126~1036mD，主要分布在0.15~10mD，平均2.63mD，储层物性表现出较强的非均质性。

2）流体性质

气藏天然气组分和物理性质稳定。天然气相对密度为0.59~0.63，甲烷（CH_4）含量为93.23%~94.89%，平均93.89%；乙烷（C_2H_6）含量为0.17%~0.78%，平均0.62%；硫化氢（H_2S）含量（马五1+2）为149.2 ~3416.10mg/m^3，平均691.10mg/m^3；二氧化碳（CO_2）含量为2.42%~5.90%，平均5.14%；酸性气体的总体分布趋势为北高南低、西高东低。天然气的临界压力为4.70~4.78MPa，平均4.76MPa；临界温度为191.8~194.4K。

3）温度与压力场

气藏气层温度分布范围为99.6~113.5℃，平均105.1℃。原始地层压力为30.99~31.92MPa，平均为31.425MPa，属正常压力系统。

4）驱动类型

属岩性复合圈闭的弹性驱动层状低孔隙度、低丰度、无边水底水、深层大型定容气藏。

2. 上古生界陆相砂岩气藏

1）储层特征

榆林气田的主力含气层系为上古生界山2段气藏，山2段砂岩体总体为河流控制的三角洲，单砂体在平面上沿近南北呈条带状分布，砂体侧向上互相叠置，形成大面积的连续砂体，储层平均孔隙度为6.7%，平均渗透率为4.85mD。

苏里格气田的主要含气层为上古生界二叠系盒8段和山1段，盒8段和山1段为辫状河沉积，河道砂体发育，沿南北向呈长条带状分布，储层平均孔隙度为8.95%，平均渗透率为0.73mD。

2）流体性质

榆林气田气体组分以CH_4为主，体积分数平均为94%，非烃类气体N_2、CO_2、H_2S含量低，平均为2.09%。其中H_2S平均含量为5.3mg/m^3，属于微含硫级别；CO_2含量为1.7%。临界压力为4.74MPa，临界温度为195.2K，相对密度为0.57。

苏里格气田纵向含气层段多，天然气中不含H_2S，微含CO_2，部分区块含凝析油，不同层位的天然气具有相同的特点。CH_4含量高，平均为92.5%，C_2H_6平均含量为4.525%，CO_2平均含量为0.779%，相对密度为0.6037，凝析油含量低，介于2.15~4.93g/m^3。

3）温度与压力场

山2段气藏埋深为2730~2800m，地层温度分布范围为75.8~97.8℃，原始地层压力为27.019~31.92MPa，平均为27.475MPa，属正常压力系统。

盒8段气藏和山1段气藏埋深为3000~3800m，地层温度分布范围为100~115℃，原始地层压力为25.32~32.01MPa，属正常压力系统。

4）驱动类型

盒8段气藏、山2段气藏、山1段气藏属岩性圈闭气藏，储层分布受砂体展布和砂体物性控制，无边水、底水，属定容弹性驱动气藏。

第三节　超低渗透油气藏地面工程建设面临的问题及总体思路

超低渗透油气藏开发思路是以“提高单井产量，降低投资成本”为主线，针对超低渗透油气藏的实际，重点突出如何降低地面建设和生产管理的成本，采用新技术、新模式、新机制，适应超低渗透油气藏低成本开发、大规模建设、大油田管理的需要，这也是本书重点叙述的问题。

一、面临的问题

优化选择适应超低渗透油气藏开发特点的地面工艺模式，是保证地面工程建设的关键。综合分析，超低渗透油气藏地面工程建设面临的难点如下：

（1）低产量使得传统不加热集输工艺难度增大、运行能耗增大。

不加热集输是地面最简化、投资最省的工艺流程，是长庆油田特低渗透油藏的主要集油方式。超低渗透油藏由于产量低、含水率低，使用不加热、不保温集油管线运行难度很大。主要表现在井口回压高、停输后易凝管，同时高回压也导致伴生气无法直接进入油管，回收利用难度增大。

超低渗透油藏单位产能的井数和相应油区面积必然导致建站点多、线长，建设成本高，与油井小产量、注水井小配注量很不适应。同时长距离的集输、集油与注水必然导致系统的能耗增大。

（2）“三低”气藏特征使得地面工艺确定难度大，投资控制难度大。

鄂尔多斯盆地气田是非均质性极强的低渗透气藏，储层之间连通性极差，地质情况复杂，非均质性强，有效储层难以预测，具有低渗透、低压、低丰度的“三低”特点。单井产量低，递减速度快，稳产能力差，气井寿命期短，气田单位产能建井数增多，地面投资压力大。初期井口压力高，后期处于低压生产状态，地面工艺既要考虑如何充分利用初期压力，又要适应后期低压生产的现实问题，确定难度大。

鄂尔多斯盆地气田地质条件异常复杂，主要体现在储层类型多、分布面积广、流体性质差异大、压力场多变，单一的地面工艺难以满足气田开发的需要。

（3）储层的隐蔽性对地面系统布局影响很大。

地下的油藏特征、油藏分布和开发方式，直接制约后续地面工程的建设规模和系统布局。超低渗透油藏开发是一个对地下储层逐渐认识的过程，也是对地面工程系统不断优化的过程。由于储层隐蔽性强，对地面系统具有很大的不确定性，变化大、调整多、难决策，往往出现站场负荷率偏低和站场偏离区块中心的问题。

（4）污水处理及回注难度大。

超低渗透油藏非常致密，对注入水和污水回注的水质要求更高；另外，污水矿化度高，一般为40000~80000mg/L，且富含硫酸根、钙、钡、锶等离子，对工艺设备、管、阀等易造成结垢及腐蚀，缩短了整个的使用寿命，影响了后续的生产运行。

（5）复杂的地面建设环境对设计的要求很高。

超低渗透油藏地处鄂尔多斯盆地中部的黄土高原区。地表沟壑纵横、梁峁交错，流水侵蚀剥离强盛，水土流失严重，滑坡、崩塌、冲沟和强湿陷性等不良地表现象分布广泛；地下水资源非常匮乏，给地面工程建设带来极大难度（图1-3）。地广人稀，社会资源的依托条件较差，很难满足油田大规模建设的需求。此外，复杂的外部关系给生产管理和油区综合治理等方面带来很大困难。

图1-3　鄂尔多斯盆地典型地形地貌图

二、总体思路

超低渗透油气藏地面工程建设的总体思路是“标准化设计、模块化建设、数字化管理、市场化运作”，这是地面工程建设与管理的精髓。“标准化设计、模块化建设”是优质、高效、安全、超前的建设理念，“数字化管理、市场化运作”是大油田管理的新思路。

标准化设计的基本思路是将“统一、规范、定型、优化”的标准化理念应用于地面工程设计中，通过统一的标准化设计文件，从设计源头把各专业、部件、环节间的相互技术关系统一起来，实现各方面的合理连接、配合与协调，使地面工程建设具有简单化、系列化、通用化的特点，适应超低渗透油气藏的规模化建设。

模块化建设是以标准化设计文件为基础，将设备、管阀配件等部件在厂内模块化预制，然后现场把预制好各模块在场站组合装配。这样既提高了建设速度，又保证了质量。

数字化管理是将井、站场所有的设备与装置，进行数字化改造处理，使所有的设备达到远程控制、数据自动采集处理、井站无人值守的目的。

市场化运作是将地面工程建设的所有内容，都纳入市场化公开招标中，这样运作可以进一步降低建设成本。

1. 标准化设计

标准化设计就是根据地面设施的功能和流程，设计一套通用、标准、相对稳定、适用的地面建设很强的指导性文件。主要内容可概括为以下几个方面：

（1）工艺流程通用化。通过优化工艺流程，统一建设规模和工艺过程，使井场、联合站或集气站的工艺流程和设备选型基本一致，为井场、联合站或集气站的标准化设计奠定基础。

（2）井站平面标准化。通过对井场和联合站或集气站的功能研究，在尽量减少占地和满足功能需要的基础上，对其布局进行统一规划，使每座井场和联合站或集气站的工艺装置区大小、位置统一，达到标准化设计的目的。

（3）工艺设备定型化。对井场和联合站或集气站的设备、管阀配件统一标准、统一外形尺寸、统一技术参数；同时保证质量安全可靠、运行安全、造价低廉，为规模化采购提供依据。

（4）设备材料国产化。把材料国产化作为降低成本的重点突破口之一。

（5）安装、预配模块化。把每个功能分区做成独立的、标准的小型模块，各模块之间由管网连接在一起，既相互独立又相互联系，有利于设计图纸的模块组合，也给施工预制化奠定基础。

（6）建设标准统一化。对公用配套、站场标识、安全设计、环保措施等统一建设标准，既反映企业整体形象又节约投资、讲求实效，达到企业与周围环境的和谐统一。

2. 模块化建设

模块化建设是以场站的标准化设计文件为基础，以功能区模块为生产单元，在工厂内完成模块预制，最后将预制模块、设备在建设现场进行组合装配。模块化建设的主要目的是改善施工作业环境，提高建设质量和速度，利于均衡组织站场施工生产。达到“两适应”“两提高”“两降低”“三有利”的效果。“两适应”即适应大规模建产的需要、适应滚动开发的需要；“两提高”即提高生产效率和提高建设质量；“两降低”即降低安全风险和综合成本；“三有利”即有利于均衡组织生产、有利于坚持以人为本、有利于 EPC 管理模式的推广。

3. 数字化管理

数字化管理是在标准化设计和模块化建设的基础上，将现场使用的智能化抽油机、自动化注水橇、数字化增压橇、井场集气、天然气阀组、集气橇等设备采用计算机软件远程控制与数据自动采集处理，达到井站无人值守、减员增效、降低操作成本的目的。

4. 市场化运作

市场化运作是将所有的工程项目与设备器材购置都纳入规范的市场进行招标运作。市场化运作使社会资源达到最佳配置，收到质量好、投资少的效果。

第二章　超低渗透油藏地面工艺

超低渗透油藏是长庆油田目前和未来建设的主战场。在鄂尔多斯盆地石油开发建设中，其开发难度和开发力度均是前所未有。超低渗透油藏整体开发思路是以“提高单井产量，降低投资成本”为两条主线，针对超低渗透油藏的实际，突出整体性和规模性，切实做到勘探开发一体化，采用新技术、新模式、新机制，实现超低渗透油藏的低成本、高质量开发。

油田地面工程建设包括油气集输、采出水处理及回注、给排水、消防、供配电、道路、通信与自控、供热、矿建、生产维护等内容，是一个复杂而庞大的系统工程。其隶属于油气田开发工程，服务于油田生产运行，因此地面工程建设的优劣，很大程度上决定油田的整体开发效益和水平。针对超低渗透油藏的自身特点，进行有针对性的地面工艺及配套技术研究，适应超低渗透油藏低成本开发、大规模建设、大油田管理的需要是地面工程必须要解决的关键问题。本章从地面建设概况、油气集输工艺、原油稳定与凝液回收工艺、采出水处理工艺、供注水工艺等全面阐述。

需要说明的是，本章及后续有关章节叙述的油气集输一般是指油田内部，将油、气井采出的油气汇集、处理和输送的全过程。

第一节　超低渗透油藏地面建设概况

长庆油田通过系统归纳和总结创新三十多年来的地面建设经验，结合油藏开发、地面工程设计与建设、运行管理等实际特点，不断优化地面工艺，研究总结制订了合理的油气集输、采出水处理及回注等配套技术方案，形成了一套适用于超低渗透的低产油田地面工艺，先后创立了“马岭”“安塞”“靖安”“西峰”“姬塬”等地面建设模式，有效地控制了地面建设投资，确保了长庆超低渗透油田的成功开发，提高了油田开发建设管理的水平，适应了油田大规模上产和滚动开发的需要，达到了“提高生产效率、提高建设质量、降低安全风险、降低综合成本”的目的，为实现长庆油田标准化设计、模块化建设提供了有力保证。

自 2008 年以来，长庆油田进行了大规模产能建设，地面工程的优质快速建成，保证了长庆油田“三低”油气田的高效开发，2008—2015 年油气当量以年均 500×10^4t 以上速度递增，2013 年油气当量 5195×10^4t，2014 年油气当量 5545×10^4t，2015 年油气当量 5650×10^4t，全面实现了“西部大庆”的建设目标，地面工程在工艺模式创新、标准化设计、数字化建设、一体化装置研发应用、安全环保、系统配套等方面成果显著（图 2-1）。

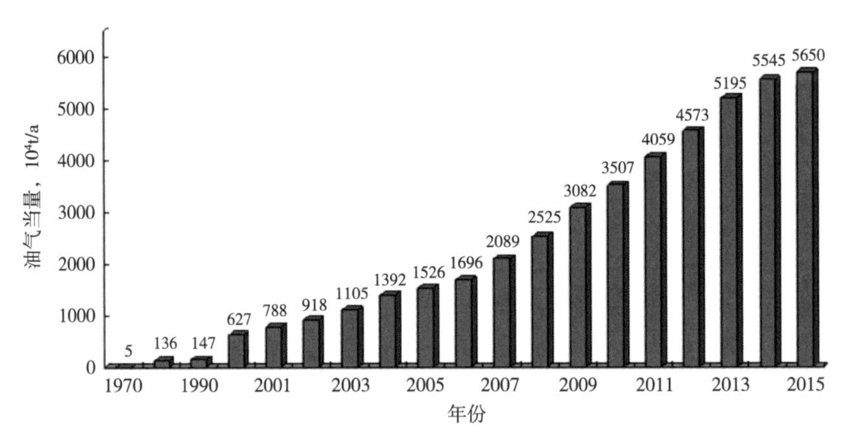

图 2-1　长庆油田油气产量柱状图

一、基本概况

1. 油田地面集输系统完善

2008 年以来，累计新建油、气、水井 45989 口、场站 1080 座，改扩建场站 351 座，敷设油气水管线 41788km，建成标准化井场 9565 座，建成了姬塬、环江、华庆等超低渗透油田重点工程，配套建成了与 5000×10^4t 规模相适应的油气地面生产骨架系统。地面工程的密闭率、标准化设计覆盖率、数字化覆盖率得到了显著提升（表 2-1）。

表 2-1　2008—2015 年长庆油田地面建设主要工程量表

时间	油井 口	注水井 口	场站 座	改扩建站 座	油水管线 km	标准化井场 个
2008 年	3714	1200	75	28	2241	345
2009 年	5060	1654	123	45	4714	1045
2010 年	4892	1630	176	56	6672	1364
2011 年	5160	1777	158	39	5274	1576
2012 年	5117	1926	213	44	6765	1596
2013 年	3806	1722	141	58	6791	1675
2014 年	3205	1385	91	50	4057	1195
2015 年	2710	1031	103	31	5273	769
合计	33664	12325	1080	351	41788	9565

2. 输油管网调运灵活

建成了靖惠线（靖边靖三联—惠安堡）、靖咸线（靖边靖二联—咸阳）、庆咸线（庆阳—咸阳）、马惠线（马岭曲子首站—惠安堡）等外输主干线，建成了靖马线（靖二联—马岭）、铁西线（铁边成—西峰）、姬惠线（姬塬外输总站—惠安堡）、姬白线（姬塬姬二联—白豹输油站）、西马线（西峰西一联—马岭）、吴定线（吴起首站—油房庄）等油区联络线，形成了闭合环状输油管网，区域相济、调运灵活，油区运销能力合计 3090×10^4t/a（表 2-2）。

表 2-2　2015 年底油区运销能力统计表

序号	项目	油气运销能力，10^4t/a	外输出口
1	靖惠线	350	惠安堡
2	马惠线	300	
3	姬惠线	450	
4	吴定线	220	油房庄
5	姬白线	320	
6	靖咸线	350	咸阳
7	庆咸线	500	
8	庆阳石化	300	庆阳石化
9	杨山装车	300	杨山
油区运销合计		3090	

3. 外销能力不断扩大

根据下游用户分布情况，长庆油田已形成惠安堡、油房庄、杨山、咸阳、庆阳石化五大原油外销的出口，外销能力 3090×10^4t/a（表 2-3 和图 2-2）。

表 2-3　2015 年底长庆原油外销能力统计表

序号	外销出口	外销能力，10^4t/a		下游炼厂
1	惠安堡	惠宁线①	480	宁夏炼厂、兰州石化、南充炼化
2		惠银线②	500	
3	油房庄	长呼线③	500	呼和浩特石化、榆林炼厂
4		油东线④	100	
5	咸阳	长庆石化	500	长庆石化、洛阳石化、荆门石化、西安石化
6		装车	290	
7	杨山装车	—	300	西安石化
8	庆阳石化	—	300	庆阳石化
9	延安炼厂	—	120	延安炼厂
外销合计			3090	

①惠安堡—宁夏。
②惠安堡—银川。
③长庆石化—呼和浩特。
④油房庄—东营沟。

4. 储存能力进一步增强

建成了以咸阳、惠安堡、油房庄三大储备库为代表的原油储存系统，总罐容为 442×10^4m^3，截至 2015 年底，全油田储存天数为 50.4d（表 2-4）。

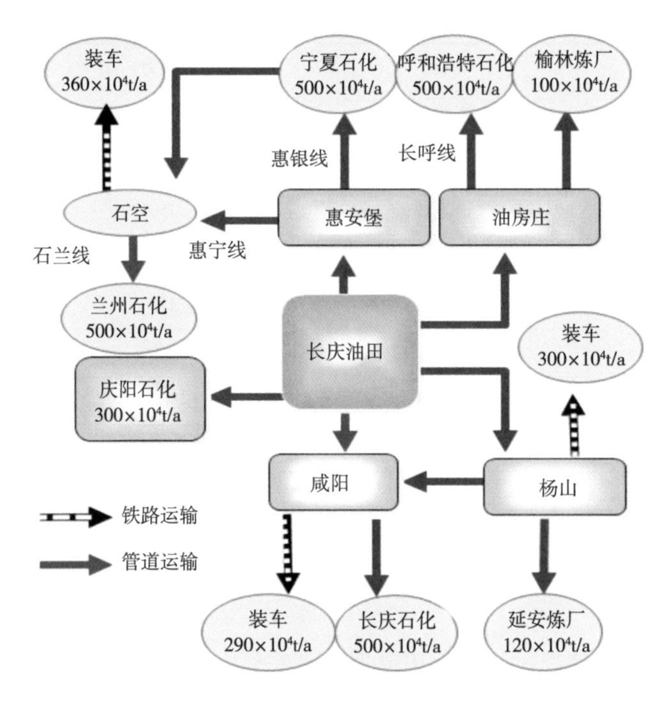

图2-2　长庆油田石油外销能力现状

表2-4　2015年底长庆油田原油储存能力统计表

储备种类		罐容，10^4m^3
商业储备库	咸阳储备库	70
	惠安堡储备库	120
	油房庄储备库	60
输油处		160.5
集输		31.5
总计		442

二、长庆油田地面建设模式

1. 马岭模式

马岭油田位于鄂尔多斯盆地中南部，油田开发区域在甘肃省庆城县和环县境内。马岭油田主要含油层系为侏罗系延安组，其次为直罗组，油层埋藏深度为1200~1650m，平均空气渗透率为75mD，日产油36.3m^3。

马岭模式的集油工艺发展经过了“单管常温输送工艺”和“单管常温密闭输送工艺”两个主要阶段，布站方式均为“单井—计量站—接转站—集中处理站”的三级布站方式。

“单管常温输送工艺”阶段的主要特点是经过现场试验，发现油气混输时，油品在低于凝固点情况下，流动状态良好，突破了集油温度必须高于凝固点3~5℃的规定，建立了单管常温输送的新概念，解决了单管常温输送中的技术关键——从井口到计量站、从计量站到接转站采用投橡胶球的方法清蜡技术，但接转站和集中处理站的密闭问题尚未解决。

2. 安塞模式

安塞油田位于鄂尔多斯盆地中东部，油田开发区域在陕西省安塞、志丹和子长县境内。主要产层为三叠系延长组长6油层组，其次还有长2、长3、长4+5油层组，长6油层组为低孔隙度、低渗透油层，空气渗透率为1~3mD。

针对安塞油田低压、低渗透、低产的特点和自然环境，在开发过程中以经济效益为中心，以科学试验为先导，以生产实践为依据，不断探索创新，形成了油藏描述、丛式钻井、油层压裂改造、优化射孔、油层保护、采油工艺、油田动态监测、油田注水8项开发技术，形成了以不加热集油、二级布站流程为主的地面工艺，使地面建设投资占产能建设总投资的比例由52.5%降到30%左右，成功地开发了安塞油田，取得了特低渗透油田经济、高效开发的一系列技术成果。1995年“安塞特低渗透油田开发配套技术”被中国石油天然气总公司评为重大科技成果，并被誉为“安塞模式”，要求在全国推广。

“安塞模式”集输工艺主要特点是在马岭油田“单井单管不加热密闭集输流程”的基础上，研究应用了“多井阀组双管不加热密闭集油流程”，成功取消了计量站，变三级布站为“井口—选井阀组—计量接转站—集中处理站”的二级半布站。同时针对丛式井开发方式研究设计“丛式井双管不加热密闭集油流程”，进一步取消了选井阀组，实现了“井口—计量接转站—集中处理站”的二级布站方式。

3. 靖安模式

靖安油田位于鄂尔多斯盆地中部，油田区域在陕西省靖边和志丹两县境内，主要产层为三叠系延长组，其次为侏罗系延安组。其中，延长组主要含油层为长6、长4+5、长2油层组；延安组主要含油层为延10、延9、延8油层组。从整体上看，靖安油田长2油层组以上浅层油藏的渗透率基本在5~50mD，长6、长4+5油层组油藏的渗透率在5mD以下。平均渗透率仅有1.4mD。

靖安油田的集油流程延续应用了安塞油田的“丛式井双管不加热密闭集油流程”。该流程从安塞油田成功应用以后，凡是采用丛式井方式开发，并在计量接转站进行单井产量集中计量的，都采用了该集油流程。

靖安油田复杂的地形地貌使得选站、选线难度更大，特别是在低处的油井，归属比较困难。针对靖安油田更加复杂的地形地貌条件，结合整装低渗透油藏、多油层复合等实际，适应“先打骨架井、加深认识评价、优选产建目标区”的滚动开发方式，坚持“地上服从地下”的原则，形成了以“丛式井双管不加热密闭集油流程”为主，“井组增压、区域转油”为补充，“火炕加热简易拉油”相结合，“计量接转站集中转输”的靖安模式集油工艺主要特点。

4. 西峰模式

西峰油田位于鄂尔多斯盆地西南部的陇东黄土高原——董志塬之上，是长庆油田继安塞、靖安油田之后发现的第三个探明储量超亿吨的整装大油田。西峰油田主要产层为三叠系延长组长8油层组，油藏平均渗透率为1.24mD，油藏平均埋深2180m。

西峰模式集油工艺的最主要特点是伴随着计算机水平的发展，使油井产量计量方式改“单井进站集中计量”为“井口分散计量”，从而使集油流程进一步简化。基于计算机应用技术下的“功图法井口计量技术”实现了丛式井场每口油井直接在井口进行产量计量，取消了至站场的单井计量管道，变安塞及靖安油田的“丛式井双管不加热密闭集油流程”

为“丛式井单管不加热密闭集油流程”。另外，继续在安塞、靖安油田成熟的集油工艺基础上，立足西峰整装油田开发特点，针对伴生气回收利用、原油脱水等集油过程中的各个环节，全面推广计算机应用技术，使油田生产基本实现了从井口到联合站的全过程自动监控，提高了自动化水平，实现了油气集输全过程密闭及生产过程的数字化管理。

西峰油田在开发初期，仍然采用“丛式井双管不加热密闭集输流程”。2003 年进入大开发阶段，按照中国石油天然气股份有限公司把西峰油田建设成“新世纪示范油田”的要求，借鉴安塞、靖安油田开发建设的成功经验，实施地面整体优化及系统优化，推广应用成熟技术、创新发展特色技术、吸收利用实用技术，初步形成了以“丛式井单管不加热密闭集油流程”为主体技术的集油工艺。功图法计量的试验成功，使集油流程得到进一步优化。逐步形成了“井口功图计量、丛式井单管不加热密闭集油、套管气定压回收、油气混输、原油三相分离、气体综合利用、稳流阀组配水、全面数据采集监控”为主的西峰模式工艺；在布站方式上，针对丛式井开发特点，优化布站、优化系统，形成了“井口—增压点—接转站—联合站”以及“井口—增压点—联合站”相结合的布站方式。

5. 姬塬模式

姬塬油田位于陕西定边县、吴起县，宁夏盐池县境内，是继靖安、安塞油田之后，第三个年产原油跨越 300×10^4t 的大油田。目前已发现三叠系延长组长 1、长 2、长 3、长 4+5、长 6、长 8 油层组和侏罗系延安组延 6、延 8、延 9、延 10 油层组等多套含油层，主力油层为延长组长 4+5、长 2 油层组及延安组延 10、延 9 油层组，均为三角洲岩性油藏。姬塬油田与其他已开发建设的油田有着显著不同的特点，即不同油层在同一井场分井采油、不同区块不同油层采油的情况占大多数。由于不同油层采出水的性质差异大，混合后易产生大量结垢，造成管线及设备的堵塞和腐蚀。为保证油田生产安全，分别建设集油流程，站内也设两套处理流程。

自 2001 年姬塬油田黄 9 井滚动开发以来，在坚持“整体部署、统筹兼顾、两套井网、分层开发、实现增储上产一体化”的原则下，地面建设逐步形成了以“群式井组开发、地面双流程建站、原油分层处理、净化油合层输送、清污系统合建、采出水分层处理、分层回注”为基本特征，以“联合站为中心、增压点为补充、油气单管密闭集输”为主要流程的地面建设工艺，主要集油工艺包括：（1）油井功图计量；（2）分层集输/分层处理/同层回注；（3）单层系单管集油；（4）自动投球收球；（5）油气密闭集输；（6）设备橇装集成；（7）气体综合利用。实现了集油系统全密闭，减少了伴生气逸散造成的资源浪费，削减了安全隐患，较好地解决了双层系开发遇到的问题，实现了高速建产、快速上产，取得了较好的开发效果和经济效益。

长庆油田在建设“西部大庆”的征程中，地面工程在总结历史经验的基础上，坚持技术创新，优化工艺模式，形成了低渗透油田地面工程的核心技术和“四化”建设模式，建成了配套完善的地面系统，提升了油田开发效益和建设水平，适应了大规模建设和大油田管理，实现了质量、效益、安全、环保的协调统一，有力地支撑了长庆油田跨越式发展。

第二节　油气集输工艺

油田地面工程是油气田开发工程三大部分之一，是一项涉及多个专业、多个系统的综合性工程。而油气集输则是油田地面工程的主体，油田采出水处理、注水、给排水、供电、通信、道路、消防等与油田生产密切相关的各个系统的建设规模、功能配置以满足油气集输工程在油田各个开发阶段的需要，确保生产平稳、安全可靠。从大庆油田开发以来，在近五十年的生产实践中，中国形成了一整套与油田开发、开采和地理环境相适应的油气集输与处理工艺，在鄂尔多斯盆地油田开发的四十年历程中，其油气集输工艺也在不断演化，不断创新，不断适应新的需要[1]。

一、油气集输的主要任务和作用

油气（即原油和伴生气）集输（以下也称为原油集输）工程，简单来说就是将油田各油井采出物集中起来，经过处理后，生产出符合商品质量要求的原油和天然气的过程。

油气集输工艺过程不单是将油井产出物进行汇集、处理、输送，而且还为不断调整优化油田开发方案、正确经济地开发油田提供科学的决策数据。

由于每个油田所处的自然环境、社会环境不同，油藏性质、开发工艺、采出物性质等也有很大差别，因而油气集输工艺也不完全一样，集输方案和集输流程也呈多样性。尽管如此，各油田的油气集输仍有很多共同之处。例如，一般都需进行分离、计量、处理、输送等工艺过程，只不过这些工艺过程因各油田具体情况各有特色。

二、集输系统总体布局

针对长庆油田超低渗透油藏埋藏深、低渗透、低产、大井组、滚动开发、快速开发的特点，并结合长庆油田自然地形和集油工艺特点，形成以大井组—增压点—联合站为主的二级布站模式，以适应长庆油田自然地形和滚动开发的需要。

1. 结合油藏特点和开发方式进行总体布局

长庆油田超低渗透油藏主要分布在华庆、姬塬、吴起、志靖—安塞、西峰两侧五大区带。预计最终可探明储量 10×10^8t 以上，资源丰富，开发潜力巨大。超低渗透油藏主力开发层位为三叠系长 6、长 8 及长 4+5 油层。现阶段主要开发的对象是渗透率介于 0.5~1.0mD、埋深约 2200m、平均单井日产油量在 2t 以上的油层。具有油井单井产量低、万吨开发建设成本高、油井产量递减前快后慢、稳产时间长、大规模滚动开发建设等显著特点。

其主要的开发技术平均参数如下：平均井深 2200m；井网形式为菱形反九点注采井网；井网密度约为 15 口/km^2；注采比为 1:4；单井平均配产为 2~2.3t/d；开发方式为超前注水开发；配注量为 20~25m^3/d（超前注水期小水量阶梯配注）；注水井最大注水压力为 20.8MPa（长 6 层）、24MPa（长 8 层）。

长庆超低渗透油藏实行滚动开发，随着对地下认识的逐步加深，开发部署也在进行针对性的调整，尤其在油区边部，调整变化非常之多、之大。为了适应这种调整，从分年度开发部署情况分析，总体布局既要满足分年建产需要，又要减少相互干扰。骨架站场设置在油藏厚度大、地层物性好的油区中部主砂体带上，油区边部设置简易、小型站点（如增压点）。当发生调整变化时，仅需对小型站点进行调整，对整个骨架输油系统影响可降至最小。

2. 结合地形地貌进行总体布局

长庆油田地处鄂尔多斯盆地中部的黄土高原，地面海拔一般为1300~1900m。区内地形属于黄土高原丘陵沟壑地形，沟壑纵横，梁峁起伏，地面支离破碎，流水侵蚀剥离强盛，水土流失严重，滑坡、崩塌、冲沟和强湿陷性等不良地质条件随处可见，梁塬顶部和沟谷间相对高差一般为300m。

1）黄土塬区

黄土塬由于受冲刷的影响较小，地形较平坦，地势开阔，地层相对较稳定，交通、工程地质条件较好，施工极为方便。

2）黄土梁峁沟壑区

黄土梁与峁相间出现，黄土梁几何形态呈长条状，宽几米至数十米，黄土梁峁平面上呈圆形和椭圆形，立体上呈穹状，峁与峁之间由崾岘相接。由于沟头侵蚀和坡面冲刷变得很窄，崾岘梁峁顶坡较为平缓，梁峁顶坡以下坡折明显，面蚀、细沟、浅沟侵蚀相当强烈，梁峁边缘以下的冲沟、干沟河沟深切，冲沟呈“V”形，滑坡、崩塌、洪水等不良地质条件随处可见，工程地质条件差，施工难度较大，缺乏适合的站址，不利于建站。

根据地形特点，站外井场除个别位于山坡和沟底，一般均位于黄土塬和黄土梁峁上，因此骨架站场一般位于黄土塬上中心地带或各黄土梁峁的交会处，交通便利，有利于周边油井进站，可减少大量的穿跨越和水工保护工程；站址选择应充分利用地形高差的自然势能，尽量选在地势较低且交通便利的地方；部分位于山坡和沟底的地势低和偏远井组采用增压点增压输送，以降低井口回压，增加输送距离。

3. 结合工艺流程进行总体布局

集油流程采用不加热密闭集输工艺，集输半径1.5~2.5km，结合油藏形态，骨架接转站沿油藏主砂体带方向布置，基本满足油区油井进站需要，个别边部的偏远井可采用增压点增压输送。

井组出油管线为油气水三相混输管路，随气油比和地形的不同，流态复杂多变。根据混输管路一般规律，管线沿地形起伏时，管路的压降除克服摩阻外，还包括上坡段举升流体所消耗的、而在下坡段不能完全回收的静压损失。当管线“U”形通过沟谷和爬坡时，附加压降均很大，从而大大缩短了集输距离，同时通球清管的难度也大。因此结合地形和井场分布情况，油区内各条沟谷一般可以作为骨架站场分区的天然边界线。

三、低渗透油田典型集油流程

在鄂尔多斯盆地低渗透油田开发过程中，长庆油田在20世纪70年代就开始逐步建设单井至站场的集油流程。合理的集油流程能降低地面工程费用，使油田开发更经济，通常在借鉴同类型油田经验的基础上，通过现场实施，一步步确定适合本油田的集油流程，逐步产生了单井单管、多井阀组双管、丛式井双管、丛式井单管四种不加热集油流程，后续总是对前面的改进版。目前长庆油田全部采用的是丛式井单管不加热集油流程。

丛式井单管不加热集油流程是基于功图法油井计量技术所创新的一种集油流程，其核心就是将油井计量从站内移至井口，改站内集中计量为井口分散计量，取消了丛式井组至计量站场的单井计量管道，使每个丛式井组集油管线由2条变为1条，其原理流程如图2-3所示。

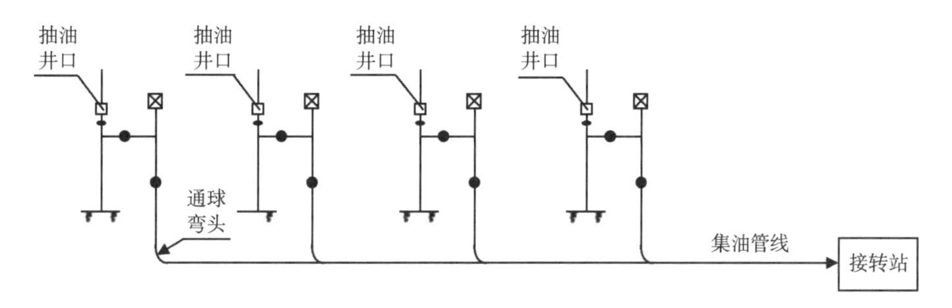

图 2-3　丛式井单管不加热集油流程原理图

功图法量油技术的应用，简化了单井计量工艺，省去了单井计量所需的设备及相关管汇，集油流程中便少了油井产物计量工艺内容，丛式井至联合站场成为单一的气液收集过程，因而集油系统优化难度相对减小。

丛式井单管相比双管集油流程来讲，不存在油井计量时井口及站场复杂的流程切换、管理难度大等问题，可以因地制宜地采用树枝状串接集油，这样不但能最大限度地节省集油管线，而且在同管径、相同集油半径的情况下比一个井组单独进站井口回压要低。这主要是树枝状串接集油增加了管线流量，使介质流速增大，剪切速率提高，原油低温流动条件得以改善的结果，也符合含蜡原油低温输送时输量大压降反而小的特性。但是，当采用串接集油时各油井之间的生产会相互影响，各井的出油管道会因距增压点或接转站远近、各井产量、各井气油比等不同而压力降不同，压降不同的支管进入同一管路，结果使系统在某一节点平衡在某一个中间压力值上，各油井的回压会去适应该值，势必会造成距站远的油井回压升高，从而影响深井泵的工作状况。另外，串接集油增加了“投球清蜡”工艺的难度。因此，串接时需结合实际情况进行针对性设计，不能千篇一律地进行串接。

丛式井单管不加热集油流程的最大优点是，油井采出物在井场就全部集于一起输送，由于丛式井每口油井的间距一般仅为 5m，各井的井口回压差别较小，因而井口回压就可视为集油管线总流量下所形成的压力。在确定的回压下，管径选择只要合理，集油管线总流量的增加，可以使集油距离有效延长，接转站场数量也相应减少。以西峰油田白马区为例，采用丛式井单管不加热集油流程通过集输系统优化，150×10^4t 产能建设仅设接转站 6 座，比安塞油田采用多井阀组双管集油流程每万吨少建接转站 0.16 座，接转站接转能力相比也提高了近 4 倍，单井出油管线相比平均每口井也减少了 350m 左右。因此，在集油系统布局时，要详细结合油井产量、丛式井油井数量、地形地貌，充分利用含蜡原油低温流动特性，优化布站尽量减少接转站数量。图 2-4 为丛式井单管不加热集油流程典型的集输系统布局方式。

图 2-4 所示的丛式井单管不加热集油流程，基本总括了常见的几种集油情况。其以“井场—接转站—联合站”二级布站为主，同时采用“井场—增压点—接转站—联合站”“井场—增压点—联合站”以及井组橇装增压、站与站串接输送的灵活系统布局方式，有效地适应了长庆油田滚动开发建设特点及复杂的地形地貌条件。增压点 1 表示集油半径辐射范围内个别井组地势低难以正常归属，采用区域增压集油的一种情况；增压点 2 表示开发滚动还未形成较大规模，布置大站具有一定风险，暂时采用区域增压集油的一种情况；橇装增压装置 1、装置 2 表示采用井组直接增压延长集油半径或克服地形高差的情况。增

压点相对接转站功能单一、所需设备少、占地面积小，尽量利用井场布置以提高土地利用率，同时井站一体也便于集中管理。增压点一般采用气液混输工艺。

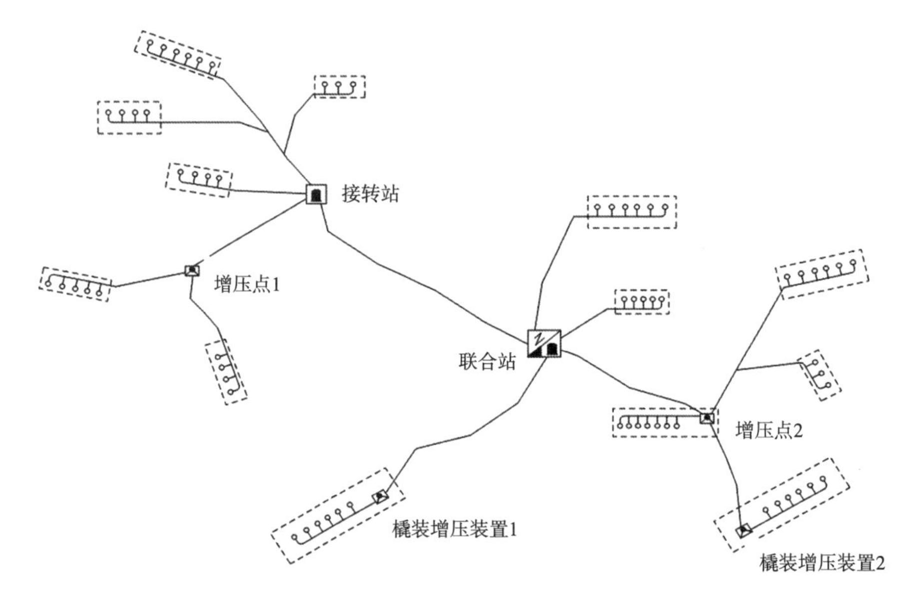

图 2-4　丛式井单管不加热集油流程典型集输系统布局示意图

鄂尔多斯盆地单井产量较低，平均为 3～5t/d，实践证明单井出油管线采用 DN50mm 管径就能够较好地适应不加热集输；丛式井至站场的集油管线管径也不宜过大，经现场实践，一般以 DN50mm、DN65mm 为宜。9 口井以上的大井组集油管径需根据油井总产量、回压等因素确定。根据低温含蜡原油的剪切稀释原理，集油管线采用较小管径，可以增大流速、提高原油在管道中的剪切速率、增强对蜡晶网络结构的破坏能力、降低原油的表观黏度，改善原油的低温流动性，进而延长集油半径。油井产出物至联合站场主要依靠井口回压进行输送，另外也要有效利用地形高差所形成的势能，以达到尽量延长集油半径、减少布站数量的目的。因此，在集输系统布局时，要综合考虑井场与站场的地势条件，尽量将增压点、接转站等集输站场布置在所辖油井区域地势相对较低的地方。

四、典型集输站场

油气集输站场是油气集输过程中完成油气井产物收集、处理及输送等不同生产功能的场所。它包括井场和矿场储油库在内以及两者之间所有的有关油气收集、处理、输送方面的站场。

油气集输站场的建设规模应根据单井原油日产量、含水率、所辖生产总井数、油田开井率或年生产天数确定。油气集输站场及相应管网构成了油气集输系统。集输系统的建设规模，是根据油田开发设计的要求确定的，每期工程适应期应与油田调整改造期协调一致，一般为 5～10 年。按油田开发区规定的产油量、气油比、含水率的变化，并考虑最大产液量、产油量、产气量以确定油气集输系统建设规模。对注水开发的油田，集输系统建设规模应考虑一定的含水率，具体需结合本油田含水上升规律进行确定，使设计的集输系统规模至少能适应一个时期生产能力要求，不能过大，也不能过小。

鄂尔多斯盆地内各油田集输站场种类较多，而因应用广泛而较为典型的集输站场有采油井场、接转站和联合站，增压点（含增压集成装置等）则是具有低渗透油田特色的典型。

1. 采油井场

采油井场是油气集输的起始点，是最基础的油田生产场所。按钻井方式有单井井场和丛式井井场两种；按采油方式有自喷井场、机械采油井场、气举采油井场、蒸汽吞吐采油井场等。鄂尔多斯盆地采油井场多为机械采油丛式井井场，少数采油井在初期为自喷井，但开采时间不长均转为机械采油井。

采油井场由井口装置和地面工艺设施组成。其生产流程要根据采油方式、油层能量大小、产液量大小、产出物物性、自然环境条件确定，其主要功能为控制和调节油井产量和完成油井产出物的正常集输。

采油井场的工艺流程应满足采出物温度、压力等工作参数的测量、井口取样、油井清蜡及加药、井下作业与测试、关井及出油管道吹扫等操作要求。图 2-5 为采用丛式井单管不加热集油流程时的采油井场原理工艺流程图。

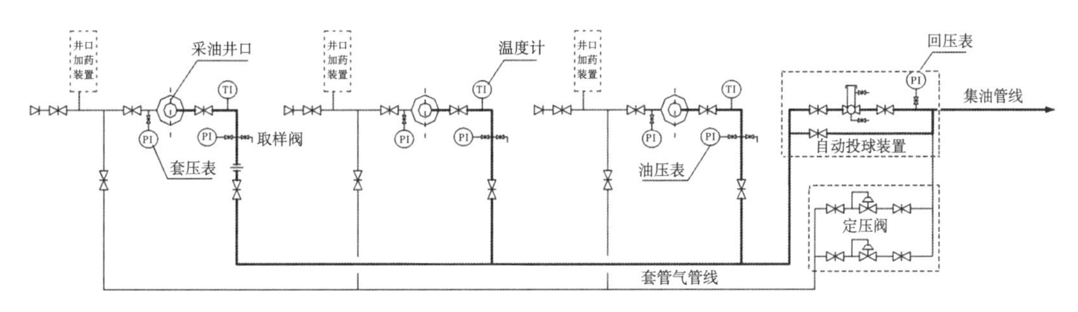

图 2-5　丛式井采油井场原理工艺流程图

丛式井场所有油井的出油管道串接在一根集油管道上，油井采出物通过自动投球装置后至相应集输站场。自动投球装置定时投放清蜡球，在油井采出物的推动下清除集油管道内壁的结蜡。所有油井的套管气汇集于一起，通过定压阀控制进入集油管道，完成套管气的回收利用。

采油井场是油田开采原油的基本站场。采油井场建设规模与井场布井方式、油井产量、采油及集油方式、自然环境等因素有关。建成的井场除了能满足正常集输生产的需要外，还应能满足油井修井作业、环境安全等要求。布置 1 口采油井的单井井场，井深小于或等于 3000m 的井，其建设面积不应大于 1200m^2，井深大于 3000m 的井其建设面积不应大于 1600m^2。采油井场布置 2 口及以上的井数时就为丛式井井场。近几年来长庆油田几乎全部采用了丛式井钻井技术进行油田开发，每个井场平均 8.5 口井，采油井场建设面积平均为 2300m^2 左右。虽然单个井场建设面积增大，但相比单井开发综合用地减少。

当采油井距下游站场较远或井站高差较大造成集油困难，采用井场拉油或井场增压时，采油井场需考虑拉油或增压设施有足够的建设场地，且应满足安全防火及采油井日常生产管理作业等要求。

采油井场出油管线直径，需根据油田开发设计提供的产液量、气油比、原油含水率以及集油方式、进站温度和压力确定。

2. 增压点

增压点是长庆油田独有的一种站场类型，主要解决偏远、地势较低以及地形起伏较大等困难条件下的井场集油问题，目的是使这些井场能够实现密闭集油。另外，利用增压点还可以降低井口回压、延长集油距离，进而优化集油系统布站方式，减少接转站等大站布站数量，减少集油系统综合投资。增压点较接转站功能单一、占地少，是一种小型站点，一般依托丛式井井场建设，多采用气液混输，其建设规模一般有 $120m^3/d$ 和 $240m^3/d$ 两种。站内主要设备是分离缓冲装置和油气混输泵等。图 2-6 为采用气液混输的增压点原理工艺流程图。

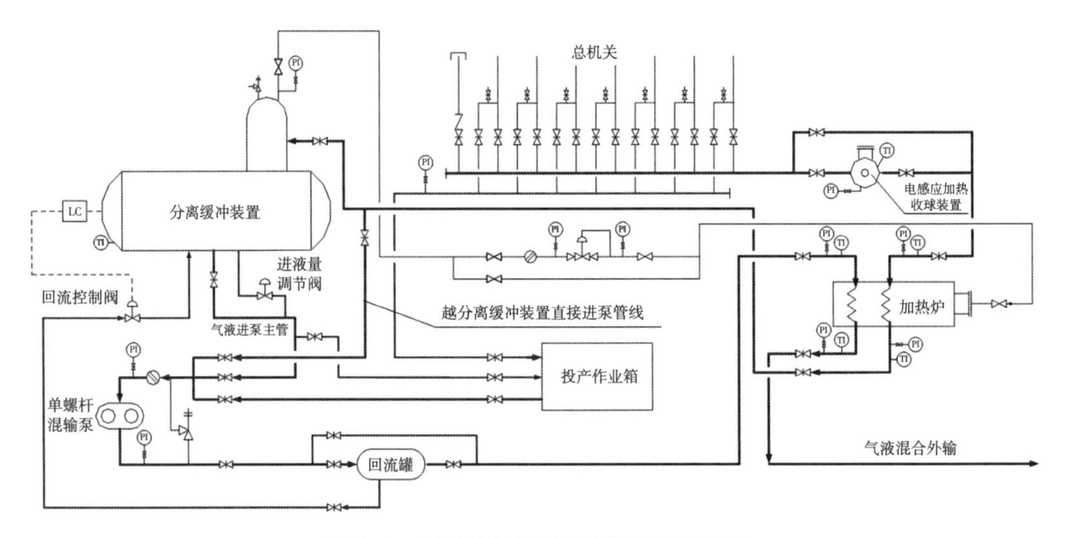

图 2-6　气液混输增压点原理工艺流程图

图 2-6 中，分离缓冲装置为西安长庆科技工程有限责任公司（又称为长庆勘察设计研究院，简称长庆设计院）研制的专利产品，主要功能为捕集液塞、均衡进出分离缓冲装置的流量、稳定螺杆泵进出口压差。各井组来的油井采出物流经总机关汇集后，经电感应加热收球装置、进入加热炉升温至 15~20℃，然后进入分离缓冲装置。正常状态下，分离缓冲装置的气液界面始终处于一种动平衡状态，在缓冲作用下，液流从气液界面附近均匀地进入气液进泵主管，分离出的气体一部分作为加热炉燃料，其余与液流一起通过气液进泵主管被吸入泵腔。当气流过大时，控制系统自动调节进液量调节阀为泵进口补液，当液位降低时，液位检测控制系统自动控制回流阀，回流罐中的液体回流至分离缓冲装置，恢复正常的操作液位，确保进液率满足螺杆泵的正常运行。最后，气液混合物流通过混输泵增压进入加热炉升温输至接转站或联合站。

目前，国内油田的混输工艺都有其各自的适应条件，还未有普遍适用于各油田的较为成熟的一种混输工艺。除了一些产量大、系统压力平稳、地形条件较好的油田采用直接将混输泵安装在集输干线上实施气液混输外，如新疆油田、吐哈油田、长庆油田的池 46 井区，大多数工艺流程采取在泵前设置缓冲设备等措施，以调节、控制气液流均匀进泵。图 2-6 所示主要是针对长庆油田低渗透、低产特点所研究采用的一种混输工艺，但泵后回流的控制难度相对较大，混输工艺还需根据生产实践进一步优化。

随着长庆油田的快速发展，建设的大量增压点存在占地大、设备采购种类多、建设速度慢等诸多问题，为解决发展中碰到的问题，长庆设计院自主研发了一种集来油加热、变频混输、缓冲、分离、自动控制等基本功能为一体的橇装增压集成装置（图 2-7）。此后增压点内缓冲、加热、增压等主要功能均被橇装增压集成装置代替。

橇装增压集成装置主要由装置本体、混输泵、控制系统、阀门管道及橇座等组成，集原油混合物加热、分离、缓冲、增压、自控等功能为一体，减少了中间环节，可实现无人值守，定期巡护。并且减少了征地面积及工程建设周期，填补了国内油气集输工艺设备集成橇装的技术空白，为油田地面工程进一步优化工艺流程和实现一级半布站模式提供了条件。

图 2-7 橇装增压集成装置外观图

3. 接转站

当油井采出物依靠回压不能满足设计条件下集油系统的压降要求时，一般需设置接转站增压输送至联合站，因此，接转站是为油井采出物增压输送的泵站，多采用气液分输。随着气液混输工艺的不断成熟，选择气液混输具有多方面优点，如可以简化接转站工艺流程、减少设备投资、节约占地、降低综合能耗等。

采用气液分输时，汇集于接转站的油井采出物先进行气液分离，液体通过输油泵增压输送至联合站，气体一般靠自压输送至联合站或处理厂，当自压能量不能满足时需设置压缩机。采用气液混输时，汇集于接转站的油井产出物就减少了气液分离环节，直接通过混输泵外输。

接转站是油气集输系统的骨架站场，功能较多，其工艺流程与油田所采用的集油流程密切相关，如采用井口掺液双管或热水伴热三管集油流程时，接转站除了完成液流增压输送外，还承担热水提供功能。

接转站的工艺流程应在保证完成本站所承担的各项工艺任务的前提下，尽可能实现密闭油气集输，降低油气损耗。图 2-8 为长庆油田采用油气分输的接转站原理工艺流程图。

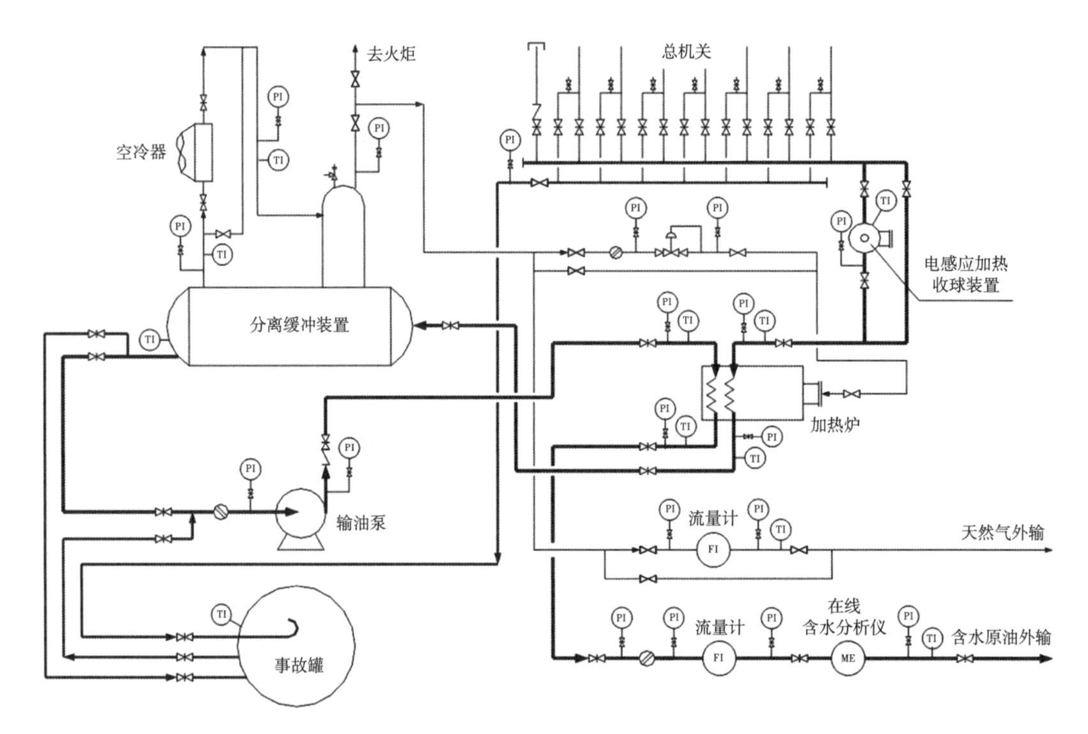

图 2-8　接转站原理工艺流程图

接转站接收就近井场及增压点所汇集的油井采出物，先经电感应加热收球装置后至加热炉升温，然后进入分离缓冲装置进行气液分离及液流缓冲；分离出的伴生气经分离缓冲装置上的空冷器、分气包进行冷凝及气液二次分离，冷凝液流返回分离缓冲装置，二次分离出的伴生气作为加热炉燃料，富余部分计量后外输；分离出的液体经输油泵增压、加热炉加热、流量计计量、在线含水分析仪分析后输至联合站。

接转站一般不设事故罐。但由于鄂尔多斯盆地自然环境及社会环境较为复杂，通常设置事故罐，以满足输油管道事故抢修或站场内设备检修时的储液需求；另外，当某一个井场或增压点进接转站的管道需吹扫作业时，通过站内总机关控制，吹扫管道的吹扫物就可进入事故罐，而不会影响其他井场和增压点至接转站的正常生产。

接转站的建设规模与油田开发条件、集油方式、油井产量、所处自然环境等因素有关，应在区域集输总体布局优化的基础上进行确定。接转站一般转输含水原油，因此，其建设规模指的就是转输液量的能力。转输能力应为所辖油井总产液量及上游站场来液量的最大量之和。接转站规模一般为 $300\sim1000m^3/d$，占地面积多在 $2000m^2$ 以下。

4. 联合站

联合站是对油田生产的原油、天然气和采出水进行集中处理的站场。通常将原油进行脱水、稳定等处理后的净化油量称为联合站的规模。其规模比称为“集中处理站”时要小，且以“区域集中、就地处理、就地利用”为原则进行联合站设置，目的是便于采出水就地利用、缩短集油中转站场至联合站的含水原油输送距离以节约输送能耗。长庆油田联合站规模一般为 $30\times10^4t/a$ 和 $50\times10^4t/a$ 两种，具体需根据所开发区块的产能规模而确定。

联合站的主要任务是将收集来的油井采出物集中进行综合性处理，从而获得符合产品标准的原油、天然气、稳定轻烃、液化石油气和可回收利用的采出水等。主要功能包括气液分离、原油处理（包括脱水和稳定）、伴生气处理（包括脱水及凝液回收）、原油储存及外输、油田采出水处理与利用，以及供热、给排水、消防、供配电、通信、自动控制等生产辅助功能。

联合站往往是某一油田的核心站场，建设时应考虑以下因素。

（1）满足油田总体规划设计确定的工艺任务，符合有关环境保护与安全卫生等方面的要求。

（2）采用全密闭处理流程，采用可靠、成熟、先进的工艺和自控技术，确保完成所承担的工艺任务，各种产品不但要符合标准要求，而且收率高、效益好。

（3）工艺流程在满足基本生产要求的同时，又能较好地适应生产条件变化且要操作方便。

（4）统筹考虑所承担工艺任务之间的相互联系、相互要求和相互制约的关系，综合利用各工艺过程中的能量及资源，减少不必要的工艺环节。

（5）工艺流程确定时，全面考虑各种工艺系统在启动投产、停产检修、事故处理和正常运行时应注意的事项及采取的措施。

总之，联合站工艺系统多，流程较复杂。虽然目前联合站的自动化程度越来越高，但自动化控制技术的先进与否并不代表工艺技术水平的高低，它只是生产过程的一种辅助监控手段，可以提高生产效率、减少事故发生率、减轻工人劳动强度，是生产管理水平的一种体现。要提高联合站工艺技术水平，必须紧密结合油田开发实际，根据油井采出物物性及油田生产特点，从系统运行参数、处理工艺、设备选型等方面进行优化，使确定的生产工艺流程简短、流向合理、生产过程密闭、运行安全高效、能耗低。不同的油田，因其油井采出物物性差别很大，在进行处理时所确定的工艺流程也不尽相同，甚至一个油田在不同生产时期，处理工艺及其生产流程也有一定的差别，因此，在设计时要根据具体设计条件确定。

图 2-9 为长庆油田联合站的典型原理工艺流程图，目前在长庆油田应用比较普遍，其主要特点是流程简短且适应性强。气液分离与原油脱水是联合站最主要的工艺内容，若其工艺效果好，就可以为后续如原油稳定、伴生气气处理、采出水处理等工艺的优化奠定良好条件。国内各油田联合站生产工艺流程的区别主要在于原油脱水工艺环节。目前中国各油田常用的原油脱水工艺主要为沉降脱水、电脱水、电化学联合脱水三种。在 2003 年前，鄂尔多斯盆地低渗透油田普遍采用简单、经济、实用的热化学沉降脱水工艺，脱水设备一般为溢流沉降罐。近几年，通过对三相分离器设备针对性地改进以及化学破乳技术的提高，三相分离器得以推广应用，流程得以密闭，联合站相关工艺设备相应减少。但三相分离器运行效果的关键是压力及来液量的平稳，而鄂尔多斯盆地为低渗透低产油田，油井不连续供液较为普遍，也常有增压点及接转站间歇输送的现象，加之复杂、多起伏的地形，很容易造成三相分离器内液面波动过大，从而影响运行效果。因此，联合站突出了原油脱水工艺流程现场工况的适应能力，可单独实现三相分离器或大罐溢流沉降脱水，也可以实现三相分离器与大罐溢流二级沉降脱水。当采用三相分离器脱水时，溢流沉降罐可作为净化油储罐；当采用溢流沉降罐脱水时，三相分离器可作为备用。该工艺流程操作相对灵活，基本可较长时间适应油田生产条件改变时原油的达标脱水。

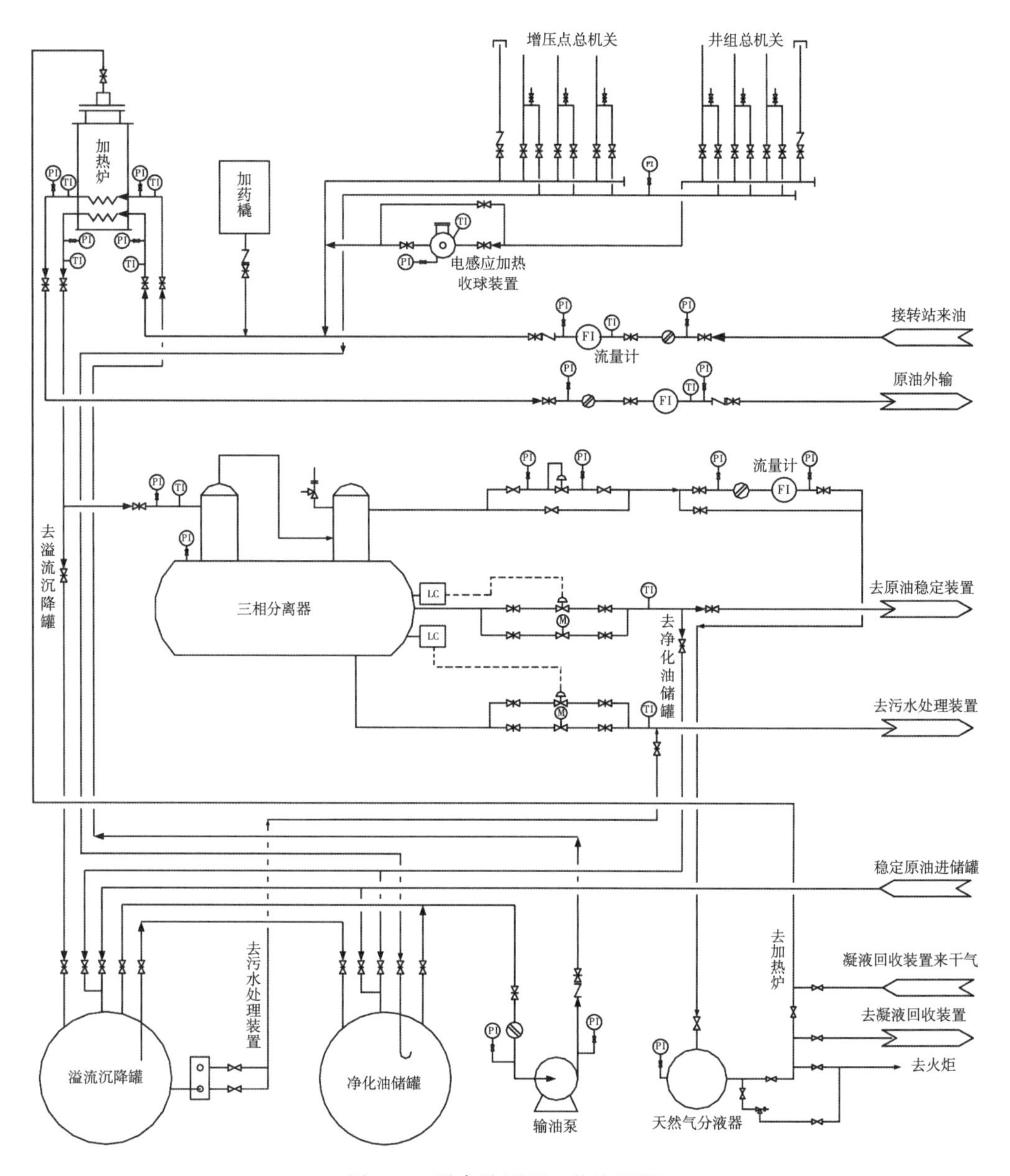

图 2-9　联合站原理工艺流程图

原油稳定装置、凝液回收装置、污水处理装置均建在联合站内

井场、增压点及接转站所集的油井产出物在联合站汇合后，进入加热炉升温。正常生产状态下，进入三相分离器完成油、气、水分离，操作温度一般为50～60℃；分离出的原油去稳定装置，从原油中脱出轻组分，降低原油蒸气压，使原油在常温常压下储存时蒸发损耗减少，稳定后的原油进入净化油罐，经加压、加热、计量后外输；分离出的天然气进入气液分离器进行二次分离后，一部分作为加热炉燃料，其余进入凝液回收系统或者外输，加热炉燃料也可利用从凝液回收系统来的干气；分离出的采出水进入采出水处理系统。

当油田生产条件改变影响三相分离器脱水效果时，可选择大罐溢流沉降脱水或实施三相分离器与大罐溢流沉降二级脱水生产流程，并辅以烃蒸气回收（俗称大罐抽气）工艺，使流程的密闭性得到改善，有效利用油罐烃蒸气，减少大气污染，改善环境，降低站场安全隐患。

五、集输技术

超低渗透油藏是长庆油田上产 5000×10^4t/a 的主力接替油藏，具有“三低”、滚动开发、井数多、建产快、投资高等显著特点。为适应超低渗透油藏开发特点，油田地面工程建设需要进一步优化、简化地面集输工艺，采用经济、适用、高效的地面工艺流程和建设模式。主要集输工艺范围包括井场集油、站场原油外输、原油脱水、伴生气回收等[2]。

1. 丛式井不加热单管集油技术

不加热集油技术是长庆油田多年来研究和推广的特色技术之一，是经济、高效开发超低渗透油藏的基础。根据长庆原油物性特点、井场布置和油井计量工艺，长庆油田目前全面推广丛式井单管不加热集输工艺，其布站流程如图 2-10 所示。

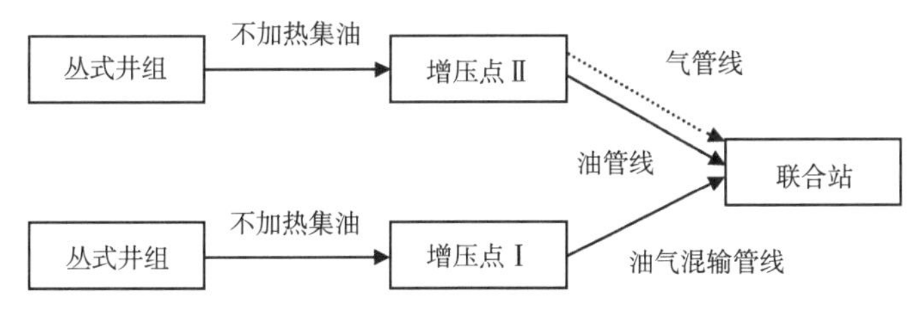

图 2-10　丛式井单管不加热密闭集输布站流程框图

长庆油田丛式井集油工艺充分利用抽油机的压力和井口剩余温度，将管线埋设在土壤冰冻线以下 200~300mm，一般为 1.2~1.5m。由于低温原油的黏度很大和地形起伏，不加热集输管道的压降较大，通过分析认为超低渗透油藏的泵挂深且油井供液不足是较为普遍的现象，回压已不是影响产量的关键因素，适当提高井口回压，有利于充分利用抽油机的能量，因此设计井口回压夏季控制 1.5MPa，冬季控制 2.5MPa，不加热半径 2.5~3km。取消井口加热和伴热保温，进站温度一般为地温。该方法具有工艺简单、建设投资少、热耗低、管理方便等优点，但也存在以下不足。

（1）井口回压高，长庆油田一般控制在 2.5MPa 以内。

（2）不加热集输半径短，受外部复杂地形环境影响大。

（3）必须定期进行较频繁的投球清蜡，对长距离、高回压井组出油管线通常进行 2~3 次热洗以保障冬季生产安全平稳运行。

对于丛式井不加热集油，投球清蜡是保障集油管道安全平稳运行的关键。为适应数字化无人值守井场需要，研制了自动投球装置，代替一线员工日常投球操作，实现每日自动定时投球（图 2-11）。该工艺无须人工停井、倒流程、放空，简化了投球清蜡的工作程序，实现了安全、环保操作，有效降低了劳动强度、提高了工作效率。

自动投球技术可按设定时间，自动投放带有编号的实心橡胶球，也可远程自动控制投球，并具备自动计数功能。储球筒垂直安装在集油管线上，装置内部的转子在预先设置的时间内，通过 180°回转自动取球和投球。储球筒内部装配弹簧，弹簧和液力平衡助推管线，确保取球、投球成功。同时取、投球转子由防爆电动头驱动，用微电脑时控开关进行控制，可在不停井的情况下完成在线带压投球。此外，自动投球器露天安装，带有电伴热功能，减小占地面积、节省投资、防止蜡堵。

图 2-11　自动投球装置现场图

2. 伴生气回收利用

1）井场、站场加热

长庆油田原油属于含蜡原油，地形条件较差、偏远的井场，冬季井口回压较高，采用井组安装水套加热炉或加温罐的方式，提高输油温度，防止管线结蜡，降低回压。此外，井场、集输站场、食宿点等设备保温、原油加热、生活采暖均采用燃气加热，代替原油、煤加热，取得了良好的经济效益。

2）伴生气发电

由于长庆油田地形复杂，部分地区油田电网难以满足生产需要，农用电网因线路长、线径小、负荷重等原因，供电可靠性差；燃气发电机组能够弥补以上不足之处，应用前景广阔。同时，在电力设施薄弱的边远井场采用燃气发电机作为主供或备用电源，可保障油区在电网故障、检修、限电等情况下得到可靠的供电。

井组燃气发电或几种燃气发电机组宜选用易搬迁的带活动板房的整体机组（图 2-12），以便在气源紧张的情况下易于搬迁，减少投资费用。

3）定压阀回收、油气密闭输送

套管气回收主要有定压阀回收、压缩机回收混输、敷设套管气集气管线等方式，这几种方式均可最大限度地利用套管气压力，有利于节能。其中压缩机回收混输投资较高，压缩机维护管理难度大。敷设套管气集气管线方式回收套管气，不能适应目前长庆油田超低渗透产能建设的特点，并且油田伴生气产量衰减较快，开发早期伴生气量大，后期逐年递减，敷设管线集气的方式不利于后期产量变化调整，投资最高，投资回报率低。定压阀回收套管气工艺简单、运行平稳、投资最省、易操作、维护方便，并可通过定压放气对管线进行不停井吹扫，容易实现数字化井场无人值守，是长庆油田目前大力推广的伴生气回收工艺。

图 2-12 井场燃气发电机组安装图

通过井口套管定压集气、增压点油气混输、油气分输等工艺对伴生气进行输送，联合站内三相分离器密闭脱水、大罐抽气、微正压闪蒸稳定等工艺实现井口—联合站集输流程的全过程密闭，最大限度地降低了油气损耗，形成了以“井组—增压点—联合站”为主的二级回收模式（图 2-13）。集中的伴生气除满足集输站场原油外输升温、站内用热负荷外，剩余伴生气输往轻烃处理厂进行集中处理。

伴生气回收装置 油气分输 三相分离

井组 ⇨ 增压点 ⇨ 联合站

油气混输 油气分输

图 2-13 伴生气定压阀回收、密闭输送流程示意图

通过优化工艺流程，长庆超低渗透油藏开发定压阀（图 2-14）由每一井口一套改进为套管气汇管上集中设置两套，减少了配置数量，更好地保证了套管气的连续排放，避免了因间歇排放造成的冻堵现象。同时对阀门采用电伴热措施，当套管压力和井口回压之差

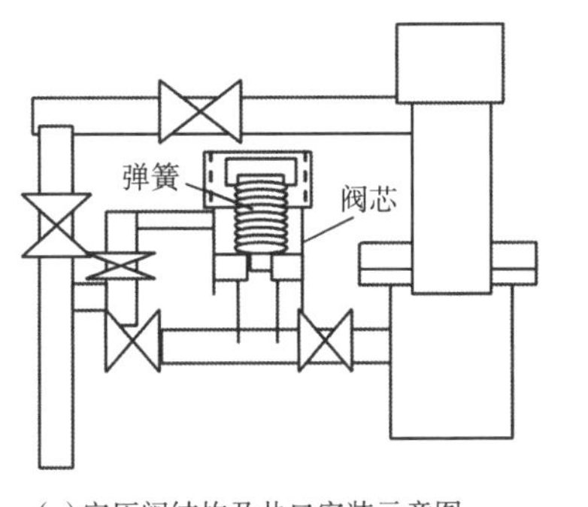

(a)定压阀结构及井口安装示意图

(b)定压阀外观图

图 2-14 定压阀示意图

超过一定值后，说明阀门处可能有水化物或冰形成堵塞，自动进行加热，确保定压阀平稳运行。

随着国家环保及节能政策的进一步完善，对资源利用和环境保护的要求会越来越高，伴生气回收利用是今后油田生产工作的一项重点工作。此外，伴生气回收利用也具有环保、经济等多重效益，对经济高效开发超低渗透油藏具有重要的现实意义。

3. 集油管网形式

集油管网的形式主要分为辐射状（✻）(图2-15)、树枝状（T）（图2-16)、环状（O）、阀组（Y）等。管网形式的选择需根据地形条件、输送液量、输送距离及事故时可能停输的波及面来综合确定。结合长庆超低渗透油藏开发特点及黄土高原地形破碎复杂、连续性差的实际，目前站外集油管线以辐射状为主，对于存在多条管线并行敷设的情况，采用树枝状串接或设置集油阀组进一步简化管网。

2007年在庄9井区进行了串接试验。庄9井区是水平井结合丛式井开发的试验区块，采用了短支线、同径干管的树枝状管网。根据测算，不加热集输管网由辐射状管网优化为树枝状管网，保证总管热流量，减缓沿程温降，利于不加热输送，同时采用了串接、挂接等形式，适应复杂黄土梁峁及沟壑地形条件，减少管线并行敷设和走回头路，降低建设投资，出油管线长度由平均0.4~0.5km/井降至0.25~0.3km/井，可节约长度40%。由于采用的是机械采油方式，且产量较低，未发现明显的由于串接引起的高回压而影响产量的现象，目前运行情况良好。

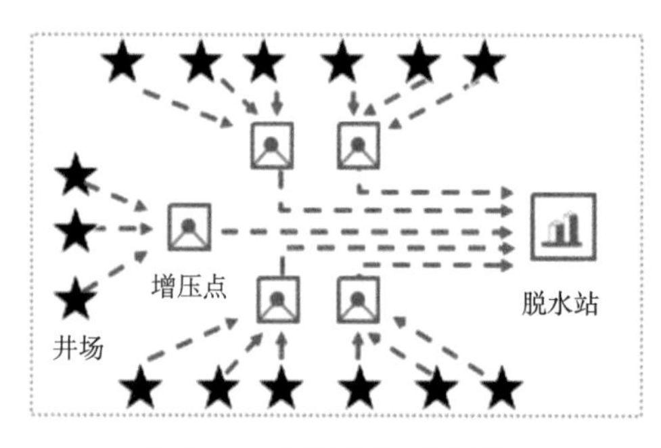

图2-15　辐射状管网示意图

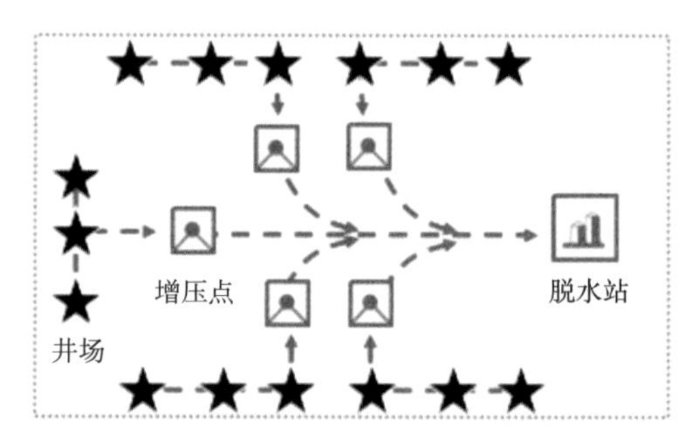

图2-16　树枝状串接管网示意图

树枝状管网缺点为投球清蜡受一定制约，同时管线发生故障时影响面大，小清管球在大管线中易产生滞留现象，需用大球推动。因此设置原则如下：(1）长支线用阀组、短支线用串接；(2）长距离用阀组、短距离用串接；（3）异径管线分枝用阀组、同径管线分枝用串接；(4）高产量用阀组、低产量用串接。针对超低渗透油藏分散度高、滚动开发，地面系统难以形成规模，集油阀组也可与加热、加压等多种工艺方式进行灵活组合，适应不同的环境需求。

通过优化简化，串接和阀组集油主要为以下4种简化管网形式（图2-17)。

此外，采取了以下保障措施：（1）自动投球、自动收球技术，加强清管通球管理；(2）长距离采用管道HCC纤维内衬，降低井口回压和清管阻力；（3）井组回压在线监测、智能诊断、及时处理。

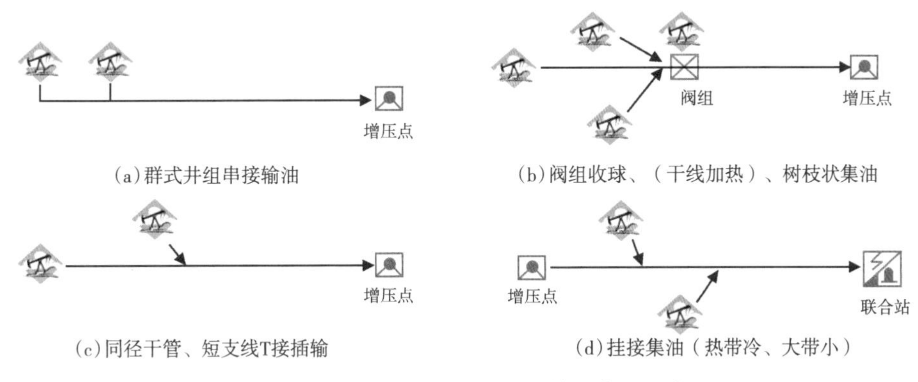

图 2-17 树枝状串接和阀组集油管网布置示意图

4. 密闭输油技术

1）密闭输油技术特点

原油从油井中采出，经过汇集、中转、分离、脱水、稳定和储存，一直到外输计量的各个过程都是与大气隔绝的集输流程即为密闭集输流程。密闭技术是长庆低渗透油藏应用比较成熟的技术之一，从 20 世纪 70 年代马岭油田至今，长庆油田密闭技术已经经历三十多年的发展，其间通过不断的技术革新，目前主要采用井口套管气定压回收（井组增压）→（增压点油气密闭混输）接转站油气分输→联合站油气水三相分离→原油稳定、凝液回收等系列技术，达到了油气密闭集输、伴生气综合利用的目的。

从式井组采用定压阀回收套管气，经出油管线油气混输至增压点或接转站，通过增压点（接转站）油气混（分）输至联合站，联合站采用高效三相分离器分离，大罐抽气等密闭技术实现油气密闭处理，同时预留了扩建伴生气处理装置的衔接部分，便于后期凝液回收（图 2-18）。

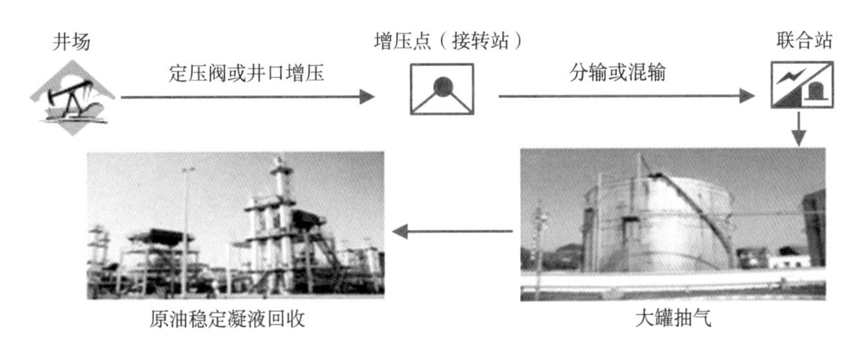

图 2-18 油气集输密闭输油系统流程示意图

密闭输油技术相对开式流程具有以下优点：

(1) 原油在集输过程中损耗低，产品质量高，减少对大气的污染；

(2) 减少了加热炉和锅炉的热负荷，提高了整个油气集输系统的热效率；

(3) 有利于提高自动化程度，提高管理水平；

(4) 工艺流程简单、紧凑、投资少。

密闭输油技术难点：

（1）由于长庆地形起伏大和树枝状集油管网的特点，要求具备较高的增压能力；

（2）由于超低渗透油藏滚动开发、地质变化大，低产低渗等特点，要求输油泵具有较好的流量调节能力（调速性能），在低频运行时输出压力要适应高背压工况；

（3）针对长庆来油不均衡、段塞流比较普遍的现状，采用段塞流抑制和保护技术，实现输油泵在段塞来液条件下的平稳运行。

2）密闭输油工艺流程

油气混输采用混输泵输送油、气、水三相，采用一条外输管线，管内流态为多相流动。油气分输采用技术成熟的高效离心泵输送油和水，通过站内密闭容器的自身压力实现气体单独输送，需敷设两条外输管线。两种技术原理不同，各有优劣，经过技术经济多方对比，目前长庆油田中小型站场外输工艺采用两种工艺并存的方式，增压点采用油气混输，接转站采用油气分输。

超低渗透油藏混输泵选型：（1）针对长庆地形起伏大和树枝状集油管网的特点，要求具备较高的增压能力；（2）由于地质变化大，要求混输泵具有较好的流量调节能力（调速性能），在低频运行时输出压力要适应高背压工况。因此综合比较，推荐选用单螺杆油气混输泵（图 2-19）。

混输泵工作原理：目前使用的混输泵主要有单头螺旋螺杆和双头螺旋螺杆两种形式、导程为双倍螺距的定子，两者相互啮合便形成密封腔，当螺杆被外力驱动时，它就在定子内做行星运动，并使密封腔容积不变地匀速地向定子出口端移动，连续运动的螺杆产生连续运动的密封腔，从而将介质从定子的入口不断地吸入，从定子的出口不断地排出，为容积式泵。

图 2-19　单螺杆油气混输泵现场安装图

技术特点：（1）可输送高黏度介质，可实现液、固、气的多相混输；（2）能输送非流动液态介质；（3）不怕沙和杂质，不需过滤器（允许含固量≤70%，允许颗粒直径≤2~25mm）；（4）变频调速，可实现流量自动控制，自吸能力强，吸入压力为 0~1.6MPa；（5）结构简单，安装、维修极为方便，依靠特殊设计的电磁调速电动机和控制系统，能随气液比变化，实现闭环全自动控制，相同工况条件比其他调速控制方式节能15%～30%。

（1）增压点油气混输工艺。

增压点属于小型站点，一般位于黄土高原残塬地貌油区，规模较小。主要针对长庆复杂、破碎、多变的地形，对于偏远、地势较低和沿线高差起伏变化大的井组采用增压点增压输送，以降低井口回压，增加输送距离。通过对增压点混输和分输方案比较，推荐增压点采用油气混输工艺（图2-20）。

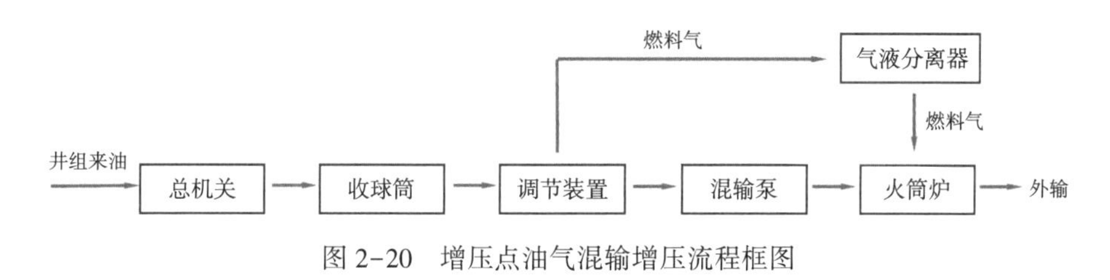

图2-20 增压点油气混输增压流程框图

（2）接转站油气分输工艺。

接转站作为输油骨架站，油气量大、输送距离远，采用油气分输方案比混输方案更加经济（表2-5）。此外，伴生气输送以低压集气工艺为主，伴生气管线与输油管线同沟敷设，可有效改善输送工况，减少建设投资。图2-21为接转站工艺流程图。

表2-5 接转站油气分输和混输工艺对比表（以800m³/d为例）

名称	油气分输	油气混输
内容	①采用分输工艺，输油泵采用FDYD45-50×5离心泵（功率为55kW）； ②40m³缓冲罐1具、ϕ800mm气液分离器1台、ϕ800mm泄油器1台； ③外输温度35℃，2台630kW真空加热炉	①采用混输泵，混输泵功率200kW（单台全套报价120万元，包括变频电动机和控制保护系统）； ②混输泵压缩气体温升10℃左右，来油温升至24.6℃即可。加热炉改为2台450kW真空加热炉
工程量	①800m³/d接转站（分输）1座； ②20-159mm×5mm①黄夹克管线6.3km； ③20-168mm×5mm管线6.3km	①800m³/d接转站（混输）1座； ② 20-168mm×5mm黄夹克管线6.3km
投资估算	859.89万元	743.93万元
能耗	①热负荷941kW，年耗气量64.7×10⁴m³； ②用电计算负荷85kW，年耗电量71.4×10⁴kW·h，合计44.3万元	①热负荷670kW，年耗气量46.1×10⁴m³； ②用电计算负荷165kW，年耗电量138.6×10⁴kW·h，合计85.9万元
优点	①工艺成熟； ②外输管线留有其他接转站插入能力； ③能耗低	流程简单，操作方便
缺点	①投资高； ②伴生气管路易积液堵塞，管理较麻烦； ③当输送距离较长时，缓冲罐压力无法满足输气要求，伴生气需采用压缩机增压输送	①其他接转站来油无法插入该管线； ②泵效率低，能耗高，运行成本高； ③混输泵与离心泵相比日常维护较多； ④当距离较长和沿线高差起伏较大时，混输管路附加高程损失较大

①20表示材质是20号无缝钢管；159表示管线外径为159mm；5代表壁厚5mm。

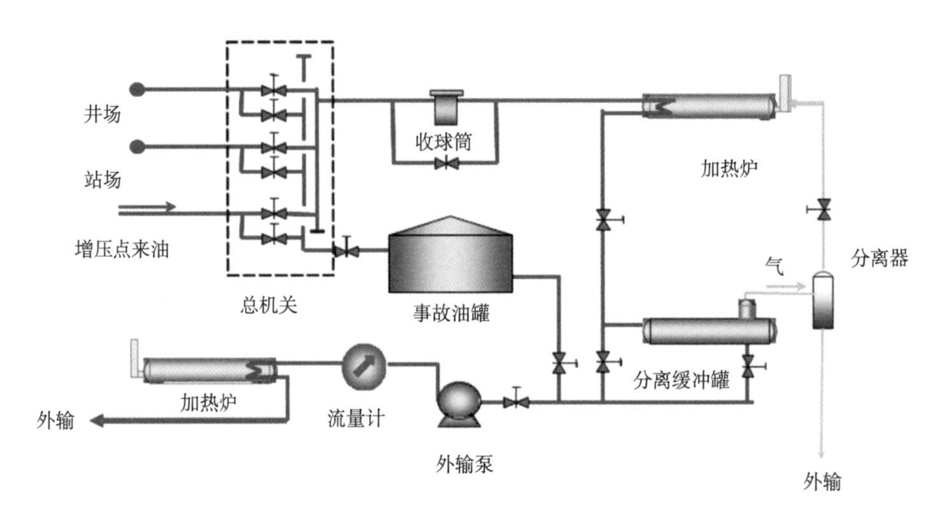

图 2-21　接转站流程示意图

综合考虑接转站混输和分输的优劣：油气混输虽然投资稍低，但能耗高、系统扩容能力较差，显然油气分输方案比混输方案具有更大的优势，因此接转站推荐采用油气分输工艺，油、气管线同沟敷设至联合站集中处理。

5. 多层系复合开发集输工艺

为了充分开采地下资源、提高原油采收率、节约用地，多层系复合开发已成为原油开采的趋势。长庆油田目前主要开发层系为三叠系长 1、长 2、长 4+5、长 6、长 8 及侏罗系延 9、延 10，以多层系开发为主要特色，即不同区块不同油层采油，不同油层在同一井场分井采油，甚至有同一油井开采不同层位的情况。

1）多层系复合开发特点

由于不同油层采出水的性质差异大，各层位采出水配伍性差，互相混合后导致结垢，造成井筒堵塞、管线通径减小、加热炉盘管堵死、阀门失灵等，给地面集输工艺造成极大困难。

（1）配伍性差、结垢量大。

以姬塬油田采出水配伍性实验为例，地层水矿化度普遍较高，主要为氯化钙型。除长 4+5 与长 6、延 9 与长 8、延 10 外，其余层系均不配伍，且在不同的混合比例下结垢量较大。结晶物中硫酸钡约占 80%，碳酸钙约占 20%。非晶态物质主要是铁的氧化物、铁盐等（图 2-22）。

（2）结垢诱导期短、井筒结垢严重。

与其他油田相比，长庆油田采出水具有结垢诱导期短、结垢量大的特点，其中姬塬油田较为突出。在姬塬油田初始开发阶段，为贯彻小区快低成本快速开发战略，提高钻井成功率及单井产量，部分油井采用多层系混合开采工艺，导致井筒结垢严重（图 2-23）。

（3）结垢点多面广、防治难度大。

集输系统结垢影响因素多，输送距离长，混合比例、温度、流速、管道表面条件等均对结垢产生重要影响。集输过程中条件变化会导致垢不断析出，从而给结垢防治带来较大困难。井筒、集输管线、总机关、加热炉盘管、三相分离器、水处理设备、注水管线等成为主要结垢点。

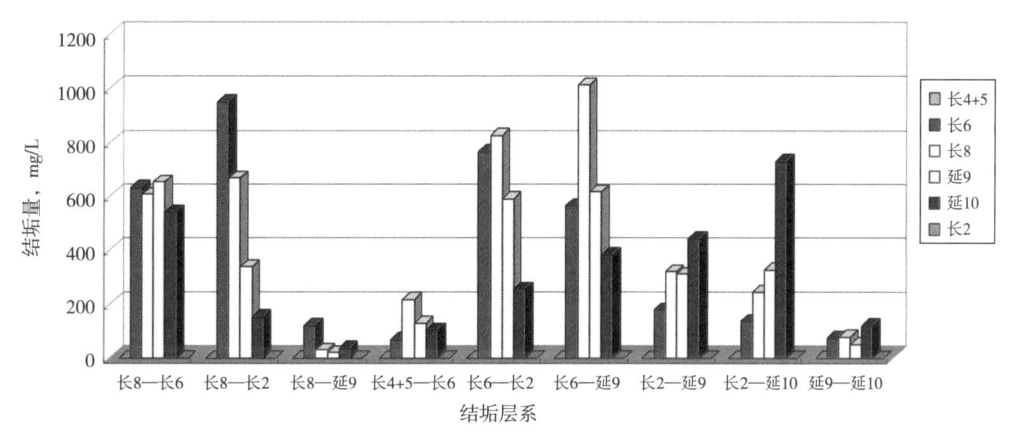

图 2-22 姬塬油田采出水配伍性能

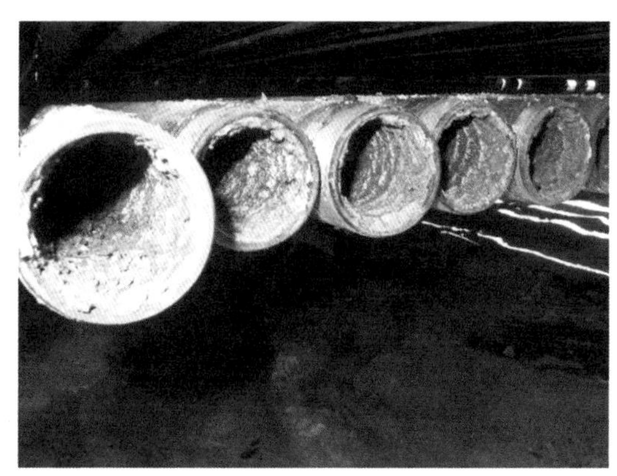

图 2-23 姬塬油田井筒结垢情况

(4) 水处理难度大、投资高。

采出水成垢离子浓度大，且不同层位离子浓度差异较大，水处理系统投资高、占地大、效果差。结垢导致管道腐蚀（垢下腐蚀）、穿孔，阻塞过滤微孔，造成反洗频繁及处理水质不达标等诸多问题（表 2-6）。

表 2-6 采出水分析数据表

序号	井号	阴离子，mg/L					阳离子，mg/L					水型
		SO_4^{2-}	CO_3^{2-}	HCO_3^-	OH^-	Cl^-	Ca^{2+}	Mg^{2+}	$Ba^{2+}+Sr^{2+}$	K^++Na^+	ΣFe	
1#	团 52-14	1097. 78	0. 00	1256. 92	0. 00	1501. 27	587. 47	54. 99	179. 43	2160. 41	2. 92	$NaHCO_3$
2#	阳 40-68	883. 48	0. 00	1265. 88	0. 00	12009. 17	1473. 76	213. 00	0. 00	9116. 83	65. 30	$CaCl_2$
3#	259 井组	13722. 15	0. 00	2499. 28	0. 00	11212. 81	337. 89	79. 48	0. 00	20379. 47	37. 37	$NaHCO_3$
4#	阳 39-63	0. 00	0. 00	1892. 74	0. 00	61842. 21	5235. 15	799. 71	3503. 89	44145. 44	13. 80	$CaCl_2$
5#	学 63-9	0. 00	0. 00	1880. 29	0. 00	43772. 29	2889. 95	439. 28	1763. 99	33651. 41	64. 00	$CaCl_2$
6#	阳 55-60	0. 00	0. 00	1255. 70	0. 00	63530. 06	5156. 99	618. 31	5155. 40	44810. 66	18. 00	$CaCl_2$
7#	苗 56-35	329. 46	0. 00	1259. 88	0. 00	26441. 31	860. 50	101. 13	52. 67	22944. 45	17. 70	$MgCl_2$
8#	苗 48-95	0. 00	0. 00	1689. 66	0. 00	58624. 16	55234. 63	508. 65	5884. 74	40811. 90	8. 31	$CaCl_2$

（5）注入层系不配伍、降低地层渗透率。

长庆油田采出水矿化度高、配伍性差，注入地层后结垢导致地层渗透率降低，影响原油生产。此外，油区内水源井深 850～980m，开采难度大，产量低，矿化度高达 5000mg/L，且与注入层系地层水不配伍，注入地层后结垢堵塞地层，建议污水同层回注，有利于提高注水效果。

（6）结垢影响因素。

为解决多层系复合开发给地面集输工艺带来的难题，经过多年研究得出了不同影响因素下集输系统的结垢规律。研究发现系统温度和成垢离子浓度对结垢速率和结垢量影响较大，温度越高、成垢离子的浓度越大，结垢速率越快，结垢诱导期越短，污垢的沉积量越大。管内流速和系统压力对结垢影响较小，流速增大，对管道已沉积垢层的剥蚀率也增大，结垢趋势反而减小；压力对结垢几乎无影响。此外，管道的表面粗糙度对影响结垢速率，结垢诱导期随管道表面粗糙度增加而缩短。不同温度对垢层厚度的影响如图 2-24 所示。

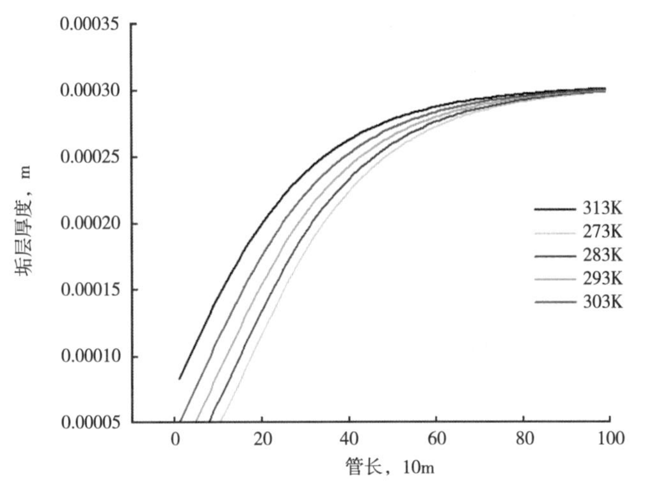

图 2-24　不同温度对垢层厚度的影响

（7）垢晶分析。

XRD（X 射线衍射）显示垢样主要包括 $CaCO_3$、$CaSO_4$、$FeCO_3$ 等物质，无定形物较多；电子显微镜下显示垢样由大小不均匀不规则颗粒组成，最大颗粒直径约 10μm（图 2-25）。

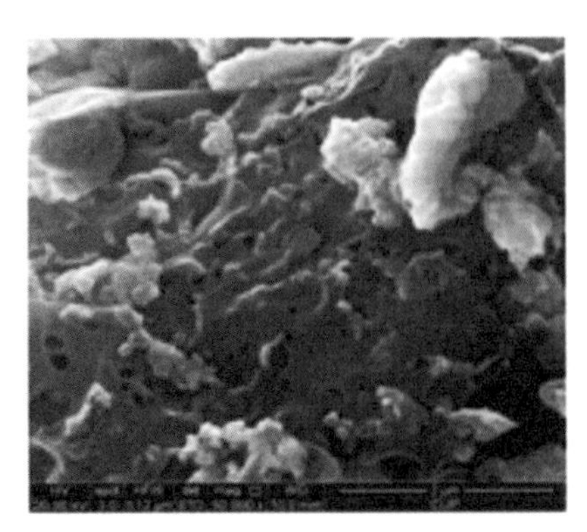 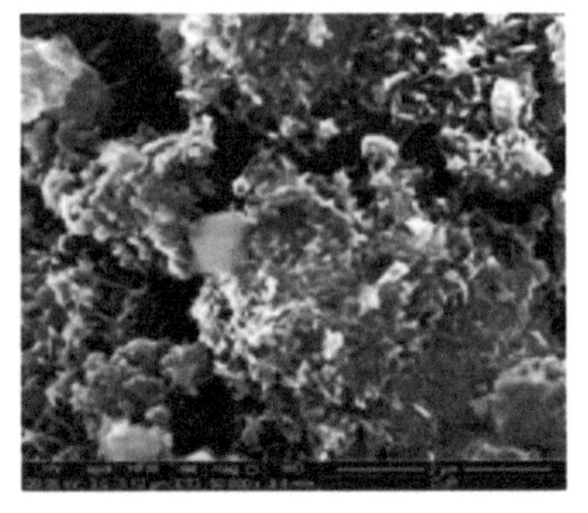

图 2-25　垢样电子显微镜照片

2）分层集输、分层处理、分层回注工艺

在多层系复合开发区块站内系统布置中，根据来油层系情况，站内采用“分层脱水、分层处理、分层回注、合理布局、预留能力、设施共用”（图 2-26），减少加热炉、储油罐、值班室、污油箱等公用设施，优化平面布局、优化工艺流程，提高建设速度、降低建设成本。

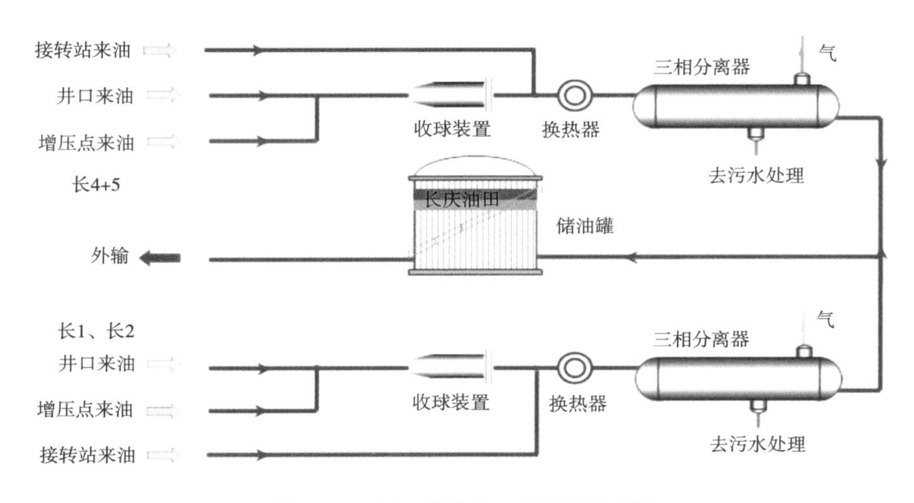

图 2-26　姬二联站内工艺流程示意图

此外，根据部署情况，增压点可采用多层系分层输油模式，防止输油管线结垢（图 2-27）。同时，通过优化平面布置、简化工艺流程、共用设备等手段减少占地面积、降低投资。以双层系增压点为例，多层系站场可减少占地面积 2.09 亩[1]，降低征地费 37.5%，减少投产

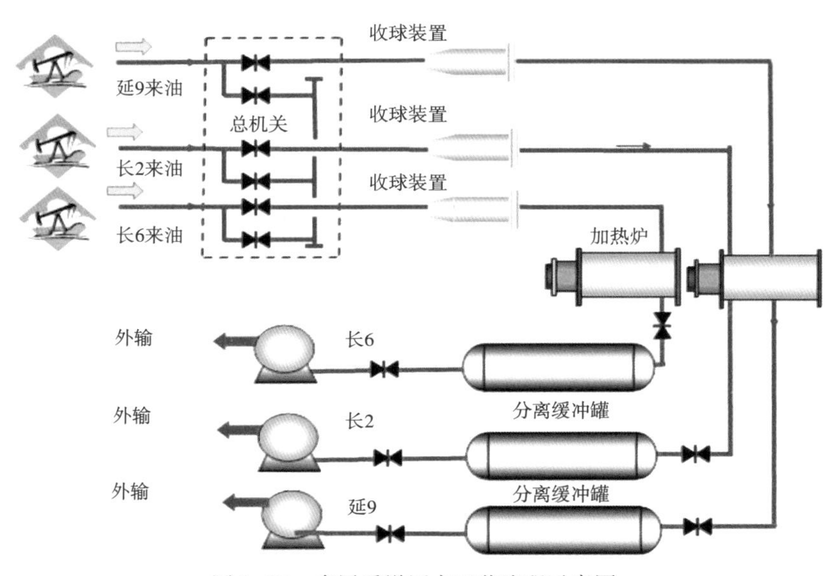

图 2-27　多层系增压点工艺流程示意图

[1] 1 亩 = 666.67m^2。

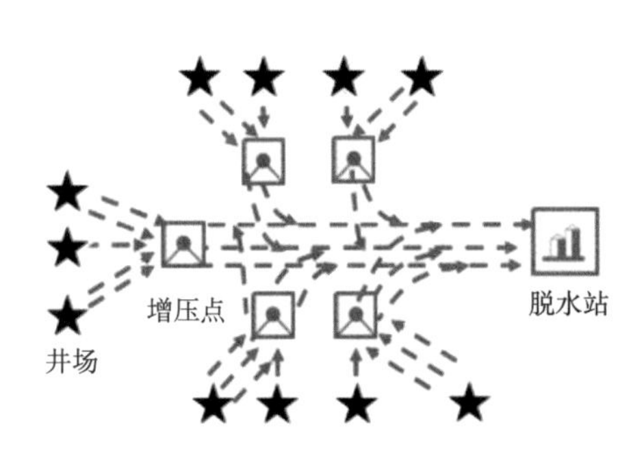

图 2-28 多层系复合开发分层输油管网示意图

作业箱 1 具、伴生气分液器 1 台、污油箱 1 具、加热炉 1 台，减少值班室、配电室及工具间各 1 间，共节省建设投资 25%。

输油方式：分层输送、小站串接，液量不足时采用间歇输送。

集油形式：将传统单管不加热密闭集油工艺优化为多管分层不加热密闭集油流程，通过热洗及自动投球清蜡实现低温、低输量集油（图 2-28）。

井丛布置：根据开发特点及地形条件，推广应用阶梯井场，合理布局、优化简化、减少占地、降低投资（图 2-29）。

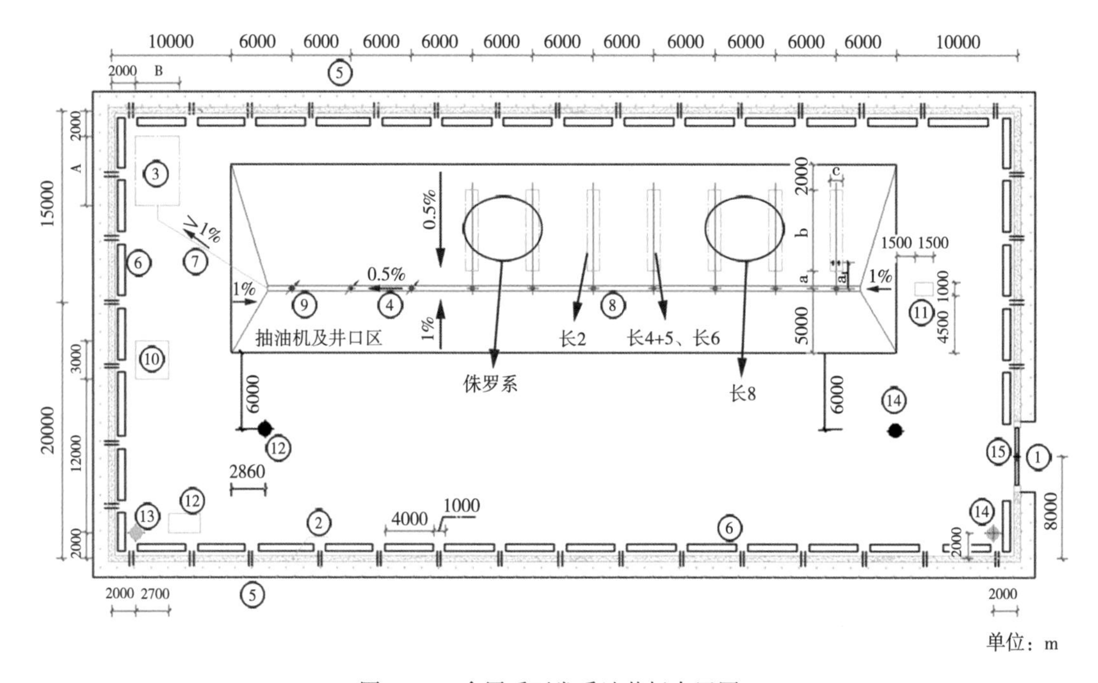

图 2-29 多层系开发采油井场布置图

1—简易大门；2—土筑防护堤；3—含油污水池；4—井口集油槽；5—绿化带；6—雨水收集池；7—排污管线；8—采油井口；9—注水井口；10—智能稳流配水阀组；11—自动投球装置及定压阀安装区；12，13—两个摄像灯杆

3）防垢与除垢

（1）电磁、超声波防垢。

电磁防垢：在高频电磁场的作用下，水体中的极性水分子受到交变电场的作用，水分子中正负电荷重心周期性地靠近和远离，产生电荷间振动。由于电场梯度和极性水分子常常不在同一直线上，进而产生偶极矩，并随电场的变化发生周期性偏移，产生分子振荡，当分子运动加剧到一定程度，即可形成活性水，影响成垢盐类析出、结晶及聚合，成垢物质不形成坚硬的针状结晶体，而是形成细小松软的粒状沉淀，以微晶态悬浮于液体中，从

而达到防垢的目的。电磁防垢原理和实物如图 2-30 所示。

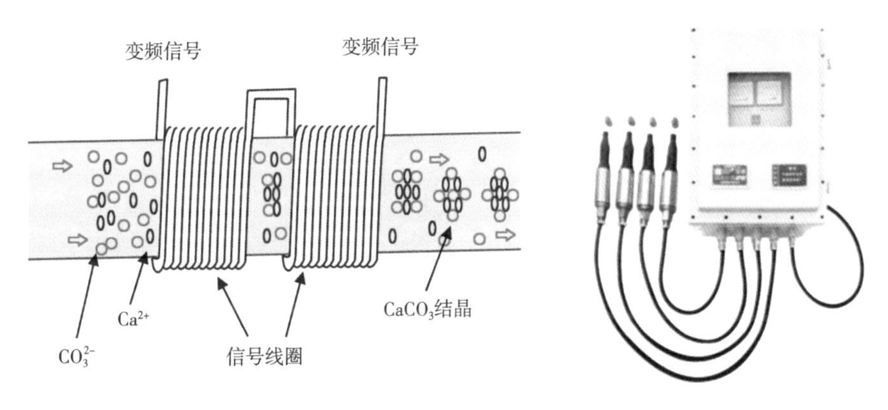

图 2-30 电磁防垢原理和实物图

超声波防垢：理论研究认为超声波防垢技术是利用强声场处理流体，使流体中成垢物质在超声场的作用下，其物理形态和化学性能发生一系列变化，使之分散、粉碎、松散、松脱而不易附着管壁而形成积垢。电磁、超声波防垢实验工艺流程如图 2-31 所示。

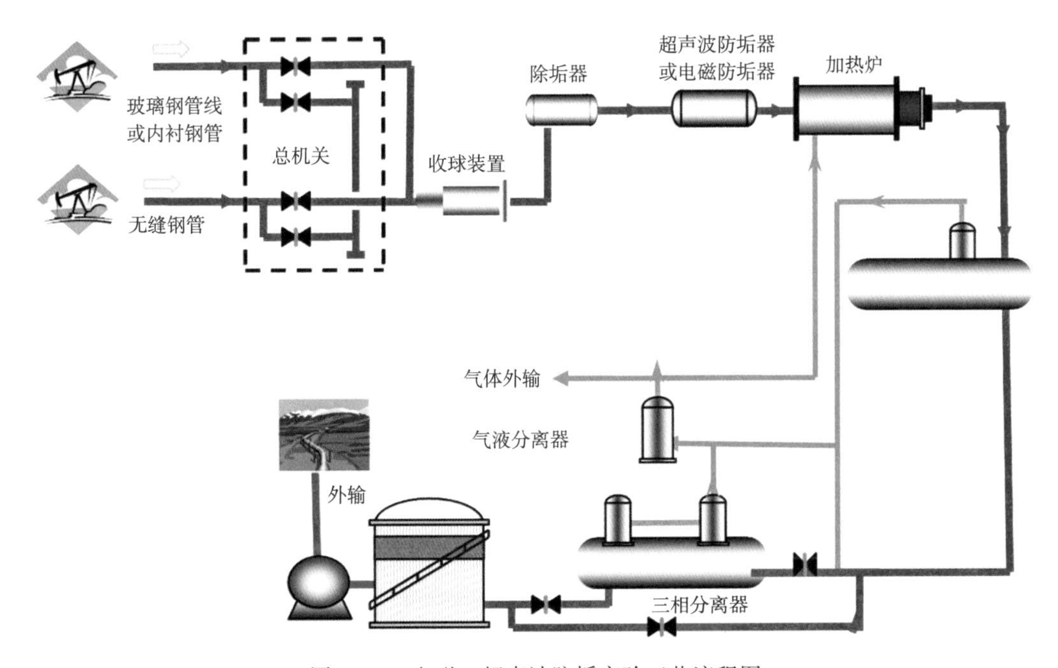

图 2-31 电磁、超声波防垢实验工艺流程图

（2）物理除垢。

物理除垢器主要由壳体、填料、液流进口接管、液流出口接管及排污管线等几部分构成。液体进入除垢器流经除垢填料，液体中的垢晶被除垢填料（一种经过特殊化学处理后具有强表面能的导电纤维）吸附而截留，当填料上吸附的垢堵塞流体通道而影响流体通行后，将填料连同吸附的垢取出，更换新的填料，以达到将流体中垢永久除去的目的。对于结垢趋势较弱的流体，可在除垢器新装填料运行的初期，向流体中加入一种使流体快速形

成垢晶的化学助剂，以加强除垢器的除垢效果。除垢器结构和实物图如图 2-32 所示。

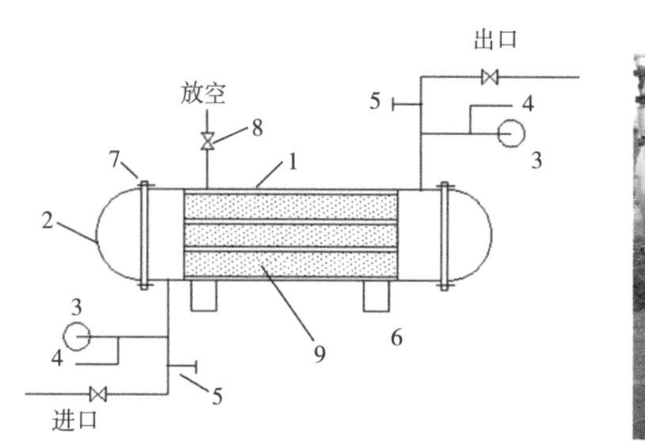

图 2-32　防垢器现场安装图

1—壳体；2—椭圆封头；3—压力表；4—取样口；5—检测棒；6—支座；7—法兰；8—放空阀；9—填料网及填料

（3）清管仪除垢。

机械清洗技术是国外近年来崛起的一项新兴管道清洗技术，具有清洗管径范围大、距离长、速度快、清垢彻底、无腐蚀和无污染等特点，并可实现不停产清洗。目前用于姬塬油田多条结垢管线的清洗、维护及保养。

清垢原理：在水泥车注入高压清水推动下，清管仪在管道内运行，水流自尾翼压入清管仪内振系统，在管壁形成爆破性射流，击打前方管壁结垢，使其强度降低甚至破碎。同时由于清垢仪（图 2-33）存在一定的过盈量，在摩擦力作用下，在前进过程中将附着在管内壁上的污垢除掉（图 2-34）。

图 2-33　清垢仪

图 2-34　管线清除的垢结晶

对站外集输管线和注水管线结垢，目前常用的解决方式为酸洗和更换管线。酸洗工艺过程控制难度大，容易造成管线腐蚀，污染环境，且对钡锶垢等酸不溶物处理效果较差。更换管线工作量大、投资高，影响原油生产。因此，在姬塬油田集输管线除垢工艺中引入清管仪除垢工艺，较好地解决了集输管线除垢的难题（表 2-7、图 2-33 和图 2-34）。

表 2-7　清管仪在姬塬油田的应用情况

序号	清垢管线	清垢前回压，MPa	清垢后回压，MPa	清出结垢量，kg
1	阳 54-60	5.0	2.4	150.0
2	白 317-31	0.8	0.6	122.0
3	白 211-33	1.4	0.7	205.0
4	白 11 增	1.7	1.1	385.0

清管仪清垢具有操作简单、清垢彻底、速度快、安全可靠等特点，对于距离较长，热洗、酸洗无法达到预期效果的输油管道、注水管道清垢具有一定的优势。此外，清垢施工对管道要求较低，满足正常生产投球的管线均能进行清管施工，且不影响正常原油生产，避免频繁更换管线造成的损失。在今后的生产运行中，将加大清管仪除垢的推广力度，保障输油管道及注水管道运行安全。

6. 原油脱水工艺

目前各油田原油脱水工艺根据所产原油性质的不同采用不同的工艺，主要脱水工艺有三相分离脱水、热化学沉降脱水、电脱水等方式。长庆油田根据其自身原油性质，目前主要采用三相分离脱水，基本可以达到外输交接原油含水率低于 0.5%的要求。对于脱水不达标或者三相分离器事故状态时，采用沉降罐热化学沉降脱水。此外，采用端点加药、管道破乳的方式对进站含水原油进行预处理，加强脱水效果。

1）三相分离脱水

油气水三相分离器是依靠油、气、水之间的互不相溶及各相间存在的密度差进行分离的装置，通过优化设备内部结构、流场和聚结材料使油气水达到高效分离（图 2-35）。三相分离器采用来液旋流预分离技术，实现对气液的初步分离；采用静态混合器活性水水洗破乳技术，强化了药液混合和乳状液破乳，改善分离的水力条件，加快油水分离速度；采用强化聚结材料增加油水两相液滴碰撞聚结概率；采用污水抑制装置，将分离后的含油污水进行二次处理，提高分离后的污水质量；采用变油水界面控制为油水界面的平衡控制技

图 2-35　三相分离器现场安装图

术。使含水含气原油经一次净化处理，达到优质净化原油标准。该设备具有处理能力大、分离效率高（99%以上）、分离效果好（来液含水率 50%～70%，出口原油含水率小于 0.5%）、自动化程度高等优点。

（1）简化油气处理工艺、降低工程建设投资：三相分离器的应用取消了溢流沉降罐、分离缓冲罐，这样既保证了三相分离器工作对气量的要求，又减少了设备及油气处理的中间环节、节省了投资、降低了油气损耗。与传统的大罐脱水相比，可节省用地 6.7 亩，节约建设投资 130 万元。高效三相分离器设计采用自力式压力调节阀对三相分离器进行补气以保证压力平稳，采用变频控制实现接转站连续输油以保证来液均匀，保证了三相分离器内流场平衡，实现高效脱水。现场应用脱水原油含水率小于等于 0.3%，污水含油小于等于 200mg/L，均达到或超出了设计指标。

（2）储运系统密闭，减少油气损耗：原油分离脱水温度较高，运行压力为0.2～0.3MPa，在进入常压储罐后，有较大量的气体析出，呼吸损耗较大。采用三相分离器脱水工艺后，净化原油从三相分离器出口直接进入密闭的缓冲罐内，通过液位连锁变频控制输油泵连续输送。仅三相分离器事故状况下才进储罐储存，流程密闭，伴生气回收利用，减少了大多数的油气损耗。

2）立式溢流沉降罐脱水

立式溢流沉降罐一般不耐压，常用于开式脱水流程，有时辅以大罐抽气等措施以减小油气挥发损耗，使流程的密闭性得以改善。

油田所用的立式溢流沉降罐多以常压拱顶钢制储罐为基础，进而安装一些脱水所需的辅助设备及附件而构成，主要由进液、集油、溢流水封装置三大部分组成。具有结构简单、进液分配均匀、沉降面积利用系数高、安装操作方便、脱水效果好、综合能耗远低于电脱水设备等优点。脱出的净化油含水率不大于 0.5%，污水含油约为 50m/L，与自然沉降脱水工艺相比，大罐溢流沉降脱水工艺具有工艺实用、运行平稳可靠、操作简单、脱水效果好及运行费用低等特点，在低渗透油田原油脱水中普遍应用。

第三节　原油稳定和凝液回收

一、原油稳定

未稳定原油含有大量的常温常压下为气态的溶解气（C_1—C_4），使原油蒸气压很高，在储存和运输的过程中，由于溶解气（C_1—C_4）的蒸发并携带了大量 C_5 以上的原油组分，造成原油的蒸发损耗，既浪费能源又污染环境，还给安全生产带来隐患，因而各国对商品原油的蒸气压有较严格规定。为降低原油的蒸发损耗，使原油中轻组分溶解气从原油中分离出，降低常温常压下原油蒸气压的过程叫作原油稳定。从原油中分出的溶解气，经回收加工，是石油化工的重要原料，也是清洁燃料。因此，原油稳定是节约能源和综合利用油气资源的重要措施之一[3]。

1. 原油稳定目的及要求

1）原油稳定目的

在油气集输过程中，为了满足各种工艺要求，原油需要降压、加热、转输、储存等，这就为原油中的轻组分挥发提供了条件。从近几年各油田油气损耗调查情况看，对于未做到密闭集输的流程来说，原油在敞口容器中的挥发损失约占总损耗的40%。原油稳定的目的在于降低油气集输过程中原油的蒸发损耗，合理利用油气资源、保护环境，提高原油在储运过程中的安全性。相同储存温度下，敞口容器的轻组分挥发率与所在地大气压成反比。由于所处海拔高度不同，当地大气压也有所不同，当地大气压与海拔高度关系见表2-8。

表2-8　长庆油田大气压与海拔高度的关系

海拔高度 m	大气压力 kPa（绝压）	海拔高度 m	大气压力 kPa（绝压）
0	101.325	1828.8	81.151
152.4	99.422	1981.2	79.134
304.8	97.629	2133.6	78.117
457.2	95.906	2286.0	76.669
609.6	94.128	2438.4	75.221
762.0	92.458	2590.8	73.773
914.4	90.735	2743.2	72.394
1066.8	89.080	2895.6	71.016
1219.2	87.425	3048.0	69.637
1371.6	85.839	3200.0	68.258
1524.0	84.253		

长庆油田位于鄂尔多斯盆地高原地带，海拔一般为1100~1760m，大气压为82~89kPa。

长庆油田为典型的低渗透油田，所产原油20℃时密度在839.8~855.2kg/m³，原始气油比比较低，马岭油田一般在25m³/t左右，新开发的西峰油田比较高，可达60~100m³/t。部分原油物性及组成见表2-9。

表2-9　长庆油田原油物性及组成数据表

分类	项目	西峰油田	安塞油田	靖安油田	姬塬油田	华庆油田	吴起油田
原油物性	密度（20℃），g/cm³	0.8498	0.8351	0.8569	0.8398	0.8254	0.8591
	凝固点，℃	9	22.0	21.7	22.5	21.0	24.0
	初馏点，℃	78	75.0	73.3	76.2	71.0	70.0
	水含量，%	56	52	55	45	40	70
	盐含量，mg/L	22.4	26	26	24	22.4	15
	蜡，%（质量分数）	22.73	22.73	22.73	22.73	22.73	22.73
	硫质量浓度，μg/mL	0.12	0.055	0.055	0.12	0.055	0.055
	胶质，%（质量分数）	4.64	4.64	4.64	4.64	4.64	4.64
	沥青质，%（质量分数）	0.14	0.14	0.14	0.14	0.14	0.14

续表

分类	项目	西峰油田	安塞油田	靖安油田	姬塬油田	华庆油田	吴起油田
原油组成%（摩尔分数）	C_1						
	C_2	0.07	0.11	0.03	0.04	0.04	0.11
	C_3	0.99	1.19	0.73	0.89	0.27	0.86
	C_4	1.85	2.39	2.10	2.00	0.51	1.61
	C_5	2.20	2.81	2.70	2.51	0.9	1.92
	C_6	2.56	2.98	2.76	2.54	1.74	2.02
	C_7	3.13	3.36	3.15	2.91	3	2.33
	C_8	3.20	3.01	3.16	2.86	3.47	2.37
	C_9	3.75	3.36	3.47	3.22	4.3	2.55
	C_{10}	3.85	3.43	3.44	3.30	4.51	2.73
	C_{11}	4.18	3.6	3.96	3.61	5.04	3.41
	C_{12}	4.36	3.67	4.00	3.80	4.9	3.67
	C_{13}	4.50	3.91	4.43	4.10	4.95	3.97
	C_{14}	4.73	3.8	4.41	4.32	5.22	4.62
	C_{15}	5.37	4.56	4.73	4.81	5.63	5.54
	C_{16}	4.65	3.93	4.37	4.38	4.93	5.03
	C_{17}	4.80	4.32	4.65	4.53	5.09	5.32
	C_{18}	4.70	4.49	4.51	4.56	4.87	5.16
	C_{19}	4.41	4.45	4.46	4.46	4.58	5.48
	C_{20}	4.53	4.51	4.62	4.57	4.6	5.12
	C_{21}	4.48	4.52	4.55	4.60	4.45	5.06
	C_{22}	3.98	4.1	4.14	4.14	4.01	4.54
	C_{23}	3.83	4.12	4.05	4.06	3.85	4.29
	C_{24}	3.24	3.57	3.63	3.48	3.31	3.59
	C_{25}	3.26	3.61	3.53	3.57	3.27	3.53
	C_{26}	2.84	3.2	2.97	3.14	2.9	3.12
	C_{27}	2.57	3.12	2.86	2.91	2.56	2.92
	C_{28}	2.20	2.44	2.39	2.42	1.95	2.29
	C_{29}	2.10	2.38	2.18	2.33	1.71	2.12
	C_{30}	1.17	1.73	1.43	1.76	1.31	1.62
	C_{31}	0.69	1.24	1.04	1.28	0.84	1.15
	C_{32}	0.49	0.76	0.57	0.77	0.45	0.67
	C_{33}	0.39	0.48	0.37	0.51	0.28	0.46
	C_{34}	0.30	0.39	0.34	0.44	0.25	0.36
	C_{35}	0.27	0.26	0.29	0.33	0.13	0.24
	C_{36}	0.19	0.23		0.30	0.1	0.23
	C_{37}	0.17			0.23	0.05	
	C_{38}				0.19	—	
	C_1—C_4 合计	2.91	3.69	2.86	2.93	0.82	2.58

从表2-9可以看出，安塞、西峰、姬塬等油区原油中C_1—C_4含量较高，而最低的华庆油田原油C_1—C_4含量仍达0.82%，原油中C_1—C_4平均含量为2.63%。为了降低集油过程中的原油蒸发损耗，使原油在储存温度下的饱和蒸气压低于当地大气压，最有效的方法就是采用密闭流程，同时对原油进行稳定。通过原油稳定将原油中的C_1—C_4和部分C_5组分拔出，减少蒸发损失，同时回收价值高的轻烃，减少环境污染。

2）原油稳定要求

原油稳定深度是指对未稳定原油中挥发性最强轻组分C_1—C_4的分离程度，分离出的C_1—C_4越多越彻底，稳定深度越高。由于原油饱和蒸气压主要取决于原油中易挥发轻组分的含量，所以通常用储存温度下原油的饱和蒸气压来衡量原油稳定的深度。稳定原油饱和蒸气压应根据原油中轻组分含量、稳定原油的储存和外输条件等因素确定。

原油蒸气压有两种表示方法，一种是真实蒸气压，即泡点蒸气压，是原油在泡点时的蒸气压，工艺计算中经常使用。另一种是雷德蒸气压，是温度为38℃时测定的条件性蒸气压。各国情况不同，对稳定原油饱和蒸气压的要求不完全一致。国外一般是以38℃雷德蒸气压衡量的。雷德蒸气压为0.07MPa时，真实蒸气压相当于0.1MPa。

国内多数原油倾点较高，以38℃雷德蒸气压衡量不够恰当。因此，SY/T 0069《原油稳定设计规范》中规定，稳定原油在储存温度下的饱和蒸气压的设计值不宜超过当地大气压的70%。

从降低原油在储运过程中蒸发损耗的角度考虑，稳定原油饱和蒸气压越低越好。但追求过低的饱和蒸气压，不仅在能量消耗上造成很大浪费，而且使原油中汽油馏分潜含量减少，造成原油的品质下降。因此，应根据综合经济效益分析来确定稳定原油的饱和蒸气压。原油稳定的主要目的是降低原油蒸发损耗，当油田内部原油蒸发损耗率低于0.2%（质量分数）时，不宜进行稳定处理。蒸发损耗低于0.2%的原油，已经达到SY/T 6420《油田地面工程设计节能技术规范》的控制指标，此时原油中C_1—C_4的轻组分含量也通常小于0.5%，总损耗率也一般在0.5%以下，进行稳定处理已经没有经济价值。

2. 工艺方法

各种原油稳定方法都建立在蒸馏原理基础上。由于体系分子间相对挥发度（或沸点）的不同，蒸发的气相和未蒸发的液相存在着组成的差异，从而使体系实现分离。从原理和操作方式上看，可以把蒸馏分为连续操作的闪蒸（平衡蒸馏）、精馏、水蒸气蒸馏（汽提）和间歇操作的简单（间歇）蒸馏的单体和组合。

进料（液相/气相）经加热或冷凝后进入一个容器（如闪蒸罐、蒸发塔、蒸馏塔的汽化段、塔顶部分冷凝器等）。在一定的操作温度和压力下，气液两相迅速分离，此过程即为平衡蒸馏，也称闪蒸。闪蒸是连续操作的一次汽化过程。闪蒸过程理论上的最高分离能力为一次相平衡，在工艺中按一个理论（平衡）级处理。在实际生产过程中，并不存在真正的平衡汽化，因为真正的平衡汽化需要气液两相无限长的接触时间和无限大的接触面积。然而在适当的条件下，气液两相可以接近平衡，因此可以近似地按平衡汽化处理。平衡汽化可以使混合物得到一定程度的分离，气相产物中含有较多的低沸点轻组分，而液相产物中则含有较多的高沸点重组分。但是在平衡状态下，所有组分都同时存在于气、液两相中，而两相中的每一个组分都处于平衡状态，因而这种分离是比较粗略的。

精馏是分离液相混合物的有效手段。精馏过程实际上是多级平衡汽化和冷凝的过程。

利用精馏原理按照轻重组分挥发度不同，将原油中的轻质组分脱除出去，以达到稳定的目的，这种方法叫“分馏稳定法”。分馏稳定法的缺点是流程复杂，设备多，对操作过程控制严格。优点是能比较彻底地从原油中拔出 C_1—C_4 组分，稳定质量好。

简单蒸馏是实验室或者小型装置上常用于浓缩物料或粗略分割油料的一种蒸馏方法。简单蒸馏是一种间歇过程，而且分离程度不高，一般只是在实验室中使用，通常工业上很少采用。

这几种方式都能从原油内分出溶解的 C_1—C_4，使原油稳定。油田常采用闪蒸法或分馏法，使蒸气压高、挥发性强的 C_1—C_4 组分从原油中分离出去，原油内剩余的 C_1—C_4 含量下降，蒸气压也随之降低，即为稳定原油。

对于不宜进行原油稳定的场合，可以选用油罐烃蒸气回收工艺。油罐烃蒸气回收（俗称大罐抽气）不是稳定原油的方法，而是作为降低油气损耗的一种措施，也是作为密闭储存的手段。结合原油组分、产量及当地气温情况，若采用烃蒸气回收以后的原油能够满足储存要求，也可不再进行稳定。

以下分别介绍长庆油田油罐烃蒸气回收工艺、闪蒸稳定工艺和分馏稳定工艺。

1）油罐烃蒸气回收工艺

在长庆油田未密闭油气集输系统中，常采用立式油罐储存油品。在油罐内，原油的蒸发损失严重，特别是在储存未稳定原油的常压固定罐内，除了大、小呼吸损失外，还有蒸发损失，因此回收油罐烃蒸气也是节能、保护环境的重要措施。20 世纪 80 年代，长庆油田的大部分油田采用井口加药、管道破乳、大罐沉降脱水工艺，结合这一工艺，为减少油罐挥发这部分损失，采用了油罐烃蒸气回收工艺。

（1）接转站油罐烃蒸气回收工艺。

接转站常压油罐比较小，一般为 $200m^3$，而密闭分离缓冲罐分离出的伴生气有一定的压力，采用了密闭分离缓冲罐分离出的气体作为引射器的动力气源，抽吸常压油罐烃蒸气。

引射器是一种流体机械，它以高速流体的紊动来传导能量而不直接消耗机械能。它没有相对的运动部件，无磨损、无泄漏，因而有设备简单、运行可靠、维护管理方便等特点。用计量接转站具有一定能量的伴生气作引射器的动力气，直接抽吸油罐烃蒸气并通过一简单的油罐压力调节装置，控制油罐压力在 0.2～0.8kPa。该装置对于产量不同的接转站均有一定的适应性，尤其对气油比较大的油田，其经济意义更大。引射器的结构如图 2-36所示。

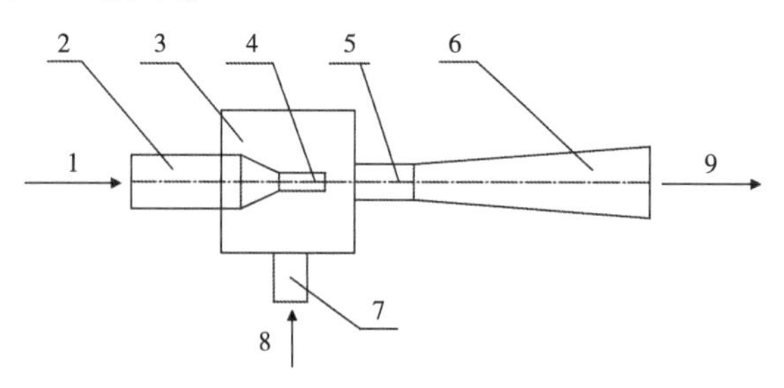

图 2-36　引射器结构原理图

1—动力气；2—动力气入口管；3—混合室；4—喷嘴；5—混合段；6—扩压管；7—吸气管；8—抽吸气；9—混合气

具有一定能量的伴生气经渐扩型喷嘴以声速或超声速喷出后形成高速射流，在混合室形成负压，由于射流与被吸气体之间的黏滞作用，把被吸气体带走，再经扩压管增压外输。采用引射器回收油罐烃蒸气流程图如图 2-37 所示。

由密闭分离缓冲罐的伴生气进入引射器作动力气，通过引射器将油罐挥发的烃蒸气抽出外输。当油罐烃蒸气小于抽气量时，油罐压力下降，到 0.2kPa 压力调节器向油罐补气；当油罐挥发气大于抽气能力时，油罐压力上升，到 0.8kPa 时，压力调节器放空一部分气体。分离器分出的原油去外输。

储油罐是微正压容器，其承受压力范围为-0.5~2.0kPa，在抽气过程中控制油罐压力远小于这个范围，在压力调节器正常工作的情况下，可以保证油罐的安全。工作原理如图 2-38 所示。

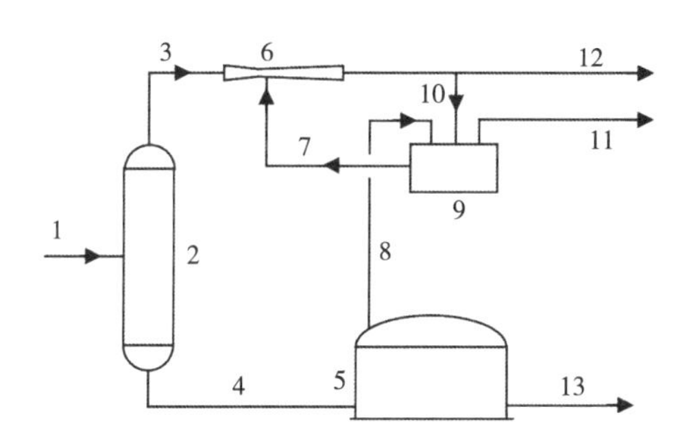

图 2-37 引射器抽气流程图

1—来油；2—分离器；3—动力气；4—原油；5—储油罐；6—引射器；7—抽吸气；8—油罐挥发气；9—压力调节器；10—补充气；11—放空气；12—外输气；13—原油外输

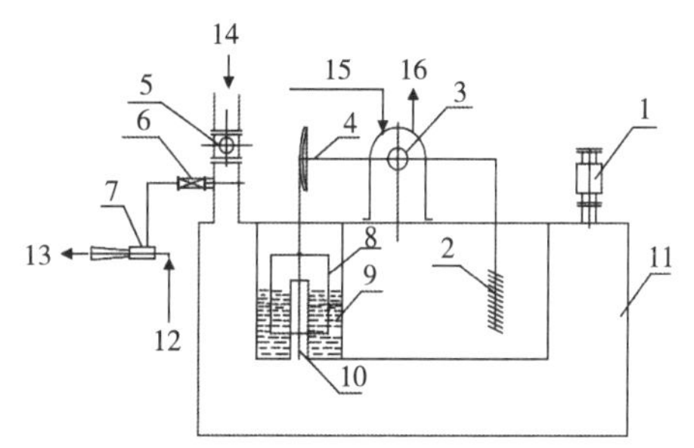

图 2-38 压力调节器结构原理图

1—可读数液封阀；2—柔性配重；3—压力调节阀；4—杠杆；5—气量记数表；6—单流阀；7—喷射器；8—浮筒；9—防冻液；10—连通管；11—方箱；12—动力气；13—混合气；14—油罐烃蒸气；15—补充气；16—放空气

压力控制系统用 DN80mm 管线旁接于油罐，使油罐与方箱内压力一致。引射器经旋启式单流阀和计量仪表抽吸油罐烃蒸气，与动力气混合后外输。从外输气中引一部分作为补充气，以调节油罐压力。方箱由内室和外室构成。外室盛有防冻液，用连通管与内室连通。内室压力与油罐相同。当浮筒罩在连通管上后，通过液封作用，浮筒内压力为油罐内压力，浮筒外空间则为大气压力。当油罐压力发生变化时，与大气压产生压差，在重锤和杠杆的共同作用下，使浮筒上下移动，同时带动压力调节阀外筒转动，根据罐内压力大小自动进行补气或放气。

（2）沉降脱水罐烃蒸气回收工艺。

长庆油田脱水沉降罐大多为 1000~5000m^3，它们采用的烃蒸气回收工艺基本相同，现以白于山联合站为例。

如图 2-39 所示，联合站 2 具 5000m^3 沉降脱水罐和 2 具 5000m^3 净化油罐挥发的烃蒸气，经输气管至分离缓冲罐，分离掉凝液后再由自控调压器进一步调压后进入负压螺杆压缩机的入口，缓冲罐的凝液自流到储液罐，在累积到一定液位后也定期由负压螺杆压缩机抽出，输往凝液回收装置，压缩机出口引出一部分气体作为补充气，保持油罐压力在安全范围内。

2）闪蒸稳定工艺

利用闪蒸原理使原油蒸气压降低，称为“闪蒸稳定”。闪蒸容器属气液两相分离器，分立式和卧式两种，立式常称闪蒸塔，卧式称闪蒸罐。按闪蒸容器的压力，将闪蒸分为负压闪蒸、微正压闪蒸和正压闪蒸。目前长庆油田原油稳定装置绝大部分采用了负压闪蒸工

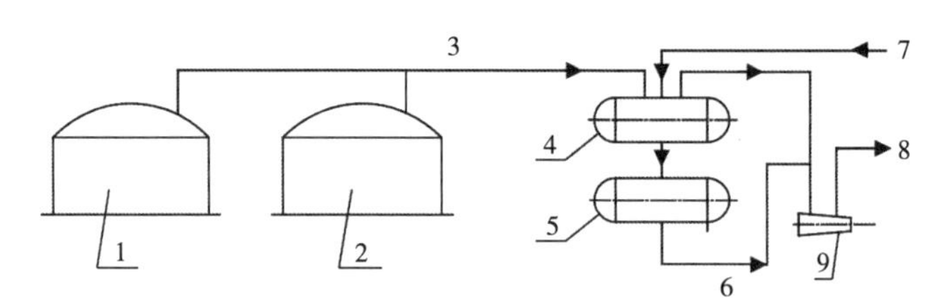

图 2-39　沉降脱水罐烃蒸气回收原理流程图

1—沉降脱水罐；2—净化油罐；3—烃蒸气；4—分离缓冲罐；5—储液罐；6—凝液；7—补充气；8—外输气；9—负压螺杆压缩机

艺，少量采用了微正压闪蒸工艺，正压闪蒸工艺用得较少。

（1）负压闪蒸稳定工艺是指被稳定的原油进入原油负压稳定塔，利用负压螺杆压缩机抽气产生负压，在不加热或加热温度较低的情况下，一次平衡闪蒸分离脱除 C_5 以下易挥发的轻组分，达到稳定原油的目的。负压闪蒸稳定的原油温度一般为 50～80℃，负压一般不超过当地大气压的 70%。

由图 2-40 可知，脱水后的原油进入加热器，加热至 50～80℃呈气液两相进入负压闪蒸塔。塔顶与螺杆压缩机入口相连，形成负压（真空），使塔的操作压力为 0.04～0.07MPa（绝压）。原油在塔内闪蒸，负压下闪蒸出的气体由塔顶进入负压螺杆压缩机，压缩后经空冷器冷却至 40℃进入三相分离器，分离出原油稳定气、凝析油（液态烃）和污水，液态烃用泵输至凝液回收装置，或回掺至稳定原油内增加原油数量。原油稳定气去凝液回收装置。

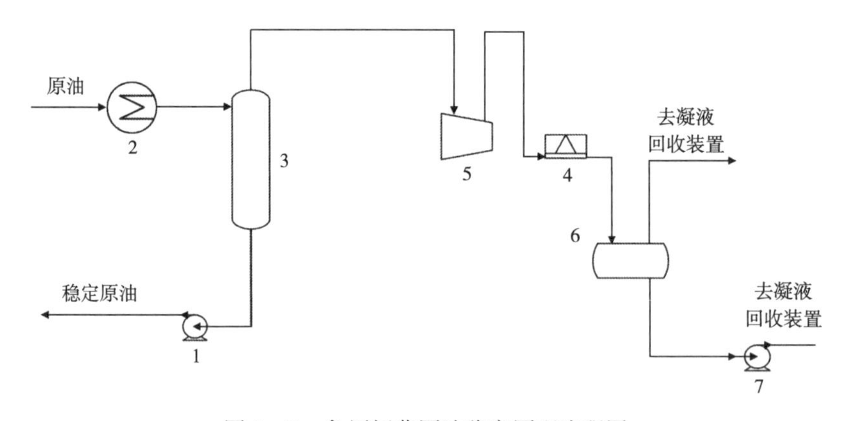

图 2-40　负压闪蒸原油稳定原理流程图

1—外输泵；2—加热器；3—负压闪蒸塔；4—空冷器；5—螺杆压缩机；6—三相分离器；7—液态烃泵

负压稳定塔的关键参数是操作压力、温度和汽化率。汽化率为气相流量与进料流量之比，也称气相产品收率或稳定装置的拔出率。汽化率由原油内溶解的 C_1—C_4 含量和要求的稳定原油蒸气压确定。要达到规定的原油蒸气压，需要的操作压力不仅取决于闪蒸温度，还受压缩机入口所能达到的真空度制约。目前国内生产的压缩机达到的入口压力约为 0.06MPa（绝压），引进国外压缩机可达 0.04MPa（绝压）。压缩机的出口压力约 0.3～0.4MPa（绝压），应与油田低压气网的压力匹配，以便将三相分离器分出的伴生气纳入同一压力等级的气体管系内。稳定塔操作温度除受原油脱水温度影响外，还应考虑原油外输的要求温度。

（2）微正压闪蒸稳定原理流程图如图 2-41 所示。未稳定原油先与稳定原油换热后进入加热器，加热至 80~95℃，压力为 0.103~0.105MPa（绝压），进入原油稳定塔，在此闪蒸出 C_5 以下组分，塔顶闪蒸气经压缩机增压后，经空冷器冷却至 40℃左右进入三相分离器，凝液用泵抽出送往凝液回收装置，分出的稳定气也去凝液回收装置。塔底稳定原油与未稳定原油换热后用泵抽出外输或直接进原油储罐。

目前庄一联轻烃厂原油稳定装置采用微正压闪蒸工艺。

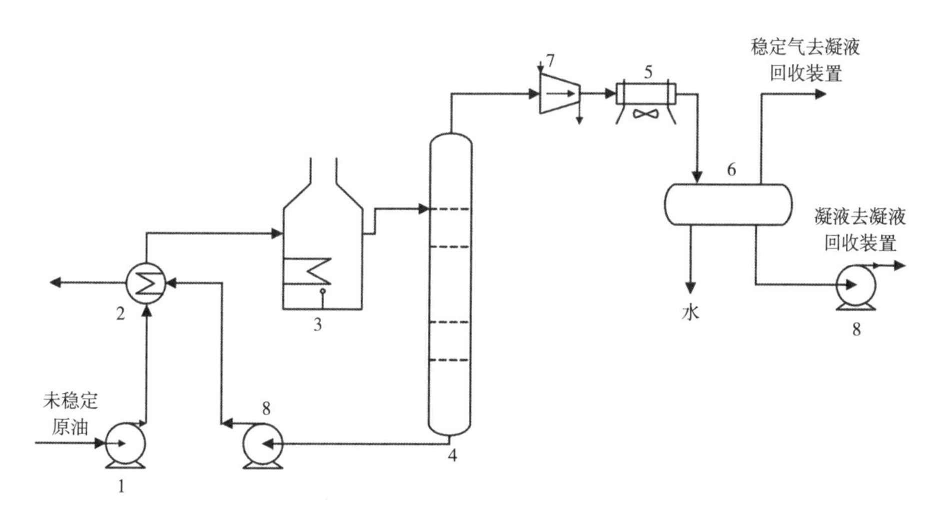

图 2-41 微正压闪蒸法原油稳定原理流程图

1—原油泵；2—换热器；3—加热器；4—稳定塔；5—空冷器；6—三相分离器；7—压缩机；8—外输泵

3）分馏稳定工艺

利用精馏原理对原油进行稳定的过程称为分馏稳定。与闪蒸工艺相比，分馏稳定工艺对轻重组分的切割较为精细，有较高的稳定深度，分馏塔对物料的分离较为精细。但所需设备多，流程复杂，能耗较高。

由于原油稳定只要求控制原油蒸气压，对塔顶产品组成的要求并不十分严格，因此分馏稳定宜采用不完全塔即只有提馏段的分馏法。只有提馏段的分馏法由于没有精馏段，没有外回流，故能耗低于精馏法。

图 2-42 是安塞油田王窑集中处理站最早采用的原油稳定装置流程图，其稳定气直接去凝液回收装置生产液化石油气和稳定轻烃。

原油用泵加压经过换热器与稳定原油换热后进入加热炉，加热至 150~180℃闪蒸出其中的轻组分，塔顶闪蒸气经空冷器、水冷器冷却至 35℃左右进入回流罐，经回流泵部分打入塔顶作回流，其余部分去凝液回收装置，回流罐顶部稳定气去凝液回收装置。

4）稳定工艺的选择

原油稳定工艺的选择要根据原油的组成、物性，并综合考虑相关的工艺过程，通过技术经济比较后决定。除满足原油蒸气压要求外，还有如下原则：（1）稳定气的烃露点低（即气体中重组分含量少），稳定原油产量多；（2）投入成本低，建设和运行费用回收期短；（3）工艺流程、设备、操作尽量简单可靠。

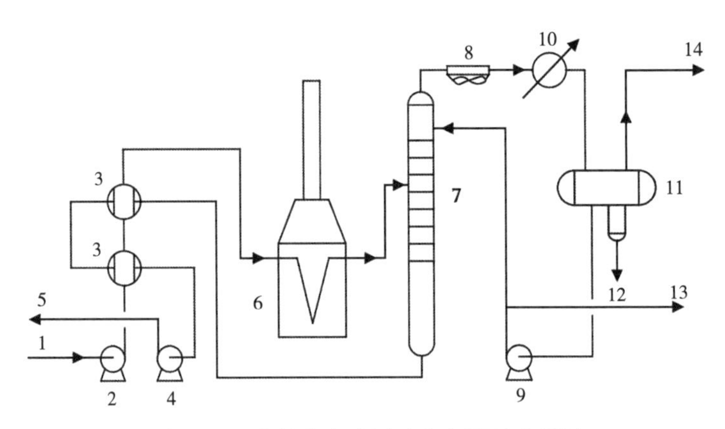

图 2-42 分馏稳定法原油稳定原理流程图

1—原油；2—原油泵；3—换热器；4—外输泵；5—稳定原油；6—加热炉；7—原油稳定塔；8—空冷器；9—回流泵；10—冷却器；11—回流罐；12—水；13—轻烃；14—稳定气

长庆油田进行过各种稳定方法与能耗的指标对比，详见表 2-10，从表中数据可大致了解多种原油稳定方法的能耗等级。

表 2-10 稳定方法与能耗

稳定方法	操作		电耗，kW · h/t				热耗 MJ/(h · t)
	压力，MPa（绝压）	温度 ℃	$2m^3/t$（气油比）	$5m^3/t$（气油比）	$10m^3/t$（气油比）	$15m^3/t$（气油比）	
油罐烃蒸气回收	常压	48	0. 10	0. 25	0. 50	0. 75	—
负压闪蒸稳定	0. 08	48	0. 4	0. 6	1. 0	1. 4	—
正压闪蒸稳定	0. 28	120	0. 6	0. 6	0. 6	0. 6	92. 1
分馏稳定	0. 12	180	1. 3	1. 5	1. 7	2. 0	113

通过对 C_1—C_4 含量不同的原油，进行稳定处理方案对比。研究表明，轻质原油（含 C_1—C_4 烷烃 5. 5%以上）适合采用分馏法稳定，而轻组分含量低的原油（含 C_1—C_4 烷烃 2. 24%）宜采用闪蒸分离。根据调查，长庆油田采用负压闪蒸稳定法较多，投资省、流程简单，稳定深度可满足要求。

长庆油田原油（20℃）密度为 839. 8~855. 2kg/m^3，气油比低。马岭油田约为 25m^3/t，西峰油田稍高，为 60~100m^3/t。原油经联合站三相分离器处理后 C_1—C_4 含量一般不足 2. 0%。另外，原油稳定皆与凝液回收装置联合建设，原油稳定气送往凝液回收装置，凝液回收装置其他原料气来气压力约 0. 2MPa。综合考虑原油的组分以及为适应下游凝液回收装置对压力的要求，长庆油田原油稳定装置绝大部分采用了负压闪蒸工艺。

截至 2015 年底，长庆油田原油年产量约为 2450×10^4t/a，原油稳定装置总设计规模达 970×10^4t/a，已建原油稳定装置 22 套（含 3 套油罐烃蒸气回收装置），主要分布在安塞、靖安、姬塬等油区。结合长庆油田原油的特性和相关工艺过程，后期建设的原油稳定装置均采用负压闪蒸工艺。

5）原油稳定设备

原油稳定工艺不同，原油稳定系统配置的设备也不尽相同。在选择稳定工艺的同时，应考虑主要设备的设计和选型。闪蒸稳定工艺的主要设备为闪蒸塔和压缩机。

（1）闪蒸塔。

负压及正压闪蒸仅是一次平衡汽化，从广义上说是在一个分离器内分离油气，是原油的末级分离。这种闪蒸塔不像分馏塔那样，气液可多次在塔内接触，传热传质，而是气液分道而行，气相负荷只有进料量1%左右，远小于液相负荷。由于原油进塔前的阀门节流降压，在塔的进料口处气相已大部分逸出，随着液体向下流动脱出的气体越来越少。为使真实的闪蒸过程尽量接近理想的平衡汽化，在塔的结构设计上应使气液有极大的接触表面和很长的接触时间。此外，还要求稳定塔压降低、原油在塔内发泡少、消泡时间短、结构简单、造价低廉等。

①塔的结构形式。

塔的结构形式一般采用立式塔。内部结构采用淋降式筛板或格栅填料。为了获得较大的闪蒸面积，要求筛板在淋降状态下运行，原油从筛板上下流形成液柱，利于气体逸出。气体与液体不返混，而是从气体通道中上升。格栅填料可使液体成滴状或膜状下流，液体蒸发面积大，而蒸发出来的气体与液体并不返混。格栅填料有较大的孔隙率，气体在孔隙中上升（图 2-43 和图 2-44）。

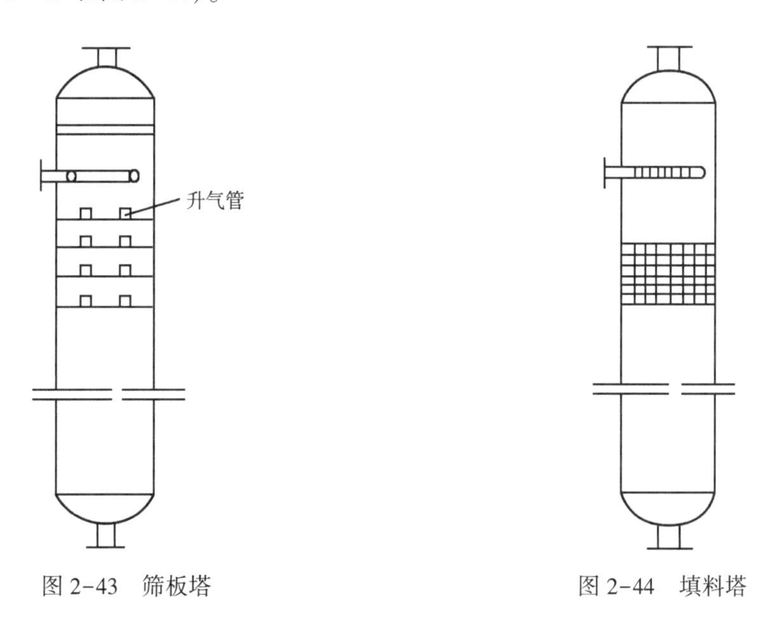

图 2-43　筛板塔　　　　图 2-44　填料塔

②进料结构。

进塔原油是部分汽化的。进塔后，应使液流流速降低，保持液流在进料板上均匀分布，使原油内夹带的气泡得以释放。为增大塔内气液接触和闪蒸面积，采用进料分布管等喷淋进料装置。

③进料分布管。

分布管可做成环状及枝状。要求进料尽可能均匀地流下。杜绝喷溅、喷射、剧烈地搅动。环状分布管（图 2-45）下部钻小孔使液体均匀淋下。适用于直径 1.2m 以下的塔。枝状分布管（图 2-46）适用于直径大于 1.2m 的塔。

分布管上小孔的面积取决于流经小孔的压降，此值一般不大于 1.78kPa，管上开孔长

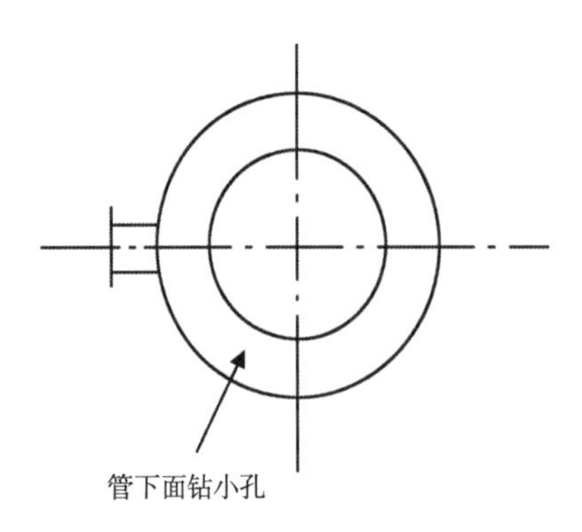

图 2-45　环状分布管

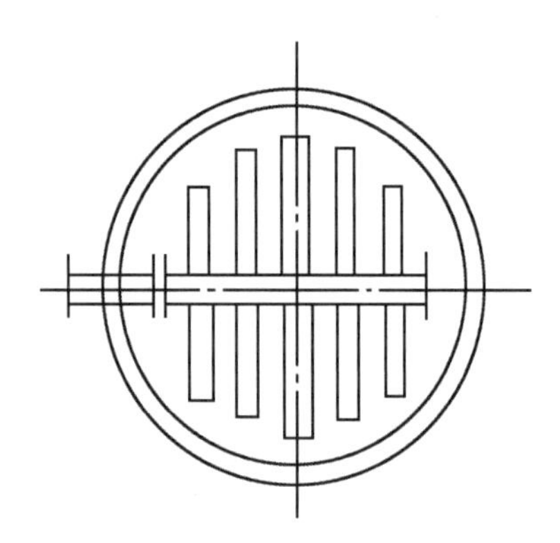

图 2-46　枝状分布管

度不得大于未开孔的总长度。压降计算公式为

$$\Delta p=\left[K\rho\left(w^2/2\right)\right]\times10^{-3} \tag{2-1}$$

式中　Δp——压降，kPa；

K——系数；

ρ——液体密度，kg/m^3；

w——液体流经小孔的流速，m/s。

$$K=\left(1-\alpha^2\right)/C^2 \tag{2-2}$$

式中　α——小孔总截面积与分布管截面积之比；

C——流量系数，0.6 ~0.7。

如以 $C=0.6$，且（$1-\alpha^2$）取 1，则

$$\Delta p=\left[2.78\rho\left(w^2/2\right)\right]\times10^{-3}$$

由规定好的压降就可以计算出小孔总截面积，规定小孔孔径，计算出小孔数，小孔直径一般为 8 ~ 10mm。

④进料分布盘。

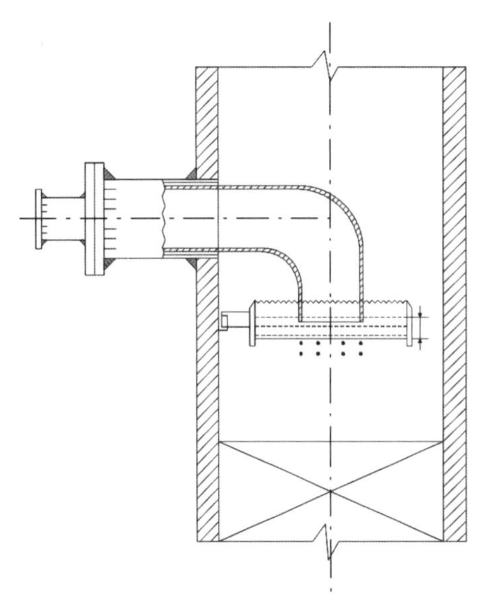

图 2-47　进料分布盘结构图

图 2-47 为进料分布盘结构图。进料管直径应保持液相流速小于 1m/s，以免造成喷溅，一般取 0.6 ~ 0.8m/s。分布盘直径为塔径的 0.6~0.8，适用于直径 0.8m 以上的塔。分布盘与塔壁之间的环形通道，就是气体上升的通道。盘底开小孔，小孔直径、个数与盘上液头高度 H 的关系为

$$n=\frac{L}{0.785d_0^2C\sqrt{2gH}} \tag{2-3}$$

式中　n——盘底开小孔数；

L——液体流量，m^3/s；

d_o——小孔直径，m；

C——流量系数，0.6~0.7；

H——盘上液头高度，m。

⑤塔径计算。

进料口上部实际上是一个油气分离器，可按常规的分离器计算直径。进料口下部绝大部分是液相，要尽量扩展液体表面积。采用淋降式筛板或栅格填料都有喷淋密度的要求。喷淋密度大，处理大，但液体蒸发面积小，造价低；喷淋密度小，处理量虽小但蒸发面积大，造价高。目前还没有一个成熟的关联式可以直接计算这种情况下的塔径。根据国内已建成投产的负压闪蒸塔的运行情况，可以取一个经验值。一般来说，喷淋密度在 30~40$m^3/(h \cdot m^2)$ 内是比较合适的。

以喷淋密度计算进料以下的塔径：

$$D = \left(\frac{L}{0.785 \times L'}\right)^{0.5} \tag{2-4}$$

式中　D——塔径，m；

L——进料液量，m^3/h；

L'——喷淋密度，$m^3/(h \cdot m^2)$。

⑥填料及停留时间。

负压闪蒸塔可以选用一定喷淋密度来决定塔径。进料口以下，如果采用填料扩展液体蒸发面积，需满足液体分道而行的原则，因此用栅格填料很合适。填料高度按平衡汽化需一块理论板估计。关于液体在塔内停留时间，应按塔底原油在塔内停留时间计算，起泡原油为 6~8min，一般原油为 2~3min。

（2）压缩机。

负压原油稳定的关键设备是负压压缩机。目前可供选择的压缩机有三种：螺杆式压缩机、活塞式压缩机和离心式压缩机。由于活塞式压缩机连续运转时间短，需设置备用机，并且不允许气体带液，一般不推荐使用。离心式压缩机进口也不允许气体带液，而且当排量降低时还会发生喘振现象，必须设回流调节，浪费电能，操作复杂，一般用于排量比较大的场合。

螺杆式压缩机的输量较小，适用于汽化率较低的稳定装置。有些螺杆压缩机允许气体带少量液体，要求气体不含固体杂质。喷液螺杆压缩机工艺流程简单，操作也比较简单，一般是负压原油稳定装置的优先选用设备。

二、凝液回收

天然气按矿藏特点可分为纯气藏天然气（气藏气）、凝析气藏天然气（凝析气）和油田伴生气（伴生气）三类。其中，伴生气是一种伴随原油从油井中逸出的天然气。按有机生油理论，有机质演化可生成液态烃与气态烃，气态烃或溶解于液态烃中，或呈气顶状态存在于油气藏的上部，这两种气态烃均称为伴生气。伴生气主要成分是甲烷、乙烷，还有一定数量的丙烷、丁烷、戊烷等。伴生气直接燃烧排放，既造成大量能源浪费，又因是温室气体而污染环境。面对环境保护政策的日趋严格，以及能源日益紧张的情况，伴生气回收并综合利用越来越受到人们的重视，也成了一个研究热点。从油田开发远景考虑，将伴生气综合利用是达到人与自然的和谐发展和企业可持续发展目标的最佳选择。

长庆油田伴生气资源丰富，原始气油比为 20~120m^3/t，截至 2016 年底已探明伴生气地质储量 2130×$10^8$$m^3$。目前，伴生气主要用于凝液回收、油田自用燃料气及燃气发电利用等，整体回收利用率约为 70%，故仍有很大的提升空间。根据长庆油田的发展，原油产量仍将高位持续稳产，油田伴生气产量也将高位持续增长，发展潜力巨大。

据统计，目前长庆油田井、站燃料利用率约为 42%，燃气发电利用率约为 8%，凝液回收利用率约为 20%，整体回收利用率约 70%，具有很大提升空间。通过加强资源调研，不断整合资源结构，长庆油田轻烃回收工作取得了一定的成效，初步建立了"密闭集气、集中利用、凝液回收"模式，实现了资源的规模化和利用的多元化。

1. *凝液回收技术*

通过几年时间的推广应用，长庆油田伴生气凝液回收取得了显著的成果，形成了与长庆油田油气当量 5000×10^4t/a 开发水平相适宜，与低渗透油田技术水平相匹配的工艺系列。通过示范引领，伴生气密闭率逐步提高，真正起到了生产保障支撑作用，成了一项安全工程、环保工程、节能工程、效益工程。通过加强资源调研，不断整合资源结构，伴生气凝液回收工作取得了一定的成效，初步建立了"密闭集气、集中利用、凝液回收"模式，实现了资源的规模化、多元化循环再利用。

凝液回收方法基本上可分为吸附法、油吸收法及冷凝分离法三种。目前基本上采用冷凝分离法。伴生气凝液回收一般以回收 C_{3+} 为目的，采用冷冻油吸收法和冷凝分离法。

（1）吸附法。

吸附法系利用固体吸附剂（例如活性炭）对各种烃类的吸附容量不同，从而使天然气中一些组分得以分离的方法。在北美，有时用这种方法从湿天然气中回收较重烃类，且多用于处理量较小及较重烃类含量少的天然气，也可用来同时从天然气中脱水和回收丙烷、丁烷等烃类（吸附剂多为分子筛），使天然气水露点、烃露点都符合管输要求。

吸附法的优点是装置比较简单，不需特殊材料和设备，投资较少；缺点是需要几个吸附塔切换操作，产品局限性大，能耗与成本高，目前很少采用。

（2）油吸收法。

油吸收法系利用不同烃类在吸收油中溶解度不同，从而使天然气中各个组分得以分离。吸收油一般为石脑油、煤油、柴油或从天然气中回收到的 C_{5+} 凝液（天然汽油，稳定轻烃）。吸收油分子量越小，凝液收率越高，但吸收油蒸发损失越大。因此，当要求乙烷收率较高时，一般才采用分子量较小的吸收油。

按照吸收温度不同，油吸收法又可分为常温、中温和低温油吸收法（冷冻油吸收法）三种。常温油吸收法吸收温度一般为 30℃；中温油吸收法吸收温度一般为-20℃以上，C_3 收率约为 40%；低温油吸收法吸收温度一般可达-40℃左右，C_3 收率一般为 80%~90%，C_2 收率一般为 35%~50%。

吸收油分子量取决于吸收压力和温度，一般为 100~200。常温油吸收法采用的吸收油分子量通常为 150~200。如果设计合理，低温油吸收法采用的吸收油分子量最小可为 100。

油吸收法是 20 世纪五六十年代广泛使用的一种凝液回收方法，尤其是在 20 世纪 60 年代初由于低温油吸收法可在原料气压力下运行，收率较高，压降较小，而且允许使用碳钢，对原料气处理要求不高，且单套装置处理量较大，故一直在油吸收法中占主导地位。

但因低温油吸收法能耗及投资较高，因而在 20 世纪 70 年代以后已逐渐被更加经济与先进的冷凝分离法取代。目前，除美国、澳大利亚等国个别已建油吸收法 NGL 回收装置仍在运行外，大多数装置均已关闭或改为采用冷凝分离法回收 NGL。

此外，国内以油田伴生气为原料气的凝液回收装置中，有的因处理量较小，但原料气中 C_3 含量又较高（大于 10%），为提高 C_3 收率故仍采用改进的低温油吸收法。

（3）冷凝分离法。

冷凝分离法是利用在一定压力下天然气中各组分的沸点不同，将天然气冷却至露点以下某一值，使其部分冷凝与气液分离，从而得到富含较重烃类的凝液。这部分凝液一般又采用精馏的方法进一步分离成所需要的液态烃产品。通常，这种冷凝分离过程又是在几个不同温度等级（温位）下完成的。

由于天然气的压力、组成及所要求的凝液回收率或液态烃收率不同，故凝液回收过程中的冷凝温度也有所不同。根据其最低冷凝分离温度，通常又将冷凝分离法分为浅冷分离与深冷分离两种。前者最低冷凝分离温度一般为−35～−20℃，后者一般均低于−45℃，最低在−100℃以下。

冷凝分离法的特点是需要向气体提供温度等级合适的足够冷量使其降温至所需值。按照提供冷量的制冷方法不同，冷凝分离法又可分为冷剂制冷法、膨胀制冷法和联合制冷法三种。

2. 长庆油田凝液回收工艺

长庆油田一直对油田伴生气回收和综合利用技术进行研究，在凝液回收工艺方面，经历了冷凝分馏、冷油吸收等工艺改进发展历程，形成了以改进冷油吸收为核心技术的凝液回收工艺，以此为基础的一种新型凝液回收技术也取得了一定进展。

1）浅冷分离工艺

浅冷分离工艺适用于以回收 C_{3+} 为目的，且对丙烷收率要求不高的凝液回收装置。该工艺目前在国内多用于处理烃类含量较多但规模较小的油田伴生气。采用浅冷分离工艺凝液回收工艺的优点是流程简单，投资较少，缺点是丙烷收率较低，一般仅为70%～75%。

（1）马岭集中处理站凝液回收工艺流程。

马岭集中处理站原油稳定及凝液回收装置于 1981 年 10 月建成投产，处理油田伴生气 $6.0\times10^4 m^3/d$。采用压缩浅冷流程，其原理流程图如图 2−48 所示。

该流程特点是首次将脱乙烷塔顶气体引至原料气罐，防止由于脱乙烷塔操作波动造成的 C_3 组分损失，提高了 C_3 收率，同时弥补了原料气不足，稳定了操作。

（2）西峰油田西一联合站凝液回收工艺流程。

西峰油田西一联合站凝液回收采用以丙烷为制冷剂的浅冷流程，工艺流程如图 2−49 所示。

该流程的特点是在脱乙烷塔顶增加了部分冷凝器，用丙烷作冷却介质，可以提高凝液回收装置的 C_3 收率。该装置天然气采用乙二醇为脱水剂。

2）冷油吸收工艺

常规油吸收工艺存在的问题主要是吸收剂的平均分子量太大，组成复杂，选择性差，吸收油循环量大，造成能耗高，因而逐步被淘汰。根据吸收理论，同一种烃类中分子量小

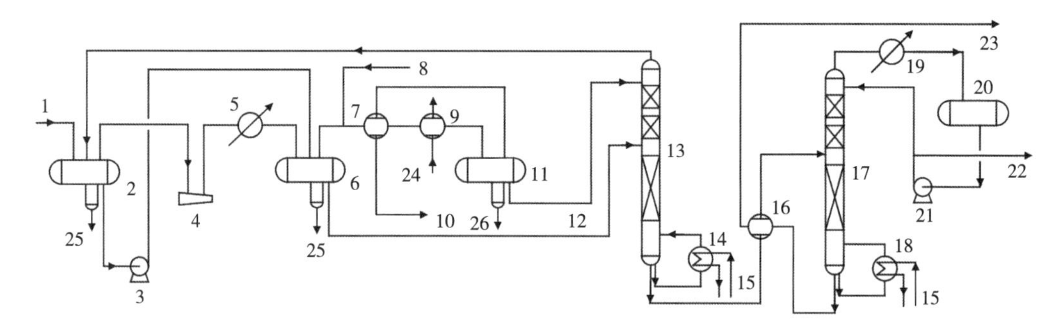

图 2-48　浅冷法凝液回收原理流程图

1—原料气；2，6—三相分离器；3—液态烃泵；4—压缩机；5，19—冷却器；7—贫富气换热器；8—三甘醇；9—氨蒸发器；10—干气；11—低温三相分离器；12—液态烃；13—脱乙烷塔；14，18—重沸器；15—蒸汽；16—换热器；17—脱丁烷塔；20—回流罐；21—回流泵；22—液化气；23—稳定轻烃；24—氨；25—水；26—甘醇水溶液

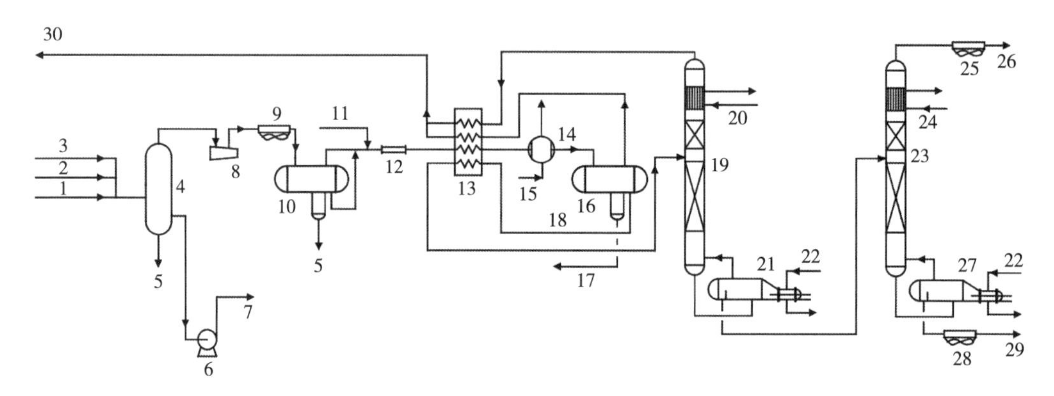

图 2-49　西一联合站凝液回收原理流程图

1—分离器来气；2—原油稳定气；3—油罐烃蒸气；4—分液罐；5—水；6—液态烃泵；7，18—液态烃；8—原料气压缩机；9，25，28—空冷器；10—三相分离器；11—乙二醇；12—静态混合器；13—贫富气换热器；14—丙烷蒸发器；15，20—丙烷；16—低温三相分离器；17—乙二醇水溶液；19—脱乙烷塔；21，27—重沸器；22—导热油；23—脱丁烷塔；24—循环水；26—液化气；29—稳定轻油；30—干气

的比分子量大的吸收能力强。长庆油田冷油吸收工艺装置自产的稳定轻烃，其分子量约为 80，具有选择性好、吸收能力强、吸收剂循环量低、节能效果好等优点，是理想的冷油吸收剂。

（1）早期冷油吸收工艺。

长庆油田早期建设的安塞油田杏河凝液回收装置和王南凝液回收装置、姬塬油田姬一联凝液回收装置等都采用了冷油吸收工艺。该工艺以低温稳定轻烃（主要组分为 C_5、C_6）为吸收油，与传统的低温油吸收工艺相比，由于分子量小，选择性高，C_3、C_4 的吸收率有所提高。缺点是吸收油蒸发损耗较大。早期冷油吸收工艺流程如图 2-50 所示。

（2）改进的冷油吸收工艺。

经过对早期冷油吸收工艺的不断优化，形成了改进的冷油吸收工艺。该工艺的特点是采用稳定轻烃作为吸收油，经丙烷蒸发器冷冻后去低温分离器，C_{3+} 收率可达 90% 以上，在油田

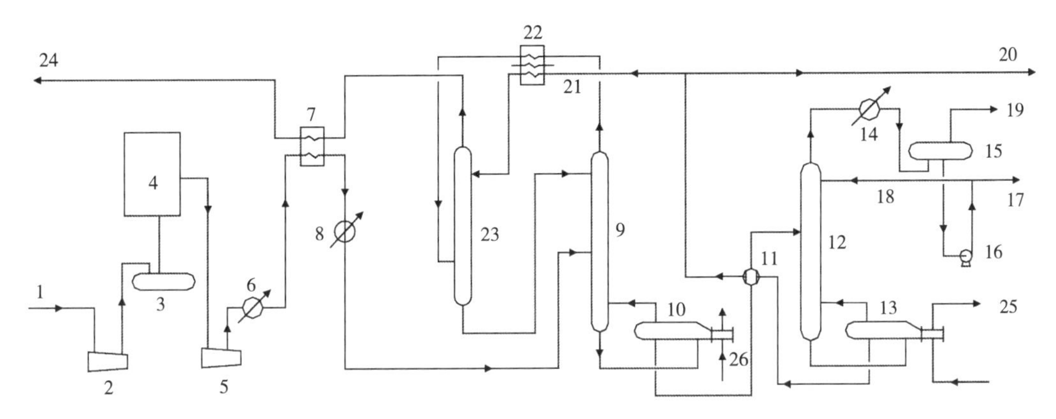

图 2-50 早期冷油吸收工艺流程

1—原料气；2—一级压缩机；3—二级入口分离器；4—分子筛脱水橇；5—二级压缩机；6，14—冷却器；7—贫富气换热器；8—丙烷冷箱；9—脱乙烷塔；10—脱乙烷塔底重沸器；11—换热器；12—脱丁烷塔；13—脱丁烷塔底重沸器；15—回流罐；16—回流泵；17—液化气；18—回流；19—不凝气；20—稳定轻烃；21—吸收油；22—丙烷冷却器；23—吸收塔；24—干气；25，26—导热油

中小型伴生气处理工艺中属于先进工艺。同时改进的冷油吸收工艺具有适应性强、操作弹性大的特点，适合长庆油田滚动开发建设需要。近年来长庆油田凝液回收装置逐步采用了标准化设计，实现了流程的定型化设计，装置的模块化设计、橇装化和系列化设计，缩短了设计周期，节约了用地面积。

以长庆环一联凝液回收厂为例，改进的冷油吸收工艺流程如图 2-51 所示。该流程的特点是将吸收塔与脱乙烷塔合并，上部为吸收段，下部为脱吸段，同时，采用预饱和措施，吸收剂循环量比没有预饱和时的循环量减少 16.7%。干气中 C_{5+} 含量明显降低。

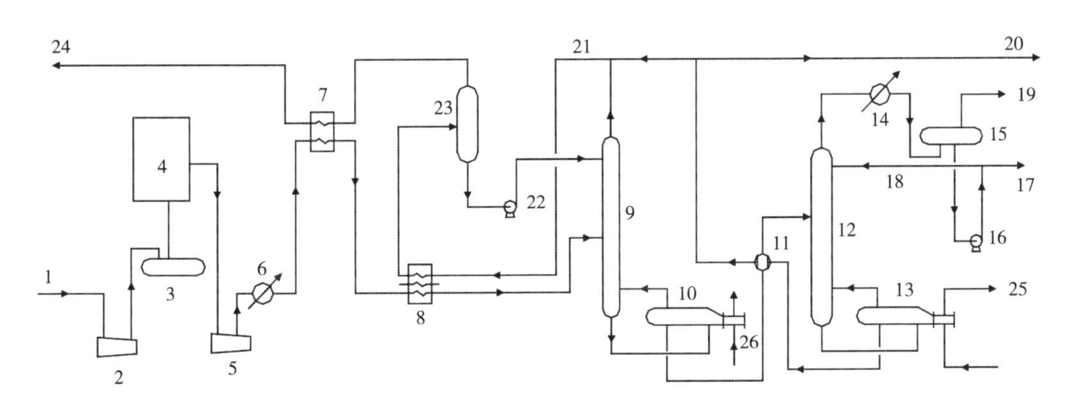

图 2-51 改进的冷油吸收工艺流程

1—原料气；2—一级压缩机；3—二级入口分离器；4—分子筛脱水橇；5—二级压缩机；6，14—冷却器；7—贫富气换热器；8—丙烷蒸发冷箱；9—脱乙烷塔；10—脱乙烷塔底重沸器；11—换热器；12—脱丁烷塔；13—脱丁烷塔底重沸器；15—回流罐；16—回流泵；17—液化气；18—回流；19—不凝气；20—稳定轻烃；21—吸收油；22—液态烃泵；23—低温分离器；24—干气；25，26—导热油

3）自产凝液制冷的凝液回收工艺

2010 年以来，根据长庆油田伴生气资源的特点，在冷油吸收技术的基础上，开展了自

产凝液制冷的凝液回收工艺及装置的研究工作。与采用丙烷制冷或氨制冷的传统凝液回收工艺相比，此工艺采用装置自产凝液作冷剂蒸发制冷，取消了外制冷系统，利用装置本身设备完成冷剂制冷循环，流程简化，能耗降低，C_{3+}收率可达90%以上（图2-52）。目前，首套新型凝液回收装置已在学一联成功投产。

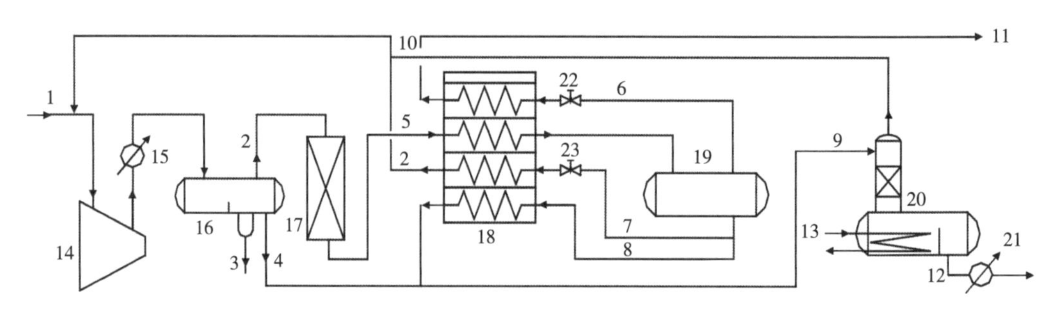

图2-52　自产凝液制冷的凝液回收工艺流程

1—原料气；2—三相分离器气体；3—含油污水；4—三相分离器凝液；5—脱水后气体；6—低温干气；7—制冷剂（中间产品液）；8—中间产品液；9—未稳定凝液；10—凝液稳定气；11—产品气；12—稳定凝液；13—热源；14—压缩机；15—冷却器；16—三相分离器；17—分子筛脱水；18—冷箱；19—低温分离器；20—凝液稳定塔；21—冷却器；22，23—节流阀

工艺特点是采用天然气凝液回收过程中冷凝下来的凝液作制冷剂来冷却天然气，回收其中的凝液，即提供一种装置自产凝液作制冷剂的天然气凝液回收工艺，代替传统普遍采用的独立配置制冷机组，达到大幅度简化工艺流程和设备的目的，尤其适用于小型橇装式天然气凝液回收装置。

第四节　采出水和含油污泥处理工艺

一、采出水处理工艺

油田开采过程中产生的含有原油的水称为油田采出水，简称采出水。

截至2015年底，长庆油田总采出水水量$7.5\times10^4m^3/d$，建采出水处理站165座，总设计处理规模$13.5\times10^4m^3/d$，由于油区分散，各站的处理规模较小（$200\sim2000m^3/d$）；建采出水回注井2773口，其中：有效回注井2626口，回注水量$5.6\times10^4m^3/d$；无效回注井147口，回注水量$1.9\times10^4m^3/d$，油田回注率100%。

采出水是一种含有固体杂质、液体杂质、溶解气体和溶解盐类的典型非均相流体，水质随油气藏地质条件、原油特性等的不同不尽相同，一般具有以下特点：成分复杂、矿化度高、腐蚀性强、乳化油含量高、pH值低。长庆油田主要开采油层采出水水质分析见表2-11。

采出水是一种含有固体杂质、液体杂质、溶解气体和溶解盐类的典型非均相流体，水质随油气藏地质条件、原油特性等的不同不尽相同，因此，采出水处理指标也不尽相同。

注水水质标准是在结合低渗透油田储层特征及油田注水动态的基础上，对采出水和天然岩心进行岩心注水评价实验（一般以岩心渗透率下降小于20%为评价依据）后确定的。

表 2-11 长庆油田部分油区油井采出水水质分析

油田名称	层位	K^++Na^+ mg/L	Ca^{2+} mg/L	Mg^{2+} mg/L	Ba^{2+} mg/L	Cl^- mg/L	$SO_4{}^{2-}$ mg/L	$CO_3{}^{2-}$ mg/L	$HCO_3{}^-$ mg/L	pH 值	总矿化度 g/L	水型
安塞	长 6	9551	19114	610	0	49784	568	0	187	6.4	79.81	$CaCl_2$
马岭	Y10	40077	7343	837	1612	77566	0	0	149	6.5	127.58	$CaCl_2$
西峰	长 8	18913	2329	403	846	34602	0	0	481	6.3	57.57	$CaCl_2$
城壕	Y9	16239	2296	342	0	27651	2802	531	52	6.0	49.91	$CaCl_2$
	Y9	24367	1062	438	0	34298	8298	502	0	6.0	68.96	Na_2SO_4
华池	Y8	7337	554	252	0	9343	4683	1413	0	6.3	23.97	Na_2SO_4
	Y9	7148	10	54	0	5962	4267	2890	341	6.2	20.67	$NaHCO_3$
	长 3	36482	5828	1008	2002	70401	0	200	0	6.1	115.9	$CaCl_2$
五里湾	长 6	24500	5553	887	1318	50592	0	0	402	6.4	83.24	$CaCl_2$
姬塬	长 6	30300	6170	364	1350	59100	0	0	241	6.1	97.52	$CaCl_2$
白豹	长 3	36826	7229	884	1084	72584	0	0	160	6.1	118.77	$CaCl_2$
绥靖	长 2	9647	1479	263	0	17074	1472	8	141	6.2	30.08	$CaCl_2$

一般分为控制指标和辅助指标。控制指标主要包括悬浮物浓度、悬浮物粒径、含油量、平均腐蚀率、硫酸盐还原菌、腐生菌等。辅助指标主要包括总铁量、pH 值、溶解氧、硫化物、二氧化碳等。

根据 GB 50428—2015《油田采出水处理设计规范》的规定，采出水处理后用于油田注水时，水质应符合该油田指定的注水水质标准。当油田尚未制定注水水质标准时，可按现行行业标准 SY/T 5329—2012《碎屑岩油藏注水水质指标及分析方法》的有关规定执行。

1. 处理方法

油田采出水处理的任务就是根据油田的渗透性和地层水的特点，有针对性地采取一定的处理工艺，以满足油田不同区块对注入水水质的要求。其处理方法分为物理法、化学法、物理化学法、生物化学法。

1）物理法

物理法处理的对象为采出水中的矿物质、大部分固体悬浮物和油类等。主要包括重力分离、旋流分离、粗粒化、过滤等方法。

（1）重力分离。

利用油、悬浮固体和水的密度差，依靠重力进行油、悬浮固体和水的分离。

油水分离效果与停留时间密切相关。受分离设备容积的制约，并不是任何大小的油滴均可分离，乳化的油滴不可能被分离。此种方法只能去除水中油滴粒径大于 254μm 的油分。

（2）旋流分离。

采出水在一定压力下通过渐缩管段，使水流高速旋转，在离心力作用下，利用油水的密度差进行油水分离。水力旋流有固定式和旋转式两种，目前长庆油田使用的是固定式。

旋流分离效果主要受油分散相粒径、液体温度和待分离油水液相密度差三者的影响。采出水密度差小于0.05g/cm^3、含砂量较大时均不宜采用旋流分离。

（3）粗粒化。

粗粒化法，又称聚结法，是分离采出水中分散油的物理化学方法。在粗粒化材料的作用下，采出水中细微油粒聚结成的粗大的油粒，在重力作用下进行油水分离。

影响粗粒化的因素主要是粗粒化材料性质和采出水水质。主要用于去除分散油及浮油。

（4）过滤。

采出水流经颗粒介质或多孔介质进行固液（或液液）的过程称作过滤。过滤工艺的主要目的是去除采出水中的悬浮固体、分散油、乳化油。

根据过滤材料的不同，分为颗粒材料过滤和多孔材料过滤两大类。目前油田主要使用的是颗粒材料过滤器。

2）化学法

化学法主要是利用添加水处理药剂来去除采出水中乳化油等部分胶体和溶解性物质，主要包括混凝沉淀和氧化还原。

（1）混凝沉淀法。

关于“混凝”一词的概念，目前尚无统一规范化的定义。一般认为水中胶体“脱稳”——胶体失去稳定性的过程称“凝聚”；脱稳胶体相互聚集称“絮凝”；“混凝”是凝聚和絮凝的总称。

通过向采出水中投加混凝剂，使细小悬浮颗粒和胶体微粒聚集成较粗大的颗粒而沉淀，得以与水相分离，使采出水得到净化。

影响混凝效果的因素很多，但以混凝剂、原水水质两个因素最为明显。混凝沉淀是去除采出水浊度、细小的悬浮物和胶体的一种主要方法。

（2）氧化还原法。

利用溶解于采出水中的有毒有害物质，在氧化还原反应中能被氧化或还原的性质，把它转化为无毒无害的新物质，这种方法称为氧化还原。

任何氧化还原反应中，若有得到电子的物质就必然有失去电子的物质，因而氧化还原必定同时发生。得到电子的物质称氧化剂，失去电子的物质称还原剂。

由于采出水性质复杂，单独采用氧化还原法运行成本高，故多作为生化处理的补充措施。

3）物理化学法

采出水物理化学法通常包括气浮法和吸附法两种。

（1）气浮法。

采出水中加入微小气泡，使采出水中颗粒为0.25~25μm的乳化油和分散油或悬浮颗黏附在气泡上，形成密度小于水的气浮体，在浮力的作用下，上浮至水面被撇除，达到采出水除油、除悬浮物的目的。气浮法可有效去除采出水中的悬浮固体、分散油、乳化油。

影响气浮效果的主要因素是采出水矿化度、采出水中原油类型、温度和pH值。常用的气浮方法为电解气浮法、散气气浮法和溶气气浮法。长庆油田在用的是溶气气浮法。

（2）吸附法。

利用吸附剂的多孔、比表面积大且表面疏水亲油的特性，降低采出水的表面能，使采出水中一种或多种物质被吸附在吸附剂表面或孔隙内，实现水质净化。具有吸附能力的多孔性固体物质称为吸附剂，而采出水中被吸附的物质称为吸附质。根据吸附剂表面的吸附能力，可将吸附作用分为物理吸附、化学吸附、离子交换吸附。

影响吸附效果的主要因素为：吸附剂的性质、吸附质的性质、吸附操作条件。

吸附剂分为粉末状和颗粒状两种类型。常用的吸附材料是活性炭，由于其吸附容量有限，且成本高，再生困难，使用受到一定的限制，故粉末状吸附剂主要用于事故应急，颗粒状吸附剂主要用于采出水的深度处理。

4）生物化学法

油田采出水有机物主要是原油和开采过程中投加的各种有机化学药剂（破乳剂、表面活性剂、降阻剂、缓蚀剂、阻垢剂、杀菌剂、浮选剂等），上述药剂都可表现为化学需氧量（COD），因此，有的采出水原水中化学需氧量高达2000mg/L左右。这些有机物以悬浮状、胶体状和溶解状形态存在于采出水中，属难降解的有机废水。

生物化学法就是通过微生物的代谢活动，将采出水中复杂的有机物分解为简单物质，将有毒物质转化为无毒物质，达到净化水质的目的。国内油田主要采用生物接触法、稳定塘法。

（1）生物接触法。

由浸没在采出水中的填料和曝气系统构成的处理方法。在有氧条件下，采出水与填料表面的生物膜广泛接触，使采出水得到净化。是一种介于活性污泥法与生物滤池两者之间的生物处理技术。

（2）稳定塘法。

稳定塘是经过人工适当修整、设围堤和防渗层的污水池塘，习称氧化塘。主要依靠自然生物净化功能使污水得到净化的一种污水生物处理技术。其净化全过程包括好氧、兼性和厌氧三种状态。

影响生化效果的主要因素为盐度、温度、初始pH值。主要用于去除难降解的有机废水，实现采出水的达标排放。长庆油田在用的属生物接触法。

2. 工艺流程

一般由主流程、辅助流程和水质稳定处理流程三部分组成。

主流程主要包括水质净化工艺流程、水质生化工艺流程。

辅助流程主要包括原油回收流程、自用水回收流程、污泥处理流程。

水质稳定流程控制采出水对金属腐蚀、结垢和微生物等的危害，包括系统密闭工艺流程、真空脱氧工艺流程、pH值调节工艺流程、投加水质处理剂工艺流程。

根据油田实际，长庆油田采出水处理工艺流程主要采用了以下三种流程。

1）“沉降”+“过滤”处理工艺

“沉降”+“过滤”处理工艺流程原理图如图2-53所示。

采用该工艺流程处理效果见表2-12。由表2-12看出，处理后出水含油、悬浮物基本控制在30mg/L。

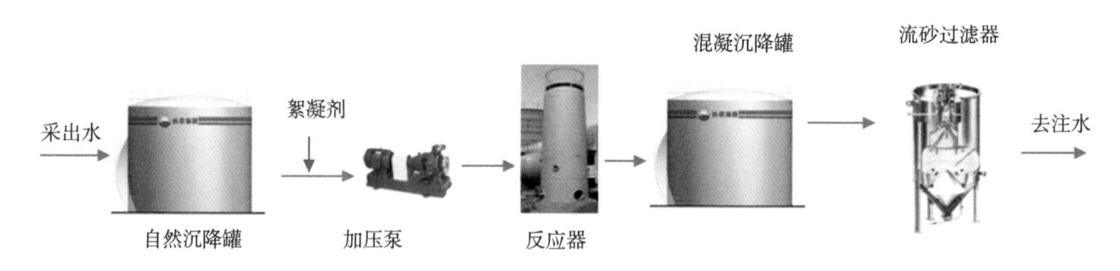

图 2-53 “沉降”+“过滤”处理工艺流程原理图

表 2-12 “沉降”+“过滤”相关站点水质分析

站名	处理规模，m³/d		取样位置	总铁 mg/L	含油 mg/L	悬浮物 mg/L	含硫 mg/L	腐生菌 个/mL
	设计	运行						
张渠站	1600	1474	三相分离器出口	0.3	43.6	38.2	30	$10^2\sim10^3$
			自然沉降罐出口	0.3	33.1	16.2	20	$10\sim10^2$
			絮凝除油罐出口	0.3	18.1	8.9	20	$10^2\sim10^3$
			净水罐出口	0	20.1	4.8	20	$1\sim10$
艾家湾	1000	760	三相分离器出口	4.0	139.0	366.0	12	$10^3\sim10^4$
			自然沉降罐出口	1.0	86.0	189.0	12	$10^2\sim10^3$
			絮凝除油罐出口	0.2	39.0	33.0	14	$10^2\sim10^3$
			流砂过滤器出口	6.0	6.0	14.0	16	$10^2\sim10^3$
贺一转	480	300	沉降除油罐出口	0.7	16.5	102.5	80	$10^3\sim10^4$
			絮凝沉降罐出口	0.7	14.5	62.5	80	$10^3\sim10^4$
			净水罐出口	0.5	13.3	35.5	60	$10^2\sim10^3$

2）“生化”+“过滤”处理工艺

“生化”+“过滤”处理工艺流程原理图如图 2-54 所示。

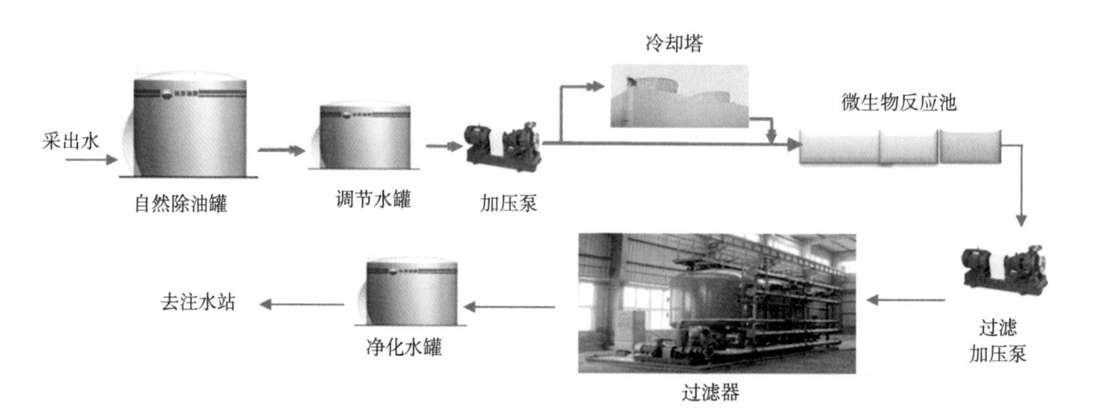

图 2-54 “生化”+“过滤”处理工艺流程原理图

采用该工艺流程处理效果见表 2-13。由表 2-13 看出，处理后出水含油不大于 10mg/L，悬浮物不大于 20mg/L。

表 2-13 "生化"+"过滤"相关站点水质分析

站名	处理规模，m^3/d		除油罐进口		除油罐出口		反应池出口		过滤器出口	
	设计	运行	含油 mg/L	悬浮物 mg/L	含油 mg/L	悬浮物 mg/L	含油 mg/L	悬浮物 mg/L	含油 mg/L	悬浮物 mg/L
油一联	2000	1500	99.88	80	80.27	60	5.97	8.0	3.34	4.0
靖一联	2500	1900	107.10	140	95.30	80	4.20	15.0	—	—
靖二联	3000	1400	34.50	20	18.36	16	8.40	8.6	—	—
庄一注	3000	1400	67.50	28.2	58.36	16	16.80	12.6	36.40	12.6

3）"气浮"+"过滤"处理工艺

"气浮"+"过滤"处理工艺流程原理图如图 2-55 所示。

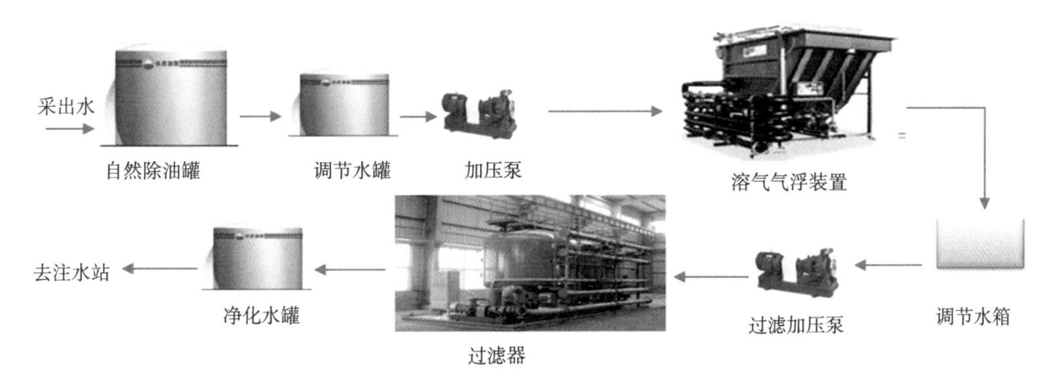

图 2-55 "气浮"+"过滤"处理工艺流程原理图

采用该工艺流程处理效果见表 2-14。由表 2-14 看出，处理后出水含油不大于 20mg/L，悬浮物不大于 20mg/L。

表 2-14 "气浮"+"过滤"相关站点水质分析

站名	处理规模，m^3/d		除油罐进		除油罐出口		气浮出口		净化水罐出口	
	设计	运行	含油 mg/L	悬浮物 mg/L	含油 mg/L	悬浮物 mg/L	含油 mg/L	悬浮物 mg/L	含油 mg/L	悬浮物 mg/L
油一转	700	400	153.9	63.4	142.0	50.0	14.0	30.0	12.0	18.0
白二联	800	780	87.9	101.0	52.0	78.0	8.9	17.5	7.2	10.0
候市站	1200	750	125.0	19.6	85.4	16.0	21.5	12.5	19.2	9.8
姬二联	1000	550	33.7	22.5	28.5	20.3	31.5	10.5	18.5	10.8

3. 流程适用性

采出水处理的任务就是根据油田的渗透性和地层水的特点，有针对性地采取一定的处理工艺，以满足油田不同区块对注入水水质的要求。表 2-15 为不同处理工艺的特点及适用性分析。

表 2-15 不同处理工艺特点及适用性分析

类型	特　点	适用范围	处理指标
沉降+过滤	优点：系统稳定性好，装机功率小，维护管理方便； 缺点：处理罐数量较多，水流停留时间长	不受矿化度高低影响，流程密闭，可全面推广应用	含油≤20mg/L 悬浮物≤20mg/L
生化+过滤	优点：除油效果较好，加药量少，运行费用低，产生的污泥量少； 缺点：微生物的生长对水温（适宜温度 25～38℃）、矿化度条件要求高（不宜超过 80g/L 以上），微生物接种时间长	适用于处理水量大，矿化度在 80g/L 以下的水质	含油≤10mg/L 悬浮物≤10mg/L
气浮+过滤	优点：除油效果较好，水流停留时间短，占地面积小； 缺点：加药量大，产生的污泥较多，操作维护要求高	适用于 H_2S 含量较低的站场	含油≤30mg/L 悬浮物≤20mg/L

二、含油污泥处理工艺

1. 污泥的特性和指标

油田采出水处理过程中产生的污泥主要是调储装置、沉降装置、过滤装置和回收水系统排放出的污泥，或人工清除罐底、池底污泥。其主要成分为从油层中带出的泥砂、石油类、各种盐类、腐蚀产物、有机物和微生物。不同的采出水水质、处理工艺和采用化学剂对污泥的物理化学性质影响较大，排出污泥量约占处理量的 3%～6%，污泥含水率达 99%，其流动性能相对较好，固体颗粒极细，为呈胶状结构的亲水性黏稠液体，沉降性能稍差。

截至 2015 年底，长庆油田年产各类含油污泥达 $4.3\times10^4 m^3/a$。体量巨大的含油污泥，不仅对油田安全生产造成极大的压力，同时对油田周边的生态环境存在巨大生态隐患。实现含油污泥的减量化、资源化、无害化处理是当前的主要工作。

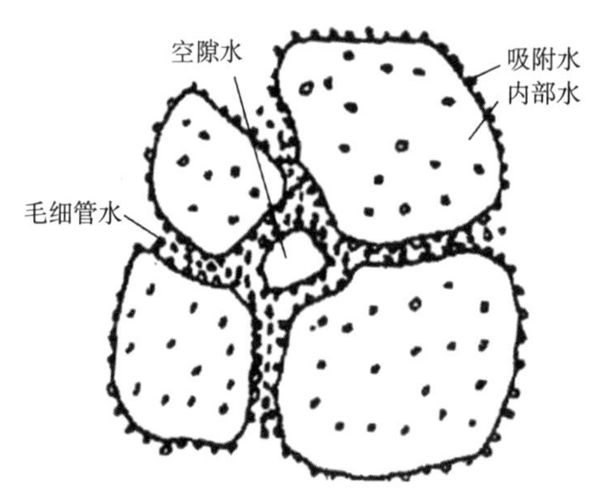

图 2-56　污泥水分示意图

1）含油污泥的特性

（1）污泥的含水。污泥中所含水分大致分为 4 类：颗粒间的空隙水，约占总水分的 70%；毛细管水，即颗粒间毛细管内的水，约占 20%；污泥颗粒吸附水和颗粒内部水，约占 10%。污泥水分组成如图 2-56 所示。

（2）污泥中含有大量可燃成分，据中原油田对濮一污水站污泥分析，可燃成分占干污泥的 60%～70%，平均发热量为 27.474MJ/kg，可燃物成分见表 2-16。

表 2-16 可燃物成分

名称	含量,%	名称	含量,%
C	40.68	S	0.60
H	6.67	O_2	27.46
N	0.26	平均发热量	27.474MJ/kg

（3）污泥中含有大量的原油、悬浮杂质等有害物质，并含有砷、汞等有毒物质，其浓度大多超过了排放标准，直接排放会造成环境的严重污染。

2）性质指标

（1）含水率。

污泥中所含水分的质量与污泥总质量之比的百分数称为污泥含水率。污泥的含水率一般很高，相对密度接近 1。同一油田、不同区块含水率不同。

不同含水率时污泥状态见表 2-17。

表 2-17　污泥含水率及其状态

含水率	污泥状态
>90%	几乎为液体
80%~90%	粥状物
70%~80%	柔软状
60%~70%	几乎为固体
50%	黏土状

（2）挥发性固体和灰分。

挥发性固体近似等于有机物含量；灰分表示无机物含量。

2. *污泥处理方法及流程*

目前处理含油污泥的主要方法有焚烧法、生物处理法、热洗涤法、溶剂萃取法、化学破乳法、固液分离法等。由于含油污泥成分复杂，没有任何一种处理方法可以经济有效地处理所有类型的含油污泥，对含油污泥进行分级处理以及对处理方法进行多技术结合使用是今后研究的主要方向。

1）脱水方法

含油污泥的最终处置原则是提高污泥固体含量的百分数，实现污泥的减量化、资源化、无害化。

（1）浓缩法：用于降低污泥中的空隙水，因空隙水所占比例最大，故浓缩是减容的主要方法。

（2）自然干化法：主要脱除毛细管水。

（3）干燥与焚烧法：主要脱除吸附水与内部水。

不同的脱水方法脱水效果见表 2-18。

表 2-18　不同脱水方法及脱水效果

脱水方法		脱水装置	脱水后含水率，%	污泥状态
浓缩法		重力、气浮、离心	95~97	近似糊状
自然干化法		自然干化场	70~80	滤饼状
机械脱水	真空过滤法	真空转鼓、真空转盘	60~80	滤饼状
	压滤法	板框压滤机	45~80	滤饼状
	滚压带法	滚压带式压滤机	78~86	滤饼状
	离心法	离心机	80~85	滤饼状
干燥法		各种干燥设备	10~40	粉状、粒状
焚烧法		各种焚烧设备	0~10	灰状

2）污泥调理

影响污泥浓缩和脱水性能的因素主要是颗粒的大小、表面电荷水合程度以及颗粒间的相互作用。其中污泥颗粒大小是影响污泥脱水性能的最重要的因素，因为污泥颗粒越小，颗粒的比表面积将越大（按指数规律增大），这意味着更高的水合程度和对过滤（脱水）的更大阻力及改变污泥性能要更多的化学药剂。

污泥中颗粒大多数是相互排斥而不是相互吸引的。首先是由于水合作用，有一层或几层水附于颗粒表面而阻碍了颗粒相互结合；其次，污泥颗粒一般都带负电荷，相互之间表现为排斥，造成了稳定的分散状态。

污泥调理就是要克服水合作用和电性排斥作用，增大污泥颗粒的尺寸，使污泥易于过滤或浓缩。污泥调整途径有两种：第一是脱稳、凝聚，依靠在污泥中加入有机聚合物、无机盐等混凝剂，使颗粒的表面性质改变并凝聚起来但投加化学药剂，会增加运行费用。第二是改善污泥颗粒间的结构，减少过滤阻力，使不堵塞过滤介质（滤布）。

污泥经调理可以增大颗粒的尺寸，中和电性，能使吸附水释放出来，这些都有助于污泥浓缩和改善脱水性能。此外，经调理后的污泥，在浓缩时污泥颗粒流失减少，并可以使固体负荷率提高。最常用的调理方法是化学调理和热处理。

3）污泥处理流程

（1）重力浓缩—干化场脱水流程。

该流程基建投资低，生产费用少，占地面积大，易产生二次污染（图 2-57）。

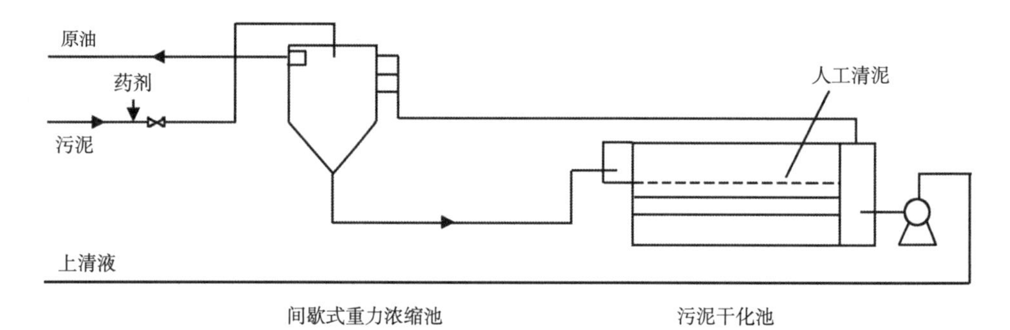

图 2-57　重力浓缩—干化场脱水工艺流程示意图

（2）浓缩—机械脱水流程。

该流程适应性强，不易对环境造成污染，占地少，污水脱水率稳定。长庆油田已建站均采用此流程（图 2-58）。

3. 污泥浓缩

污泥浓缩用于降低污泥中的空隙水，因空隙水所占比例最大，故浓缩是减容的主要方法。油田常用污泥浓缩方法为气浮浓缩法和重力浓缩法。

1）气浮浓缩法

（1）基本原理。

在一定的温度下，空气在液体中的溶解度与空气受到的压力成正比，即服从亨利定律。当压力恢复到常压后，所溶空气即变成微细气泡从液体中释放出来。大量微细气泡附着在污泥颗粒的周围，可使颗粒相对密度减少而被强制上浮，达到浓缩的目的。

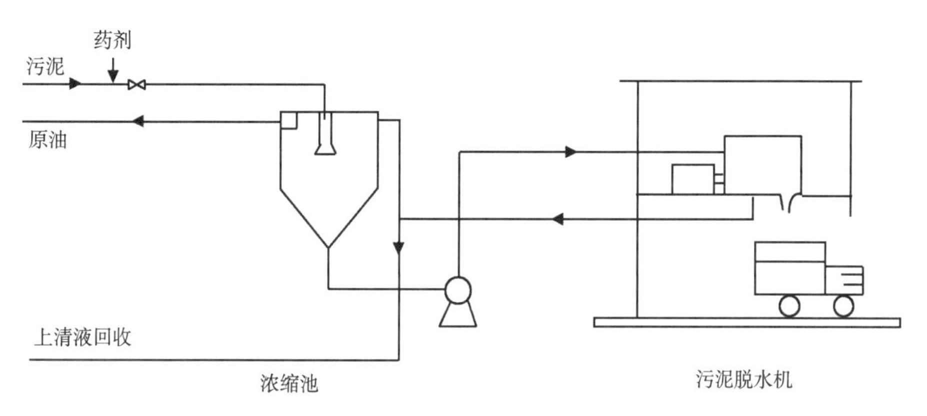

图 2-58　浓缩—机械脱水工艺流程示意图

（2）工艺流程。

污泥气浮浓缩工艺流程如图 2-59 所示。

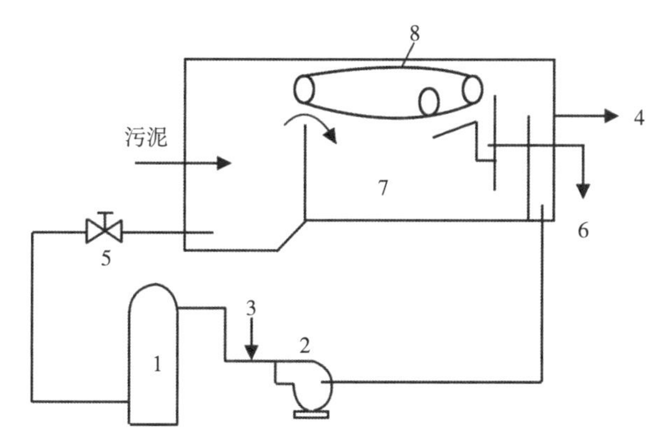

图 2-59　气浮浓缩工艺流程示意图

1—溶气罐；2—加压泵；3—压缩空气；4—出水；5—减压阀；6—浮渣排除；7—浓缩池；8—刮渣机

2）重力浓缩法

根据运行方式的不同，重力浓缩法分为连续式和间歇式两种。相应地，重力浓缩池也分为连续式和间歇式两种。长庆油田油田已建站均采用间歇式重力浓缩池。

（1）连续式重力浓缩。

污泥由中心进泥管：①连续进泥，浓缩污泥通过刮泥机；②刮到污泥斗中，并从排泥管；③排出，澄清水由溢流堰溢出。连续流重力浓缩池的特点是装有与刮泥机一起转动的垂直搅拌栅，能使浓缩效果提高 20%以上。因为搅拌栅通过缓慢旋转，可形成微小涡流，有助于颗粒间的凝聚，并可造成空穴，破坏污泥网状结构，促使污泥颗粒间的空隙与气泡逸出。连续式重力浓缩池基本结构如图 2-60 所示。

（2）间歇式重力浓缩。

设计原理与连续式相同，在浓缩池不同深度都设置了上清液排除管，因为运行时要先排除浓缩池中的上清液以腾出池容，再投待浓缩的污泥。浓缩时间一般为 8~12h。间歇式重力浓缩池基本构造如图 2-61 所示。

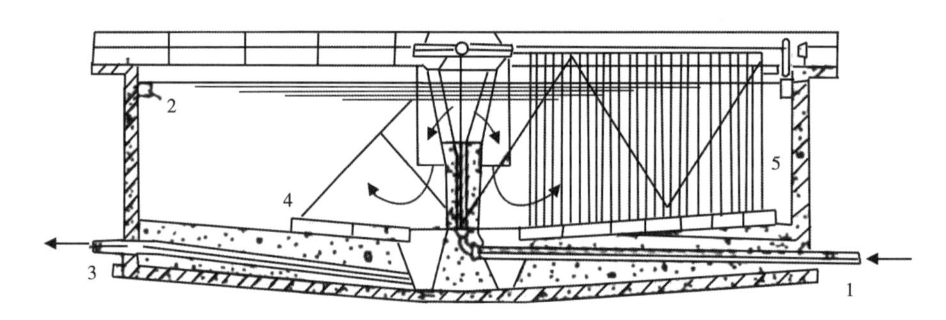

图 2-60 连续流重力浓缩池基本构造图

1—进泥管；2—上清液溢流堰；3—排泥管；4—刮泥机；5—搅动栅

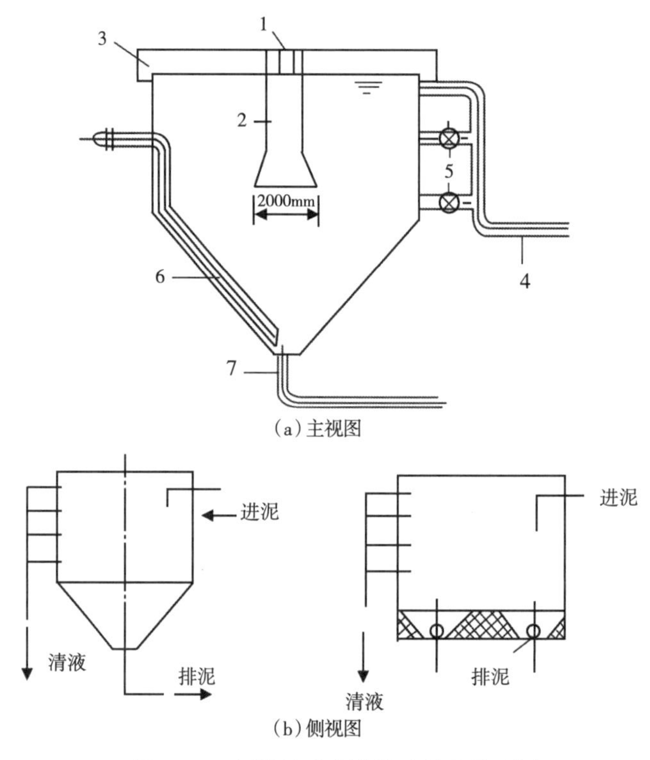

图 2-61 间歇流重力浓缩池基本构造图

1—进泥口；2—中心进泥管；3—上清液溢流堰；4—清液管；5—上清液排除管；6—冲洗管；7—排泥管

针对过滤反冲洗污水、沉降罐底水以及站场其他污水污泥在系统中的二次循环问题，目前长庆油田采取污水污泥统一收集至污水池，加压进污泥悬浮罐处理后重力浓缩的二次沉降流程，其工艺流程如图 2-62 所示。采用该流程可避免对系统造成二次污染，增加系统负荷。

4. *污泥脱水*

污泥脱水的主要方法有真空过滤法、压滤法、离心法和自然干化法，其中真空过滤法、压滤法和离心法采用的是机械脱水。长庆油田采用压滤法和离心法两种方法。

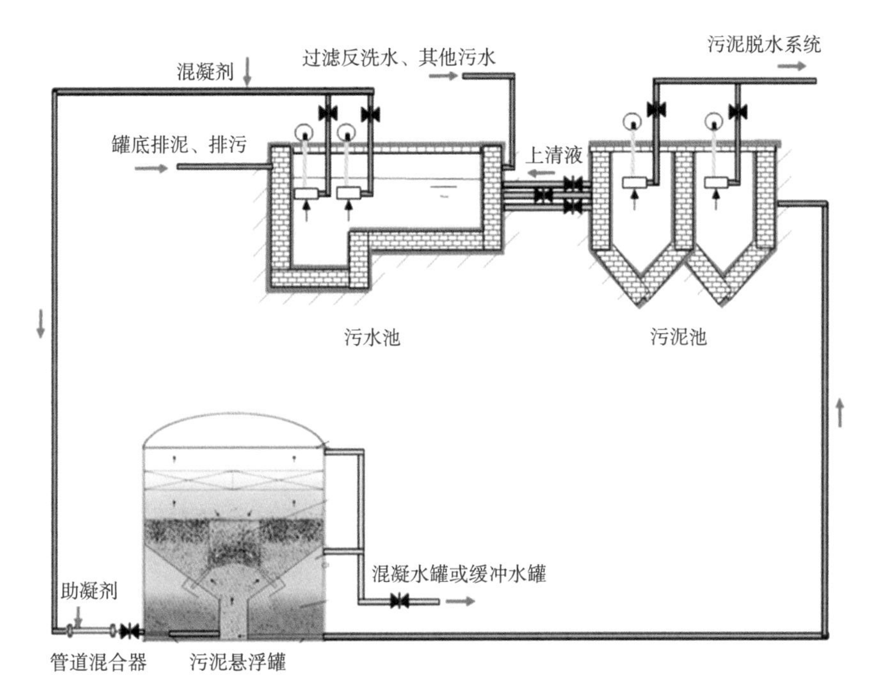

图 2-62 长庆油田污水污泥二次沉降工艺流程示意图

1）压滤法

压滤法的压力可达 0.4~0.8MPa。常用的压滤机械有板框式压滤机和带式压滤机。

（1）板框式压滤机。

板框式压滤机分为人工板框式压滤机和自动板框式压滤机两种。它的构造简单，过滤推动力大，适用于各种污泥，但不能连续运行。自动板框式压滤机分为卧式和立式两种，其基本构造如图 2-63 所示。板框式压滤机工作原理如图 2-64 所示。板与框相间排列而成，用压紧装置把板与框压紧，在滤板的两侧覆有滤布，即在板与框之间构成压滤室。在板与框的上端中间相同部位开有小孔，压紧后成为一条通道，加压到 0.2~0.4MPa 的污泥，由该通道进入压滤室，滤板的表面刻有沟槽，下端钻有供滤液排出的孔道，滤液在压力下，通过滤布、沿沟槽与孔道排出滤机，使污泥脱水。

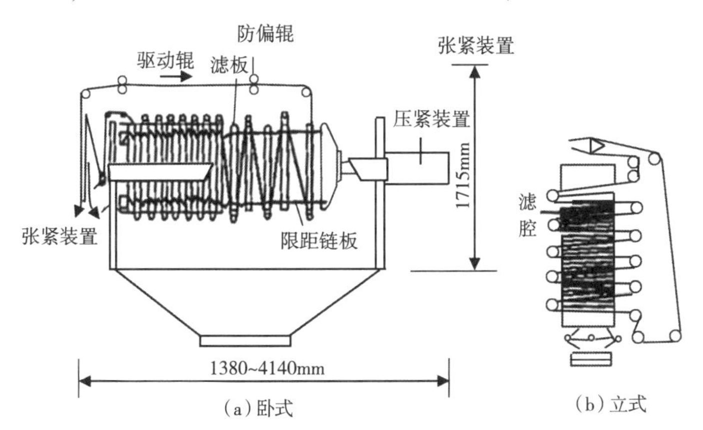

图 2-63 自动板框式压滤机结构图

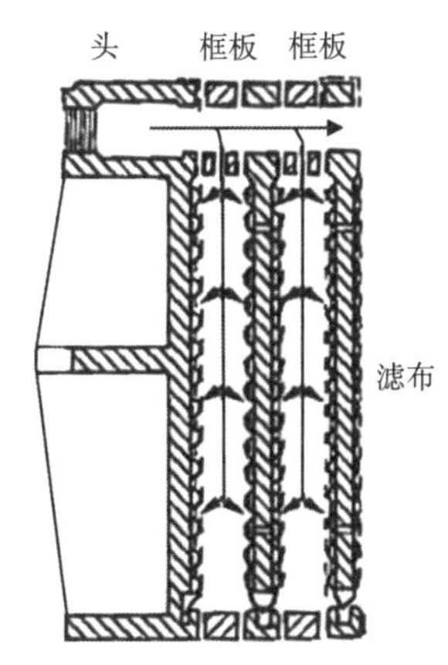

图 2-64 板框压滤机工作原理图

（2）带式压滤机。

带式压滤机主要特点是把压力施加在滤布上，用滤布的压力和张力使污泥脱水，动力消耗少，可以连续生产。带式压滤机基本构造如图 2-65 所示。

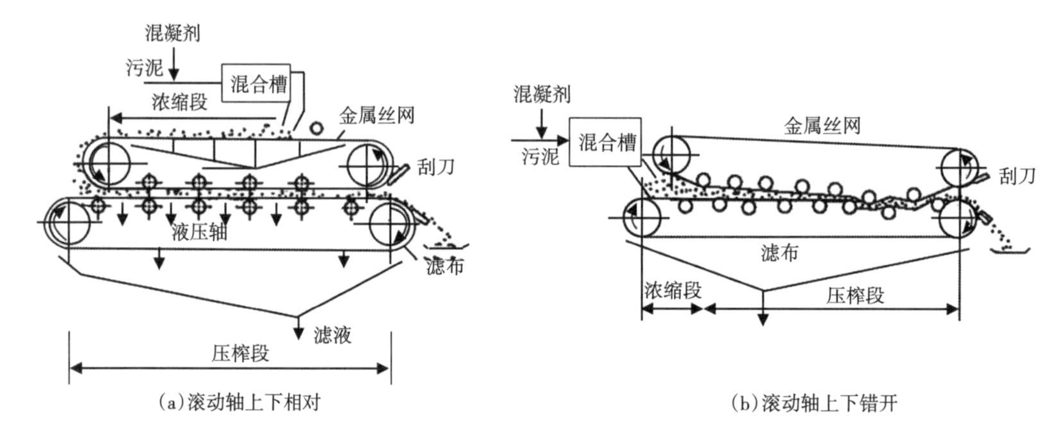

图 2-65　带式压滤机结构图

带式压滤机由滚压轴及滤布带组成。污泥先经过浓缩段（主要依靠重力过滤），使污泥失去流动性，以免在压滤段被挤出滤饼，浓缩段的停留时间 10～30s。然后进入压榨段，压榨时间 1～5min。

滚压的方式有两种，一种是滚压轴上下相对，压榨的时间几乎是瞬时，但压力大，如图 2-65（a）所示；另一种是滚压轴上下错开，压榨时间较长，压力较小，如图 2-65（b）所示。

2）离心法

离心法的推动力是离心力，推动对象是固相，离心力的大小可控制，比重力大几百倍甚至上万倍，因此脱水的效果也比重力浓缩好。它的优点是设备占地小，效率高，可连续生产，自动控制，卫生条件好；缺点是对污泥预处理要求高，必须使用高分子聚合电解质作为调理剂，设备易磨损。2009 年，长庆油田开发了污泥脱水装置，其基本构造如图 2-66 所示。

5. 污泥处置

对于含油量高、发热量大的含油污泥干化滤饼，可作为燃料，同燃油或燃煤混配使用；对于含油量一般，发热量不足够高的滤饼，为避免二次污染，通常采用焚烧方法处置。

6. 污水、污油回收

1）污水回收

采出水处理站污水回收设施主要承接处理系统净化、过滤、污泥处理设施及集输系统大罐排污。

（1）污水回收工艺流程。

长庆油田典型污水回收工艺流程如图 2-67 所示。

（2）有效容积。

$$W = W_1 + W_2 \tag{2-5}$$

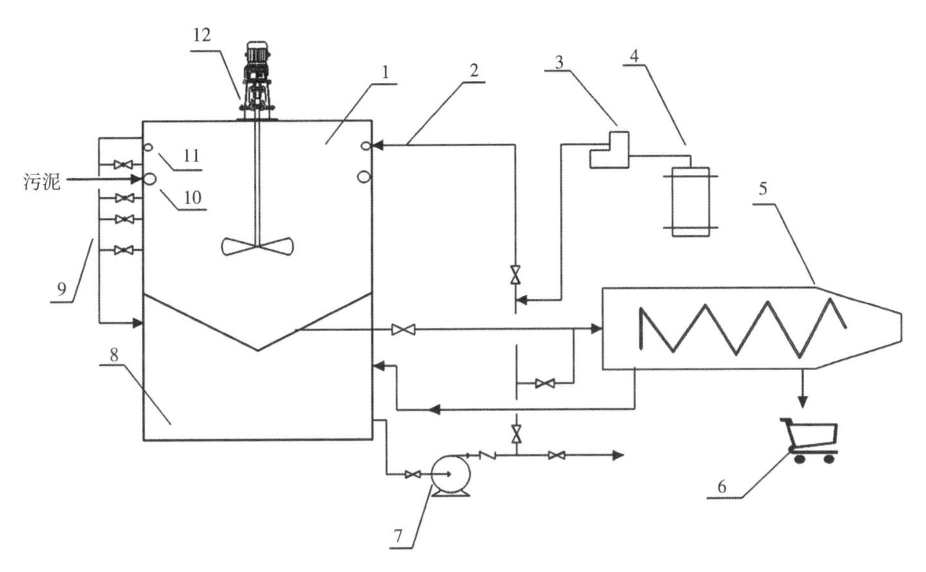

图 2-66 污泥脱水流程示意图

1—沉降池；2—清洗管线；3—加药泵；4—储药罐；5—离心机；6—污泥车；7—排水泵；
8—清液箱 ；9—上清液收集管；10—污泥布水管；11—清洗管；12—搅拌器

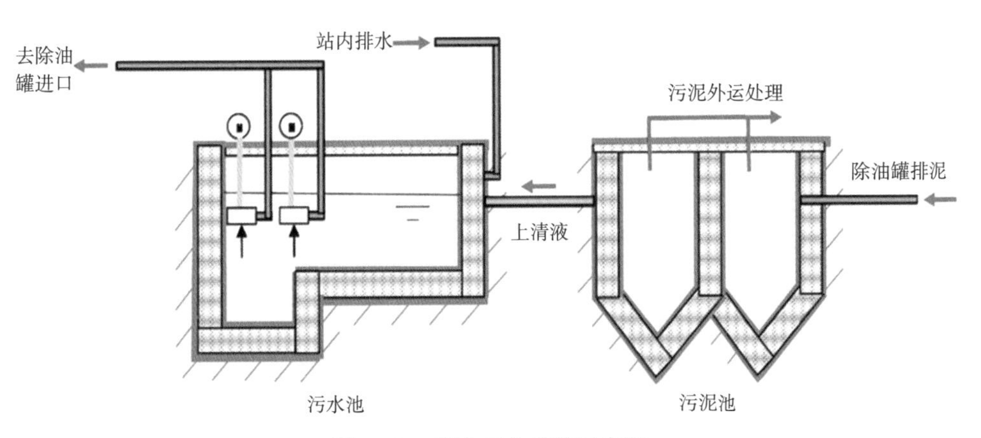

图 2-67 污水回收流程示意图

式中 W——回收水池的有效容积，m^3；

W_1——反冲洗最大排水量，m^3；

W_2——进入回收水池的其他水量，m^3。

2）污油回收

（1）污油回收流程。

长庆油田典型污水回收工艺流程如图 2-68 所示，包括污油罐、污油泵橇。

（2）有效容积。

$$W = Q(C_1 - C_2)t \times 10^{-6}/[24(1-\eta)\rho_o] \tag{2-6}$$

式中 W——收油罐有效容积，m^3；

Q——处理站设计规模，m^3/d；

C_1——原水的含油量，mg/L；

C_2——净化水的含油量，mg/L；

t——储存时间，h；

η——污油含水率，除油罐、沉降罐或其他油水分离构筑物间歇收油时按40%~70%计，沉降罐或其他油水分离构筑物连续收油时按80%~95%计；

ρ_o——原油密度，t/m^3。

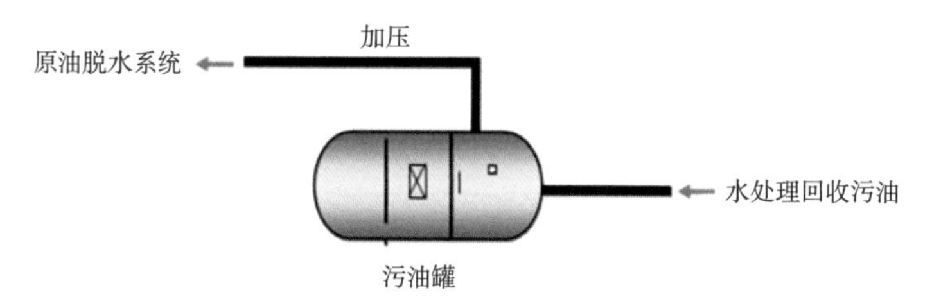

图2-68　污油回收流程示意图

（3）收油罐加热所需热量。

收油罐宜保温，罐内宜设加热设施，罐底排水管宜设排水看窗。所需热量按式（2-7）确定：

$$Q = KF(t_y - t_i) \tag{2-7}$$

式中　Q——罐中污油加热所需热量，W；

F——罐的总表面积，m^2；

t_y——罐内介质的平均温度，℃；

t_i——罐周围介质的温度，可取当地最冷月平均温度，℃；

K——罐总散热系数，$W/(m^2 \cdot ℃)$。

第五节　供注水工艺

油田可以利用油层的天然能量开采（一次采油），但多数油田的天然能量不充足。一次采油的采收率较低，而且天然能量的发挥是不均衡的，往往初期大，可以造成高产条件，但很快就递减，不能均衡发挥作用，实现较长期的稳产。为了达到原油稳产的目的，大多数油田使用保持地层压力的方法进行开采。保持地层压力开采有多种方法，行之有效的是注水。向油层注水，保持油层压力，已成为中国油田主要开采方式。

油田注水地面系统是一个将高压注水泵提供的能量由地面工程网络输送，分配到各注水井以满足油层驱替能量需要的能量分配体系。注水开发油田，都有一套合理的注水系统，包括地面系统和地下系统。地面系统通常包括从水源井口至注水井口的全部设施，即水源井、集水管线、供水站、供水管线、注水站、注水干线、配水间（或配水阀组）、注水支线及注水井口。油田注水地面工程系统如图2-69所示。

注水站的主要作用是将处理后符合注水水质标准的注入水升压，以满足注水井对注入压力的要求。注水工艺流程必须满足注水水质、计量、操作管理及分层注水等方面的要求。注入介质为处理合格的油田采出水时，采出水直接输送至注水站回注。

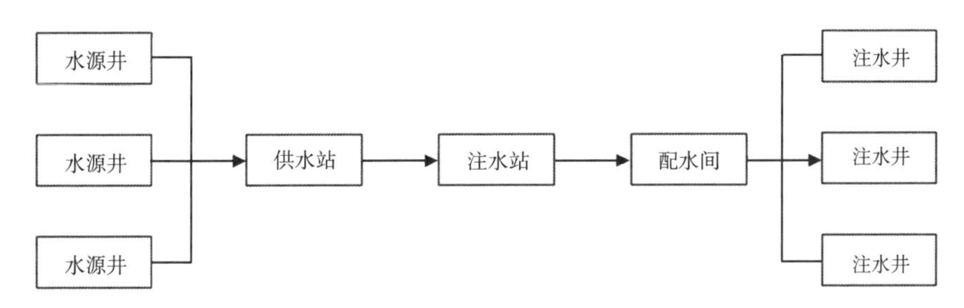

图 2-69 油田注水地面工程系统框图

一、供水工艺

1. 水源类型

目前，油田注水水源有地面水（包括河流、水库）、地下水（水源井取水）、原油采出水等，水源来水需要进行不同程度、不同工艺的处理，使之达到注入水水质标准。水处理系统可以单独建设，也可以与注水站合建。

超低渗透油藏多采用水源直供方式供水，尽量减少大口径高压注水干管及高压注水管网长度。水源井一般部署在大型丛式井场，水源井和注水井在同一井场的情况很多。

陇东、华庆等油田区块，水源水质较好，采用“水源直供、小站加压工艺”，注入水一般在注水站进行简易处理；姬塬等油田区块，水源水质较差，采用“低压供水、小站加压注水工艺”，注入水一般进行集中处理。

2. 注水水质要求

油田注水水源要求水量充足、水质稳定。水源的选择既要考虑水质处理工艺简便，又要满足油田日注水量的要求及设计年限内所需要的总注水量。一般要求处理后的注入水达到基本不伤害油层，驱油效果较好，在经济上较为合理。其具体要求是。

（1）注入水中所含杂质（包括悬浮物、胶体物等）量应合理，不易沉积于油层孔隙之中；杂质粒径基本能通过孔隙。

（2）注入水不与油层岩石、胶质等起化学反应，不产生沉淀物质；不引起油层岩石组分膨胀；不引起细菌、微生物繁殖及其残骸堵塞油层孔隙；不引起油层产生新的胶体，不减少油层孔隙。

（3）注入水与岩石相亲，以利于驱油。

（4）注入水应属中性，不腐蚀注水管道、容器、设备等。

（5）注入水应不结垢，以免造成注水能量浪费和严重的经济损失。

（6）注入水采出后，有利于处理回收。

3. 注水水质标准

油田或油区注水用水的水质标准，应根据各油田或油区的具体情况而定，并经过油田或油区开发的实践验证，最后确定出合适的水质标准。

中国绝大多数油田为碎屑岩型油田，注水水质要求许多方面大体相近，可参照SY/T 5329—2012《碎屑岩油藏注水水质指标及分析方法》，结合各油田特点具体制定本油田的注水水质标准。

4. 水源建设模式

油田水源地面建设已经定型化、规范化。根据产建部署及水源井部署情况，结合现场具体情况，采用分散与集中相结合的方式建设。水源建设主要有以下三种模式：

（1）用水量小的站场，采用就地打水源井直供的模式。

（2）用水量较大、较集中的站场，采用建供水站、集中布井、统一供水的模式。

（3）用水量初期小终期大的站场，采用初期就地打水源井直供，后期建供水站、集中布井、统一供水相结合的模式。

5. 水源直供

根据开发试验区的应用经验，针对小注水量的特点，水源和注水系统整体优化，降低供注水系统投资的关键是通过增加低压供水管网长度，尽量减少高压注水管网长度。采用“低压供水、小站加压注水工艺”或“水源直供、小站加压的工艺”，可提高注水系统效率约 5%，节约投资 10%~15%，系统运行良好。水源直供工艺的主要特点如下：

（1）水源井和增压站联合建设，拉近了水源井和注水井间的距离，缩短了供水距离和注水半径（不大于 3km），供注水系统效率均得到有效提高，运行能耗降低。

（2）减少了供注水管网，特别是减少了大口径高压注水管网的建设，有效节省建设投资。

（3）站场橇装化设计，建设速度快，布站灵活，既能满足超前注水需要，也能适应产建调整变化的要求。

（4）减小水源井部署密度，提高了水源井的补给面积，水源井产水量得到了保证。

6. 集中供水

对用水量较大且水源较集中的站场，采用供水站集中供水模式。供水站建设贯彻“安全、适用、经济、先进”的设计理念，采用成熟、先进、可靠的新工艺、新设备，通过优化简化，大力推进数字化，实现“设计标准化、设备定型化、工艺模块化、施工组装化”。

供水站主要功能是注入水的储存、调节及加压输送，其主要目的是将水源井来水进行二次增压送往用水单位（注水站）。集中供水系统工艺流程如图 2-70 所示。

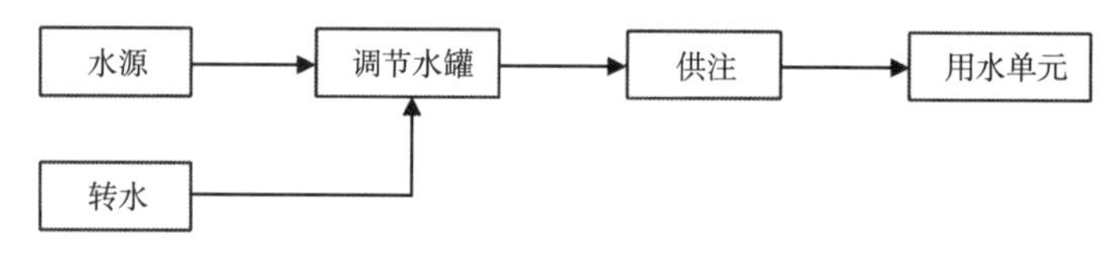

图 2-70　集中供水系统工艺流程框图

二、注水工艺

1. 注水工艺流程

不同开采时期采用的注水工艺流程不同，20 世纪 80 年代马岭油田采用“双干管多井配水、流程洗井”注水工艺流程；20 世纪 90 年代安塞油田、靖安油田采用“单干管小支线多井配水、活动洗井”注水工艺流程；21 世纪初西峰油田采用“树枝状单干管稳流阀组配水、活动洗井”注水工艺流程。

（1）双干管多井配水、流程洗井注水工艺流程。根据马岭油田地质开发方案的需要，地面注水工艺流程采用“双干管多井配水、流程洗井”注水工艺流程。地面注水系统工艺设计，将注水流程与洗井流程分别设置，以避免洗井时造成注水系统压力波动，从而影响注入量及注入水水质，确保注水系统平稳运行。

所谓双干管是指从注水站到配水间设两条注水干管，即分别设一条注水干管及洗井干管，注入水、洗井水各行其道。与双干管工艺特性配套的注水站、多井配水间、注水井口及单井注水管网组成的系统流程通称双干管多井配水流程。

双干管多井配水注水工艺流程如图 2-71 所示。

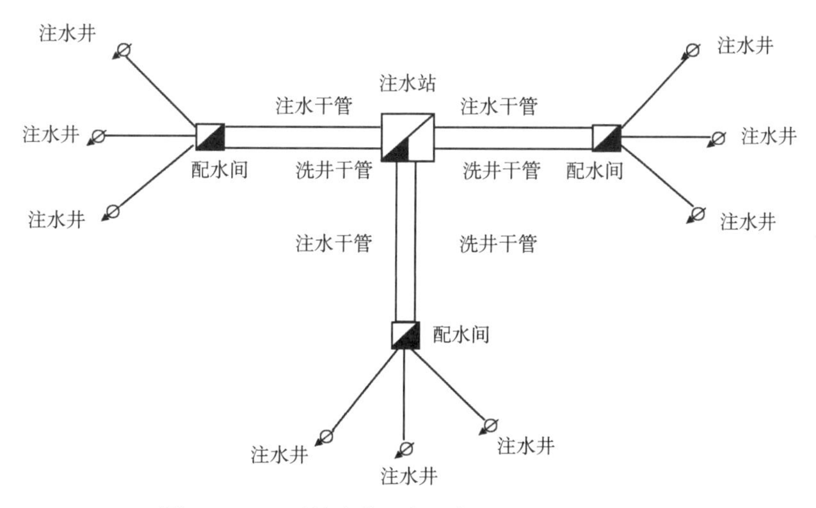

图 2-71 双干管多井配水注水工艺流程示意图

（2）单干管小支线多井配水、活动洗井注水工艺流程。安塞油田地面注水工艺，即“单干管小支线多井配水、活动洗井”注水工艺流程，是对“双干管多井配水、流程洗井”注水工艺流程的优化简化和发展。生产实践证明，该流程能够满足区块分散、地形复杂、单井日注水量小、注水压力高的低渗透油田注水开发需要，具有工程造价低、注水效率高等特点，能够适应超低渗透油田的注水开发需要。

工艺流程简述：水源来水进注水站，经过计量、缓冲沉淀、精细过滤及加药水处理，通过注水泵加压至注水井所需注水压力要求后，经高压阀组计量分配，由一条注水干管输至配水间，注入水在配水间经控制、调节、计量后输至注水井注入油层。洗井采用活动洗井车在井口进行，洗井水通过配水间一次性供给（$5 \sim 15m^3/h$），由活动洗井车加压、处理、循环使用。

单干管小支线多井配水注水工艺流程如图 2-72 所示。

与“双干管多井配水、流程洗井”注水流程相比，采用“单干管小支线多井配水、活动洗井”注水工艺流程，注水站取消了洗井泵，站外系统减少了洗井供水干管，减少了洗井用水，节约了清水资源，节省工程投资约 30%；同时，消除了洗井排水对环境的污染，具有显著的经济效益和社会效益。

（3）树枝状单干管稳流阀组配注、活动洗井注水工艺流程。

“树枝状单干管稳流阀组配注、活动洗井”注水工艺流程，是对“单干管小支线多井配水、活动洗井”注水工艺流程的进一步发展完善和创新，属井—站一级布站流程。该工艺流程充分利用了丛式井场注水井多的条件，以稳流配水阀组取代配水间，以树枝状注水

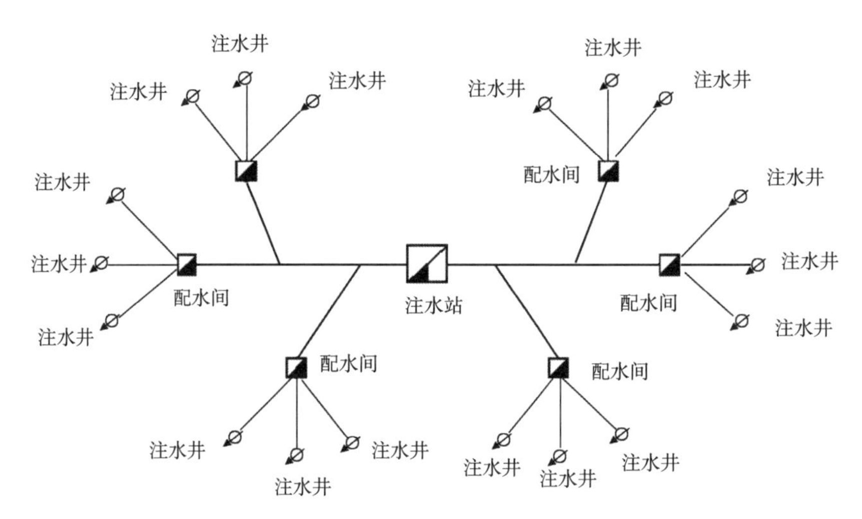

图2-72　单干管小支线多井配水注水工艺流程示意图

管网干管满足稳流配水阀组的供水需要；注水井由稳流配水阀组管辖，单井注水量通过稳流配水阀组控制、调节、计量，完成注水、洗井功能。

工艺流程简述：水源来水进注水站，经过计量、缓冲、沉降、精细过滤水处理后，通过注水泵升压至注水井所需注水压力后，经高压阀组计量、分配至树枝状注水干管管网，再经稳流配水阀组控制、调节、计量后，通过单井注水支线输至井口注入油层。洗井采用活动洗井车在井口进行，洗井水由稳流配水阀组一次性供给。

树枝状单干管稳流阀组配注注水工艺流程如图2-73所示。

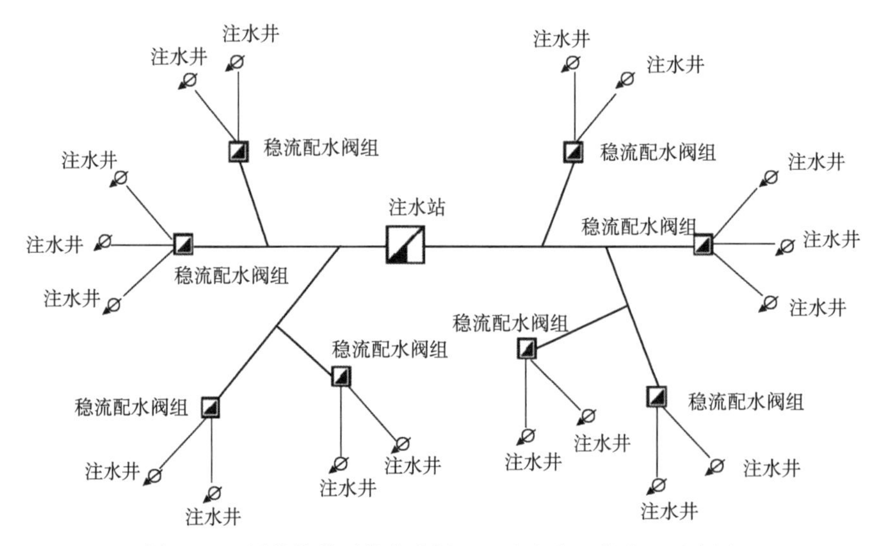

图2-73　树枝状单干管稳流阀组配注注水工艺流程示意图

“树枝状单干管稳流阀组配注、活动洗井”注水工艺流程是注水工艺流程的一次技术突破，克服了串管配注流程中单井注水量的相互干扰，解决了因注水压力波动而产生的注水量超、欠注问题。采用稳流配水阀组，取消了“单干管小支线多井配水、活动洗井”注水工艺流程的中间站（配水间）；稳流配水阀组无须人员值守，属井—站一级布站流程。

采用“树枝状单干管稳流阀组配注、活动洗井”注水工艺流程，平均每万吨产建节约投资5.47万元，平均每口注水井节约投资1.95万元。

2. 超低渗透油藏注水工艺存在问题

随着超低渗透油藏的大规模开发，为了更好地适应超低渗透油藏单井注水量更小、注水井数量更多的需求，需进一步对注水工艺流程进行优化简化，以实现超低渗透油藏的经济有效开发。采用低渗透油田注水工艺流程存在以下问题：

（1）建设投资高。集中供水、集中注水流程中管网建设量大，特别是高压管线管径大、敷设距离长，投资相对高，难以满足超低渗透油藏低成本开发的需要。

（2）系统效率低。注水站管辖半径大（5~10km），注水干管较长，压力损失较大，注水系统效率较低、注水系统能耗较高，油田生产成本较高。

（3）建设周期长。集中供水、注水系统建设工程量较大、建设周期较长，不能适应超前注水开发需要。

3. 超低渗透油藏小站注水工艺

针对超低渗透油藏开发建设特点，结合油田水文地质具体情况，整体优化水源及注水系统，采用水源直供方式供水，应用“低压供水、小站加压注水工艺”或“水源直供、小站加压的工艺”（图2-73），提高注水系统效率5%，节约投资10%~15%。水源井一般在大丛式井场上部署。

1）工艺特点

该流程实现了供注水系统一体化设计，充分利用大井组的集中优势，水源和注水系统得到整体优化，降低了注水系统综合建设投资。超低渗透油藏注水工艺主要特点如下：

（1）水源井和增压站联合建设，缩短了供水距离和注水半径（不大于3km），提高了供水、注水系统效率，降低了注水系统能耗；

（2）减少了供注水管网工程量，特别是减少了大口径高压注水管网，有效节省工程投资；

（3）站场橇装化设计，建设速度加快，布站更加灵活，可以满足超前注水需要，也能适应产建调整的要求；

（4）降低水源井密度，提高了水源井的水量补给面积，水源井产水量比较稳定。

超低渗透油藏开发兼有大规模建设和滚动开发的特点，供注水系统布局主要采用中心集中、外围分散的布局模式，即依据总体规划确定的联合站的规模，建设中心污水回注站，初期清水及采出水分注，后期注采出水。外围采用以“水源直供、简易处理、橇装增压、环网注水”为特色的分散供水、分散注水的工艺流程，注水系统站场布局更加灵活。

2）配套技术

（1）智能稳流配水阀组。

针对丛式井组单座井场注水井数量多（1~4口）的特点，采用稳流配水技术，研发了智能稳流配水阀组，取代了油田开发初期采用的配水间，注水系统二级布站流程简化为一级布站流程，优化简化了注水工艺。

稳流配水技术利用恒流调节阀的稳压恒流原理，在注水干管压力波动情况下（允许波动范围1.0~4.0MPa），对单井配注量进行自动调节，从而使单井配注量始终保持恒定。稳流配水阀组（图2-74）克服了串管配注流程中单井注水量的相互干扰，解决了因注水压力波动而产生的注水量超、欠注问题；稳流配水阀组无人值守，生产管理费用较低；稳流配水阀组可在工厂预制，现场组装工作量小，建设周期短，能够加快投转注速度；稳流配水阀组为成套装置，可以整体搬迁，重复利用率高。

图 2-74　智能稳流配水阀组

（2）活动洗井车。

活动洗井车属于车载式移动水处理设备，采用连续密闭循环洗井工艺，不用化学药剂，以纯物理手段去除注水井中的悬浮物、油类、铁磁类、泥沙等污染物；能自主净化洗井水并回注至注水井中，不需要大量额外清水，是一种绿色环保、高效经济的注水井清洁设备。

活动洗井车具有清洗效果好，节约清水资源，洗井污水不外排，保护生态环境，保持注水压力稳定，降低油井生产成本等特点。

3）一体化智能橇装注水装置

智能橇装注水装置依托井场露天布置，该装置集水源来水缓冲、过滤、加药、升压、计量、回流一体化设计，主要包括水箱、注水泵、成套水处理装置、控制系统、阀门、管线、计量仪表及橇座等。

工艺流程简述：水源来水经喂水泵喂水、精细过滤水处理后，通过注水泵升压，由注水干管计量、调节将达标注入水输送至站外注水管网，通过稳流配水阀组配注至注水井。

智能橇装注水装置工艺流程如图 2-75 所示。

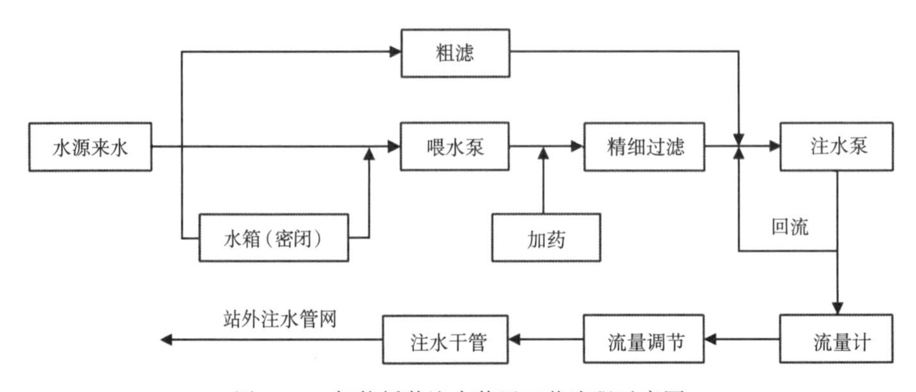

图 2-75　智能橇装注水装置工艺流程示意图

智能橇装注水装置（图 2-76）特点：

（1）集供水、注水一体化设计，操作简便，节省投资。

（2）满足油田初期开发需要，缩短建设周期。

（3）依托井场露天布置，无须厂房。

（4）采用隔氧装置，注水系统从水源井到注水井全过程密闭。

（5）管理数字化、操作智能化，配套远程终端单元（RTU）控制系统，具有生产数据实时采集和传输功能，远程启停、危害预警等功能，对装置及水源井生产状况进行实时监测和日常管理。

（6）注水装置通过远程控制系统，达到了供水、注水一体化操作，实现了注水泵、喂水泵、水源井深井泵远程启停及生产运行状态监测。

（7）减少站场占地面积，有效降低工程投资，满足低成本开发战略要求。

图 2-76　智能橇装注水装置

三、注水工艺参数

1. 注水压力

注水压力是将水注入油藏储层所需的压力，是决定注水地面管道与设备的最重要参数之一。合理地确定注水压力，是经济合理、高效注水开发油田的基本环节，是搞好注水工艺的前提。

1）注水压力确定原则

（1）应确保将配注的水量注入油藏储层。

（2）注入压力应保证注入水能克服注水系统（包括地面系统注水站、注水管网、配水间或阀组、注水井；注水井井下管柱、配水器等）压力坡降而注入油藏储层。

（3）压力应基本平稳，以便减少井底出砂、开采不平稳等情况。

2）注水压力的确定

（1）试注求压，在新开发的油田或区块，可选择具有代表性的区域或一定数量的注水井进行试注，分别按不同油藏储层测试注水压力和注入水量。试注时间应保证取得稳定参数为止。

（2）参照相似或相近油田的注入压力，对比油藏储层特点和原油特性、油藏储层深度等资料，选取相似或相近性质的油田的注入压力，作为新区开发的初定注水压力。

（3）上述资料缺乏时，一般可采用注水井井口压力等于 1.0~1.3 倍原始油藏储层压力，以满足高压注水的需要，分层注水井井口压力还应加配水器的摩阻损失。

（4）注水泵泵压是指注水泵的出口工作压力 $p_{泵}$，该压力应不小于注水井注入压力 $p_{井}$ 与注水系统地面压力坡降 $p_{降}$ 之和，即

$$p_{泵}>p_{井}+p_{降} \tag{2-8}$$

式中 $p_{泵}$——注水泵的出口工作压力，MPa；

$p_{井}$——注水井注入压力，MPa；

$p_{降}$——注水系统地面压力坡降，MPa。

注水站站内管网压力坡降一般不大于 0.5MPa，出站管压与注水井口油压之差一般应大于 1MPa。

2. 注水量

油田注水地面工程设计的注水量，一般由开发部门提出。对于新开发区应从整体上核实注水量，力求设计依据较为可靠。计算注水量采用 GB 50391—2014《油田注水工程设计规范》给出的公式：

$$Q = CQ_1 + Q_2 \tag{2-9}$$

式中 Q——注水量，m^3/d；

C——注水系数，可取 1.1~1.2；

Q_1——开发方案配注水量，m^3/d；

Q_2——洗井水量，m^3/d。洗井周期按 60~100d 计，洗井强度按 $25m^3/h$ 计。若采用活动洗井车洗井，Q_2 则可不计。

四、注水站模式

注水站是注水系统的核心部分，其作用是负担注水量短时间储备、计量、升压、注入水一次分配和水质监控等任务。注水站一般设有注水储罐、罐间阀室、注水泵房、高压阀组、配电室、值班室、化验室、维修间、库房等设施；大部分注水站都有水处理、加药等水处理设施。

注水站的作用：将处理后符合注水水质标准的注入水升压，以满足注水井对注入压力的要求。

注水工艺流程必须满足注水水质、计量、操作管理及分层注水等方面的要求。

1. 常规注水站

长庆油田主要采用注水开发方式，为了安全环保和节约能源要求，绝大部分含水油集中脱水，脱出采出水处理后就近回注。一般油田开发初期采出水量较少，清水需求量较大，随着油田不断开发，采出水量逐年上升，清水需求量逐年减少。采出水全部回注，注

水量不足采用清水补充。油田地面注水系统形成了采出水回注站、清污分注站和清水注水站三种常见的注水站。

1）清水注水站

（1）概况。

清水注水站设计规模有 1500m³/d、2000m³/d、2500m³/d，设计注水压力等级有16MPa、20MPa、25MPa。注水站采用模块化设计，分为注水泵房模块、水罐模块、压力表模块和污水池模块。注水泵房模块 18 个，水罐模块 18 个、压力表模块 4 个，污水池模块 6 个。

（2）主要工艺流程。

注水站采用清水密闭工艺流程，水罐采用饼式气囊隔氧装置密闭。注水站设精细过滤水处理装置，注入水采用深井地下水。站内少量污水排入污水池，污水采用潜水排污泵定期装车拉运处理。

清水注水站注水工艺流程如图 2-77 所示。

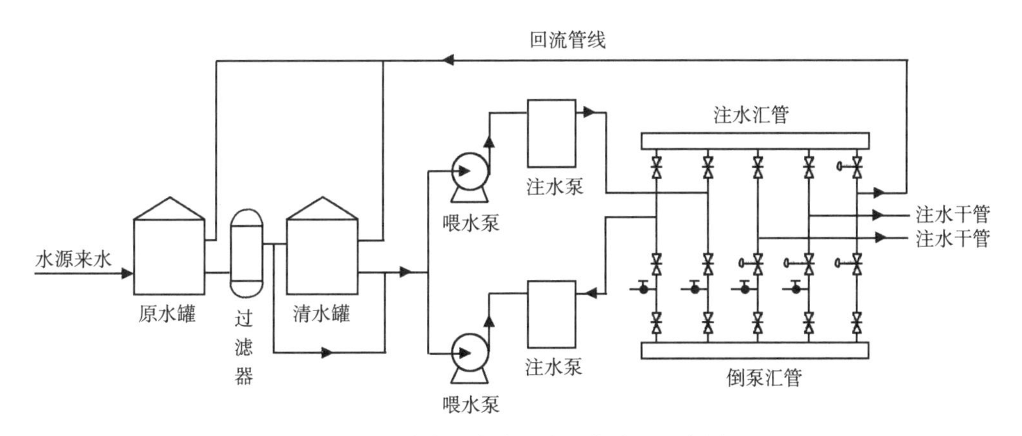

图 2-77　清水注水站注水工艺流程示意图

（3）清水处理。

清水来自水源井开采的地下水，水源来水必须经过处理方能满足注水水质要求。长庆油田自 20 世纪 80 年代采用注水开发以来，主要采用了三种清水处理工艺：即石英砂过滤处理工艺、PE 烧结管式过滤处理工艺及纤维球过滤+PE 烧结管式过滤处理工艺。

① 石英砂过滤处理工艺。

石英砂过滤处理工艺流程如图 2-78 所示。

20 世纪 80 年代主要采用该工艺流程。鉴于石英砂过滤器出水精度低，无法满足低渗透油田回注水技术推荐控制指标（悬浮物粒径小于 5μm），且存在滤速低（不大于 8m³/h）、罐体体积大、占地面积大等问题，该工艺流程目前已停止使用。

②PE 烧结管式过滤处理工艺。

PE 烧结管式过滤处理工艺流程如图 2-79 所示。

20 世纪 90 年代至 21 世纪初期均采用该工艺流程。经处理后，出水悬浮物粒径小于 2μm，满足低渗透油田回注水技术推荐控制指标（悬浮物粒径小于 5μm）。

③ 纤维球过滤+PE 烧结管式过滤处理工艺。

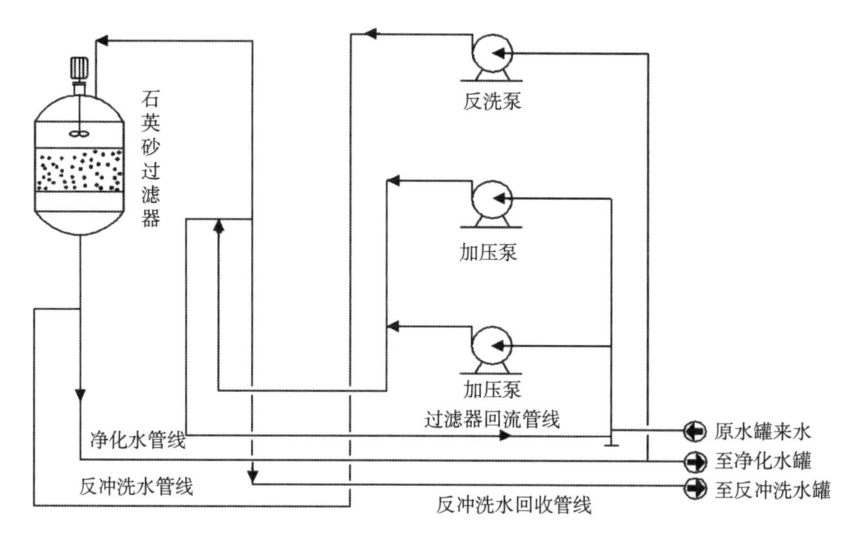

图 2-78 石英砂过滤处理工艺流程示意图

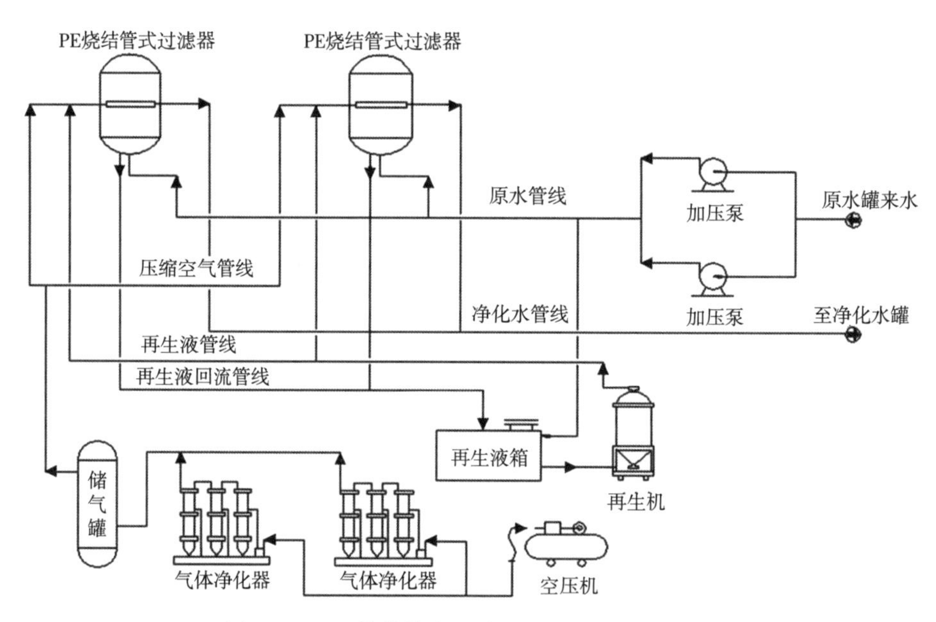

图 2-79 PE 烧结管式过滤处理工艺流程示意图

纤维球过滤+PE 烧结管式过滤处理工艺流程示意如图 2-80 所示。

运行过程中发现，该设备初期出水量及处理精度均满足设计要求，但运行不久会出现运行压力上升、出水量下降等情况，经过再生及空气吹扫后出水量可以恢复设计要求。分析结论：水源来水中含有较多的泥沙等颗粒，造成烧结管堵塞，既影响了设备出水量，又造成了设备清洗频繁、增加了运行费用。从 21 世纪初至今，采用增加纤维球预处理的工艺流程，解决了上述存在的问题，运行情况良好。

（4）主要设备选型

注水罐选用钢制拱顶罐，采用饼式气囊隔氧装置密闭；预处理采用纤维球过滤器，精

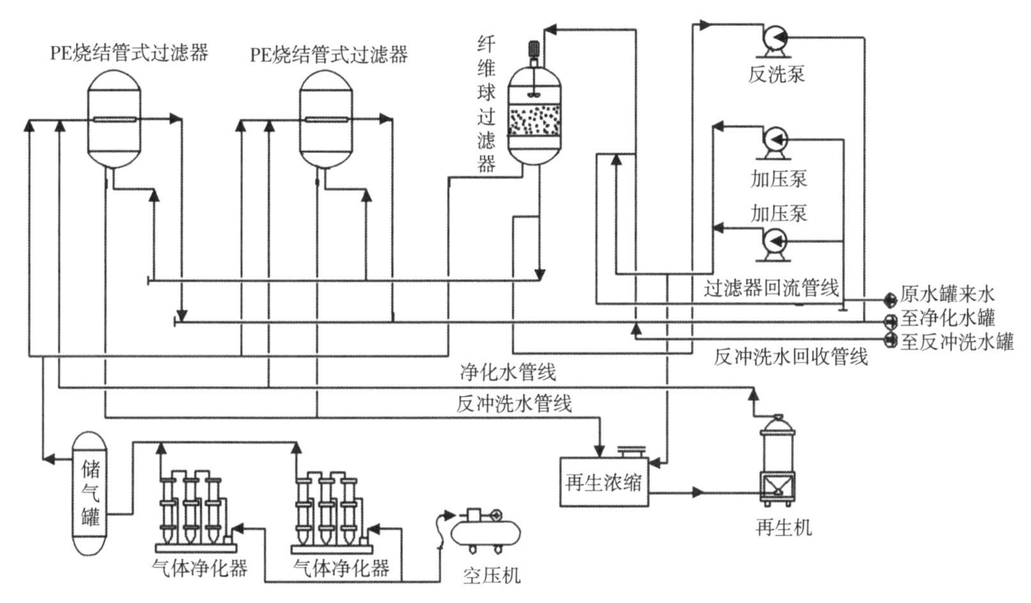

图 2-80　纤维球过滤+PE 烧结管式过滤处理工艺流程示意图

细处理采用 PE 烧结管式过滤器；注水泵选用柱塞泵；喂水泵选用卧式离心泵；计量仪表采用磁电式旋涡流量计，压力表选用数字压力变送器；高压回流调节阀选用多级调节阀，注水干管调节阀选用平衡式节流阀，低压截断阀选用法兰式平板闸阀，高压截断阀选用法兰式平闸板阀；低压止回阀采用旋启式止回阀，高压止回阀采用直通式止回阀；喂水泵出口控制阀选用多功能水泵调节阀；低压系统压力表截止阀选用内螺纹截止阀，高压系统压力表截止阀选用压力计截止阀和内螺纹截止阀。

2）清污分注站

（1）概况。

清污分注站是注水泵房同时设有清水、采出水两套流程，两流程通过一台清水、采出水公用注水泵连接，实现清水、采出水量调节。清污分注流程解决了采出水量与清水量的平衡问题，减少了注水泵数量，节约占地，减少了劳动定员，降低了工程投资。清污分注站通常与油气集输站场合建，设计规模有 1000m^3/d、1500m^3/d、2000m^3/d、2500m^3/d，设计压力等级有 16MPa、20MPa、25MPa。注水站采用模块化设计，分为注水泵房模块、水罐模块、压力表模块和污水池模块。注水泵房模块 24 个，水罐模块 18 个，压力表模块 4 个，污水池模块 6 个。

（2）主要工艺流程。

注水站采用清污分注密闭工艺流程，站内设清水精细过滤水处理系统，注入水为深井地下水及处理后的净化采出水。站内少量污水排入污水池。

清污分注站注水工艺流程如图 2-81 所示。

（3）主要设备选型。

注水泵选用防腐型柱塞泵；喂水泵选用防腐型卧式离心泵；流量计采用磁电式旋涡流量计，压力表选用数字压力变送器；高压回流调节阀选用防腐多级调节阀，注水干管调节阀选用防腐自平衡式截止阀；高、低压截断阀均选用防腐浮动楔式闸阀；高压止回阀采用

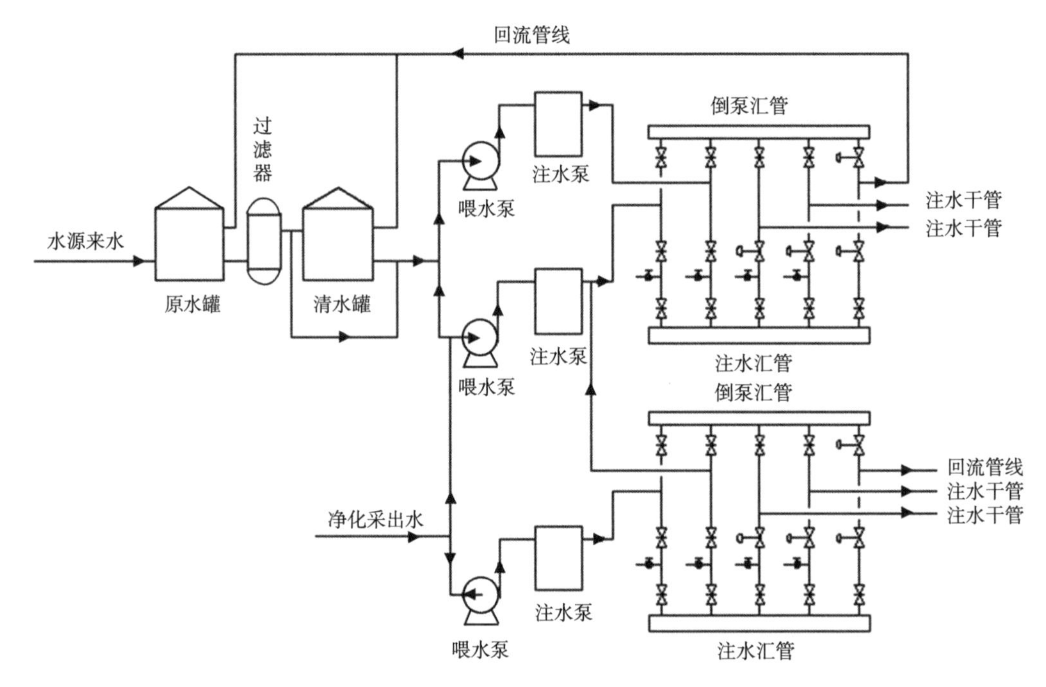

图 2-81　清污分注站注水工艺流程示意图

防腐直通式止回阀，低压止回阀采用防腐旋启式止回阀；低压系统压力表截止阀选用防腐内螺纹截止阀，高压系统压力表截止阀选用防腐压力计截止阀；喂水泵出口控制阀采用耐腐蚀型多功能水泵控制阀。

3）采出水回注站

（1）概况。

采出水回注站通常与油气集输站场合建，采出水处理后就近回注。若油气集输站场（带脱水）位于油区边缘，清水注水系统一般不与之合建，而在油区注水负荷中心单独建设，只有采出水回注站与之合建。采出水回注站设计规模根据采出水量确定，设计注水压力等级有 16MPa、20MPa、25MPa。注水站采用模块化设计，分为注水泵房模块、压力表模块。注水泵房模块 12 个，压力表模块 4 个。

（2）主要工艺流程。

注入水为处理后的净化采出水，流程为密闭工艺流程。站内少量污水排入污水污泥池。

采出水回注站注水工艺流程如图 2-82 所示。

（3）主要设备选型。

与清污分注站的主要设备选型相同。

2. 橇装注水站

橇装注水站适用于超前注水区块和常规注水站覆盖不到的“边远小区块”。规模有 $100m^3/d$、$200m^3/d$、$300m^3/d$、$400m^3/d$、$500m^3/d$，设计注水压力等级有 16MPa、20MPa、25MPa，共 15 个系列。橇装注水站功能齐全，流程密闭，具有建设周期短、节约用地、搬迁方便、重复利用等特点，综合效益较高。

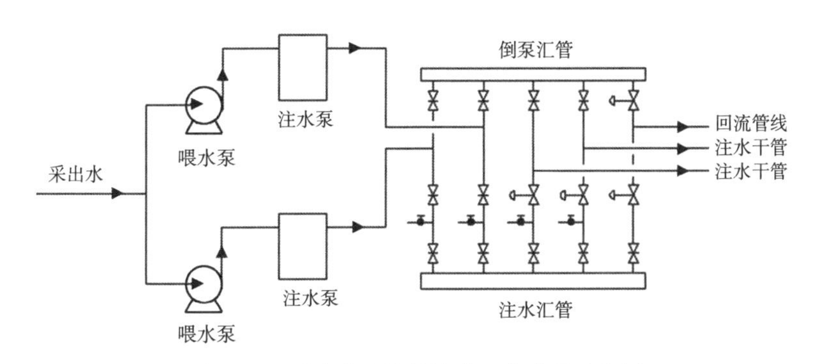

图 2-82　采出水回注站注水工艺流程示意图

橇装注水站包括注水泵橇、成套水处理橇、高压配水阀组橇、低压进水工艺管线组块及注水泵高压出水工艺管线组块等单元，各单元在工厂预制成橇，彩钢结构注水泵房现场安装。值班室、配电间及水箱（或水罐），均在现场安装。管线连头采用法兰、卡箍等可拆卸连接方式。

工艺流程简述：水源来水经储水罐、水处理橇过滤处理后，通过注水泵升压，由高压配水阀组将符合注水压力要求的高压水输送至站外注水管网，通过稳流配水阀组配注至注水井。

橇装注水站注水工艺流程如图 2-83 所示。

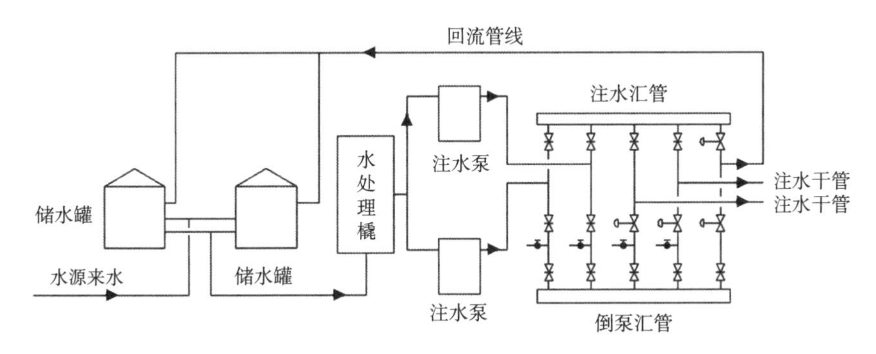

图 2-83　橇装注水站注水工艺流程示意图

3. 注水一体化集成装置

1）清水注水一体化集成装置

清水注水一体化集成装置集水源来水缓冲、过滤、加药、升压、计量、回流等功能于一体，主要由水箱、注水泵、成套水处理装置、阀门管线、计量仪表、控制系统及橇座等组成。所有设备、阀门以及工艺管线集中安装在一个橇座上。该装置不仅符合数字化管理、标准化设计、模块化建设的设计理念，而且依托井场露天布置，具有短流程、操作简单、整体搬迁、建设速度快、无人值守、占地面积小、投资小等特点。该装置有规模 $100m^3/d$、$200m^3/d$、$300m^3/d$，压力等级 16MPa、20MPa、25MPa 等共 9 个系列。

工艺流程简述：注入水经喂水泵加压、精细过滤处理后，通过注水泵升压，经注水干管计量、调节将高压水输送至站外注水管网，由稳流配水阀组配注至单井。

清水注水一体化集成装置注水工艺流程如图 2-84 所示。

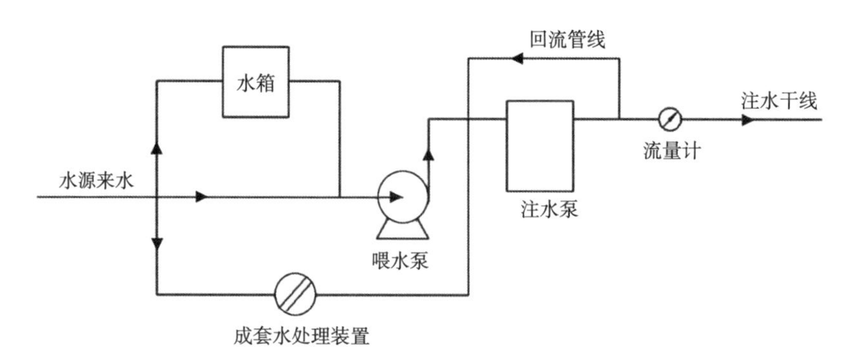

图 2-84　清水注水一体化集成装置注水工艺流程示意图

2）采出水回注一体化集成装置

采出水回注一体化集成装置通常与油气集输站场合建，主要由喂水泵、注水泵、控制系统、阀门管线、计量仪表及橇座等组成，集水源来水、升压、计量、回流于一体。将所有设备、阀门以及工艺管线集中安装在橇座上，是低渗透油田小规模采出水回注的重要装备，可以满足油田开发初期采出水回注的需要且有效地保护自然环境。具有操作简单、投资小、无人值守、生产周期短和占地面积小等特点。该装置有规模 $100m^3/d$、$200m^3/d$、$300m^3/d$，设计压力等级 16MPa、20MPa、25MPa 等共 9 个系列。

工艺流程简述：净化水箱来水经喂水泵喂水，通过注水泵升压后，将采出水输送至站外注水管网，进行配注。

采出水回注一体化集成装置流程如图 2-85 所示。

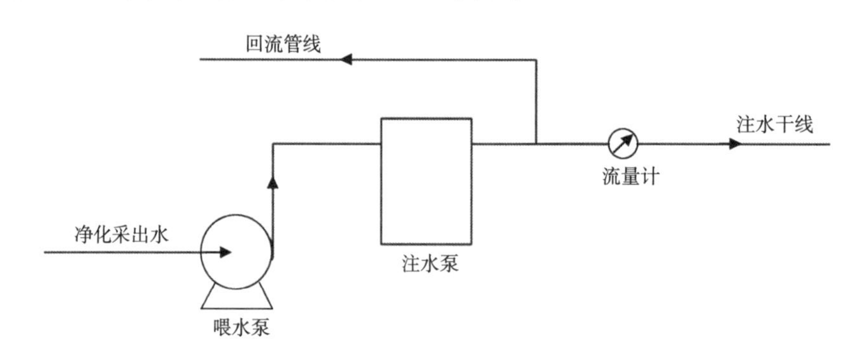

图 2-85　采出水回注一体化集成装置注水工艺流程示意图

3）增压注水一体化集成装置

增压注水一体化集成装置依托井场露天布置，主要由增压注水泵、控制系统、阀门、计量仪表及橇座等组成，集高压来水过滤、增压、计量、控制于一体。将所有设备、阀门以及工艺管线集中安装在橇座上，对高压来水进行二次增压，提高干管末端压力，满足注水井压力、流量要求，是低渗透油田小规模增压注水的重要装备。具有操作简单、投资小、无人值守、生产周期短和占地面积小等特点。该装置有规模 $100m^3/d$、$200m^3/d$、$300m^3/d$，设计压力等级 25MPa 等共 3 个系列。

工艺流程简述：在欠注井或欠注区块已建注水干管前段新建增压系统，对已建管线来水进行二次增压，进而提高后端注水系统压力，提高注水量。

增压注水一体化集成装置注水工艺流程如图 2-86 所示。

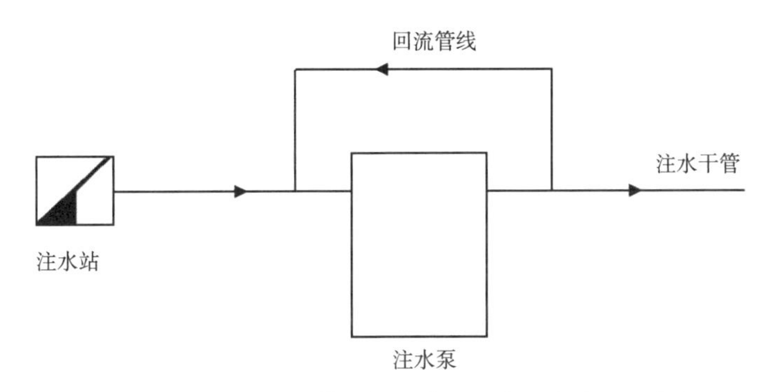

图 2-86 增压注水一体化集成装置注水工艺流程示意图

4. 一体化集成装置注水站

为适应油田大规模建设、高效率开发、现代化管理和超前注水需求，借鉴智能移动注水、增压注水等小型一体化集成装置的研发经验，通过对标准化注水站站内工艺流程的优化简化，对主要生产设施进行集成化、橇装化和智能化研究，研发一体化集成装置注水站，创新形成了“工厂预制、现场组装”注水站的地面建设新模式，提高了油田地面建设水平，达到了“小型化、橇装化、集成化、一体化、网络化、智能化”的要求。

一体化集成装置注水站工艺流程如图 2-87 所示。

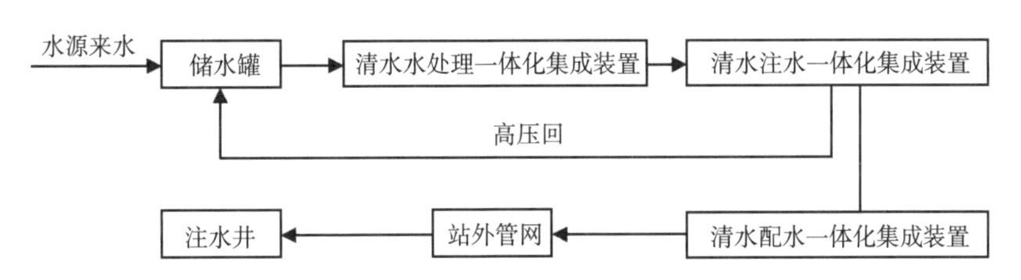

图 2-87 一体化集成装置注水站工艺流程框图

一体化集成装置注水站作为标准化设计的高水平体现，已得到大规模推广应用，满足了长庆油田优化简化地面工艺、模块化建设、数字化管理的需要，是低渗透油气田低成本开发战略的一项重要举措，也是长庆油田转变发展方式、创新管理模式的重要举措。目前已形成了装置厂房制造、现场组装的地面建设新模式。同时，一体化集成装置注水站的规模化推广应用，进一步加快了产能建设速度，优化了工艺流程、简化了地面设施、减少了站场层级、降低了用工总量，节能降耗、节约用地、节省工程投资。以 $1500m^3/d$ 注水站为例，采用一体化集成装置注水站，减少建筑面积 $599.4m^2$，减少占地面积 1.2 亩，缩短设计周期 28%，缩短建设周期 30%，降低工程投资 30 万元，节约用工人数 9 人，节约水量 $1.52\times10^4m^3/a$，节约用电量 $15.3\times10^4kW\cdot h/a$。

五、注水管线

自注水站至注水井口的高压输水管线称为注水管线，按功能可分为干线、支干线和支线三级。注水管线大部分采用无缝钢管，也有少部分采用非金属管线（如输送采出水等有腐蚀性介质的管线）。

一般油田区域分布广泛，注水管网复杂庞大，注水井的数目也比较多，因此，一个油田的注水系统往往有几座注水站。注水管线担负输送注入水的任务，同时具有调控注水系统管网内注水量的功能。

注水站内管线和清水注水支、干管主要采用 20 号无缝钢管；采出水注水支、干管主要采用高压玻璃钢管、RF 柔性复合高压输送管和塑料合金防腐蚀复合管。

1. 管材简介

（1）20 号无缝钢管为普通用碳钢管，由 20 号钢制造。根据注水规范要求，用于采出水回注时，增加 1mm 腐蚀余量。20 号无缝钢管采用普通焊接连接形式。

（2）高压玻璃钢管是一种连续玻璃纤维增强热固性树脂管道，使用玻璃纤维和酸酐固化环氧树脂，用平衡双重角度缠绕制造，具有质量轻、承受压力高、耐腐蚀、流体输送阻力小等特点。高压玻璃钢管主要采用螺纹连接形式。由于管件体积较大，安装尺寸大，注水站内工艺管道不宜选用。

（3）RF 柔性复合高压输送管芯管为硅烷交联高密度聚乙烯管或纳米改性的聚氯乙烯管，其上缠绕和编织钢丝，钢丝上轴向缠绕 Kevlar 纤维，外层为聚合物合金。连续动态复合而成，以盘绕形式供货，中间无接头、质量轻、柔性好、耐腐蚀、不结垢、流体输送阻力小，有输送压力高、施工快捷、简便等优点。主要采用螺纹连接。由于管件体积较大，安装尺寸大，注水站内工艺管线不宜选用。

（4）塑料合金防腐蚀复合管外保护层是富脂层，内衬层是由聚氯乙烯、氯化聚氯乙烯、氯化聚乙烯等材料共混形成的塑料合金。耐蚀性好，使用寿命长；产品应用范围广、适应性强；内壁光滑摩阻小、不结垢、抗冲击能力强、承压能力高；绝热性能好、安装简单、快速，辅助设备较少。主要采用螺纹管箍连接。由于管件体积较大，安装尺寸大，注水站内工艺管线不宜选用。

2. 注水管线布置

注水管线根据注水站、配水间（配水阀组）、注水井的相对位置，合理选择走向。注水干线、支干线、支线应协调一致，尽量做到管路短、工程量少、投资少；尽量少占农林用地，避开工业、民用建（构）筑物和文物建（构）筑物，避开易水淹、滑坡、塌方、高侵蚀土壤等不利地区和环境，尽量减少穿越主要公路、河渠山脊；不得从建（构）筑物下面穿过，在穿越建（构）筑物地区时，管线距建（构）筑物要有一定的防护距离，防护距离根据 GB 50025《湿陷性黄土地区建筑规范》要求确定；考虑与道路、油气水管道、电力线、通信线等的关系；注水管线的布置应便于施工和生产管理及维护；同时应考虑相关注水管网的连接，远近期结合和分期建设的可能性。

为方便管理、有利于维修，在较长的注水管线上每隔 2km 设置 1 座截断阀室。注水干线与较长的支干线连接处，支干线上安装截断阀室。且在截断阀的一侧或两侧设置扫线、放空阀。截断阀通常布置在地势较高、利于操作、维修方便的地方。

3. 注水管线敷设方式

1）注水管线敷设

注水管线埋地敷设应考虑行车承重、耕地深度、冻层深度、地下水位、保温效果、穿越条件等因素，管顶埋深一般不小于 0.8m；在寒冷的冻土地区，注水管线管顶埋深在冰冻线以下 0.2m，含油污水管线水温较高，经计算后适当浅埋；注水管线间距、注水管线与其他管线并列敷设间距，在保证维修的情况下，一般净距不小于0.35m。

2）注水管线的穿跨越

（1）穿越铁路（公路）。

注水管线穿越铁路（公路）时，要避开高填方区、路堑、路两侧为同坡向的陡坡地段。在穿越管段上，不能设置水平或竖向曲线及弯管。穿越铁路或二级及二级以上公路时，设置套管或涵管、涵洞。套管外径比穿越管外径至少大100~300mm。穿越管线与被穿越公路的夹角宜为90°，如条件不允许时，不小于60°，套管直径大于1000mm时采用钢筋混凝土套管。在套管或涵管的管顶、穿越涵洞的洞顶距路面不足0.7m时，采取特别加强措施，如设盖板等。套管按埋地管道要求进行防腐处理，且要有足够强度承受土压力和动载荷。当采用套管穿越铁路（公路）时，套管长度伸出路堤坡脚、路边沟处边缘不小于2m。穿越套管中的输送管道设置绝缘支撑，并不得损坏管道防腐涂层，两端宜采用柔性材料进行端部密封。

注水管线穿越三级及三级以下公路、砂石路及土路，可以不设置穿越套管。

（2）穿越建（构）筑物区。

注水管线穿越建（构）筑物区域（如居民区），管道埋地敷设时，管顶距地面不小于1m，距建（构）筑物净距不小于5m。在黄土湿陷性地区穿越建（构）筑物时，其防护距离应按GB 50025《湿陷性黄土地区建筑规范》执行，距建筑物的距离小于表2-19规定值。管沟回填后不应有土堤和沟槽，不妨碍交通和地面积水。

表2-19 埋地管道与建筑物之间的防护距离 单位：m

建筑类别	地基湿陷等级			
	Ⅰ	Ⅱ	Ⅲ	Ⅳ
甲	—	—	8~9	11~12
乙	5	6~7	8~9	10~12
丙	4	5	6~7	8~9
丁	—	5	6	7

在注水管线上不得加设非注水用取样口，管线两侧2m范围内不得立杆和植树。

（3）穿（跨）越河渠。

注水管线通过河（渠）时可采用河渠底穿越或河渠面跨越。河（渠）较宽，穿越条件较复杂，注水管线穿越河（渠）时，可参照有关文献执行。注水管线通过较小河（渠）时，可视条件采用不同的穿越方式，如河渠底开槽埋置、沉管敷设和顶管敷设等方法。从渠上面跨越时，如有桥可利用则利用。无桥可用时，则应根据河（渠）具体情况采取拱管、直接架设等方法通过。

4. 注水管线工艺计算

1）金属管线的壁厚计算

注水用高压管道选用金属管道时，其壁厚按式（2-10）计算。

$$t_{sd}=\frac{pD_o}{2(|\sigma|^tE_j+pY)}+Et_s+C_2 \tag{2-10}$$

式中 t_{sd}——直管设计厚度，mm；

t_s——直管计算厚度，mm；

p——设计压力，MPa；

D_o——管子外径，mm；

$|\sigma|^t$——在设计温度下材料的许用应力，MPa；

E_j——焊接接头系数，无缝钢管取1；

Y——系数，取0.4；

C_2——腐蚀或磨蚀余量，mm；

E——系数，当 $t_s<D_o/6$，无缝钢管壁厚不大于20mm时取15%，无缝钢管壁厚大于20mm取12.5%。

注：仅适用于公称压力不大于42MPa的注水金属管道的壁厚计算。

2）注水管线的水力计算

注水管线的水力计算应满足两方面的使用要求：(1) 在经济流速条件下，满足区块配注水量的通过能力；(2) 从压力源头至任意一口注水井的管道水力摩阻总和在某一限定值范围内。

(1) 注水管线口径。

注水管线口径的确定应满足两方面的要求：①注水支线应在满足该井配注量输送的情况下，流速宜控制在0.8~1.2m/s，且压力坡降宜控制在0.4MPa以内；②注水干线、支干线应在满足所辖注水井数总配注量及1口注水井的洗井水量输送的情况下，流速宜控制在1.0~1.6m/s，且压力坡降宜控制在0.5MPa以内。已知注水流量，设定流速后，注水管道的口径按式（2-11）计算。

$$d=\sqrt{\frac{4q_s}{\pi v}} \tag{2-11}$$

式中 d——管道的内径，m；

q_s——管道的设计水量，m^3/s；

v——管道的设计流速，m/s。

(2) 注水管线摩阻损失计算。

注水管线摩阻损失包括沿程摩阻损失和局部摩阻损失。注水管线摩阻损失按式（2-12）计算。

$$h=iL+\varepsilon\frac{v^2}{2g} \tag{2-12}$$

式中 h——水力损失，m；

i——水力坡降，m/km；

L——管道长度，m；

ε——局部阻力系数；

v——平均局部流速，m/s；

g——重力加速度，一般取9.8m/s^2。

(3) 注水管线的水力坡降计算。

① 钢管和铸铁管水力坡降计算按式（2-13）和式（2-14）计算。

当 $v \geqslant 1.2$m/s 时

$$i = 1.07 \times 10^{-3} \frac{v^2}{d^{1.3}} \tag{2-13}$$

当 $v < 1.2$m/s 时

$$i = 0.912 \times 10^{-3} \frac{v^2}{d^{1.3}} \left(1 + \frac{0.867}{v}\right)^{0.3} \tag{2-14}$$

式中　v——平均流速，m/s；

i——水力坡降，m/km；

d——管子内径，m。

② 高压玻璃钢管水力坡降计算。

$$\Delta p = \frac{0.225 \rho f L q^2}{d^5} p \tag{2-15}$$

$$f = a + bR^{-c} \tag{2-16}$$

$$R = \frac{21.22 q \rho}{\mu d} \tag{2-17}$$

$$a = 0.094K^{0.255} + 0.53K \tag{2-18}$$

$$B = 88K^{0.44} \tag{2-19}$$

$$c = 1.62K^{-0.134} \tag{2-20}$$

$$K = \frac{\varepsilon}{d} \tag{2-21}$$

式中　p——管道内水的压力，MPa；

Δp——压降，MPa；

ρ—— 密度，kg/m^3；

f——摩擦系数；

L——管道长度，m；

q——流量，L/min；

d——管道内径，mm；

a，b，c——系数；

R——雷诺数，适用条件为雷诺数大于 10000 和 $1\times10^{-5} < \varepsilon/d < 0.04$；

μ——动力黏度，mPa · s；

K——相对光滑度；

ε——绝对光滑度，mm，取 0.0053mm。

③ RF 柔性复合高压输送管水力坡降计算。

$$i = 0.000915 \frac{Q^{1.774}}{d_j^{4.774}} \tag{2-22}$$

式中 d_j——管道内径，m；

Q——注水流量，m^3/s；

i——水力坡降，m/km。

（4）注水管网的水力计算。

注水管网有枝状管网与环状管网，以枝状管网为主。注水管网的水力计算是以给定的注水管道长度和限定的摩阻损失为依据，确定管网中各段的管径和起点的供水压力。

计算枝状管网摩阻损失时，应选择摩阻损失最大或可能最大的有代表性管段，这种管段通常是指管段长、管径小的分支管。在被选择管道上各段摩阻损失之和，不得大于限定的总摩阻损失。有的枝状管网需要做两条以上的管道计算，以便选择合适的管道。

管网起点的源头压力应等于末端井的井口注入压力，起点与终点之间的地形高差值，再加上管道的全部摩阻损失之和，可按式（2-23）计算：

$$H = H_1 + (h_2 - h_1) + H_2 \tag{2-23}$$

$$H_2 = \sum h_1 \tag{2-24}$$

式中 H——起点总摩阻，m；

H_1——最远点井口注入压力，m；

H_2——管道总摩阻损失，为各管段沿程摩阻损失与局部摩阻损失之和，m；

h_1——终点高程，m；

h_2——起点高程，m。

参考文献

[1] 李永军，夏政．长庆低渗透油田油气集输［M］. 北京：石油工业出版社，2011.

[2] 文红星，林罡，张小龙．鄂尔多斯盆地油田低渗透油田地面工艺技术［M］. 北京：石油工业出版社，2015.

[3] 王遇冬．天然气处理原理与工艺［M］. 3 版．北京：中国石化出版社，2016.

[4] 凌心强，朱天寿．超低渗透油气藏地面工程技术［M］. 北京：石油工业出版社，2013.

第三章　低渗透气藏地面工艺

长庆气田是典型的低渗透气田，地质条件复杂、自然条件艰苦、社会依托条件差。面对困难，长庆建设者立足低渗透气田开发，不断深化地质认识，实现了天然气储量快速增长，截至2018年底，已开发气田5个，长庆气田已建成天然气生产能力$382\times10^8 m^3/a$，其中陕京系统的天然气销量约占总销量的2/3。

长庆气田在开发建设过程中，大力推进“标准化设计、模块化建设、数字化管理、市场化运作”（简称“四化”）管理模式。在建设层面，以标准化设计、模块化建设为主要手段推动油气田工程建设方式的变革，以市场运作来充分发挥市场配置资源的强大作用；在管理层面，大力推进数字化管理，促进生产组织方式和劳动组织架构的变革，将数字化技术与油气生产管理相融合，初步实现了油田管理现代化，实现了苏里格气田等有效开发，为低渗透气田的规模效益开发提供了新的思路和成功范例。

气田地面工程建设内容包括天然气集输、处理、采出水处理及回注、给排水、消防、供配电、道路、通信与自控、供热、矿建、生产维护等内容，是一个复杂而庞大的系统工程。

本章从地面建设概况、常用气田地面集输处理工艺、低渗透气田地面集输处理工艺和采出水处理工艺等四方面进行全面阐述[1]。

需要说明的是，本章及后续有关章节叙述的天然气集输一般是指气田内部，将采出的天然气汇集、处理和输送的全过程。

第一节　低渗透气藏地面建设概况

一、地理位置

长庆油田低渗透气藏位于我国的鄂尔多斯盆地，横跨陕、甘、宁、内蒙古、晋5省（区）15个地（市）61个县（旗、区）。鄂尔多斯盆地位于中国大陆中部，北起阴山，南抵秦岭，西自贺兰山、六盘山，东达吕梁山，盆地面积$37\times10^4 km^2$，是中国陆上第二大沉积盆地。盆地北部是沙漠、草原；南部为黄土高原，山大沟深、梁峁交错，自然环境差。盆地内具有丰富的天然气资源，发育上古生界和下古生界两套含气层系，地跨陕西省和内蒙古自治区两省区。1989年在靖边下古生界探明当时国内最大的整装气田——靖边气田，随后又相继在上古生界探明了榆林气田、苏里格气田、子洲—米脂气田等。天然气储量保持较大幅度的快速增长，为鄂尔多斯盆地气区天然气规模性开发及天然气产量的持续增长提供了资源保障。

二、低渗透气藏概况

1. 靖边气田简介

靖边气田位于陕西省北部与内蒙古自治区交界处，处于鄂尔多斯盆地中部，北起内蒙古自治区乌审旗，南抵陕西省安塞区，东至陕西省横山区，西达陕西省定边县。涉及的行政区有：陕西省靖边县、横山区、安塞区、志丹县、榆林市榆阳区和内蒙古自治区乌审旗、鄂托克旗等县、市、旗。

靖边气田（2001年前曾称为陕甘宁中部气田，后与榆林气田统称为长庆气田，2001年1月更名为靖边气田）是鄂尔多斯盆地气区天然气业务的发源地和主力气田之一，也是继四川气田之后，20世纪80年代后期探明的，中国陆上最大的世界级整装低渗透、低丰度、低产气田。1989年2月7日位于靖边县城东北8km处的“全国十口科学探井”之一的陕参1井获得无阻流量$28.3\times10^4m^3$的工业气流（图3-1），拉开了鄂尔多斯盆地大规模天然气勘探的序幕。靖边气田的开发建设对于改善我国能源结构、加快西部开发、促进天然气工业发展、提高居民生活质量起到了积极作用，特别是对2008年北京成功举办“绿色”奥运做出了历史性的贡献。

图3-1　陕参1井试气效果图

靖边气田气层平均孔隙度为6.2%；平均渗透率为2.63mD，天然气组分中CH_4含量为92.62%～94.32%（体积分数），平均为93.42%（体积分数）；CO_2含量为4.14%～6.08%（体积分数），平均为5.12%（体积分数）；H_2S含量为58.03～3721.75mg/m^3，平均为1489.57mg/m^3。地层水矿化度为24.7～115.2g/L，平均为50.27g/L；地层水pH值为4.7～5.8，平均为5.3，为$CaCl_2$水型。

针对下古生界气田地面建设的特点，从“集气半径、净化工艺、集输管网、管材选择”等多方面逐步优化，形成了以“高压集气，集中注醇，多井加热，间歇计量，小站脱水，集中净化”为技术核心的具有领先水平的“三多（多井集气、多井注醇、多井加热）；三简（简化井口、简化布站、简化计量）；两小（小型橇装脱水、小型发电）；四集中（集中净化、集中甲醇回收、集中监控、集中污水处理）为特点的长庆靖边气田地面建设模式。

2. 榆林气田简介

榆林气田位于陕西省榆林市和内蒙古自治区，勘探范围北起内蒙古南部的阿拉伯，南至陕西横山区塔湾，西邻靖边县，东抵神木市双山。南北长约 104km，东西宽约 82km，面积约 $8500km^2$。气田被无定河一分为二，无定河以北为毛乌素沙漠南缘，沙丘高达数十米，呈半固定状，覆盖绿色植被；无定河以南为黄土丘陵地区，沟壑纵横，地形破碎。

榆林气田（先与靖边气田统称为长庆气田或陕甘宁中部气田，后改为长庆气田榆林区，2001 年以后，称榆林气田）是长庆油田在鄂尔多斯盆地最早探明和开发的上古生界气田，是长庆油田继靖边气田后第二个大规模开发的气田，也是典型的“低渗透、低压、低丰度”的“三低”气田。区域包括榆林气田南部自营区（榆林南区）、与壳牌合作开发的中区和北区（长北合作区），创建了“自主开发+国际合作”的榆林气田开发模式。

1995 年，陕 9 井山 2 气层获得无阻流量 $15.04\times10^4m^3$ 的工业气流。1996 年 5 月，陕 141 井获得无阻流量 $76.78\times10^4m^3/d$ 的高产气流（图 3-2）。

榆林气田的发展历程，不仅表明长庆油田已经突破了上古生界砂岩气藏有效开发的技术瓶颈，形成了具有榆林气田特色的“开发、工艺、管理”模式，而且走出了一条与国际大石油公司合作开发的新路子。

图 3-2 陕 141 井获得无阻流量 $76.78\times10^4m^3/d$ 的高产气流

榆林气田储层平均孔隙度为 6.7%，平均渗透率为 4.85mD，天然气组分中 CH_4 含量为 91.90%～96.27%（体积分数），平均为 94.10%（体积分数）；CO_2 含量为 0.79%～2.40%（体积分数），平均为 1.68%（体积分数）；H_2S 含量为 0～7.07mg/m^3，平均为 5.30mg/m^3；地层水平均矿化度为 23326mg/L。

针对气田天然气中的 H_2S 和 CO_2 含量少，但天然气中含有一定量的 C_{6+} 重组分的特点，榆林气田南区在传统的低温分离技术基础上发展和创新，实现对烃水露点同时控制[2]，形成了独具榆林气田特色的“节流制冷、低温分离、高效聚结、精细控制”主体低温工艺[3]。

3. 苏里格气田简介

苏里格气田[4-7]地处鄂尔多斯盆地西北部，行政区划属内蒙古自治区鄂尔多斯市，西起鄂托克前旗，东至乌审旗，南到陕西省定边县，北抵鄂托克后旗。气田北部地表为沙漠、碱滩和草原区，海拔 1200~1350m，地表地形相对高差约 20m，地势相对平坦；南部为黄土塬地貌，海拔 1100~1400m，沟壑纵横、梁峁交错、地形地貌复杂。

苏里格气田勘探初期称为长庆气田苏里格庙区，苏 6 井获得 $120.16\times10^4m^3/d$ 的高产工业气流，标志着苏里格气田的发现（图 3-3）。2001 年 1 月更名为苏里格气田。

苏里格气田是 21 世纪初期我国陆上发现的第一个特大型“低压、低渗透、低丰度”的“三低”气田，也是我国陆上最大的整装气田，总规模 $230\times10^8m^3/a$。开发层系主要为二叠系下石盒子组盒 8 段及山西组山 1 段气藏，是典型的低孔、低渗透、致密天然气藏，地质情况复杂，非均质性强；单井产量低，平均只有 $1\times10^4m^3/d$ 左右，且稳产能力差；压力递减速度快，气井原始地层压力高达 25MPa 以上，开井后压力短期内（6~8 个月）下降到 5MPa 以下。

苏里格气田的开发战略、开发技术、开发模式为低渗透天然气资源的有效开发和利用探索积累了可借鉴的经验，对促进我国天然气工业的快速发展具有重大意义。苏里格气田的经济有效开发，使其成为 21 世纪向北京、西安等 18 个大中城市安全平稳供气的主要气源之一，也使处于我国东西部结合地区的鄂尔多斯盆地气区更加凸显了横贯东西的陆上天然气供输管网的中心枢纽作用，为缓解我国天然气供需矛盾、改善燃料结构、净化空气质量做出了重大贡献。

图 3-3　苏 6 井获得 $120.16\times10^4m^3/d$ 的高产工业气流

苏里格气田储层平均孔隙度为 8.95%，平均渗透率为 0.73mD，天然气组分中 CH_4 含量高，平均为 92.50%（体积分数）；C_2H_6 平均含量为 4.53%（体积分数）；微含 CO_2，平均含量约 0.78%（体积分数）；不含 H_2S；凝析油含量 2.15~4.93g/m^3，是典型的低孔、低渗透、致密天然气藏。

随着井下节流现场试验的成功和技术的不断优化、成熟，形成了适合苏里格气田大规模、低成本、经济、有效开发的地面主体技术：井下节流，井口不加热、不注醇，中低压集气，带液计量，井间串接，常温分离，二级增压，集中处理。

第二节 常规气藏地面集输处理工艺

GB 50349—2015《气田集输设计规范》定义“气田集输”为“在气田内，将气井采出的井产物汇集、处理和输送的全过程”。

集气系统是指气井采出的天然气经井场、集气站、增压站、截断阀室、清管站和集气管网至处理厂（站）之间一系列工艺站场和管网的总称。它包括节流、分离、计量、增压、预处理和清管等采、集气工艺过程。

处理系统是指由集气管网来的天然气在处理厂（站）经脱硫脱碳、脱水、脱除凝液、硫黄回收和尾气处理等，是未处理或预处理后的天然气至输气管道之间一系列工艺装置和设施的总称。

输气系统是指天然气处理厂（站）之间的联络线、天然气处理厂（站）至外输交接中心的管线、阀室、清管站等的总称。

本书所称集输处理工艺主要指天然气处理厂之前的集气和处理系统所采用的工艺[8-11]。

一、集气系统

气田集气系统一般由集气站场和集气管网构成，主要包括井场、采气管线、集气站、增压站、阀室、清管站、集配气总站和集气管线等。目前，一些含气面积不大、产量高和气质好的气田，常采用一级布站模式，即没有上述的采气管线和集气支线、集气支干线、集气干线，由井口采出的天然气经过采集管线直接进入天然气处理厂（站）。

1. 集气站场

集气站场一般包括井场、集气站、脱水站（一般与集气站合建）、增压站、阀室、清管站、集气总站等。

井场是指布置气井井口装置的场地。

集气站是指对气井天然气进行收集、调压、分离、计量等作业的场所。集气站按所辖气井数的多少分为单井集气站和多井集气站；按温度的高低可分为常温集气站和低温集气站。

脱水站是指采用溶剂吸收或固体吸附的方法脱除天然气中饱和水的站场，对于含硫天然气，为了降低集气管道的 H_2S 腐蚀，常常采用干气输送，脱水站常与集气站合建。

增压站是指对压力低于集输系统运行压力的天然气进行增压的场所，随着气田天然气不断开采，气井天然气压力逐渐降低，当降至低于集输系统压力而无法进入集输管网时，就需设置增压站；低压气田天然气不满足外输压力要求，初期就需设置增压站。

阀室是指集输管道每隔一定距离设置截断阀的场所，用以减少管道意外事故的放空量。

清管站是指为了清除管内铁锈和凝液等污物以提高管道输送能力，常在集输支干线端点设置清管器发送和接收用的清管设施。

集气总站是指对集输干线来气进行收集、分离、计量和安全截断、放空的站场，一般与处理厂合建。

2. 集气管网分类

集气管网是指集气系统各站场之间连接管线的总称。集气管网根据连接井数的多少，可分为单井集气管网和多井集气管网两种。

单井集气管网的特点是每口气井在井场具有自己完整的预处理设施，例如节流降压、加热、气液分离、计量和注入水合物抑制剂等。分离后的气体进入集气管线，污水回注地层或集中处理，凝析油则去处理厂（站）处理。单井集气适用于气田建设初期气井少而分散，井间距离远和采气管线长的边远井，或者单井产气量高，附近又无其他气井的场合。其缺点是井场设施多，管理分散，值守岗位多，污水不便集中等。

多井集气管网的特点是各气井采出的天然气至集气站集中节流降压、加热、气液分离、计量和注入水合物抑制剂等。分离后的气体进入集气管线，污水回注地层或集中处理，凝析油输往处理厂（站）处理。多井集气管网与单井集气管网相比，其优点是井场设施少并可以无人值守，便于管理。长庆气田均采用多井集气管网结构。

集气管网按其管线连接的几何形状可分为：树枝状集气管网、放射状集气管网、环形集气管网以及由它们组合而成的组合式集气管网。

二、集气工艺

集气工艺一般包括分离、计量、水合物抑制、输送、增压、脱水工艺。

1. 分离工艺

从气井中采出的天然气不可避免地会带有一部分液体（矿化水、凝析油）和固体杂质（岩屑、砂粒），如果不进行分离，这些液体和固体杂质会对站场设备和集输管道带来严重的影响（磨损设备、堵塞管道），很可能造成安全事故。因此，在部分井场、集气站和天然气处理厂都需要安装分离器，对天然气进行气—液、气—固的分离，以满足集输和外输的要求。

2. 计量工艺

1）气井产量计量

为了掌握各气井生产动态，需对气井生产的天然气、水及天然气凝液进行计量。集气系统计量工艺可采取单井连续计量、多井轮换计量和移动计量三种方式。

2）天然气输量计量

（1）计量分级。

天然气集输气量计量可分为三级：一级计量为气田外输气的贸易交接计量；二级计量为气田内部集气过程的生产计量；三级计量为气田内部自耗气的计量。

（2）计量仪表类型。

常用的天然气计量仪表主要有差压式、速度式和容积式流量计。

3. 水合物抑制工艺

天然气水合物是在一定的温度和压力下，天然气和水形成的冰雪状晶体。因此，应采取措施防止在集气过程中形成水合物。防止天然气水合物形成的方法有脱水法、温度控制法及注入水合物抑制剂法和井下节流法等措施。

前三种方法是常见的水合物抑制方法，在此不再详述。井下节流工艺技术依靠井下节流嘴实现井筒节流降压，充分利用地温加热，使节流后的气流温度基本恢复到节流前温度，从而防止气流在井筒内形成水合物。在降低压力的同时，达到减少甲醇注入量，稳定气井生产能力的目的。采用井下节流工艺后，由于节流嘴以后油管到集气站的压力大幅度降低，天然气水合物形成初始温度随之降低，从而减少了水合物形成机会。井下节流工艺可使地面集气系统流程大为简化，近年来在长庆苏里格气田开发中得到了广泛应用。

4. 输送工艺

采集气管线输送工艺包括气液分输和气液混输工艺。

1）气液分输

气液分输工艺是指天然气在井场或集气站经过气液分离后进入集气管线，分出的液体管输或车运。气液分输集气系统设置的站场数量多，使用大量的分离器，分离后对气、液分别计量，故井场或集气站流程较复杂，而且增加了液体管输或车运的投资及运行费用，并给生产管理带来不便。长庆除长北气田外，其余气田的集气管线均采用气液分输工艺。

2）气液混输

随着天然气的开发进一步转移至海洋和沙漠地区，目前对于凝析气田和低含硫气田普遍采用了气液混输工艺，长庆气田的采气管线和长北气田集气管线均已成功使用气液混输工艺。

气液混输工艺是指含液天然气直接进入集气支线或集气干线（或集气站）输至天然气处理厂。气体含液量较大时，在管线末端设置液塞捕集器，以保证下游处理设施正常运行。该工艺大大简化了集气系统流程，井场设施简单，主要为井口节流阀及相关截断阀，无分离设备和液体储运设施。不仅阀门数量少，而且减少了自控仪表等配套系统。对于整个气田来说，比采用气液分输工艺的站场数量少、操作简单、管理方便、节省投资，但地形起伏大的地区一般不适宜气液混输。

5. 增压工艺

由于气田气井压力随着开发时间的延长而降低，在开发后期所采出的天然气将无法进入集气管网，故须增压以提高天然气的压力。

1）增压方法

（1）机械增压法。

机械增压是采用压缩机达到天然气增压的目的。

（2）压能传递增压法。

压能传递增压法是采用引射器（亦称增压喉），使一股高压天然气以很高速度流经引射器并从喷嘴喷出，由于其动压增加而静压降低，将喷嘴前的另一股低压天然气引入其中，从而达到使低压气增压的目的。它的特点是不需外加能源，结构简单，不存在运动部件，操作使用方便，但是效率低，且需高、低压气源同时存在才能使用。在长庆靖边气田和榆林气田部分集气站采用了该增压方式。该方法需要同时存在高低压气井的条件，且随着高压气井压力的降低，工艺适应性变差。为了解决这一难题，长庆气田自主开发试验了等熵增压装置替代喷射引流方法，取得了较好的效果。

2）增压方式

气田增压按照增压地点位置的不同分为集中增压和分散增压。当气田内生产井井口压力、产量的衰减幅度、衰减时间基本相同时，为方便运行管理，应优先考虑集中增压，将增压点选择在集气站或集气总站。

当气田内生产井井口压力、产量的衰减幅度、衰减时间相差较大时，应考虑分散增压，以充分利用高压井剩余压力，达到节能目的。

6. 脱水工艺

天然气集输常用的脱水工艺方法有低温分离法、固体吸附法和溶剂吸收法。

1）低温分离法

随着天然气压力升高、温度降低，天然气中饱和水含量也降低，因此含饱和水的天然气可以采用低温分离的方式脱水。低温分离法脱水需要解决水合物形成的问题，通常在气流中注入水合物抑制剂，常用的水合物抑制剂有甲醇、乙二醇和二甘醇。

长庆榆林气田天然气含有少量的凝析油，通过采用节流膨胀低温分离工艺，既利用了开发前期的压力能，又达到了商品气外输时烃露点的要求。

2）固体吸附法

流体与多孔固体颗粒相接触，流体中某些组分的分子（如天然气气流中的水分子）被固体内孔表面吸住的过程叫吸附过程。吸附是在固体表面力作用下产生的，根据表面力的性质，吸附过程分为物理吸附和化学吸附。

当要求露点降更大、干气露点或水含量更低时，就必须采用固体吸附法。用于天然气脱水过程的吸附剂主要有活性铝土矿、活性氧化铝、硅胶、分子筛等，脱水后的干气中水含量可低于 10^{-6}，水露点可低于-100℃，并对进料气体温度、压力和流量的变化不敏感。

3）溶剂吸收法

溶剂吸收法是目前天然气工业中普遍采用的脱水方法。溶剂吸收脱水是根据吸收原理，采用一种亲水剂与天然气逆流接触，从而脱除气体中的饱和水。常用的脱水吸收剂有甘醇类化合物和氯化物盐溶液两类，广泛采用的是甘醇类化合物。

与固体吸附法相比，溶剂吸附法具有投资较低、压降小的优势，适用于集输系统压力富裕量不高的情况，采用甘醇（三甘醇）是最为普遍和较好的选择。长庆靖边气田集气站采用三甘醇脱水工艺，脱水装置规模为（10~100）$\times10^4m^3$，原料气脱水后进入集气管线。

三、脱硫脱碳工艺

天然气中含有硫化氢（H_2S）、二氧化碳（CO_2）、羰基硫（COS）、硫醇（RSH）和二硫化物（RSSR′）等酸性组分时，不仅在开采、处理和储运过程中会造成设备和管线腐蚀，而且用作燃料时会污染环境，危害用户健康；用作化工原料时会引起催化剂中毒，影响产品收率和质量。此外，天然气中 CO_2 含量过高还会降低其热值。因此，当天然气中酸性组分含量超过商品气质量指标或管输要求时，必须采用合适的方法将其脱除至允许值以内。

1. 脱硫脱碳方法的分类

天然气脱硫脱碳方法很多，这些方法一般可分为化学溶剂法、物理溶剂法、化学—物理溶剂法、直接转化法和其他类型方法等。

1）化学溶剂法

化学溶剂法系采用碱性溶液与天然气中的酸性组分（主要是 H_2S、CO_2）反应生成某种化合物，故也称化学吸收法。吸收了酸性组分的碱性溶液（通常称为富液）在再生时又可使该化合物将酸性组分分解与释放出来。这类方法中最具代表性的是采用有机胺的醇胺

（烷醇胺）法以及有时也采用的无机碱法，例如活化热碳酸钾法。

2）物理溶剂法

物理溶剂法是利用某些溶剂对气体中 H_2S、CO_2 等与烃类的溶解度差别很大的特点而将酸性组分脱除，故也称物理吸收法。

物理溶剂法一般在高压和较低温度下进行，适用于酸性组分分压高（大于 345kPa）的天然气脱硫脱碳。此外，此法还具有可大量脱除酸性组分，溶剂不易变质，比热容小，腐蚀性小以及可脱除有机硫（COS、CS_2 和 RSH）等优点。由于物理溶剂对天然气中的重烃有较大的溶解度，故不宜用于重烃含量高的天然气，且多数方法因受再生程度的限制，净化度（即原料气中酸性组分的脱除程度）不如化学溶剂法。当对净化度要求很高时，需采用汽提法等再生方法。

3）化学—物理溶剂法

这类方法采用的溶液是醇胺、物理溶剂和水的混合物，兼有化学溶剂法和物理溶剂法的特点，故又称混合溶液法或联合吸收法。目前，典型的化学—物理溶剂法为砜胺法（Sulfinol），此外还有 Amisol、Selefining、Optisol 和 Flexsorb 混合 SE 法等。

4）直接转化法

这类方法以氧化—还原反应为基础，故又称氧化—还原法或湿式氧化法。它借助于溶液中的氧载体将碱性溶液吸收的 H_2S 氧化为单质硫，然后采用空气使溶液再生，从而使脱硫和硫黄回收合为一体。此法目前虽在天然气工业中应用不多，但在焦炉气、水煤气、合成气等气体脱硫及尾气处理方面却广为应用。由于溶剂的硫容量（即单位质量或体积溶剂能够吸收的硫的质量）较低，故适用于原料气压力较低及处理量不大的场合。属于此法的主要有以钒离子为氧载体的钒法（ADA—$NaVO_3$ 法、栲胶—$NaVO_3$ 法等）、以铁离子为氧载体的铁法（Lo—Cat 法、Sulferox 法、EDTA 络合铁法、FD 及铁碱法等），以及 PDS 等方法。

5）其他类型方法

除上述方法外，目前还可采用分子筛法、膜分离法、低温分离法及生物化学法等脱除 H_2S 和有机硫。此外，非再生的固体（例如海绵铁）、液体（例如三嗪类液体）以及浆液脱硫剂则适用于 H_2S 含量低的天然气脱硫。其中，可以再生的分子筛法等又称为间歇法。主要脱硫脱碳方法的工艺性能见表 3-1。

表 3-1 气体脱硫脱碳方法性能比较［GPSA-Engineering Data Book（14th Ed）SI 2016］

方法	脱除 H_2S 至 4×10^{-6}（体积分数）（$5.7mg/m^3$）	脱除 RSH、COS	选择性脱 H_2S	溶剂降解（原因）
伯醇胺法	是	部分	否	是（COS、CO_2、CS_2）
仲醇胺法	是	部分	否	一些（COS、CO_2、CS_2）
叔醇胺法	是	部分	是①	否
化学—物理法	是	是	是①	一些（CO_2、CS_2）
物理溶剂法	是	是	是①	否
固体床法	是	是	是①	—
液相氧化还原法	是	否	是	高浓度 CO_2
电化学法	是	部分	是	—

①表示部分选择性。

2. 脱硫脱碳方法的选择原则

1）一般情况

对于处理量比较大的脱硫脱碳装置首先应考虑采用醇胺法的可能性。

（1）原料气中碳硫比高（CO_2 与 H_2S 的摩尔比大于 6）时，为获得适用于常规克劳斯硫黄回收装置的酸气（酸气中 H_2S 浓度低于 15%时无法进入该装置）而需要选择性脱 H_2S，以及其他可以选择性脱 H_2S 的场合，应选用选择性 MDEA 法[13]。

（2）原料气中碳硫比高，且在脱除 H_2S 的同时还需脱除相当量的 CO_2 时，可选用 MDEA 和其他醇胺（例如 DEA）组成的混合醇胺法或合适的配方溶液法。

（3）原料气中 H_2S 含量低、CO_2 含量高且需深度脱除 CO_2 时，可选用合适的 MDEA 配方溶液法（包括活化 MDEA 法）。

（4）原料气压力低，净化气的 H_2S 质量指标严格且需同时脱除 CO_2 时，可选用 MEA 法、DEA 法、DGA 法或混合醇胺法。如果净化气的 H_2S 和 CO_2 质量指标都很严格，则可采用 MEA 法、DEA 法或 DGA 法。

（5）在高寒或沙漠缺水地区，可选用 DGA 法。

2）需要脱除有机硫化物

当需要脱除原料气中的有机硫化物时一般应采用砜胺法。

（1）原料气中含有 H_2S 和一定量的有机硫需要脱除，且需同时脱除 CO_2 时，应选用 Sulfinol-D 法（砜胺Ⅱ法）。

（2）原料气中含有 H_2S、有机硫和 CO_2，需要选择性地脱除 H_2S 和有机硫且可保留一定含量的 CO_2 时应选用 Sulfinol-M 法（砜胺Ⅲ法）。

（3）H_2S 分压高的原料气采用砜胺法处理时，其能耗远低于醇胺法。

（4）原料气如经砜胺法处理后其有机硫含量仍不能达到质量指标时，可继之以分子筛法脱有机硫。

3）H_2S 含量低的原料气

当原料气中 H_2S 含量低、按原料气处理量计的潜硫量不大、碳硫比高且不需脱除 CO_2 时，可考虑采用以下方法。

（1）潜硫量在 0.5～5t/d，可考虑选用直接转化法，例如 ADA-$NaVO_3$ 法、络合铁法和 PDS 法等。

（2）潜硫量小于 0.4t/d（最多不超过 0.5t/d）时，可选用非再生类方法，例如固体氧化铁法、氧化铁浆液法等。

4）高压、高酸气含量的原料气

高压、高酸气含量的原料气可能需要在醇胺法和砜胺法之外选用其他方法或者采用几种方法的组合。

（1）主要脱除 CO_2 时，可考虑选用膜分离法、物理溶剂法或活化 MDEA 法[14]。

（2）需要同时大量脱除 H_2S 和 CO_2 时，可先选用选择性醇胺法获得富含 H_2S 的酸气至克劳斯装置，再选用混合醇胺法或常规醇胺法以达到净化气质量指标或要求。

（3）需要大量脱除原料气中的 CO_2 且同时有少量 H_2S 也需脱除时，可先选膜分离法，再选用醇胺法以达到处理要求。

以上只是选择天然气脱硫脱碳方法的一般原则，在实践中还应根据具体情况对几种方法进行技术经济比较后确定某种方案。

四、脱水工艺

脱水是指从天然气中脱除饱和水蒸气或从天然气凝液（NGL）中脱除溶解水的过程。脱水的目的：(1) 防止在处理和储运过程中出现水合物和液态水；(2) 符合天然气产品的水含量（或水露点）质量指标；(3) 防止腐蚀。因此，在天然气露点控制（或脱油脱水）、天然气凝液回收、液化天然气及压缩天然气生产等过程中均需进行脱水。

天然气及其凝液的脱水方法有吸收法、吸附法、低温法、膜分离法、汽提法和蒸馏法等。

采用湿法脱硫脱碳时，含硫天然气一般是先脱硫脱碳，然后再脱水。此时，脱水前（即脱硫脱碳后）的天然气中 H_2S 和 CO_2 等酸性组分含量已符合管输要求或商品气质量指标。

五、硫黄回收及尾气处理

天然气中 H_2S 生产硫黄的方法很多。其中，有些方法是以醇胺法等脱硫脱碳装置得到的酸气生产硫黄，但不能用来从酸性天然气中脱硫，例如目前广泛应用的克劳斯（Claus）法即如此。有些方法则是以脱除天然气中的 H_2S 为主要目的，生产的硫黄只不过是该法的结果产品，例如用于天然气脱硫的直接转化法（如 Lo-Cat 法）等即如此。

1. 硫黄回收装置尾气 SO_2 排放标准

各国对硫黄回收装置尾气 SO_2 排放标准各不相同。有的国家根据不同地区、不同烟囱高度规定允许排放的 SO_2 量；有的国家还同时规定允许排放的 SO_2 浓度；更多的国家和地区是根据硫黄回收装置的规模规定必须达到的总硫收率，规模愈大，要求也愈严格。

中国在 1997 年执行的 GB 16297—1996《大气污染物综合排放标准》中对 SO_2 的排放不仅有严格的总量控制（即最高允许排放速率），而且同时有非常严格的 SO_2 排放浓度控制（即最高允许排放浓度），见表 3-2。

表 3-2　中国《大气污染物综合排放标准》中对硫黄生产装置 SO_2 排放限值

最高允许排放浓度① mg/m^3	排气筒高度 m	最高允许排放速率①，kg/h		
		一级	二级	三级
1200（960）	15	1.6	3.0（2.6）	4.1（3.5）
	20	2.6	5.1（4.3）	7.7（6.6）
	30	8.8	17（15）	26（22）
	40	15	30（25）	45（38）
	50	23	45（39）	69（58）
	60	33	64（55）	98（83）
	70	47	91（77）	140（120）
	80	63	120（110）	190（160）
	90	82	160（130）	240（200）
	100	100	200（170）	310（270）

①括号外为对 1997 年 1 月 1 日前已建装置要求，括号内为对 1997 年 1 月 1 日起新建装置要求。

中国标准不仅对已建和新建装置分别有不同的 SO_2 排放限值，而且不同地区有不同要求，以及在一级地区不允许新建硫黄回收装置。然而，对硫黄回收装置而言，表 3-2 的关键是对 SO_2 排放浓度的限值，即已建装置的硫收率需达到 99.6%才能符合 SO_2 最高允许排放浓度（$1200mg/m^3$），新建装置则需达到 99.7%。这样，不论装置规模大小，都必须建设投资和操作费用很高的尾气处理装置方可符合要求。中国标准的严格程度仅次于日本，而显著超过美国、法国、意大利和德国等发达国家。

为此，国家环保总局在环函〔1999〕48 号文件《关于天然气净化厂脱硫尾气排放执行标准有关问题的复函》中指出："天然气作为一种清洁能源，其推广使用对于保护环境有积极意义。天然气净化厂排放的脱硫尾气中二氧化硫具有排放量小、浓度高、治理难度大、费用较高等特点，因此，天然气净化厂二氧化硫污染物应作为特殊污染源，制定相应的行业污染物排放标准进行控制；在行业污染物排放标准未出台前，同意天然气净化厂脱硫尾气暂按 GB 16297《大气污染物综合排放标准》中的最高允许排放速率指标进行控制，并尽可能考虑二氧化硫综合回收利用。" 目前，天然气行业关于脱硫尾气 SO_2 排放标准正在制定中。

2. 工业硫黄质量指标

工业硫黄产品呈黄色或淡黄色，有块状、粉状、粒状及片状。GB/T 2449.1—2014《工业硫黄 第 1 部分：固体产品》中对工业硫黄的质量指标见表 3-3。表中的优等品已可满足 GB 3150—2010《食品添加剂　硫黄》的要求。

表 3-3　中国工业硫黄质量指标　　单位：%（质量分数）

项目	硫（S）	水分	灰分	酸度（以 H_2SO_4 计）	有机物	砷（As）	铁（Fe）	筛余物[①]	
								孔径大于 150μm	孔径为 75~150μm
优等品	≥99.95	≤2.0/0.10[②]	≤0.03	≤0.003	≤0.03	≤0.0001	≤0.003	≤0	≤0.5
一等品	≥99.50	≤2.0/0.50	≤0.10	≤0.005	≤0.30	≤0.01	≤0.005	≤0	≤1.0
合格品	≥99.00	≤2.0/1.00	≤0.20	≤0.02	≤0.80	≤0.05	—	≤3.0	≤4.0

①筛余物指标仅用于粉状硫黄。

②固体硫黄/液体硫黄。

六、天然气凝液（NGL）回收

天然气凝液回收是指从天然气中回收液态烃混合物，包括乙烷、丙烷、丁烷、戊烷、己烷以及庚烷等以上烃类，我国习惯上称为轻烃回收。有时从广义上讲，从气井井场及天然气处理厂回收凝析油的工艺也属于天然气凝液回收。回收方法基本上可分为吸附法、油吸收法及冷凝分离法三种。

1. 吸附法

吸附法系利用固体吸附剂（例如活性炭）对各种烃类的吸附容量不同，从而使天然气中一些组分得以分离的方法。在北美，有时用这种方法从湿天然气中回收较重烃类，且多用于处理量较小及较重烃类含量少的天然气，也可用来同时从天然气中脱水和回收丙烷、丁烷等烃类（吸附剂多为分子筛），使天然气水、烃露点都符合管输要求。

吸附法的优点是装置比较简单，不需特殊材料和设备，投资较少；缺点是需要几个吸附塔切换操作，产品局限性大，能耗与成本高，燃料气量约为所处理天然气量的5%，因而目前很少应用。

2. 油吸收法

油吸收法利用不同烃类在吸收油中溶解度不同，从而将天然气中各个组分得以分离。吸收油一般为石脑油、煤油、柴油或装置自己得到的稳定天然汽油（稳定凝析油）。吸收油分子量越小，NGL 收率越高，但吸收油蒸发损失越大。因此，当要求乙烷收率较高时，一般才采用分子量较小的吸收油。

3. 冷凝分离法

冷凝分离法是利用在一定压力下天然气中各组分的沸点不同，将天然气冷却至露点温度以下某一值，使其部分冷凝与气液分离，从而得到富含较重烃类的天然气凝液。由于天然气的压力、组成及所要求的 NGL 回收率或液态烃回收率不同，故 NGL 回收过程中的冷凝温度也有所不同。根据其最低冷凝分离温度，通常又将冷凝分离法分为浅冷分离与深冷分离两种。前者最低冷凝分离温度一般在-35～-20℃，后者一般低于-45℃，最低在-100℃以下。

第三节　低渗透气藏地面集输处理工艺

一、靖边气田

1. 气田地质特征

靖边气田气藏为岩性复合地层圈闭；构造为一平缓西倾单斜，其上发育不同规模的北东向开口的小幅度鼻状隆起；储层为滨海潮坪相沉积的碳酸盐岩，储层沉积相带相对宽缓稳定，在区域上呈南北向展布；由于受加里东等多期构造运动的影响，储层遭受长期岩溶作用，形成了孔洞缝发育、孔喉配置较好的储层特征；由于岩溶作用的选择性，使得各气层间非均质性强；石炭系本溪组陆相砂泥岩良好的封盖能力使其成为区域盖层；上下古生界富集的烃源岩为圈闭提供了充足的能量；风化壳和裂隙为烃类运移创造了方便通道；储层中发育的孔洞缝为烃类聚集提供了优良的储集空间；气藏上倾方向被石炭系泥岩遮挡；从而使气藏满足“生、储、盖、运、聚、保”条件，保证了气藏大面积的分布和形成。

2. 开发历程

靖边气田天然气的开发工作坚持“勘探向开发延伸，开发向勘探渗透”的原则，开发工作在勘探初期就已介入。纵观靖边气田天然气的开发历程，可划分为 5 个阶段。

（1）第一阶段：开发综合评价和开发试验阶段（1991—1996 年）。

主要开展了 10 个方面的工作：①储层综合评价；②气井产能评价；③储层横向预测；④干扰试井；⑤储量评价；⑥气藏工程研究；⑦概念方案及开发可行性研究；⑧陕 81 井组开发先导性试验；⑨开发初步方案编制；⑩探井生产方案的编制。

（2）第二阶段：探井试采阶段（1997—1998 年）。

为进一步加深对下古气藏的地质及动态特征认识，尽量减少开发初期投入，提高开发经济效益。依据探井生产方案，坚持“以销定产、以产定能、积木建设、滚动发展”的指导思想，从 1997 年开始利用探井进行产能建设，同年先后实现了向西安、北京两城市供气，到 1998 年底建成年生产能力 $12.0\times10^8m^3$，同时基本建成年生产能力 $30\times10^8m^3$ 的骨架工程。

（3）第三阶段：规模开发阶段（1999—2003 年）。

随着下游用户用气量的增加，1999—2003 年靖边气田进入规模开发阶段，本着“效益优先、优中选优、滚动开发”的原则，截至 2003 年底，累计建成 $55\times10^8m^3$ 的年生产能力，并于 2003 年 10 月 1 日实现了向华东地区供气的目标。由于前期评价工作的扎实，多学科、静动态联合对气藏特征的深入认识，从而实现了靖边下古生界气藏和榆林山 2 段气藏的高水平开发，充分体现了气田前期开发评价工作的重要性和有效性。

（4）稳产阶段（2004—2008 年）。

2003 年靖边气田全部完成开发方案设计的建设任务，结束规模开发建设阶段，进入稳定生产阶段。

（5）增压阶段（2009—2018 年）。

自 2009 年开始对已建的 70 多座集气站实施气田增压开采，以满足气田的净化集输需求和气田稳产的整体方案设计要求。

3. 集气工艺

针对下古生界气田地面建设的特点，从“集气半径、净化工艺、集输管网、管材选择”等多方面逐步优化，形成了以“高压集气，集中注醇，多井加热，间歇计量，小站脱水，集中净化”为技术核心的具有领先水平的以“三多、三简、两小、四集中”为特点的长庆靖边气田地面建设模式。

1）“三多、三简、两小、四集中”工艺

（1）“三多”。

①多井高压常温集气工艺。

多井高压常温集气工艺是指多口气井不经过加热和节流，通过采气管线高压直接输送到集气站，在集气站内才进行节流降压、气液分离和计量，再经过脱水后进入集气管网，然后输至净化厂净化。一座集气站一般可辖井 5~8 口。

采用多井高压常温集气工艺使布站简化，集气站数量大大减少，整个气田真正实现了集气站、净化厂二级布站。

②多井高压集中注醇工艺。

多井高压集中注醇工艺就是在集气站设高压注醇泵，通过与采气管线同沟敷设的注醇管线向井口和高压采气管线注入甲醇，在井口没有注醇设备需要管理和维护，实现了井口无人值守。

③多井加热工艺。

一台加热炉设有多组加热盘管，可同时对多口气井进行加热和节流。自动温度控制技术是一炉对多井加热节流的关键。一台多井加热炉可加热 4 口气井，大幅度减少了集气站的加热炉数量。

（2）“三简”。

①简化井口。

采用高压集气工艺后，仅在井口安装高压自动安全保护装置，该装置在采气管线发生事故后，前后压差达到 1~1.5MPa 时自动关闭，有效防止了事故的发生或灾害的扩大。经过简化的井口除了采气树没有需要维护的设备，无人值守。

②简化计量。

气田单井产量比较稳定，波动幅度较小，采用连续计量的代价太高，采用间歇计量完全可以满足开发需要。集气站内设一台生产分离器用于混合生产，另设计量分离器用于单井计量。通过生产运行，采用间歇计量可以满足开发和生产要求。

③简化布站。

采气管线和集气站的投资占集输工程建设总投资的60%以上，因此优化布站、简化集气管网可以大幅度地降低建设投资。靖边气田开发早期，采用数学建模技术，在充分考虑集输半径、集气站规模、水化物抑制剂消耗等多目标因素的影响，应用管网优化软件，确定了最优的集气半径在6km以内，集气站辖井数在5~8口之间，实现了优化布站。实践证明，优化后的集气站分布和采集气管网（包括注醇管线）的投资是最优的。

（3）“两小”。

①小型橇装三甘醇脱水装置。

②小型天然气发电设备。

（4）“四集中”。

针对长庆气田地域面积大，井站分散、气质碳硫比高等特点，采取了天然气集中净化、甲醇集中回收、工业污水集中处理、生产运行集中监控的工艺。

2）整体增压工艺

在2009年进入增压开采以来，形成了具有靖边气田特点的“区域集中增压为主、集气站分散增压为辅”的增压工艺[15]。靖边气田增压开采期集输压力系统如图3-4所示。

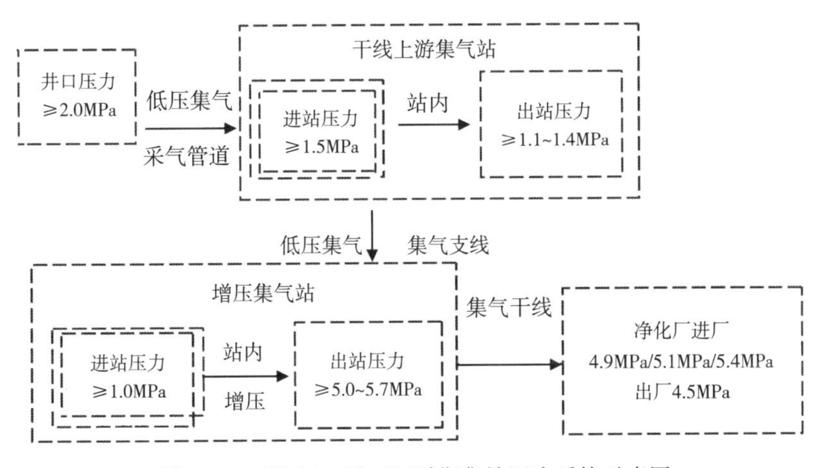

图3-4 靖边气田增压开采期集输压力系统示意图

4. 集输管网

靖边气田压力系统为井口生产压力不低于6.7MPa；通过采气管线输送至集气站进站压力不低于6.4MPa；各集气站出站压力为5.0~5.7MPa；集气干线到天然气净化厂最低进厂压力为一净4.8MPa、二净4.9MPa、三净5.4MPa。

采气管线最高运行压力为关井压力25MPa。采气管线运行压力按25MPa设计。

集气站、集气支线、集气干线运行压力按6.3MPa设计。

靖边气田集输压力系统现状如图 3-5 所示。

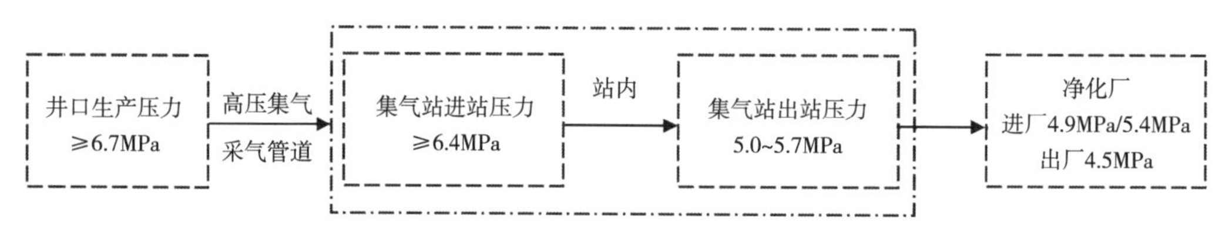

图 3-5　靖边气田集输压力系统现状示意图

1）采气管网

气田开采初期，关井压力一般为 25MPa，自然稳产期末井口流动压力为 6.7MPa，因此，单井采气管线的强度设计压力为 25MPa，管径选择按井口最低压力 6.7MPa，管线压降为 0.3MPa，进站压力为 6.4MPa 计算。

注醇管线设计压力取 32MPa，与各采气管线同沟敷设同长度的注醇管线。在一般地段采用高压柔性复合输送管作注醇管线；在进站前 200m、穿跨越段、人口聚集区、水源地等重要地区和二级、三级、四级地区，必须采用无缝钢管的管线。

2）集气管网

靖边气田共建成净化厂 5 座，净化能力达 $136\times10^8m^3/a$，采用枝状、环状相结合的管网建设模式，将 5 座净化厂南北连接，具有截断、集输、自由分配的功能，保证靖边气田生产天然气安全平稳运行。

5. 集输站场

1）井场

各井场均进行标准化设计，无人值守，定期巡检。井场占地 45m×40m。

采气井口设有井口安全保护装置，采气管道一旦破裂可自行截断。

井口设有注醇口，根据需要分别注入油管和套管流程。在非生产季节可以向油管注入缓蚀剂，缓解采气管线腐蚀速率。井场流程如图 3-6 所示。

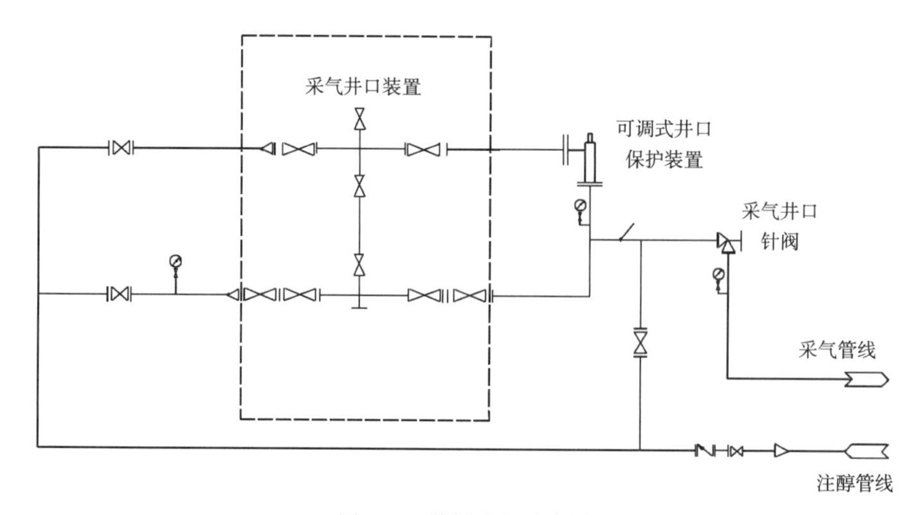

图 3-6　井场流程示意图

2）集气站

（1）集气站工艺流程。

集气站工艺采用多井高压集气、集中注醇、加热、节流、脱水输送工艺。井场输入的天然气进站后，经加热炉加热后节流，再进计量分离器计量（单井的计量分离为轮换计量）、生产分离器，经脱水橇脱水计量后进外输，最后通过干线进净化厂集中净化，达到商品气要求后外供。集气站流程如图 3-7 所示。

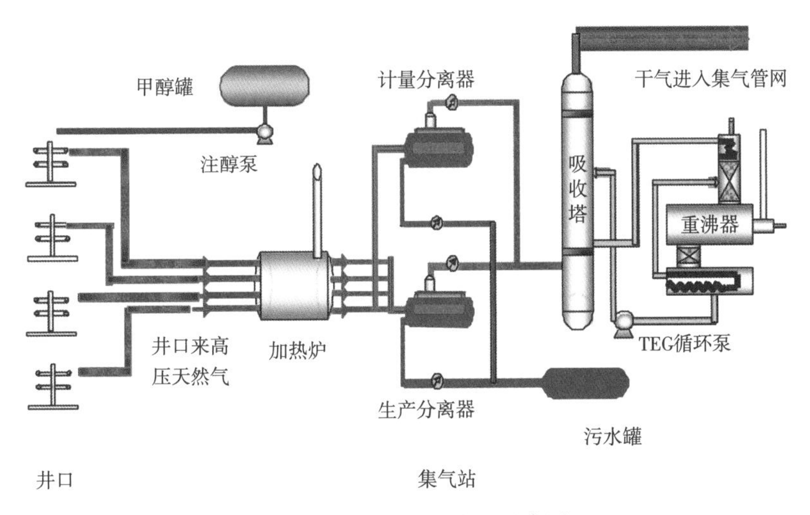

图 3-7 集气站工艺流程示意图

（2）平面布置。

辅助生产区与工艺装置区分开布置，发电机房、监控室、机柜间、休息室、厨房、注醇泵房等生产辅助设施布置在年最小频率风向的下风侧。

工艺装置区布置在年最小频率风向的上风侧，根据工艺流程依次为进站区、加热炉、总机关、分离器、阀组管汇装置区、分液罐、脱水橇、自用气区、外输区（清管区）。注醇泵房独立布置，距离监控室 10m 以外，甲醇罐、污水罐紧临注醇泵房布置。该布置模式被广泛应用于长庆靖边气田，具有工艺流程顺畅，布置紧凑；对于现场进站道路方向变化，适应性强；占地面积小等优点。集气站平面图如图 3-8 所示。

图 3-8 靖边气田集气站平面效果图

（3）主要设备。

①加热炉。

靖边气田集气工艺为多井高压集气，集气站辖井数量较多。为减少集气站设备的数量，集气站采用容易控制的多井负压加热炉。气井进站最低温度为 3℃，最高加热温度为60～75℃，节流后的温度取（20±2）℃来计算加热炉的热负荷。选用 4 井式 400kW 的加热炉。

②分离器。

由于井口来气中夹带部分含醇水、少量液态烃、岩屑、硫化铁等杂质，这些杂质进入脱水橇后易引起发泡、泛塔后果。为保证脱水橇的正常运行，提高进干线天然气的质量，各集气站需设置一定数量及规格的卧式双筒分离器。根据靖边气田的生产运行经验，计量分离器的设置按一台计量分离器计量 4～6 口井来设置。经过近几年的实践，计量分离器辖井数可以进一步提高，对生产影响不是很大，现一台计量分离器辖井 10 口，减少分离器设备及相应的配套仪表设施。

③脱水橇。

为减缓干线腐蚀，提高集气干线的使用寿命，天然气接入干线之前均需在集气站内脱水。采用三甘醇吸收法脱水工艺，初期装置规模为（10～30）$\times10^4m^3/d$，2015 年以后随着滚动开发站场规模的变大，装置规模达到（50～100）$\times10^4m^3/d$。

④注醇泵。

甲醇注入量由 HYSYS 模拟计算，井底压力 25MPa，温度 100℃，进站压力 22MPa，温度 3℃，平均产水含量 $0.28m^3/10^4m^3$，甲醇注入量为 5.39L/h。

注醇泵选用双头注醇泵，并合理应用拆下的注醇泵。每座集气站一般都设一台备用泵，一是用作向井下注入缓蚀剂，二是用作注醇备用泵。

6. 处理工艺

1）靖边气田天然气特点

表 3-4 为靖边气田天然气净化厂典型原料天然气组成，由该表可见，靖边气田天然气甲烷含量约在 93%以上，C_{2+}含量仅约 1%，其余为 CO_2、H_2S 等非烃类。CO_2 体积分数一般在 5.0%～6.6%，H_2S 质量浓度一般在 200～1400mg/m³，不含羰基硫和硫醇。而且 CO_2/ H_2S（摩尔比）高（表 3-5），一般在 80～160，因此，不仅要深度脱除 H_2S，而且要大量脱除 CO_2 才能符合 GB 17820—2012《天然气》中Ⅱ类气质要求（H_2S 质量浓度不大于 20mg/m³，CO_2 体积分数不大于 3%）。

表 3-4　靖边气田净化厂典型原料天然气的组成表（干基）　单位：%（体积分数）

组分	C_1	C_2	C_3	C_4	C_5	H_2	H_2S	CO_2	N_2	He	CO_2/H_2S
组成	93.89	0.621	0.079	0.018	0.003	0.001	0.048	5.136	0.159	0.022	107

表 3-5　五座净化厂天然气碳硫比

净化厂		第一净化厂	第二净化厂	第三净化厂	第四净化厂	第五净化厂
CO_2 %（体积分数）	设计值	3.025	5.321	5.280	6.080	5.660
	运行值	5.250	5.730	5.700	4.520	4.060

续表

净化厂		第一净化厂	第二净化厂	第三净化厂	第四净化厂	第五净化厂
H_2S %（体积分数）	设计值	0.033	0.065	0.028	0.023	0.045
	运行值	0.047	0.060	0.036	0.050	0.170
CO_2/ H_2S（摩尔比）	设计值	91.700	81.900	188.8	264.300	125.780
	运行值	109.600	95.500	153.1	90.4	24

2）靖边气田天然气净化厂概况

（1）第一净化厂概况。

第一净化厂位于陕西省靖边县，总占地面积 307 亩，主体工程于 1997 年、2000 年、2003 年分三期建成投产，处理能力达到 $40\times10^8m^3/a$，进厂压力 4.8MPa，出厂压力 4.5MPa。主要生产装置有 $200\times10^4m^3/d$ 脱硫脱碳装置和脱水装置各 5 套，$400\times10^4m^3/d$ 脱硫脱碳装置和脱水装置各 2 套，硫黄回收装置 1 套，$100m^3/d$ 甲醇回收装置 1 套，$150m^3/d$ 甲醇回收装置 1 套。产品气主要输往西安、北京、银川等地。

（2）第二净化厂概况。

第二净化厂位于内蒙古自治区乌审旗纳林河乡水清湾村，总占地面积 287 亩，主体工程于 2001、2002 年分两期建成，处理能力 $26\times10^8m^3/a$，进厂压力 4.9MPa，出厂压力 4.5MPa。主要生产装置有 $375\times10^4m^3/d$ 脱硫脱碳装置和脱水装置各 2 套，硫黄回收装置 1 套，$100m^3/d$ 甲醇回收装置 2 套。产品气主要输往北京、呼和浩特等地。

（3）第三净化厂概况。

第三净化厂位于安塞区化子坪镇鲍家营村，占地面积 140 亩，工程于 2003 年 10 月建成投产。设计年处理天然气 $10\times10^8m^3$，进厂压力 5.6MPa，出厂压力 5.3MPa。工厂引进加拿大普帕克公司 $300\times10^4m^3/d$ 脱硫脱碳装置和脱水装置各 1 套，国产 $50m^3/d$ 甲醇回收装置 1 套。2011 年增设了硫黄回收装置 1 套。产品气主要输往西安。

（4）第四净化厂概况。

第四净化厂位于志丹县保安镇张沟门村，占地面积 131 亩，工程于 2012 年 8 月开工建设，2013 年 6 月建成。设计年处理天然气 $30\times10^8m^3$，进厂压力 4.9MPa，出厂压力 4.5MPa。主要生产装置有 $450\times10^4m^3/d$ 脱硫脱碳装置和脱水装置各 2 套，$200m^3/d$ 甲醇回收装置 1 套，硫黄回收装置 1 套。产品气接入定西线，输往西安。

（5）第五净化厂概况。

第五天然气净化厂位于内蒙古自治区乌审旗八音柴达木乡，占地面积 146 亩，工程于 2013 年 8 月开工建设，2015 年 12 月建成投产，进厂压力 5.2MPa，出厂压力 4.9MPa。设计年处理天然气 $30\times10^8m^3$。主要生产装置有 $450\times10^4m^3/d$ 脱硫脱碳装置和脱水装置各 2 套，$230m^3/d$ 甲醇回收装置 1 套，硫黄回收装置 1 套。

3）总工艺流程

由集气干线来的原料天然气先进入脱硫脱碳装置，脱除其所含的几乎所有的 H_2S 和部分 CO_2，从脱硫脱碳装置出来的湿净化气送至脱水装置进行脱水处理，脱水后的干净化天然气即产品天然气，满足 GB 17820—2012《天然气》Ⅱ类气技术指标。产品气经净化气管道输至用户。

4）主要工艺装置

（1）脱硫脱碳装置。

靖边气田五座天然气净化厂脱硫脱碳装置均采用醇胺法。

① 工艺流程。

醇胺法脱硫脱碳的典型工艺流程如图3-9所示。由图可知，该流程由吸收、闪蒸、换热和再生（汽提）四部分组成。其中，吸收部分是将原料气中的酸性组分脱除至规定指标或要求；闪蒸部分是将富液（即吸收了酸性组分后的溶液）所吸收的一部分烃类通过闪蒸除去；换热是回收离开再生塔的贫液热量；再生是将富液中吸收的酸性组分解吸出来成为贫液循环使用。

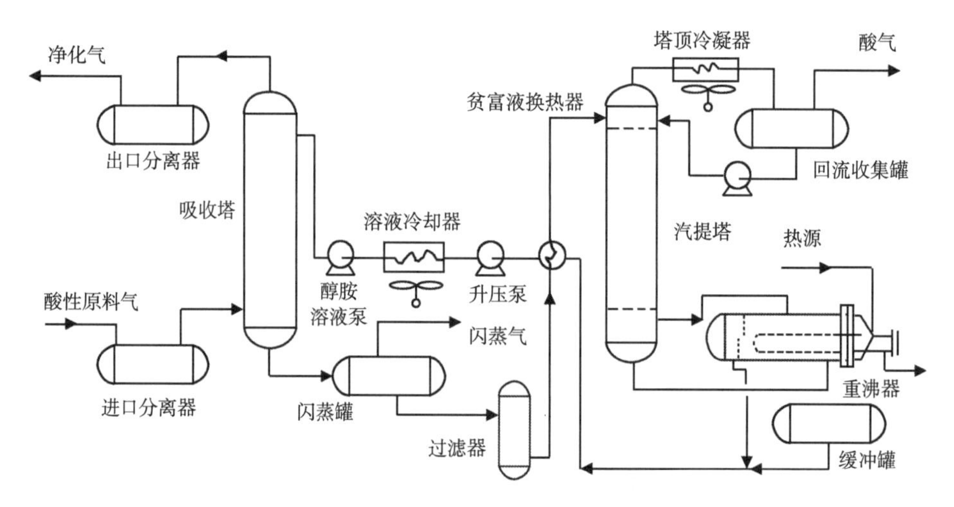

图3-9　醇胺法工艺流程图

图3-9中，原料气经进口分离器除去游离液体和携带的固体杂质后进入吸收塔底部，与由塔顶自上而下流动的醇胺溶液逆流接触，吸收其中的酸性组分。离开吸收塔顶部的是含饱和水的湿净化气，经出口分离器除去携带的溶液液滴后出装置。通常，都要将此湿净化气脱水后再作为商品气或管输，或去下游的NGL回收装置或LNG生产装置。

由吸收塔底部流出的富液降压后进入闪蒸罐，以脱除被醇胺溶液吸收的烃类。然后，富液再经过滤器进贫富液换热器，利用热贫液将其加热后进入在低压下操作的再生塔上部，使一部分酸性组分在再生塔顶部塔板上从富液中闪蒸出来。随着溶液自上而下流至底部，溶液中剩余的酸性组分就会被在重沸器中加热汽化的气体（主要是水蒸气）进一步汽提出来。因此，离开再生塔的是贫液，只含少量未汽提出来的残余酸性气体。此热贫液经贫富液换热器、溶液冷却器冷却和贫液泵增压，温度降至比塔内气体烃露点高5~6℃以上，然后进入吸收塔循环使用。有时，贫液在换热与增压后也经过一个过滤器。

从富液中汽提出来的酸性组分和水蒸气离开再生塔顶，经冷凝器冷却与冷凝后，冷凝水作为回流返回再生塔顶部。由回流罐分出的酸气根据其组成和流量，或去硫磺回收装置，或压缩后回注地层以提高原油采收率，或经处理后去火炬等。

② 醇胺溶液的选择。

随着靖边气田的不断开发，原料气的酸性组分含量变化较大。例如第一净化厂原料气

设计 CO_2 为 3.025%，实际运行中 CO_2 含量在 4.0%~5.15%，天然气碳硫比高，故主要目的应该是脱除 H_2S 的同时脱除大量 CO_2 而不是选择性脱除 H_2S。第一净化厂、第二净化厂原设计均采用了 MDEA 法脱硫。如前所述，MDEA 在 H_2S、CO_2 同时存在时可以选择性脱除 H_2S（即在几乎完全脱除 H_2S 的同时仅脱除部分 CO_2），造成第一净化厂、第二净化厂产品气 CO_2 含量超标。因此第一净化厂扩建的 $400\times10^4m^3/d$ 天然气脱硫脱碳装置和第一净化厂、第二净化厂改换溶液的几套脱硫脱碳装置均采用的是混合醇胺溶液（MDEA+DEA），至今运行情况基本稳定。

混合醇胺溶液能够提高 CO_2 脱除率，同时能降低溶液内耗。该法可以使用不同的醇胺配比，具有较大的灵活性。第二净化厂脱硫脱碳装置采用 MDEA 溶液和 MDEA+DEA 混合醇胺溶液的技术经济数据对比见表 3-6。

表 3-6 脱硫脱碳装置采用 MDEA 溶液和混合醇胺溶液的技术经济数据对比

溶液	处理量 $10^4m^3/d$	溶液循环量 m^3/h	原料气组成		净化气组成		循环泵耗电量 kW·h/d	再生用蒸汽量 t/d
			H_2S mg/m^3	CO_2 %	H_2S mg/m^3	CO_2 %		
混合醇胺	391.01	82.74	756.05	5.53	8.05	2.76	6509.43	343.02
MDEA	391.89	128.43	793.85	5.59	2.34	2.76	9901.86	403.15

由表 3-6 可知，在原料气气质基本相同并保证净化气气质合格的前提下，装置满负荷运行时混合醇胺溶液所需循环量约为 MDEA 溶液循环量的 64.5%，溶液循环泵和再生用汽提蒸汽量也相应降低，装置单位能耗［$MJ/10^4m^3$（天然气）］约为 MDEA 溶液的 83.31%。

由于 DEA 是伯胺，腐蚀性较强，故在现场进行混合醇胺溶液试验前后分别在室内和现场测定了溶液的腐蚀速率。试验结果表明，混合醇胺溶液的腐蚀速率虽然比 MDEA 溶液大，但仍在允许范围之内。

因此，之后建设的第四、第五净化厂均采用的是混合醇胺溶液（MDEA+ DEA）脱硫脱碳。

第三天然气净化厂引进的脱硫脱碳装置采用的是 MDEA 配方溶液。第三净化厂脱硫脱碳装置主要设计与满负荷性能测试主要数据见表 3-7。由表 3-7 可知，测试得到的净化气的 CO_2 实际含量均小于 2.9%，符合商品气的质量指标。这一结果也表明，在原料气 CO_2 实际含量大于设计值的情况下，采用与设计值相同的溶液循环量仍可将 CO_2 脱除到 3%以下。

表 3-7 第三净化厂脱硫脱碳装置主要设计与满负荷性能测试数

部位	原料气			脱硫脱碳塔			闪蒸塔		再生塔		
参数	处理量 $10^4m^3/d$	压力 MPa	温度 ℃	溶液循环量 m^3/h	净化气温度 ℃	贫液进塔温度 ℃	闪蒸气量 m^3/h	压力 MPa	塔顶温度 ℃	塔底温度 ℃	酸气量 m^3/h
设计	300	5.5	26.6	63.3	43.3	43.3	85.8	0.55	95.8	119.6	3334
测试	300	5.4	27	63.2	55	40	125	0.55	86	122	3750

如果将第二天然气净化厂脱硫脱碳装置（共 2 套，每套处理量为 $400\times10^4m^3/d$）采用的 MDEA 溶液量（每套设计值为 $135m^3/h$）与第三天然气净化厂脱硫脱碳装置（处理量为 $300\times10^4m^3/d$）采用的 MDEA 配方溶液量（设计值为 $63.3m^3/h$）相比，前者原料气处理量是后者的 1.33 倍，但溶液循环量却是后者的 2.13 倍，即前者的溶液循环量比后者高出约 60%，因而该装置的能耗也相应较高。由此不难看出，对于长庆气区这样高碳硫比的原料气，采用合适的 MDEA 配方溶液脱硫脱碳，无论从节约能源还是提高技术水平来讲，都是十分重要的。

与 MDEA 和其他醇胺溶液相比，采用合适的 MDEA 配方溶液脱硫脱碳可明显降低溶液循环量和能耗，而且其降解率和腐蚀性也较低，故目前已在国外获得广泛应用。在国内，由于受配方溶液品种、价格等因素影响，目前仅有重庆天然气净化总厂长寿分厂、忠县天然气净化厂等选用过脱硫选择性更好的 MDEA 配方溶液（CT8-5）。

③工艺参数。

a. 溶液循环量。

醇胺溶液循环量是醇胺法脱硫脱碳中一个十分重要的参数，它决定了脱硫脱碳装置诸多设备尺寸、投资和装置能耗。

在确定醇胺法溶液循环量时，除了凭借经验估计外，还必须有 H_2S、CO_2 在醇胺溶液中的热力学平衡溶解度数据。自 1974 年 Kent 和 Eisenberg 等首先提出采用拟平衡常数法关联实验数据以确定 H_2S、CO_2 在 MEA、DEA 水溶液中的平衡溶解度后，近几十年来国内外不少学者又系统地采用实验方法测定了 H_2S、CO_2 在不同分压、不同温度下在不同浓度的 MEA、DEA、DIPA、DGA、MDEA 和砜胺溶液中的平衡溶解度，并进一步采用数学模型法关联这些实验数据，使之由特殊到一般因而扩大了其使用范围。

酸性天然气中一般会同时含有 H_2S 和 CO_2，而 H_2S 和 CO_2 与醇胺的反应又会相互影响，即其中一种酸性组分即使有微量存在，也会使另一种酸性组分的平衡分压产生很大差别。只有一种酸性组分（H_2S 或 CO_2）存在时其在醇胺溶液中的平衡溶解度远大于 H_2S 和 CO_2 同时存在时的数值。

目前，包括溶液循环量在内的天然气脱硫脱碳工艺计算普遍采用有关软件由计算机完成。但是，在使用这些软件时应注意其应用范围，如果超出其应用范围进行计算，就无法得出正确的结果，尤其是采用混合醇胺法脱硫脱碳时更需注意。

b. 压力和温度。

吸收塔操作压力一般为 4~6MPa，主要取决于原料气进塔压力和净化气外输压力要求。降低吸收压力虽有助于改善溶液选择性，但压力降低也使溶液负荷降低，装置处理能力下降，因而不应采用降低压力的方法来改善选择性。

再生塔一般均在略高于常压下操作，其值由塔顶酸气去向和所要求的背压而定。为避免发生热降解反应，重沸器中溶液温度应尽可能较低，其值取决于溶液浓度、压力和所要求的贫液残余酸气负荷。不同醇胺溶液在重沸器中的正常温度范围见表 3-8。

通常，为避免天然气中的烃类在吸收塔中冷凝，贫液温度应较塔内气体烃露点高 5~6℃，因为烃类的冷凝会使溶液严重起泡，所以应该核算吸收塔入口和出口条件下的气体烃露点。这是由于脱除酸性组分后，气体的烃露点升高。还应该核算一下，在吸收塔内由于温度升高、压力降低，气体有无反凝析现象。

表 3-8 醇胺法溶液主要工艺参数

项　　目	MEA	DEA	DGA	Sulfinol	MDEA
酸气负荷，m^3(GPA)/L①	0. 05~0. 056	0. 0285~0. 0375	0. 0350~0. 054	0. 030~0. 1275	0. 022~0. 056
酸气负荷，mol/mol（胺）②	0. 33~0. 40	0. 2~0. 8	0. 25~0. 38	—	0. 2~0. 6
贫液残余酸气负荷，mol/mol（胺）③	0. 12±	0. 01±	0. 06±	—	0. 005~0. 01
富液酸气负荷，mol/mol（胺）②	0. 45~0. 52	0. 21~0. 81	0. 31~0. 44	—	0. 21~0. 61
溶液质量浓度，%（正常范围）	25	40	60	3 种组分，组成可变化	65
火管加热重沸器表面平均热流率，kW/m^2	28. 0~33. 5	23. 5~28. 0	30. 0~36. 0	10. 0~21. 0	22. 0~25. 0
重沸器温度④，℃（正常范围）	110~115	78~85	90~115	90~115	75~85
反应热⑤（估计），kJ/kg（H_2S）	1070~1270	1100~1270	1210~1320	1100~1380	1100~1320
反应热⑤（估计），kJ/kg（CO_2）	1420~1920	1290~1700	1570~2000	变化/负荷	1230~1425

注：表中数据摘自 GPSA-Engineering Data Book（14th Ed）SI 2016。

① 正常范围，38℃，取决于酸气分压和溶液浓度。

② 正常范围，取决于酸气分压和溶液腐蚀性，对于腐蚀性系统仅为 60%或更低值。

③ 正常范围，随再生塔顶部回流比而变，低的贫液残余酸气负荷要求再生塔塔板或回流比更多，并使重沸器热负荷更大。

④ 重沸器温度取决于溶液浓度、酸气背压和所要求的残余 CO_2 含量。

⑤ 反应热随酸气负荷、溶液浓度而变化。

由于吸收过程是放热的，故富液离开吸收塔底和湿净化气离开吸收塔顶的温度均会高于原料气温度。塔内溶液温度变化曲线与原料气温度和酸性组分含量有关。原料气中酸性组分含量低时主要与原料气温度有关，溶液在塔内温度变化不大；原料气中酸性组分含量高时，还与塔内吸收过程的热效应有关。此时，吸收塔内某处将会出现温度最高值。

醇胺法脱硫脱碳装置正常运行时其他一些设备压力、温度参数大致见表 3-9。

表 3-9 醇胺法装置一些设备压力、温度参数

工艺参数	富液出吸收塔(液位调节阀出口)	贫富液换热器				胺液冷却器		塔顶冷凝器		回流泵		增压泵		胺液泵	
		富液侧		贫液侧											
		进口	出口	进口	出口	进口	出口	进口	出口	进口	出口	进口	出口	进口	出口
压力 kPa	275~550	—	—	—	—	—	—	—	—	20~40	205~275	20~40	345~450	0~275	345①
温度 ℃	38~82	38~82	88~104	115~121	77~88	77~88	38~54	88~107	38~54						

①高于吸收塔压力之差值。

c. 气液比。

气液比是指单位体积溶液所处理的气体体积量（m^3/m^3），它是影响脱硫脱碳净化度和经济性的重要因素，也是操作中最易调节的工艺参数。

d. 溶液浓度。

溶液浓度也是操作中可以调节的一个参数。

④醇胺法脱硫脱碳装置操作注意事项。

醇胺法脱硫脱碳装置运行一般比较平稳，经常遇到的问题有溶剂降解、设备腐蚀和溶液起泡等。因此，应在设计与操作中采取措施防止和减缓这些问题的发生。

a. 溶剂降解。

醇胺降解大致有化学降解、热降解和氧化降解三种，是造成溶剂损失的主要原因。

化学降解在溶剂降解中占最主要地位，即醇胺与原料气中的 CO_2 和有机硫化物发生副反应，生成难以完全再生的化合物。MEA 与 CO_2 发生副反应生成的碳酸盐可转变为噁唑烷酮，再经一系列反应生成乙二胺衍生物。由于乙二胺衍生物比 MEA 碱性强，故难以再生复原，从而导致溶剂损失，而且还会加速设备腐蚀。DEA 与 CO_2 发生类似副反应后，溶剂只是部分丧失反应能力。MDEA 是叔胺，不与 CO_2 反应生成噁唑烷酮一类降解产物，也不与 COS、CS_2 等有机硫化物反应，因而基本不存在化学降解问题。

MEA 对热降解是稳定的，但易发生氧化降解。受热情况下，氧可能与气流中的 H_2S 反应生成单质硫，后者进一步和 MEA 反应生成二硫代氨基甲酸盐等热稳定的降解产物。DEA 不会形成很多不可再生的化学降解产物，故不需复活釜。此外，DEA 对热降解不稳定，但对氧化降解的稳定性与 MEA 类似。

避免空气进入系统（例如溶剂罐充氮保护、溶液泵入口保持正压等）及对溶剂进行复活等，都可减少溶剂的降解损失。在 MEA 复活釜中回收的溶剂就是游离的及热稳定性盐中的 MEA。

b. 设备腐蚀。

醇胺溶液本身对碳钢并无腐蚀性，只是酸气进入溶液后才产生的。

醇胺法脱硫脱碳装置存在均匀腐蚀（全面腐蚀）、电化学腐蚀、缝隙腐蚀、坑点腐蚀（坑蚀、点蚀）、晶间腐蚀（常见于不锈钢）、选择性腐蚀（从金属合金中选择性浸析出某种元素）、磨损腐蚀（包括冲蚀和气蚀）、应力腐蚀开裂（SCC）及氢腐蚀（氢蚀、氢脆）等。此外，还有应力集中氢致开裂（SOHIC）。

其中可能造成事故甚至是恶性事故的是局部腐蚀，特别是应力腐蚀开裂、氢腐蚀、磨损腐蚀和坑点腐蚀。醇胺法装置容易发生腐蚀的部位有再生塔顶部及其内部构件、贫富液换热器中的富液侧、换热后的富液管线、有游离酸气和较高温度的重沸器及其附属管线等处。

酸性组分是最主要的腐蚀剂，其次是溶剂的降解产物。溶液中悬浮的固体颗粒（主要是腐蚀产物如硫化铁）对设备、管线的磨损，以及溶液在换热器和管线中流速过快，都会加速硫化铁膜脱落而使腐蚀加快。设备应力腐蚀是由 H_2S、CO_2 和设备焊接后的残余应力共同作用下发生的，在温度高于 90℃ 的部位更易发生。

c. 溶液起泡。

醇胺降解产物、溶液中悬浮的固体颗粒、原料气中携带的游离液（烃或水）、化学剂和润滑油等，都是引起溶液起泡的原因。溶液起泡会使脱硫脱碳效果变坏，甚至使处理量剧降直至停工。因此，在开工和运行中都要保持溶液清洁，除去溶液中的硫化铁、烃类和降解产物等，并且定期进行清洗。新装置通常用碱液和去离子水冲洗，老装置则需用酸液清除铁锈。有时，也可适当加入消泡剂，但这只能作为一种应急措施。根本措施是查明起泡原因并及时排除。

d. 补充水分。

由于离开吸收塔的湿净化气和离开再生塔回流冷凝器的湿酸气都含有饱和水蒸气，而且湿净化气离塔温度远高于原料气进塔温度，故需不断向系统中补充水分。小型装置定期补充即可，而大型装置（尤其是酸气量很大时）则应连续补充水分。补充水可随回流一起打入再生塔，也可打入吸收塔顶的水洗塔板，或者以蒸汽方式通入再生塔底部。

为防止氯化物和其他杂质随补充水进入系统，引起腐蚀、起泡和堵塞，补充水水质的最低要求为：总硬度小于 50mg/L，固体溶解物总量（TSD）小于 100mg/kg，氯小于 2mg/kg，钠小于 3mg/kg，钾小于 3mg/kg，铁小于 10mg/kg。

e. 溶剂损耗。

醇胺损耗是醇胺法脱硫脱碳装置重要经济指标之一。溶剂损耗主要为蒸发（处理 NGL、LPG 时为溶解）、携带、降解和机械损失等。根据国内外醇胺法天然气脱硫脱碳装置的运行经验，醇胺损耗通常不超过 $50kg/10^6m^3$。

（2）三甘醇脱水装置。

靖边气田五座净化厂脱硫脱碳后湿天然气均采用三甘醇法脱水。

① 工艺流程。

图 3-10 为三甘醇脱水装置工艺流程。该装置由高压吸收系统和低压再生系统两部分组成。通常将再生后提浓的甘醇溶液称为贫甘醇，吸收气体中水蒸气后浓度降低的甘醇溶液称为富甘醇。

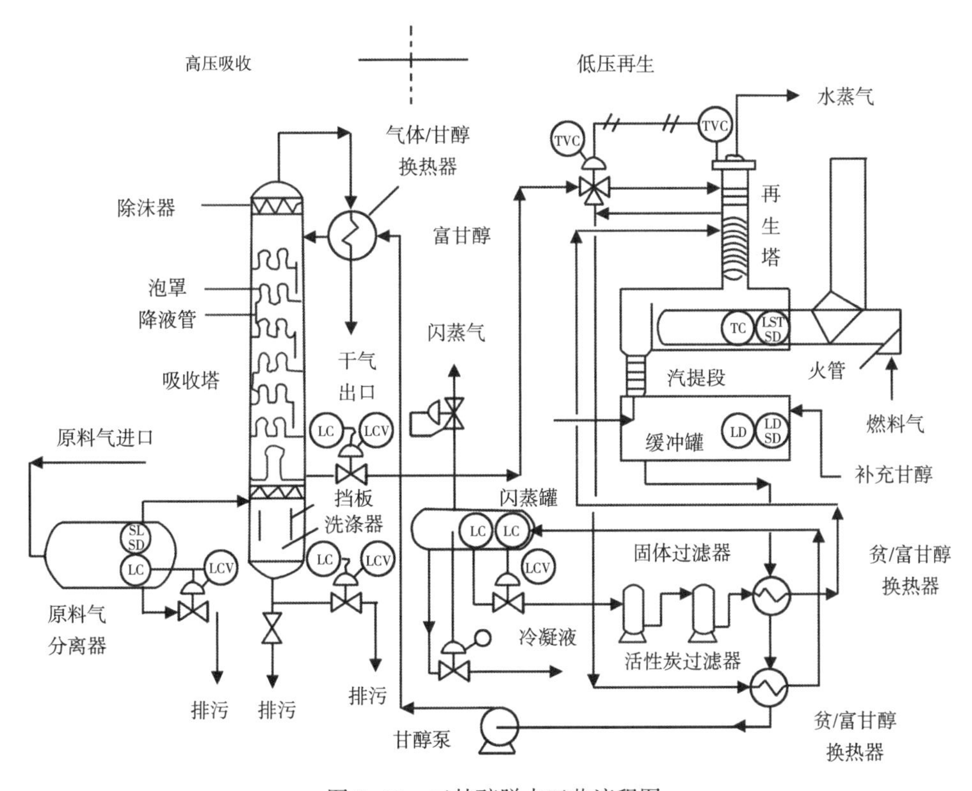

图 3-10 三甘醇脱水工艺流程图

由再生系统来的贫甘醇先经冷却和增压进入吸收塔顶部塔板后沿各层塔板自上而下流动，由吸收塔外的分离器和塔内洗涤器分出的原料气进入吸收塔的底部后沿各层塔板由下而上流动，气、液两相在塔板上逆流接触时气体中的水蒸气被甘醇溶液所吸收。吸收塔顶部设有捕雾器以脱除出口干气所携带的甘醇液滴，从而减少甘醇损失。吸收了气体中水蒸气的富甘醇离开吸收塔底部，经再生塔精馏柱顶部回流冷凝器盘管和贫/富甘醇换热器加热后，在闪蒸罐内分离出富甘醇中的大部分溶解气，然后再经滤布过滤器（除去固体颗粒）、活性炭过滤器（除去重烃、化学剂和润滑油等液体）和贫/富甘醇换热器进入再生塔，在重沸器中接近常压下加热蒸出所吸收的水分，并由精馏柱顶部排向大气或去放空系统。再生后的贫甘醇经缓冲罐、贫/富甘醇换热器、气体/甘醇换热器冷却并用泵增压后循环使用。

由闪蒸罐分出的闪蒸气主要为烃类气体，一般作为再生塔重沸器的燃料，但含 H_2S 的闪蒸气则去火炬系统经燃烧后放空。

为保证再生后的贫甘醇质量浓度在 99%以上，通常还需向重沸器中通入汽提气。汽提气一般是出吸收塔的干气，将其通入重沸器底部或重沸器与缓冲罐之间的贫液汽提柱（图 3-11），用以搅动甘醇溶液，使滞留在高黏度溶液中的水蒸气逸出，同时也降低了水蒸气分压，使更多的水蒸气脱出，从而将贫甘醇中的甘醇浓度进一步提高。

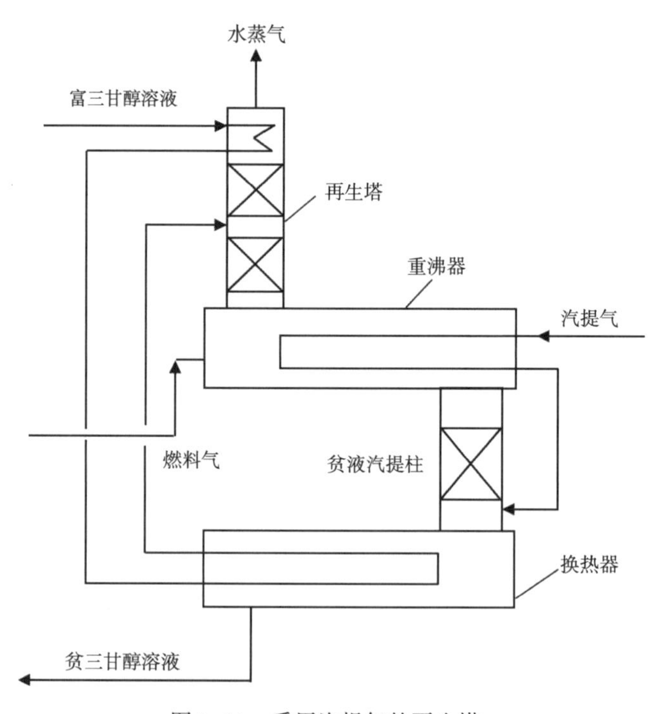

图 3-11　采用汽提气的再生塔

② 吸收塔。

优良的设计方案和合适的工艺参数是保证甘醇脱水装置安全可靠运行的关键，吸收和再生系统主要设备的主要工艺参数如下。

吸收塔的脱水负荷和效果取决于原料气的流量、温度、压力和贫甘醇的浓度、温度及循环流率。

a. 原料气流量。

吸收塔需要脱除的水量（kg/h）与原料气量直接有关。吸收塔的塔板通常均在低液气比的“吹液”区操作，如果原料气量过大，将会使塔板上的“吹液”现象更加恶化，这对吸收塔的操作极为不利。但是，对于填料塔来讲，由于液体以润湿膜的形式流过填料表面，因而不受“吹液”现象的影响。

b. 原料气温度、压力。

由于原料气量远大于甘醇溶液量，所以吸收塔内的吸收温度近似等于原料气温度。吸收温度一般为15~48℃，最好为27~38℃。

原料气进吸收塔的温度、压力决定了其含水量和需要脱除的水量。在低温高压下天然气中的含水量较低，因而吸收塔的尺寸小。但是，低温下甘醇溶液更易起泡，黏度也增加。因此，原料气的温度不宜低于15℃。然而，如果原料气是来自胺法脱硫脱碳后的湿净化气，当温度大于48℃时，由于气体中含水量过高，增加脱水装置的负荷和甘醇的汽化损失，而且甘醇溶液的脱水能力也降低（图3-12），故应先冷却后再进入吸收塔。

三甘醇吸收塔的压力一般为2.5~10MPa。如果压力过低（例如小于0.40MPa），由于甘醇脱水负荷过高（原料气含水量高），应将低压气体增压后再去脱水。

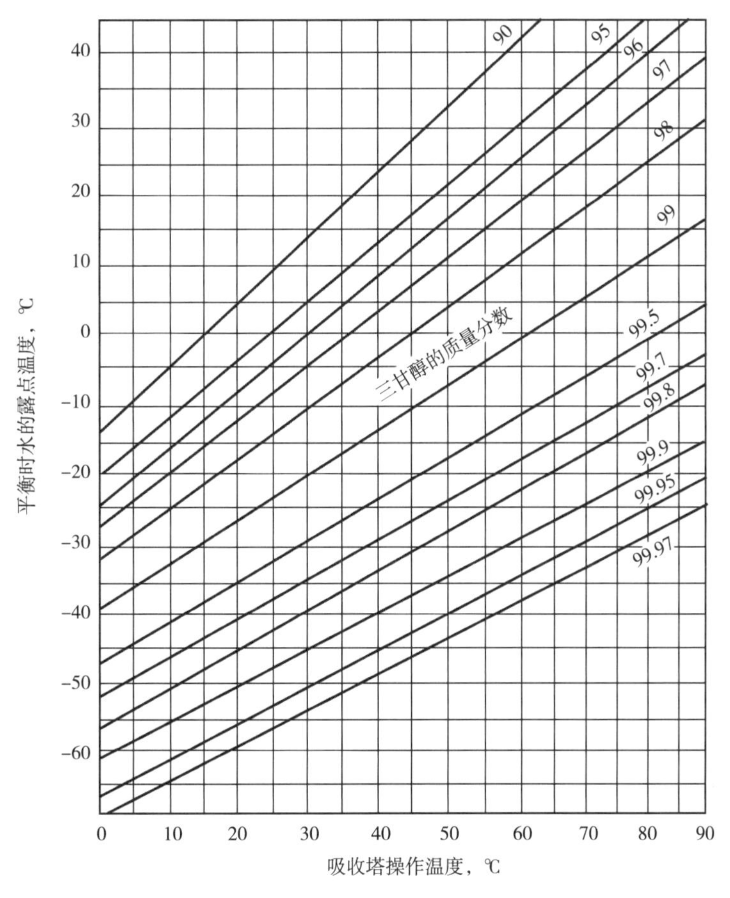

图3-12 不同三甘醇浓度下干气平衡水露点与吸收温度的关系

c. 贫甘醇进吸收塔的温度和浓度。

贫甘醇的脱水能力受水在天然气和贫甘醇体系中气液平衡的限制。图 3-12 为离开吸收塔干气的平衡露点、吸收温度（脱水温度）和贫三甘醇质量浓度的关系图。由图 3-12 可知，当吸收温度（近似等于原料气温度）一定时，随着贫甘醇浓度增加，出塔干气的平衡露点显著下降。此外，随着吸收温度降低，出塔干气的平衡露点也下降。但是如前所述，温度降低将使甘醇黏度增加，起泡增多。

应该注意的是，图 3-12 预测的平衡露点比实际露点低，其差值与甘醇循环流率、理论塔板数有关，一般为 6~11℃，压力对平衡露点影响甚小。由于图 3-12 纵坐标的平衡露点是基于冷凝水相为亚稳态液体的假设，但在很低的露点下冷凝水相（水溶液相）将是水合物而不是亚稳态液体，故此时预测的平衡露点要比实际露点低 8~11℃，其差值取决于温度、压力和气体组成。

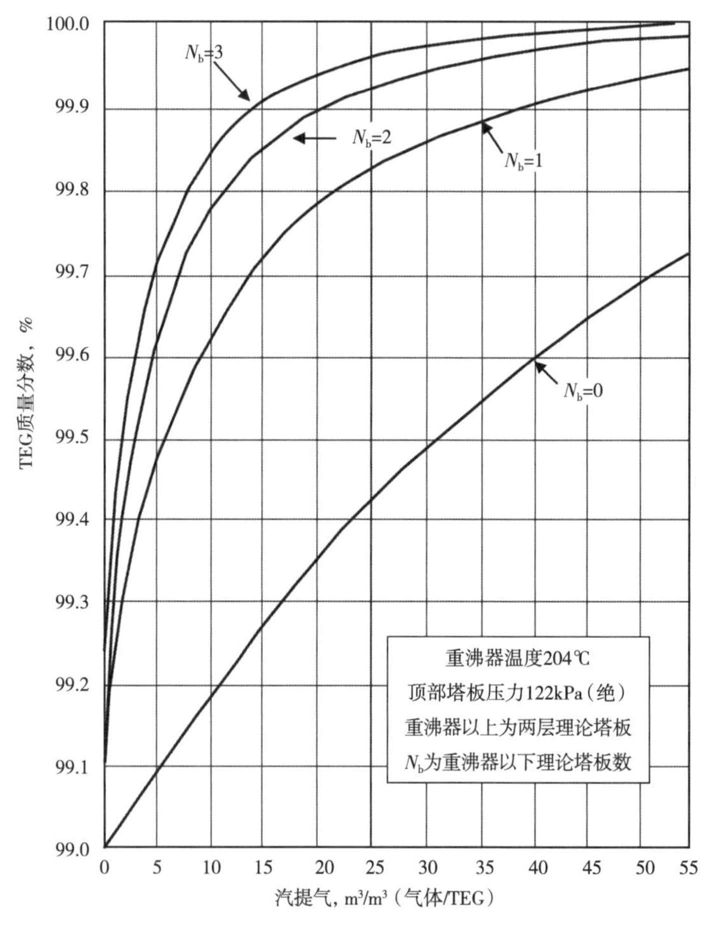

图 3-13　汽提气量对三甘醇浓度的影响

贫甘醇进吸收塔的温度应比塔内气体温度高 3~8℃。如果贫甘醇温度比塔内气体温度低，就会使气体中的一部分重烃冷凝，促使溶液起泡。反之，贫甘醇进塔温度过高，甘醇汽化损失和出塔干气露点就会增加很多。

d. 甘醇循环流率。

原料气在吸收塔中获得的露点降随着贫甘醇浓度、甘醇循环流率和吸收塔塔板数（或填料高度）的增加而增加。因此，选择甘醇循环流率时必须考虑贫甘醇进吸收塔时的浓度、塔板数（或填料高度）和所要求的露点降（图3-13）。

甘醇循环流率通常用每吸收原料气中1kg水分所需的甘醇体积量（m^3）来表示，故实际上应该是比循环率。三甘醇循环流率一般选用0.02~0.03m^3/kg（水），也有人推荐为0.015~0.04m^3/kg（水）。如低于0.012m^3/kg（水），就难以使气体与甘醇保持良好的接触。当采用二甘醇时，其循环流率一般为0.04~0.10m^3/kg（水）。

③再生塔。

甘醇溶液的再生深度主要取决于重沸器的温度，如果需要更高的贫甘醇浓度则应采用塔底汽提法等。通常采用控制精馏柱顶部温度的方法使柱顶放空的甘醇损失减少至最低值。

a. 重沸器温度。

离开重沸器的贫甘醇浓度与重沸器的温度和压力有关。由于重沸器一般均在接近常压下操作，所以贫甘醇浓度只是随着重沸器温度增加而增加。三甘醇和二甘醇的理论热分解温度分布为206.7℃和164.4℃，故其重沸器内的温度分别不应超过204℃和162℃。

b. 汽提气。

当采用汽提法再生时，可用图3-12估算汽提气量。如果汽提气直接通入重沸器中（此时，重沸器下面的理论板数$N_b=0$），贫三甘醇浓度可达99.6%（质量分数）。如果采用贫液汽提柱，在重沸器和缓冲罐之间的溢流管（高0.6~1.2m）充填填料，汽提气从贫液汽提柱下面通入，与从重沸器来的贫甘醇逆向流动，充分接触，不仅可使汽提气量减少，而且还使贫甘醇浓度高达99.9%（质量分数）。

c. 精馏柱温度。

柱顶温度可通过调节柱顶回流量使其保持在99℃左右。柱顶温度低于93℃时，由于水蒸气冷凝量过多，会在柱内产生液泛，甚至将液体从柱顶吹出；柱顶温度超过104℃时，甘醇蒸气会从柱顶排出。如果采用汽提法，柱顶温度可降至88℃。

三甘醇脱水装置操作温度推荐值见表3-10。

表3-10 三甘醇脱水装置操作温度推荐值

部位	原料气进吸收塔	贫甘醇进吸收塔	富甘醇进闪蒸罐	富甘醇进过滤器	富甘醇进精馏柱	精馏柱顶部	重沸器	贫甘醇进泵
温度℃	27~383	高于气体3~8	38~93（宜选65）	38~93（宜选65）	93~149（宜选149）	99（有汽提气时为88）	177~204（宜选193）	<93（宜选小于82）

④注意事项。

在甘醇脱水装置运行中经常发生的问题是甘醇损失过大和设备腐蚀。原料气中含有液体、固体杂质，甘醇在运行中氧化或变质等都是其主要原因。因此，在设计和操作中采取措施避免甘醇受到污染是防止或减缓甘醇损失过大和设备腐蚀的关键。

在操作中除应定期对贫、富甘醇取样分析外，如果怀疑甘醇受到污染，还应随时取样分析，并将分析结果与表3-11列出的最佳值进行比较并查找原因。氧化或降解变质的甘醇在复活后重新使用之前及新补充的甘醇在使用之前都应对其进行检验。

表3-11　三甘醇质量的最佳值

参数	pH值①	氯化物 mg/L	烃类② %（质量分数）	铁离子② mg/L	水③ %（质量分数）	固体悬浮物② mg/L	起泡倾向	颜色及 外观
富甘醇	7.0~8.5	<600	<0.3	<15	3.5~7.5	<200	泡沫高度10~20mm；破沫时间5s	洁净，浅色到黄色
贫甘醇	7.0~8.5	<600	<0.3	<15	<1.5	<200		

① 富甘醇中因溶有酸性气体，故其pH值较低。

②由于过滤器效果不同，贫、富甘醇中烃类、铁离子及固体悬浮物含量会有区别。

③贫、富甘醇的水含量相差2%~6%。

在一般脱水条件下，进入吸收塔的原料气中40%~60%的甲醇可被三甘醇吸收。这将额外增加再生系统的热负荷和蒸气负荷，甚至会导致再生塔液泛。

甘醇损失包括吸收塔顶的雾沫夹带损失、吸收塔和再生塔的汽化损失以及设备泄漏损失等。不计设备泄漏的甘醇损失范围是：高压低温原料气约为$7L/10^6m^3$（天然气），低压高温原料气约为$40L/10^6m^3$（天然气）。正常运行时，三甘醇损失量一般不大于$15mg/m^3$（天然气），二甘醇损失量不大于$22mg/m^3$（天然气）。

除非原料气温度超过50℃，否则甘醇在吸收塔内的汽化损失很小。但是，在低压时这种损失很大。尤其在压力高于6.1MPa时，CO_2脱水系统的甘醇损失明显大于天然气脱水系统。这是因为三甘醇在密相CO_2内的溶解度高，故有时采用对CO_2溶解度低的丙三醇脱水。

甘醇长期暴露在空气中会氧化变质而具有腐蚀性。因此，储存甘醇的容器采用干气或惰性气体保护可有助于减缓甘醇氧化变质。此外，当三甘醇在重沸器中加热温度超过200℃时也会产生降解变质。

甘醇降解或氧化变质，以及H_2S、CO_2溶解在甘醇中反应所生成的腐蚀性物质会使甘醇pH值降低，从而又加速甘醇变质。为此，可加入硼砂、三乙醇胺和NACAP等碱性化合物来中和，但是其量不能过多。

（3）硫黄回收及尾气焚烧装置。

①第一净化厂和第二净化厂。

第一天然气净化厂脱硫脱碳装置酸气中H_2S体积分数低（1.3%~3.4%），CO_2体积分数高（90%~95%），无法采用常规克劳斯法处理，故选用Clinsulf-DO法硫黄回收装置。该装置由国外引进，并已于2004年初建成投产。原料气为来自脱硫脱碳装置的酸气，处理量为（10~27）$\times10^4m^3/d$，温度为34℃，压力为39.5kPa，组成见表3-12。

表3-12　长庆第一天然气净化厂酸气组成

组分	CH_4	H_2S	CO_2	H_2O	合计	CO_2/H_2S（摩尔比）
组成，%	0.95	1.56	92.89	4.60	100.00	59.54

该装置包括硫黄回收（主要设备为Clinsulf反应器、硫冷凝器、硫分离器和文丘里洗涤器）、硫黄成型和包装、硫黄仓库以及相应的配套设施，硫黄回收工艺流程图如图3-14所示。

图 3-14 中，酸气经过气液分离、预热至约 200℃，与加热至约 200℃的空气一起进入管道混合器充分混合后，进入 Clinsulf 反应器。酸气和空气混合物在反应器上部绝热反应段反应，反应热用来加热反应气体，以使反应快速进行。充分反应后的气体进入反应器下部等温反应段，通过冷却管内的冷却水将温度控制在硫露点以上，既防止了硫在催化剂床层上冷凝，又促使反应向生成硫黄的方向进行。

离开反应器的反应气体直接进入硫冷凝器冷却成为液硫后去硫分离器，分出的液硫至硫黄成型、包装设备成为硫黄产品。从硫分离器顶部排出的尾气，其中的 H_2S 和 SO_2 含量已满足国家现行环保标准，可经烟囱直接排放，但由于其含少量硫蒸气，长期生产会导致固体硫黄在烟囱中积累和堵塞，故进入脱硫脱碳装置配套的酸气焚烧炉中经焚烧后排放。

反应器冷却管内的锅炉给水来自汽包，在反应器内加热后部分汽化，通过自然循环的方式在汽包和反应器之间循环。由汽包产生的中压蒸汽作为酸气预热器和空气预热器的热源。如果反应热量不足以加热酸气和空气时，则需采用外界中压蒸汽补充。锅炉给水在硫冷凝器内产生的低压蒸汽经冷凝后返回硫冷凝器循环。

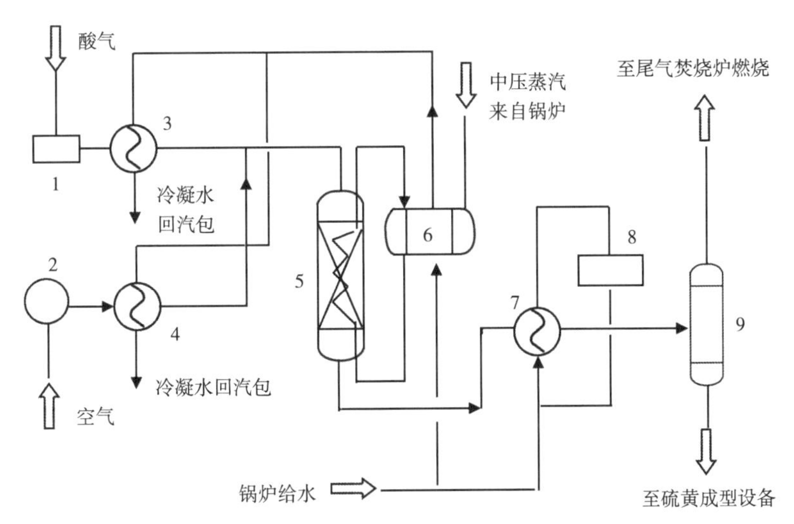

图 3-14　第一天然气净化厂硫黄回收工艺流程图

1—酸气分离器；2—罗茨鼓风机；3—空气预热器；4—酸气预热器；5—反应器；6—汽包；7—硫冷凝器；8—蒸汽冷凝器；9—硫分离器

该装置自投产以来，在目前的处理量下各项工艺指标基本上达到了设计要求，硫黄产品纯度在 99.9%以上。设计硫收率为 89.0%，实际平均为 94.85%。装置的主要运行情况见表 3-13。

表 3-13　第一天然气净化厂硫黄回收装置运行情况

项目	酸气量	硫黄量	酸气组成，%（干基体积分数）			尾气组成，%（干基体积分数）				
	$10^4m^3/d$	t/d	H_2S	CH_4	CO_2	H_2S	CH_4	CO_2	N_2	SO_2
设计值	10~27	4.18	1.56	0.95	92.89	0.20	1.03	85.34	4.04	677×10^{-6}
实际最高值①	20.42	6.20	2.50	0.70	99.30	1.19	0.77	97.63	12.10	0.0018
实际平均值①	13.05	2.85	1.71	0.36	95.97	0.18	0.31	92.88	5.66	0.0002

①2004 年 5—9 月统计数据。

第二净化厂由于同样原因，也采用 Clinsulf-DO 法硫黄回收装置，并于 2007 年 5 月投产，正常条件下其处理量为（12~30）$\times 10^4 m^3/d$，酸气中 H_2S 体积分数为 1.55%~3.59%。

②第三净化厂。

第三净化厂酸气量 1630~3400m^3/h，主要在 2850m^3/h 左右；压力 35~69kPa（G），温度 35~50℃；H_2S 体积分数 0.90%~2.07%，平均值为 1.72%；CO_2 体积分数 91.28%~98.59%，平均值为 94.99%。2011 年增设硫黄回收装置，引进全套 LO-CATⅡ液相自循环工艺。设计规模：硫黄脱除能力 2.5t/d，尾气中 H_2S 浓度不大于 10mL/m^3。

所用溶液除含有络和铁浓缩剂 ARI-340 外，还加有 ARI-350 稳定剂、ARI-400 灭菌剂以及促使硫黄聚集沉降的 ARI-600 表面活性剂。此外，在运行初期和必要时还须加入 ARI-360 降解抑制剂。溶液所用碱性物质为 KOH。

图 3-15 中的反应器内溶液的自动循环是靠吸收液与再生液的密度差而实现的。对流筒吸收区中溶液因 H_2S 氧化为单质硫，密度增加而下沉，筒外溶液则因空气（其量远多于酸气量）鼓泡而密度降低，不断上升进入对流筒。

装置中采用了不锈钢、硅橡胶、高密度聚乙烯及氯化乙烯等防腐材料。为防止硫黄堵塞，装置定期用空气清扫。

第四净化厂也采用了与第三净化厂相同的硫黄回收工艺。

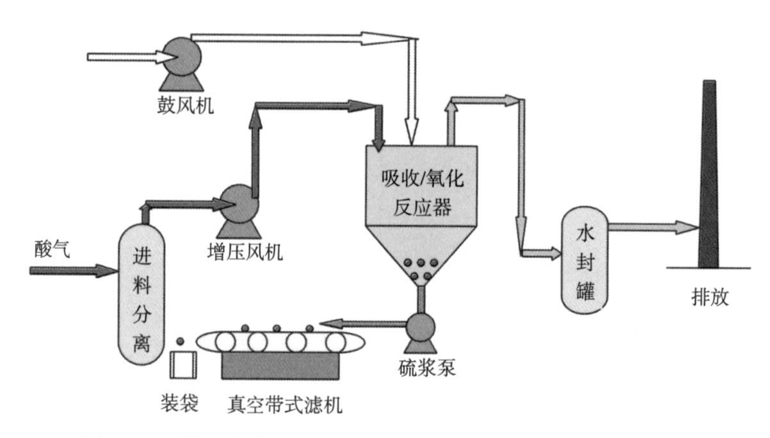

图 3-15　第三净化厂 LO-CATⅡ法硫黄回收工艺流程示意图

③第五净化厂。

第五净化厂硫黄回收装置在国内首次采用了国产直接选择氧化工艺。国产直接选择氧化工艺利用国产催化剂将酸气中 H_2S 直接氧化为单质硫，该工艺酸性气体中 H_2S 的允许浓度为 1%~15%，采用两级反应，第一级反应器为恒温反应器，采用高选择性的 HS-35 催化剂，催化剂内设换热管，管内水汽化吸热移除反应热；二级为绝热式反应器，采用深度氧化的 HS-38 催化剂，实现 H_2S 较高的转化率。

反应原理为含 H_2S 气体与空气混合在催化剂上进行 H_2S 的选择氧化，其中一级等温反应器化学反应式：

$$2H_2S+O_2 \longrightarrow \frac{2}{x}S_x+2H_2O+410kJ/mol$$

二级绝热反应器反应原理：

$$2H_2S+3O_2 \longrightarrow 2SO_2+2H_2O+1037.8kJ/mol$$

$$2H_2S+O_2 \longrightarrow \frac{2}{x}S_x+2H_2O+410kJ/mol$$

国产直接选择氧化工艺特点为：

a. 低温活性好：催化剂130℃起活，有效拓宽处理尾气硫化氢浓度范围，可以处理1%~50%（体积分数）低浓度酸性气。

b. 反应选择性高：在130~250℃的范围内，即使在氧过量的情况下，SO_2 的生成量也会受到抑制，有效地保证尾气的低 SO_2 排放。

c. 正常生产时自产蒸汽能够满足加热需要，无须外加热源。

该工艺的 H_2S 总转化率达到99.6%，总硫黄收率也可达到98.5%以上，尾气排放 SO_2 浓度小于960mg/m^3，满足规范GB 16297《大气污染物综合排放标准》要求，产品硫黄质量符合GB 2449.1—2014《工业硫磺 第1部分：固体产品》中一等品的要求。

国产直接选择氧化硫黄回收装置工艺流程如图3-16所示。

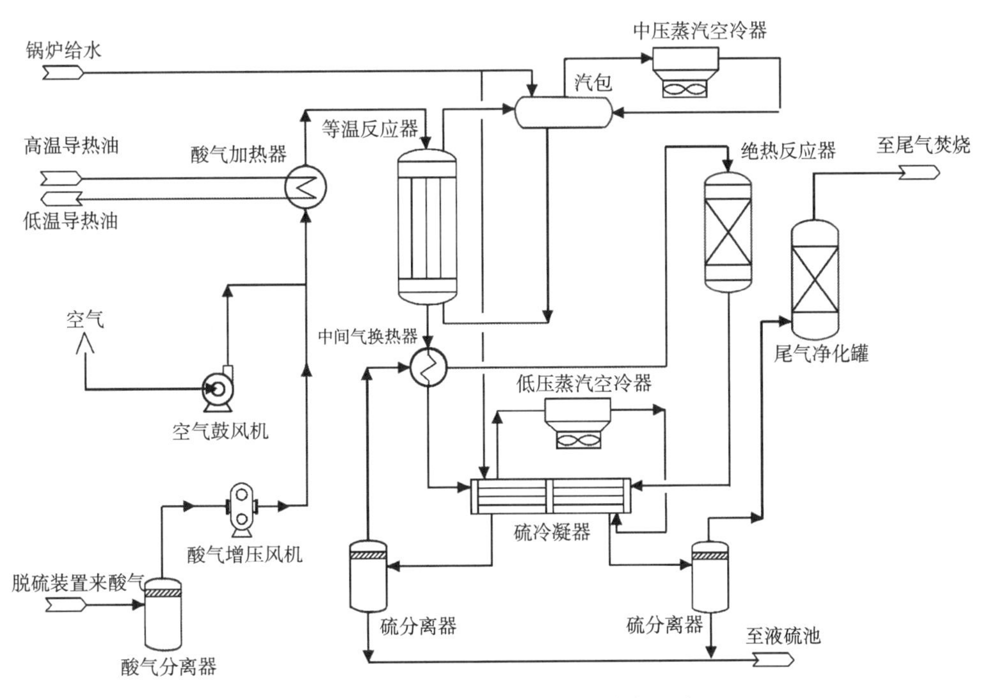

图3-16 国产直接选择氧化工艺流程图

从脱硫装置来的酸气（40~45℃，40~60kPa）经过酸气增压风机增压至65kPa（表压）后进入酸气分离器，将酸气携带的游离水、醇胺液去除。酸气经过配入适量的空气并保证 O_2/H_2S 介于0.6~0.8。空气通过空气鼓风机增压到65kPa，同空气混合后的酸性气进入酸气加热器加热至150~180℃，进入等温反应器。等温反应器中，H_2S 同 O_2 进行选择氧化反应，将95%以上的 H_2S 氧化成单质硫，为防止床层温升过高导致催化剂失活，等温反应器采用内插管换热形式，采用锅炉水汽化，产生3.0MPa蒸汽的方式取走反应热。等温反应器产生的3.0MPa蒸汽通过中压蒸汽空冷器冷凝后返回汽包，实现中压蒸汽的循环利用。等温反应器温度恒定在240℃，等温反应器出口中间气经过中间气换热器管程，进入硫冷凝器管程，中间气被冷却至125℃后分离出液硫，气相返回中间气换热器壳程，液硫通过硫分离器后进入液硫池。

中间气换热器壳程出口温度为160~180℃，再经蒸汽加热至200℃后进入绝热反应器，进行深度氧化。绝热反应器出口尾气进入硫冷凝器管程，冷却至125℃后，进入硫分离器。硫冷凝器壳程通过锅炉水蒸发，产生0.01MPa蒸汽，将中间气热量带走。蒸汽经低压蒸汽空冷器冷凝后，返回硫冷凝器，形成锅炉水—蒸汽循环取热。

硫分离罐气相进入尾气净化器，吸附尾气中含有的少量不凝性硫单质，净化后的尾气至尾气焚烧炉，硫分离器罐的液相为液硫，排至液硫池储存、外销。

目前，靖边气田第一净化厂、第二净化厂的硫黄回收装置也按照此工艺进行了改造。

7. 技术展望

靖边气田下古气藏已经稳产15年，随着整体增压工程的实施完成，气田已经形成了从初期开发建设到稳产阶段的成熟的高压集气工艺和区域增压的地面工艺，随着气田稳产时间的延长，正逐步开发上古气藏作为补充，同时安全环保要求不断提高，因此应重点从增压技术完善，下古区域上古气藏工艺选择，硫黄回收尾气处理工艺和气田提质增效技术等多方面进行攻关研究，以确保靖边气田的持续、高效稳产。

二、榆林气田南区

榆林气田是长庆油田在鄂尔多斯盆地最早探明和开发的上古生界气田，也是典型的“低渗透、低压、低丰度”的“三低”气田。区域包括榆林气田南区、长北合作开发的中区和北区，因此两个区块的工艺按榆林气田南区和榆林气田长北合作区分别进行介绍。

1. 气田地质特征

榆林气田区域构造位于鄂尔多斯盆地伊陕斜坡东北部，构造形态表现为宽缓的西倾单斜，坡降一般为6m/km。基底主体为太古宇和古元古界变质岩系地层，上覆沉积层为古生界碳酸盐岩和膏盐岩、上古生界煤系及中新生界碎屑岩系地层。

榆林气田主要含气层为上古生界下二叠统山西组山2段，次要含气层为中二叠统下石盒子组盒8段和下古生界奥陶系马家沟组马五段。气田气质组分稳定，微含凝析油、二氧化碳（CO_2）和硫化氢（H_2S）。

榆林气田山西组山2段总体为河流控制的三角洲沉积。陕117井以北为三角洲平原沉积；陕215井以南为三角洲前缘沉积；其间为三角洲平原到前缘过渡区域，前三角洲沉积在区内不发育。山2段沉积构造中最发育的是槽状交错层理、平行层理、楔状交错层理和侧积交错层理，反映出辫状河的沉积特点，其中侧积交错层理构造是主要的沉积构造。

榆林气田山2砂体呈底凸顶平透镜状，单砂体在平面上呈条带状分布，砂体侧向上互相叠置，形成大面积的连续砂层。自下而上划分为山2^3、山2^2、山2^1三个小层，砂体以山2^3段最为发育，山2^2段次之，山2^1段规模最小，山2^3段为榆林气田主要产气层。

榆林气田山2段储层的岩性主要为石英砂岩和岩屑质石英砂岩，砂岩粒度以含砾中—粗粒为主，颗粒分选中—差，反映其结构成熟度较低；储层孔隙结构总体表现为分选中等—较差、细歪度的压汞曲线形态特征，根据压汞曲线形态差别和定量特征参数，将储层分为粗孔喉、细孔喉和微细孔喉三类。

2. 开发历程

榆林气田的发现及探明始于20世纪90年代初期。1990年，在勘探靖边气田时，于陕西省榆林市孟家湾北（神木—靖边古潜台西南斜坡带）部署的陕9井，在山西组山2段发现8.50m含气砂层，对马家沟组、太原组、山西组分别酸化和压裂，山西组$山_2$段试气获得无阻流量$15.04\times10^4m^3/d$。此后，在靖边气田勘探的同时，为了解靖边—神木地区北部区域的圈闭条件和含气规模，落实高产区的分布范围，查明与盆地中部含气层的对比关系，长庆石油勘探局组织相关地质专家及技术人员讨论，提出“上下古生界兼探”的勘探部署思路，将天然气勘探的重点向新区域、新层系转移。

从2001年开始，通过滚动开发方式建设榆林气田南区，到2005年，榆林气田南区建成年产$20\times10^8m^3$的天然气生产能力及脱水脱烃配套装置。

3. 集气工艺

针对气田天然气中的H_2S和CO_2含量少，但天然气中含有一定量的C_{6+}重组分的特点，榆林气田南区在传统的低温分离技术基础上发展和创新了低温分离工艺，实现对烃、水露点同时控制，形成了独具榆林气田特色的“节流制冷、低温分离、高效聚结、精细控制”主体低温工艺。

1）节流制冷

榆林气田属上古生界高压气藏，井口压力达23MPa，而外输压力仅4.0MPa，有较大的富余压力，在开发前期的6~7年内，采用节流膨胀制冷工艺，既可降低工程投资，又能长期减少运行费用。

2）低温分离

节流后低温凝析出的液体，部分液滴粒径在10μm以上，采用重力分离器进行高效分离。

3）高效聚结

节流后凝析出的液体，部分属饱和或过饱和状态下相变化形成的液滴，粒径在10μm以下，极易被气流携带，一般的重力、机械和丝网除雾等传统的分离方法，不能有效分离，为了降低天然气的烃、水露点，满足商品气的露点要求，采用纤维介质，对亚微米的液滴进行高效聚结分离。

4）精细控制

低温冷凝温度必须进行有效控制：冷凝温度不能过高，必须满足外输烃、水露点要求；但也不宜过低，避免选用低温钢材和增加甲醇注入量，降低工程投资和运行成本。低温冷凝温度的控制主要表现在以下两个方面。

（1）不同时期控制。

气田生产的过程是压力逐渐降低的过程，初期压力高，节流后最低温度可达到-54℃，必须加热；中期气井压力降低，压力基本满足节流制冷要求；后期气井压力已不能满足节流制冷的要求，必须进行预冷节流。

（2）不同气井的控制。

气井之间的压力、产量和进站温度相差较大，节流后的温度也高低不同，部分井节流后温度低于-20℃，部分井节流后温度仍高于0℃，必须进行精细控制，主要应用了以下技术。

①多井高压集气技术：井口天然气不节流、不降压，高压集输至集气站。

②水合物抑制剂集中注入技术：由于井流物在气井井筒、采气管线和集气站站内管线易生成水合物，故集气站集中向各点注入水合物抑制剂（甲醇）。

③甲醇雾化技术：低温集气工艺注入甲醇量多，为了减少甲醇注入量，采用在注入口增加甲醇雾化器，使甲醇雾化，更加有效地与天然气混合，从而减少甲醇的注入量。

④多井加热（预冷）技术：进入集气站的气井来气，根据其压力温度情况，确定先经多井加热炉预热、多井换热器预冷或既不预热也不预冷，再节流膨胀，从而达到低温分离工艺的温度要求。

⑤节流膨胀制冷技术：根据焦耳—汤姆逊原理，气体节流时压力降低，温度也相应降低，从而利用天然气压力能，在节流降压的同时温度相应降低，从而达到制冷目的。

⑥低温分离技术：气体压力和温度降低后，在对应的压力和温度下，气体中的饱和水和凝析油凝结，当达到气液两相平衡时，对凝结的液体进行分离。

⑦气液聚结技术：气体绝热节流膨胀，属气体在饱和或过饱和状态下的相变化，其凝结液液滴粒径在 10μm 以下，常在 0.1~10μm，采用重力、机械和丝网除雾等传统的分离方法，不能有效分离。必须采用纤维介质，对液滴进行聚结分离。

⑧简化计量技术：采用单井轮换计量，延长单井计量周期，以 5~10d 为一个周期，以满足地质要求为原则。

⑨双泵头柱塞泵技术：低温集气工艺井口和进站都需注醇，注入的压力、注入量均不同，需采用两套独立系统，如果一个点 1 台泵，注醇泵数量多，占地大，操作复杂；采用双泵头注入设备，减少了注醇泵台数和占地面积，节省了投资，简化了操作。

⑩大型集气站工艺：低温集气站由于采用了许多简化工艺，如 8 井式加热炉替代了 4 井式加热炉，单井计量周期由 4d 延长至 8d；采用了双泵头注醇泵，使集气站的辖井能力明显增加，低温集气站辖井能力为 16 口，常温集气站辖井能力为 12 口，从而减少了气田集气站数量，简化了集输系统管网的建设，降低了工程投资。

4. 集输管网

榆林气田南区工艺总流程：从各气井开采出的高压天然气在井口注入甲醇，通过采气管线进入集气站。在集气站天然气节流至 6.2MPa 进入分离器，经过低温气液分离或脱水橇常温脱水后，天然气通过集气支线进入集气干线输往榆林天然气处理厂，天然气在处理厂集中脱水、脱烃后进入外输管道。集输流程示意图如图 3-17 所示。

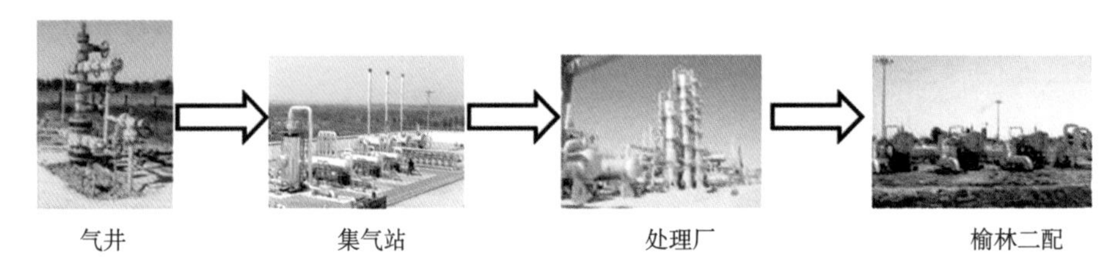

图 3-17　集输流程示意图

该气田集输管网由采气管线、集气支线和集气干线组成，采用辐射枝状组合式管网，即单井到集气站采用辐射状管网，集气站到集气干线采用枝状管网。

1）采气管网

根据榆林气田南区单井产量低、井网距离小、气藏面积大、自然条件恶劣、地形相对平坦等因素，榆林气田南区采用辐射树枝状组合式管网集输系统。单井进站结构如图 3-18 所示。

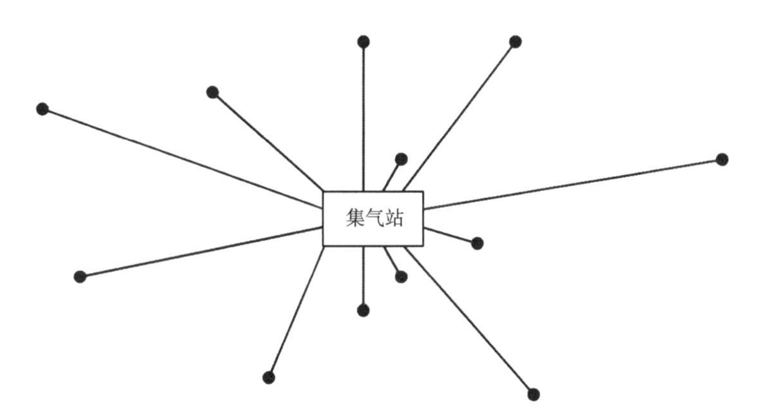

图 3-18　单井进站结构示意图

2）集气管网

目前，榆林气田南区由 5 条干线、12 条支线以枝状方式将各集气站天然气接入位于气田北部的榆林天然气处理厂。

在 2004 年，改进集气站支线越站旁通工艺，在支线、干线间设截断阀室，达到可以自由配气和截断的作用，各截断阀室和越站旁通提高了管网的抗风险能力和平稳供气能力。

5. 集输站场

1）井场

每个采气井口均做标准化井场 45m×40m 计算。

采气井口设有井口安全保护装置，采气管道一旦破裂可自行截断井口。

井口设有注醇口，根据需要分别注入油管和套管流程，在非生产季节可以向油管注入缓蚀剂，缓解采气管线腐蚀速率。

各井场均无人值守，定期巡检。

2）集气站

（1）集气站工艺流程。

为解决凝析油带来的问题，针对榆林上古生界气田属高压气藏、有充足压力可利用的实际，改进形成低温后的气液分离设备，利用节流膨胀制冷获得所需低温，使天然气冷凝后脱水脱烃，满足管输天然气气质的低温分离工艺。

2001 年榆林南区开发中，在榆林市横山区菠萝镇沙河村建设低温工艺试验站——榆 9 集气站，采用低温分离脱水脱烃技术，利用加热/预冷后节流制冷，获得所需低温 -18～-8℃，经卧式重力分离器、预过滤器和气液聚结器组成的三级分离装置后脱水脱烃，在试验的同时，为保证当年产能建设任务的完成，在设计低温流程的同时，也考虑常温脱水设备—三甘醇脱水橇。因此，试验流程为一组合型流程，既有低温分离部分，又有常温分离部分，低温分离设备与常温分离设备运行时能串能并。天然气低温分离工艺试验流程如图 3-19 所示。

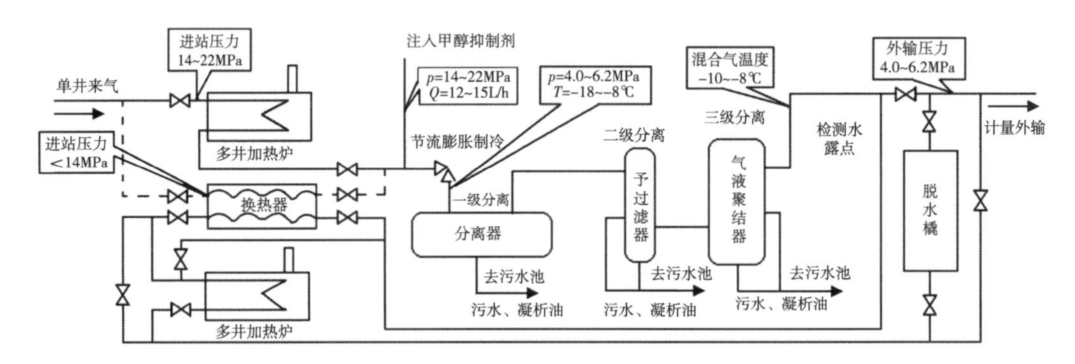

图 3-19　天然气低温分离工艺试验流程图

该工艺于 2001 年 12 月 15 日至 2002 年 7 月 11 日开展工业性试验。试验历经常温与低温流程串联运行、低温分离后直接外输、单井来气不加热直接节流制冷低温分离后外输、启用换热器进行低温分离工艺废弃压力等四个阶段，取得成功。确定单井来气经注醇、加热（单井进站压力大于 14MPa）/预冷（单井进站压力小于 8.70Pa/旁通（单井进站压力在 8.70~14MPa）、节流制冷（单井节流后-18~-8℃，混合气温度-10℃），进入第一级分离——生产（或计量）分离器进行重力初步分离，之后进入第二级分离——预过滤器分离，再进入第三级分离——气液聚结器精细分离后，天然气进入计量和外输的工艺流程。经取样分析并进行相态模拟计算，再低温分离后，天然气临界凝析压力降低了 9.33MPa，临界凝析温度降低了 59.10℃，反凝析区域变小，集气站外输气水露点均在-13~-5℃，满足外输天然气气质要求。2003—2005 年低温分离工艺流程如图 3-20 所示。

2002—2005 年，沿用低温分离工艺模式，并设单井换热器，外输天然气达到国家二类气质标准。

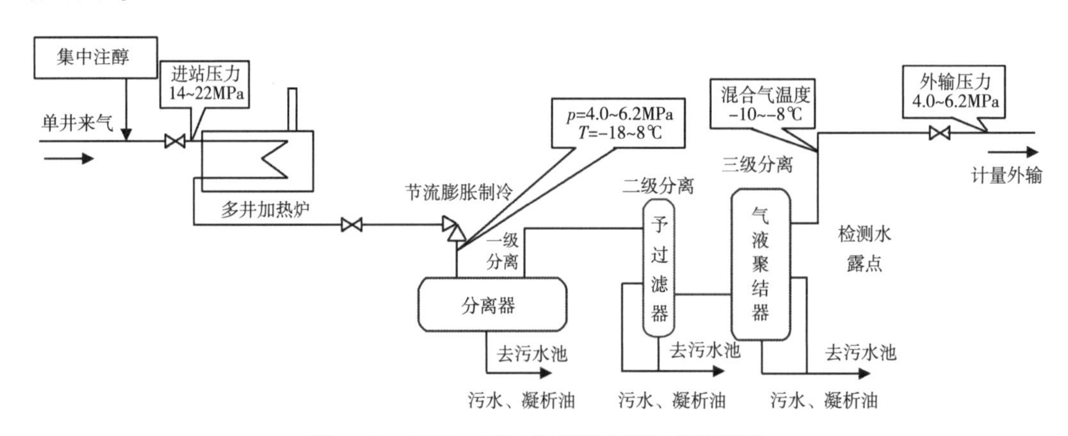

图 3-20　2003—2005 年低温分离工艺流程图

2005 年，榆林天然气处理厂投产后，集气站将采用浅冷分离工艺。根据季节变换，集气站外输温度只需保持在-5~8℃，即可实现湿气单相输送，天然气中不会有凝析水析出，采用立式精细分离器和强制旋流吸收吸附气液分离器完全可满足集气站分离要求。因此，在 2005 年产能建设中，集气站分离单元由卧式重力分离器与强制旋流吸收吸附气液分离器或精细分离器组成，进行二级分离。2005 年低温分离工艺流程如图 3-21 所示。

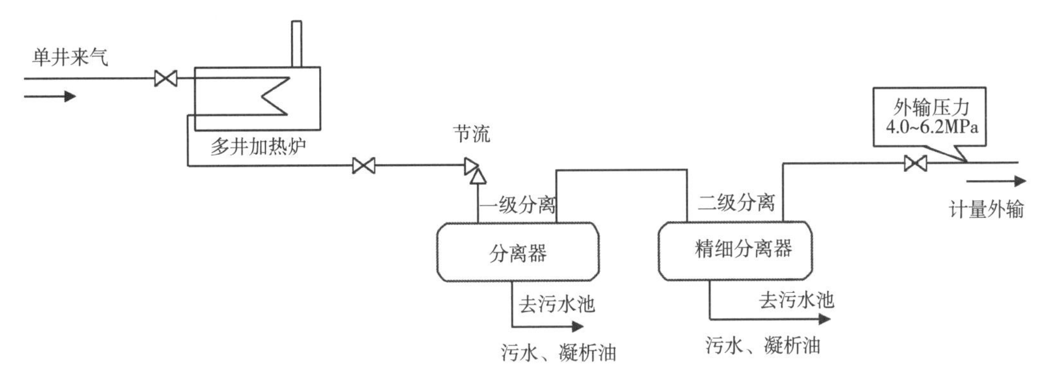

图 3-21　2005 年低温分离工艺流程图

（2）集气站平面布置。

集气站休息室与机柜室相邻，值班室、机柜室、休息室、厨房、发电机房、注醇泵房等生产辅助设施布置在工艺装置区的年最小频率风向的下风侧，工艺装置根据工艺流程布置在其上风侧，依次为进站区、加热炉、阀组管汇装置区、分离器区、自用气区、外输区、清管区。注醇泵房距离值班室 10m 以外，甲醇罐紧临注醇泵房布置。在靠近值班室一侧的围墙上设应急门 1 座。榆林气田集气站布局如图 3-22 所示。

图 3-22　榆林气田集气站布局图

（3）主要设备。

①加热炉。

榆林气田南区集气站辖井数量较多，为减少集气站设备的数量，采用了 8 井式多井加热炉。由于低温集气工艺加热负荷大大低于常温集气工艺，借鉴已成功运行多年的 4 井式加热炉，采用减少单井加热盘管长度，增加单井数量，实现了 8 井式多井加热炉的设置。加热炉带有自动调温部分，根据节流后温度可以控制加热炉的加热温度，加热炉根据反馈的混合温度，自动调整加热负荷。

②分离器。

按一台计量分离器最多计量 8 口井来设置计量分离器，生产分离器和精细分离器根据各站总体规划的集气量设 1 台。计量分离器、生产分离器、精细分离器均采用新型高效分离器。

③双泵头柱塞式计量注醇泵。

双泵头柱塞式计量注醇泵，为单电动机带动 2 个泵头，每个泵头的出口压力、流量可以单独调节，压力在 0~32MPa 范围自动调节，最大排量 30L/h，可无级调节。

④气液聚结器。

气液聚结器是专为脱除气体中的微小液粒设计的。

⑤甲醇雾化器。

为了减少甲醇的注入量，在甲醇注入口设计甲醇雾化器，使甲醇在注入时充分雾化，减少甲醇注入量。雾化器主要原理为在环形注入腔内设置许多喷射小孔，甲醇经小孔节流形成雾状，达到雾化效果。

6. 处理工艺

榆林气田天然气组成见表 3-14。气田采用丙烷制冷脱油脱水处理工艺。

表 3-14　榆林气田天然气处理厂原料天然气的组成表　　单位：%（体积分数）

组分	C_1	C_2	C_3	C_4	C_5	C_6	C_7
组成	93.780	3.219	0.457	0.137	0.108	0.048	0.011
组分	C_8	C_9	C_{10}	C_{11+}	CO_2	N_2	H_2O
组成	0.003	0.0005	0.0002	0.104	1.734	0.313	0.051

榆林气田天然气处理厂位于榆林市榆阳区芹河乡马家峁村西侧 3km 处，占地 95 亩，于 2001 年 10 月建成投产。2005 年扩建天然气处理装置、甲醇回收装置，设计规模 $20\times10^8m^3/a$。主要生产装置有 $300\times10^4m^3/d$ 脱油脱水装置 2 套、$150m^3/d$ 甲醇回收装置 1 套、$100m^3/d$ 甲醇回收装置 1 套。原料气进厂压力 4.5~5.5MPa，脱油脱水并调压至 4.0MPa 外输，产品气输往北京、榆林气田天然气化工厂及榆林市区。

该处理厂主要工艺流程：原料气在 4.4~5.5MPa、20℃工况下进入处理厂，经计量表及控制阀分两路分别进入两套脱油脱水装置。首先进入天然气过滤分离器，去除天然气的固体颗粒和事故带入的液体，然后进入冷箱（也称板翅式换热器，冷流为来自下游干气聚结器出来的冷干气），冷却至温度为-17℃，接着进入丙烷冷蒸发器继续冷却至-25℃，同时为避免在冷箱和蒸发器内形成水合物堵塞管道，在冷箱进口和丙烷冷蒸发器进口通过甲醇雾化器均匀喷入雾状甲醇，与原料天然气在管程中充分混合。从丙烷冷蒸发器出来的冷天然气经调压控制（控制压力为 4.0MPa）进入低温三相分离器分离出液态的醇液和凝析油，干气进入干气聚结器进一步分离出夹带的少量的含醇液和凝析油，气相进入原料气冷箱与原料天然气逆流换热，换热后的干气（保证水、烃露点-13℃）达到 4.0MPa、14℃，去集配气总站外输。含醇污水经计量进入甲醇污水处理装置，凝析油经计量进入凝析油稳定装置。为保证聚结器内不形成水合物，在聚结器进气口注入少量甲醇。

7. 技术展望

榆林气田上古生界气藏已经稳产 14 年，气田已经形成了从初期开发建设到稳产阶段的低温分离工艺和变规模增压的地面工艺，随着气田稳产时间的延长，正逐步开发下古生界气藏作为补充，同时安全环保要求不断提高，因此应重点从增压技术完善、上古区域下古气藏（特指苏里格气田上古生界不含硫的下古生界气藏）集气工艺选择，中小型站场分散脱硫工艺和气田提质增效技术等多方面进行攻关研究，以确保榆林气田的持续、高效稳产。

三、榆林气田长北合作区

1. 气田地质特征

长北合作区位于陕西省北部和内蒙古自治区鄂尔多斯市南部，气田面积约 1588km^2。

长北区块分为两个开发区域，第一开发区（A 区）占地 1411km^2，第二开发区（B 区）占地 177km^2，目前投入开发的为 A 区。长北区块二叠系山西组二段已探明天然气地质储量为 $922\times10^8m^3$，探明可采储量为 $646\times10^8m^3$；奥陶系马家沟组的马 5 段已探明天然气地质储量为 $39\times10^8m^3$，探明可采储量为 $23\times10^8m^3$。因此长北区块已探明天然气总地质储量为 $961\times10^8m^3$，其中探明可采储量为 $669\times10^8m^3$。

单井初期配产为（85~120）$\times10^4m^3/d$，但考虑到各种不确定因素，地下开发方案确定单井初期产能最高可能达到（150~170）$\times10^4m^3/d$。单井维持初期大产量的时间极短，一般 10~20d 以后产量急剧下降。

天然气组分中 CH_4 含量为 93. 11%，CO_2 含量为 1. 80%，不含 H_2S。

气井关井压力为 22MPa，且随生产逐年下降。气井初始流动压力为 4. 1~17MPa，但维持井口高压时间极短，一般为 15d 左右，投产初期井口流动压力和产气量随生产时间快速下降。

在气田整个生产过程中，气田产水基本为饱和凝析水，水气比为 $12m^3/10^6m^3$。气田水中 Cl^-含量为 7851~21800mg/L，HCO_3^-含量为 235. 7~1544mg/L。

凝析油气油比约为 6. 8$m^3/10^6m^3$。

2. 开发历程

1995 年 7 月 10 日，中国石油天然气总公司与英荷壳牌勘探（中国）有限公司在北京签订鄂尔多斯盆地中部气田联合研究协议，10 月，双方成立“联合研究小组”，研究工作于 11 月 20 日启动。

1996 年 6 月，中国石油天然气总公司与英荷壳牌勘探（中国）有限公司成立的“联合研究小组”工作结束，并编写了《长庆中部气田开发可行性研究报告》。

1997 年 11 月，国家计委批准鄂尔多斯盆地长北区块对外合作。

1999 年 9 月 23 日，中国石油天然气集团公司与壳牌勘探（中国）有限公司签订《中华人民共和国鄂尔多斯盆地长北区块天然气开发和生产合同》。10 月 15 日，外经部批准长北天然气开发和生产合同。11 月 1 日，长北合同正式开始执行，长北合作区 4 座集气站及榆林第一集配气总站投产。12 月 10 日，召开长北区块第一次联管会，会议审核批准联管会组织机构和一系列工作程序。

2000 年 1 月 28 日，召开长北区块第二次联管会，标志着长北项目步入执行合同阶段。

2001 年 12 月 4—6 日，中国石油召开长北 ODP 评审会。会议要求进一步优化方案，降低投资，提高项目的经济性。

2005 年 3 月 9 日，中国石油与壳牌公司签署了《长北区块天然气买卖合同》《长北区块石油合同修订协议》及《长北合作项目谅解备忘录》。4 月 30 日，壳牌公司向中国石油递交《长北商业性开发确认书》。6 月 6 日，“长北区块项目启动工作会议”在西安隆重召开。8 月 3 日，长北项目第一口双分支水平井 CB1-1 井正式开钻，标志着长北项目进入正式开发建设。10 月 14 日，国家发展和改革委员会批准《长北合作区总体开发方案》。

2010 年底，总产量逐步达到 $30\times10^8m^3/a$。

3. 集气工艺

1）一级布站模式

根据长北合作区地面建设特点，布站模式采用一级布站模式，中间不设集气站，单井物流直接输至集中处理站，在集中处理站内实现油气计量。此种流程适用于集中处理站距井场较近、采气井数少且井流物输送过程中不易形成水合物的气田，这比国内惯用的“井场—集气站—处理厂”的集输模式更简化，投资更少。

2）气液混输工艺

长北合作区水气比为 $12m^3/10^6m^3$，气油比为 $6.8m^3/10^6m^3$，未设置液塞捕集器，集气管网采用气液混输工艺。

在北干线设有中间清管站，通过采用分段清管、中央处理厂的入口分离器前控制液体流量等操作程序，不设液塞捕集器，依靠中央处理厂入口分离器，可保证清管期间中央处理厂的正常运行。

3）井口湿气计量

气田水气比与气油比均较小，因此在井口采用孔板直接进行湿气连续计量，未设分离器。但为了满足气藏管理者对单井一年一次或半年一次的测试要求，设置了移动式测试分离器，定期对单井的产气量、产液量进行精确计量。

4）防止内腐蚀工艺

由于天然气中 CO_2 含量为 1.8%左右，存在轻度到中度的 CO_2 腐蚀，并且气田水中 Cl^-浓度最高达到 21800mg/L，因此还存在一定程度的 Cl^-腐蚀。集气管网选用了碳钢管材，为了提高管网的抗腐蚀性能，采用了在各井丛定期加注缓蚀剂，并设置了定期腐蚀监测设施，确保管线长期安全运行。

5）水合物抑制工艺

由于地面集气工程在井丛采用“单井节流降压、井丛多井集气”的集气工艺，天然气自井口至中央处理厂将产生较大的压降。在正常生产工况下，气井井口节流将不会形成水合物。“在环境温度较低时，气井投产前或停产后的靠近地面部分的井筒内”“在单井投产初期的节流工况下”“在冬季输送过程的部分集气管网中”等工况下，天然气均将会进入相图中水合物的形成区域。

为防止天然气在集气过程中形成水合物，设计考虑在各井丛设置集中注醇泵房，向井筒内及地面集气管网中注入甲醇，防止水合物形成。这一措施是作为实现集气工艺正常运行的保证措施之一。为防止天然气在冬季停输状态下的管网中形成水合物及产生冻结，可利用井丛注醇泵提前向天然气集气管网内加注一定量的抑制剂。另外，集气管网均应埋设于土壤冰冻线以下。

（1）单井停产工况下水合物形成情况及防治方法。

形成原因：单井井丛因计划或事故停产后，井丛内或井丛至集气干线间的天然气被截断，停输管道内天然气温度将逐渐与管道埋深处地温平衡，尤其冬季地温大致为 0.5℃，而冬季集气管线内温度已低于 8.0MPa 或 5.0MPa 压力下的水合物形成温度。冬季停输后天然气没有流动，但从理论上讲属水合物形成区域。

解决办法：通常用放空、注醇、加热保温三种措施。加热保温使固定设施投资增加太多，故未采取此方法。放空可根治水合物问题，但有的集气支线长，放空浪费资源并造成一定的经济损失。利用井丛内注入泵在天然气停输前加注防冻剂，使停输管道内沿线含有一定量的防冻剂，天然气在停输状态不会形成水合物和结冰，因此注防冻剂方法是经济、切实、可行的，同时管材选择低温材料 16Mn，可以保证低温条件下的使用效果。

(2) 单井停产再启动工况下水合物形成情况。

单井初次投产或停产再开井时，应根据关井压力及环境温度来确定开井方案。若关井压力高且环境温度低，除须向井筒内及地面集气管网中注入甲醇作为水合物抑制剂外，还要考虑采用移动式蒸汽加热炉以提高井口天然气节流前的温度；为避免天然气的加热温度过高，可采用“加热和建立背压相结合”的水合物防治方法。若关井压力低且环境温度高，可直接采取建立背压措施来开井生产。

井口采气管线上设置有套管式换热器，利用车载移动式蒸汽加热炉可对井口流体进行节流降压前的加热。

6) 无人值守、自动监控

长北合作区 SCADA 系统可分为两大部分，即井丛远程控制系统（由 RTU/PLC 组成）和位于中央处理厂的中央 DCS 系统。井丛 RTU/PLC 将通过通信网络与中央 DCS 系统集成。井丛的仪表保护系统（IPS）利用串行通信与 RTU/PLC 相连，中央处理厂的 DCS 系统提供操作界面、过程显示、报警、历史记录及逻辑趋势画面等。同样，中央处理厂的火灾和气体检测系统（F&GS）也提供与 DCS 系统的通信接口。

7) 分段清管技术

由于长北合作区采用了气液混输工艺，北干线长约 43.4km，地形起伏较多，管线在生产过程中容易产生较大的积液。若该干线采用一次清管，会导致中央处理厂段塞流液量过大，必须设置专门的段塞流捕集器。若采用在北干线中间点增设清管站，实现北干线分段清管，减少清管形成的段塞流量，从而取消专门的段塞流捕集器，取而代之的是采用较大容积的常规气液分离器。

8) 集中回收技术

支线清管不设对应的清管球接收装置，而是支线清管球进入主干线，随主干线清管球一起进入中央处理厂清管接收装置。主干线和部分支干线采用智能清管球，支线采用普通清管球。

4. 集输管网

长北合作区各井丛内天然气在井口先经孔板计量，再节流降压，井丛内各井天然气汇合后由集气支线气液混输就近进入南、北集气干线。集气干线汇集的天然气输送至位于气田中南部的中央处理厂。在 2010 年底以前的上产期，集气干线进厂压力为 7.1MPa，中央处理厂采用分离、预冷、J-T 阀节流低温分离的处理工艺，压力由 7.1MPa 降至 4.4MPa，形成-21℃进行低温分离。在 2010 年底以后的稳产期，集气干线进厂压力为 3.5MPa，中央处理厂采用分离、增压、预冷、丙烷制冷低温分离的处理工艺，压力由 3.5MPa 增至 4.6MPa，丙烷制冷至-21℃进行低温分离。低温分离下来的天然气经商业计量后输入陕京二线榆林首站。

中央处理厂低温分离下来的凝析油进行稳定后，可装车外运。分离下来的甲醇水溶液进入提浓装置，回收甲醇。厂内还设有污水处理系统，对生产、生活污水进行处理。处理后的污水满足要求后输往回注井回注地层。

1）集气管网布置

根据各井丛及中央处理厂的分置位置，沿气田中轴线设南、北两条集气干线。南集气干线起于孟家峁附近南干线清管站，北集气干线起于C21井丛，均止于中央处理厂。气田最南端C7、C8、C9、C11井丛天然气分别通过集气支线就近接入南干线清管站，然后进入南集气干线。集气支线呈东西向就近分别接入南、北集气干线。C12井丛距中央处理厂仅500m左右，直接进厂。集气干线与集气支线形成枝状管网布置。

2）压力级制

气田外输商品天然气与陕二线榆林首站的交接压力为4.0~4.5MPa。长北合作区中央处理厂与陕二线榆林首站相距仅数百米，因此中央处理厂出厂压力确定为4.0~4.5MPa。

2010年底之前，中央处理厂采用JT阀节流膨胀低温分离器的处理工艺，进厂压力为7.1MPa。各井丛节流后压力为7.1~7.9MPa，最远段井丛（C9）及支线压力为6.3MPa。2010年底之后，中央处理厂采用丙烷制冷处理工艺，进厂压力为3.5MPa，各井丛节流后压力为3.5~5.1MPa，最远段井丛（C23）及支线压力为5.6MPa。

各单井最高关井压力为22MPa，因此节流阀上游设计压力为25MPa。

5. 集输站场

1）井场

每座井管辖1~3口单井。各单井经孔板湿气计量后节流降压，同其余单井汇合后出井丛进入集气支线。

为了避免开井投产时产生过低的温度，设有移动式蒸汽发生器，采用套管换热器提升天然气温度后，再节流降压进行投产。

每半年或每年将对各单井进行一次测试，因此设有移动式测试分离器，可对各单井的产气量、产液量进行较为准确的计量。

在井丛内设有甲醇及缓蚀剂注入系统。包括甲醇储罐、缓蚀剂储罐、甲醇注入泵及相应的管系。甲醇泵与各单井一对一配置，甲醇泵与缓蚀剂泵均可远程关停，甲醇在夏季停注。

井丛出口还设有清管阀，用于支线清管。

对于C1井丛最开始投产的两口单井，设置有过滤器，用于监测井底出砂情况。

2）清管站

（1）南干线清管站。

南干线清管站设于南干线起点，用于对南干线清管，同时接收C7、C8、C9、C11井丛集气支线来气。由于C9支线设计压力为高于干线，C9支线进站处设有安全泄放阀。

（2）北干线清管站。

北干线清管站设于北干线起点，位于C21井丛，用于对北干线清管，同时接收C21、C22、C23井丛集气支线来气。由于C23支线设计压力高于干线，C23支线进站处设有安全泄放阀。

（3）北干线中间清管站。

北干线中间清管站兼有中间截断阀室的功能。由于北干线距离较长，为减小干线爆管后的次生灾害，中间清管站内的干线截断阀将自动关闭。

为了减少北干线全线一次清管排出的液塞量，设中间清管站进行分段清管。因此中间清管站具有清管接收与发送的功能。

3）支线阀井

由于集气干线为分期一次建成，而各集气支线分年度接入，因此干线建设时应在支线接入处预留接头。

6. 处理工艺

长北气田天然气组成见表3-15，天然气中不含H_2S，微含CO_2及C_5以上重组分。

表3-15 长北气田天然气的组成表 单位：%（体积分数）

组分	C_1	C_2	C_3	C_4	C_5	C_6	C_{7+}	CO_2	N_2	H_2O
组成	94.03	3.02	0.42	0.16	0.05	0.02	0.07	1.82	0.28	0.12

长北天然气处理厂位于榆林市马家峁西南侧1.5km处，距榆林市25km，占地168.9亩。2006年建成投产，设计规模$33\times10^8m^3/a$。投产初期充分利用气田压力能，集气系统运行压力为7.0~7.5MPa，湿天然气处理采用J-T阀节流制冷低温分离进行脱水、脱烃。2008年建设2套$500\times10^4m^3/d$丙烷制冷脱烃脱水装置。配套建有$60m^3/d$凝析油稳定装置1套；$200m^3/d$甲醇再生装置1套。产品气输往陕京增压站。

该处理厂主要工艺流程为：在气田开发初期，自段塞流捕集器来的原料天然气（7.0MPa），经入口分离器分离出可能携带的液体后，从上部进入原料气预冷器。自注醇装置来的甲醇贫液（质量分数为95%）通过雾化喷头成雾状喷射入原料气预冷器的管板处，和原料气在管程中充分混合接触后，与自干气聚结器来的冷干气进行换冷，被冷却至约-9℃。原料天然气再经J-T阀作等焓膨胀，气压降至约4.8MPa，温度降至约-21℃，再从中部进入低温分离器进行分离，以分出液态含醇液和凝析油。干气进入干气聚结器进一步分离出夹带的少量的含醇液和凝析油，再进入原料气预冷器壳程与原料天然气逆流换热，换热后的干气（约32℃，4.7MPa）经计量调压外输。

采用丙烷制冷工艺后，自段塞流捕集器来的原料天然气，经入口分离器分离出可能携带的液体后，从上部进入原料气预冷器。自注醇装置来的甲醇贫液（质量分数为95%）通过雾化喷头成雾状喷射入原料气预冷器的管板处，和原料气在管程中充分混合接触后，与自干气聚结器来的冷干气进行换冷，被冷却至约-16℃。原料天然气再经丙烷制冷装置制冷，温度降至约-25℃，再从中部进入低温分离器进行分离，以分出液态含醇液和凝析油。干气进入干气聚结器进一步分离出夹带的少量的含醇液和凝析油，再进入原料气预冷器壳程与原料天然气逆流换热后外输。

含有甲醇和液态烃的混合溶液自低温分离器分出，然后进入醇烃液加热器加热至45℃，再进入三相分离器中分离出气体、凝析油和甲醇水溶液。分离出的气体进入燃料气系统；分离出的凝析油进入凝析油稳定装置稳定后输送至罐区进行外销；分离出的甲醇水溶液进入甲醇再生装置再生后循环使用。

四、子洲—米脂气田

1. 气田开发特点

子洲—米脂气田位于陕西省榆林地区的米脂、子洲、绥德和横山区境内，其西北与榆林气田接壤。

气田的主要特点为：

（1）上古生界气层 H_2S、CO_2 含量少，不需脱硫脱碳，但含有少量重烃必须脱除，才能保证外输气质烃露点达到要求。天然气组分中 CH_4 含量为 94.38%，CO_2 含量为 1.418%，不含 H_2S。

（2）单井产量低、井数多，压力高、易形成水合物。地面建设投资比重大。

（3）子洲气田气井深度比苏里格气田气井浅约 900m，实施井下节流工艺有待进一步试验，单井无法采用串接工艺。

（4）子洲气田所处米脂、子洲、绥德一带地貌为黄土峁状丘陵，海拔 1000~1300m，相对切割深度 100~150m，上峁下梁，峁梁起伏，峁小梁短，峁多梁少，沟壑发育，地面破碎。坡面及沟壑流水侵蚀剧烈，水土流失极其严重。冲沟、干岩，沟底常有一级洪积、冲积小阶地。单井穿越多，起伏大，易积液，低压集气携液能力差。

（5）子洲气田外部环境差，若在每个井场设加热炉，需要有人看护，配套设施费用高。

（6）气田所在区域属人烟稀少的边穷地区，可依托的供电、供水、道路等基础建设薄弱，配套建设难度大。

2. 开发历程

2005 年 10 月，子洲气田榆 30 井区山$_2$ 气藏预审天然气探明地质储量 $902.12\times10^8m^3$，技术可采储量 $541.27\times10^8m^3$，探明未开发经济可采储量 $443.84\times10^8m^3$，计算含气面积 $1194.65km^2$。山2^3 平均砂厚 10.8m，气层厚度 7.4m，测井解释孔隙度 5.7%，渗透率 1.265mD，含气饱和度 67.6%。

子洲—米脂气田自 2006 年开展地面工程建设，经过 6 年的建设，在 2011 年底达到规划建设规模 $15\times10^8m^3/a$。

3. 集气工艺

通过积极探索和研究，充分借鉴靖边气田、榆林气田和苏里格气田的成功建设经验，形成了一整套完善的、适合子洲气田特征的“高压集气、集中注醇、轮换计量、常温分离、无液相集输、集中脱水脱烃”地面集气工艺。

1）多井高压集气技术

多口气井从井口出来的高压气流不经过加热和节流而通过采气管线直接输送到集气站，在集气站内进行节流降压、气液分离和计量，再经过脱水后进入集气干线。一座多井集气站一般可以管辖 12~16 口井，多的可以管辖 24 口井。

采用多井高压集气工艺使布站简化，集气站数量大大减少，整个气田实现了二级布站。

2）多井高压集中注醇技术

多井高压集中注醇技术就是在集气站设高压注醇泵，通过与采气管线同沟敷设的注醇管线向井口和高压采气管线注入甲醇。采用多井集中注醇时，井口没有注醇设备需要管理和维护，在井口仅设甲醇注入喷嘴，以便使甲醇雾化，从而很好地与天然气混合。这样，不仅简化了井口，而且实现了井口无人值守。

3）多井加热技术

单井天然气进入集气站后，经多井加热炉预热，再节流膨胀，从而达到常温分离工艺的温度要求。

4）常温一级分离技术

集气站不控制气体烃露点，采用一级分离器，分离出气体中的游离态液体，保证管道中无液相进入，减少了集气站设备，降低了注醇量，节约了占地面积和投资 。

5）简化计量技术

采用单井轮换计量，延长单井计量周期，以 8~10d 为一个周期，以满足地质要求为原则。

采用间歇计量，在集气站内只设生产分离器和计量分离器。计量分离器用于单井产量计量，计量周期 8~10d，生产分离器用于其他井混合生产。这样一座集气站的分离器、计量装置、自控仪表都从 12~16 套减少到 2~3 套，简化了集气站工艺流程，降低了投资。

6）双泵头柱塞泵技术

为了减少注醇泵数量，减小占地面积，采用双泵头注入设备，一台泵可同时给 2 口井注醇，节省了投资，简化了操作。

7）无液相集输技术

集气支、干线采用无液相输送工艺，集气站采用常温分离工艺，减少了集气站控制要求，降低了投资。

8）气田自动化控制技术

子洲气田面积大、井站比较分散、自然环境恶劣，实现自动化控制是满足生产要求的关键。所要控制的主要有集输、净化、发电和供水等系统。

气田采用三级递阶式控制管理模式。第一级为气田生产调度中心，同时通过 200m 光缆与气田决策管理层相连，气田管理层可以通过网上的管理终端直接监视各集气站、处理厂的生产动态；第二级是各个系统控制中心，如气田集输系统、供水系统、处理厂、集配气总站的集散系统（DCS）等；第三级是各系统的现场控制单元。

9）气田小型天然气发电供电技术

由于气田恶劣的自然环境和比较大的气区面积，如果采用电网为集气站供电，则投资巨大，运行维护困难。为了降低投资和方便管理，在集气站采用“外电为主，小型天然气发电机备用”的供电模式。每座集气站引接地方 10kV 线路作为主供电源，站内设 30~50kW 的小型天然气发电机 1 台，作为备用，并设置了安全保护系统。这样不仅提高了供电的可靠性，而且节约了大量的投资。

10）井口安全保护技术

在采用了高压集气工艺后，由于井口无人值守，又不可能进行遥控，因此在井口设置了安全保护装置，防止一旦管线破裂而井口无法控制的情况发生。如果装置前后压差达到 1.0~1.5MPa，该装置将会自动关闭井口，有效地防止了安全隐患的发生。

4. 集输管网

子洲—米脂气田工艺总流程：从各气井开采出的高压天然气在井口注入甲醇，通过采气管线进入集气站。在集气站天然气节流至 6.2MPa 进入分离器，集气管道湿气气相输送，天然气通过集气支线进入集气干线输往米脂天然气处理厂，天然气在处理厂集中脱水、脱烃后进入外输管道。如图 3-17 所示。

该气田面积南北方向长，东西方向窄，气藏面积大，气井数量多，单井产量低，关井压力高，井网距离小。

该气田集输管网由采气管线、集气支线和集气干线组成，气田采用辐射枝状组合式管网，即单井到集气站采用辐射状管网，集气站到集气干线采用枝状管网。

1）采气管网

（1）集气半径的确定。

长庆靖边、榆林气田经过多年探讨和实践，确定采气管道长度不大于 6km。

（2）集气方式。

子洲—米脂气田采用单井直接进站的集气方式，直接进站方式是目前气田中应用最广泛的模式，是典型的辐射状管网，该模式大大简化了井口工艺。

2）集气管网

按照集气站的布置，结合处理厂所处的地理位置，集输管网由 3 条集气干线、16 条集气支线组成，将 15 座集气站通过枝状组合方式接入米脂天然气处理厂。

5. 集输站场

1）井场

每个采气井口均做标准化井场 45m×40m 计算。

采气井口设有井口安全保护装置，采气管道一旦破裂可自行截断井口。

井口设有注醇口，根据需要分别注入油管和套管流程，在非生产季节可以向油管注入缓蚀剂，缓解采气管线腐蚀速率。

各井场均为无人值守，定期巡检。

2）集气站

（1）集气站工艺流程。

单井来气加热节流后需计量的气井进入计量分离器计量，其他气井混合后进入生产分离器分离；分离后的天然气计量后外输。集气工艺主流程如图 3-23 所示，放空、排污流程如图 3-24 所示，注醇流程如图 3-25 所示。

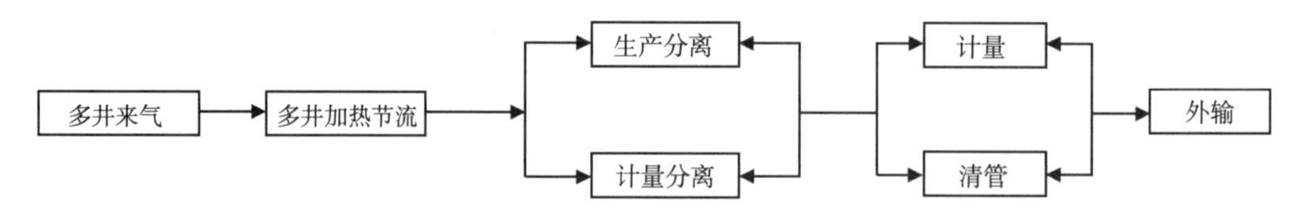

图 3-23　集气工艺主流程示意图

（2）平面布置。

气田所处区域地形条件复杂，站址选择比较困难，因此以减少占地面积为宗旨对集气站平面进行了优化。

值班工作区与工艺装置区分开布置，发电机房、监控室、机柜间、休息室、厨房、注醇泵房等生产辅助设施布置在年最小频率风向的上风侧。

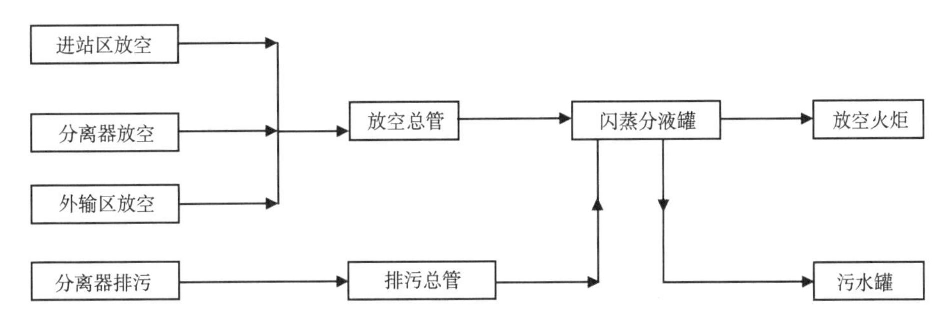

图 3-24 放空、排污流程示意图

图 3-25 注醇流程示意图

工艺装置布置在年最小频率风向的下风侧，根据工艺流程依次为进站区、加热炉、总机关、分离器、闪蒸分液罐、外输区。注醇泵房独立布置，距离监控室 10m 以外，甲醇罐、污水罐紧临注醇泵房布置。

（3）主要设备。

①加热炉。

采用负压水套式加热炉，相对微正压加热炉主要有制造工艺较简单、控制系统成熟、运行平稳、安全可靠等特点。

②分离器。

子洲—米脂气田采用强制旋流吸收吸附气液分离器。该分离器总结各种常用分离器的分离原理，综合利用重力沉降分离、离心分离、碰撞吸附聚结分离原理，而设计的一种新式分离器，进一步提高现有分离处理效果。

③注醇泵。

按照子洲—米脂气田的组分，$1\times10^4m^3$ 天然气产液量为 0.22m^3，经过计算，单井注醇量为 47.5L/h。注醇泵选择双头隔膜式计量注醇泵，该泵相对于柱塞式注醇泵具有甲醇零泄漏、维修时间间隔短等特点。

④闪蒸分液罐。

设备具有凝液闪蒸功能、可燃气体分离功能、气体阻火的水封功能。

6. 处理工艺

子洲—米脂气田天然气组成见表 3-16，天然气中不含 H_2S，微含 CO_2 及 C_5 以上重组分。天然气处理厂采用与榆林处理厂同样的处理工艺，即丙烷制冷脱油脱水，不需要增压。

表 3-16 子洲—米脂气田天然气的组成表 单位：%（干基，体积分数）

组分	C_1	C_2	C_3	C_4	C_5	C_6	C_7
组成	94.837	2.914	0.365	0.044	0.084	0.065	0.075
组分	C_8	C_9	C_{10}	C_{11+}	CO_2	N_2	
组成	0.015	0.009	0.0006	0.0002	1.170	0.384	

米脂天然气处理厂位于陕西省米脂县银州镇姬家峁村，占地199亩，设计规模为$15\times10^8m^3/a$，主要生产装置有：$225\times10^4m^3/d$脱油脱水装置2套，$150m^3/d$甲醇回收装置1套，预留凝析油稳定装置位置。进厂压力4.8MPa，脱油脱水后压4.6MPa外输。

其工艺流程为：自集气总站来的原料天然气，经原料气过滤分离器脱出游离液和固体杂质后进入原料气预冷器管程。自甲醇罐区来的甲醇贫液（质量分数为95%），通过雾化喷头呈雾状喷射入原料气预冷器的管板处，与原料气在管程中充分混合接触后，与自干气聚结器来的冷干气进行换热，预冷至约-3℃。预冷后的原料天然气经丙烷蒸发器，温度降至约-15℃，进入低温分离器，分出液态醇水液和凝析油。产品干气经干气聚结器进一步分离出携带的液滴后进入干气聚结器壳程，与原料天然气逆流换热，换热后的干气输送至外输首站。

自气田各集气站运来的含甲醇和凝析油气田污水首先进入甲醇污水预处理装置，将凝析油从含醇污水中分离出来，分出的凝析油送至未稳定凝析油储罐；含甲醇气田污水则经加药处理后送至甲醇富液储罐，并用泵输送至甲醇再生装置与脱水脱烃装置来的甲醇富液一起采用精馏法回收甲醇，得到的甲醇产品用泵送至甲醇产品储罐储存，并装车供气田注醇循环使用。甲醇再生装置出来的气田水则通过回注装置注入地层。

五、苏里格气田

1. 气田开发特点

苏里格气田地处鄂尔多斯盆地西北部，行政区划属内蒙古自治区鄂尔多斯市，西起鄂托克前旗，东至乌审旗，南到陕西省的定边县，北抵鄂托克后旗，勘探面积$4\times10^4km^2$。

苏里格气田天然气组分中CH_4含量高，平均为92.50%；C_2H_6平均含量为4.53%；微含CO_2，平均含量约0.78%；不含H_2S；凝析油含量介于$2.15\sim4.93g/m^3$，是典型的低孔隙度、低渗透、致密天然气藏。

苏里格气田与靖边气田的气质条件完全不同，也与榆林气田的基础条件相差很大，不同于常规富气气田，它同时具有低压、低渗透、低丰度的特点。针对苏里格气田地质特征、气藏特征以及其组分特点，合理解决其对气田开发和地面建设形成的影响，创建一套具有自己特色的开发和地面集输工艺，就成为开发建设苏里格气田首要而又迫切的任务，苏里格气田开发建设的特点主要包括：

（1）单井控制储量少，单井产量低。由于储量丰度低，储层致密性严重，渗透性差，因此单井控制储量少。按照多项指标划分，将苏里格气田气井分为三类，一类井初期配产$(2\sim3)\times10^4m^3$天然气，二类井初期配产$(1.5\sim2)\times10^4m^3$天然气，三类井初期配产$(0.7\sim1)\times10^4m^3$天然气。平均单井产量为$1.5\times10^4m^3$。单井产量低对气田的整体开发效益会产生较大的影响，单井产量低，每亿立方米产能建井数增多，投资高。

（2）气井压力递减速度快，气田初期生产压力高达22MPa，但压力下降快，稳产能力差，气井寿命期短，大部分时间处于低压生产状态，地面采用的压力系统及气井前后期的系统压力匹配复杂，系统压力确定困难；一年时间下降到3~4MPa。

气井压力的迅速下降，给地面系统的建设提出了严峻的考验。首先，无法利用节流制冷、低温分离工艺来实现对天然气烃、水露点的控制；其次，一年后，多数气井压力下降到4.0MPa进站压力以下，无法保证连续生产，无法利用靖边气田高压集气的模式；最后，整个气田集输系统的压力短时间内已经低于外输系统的压力，必须进行增压才能外输。

(3) 气井产液量大，携液能力差，井口温度低，易生成水合物，如采用以往防止水合物形成的方法，则注甲醇量非常大，成本增加；防止水合物生成工艺需综合考虑压力系统等级、气质组分及投资等多方面因素，较为复杂。

(4) 气流中含有少量重烃，需采用脱油脱水工艺。

(5) 气田采用区块接替的开发方式，加密开发，地面管网适应困难。针对苏里格气田单井产量低的特点，制定了加密开发扩大产能的开发方案，但是密集井网开发却直接造成了站场建设及单井管线费用大幅上升的问题。

前期的钻探和研究成果表明：苏里格气田地质条件异常复杂，具有储集砂体横向变化大、地层压力低、储量丰度低、气井产能低、气水分布复杂、储层物性普遍偏低的特点，表现出强烈的非均质性。在大井距的条件下，对相对高产储层分布的预测仍然面临技术难题。钻井成本的居高不下使得苏里格开发前期处于高投入、高风险境地，大大制约了苏里格气田的开发。针对实践中不断出现的新的地质认识，相应的地面工程建设也要开展大量有针对性的试验研究工作。只有降低地面建设投资，才能保证苏里格气田经济有效的开发。

2. 开发历程

(1) 集气站加热节流、采气管线注醇高压集气工艺试验。

苏里格气田 2002 年开始试采，在先导性开发实验区建集气站 1 座，采用高压集气工艺。

通过一段时间的生产，发现气井压力递减快，且高压系统管材耗量较大，注醇成本、操作费用昂贵，站内流程、设备复杂，投资高，高压集气工艺无法在苏里格气田大面积推广、应用。

(2) 井口加热节流、采气管道保温或注醇不保温中压集气工艺试验。

2003 年，结合加密井工程进行了井口无人值守，简易井口加热炉加热节流工艺试验。在加密气井上试验了井口加热节流、采气管道保温；井口加热节流、采气管道不保温；井口加热节流、井口注醇、采气管道不保温 3 种中压（4.0MPa）集气工艺。此外，在集气站站内试验了智能旋进流量计带液计量、氨制冷低温分离和集气站一级增压工艺试验。

通过试验，取得了以下认识：取消了集气站集中注醇系统，简化了井到集气站的工艺流程，采气管道设计压力由高压 25MPa 降低到中压 6.3MPa，大幅降低了采气管线运行压力，管道壁厚大大减小，减少了管材耗量，降低了投资。取消了注醇系统后通过采气管线保温使集气半径可达 5km 左右。但是由于井筒气体携液能力差，井筒到加热炉还处于高压系统运行，在冬季发生水合物堵塞情况频率还是很高。每座井口都设有加热炉，虽然可以无人值守，但在大规模开发后，维护管理将非常困难，运行费用也很高，不利于冬季安全生产。

(3) 井下节流、井口加热、中压集气工艺试验。

针对采用井口加热、中压集气，井筒以及井筒到加热炉段高压管线时常发生堵塞的情况，2004 年初，开展了井下节流试验，井下高压天然气进行节流，充分利用地层温度对节流后低压、低温天然气进行加热，既能防止井筒高压天然气发生水合物堵塞，又充分利用了地层温度对节流后低温天然气加热，节约了能源，降低了能耗。

通过试验，井下节流、井口加热、中压集气能够避免井筒和井口到加热炉段发生水合物堵塞，但由于在中压3.5MPa时，水合物形成温度为10℃左右，所以井口还需加热，距离太长还需注醇才能保证井口到集气站管道在冬季不发生水合物堵塞。

（4）井口不加热、不注醇、采气管道不保温，多井单管串接低压集气工艺试验。

通过2002年至2004年3年的开发试验，逐渐摸清了苏里格气田地层压力变化情况。为了简化井口注醇系统，提出了以“多井单管串接集气工艺”为核心的地面集输工艺模式，取消了集中注醇系统，单井地面建设投资大大降低。

3. 集气工艺

苏里格气田地面建设模式，经历了由“实践—认识—再实践—再认识”的一个由浅入深、由表及里、逐步提高的过程。2005年以来，随着井下节流现场试验的成功和技术的不断优化、成熟，形成了适合苏里格气田大规模、低成本、经济、有效开发的地面主体技术：井下节流，井口不加热、不注醇，中低压集气，带液计量，井间串接，常温分离，二级增压，集中处理，及沙漠地区道路设计技术、沙漠地区环境保护技术等配套技术，为苏里格气田的低成本开发奠定了基础。集输系统总流程如图3-26所示。

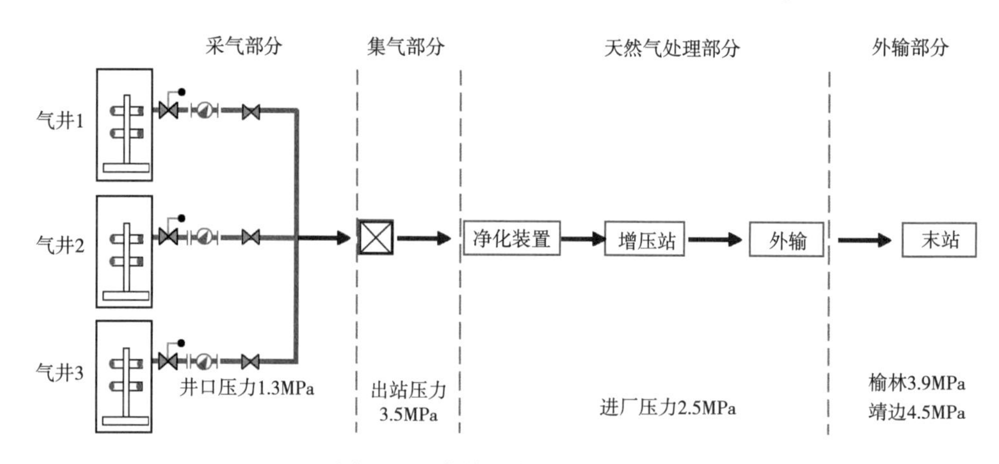

图3-26 集输系统总流程示意图

1）井下节流工艺

井下节流是依靠井下节流嘴实现气井井筒节流降压，充分利用地温加热，使节流后气流温度基本能恢复到节流前温度。从而有利于解决气井生产过程中井筒及地面诸多工艺的技术难题。

（1）大幅度降低地面管线运行压力，为简化地面流程提供了技术保障。

苏里格气田节流后的平均油压约3.26MPa，是节流前平均油压（20.12MPa）的16.17%。利用井下节流降压，使地面管线运行压力大幅度降低，从而实现中低压集气。

（2）有效防止水合物形成，提高气井开井时率。

从气流压力与水合物形成初始温度曲线可以看出，随着压力的下降，水合物形成温度大大下降，当节流后井口油压小于1.3MPa时，此时水合物形成温度小于1.5℃，而冻土层下的地温为2~3℃，可基本消除水合物的形成。

（3）气井开井和生产无须井口加热炉。

由于气井开井初期，井筒及地面管线易形成水合物而造成堵塞，在前期未采用井下节流时采用井口加热的方式防止地面管线堵塞。采用井下节流技术后，由于启动时间短，温度上升快，不使用井口加热炉也能正常开井。

（4）有利于防止地层激动。

根据气嘴流动理论，当上、下游压力之比达到某值时，穿越气嘴的流速等于声速。在这种状态下无论怎样降低下游压力，介质流速仍保持当地音速，此即气流通过气嘴的临界流动状态。下游压力的波动不会影响地层本身压力，从而有效防止了地层压力激动。同时采用井下节流后，气井稳定生产，开、关井次数减少也降低了对地层压力的影响。气嘴流量随回压变化如图 3-27 所示。

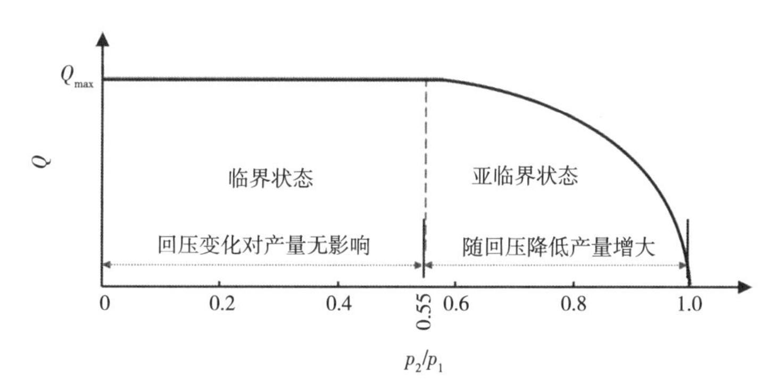

图 3-27　气嘴流量随回压变化图

（5）有利于防止井间干扰，实现地面压力系统自动调配。

苏里格气田采用井间串联的集气方式，应用井下节流技术后，由于气嘴在临界流状态工作，某口井压力的变化不会影响其他井的生产。

应用井下节流技术后，在临界流动状态下，可在较大压力范围内实现地面压力系统自动调配而不影响气井产量。在冬季采用压缩机生产尽量降低地面集输管线压力从而防止水合物形成，在夏季停用压缩机生产，节约生产成本。实现地面压力自动调配原理如图 3-28 所示。

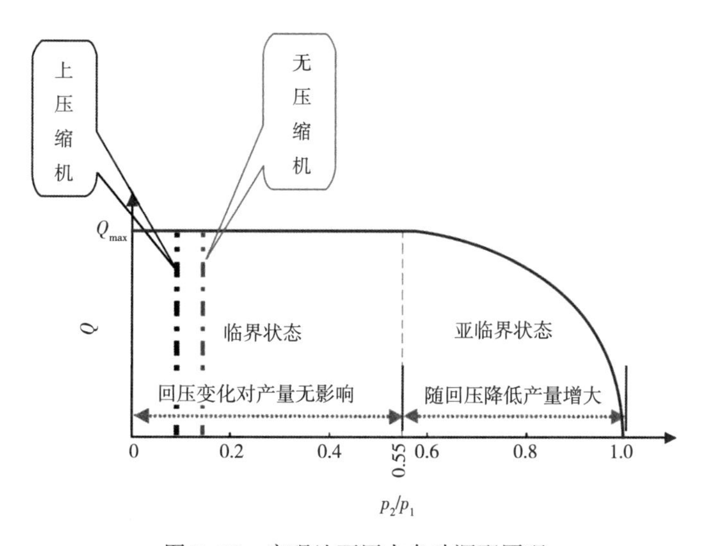

图 3-28　实现地面压力自动调配原理

（6）提高气流携液能力。

采用井下节流技术后，井下节流器气嘴以上的气流压力大大降低，使得气井最小携液流量大大减小，提高了气流的携液能力。

2）气井单管串接工艺

由于苏里格气田井数多、井距小，为简化单井集气系统，同一批次打井采用串接的管网系统，通过采气管线把相邻的几口气井串接到采气干管，单井来气在采气干管中汇合后集中进入集气站。采用多井单管串接集气工艺，一般串接气井数为 4～8 口，集气站辖井数量一般不少于 50 口。

单井串接形式主要有就近插入辐射状采气管网和井间串接辐射状采气管网（图 3-29 和图 3-30）。

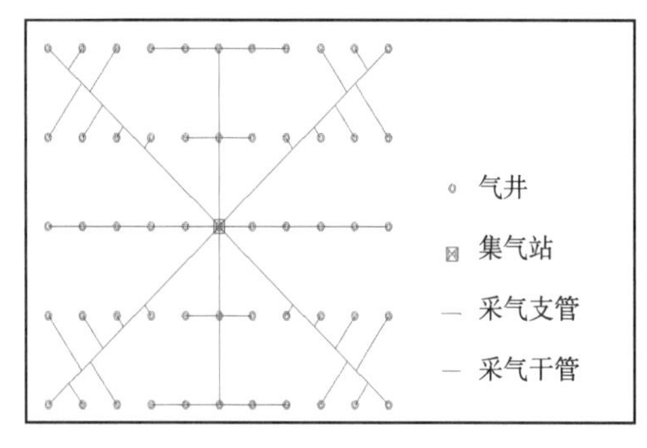

图 3-29 就近插入辐射状采气管网示意图

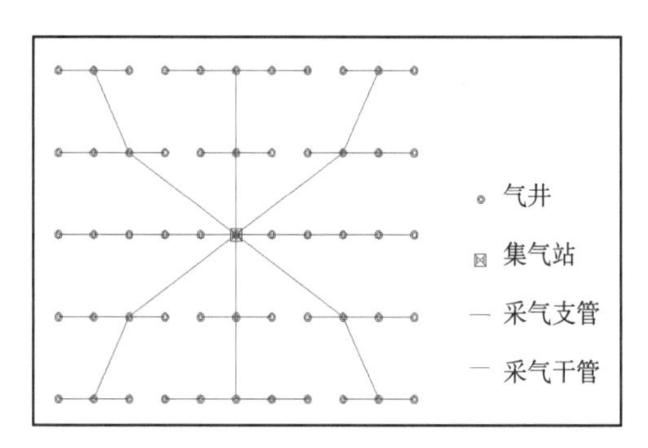

图 3-30 井间串接辐射状采气管网示意图

就近插入辐射状采气管网：采气干管呈辐射状进入集气站，单井采气支管以距离最短为原则，垂直就近接入临近的采气干管，施工在干管上进行。

井间串接辐射状采气管网：采气干管呈辐射状进入集气站，单井采气支管就近接入临近井场，施工在单井井场进行。

现实生产过程中，存在输气运行的干管需要串接连入新钻单井的情况，经进一步优化“井间串接辐射状采气管网”的井场流程，在单井至干管段设置两个闸阀，接入新建井时，可关闭闸阀 1、闸阀 2，拆除两个阀之间的管线，把直管段换成三通，这样新建井可从闸阀 1、闸阀 2 之间的三通接入，串接全在井场完成，保证井口不动火，干管不放空，连入新建井不会影响采气干管正常运行（图 3-31）。该串接方式因更好地适应苏里格气田滚动开发的要求而被广泛应用。

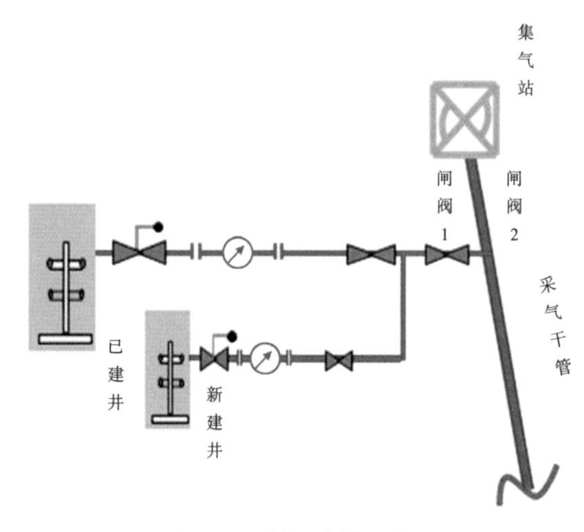

图 3-31 井间串接示意图

采用井间串接辐射状采气管网，优化了管网布置，缩短了采气管线长度，单井地面管线长度减少了 50%。采气干管上开口少，串接全在井场完成，接入新井不会影响采气干管正常运行，适应苏里格气田滚动开发的需要，并且增加了集气站辖井数量，降低了管网投资，减少了管沟密集开挖对苏里格气田脆弱环境的破坏。

3）单井生产数据采集技术

为适应苏里格气田生产开发的需求，解决苏里格气田气井多，多井串接后难以确定各井运行数据的现状，同时减少巡井工作量，提高工作效率，将各单井的井口数据，采用超短波数据传输电台传输到集气站，同时上传总调度中心，为井口巡查提供参考数据，以减少巡井工作量，达到减员增效的目的。

（1）基本原理。

气井无线遥测遥控主机（RTU），由带有 A/D，D/A 变换器的高性能的单片机，电源管理电路，太阳能/蓄电池供电电路以及无线数传电台组成。A/D 变换器将传感器送来的表示气井状态的模拟信号变成数字信号，再由无线数据远传电台进行信号处理和调制，以射频信号的形式辐射到空间。电源管理电路是用来监测交流电源用，一旦交流电源断电，自动转为畜电池供电。当交流供电正常时，又恢复由交流电源供电并对蓄电池充电，始终保持 RTU 供电正常。

监测中心收发信机从空中接收到由气井设备遥控遥测主机的信号后，通过对射频信号放大、解调，恢复成数据远传信号送至中心控制计算机处理计算，实时监测工况传输数据。系统结构如图 3-32 所示。

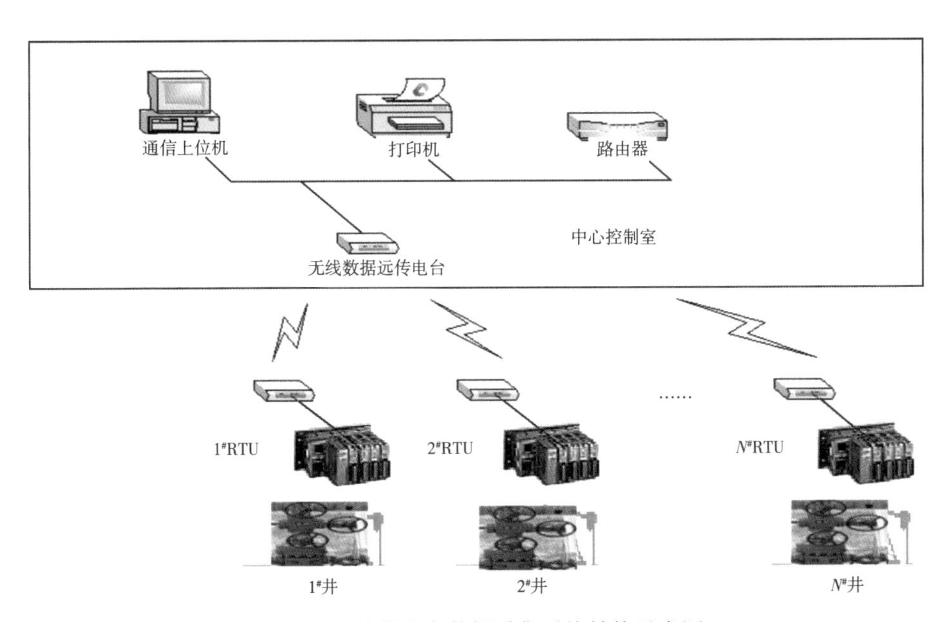

图 3-32 单井生产数据采集系统结构示意图

（2）主要功能。

由安装在井口各相应部位的传感器实时采集井口压力、温度、流量等数据，将采集到的信号传送到井场的数据采集电路处理，并通过无线电台远程传输到集气站。

站内电台接收各井发来的信号，配套的系统软件对所采集的数据自动进行后期处理，为工作人员提供翔实的现场数据显示、查询、报警和多种报表输出。

（3）系统组成。

系统组成包括井口设备（含压力变送器、流量计、RTU、数据远传电台、天线、风光互补供电系统等）、站内设备（含数据远传电台、全向天线、主控机等）和系统软件（主控机操作系统、组态软件工具、数据采集软件等）。

（4）传输方式。

井口数据的远程传输方式有 230M 微波电台和 5. 8G 无线网桥两种。

通过对两种传输方式的数据远传设备现场运行的稳定性、数据远传设备数据传输的准确性、数据远传设备报警系统的灵敏性、数据远传设备电池的稳定性进行对比试验，与 5. 8G 无线网桥相比，230M 微波电台传输方式具有一定的绕射功能，不需要在单井和集气站之间加装中继站，具有耗电量小、传输稳定、投资低、后期维护简单的优点。苏里格气田无线传输方式以短波传输为主；个别地方数据传输量大则选择 5. 8G 无线网桥传输方式。

（5）电子巡井。

电子巡井系统通过在井场安装摄像头，拍摄井口图像，通过电台发送到集气站，站内接收系统对图像信息进行处理后在监视器上显示并存储，从而为管理人员监视了解井场情况提供方便。其供电及传输借助数据采集及无线传输系统。

视频拍摄范围要求为井口装置区全部，井场围栏大门一侧及其对边三分之二以上。设置压缩/解压缩模块，传输照片用时较短，照片比较清晰，满足电子巡井的要求。设置闯入报警功能，当有人或者其他异物闯入井场时，单井闯入报警技术可实现井场声光报警和监视画面提示告警，为管理人员迅速确定井场异常情况提供帮助。视频范围如图 3-33 所示，井场闯入报警如图 3-34 所示。

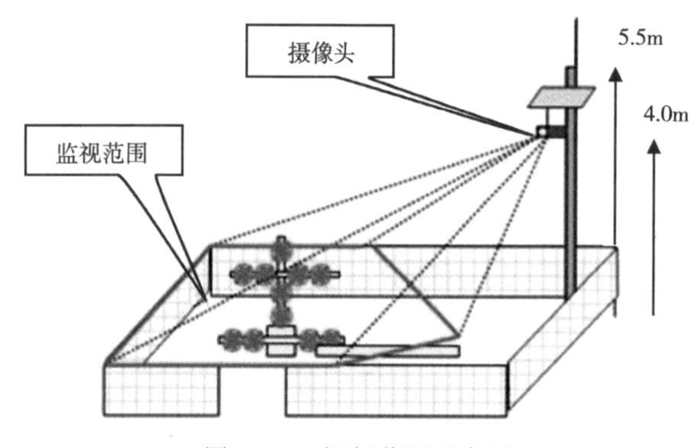

图 3-33　视频范围示意图

图 3-34　井场闯入报警

4）采气管线安全截断保护工艺

气井生产中当地面管线堵塞、节流器失效等情况发生时，流量逐步减少，压力升高，会导致地面管线超压。而管道腐蚀或遭到意外破坏发生泄漏时又会引起井口压力降低的情况发生，因此在井口设置了自力式高低压截断阀，避免井口超压而破坏下游管线和管线泄漏造成安全事故发生。

随着苏里格气田的大规模开发，为了满足其对自动化、数字化管理的迫切需要，特别是后期气井间歇开井的需要，形成了两种比较成熟的远程控制开关井装置：即远控紧急截断阀和电磁气动阀（图 3-35 和图 3-36）。

（1）自力式远控紧急截断阀。

超压/欠压保护是通过机械原理实现的。当井口压力超过或低于远控截断阀设定的保

图 3-35　远控紧急截断阀

图 3-36　电磁气动阀

护压力时，装置的机械控制机构自动工作，回座弹簧力使阀瓣关闭实施安全截断。

远程开关井：通过集气站计算机发送开关井指令，气动控制机构工作，通过接通切断气缸/提升气缸的气路，带动活塞下行/上行以关闭或使阀杆保持开启状态。

井口紧急截断阀井场如图 3-37 所示。

图 3-37　井口紧急截断阀井场

（2）电磁气动阀。

该阀改变了常规电磁阀依靠强交流电制动的思路，利用井场太阳能电池板直流供电，瞬时通电开关，实现了弱电强动作，同时提高电磁阀的防爆性能。作为一种机械式自保持型电磁阀，充分利用了气井自身压力，实现了电磁阀开关的灵活性和可靠性。

超压/欠压保护：站内系统软件设定超/欠压保护值，当数据采集系统采集到的井口压力超过设定值时，软件自动发出关井指令，实现保护；在井口高低压保护模块上连接井口压力表和电磁阀供电电缆，如果压力超过设定值时，高低压保护模块自动给电磁阀供电实现关闭。

远程开关井：集气站发出开关井指令，无线传输到井口接收系统；接收电路发送脉冲电信号，使电磁头Ⅰ/Ⅱ通电，带动主阀芯上行/下行，从而开启/关闭阀腔。

5）井口湿气带液计量工艺

根据苏里格气田井数多、产量低、不确定性带水含油和生产压力下降快的特点，通过大量的流量计现场比对试验，选用旋进旋涡流量计对单井气量进行连续带液计量。流量计工作压力为 4.0MPa，流量计量范围为（0.6~9.0）$\times10^4m^3/d$，可显示瞬时标况流量和累计标况流量。

6）橇装移动注醇解堵技术

橇装移动注醇解堵工艺是苏里格气田生产的辅助技术措施。苏里格气田所处区域气温变化大，冬季最低温度-29℃，而苏里格气田集输工艺又采用湿气集输工艺，同时，沙体移动会导致部分管线埋深不够，为防止冬季环境温度过低导致气井井口和地面管线发生冻堵影响正常生产，采用移动注醇设备进行注醇、解堵。

7）集气站常温分离、中低压湿气输送工艺

采气干管来气进站压力为 1.0MPa，在集气站的进站总机关汇合，经常温分离、增压、计量后外输。通过井下节流，井口压力为 1.3MPa 时，井口不加热，采气管线不保温、不注醇，采气管线埋设于冰冻线以下，这样保证了井口和采气管线中不生成水合物，实现井口无人值守。夏季地温较高时，也可将压力提高至 4.0MPa 运行，充分利用气井压力，停止压缩机运行，节省运行费用。

8）增压集气工艺

集气站分散增压可以降低井口最低生产压力，延长气井生产周期，提高单井采收率，同时降低管网投资。采用增压工艺满足气田低压开采和集气要求，根据系统压力，集气站采用 1 级增压，增压后最高压力达到 3.5MPa。推荐集气站设置两台压缩机，适应不同压力、气量的工况。

（1）合理选择压缩机。

集气站压缩机一般选用往复式或离心式。往复式压缩机的压比通常达到 3:1 或 4:1，有较高的热效率，但它有往复运动部件，易损件多，适用于小排量高压比的情况。离心式压缩机则正好相反，压比和热效率相对较低，但无活动部件、排量大，容易实现自控，便于调节流量和节能，适用于大排量低压比的情况。由于苏里格气田原料气是增压，工况调整频繁，考虑要求运行平稳、实现自控、维修工作量小等因素，采用往复式压缩机。

（2）优化压缩机的运行。

输气量的变化对压缩机组的效率有很大的影响。当压缩机组偏离最优工况运行，会大大降低机组的工作效率，导致能源的浪费。集气站通过机组排量的优化配置，进出口压力的调整，以及改进机组的自控系统，使其保持最优运行工况，提高机组的工作效率，节省能耗。

（3）先进的工作方式。

苏里格气田地面集输采用了井下节流工艺，通过井下节流后，井口压力为 1.3MPa 时，井口不加热，采气管线不保温、不注醇，采气管线埋设于冰冻线以下，这样井口可实现无人值守。通过优化工艺，在集气站设置压缩机旁通管路，在夏季地温较高时，将气井压力从 1.3MPa 提高至 4.0MPa 运行，停止压缩机运行，每台压缩机每年节约燃料气消耗约 $57.6 \times 10^4 m^3$。

9）沙漠地区道路设计技术

（1）利用乡村道路、钻前路、管线作业带进行道路设计，减少征地土方工程量和植被的破坏，方便管线巡护。

（2）利用数字地形图进行全数字化道路设计，便于进行多线路走向比选，精确计算土方等主要工作量，为高效、合理设计道路提供保证。

（3）沙漠路基设计技术：针对各种不良地质路段（流动沙丘、湖沼等），结合工程地质、水文地质情况，路线平、纵、横综合设计，做到路基设计经济合理。

10）沙漠地区环境保护技术

（1）合理选择站址和线路走向，尽量避开和减少占用耕地、林地，以减轻对环境的影响。

（2）站场、管线防风治沙采用工程措施和生物措施相结合。

（3）站场生活污水单独处理，合格后用于绿化；生产污水拉运至处理厂，统一处理。

4. 集输管网

苏里格气田合理的压力系统构成对于降低苏里格气田的开发成本，提高开发经济效益具有非常重要的意义。

根据苏里格气田在榆林首站与下游用户的交接压力（4.0MPa）和井口后期废弃压力（1.0MPa），推算出苏里格处理厂外输压力为5.2MPa，最终确定集气站外输压力为3.5MPa，各区块计量交接点的计量交接压力为3.2MPa。

根据模拟计算，苏里格气田天然气在1.0MPa时，预测水合物形成温度为-1.3℃；在1.3MPa时，预测水合物形成温度为1.5℃。通过井下节流工艺，将井口压力控制在1.3MPa左右，井口不设加热炉，采气管线埋设于最大冻土层以下，管线不保温，冬季天然气进站温度一般为2~3℃，高于预测水合物形成温度。

1）采气管网

（1）最优集气半径确定。

苏里格气田井口压力1.3MPa，集气站进站压力为1.0MPa，采气管网允许压力损失是固定的，所以集气半径过大、过小都会造成集气系统的不合理，影响串接管网的结构，造成投资的增加。

根据苏里格气田“大面积分布、普遍含气”的地质特征和“地表为沙漠和草地，地形平缓”的地理特征，集气站的布局基本是按区块的面积进行布置，确定了集气半径就确定了建站数量和井站隶属关系。

集气系统的优化通常是以系统总费用最小为目标，苏里格气田集气系统的主要投资包括井场、采气管线、增压集气站和集气支线四部分。井场投资由建井数确定，不能缩减，故当采气管线、增压集气站、集气支线三部分投资之和最低时所对应的集气半径即为需要确定的最优集气半径。

通过研究得出以下结论：

①苏里格气田单井产量低，井数多，采气管线的投资占总投资的比重大（40%左右），确定最优集气半径，才能降低地面工程投资，提高气田开发的效益。

②随着集气半径的增加，采气管线的投资增加；而因为建站数量的减少，集气支线和集气站的投资降低，故必存在一个集气半径使总投资最低，即为所需要的最优集气半径。因此，并不是集气半径越大或越小总投资就越低。

③每个区块由于建井密度和形状不同存在不同的最优集气半径，只有通过综合对比才能确定。

④随着建井密度的增大，不同集气半径的单井平均投资差距减少，其下降速率低于建井密度增加的速率，故区块的有利建产区（富集区）应减小集气半径。

⑤苏里格气田区域辽阔、含气面积大，其布井范围广，采集气管道长，采用集中增压工艺，阀组没有增压功能，集气半径扩展到15km以上，集中增压节省的费用远小于因为低压集气而管径变大引起管道投资增加的费用。故控制集气站半径，采用分散增压，有利于降低工程投资。

⑥根据苏里格气田中区的建井密度，各区块的集气半径应为5~6km，东区应为6~7km，与现场实施情况一致。

⑦同一区块如果稳产期限调整，导致建井数和建井密度不同，可能存在不同的最优集

气半径，需要根据情况进行计算。

⑧目前苏里格气田加大丛式井和水平井开发力度，对于地面工程而言，1 座丛式井组为 1 座井场，若采用 70%的 7 井式井丛，则相当于地面建井密度为原来直井的 40%，极大地降低了建井密度，应扩大集气半径。

（2）串接方式。

根据规划集气站集气规模、辖井数和辖井面积，按相对固定的“米”字形敷设干管，具有管网成型好、适应性强、管线长度短、施工方便的优点。

（3）冬季防冻堵措施。

从冬季运行来看，80%冻堵井位于干管的远端；由于采用串接进站，集气站半径在 6km 时，集气站所辖气井有 10%~20%实际输送距离超过 10km；按照现在集气站压缩机的配置，为满足外输压力要求，必须保证进站压力达到 1.0MPa，故远端气井的运行压力有可能超过 1.3MPa 的设计运行压力，而达到 1.5MPa 以上，增加了冻堵的概率。

因此，控制集气管网的运行压力和流速是解决冬季冻堵的重要方法。

①合理控制集气半径，以控制最远端井距集气站的距离。

②合理控制单根干管的串井数，以控制最远端井距集气站的摩阻损失。

③冬季温度低时，降低集气站集气量以提高压缩机压比，以降低集气站进站压力，从而降低远端井的运行压力。

④提高集气站的增压能力，降低集气站进站压力。

⑤冬季运行时，可适当关闭气量较小的远端气井。

⑥合理控制采气管网流速、压降和管径。根据运行经验，天然气携液流速不应低于 3m/s，应控制在 3~6m/s 之间，因为流速越大，携液能力越强。但流速也不宜越过高，流速越高，压力损失越大。

2）集气管网

（1）管网特点。

①各干线端点站压力在 2.95~3.2MPa，设计最高出站压力为 3.2MPa。

②在中区形成“十”字形管网，可以连接第一处理厂、第二处理厂、第三处理厂、第四处理厂、第五处理厂；管网调气灵活，提高了抗风险能力。

③各处理厂的原料气供应量均为处理能力的 1.5 倍以上，可以确保各处理厂满负荷运行。

④任何区块的原料气至少可以输送至两座处理厂内，提高区块生产的可靠性。

⑤管网成环状，既提高了输气的可靠性、调气的灵活性，又充分利用了管道的输气能力。

⑥从处理厂布局和产能分布来看，区块原料气采用就近接入处理厂，减少原料气输送距离；并充分利用已建管线调气，减少联络线数量；充分、合理发挥处理厂能力和已建管网输送能力，达到降低工程投资的目的。

（2）管网优化运行子系统。

综合应用先进的计算机网络技术、数据库技术、管网仿真和优化调度方法，开发苏里格气田地面管网优化运行子系统，将天然气集气过程中的工艺过程、生产动态和运营管理信息进行有效整合，以直观可视化的图表形式和交互方式实现气田管网数据自动采集，运行方案自动生成，管网信息网络化共享、查询和维护，支持生产决策。管网优化运行子系统主要功能有：

①地质配产数据查询。系统通过读取地质配产数据，以报表和饼图在界面上显示各个区块的配产数据，以及区块所辖管线、集气站设计基础数据，为管网输送能力校核准备数据。

②管网输送能力校核。在区块配产方案确定的情况下，控制天然气处理厂的进厂压力，通过管网稳态仿真，模拟天然气在管网系统中的流动规律，判断管网系统运行参数是否满足输送工艺的要求。校核条件包括区块进气压力、管道强度、压缩机运行参数和处理厂处理能力等。

③管网优化运行方案决策。考虑气源分布、用气需求、管网输送能力、压缩机站的配置、压缩机运行参数的可行域和流量限制等约束条件，以压缩机站能耗或运行成本最小为目标，确定出压缩机站开机台数、压缩机及骨架管网运行参数所构成的运行方案。

④管道清管智能判断。根据现场管道实际运行的历史生产数据，通过建立清管数学模型和提取管道运行实时数据，判断管道是否进行清管，对积液量进行估算并分析形成原因。

⑤天然气水合物形成条件预测。天然气在集气管线中形成水合物，将导致阀门和设备阻塞、管道停输等严重事故，影响天然气的开采、集气和加工的正常运行。系统通过建立基于统计热力学的天然气水合物预测模型，对天然气水合物的形成压力和温度进行预测。

⑥管网信息及维护。用户采用表格输入方式，可对气田天然气组分、管网结构数据、管道基础数据、区块数据等进行添加、修改、查询操作，并实现中间数据自动备份，人机对话界面应分层次显示，对新用户进行注册及权限设置。

5. 集气站场

由于苏里格气田地处沙漠腹地，环境条件恶劣，无生活依托设施，井场均按远程控制、电子巡井进行设计；集气站采用数字化集气站集输，按无人值守设计，实现“站场定期巡检，运行远程监控、事故紧急关断、故障人工排除”的管理目标。

1）井场

（1）流程。

天然气经采气井口采出后，经高低压紧急关断阀和简易孔板流量计，接入采气干管输往集气站（图3-38）。

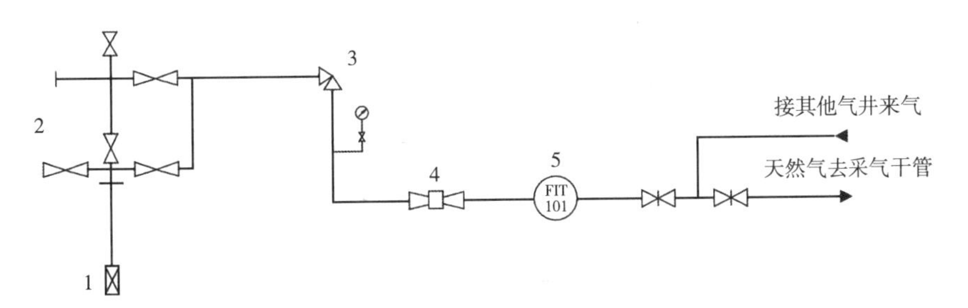

图3-38 井下节流的中低压集气工艺原理流程图

1—井下节流装置；2—简易井口装置；3—井口针型阀；4—井口高低压紧急关断阀（高低压紧急关断阀前为高压，后为中低压）；5—流量计

（2）平面布置。

井场不考虑修井作业场地，井场无人值守，场地采用原土夯实，平面布置根据

GB 50183—2004《石油天然气工程设计防火规范》考虑安全防火间距。苏里格气田中低压集气井场平面规格见表3-17，单井井场平面布局如图3-39所示，6井式井丛平面布局如图3-40所示。

表3-17　苏里格气田中低压集气井场平面规格表

序号	井场类型	井场面积（长×宽），m×m	铁栅栏围墙大小（长×宽×高），m×m×m
1	单井井场	30×40	10×7.5×1.5
2	2井式井丛	40×40	12.5×22.5×1.5
3	3井式井丛	40×52	12.5×37.5×1.5
4	4井式井丛	40×67	12.5×52.5×1.5
5	5井式井丛	40×82	12.5×67.5×1.5
6	6井式井丛	40×97	12.5×82.5×1.5
7	7井式井丛	40×112	12.5×97.5×1.5
8	8井式井丛	40×127	12.5×112.5×1.5
9	10井式井丛	40×157	12.5×142.5×1.5
10	水平井井场	30×40	12.5×7.5×1.5
11	C1H1井丛	40×40	12.5×17.5×1.5
12	C1H2井丛	40×55	12.5×37.5×1.5
13	C1H4井丛	40×82	12.5×67.5×1.5
14	C2H1井丛	40×55	12.5×37.5×1.5
15	C2H2井丛	40×67	12.5×52.5×1.5
16	C3H1井丛	40×67	12.5×52.5×1.5
17	C5H1井丛	40×97	12.5×82.5×1.5
18	C7H1井丛	40×127	12.5×112.5×1.5
19	C4H3井丛	40×112	12.5×97.5×1.5

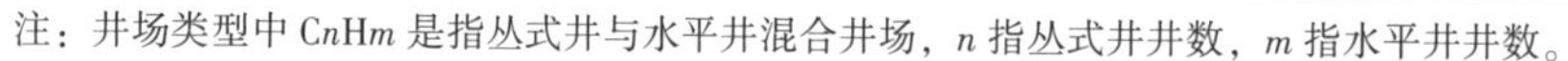
注：井场类型中CnHm是指丛式井与水平井混合井场，n指丛式井井数，m指水平井井数。

图3-39　单井井场平面布局图

图 3-40 6 井式井丛平面布局图

2）集气站

根据要求，苏里格气田达产时用工总量需控制在 2000 人以内。面对快速、大规模建设与人力资源不足的实际困难，若采用目前的生产指挥中心远程监视，集气站值守人员手动操作的常规生产管理模式，人员控制目标很难实现。为此，苏里格气田创新了管理模式，形成了数字化集气站的管理模式，对整个生产过程进行了自动化、科学化、现代化、数字化的管理，有效地提高管理水平，精简组织机构，减少操作人员，降低运行成本。

（1）数字化集气站技术。

数字化集气站模式就是在中心站利用迅速发展的 Internet 技术、计算机软硬件技术、现代通信技术、自动控制技术等科技手段对多个集气站进行实时监视、控制，实现集气站无人值守，定期巡检，中心站负责对所控集气站及井场的视频监视、数据采集、报表生成等生产运行管理工作的一种运行管理模式。

①中心站与集气站自控水平。

在苏里格气田地面集气系统标准化设计的基础上，将数字化管理技术进一步延伸，提高场站安防等级，完善生产数据实时监测、远程自动控制、安防智能监控等系统功能，实现中心站对数字化集气站的集中监视和控制。中心站实现“集中监视、事故报警、人工确认、远程操作、应急处理”；集气站实现“站场定期巡检，运行远程监控、事故紧急关断、故障人工排除”。

数字化集气站无人值守，定期巡检。中心站对集气站的关键生产参数、集气站视频等进行全面、全天候监控。在紧急情况下，经中心站人工确认后，集气站站控系统按照预定程序执行紧急关断、放空等操作处理，确保站场及管线安全；由中心站迅速安排巡检人员前往应急处理及维修。

②中心站管理。

中心站主要实现对所辖集气站、井场的远程监视、控制、数据采集等。

远程接收及监控数字化集气站实时动态检测系统、全程网络监视系统、智能安防系统等上传的各类检测、报警数据。

远程操作数字化集气站的生产控制系统、自动排液系统、安全放空系统等，确保集气站安全、平稳、连续生产。

设置智能图像处理监控系统分析平台，全天候视频监视、自动报警与录像、现场声音警告等。

中心站形成了一系列针对数字化集气站模式的生产管理办法和制度，规范生产管理职责、明确巡检周期及内容、编制应急预案、规定远程控制程序等，确保了气田平稳生产。

（2）流程。

①进站单元。

自各采气干管来天然气进入集气站后，经进站总机关汇气后，进入下一单元。与靖边气田不同，苏里格气田通过井下节流降低气井生产压力，由于单井产气量很低，不需时时调控气井产量，压力也以自平衡为主。

②分离单元。

天然气经进站总机关后进入分离单元，在常温工况下分离出天然气中的游离水，冬季天然气进入增压单元，夏季天然气进入外输计量单元。

③增压单元。

增压单元的压缩机台数是由集气站规模确定的。苏里格气田采用标准化设计，集气站规模已形成系列化。压缩机组采用整体橇装，包括动力系统、压缩系统和冷却系统、润滑系统、燃料气系统、启动系统。

④外输计量单元。

集气站天然气外输前要进行计量，并设置清管器发送装置。

⑤采出水储存单元。

气液分离单元产生的采出水经闪蒸后进入埋地采出水储罐储存，定期拉运，集中回收处理。

⑥放空及火炬单元。

集气站站内放空气体、气液分离单元的采出水经闪蒸分液罐处理后，放空气体进入火炬燃烧排放。

（3）平面布置。

根据生产性质和功能将集气站分成 4 个区，即：生产区、辅助生产区、站外截断区和放空火炬区。各区位置及功能相对独立，在满足生产要求的前提下尽量减少对驻站人员的生活影响。

生产区主要包括进站区、分离器区、压缩机区、采出水储罐区、双筒式闪蒸分液罐区、自用气区、计量外输区、清管发送区、阻火器区。生产区各装置间的相对位置结合产品流程进行最优布局，使管线安装合理顺畅、操作检修安全便捷、整体平面协调美观。为使集气站与外界连接顺畅并满足应急要求，设逃生通道 3 处（进站大门、站外截断阀区进出门、采出水拉运用小门），紧急逃生门 1 处（发电机房附近）。

辅助生产区主要包括临时休息室、机柜间、配电间、工具间、发电机房等，其中临时休息室布置在靠近集气站进站端，与发电机房、压缩机区距离较远，减少噪声影响。

站外截断区主要包括进站截断区和外输截断区，两截断区用铁栅栏围成一个独立区域，大小为6m×21m。

放空区：放空区宜位于全站最小频率风向的上风侧且在站场外地势较高处，距集气站的外围墙不小于90m，用铁栅栏围成一个独立区域，大小为10m×10m。

数字化集气站按两台压缩机组的安装位置设计，采用无基础压缩机组，实现大功率分体机组与小功率整体机组的灵活调配组合，集气站处理量可以满足不同生产阶段 $(20\sim100)\times10^4m^3/d$ 的增压要求。

数字化集气站平面占地面积为47m×77m，合计 $3619m^2$（不含放空区、停车场）；停车场 $375m^2$（图3-41）。

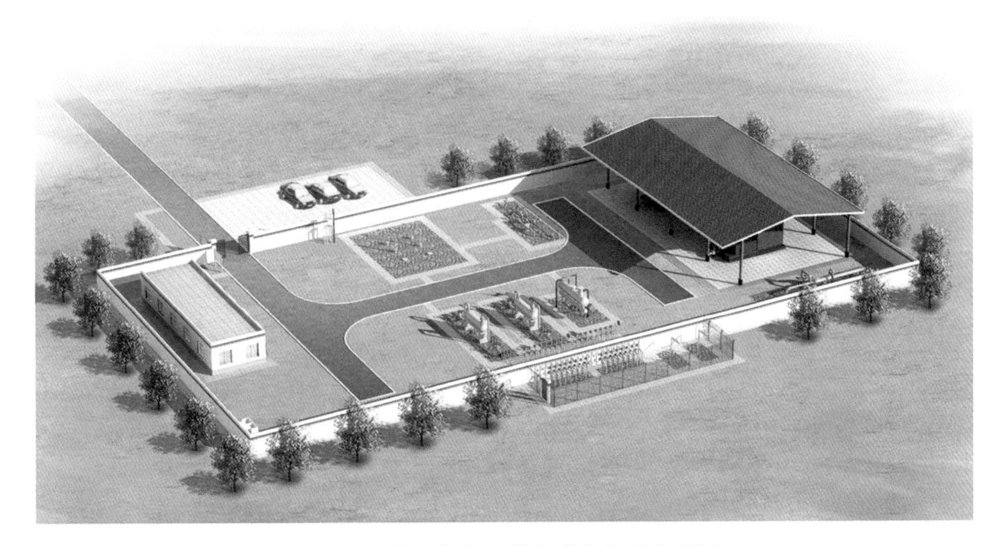

图3-41 苏里格气田数字化集气站布局图

（4）主要设备。

①分离器。

根据苏里格气田的生产特点，气田初期流量、压力较大，然后逐渐下降，故分离器应能满足气田初期、中后期的生产要求。

苏里格气田气井产水量高，且含有一定量的凝析油及其他杂质，需进行分离。为了简化流程，方便运行和管理，在满足集气工艺要求的前提下，应设置高效气液分离器。

根据集气站集气规模的不同，可分别配置1~2台分离器，分离器设计压力4.0MPa，单台处理能力 $25\times10^4m^3/d$ 或 $50\times10^4m^3/d$。

②天然气压缩机。

单井通过井下节流，气井井口压力将降到1.3MPa左右。因此，生产过程中需增压外输。

根据现场运行及综合对比，推荐选用主要设备进口、国内成橇往复式燃气驱动的天然气压缩机组。一般集气站应根据集气规模的不同，配置2~4台压缩机组，单台增压能力为 $25\times10^4m^3/d$ 或 $50\times10^4m^3/d$。

③闪蒸分液罐。

集气站放空时，放空气体接入放空分液罐进行气液分离，防止放空时产生“火雨”，破坏环境。

分离器排液接入闪蒸罐闪蒸，将采出水中闪蒸出的天然气接入火炬燃烧。

单座集气站闪蒸分液罐宜按双筒结构设置，筒径为DN1000，设计压力2.5MPa，并应具有防止回火的功能。

6. 处理工艺

1）天然气特点

苏里格气田属于“低压、低渗透、低丰度”的“三低”气田，天然气中不含H_2S及有机硫，含少量CO_2及C_5以上重组分。表3-18为苏里格气田天然气处理厂典型原料天然气的组成。

表3-18　苏里格气田天然气处理厂典型原料天然气的组成表　　单位：%（体积分数）

组分	C_1	C_2	C_3	C_4	C_5	C_6	C_7
组成	91.388	5.287	1.036	0.373	0.128	0.095	0.101
组分	C_8	C_9	C_{10}	C_{11+}	H_2O	CO_2	N_2
组成	0.008	0.005	0.002	0.003	0.156	0.666	0.756

2）天然气处理厂概况

目前苏里格气田已建的天然气处理厂有6座。

第一天然气处理厂位于内蒙古自治区乌审旗境西的陶利庙乡，占地面积126亩，于2006年、2007年分二期建成投产，建设规模为$300\times10^4m^3/d$。采用前增压、后丙烷制冷脱油脱水的总工艺流程，原料气由2.4MPa增压到5.5MPa，脱油脱水后5.2MPa外输。主要工艺装置：3套单台处理规模为$10\times10^8m^3/a$的脱油脱水装置；7台压缩机组（6用1备），单台压缩机组增压气量为$151.5\times10^4m^3/d$；凝析油稳定装置1套和甲醇回收装置1套。

第二天然气处理厂位于内蒙古乌审旗苏里格经济技术开发区乌兰陶勒盖，占地面积226亩，于2008年建成投产，建设规模为$50\times10^8m^3/a$。总工艺流程为先丙烷制冷脱油脱水，部分后增压工艺。脱油脱水后一部分2.1MPa输送至内蒙古周边低压用户，一部分增压至5.3MPa，经计量后5.2MPa外输。主要工艺装置有：3套单台处理规模为$500\times10^4m^3/d$的脱油脱水装置；6台压缩机组（5用1备），单台压缩机组增压气量为$303\times10^4m^3/d$；凝析油稳定装置1套和甲醇回收装置1套。

第三天然气处理厂位于内蒙古鄂托克旗苏米图苏木境内，占地面积217亩，于2009年建成投产，建设规模为$50\times10^8m^3/a$。原料气由2.4MPa增压到6.1MPa，计量后5.8MPa外输。主要工艺装置：3套单台处理规模为$500\times10^4m^3/d$的脱油脱水装置；7台压缩机组（6用1备），单台压缩机组增压气量为$252.5\times10^4m^3/d$；凝析油稳定装置1套和甲醇回收装置1套。

第四天然气处理厂位于内蒙古自治区鄂托克前旗昂素镇，占地面积220亩，于2009年建成投产，建设规模为$50\times10^8m^3/a$。原料气由2.4MPa增压到6.1MPa，计量后5.8MPa外输。主要工艺装置：3套单台处理规模为$500\times10^4m^3/d$的脱油脱水装置；7台压缩机组（6用1备），单台压缩机组增压气量为$252.5\times10^4m^3/d$；凝析油稳定装置1套和甲醇回收装置1套。

第五天然气处理厂位于陕西省榆林市定边县安边镇王寨子大队（草帽滩农场），占地面积238亩，于2011年建成投产，建设规模为$50\times10^8m^3/a$。原料气由2.4MPa增压到6.1MPa，计量后5.8MPa外输。主要工艺装置：3套单台处理规模为$500\times10^4m^3/d$的脱油脱水装置；7台压缩机组，6用1备，单台压缩机组增压气量为$252.5\times10^4m^3/d$；凝析油稳定装置1套和甲醇回收装置2套。

第六天然气处理厂位于内蒙古自治区乌审旗巴彦柴达乡，占地面积217亩，于2013年建成投产，建设规模为$50\times10^8m^3/a$。原料气由2.4MPa增压到6.1MPa，计量后5.8MPa外输。主要工艺装置：3套单台处理规模为$500\times10^4m^3/d$的脱油脱水装置；7台压缩机组，6用1备，单台压缩机组增压气量为$252.5\times10^4m^3/d$；凝析油稳定装置1套和甲醇回收装置1套。

3）工艺路线

（1）总工艺技术的选择。

根据GB 17820《天然气》，Ⅱ类商品天然气的H_2S含量不大于$20mg/m^3$、CO_2含量不大于3%即满足要求。苏里格气田天然气中不含H_2S，CO_2含量为0.666%，因此不需进行脱硫脱碳处理。

根据天然气的组成分析，进天然气处理厂的原料气中含有饱和水及凝析油，夏季水、烃露点为20℃左右，冬季为3℃，不能满足产品气水、烃露点的要求。因此，需要对该天然气进行脱水、脱油处理。苏里格气田主要供气对象是陕京管线和苏里格燃气电厂，集气干线来气压力为2.5MPa，不满足外输压力，必须对天然气增压外输。因此需采用增压工艺。

（2）前增压脱油脱水与后增压脱油脱水工艺的比选。

处理厂脱油脱水装置前进行增压还是在脱油脱水装置后进行增压对处理厂工艺参数选取、运行费用及投资影响较大，详见表3-19。

表3-19 两种工艺优缺点对比表

内容	前增压脱油脱水	后增压脱油脱水
优点	脱油脱水装置运行压力高，处理设备体积小，工艺管线小，阀门小；冷凝分离压力高，冷凝温度高；投资省	压缩气体为净化气，有利于压缩机运行；预冷器负荷较小；来气温度波动幅度小，运行温度稳定；压缩机工艺气冷却负荷小
缺点	预冷器负荷大幅度增加；压缩机增压天然气为非净化气	处理装置的操作压力低，设备体积大，占地面积大，工艺管线管径大；压缩机功率大；投资及运行费用最高

苏里格第一、第三至第六天然气处理厂均采用的是前增压、后脱油脱水的总工艺流程，运行良好。而第二天然气处理厂考虑了外输对象为陕京线（5.2MPa，输量$43\times10^8m^3/a$）和内蒙古周边低压用户（压力2.1MPa，输量$7\times10^8m^3/a$）。经过对比，选用后增压可以比前增压节省1台压缩机，投资节省约4000万，工艺流程如图3-42所示。

4）脱油脱水工艺

苏里格气田6座天然气处理厂均采用丙烷制冷低温分离工艺脱油脱水。

（1）工艺流程。

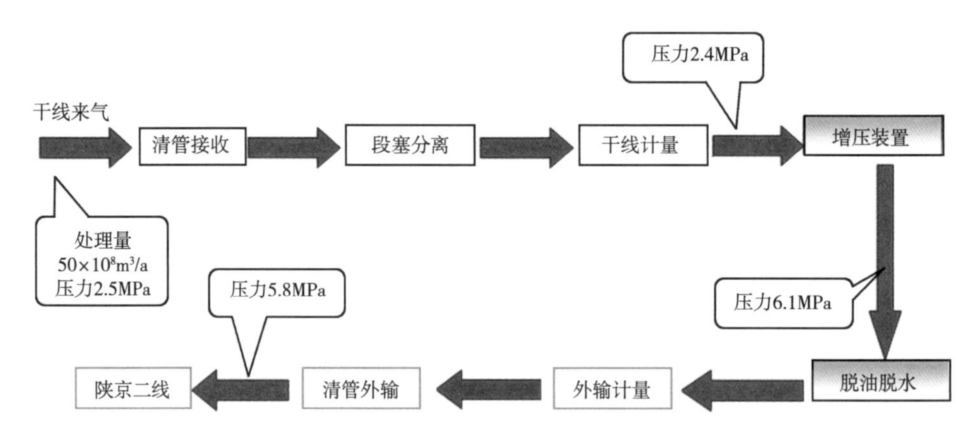

图 3-42　天然气处理厂前增压后脱油脱水工艺流程示意图

天然气部分：原料气先进入预冷换热器，利用外输的冷干气对原料气进行预冷，夏季温度降低至 3.8℃（冬季温度降低至-7.8℃）；再进入丙烷蒸发器，与液体丙烷进行换热降温，夏季温度降低至-5.12℃（冬季温度降低至-15.16℃）；进入低温分离器进行脱油脱水，再进入预冷换热器，与原料天然气逆流换热，然后去计量装置区外输（第二处理厂脱油脱水后天然气部分去增压）。天然气脱水脱油工艺流程如图 3-43 所示。

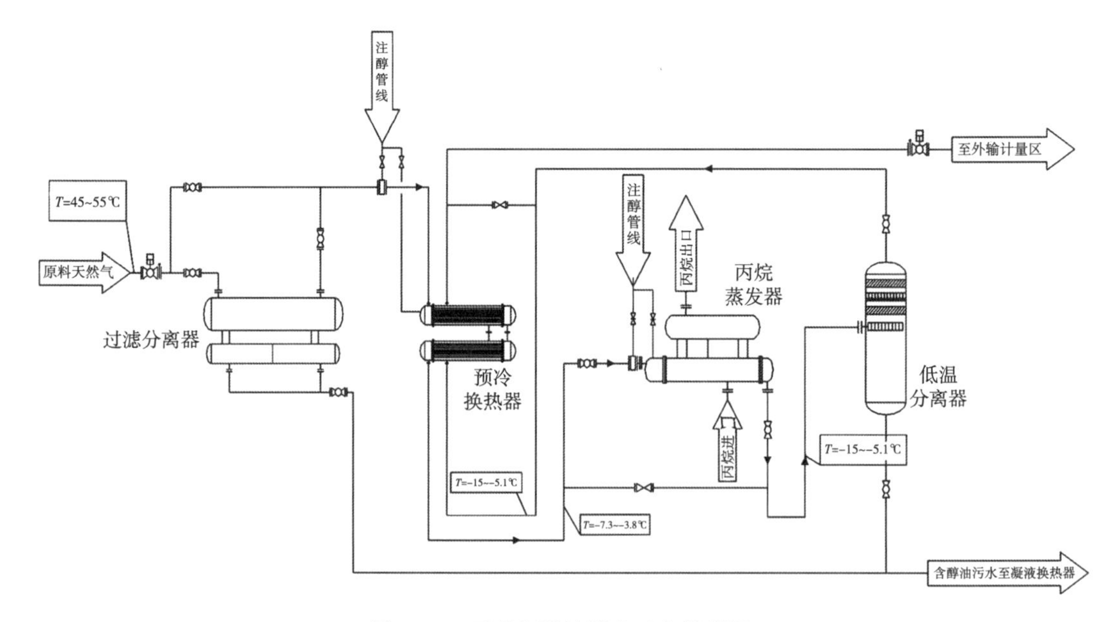

图 3-43　天然气脱油脱水工艺流程图

凝液处理部分：拉运来的凝析油首先通过卸车鹤臂和卸车泵进入 2 具 300m³ 原料储罐储存，经原料泵抽出增压至 0.6MPa 后与脱油脱水装置来的凝析油（0.6MPa，20℃）一起进入原料缓冲罐，分离出携带的气体，底部分水包存积的部分水通过现场液位计观察，手工排入污水系统，罐顶分离出的少量气体通过压力控制阀直接进入全厂燃料气系统。液态未稳定凝析油通过液位控制阀调节后先进入稳定塔顶部内冷凝器，然后经凝析油换热器与塔底产品换热至65℃后进入稳定塔，通过稳定塔的提馏，塔底加热至120℃，塔压力控制在0.4~0.45MPa，塔顶气体通过压控阀调压后进入全厂燃料气系统；塔底稳定后的凝析油经凝析油换热器、凝析油后冷器冷却至35~40℃后进入罐区产品罐储存。然后通过凝析油装车泵、装车鹤臂装车外运。

丙烷制冷流程：液体丙烷在丙烷蒸发器中吸收了热量后变为丙烷蒸汽，同时使原料天然气温度降至-15.16℃。丙烷气体经油分离器分离出夹带的液体后进入丙烷压缩机，经压缩后的丙烷气体压力从0.178MPa升至1.56MPa，温度从-20℃升至73.3℃。压缩后丙烷气体经湿空冷器后冷凝为液体。丙烷液体进入丙烷储液罐，再经节流阀降压至0.41MPa后进入经济器分离为气液两相，气体返回压缩机的补充气入口，液体则进一步节流降压至0.18MPa后进入蒸发器，在蒸发器中吸收被冷介质的热量，蒸发为丙烷蒸汽，从而完成整个制冷过程的循环。

（2）装置区平面布置。

本着紧凑、美观、安全及有利于操作、检修的原则，采用流程和同类设备相对集中的方式进行装置的平面布置，主要工艺设备布置按照天然气管线的流程依次布局，装置西侧预留检修场地，以方便检修。丙烷蒸发器橇块与脱油脱水装置布置在一起，设置在低温分离器旁边。丙烷蒸发式冷凝器布置在平台上，丙烷压缩机橇布置在平台下，储液器橇毗邻丙烷压缩机橇布置在其西侧。过滤分离器毗邻预冷换热器布置在南侧。

单套装置占地面积为22m×70m，装置之间留21m宽隔离区和10m的检修区。

（3）冷凝温度的确定。

冷凝温度取决于外输产品气的露点要求及低温分离器的效率。

以第三处理厂为例，苏里格气田天然气进厂压力为2.5MPa，增压至6.1MPa脱油脱水后，外输压力为5.8MPa，通过外输管道输往陕京管道。因此需要满足以下两个条件：

①满足陕京管线榆林增压站交接点3.9MPa下冬天水露点达到-5℃（夏天为5℃），冬天烃露点为0℃（夏天为10℃）；

②满足苏里格气田至榆林末站的输气管道的水露点、烃露点的要求，即外输压力5.8MPa下水露点冬天为-5℃（夏天为5℃），烃露点冬天为-5℃（夏天为5℃）。

对于同一组成天然气，压力越高，水露点越高，压力越低，水露点越低。因此只要第三处理厂外输天然气水露点满足要求，到榆林交气点由于压力降低，水露点必定满足交气要求。烃露点由于存在反凝析现象，与水露点相反，压力降低，露点反而会升高，所以需对5.8MPa下烃露点在3.9MPa下进行校核。

根据相平衡原理，为了满足榆林交气点3.9MPa下0℃的烃露点要求，反算脱油脱水后5.8MPa下的烃露点。在5.8MPa下，冷凝温度为-6.1℃，分离器效率如为100%，则烃露点为-6.1℃；但由于低温分离器效率的影响，在平衡状态下，冷凝液不可能全部分离，根据运行经验，露点将上升6~10℃，故苏里格天然气处理厂冷凝分离温度确定为-15.1℃。向陕京线供气系统冬（夏）季水烃露点如图3-44所示。

5）增压工艺

（1）压缩机选型。

目前国内外在气田上用于天然气增压的压缩机主要是往复式压缩机和离心式压缩机两大类。

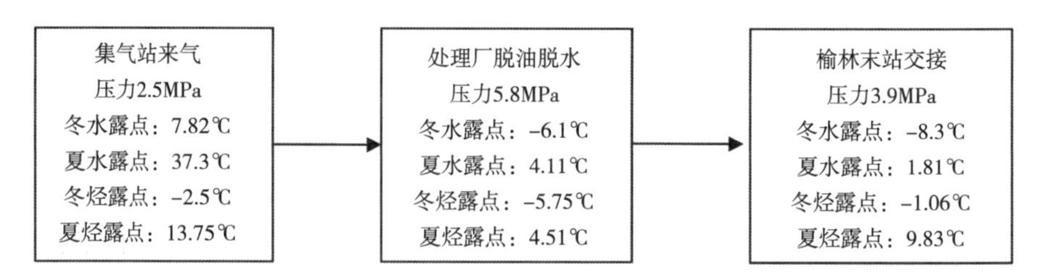

图3-44　第三处理厂向陕京线供气系统冬（夏）季水、烃露点示意图

往复式压缩机是通过曲柄—连杆机构将曲轴的旋转运动转化为活塞的往复运动，依靠缸内活塞的往复运动来改变工作腔容积，借以达到压缩气体提高气体压力的目的。其效率高，流量和压力可在较大范围内变化，并联时工作稳定，适用于气田中、后期增压。

离心压缩机是利用叶轮旋转对气体做功，将气体速度能转化为压力能，借以实现气体压力的提高。适用于单机排量大，单级压比小的工况，在大型输气管道上应用较多。

国外生产离心式压缩机的厂商主要有索拉、GE、德莱赛兰等公司。国内拥有生产离心式压缩机组技术，但主要生产空气压缩机。目前国内用于天然气增压的离心式压缩机主要依赖进口。

往复式压缩机与离心式压缩机对比详见表3-20。

表3-20　往复式离心机与离心式压缩机对比表

类别	往复式压缩机	离心式压缩机
分期实施适应性	适应性强，气量调节范围大（60%~100%），分期建设适应性好	适应性较差，气量调节范围小（80%~120%），不适应分期建设
适用范围	小流量，变化工况、压比较大，单台功率较小，最大在6000kW以下	大流量、工况变化较小，压比较小，一般不超过3，单台功率最大可达30000kW
压缩机结构	较复杂	较简单
可操作性	操作简易，可多台并机运行	多台并机操作，可能出现喘震问题，配套系统可靠性较低
维护与管理	维修工作量较大，但对维修人员的技术要求较低	维修工作量较小，但对维修人员的技术要求较高
占地面积	所需台数多，占地较大	所需台数少、占地较小
压缩机效率	压缩机效率高（90%）	压缩机效率较低（80%）

气田生产具有工况不稳定、大压比、流量较小、单机功率较小等特点，因此，气田用压缩机常采用往复式压缩机组。

长距离输送管道具有工况稳定、小压比、大流量、单机功率较大等特点，因此，长输管道用压缩机常采用离心式压缩机组。

从压缩机的功率来看，往复式压缩机组单机功率较小，一般在4000kW以下。长输管道用离心式压缩机组功率较大，西气东输[16]管道燃驱压气站燃机功率达到25~30MW，已达到国外先进水平；电驱压气站采用变频调速电动机驱动压缩机组，额定功率为17~21MW。从使用压缩机的功率看，中国目前使用的最大功率约为30MW，与国外的

38MW 相比相差不大。但是，国内在大功率往复式和离心式压缩机组以及变频电动机的研制方面与国外先进技术相比，相差甚远，主要依赖进口。

（2）处理厂压缩机配置情况。

根据往复式压缩机的特点，由于其易损件较多，运行维护量大，维护检修频繁，因此推荐选用往复式压缩机组时，设置 1 台备用机组，即按“X+1”方案配置。各处理厂压缩机配置见表 3-21 至表 3-23。

表 3-21 第一处理厂压缩机组工艺参数表

序号	名 称	燃气驱动
1	机组数量，台	6+1
2	压缩机效率,%	98
3	轴功率，kW	1767
4	压缩机型号	ARIEL/JGZ4
5	驱动机型号	卡特 G3608TALE
6	单台压缩机排量，$10^4m^3/d$	151.5
7	驱动机单台功率，kW	1767
8	机组转速，r/min	1000

表 3-22 第二处理厂压缩机组工艺参数表

序号	名 称	燃气驱动
1	机组数量，台	5+1
2	压缩机效率，%	90
3	轴功率，kW	3233
4	压缩机型号	ARIEL/JGC
5	驱动机型号	卡特 G3616LEL
6	单台压缩机排量，$10^4m^3/d$	260.6
7	驱动机单台功率，kW	3529
8	机组转速，r/min	1000

表 3-23 第三至第六处理厂压缩机组工艺参数表

序号	名 称	燃气驱动
1	机组数量，台	6+1
2	压缩机效率,%	90
3	轴功率，kW	3264
4	压缩机型号	ARIEL/JGC
5	驱动机型号	卡特 G3616LEL
6	单台压缩机排量，$10^4m^3/d$	252.5
7	驱动机单台功率，kW	3531
8	机组转速，r/min	1000

6）凝析油稳定工艺

凝析油稳定装置处理来自处理厂分离出的凝析油以及气田拉运来的凝析油。该混合凝析油在37.8℃下饱和蒸气压理论计算为496.5kPa，不符合产品外销要求，在储运过程中容易产生挥发、污染环境及安全事故等危险，因此必须经过稳定处理分离出残留的水分和低分子量烃类（C_1—C_4），主要产品为干气和稳定凝析油。干气作为燃料进入全厂燃料气系统。

（1）稳定凝析油产品要求。

稳定凝析油产品技术要求见表3-24。

表3-24　稳定凝析油产品技术要求

参数	原油类别			试验方法
	石蜡基 石蜡—混合基	混合基 混合—石蜡基 混合—环烷基	环烷基 环烷—混合基	
水含量,%（质量分数）	≤0.5	≤1.0	≤2.0	GB 260
盐质量浓度，mg/L	实测			GB 6532
饱和蒸气压，kPa	在储存温度下低于当地大气压70%			

（2）工艺路线的选择。

为了满足凝析油储存和外运要求，采用分馏稳定工艺，对凝析油进行稳定处理。

常压闪蒸由于压力较低，产生的闪蒸气不能进入燃料气系统，只能放空至火炬，造成浪费，对安全生产造成影响；稳定后的凝析油进罐需要泵输送，同时稳定后的凝析油收率很低，因此采用500kPa（A）压力下蒸馏以实现产品的最高收率。

（3）工艺流程简述。

拉运来的凝析油首先通过卸车鹤臂和卸车泵进入原料储罐储存，经原料泵抽出增压至0.6MPa后与脱油脱水装置来的凝析油（0.6MPa，20℃）一起进入原料缓冲罐，分离出携带的气体，底部储液包存积的含醇污水通过油水液位计自动排入污水处理系统，罐顶分离出的少量气体通过压力控制阀直接进入全厂燃料气系统。液态未稳定凝析油通过液位控制阀调节后先进入稳定塔顶部内冷凝器，然后经凝析油换热器与塔底产品换热至65℃后进入稳定塔，通过稳定塔的提馏，塔底加热至120℃，塔压力控制在0.4~0.45MPa，塔顶气体通过压控阀调压后进入全厂燃料气系统；塔底稳定后的凝析油经凝析油换热器、凝析油后冷器冷却至35~40℃后进入罐区产品罐储存。然后通过凝析油装车泵、装车鹤臂装车外运。工艺流程如图3-45所示。

（4）平面布置。

装置的平面布置本着紧凑、美观、安全及有利于操作、检修的原则，采用流程式进行布置。呈南北方向长条形布置。装置有一管带与装置区的工厂系统管带相连。装置占地11.5m×16m，西侧是消防路以便检修及安全。

7）甲醇回收工艺

（1）方法及特点。

采用精馏方法，对含甲醇30%~52%的甲醇的采出水（甲醇富液）进行提浓，回收甲醇产品。

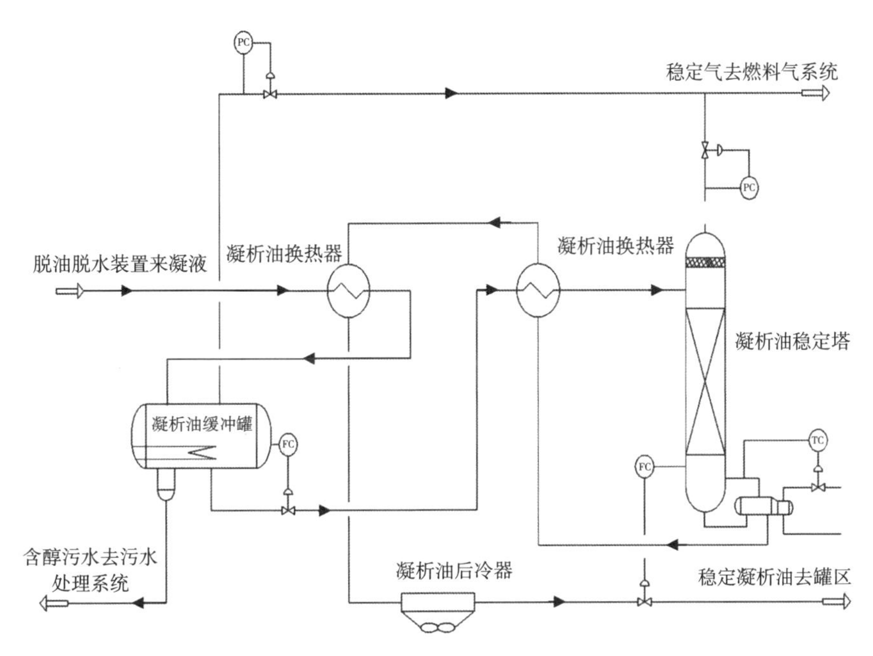

图 3-45 凝析油稳定工艺流程图

甲醇回收精馏塔提馏段采用新型高效的斜孔塔盘，精馏段采用高效规整填料，操作弹性大，精馏效率高，对含甲醇进料采出水组成的变化具有较好的适应性，可满足气田采出水回注的甲醇含量的要求，并确保甲醇产品的质量。

（2）工艺流程。

原料储罐中的含甲醇采出水经原料泵抽出后进入双滤料过滤器，过滤出水中部分杂质，然后与加药装置的药剂一起进入管道混合器，充分混合后先进入原料换热器与塔底出水预换热至约 60℃，然后再通过原料加热器用导热油加热至 90~95℃后通过精细过滤器进一步过滤出杂质，然后进入精馏塔。

塔底水（约 110℃）经塔底出水泵抽出后一部分进入釜式重沸器，被加热汽化后返回精馏塔底；另一部分经换热器冷却后出装置去回注系统。塔顶甲醇气体经蒸发式冷凝器冷却至 40℃左右进入回流罐，由回流泵抽出后一部分返回塔顶作为回流，控制塔顶温度在 67℃左右；另一部分出装置，去甲醇储罐。

甲醇精馏塔精馏段采用规整填料，以减小塔高及塔径，提馏段采用操作弹性大、效率高且不容易堵塞的斜孔塔盘；塔顶冷凝器的热负荷较大，考虑采用空冷器，以减少循环水用量，节约水资源；再生塔顶回流泵采用高质量且密封性能可靠的屏蔽泵，有效防止有毒甲醇产品外泄。工艺流程如图 3-46 所示。

（3）平面布置。

本装置的平、竖面布置，本着紧凑、美观、安全及有利于操作、检修的原则，采用流程式进行布置。

装置内过滤、换热、精馏、冷却按照流程式布置，管带布置在中间，泵棚与精馏区对应布置以减少管线往返数量，降低投资，方便操作。蒸发式冷凝器与回流罐布置在二层平台上，有利于回流泵操作。

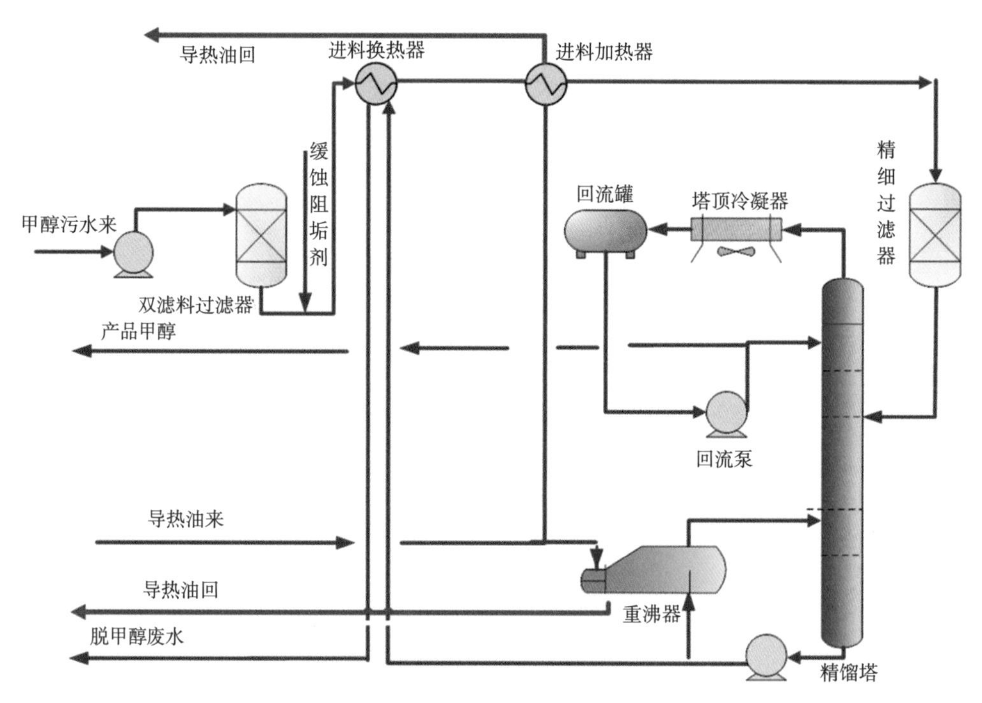

图 3-46　甲醇回收工艺原理流程图

7. 神木气田天然气处理厂和佳县天然气处理站

因神木气田天然气处理厂和佳县天然气处理站采用的处理工艺与苏里格气田基本一致，因此在此简要说明如下。

（1）神木天然气处理厂。

神木气田天然气组成见表 3-25，天然气中不含 H_2S，微含 CO_2 及 C_5 以上重组分。

表 3-25　神木气田天然气的组成表　　　单位:%（体积分数）

组分	C_1	C_2	C_3	iC_4	nC_4	iC_5	nC_5	C_6	C_7	C_8	C_9	CO_2
1 号样	91.5337	4.8051	0.9257	0.1555	0.1661	0.0561	0.0311	0.0457	0.0232	0.0129	0.0003	2.016
2 号样	90.5481	4.9916	1.0459	0.165	0.1855	0.064	0.0361	0.0567	0.0317	0.0176	0.0013	2.17
平均	91.0409	4.89835	0.9858	0.16025	0.1758	0.06005	0.0336	0.0512	0.02745	0.01525	0.0008	2.093

神木气田天然气处理厂位于榆林市榆阳孟家湾乡境内，又称为榆阳处理厂，主要负责处理神木气田天然气，采用前增压、后丙烷制冷低温分离脱油脱水工艺，产品气外输陕京线。

厂内设置 $600\times10^4m^3/d$ 处理规模脱油脱水装置 1 套；设置天然气增压机组 3 台（型号为 Ariel 往复式压缩机，配套卡特彼勒 G3616LE 型燃气发动机），单台额定功率 3531kW，2 用 1 备，同时建设凝析油稳定、储运设施、采出水处理等辅助生产装置及 35kV 变电所、供水站、空氮站、供热站等公用工程。

采用先增压后脱油脱水总体工艺流程。原料气经过滤分离器后，采用往复式压缩机由 2.4MPa 增压到 6.1MPa 后进入丙烷制冷装置，将天然气冷却至-15℃（-5℃），然后进入低温分离器脱油脱水达到商品气标准，经计量后外输。

（2）佳县天然气处理站。

神木气田佳县天然气处理站是长庆气田第一个按照全橇装化设计的天然气处理站，站场设计规模 $150\times10^4m^3/d$，位于陕西省榆林市佳县境内，主体工艺采用先脱油脱水后增压工艺，天然气经脱油脱水后增压至 4.6MPa 外输至米脂气田外输管线。

站场按照模块化集成思路建设，通过现场调研、工艺计算、流程及设备优化、模块化集成，将常规处理厂 17 类装置区合并优化为 9 类模块化装置，见表 3-26。该站 2018 年 6 月正式投产。

表 3-26 佳县天然气处理站模块组成

序号	模块名称
1	天然气集气处理一体化集成装置
2	采出水处理一体化集成装置
3	分质供水一体化集成装置
4	消防一体化集成装置
5	采出水回注一体化集成装置
6	供热一体化集成装置
7	空气压缩净化制氮一体化集成装置
8	35kV 集装箱式变电站一体化集成装置
9	天然气处理站 0.4kV 配电一体化集成装置

8. 苏里格气田技术展望

目前，苏里格气田作为国内规模最大的整装开发气田，总规模已经达到 $230\times10^8m^3/a$，地面工艺也形成了以井下节流为主的中低压集气工艺模式。随着气田的稳产，苏里格气田开发层位包括上古生界气藏、下古生界气藏和上下古生界合采气藏，因此下一步应重点研究上古生界气藏 C_{2+} 回收工艺以进一步提高气田开发效益；研究下古生界气藏小规模分散脱硫工艺，如三嗪溶液脱硫工艺；研究上古生界气藏、下古生界气藏合采工艺和井口增压增产技术等，以确保苏里格气田的持续、高效稳产。

六、苏里格南国际合作区

1. 气田开发特点

苏里格气田南区块位于苏里格气田南部，地处内蒙古自治区乌审旗、鄂托克前旗和陕西省定边县境内，位于鄂尔多斯盆地的中心地带，是中国石油与法国道达尔公司共同开发的国际合作区。区块单井控制储量小、稳产期短、非均质性强、连通性差、地质情况复杂，是典型的低渗透致密岩性气田。

苏里格气田南区块[17]具有以下与其他区块相同的地质特征和开发建设难点。

（1）单井产量低、递减速度快，稳产能力差，气田单位产能建井数多，地面投资控制难度大。

（2）气田初期生产压力高达 22MPa，但压力下降快。

（3）气井携液能力差，井口温度低，易生成水合物。

（4）井流物中含少量重烃，不含 H_2S，微含 CO_2；需采用同时脱油脱水工艺。

同时苏里格气田南区块作为国际合作区，其开发方式充分借鉴了道达尔公司在开发类似气田的经验，与气田其他区块相比主要有以下特点。

（1）单井稳压生产能力较强，可以较长时间利用地层压力，采用定压放产的方式生产，而不是其他区块的定产量稳产。苏里格气田南区块单井井口压力5MPa以上可以生产4年，其后在2.5MPa下生产。

（2）单井初期配产高。最高配产$10\times10^4m^3/d$，平均配产$3\times10^4m^3/d$，为苏里格气田其他区块的2~3倍。

（3）单井产量下降快，生产1年后，产量下降1倍。

（4）全部采用9井式井丛开发，后期约一半的井丛需要加密到18井，地面井场数量较其他区域大幅度减少。

（5）采用井间与区块相结合的接替方式开发，地面集输系统大，投资高。

如何根据苏里格气田南区块的地质特征、特殊的开发方式，充分借鉴苏里格气田和道达尔公司相类似气田的开发经验，创建一套具有特色的地面集输工艺，降低工程投资，提高项目经济效益，是开发建设这一国内首个中国石油作为作业者的国际合作项目的首要任务。

2. 开发历程

2006年，中国石油天然气集团公司与道达尔勘探与生产（中国）有限责任公司签订了《中华人民共和国鄂尔多斯盆地苏里格南区块天然气开发和生产合同》，对位于内蒙古自治区的苏里格气田南区块的天然气进行开发和生产。

2011年11月，区块总体开发方案编制完成，按照方案苏里格气田南区块建产能$30\times10^8m^3/a$（2014年底达产），最大集气量为$958\times10^4m^3/d$；建集气站4座，集气站总规模为$1350\times10^4m^3/d$，集气干线输气能力为$1000\times10^4m^3/d$；当井口压力降至2.5MPa时，需在集气站设置压缩机组，气田最大增压气量为$466\times10^4m^3/d$，设计增压规模为$500\times10^4m^3/d$；原料气通过集气干线输往与苏里格气田其他区块共用的处理厂进行处理。

3. 集气工艺

根据区块的地质特征、全丛式井建设、井间+区块接替方式、放压生产等特征，形成了“井下节流，井丛集中注醇，管道不保温，中压集气，井口带液连续计量，车载橇装移动计量分离器测试，常温分离，两次增压，气液分输，集中处理”的全新集输工艺；形成了“中压集气、井口双截断保护、气井移动计量测试”等12项关键技术，有效地降低了地面工程投资，提高了项目的经济效益，对类似气田和合作区的开发建设具有重要的借鉴意义。苏里格南国际合作区总工艺流程如图3-47所示。

1）中压集气工艺

形成以“井下节流+井丛集中注醇”为核心的全新的中压集气工艺。气井存在5.0MPa和2.5MPa两种运行工况，前期5.0MPa运行，约4年后转为2.5MPa运行。BB9❶气井通过井下节流器把井口压力降到5.0MPa，通过采气支管输往BB9′❷/BB9″❸；BB9′/BB9″将周边2~3座BB9丛式井组汇集后通过采气干管输送至集气站，在集气站进行气液分离后

❶ BB9：指苏里格气田南区块开发所采用的9井式井丛。

❷ BB9′：由另外3座BB9井丛连接到1个BB9井丛，这个汇集井丛组的BB9称为BB9′。

❸ BB9″：由另外2座BB9井丛连接到1个BB9井丛，这个汇集井丛组的BB9称为BB9″。

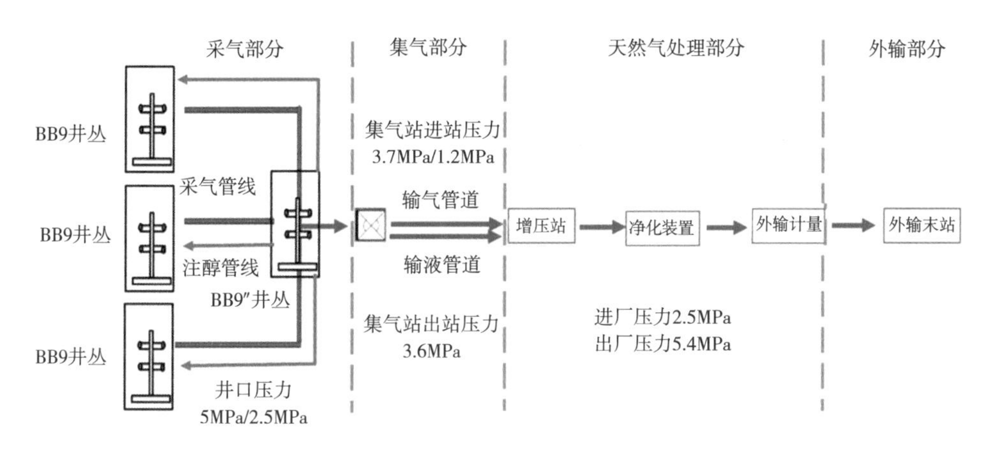

图 3-47 苏里格南国际合作区总工艺流程示意图

(前期不增压，当井口压力下降到 2.5MPa 生产时增压)，输往处理厂处理。沿着采气支管同沟敷设注醇管线，通过注醇泵从 BB9′/BB9″井丛向各 BB9 井组注醇，使天然气在输送过程中不形成水合物，确保气田平稳运行。

与苏里格气田推广的中低压集气方法相比，其特征是：（1）井场为丛式井组；(2) 在汇集的 BB9′/BB9″井丛设有注醇系统，向本井组和周边的 BB9 井丛注入甲醇防止水合物生成；(3) 每个 BB9 丛式井组单独敷设采气支管至 BB9′/BB9″井丛；(4) 集气站前期不设压缩机，直接利用地层压力将原料天然气输送至处理厂，到生产后期，气田仍然存在 5.0MPa 和 2.5MPa 两种井口压力生产，所以气田建产规模为 $30\times10^8m^3/a$，而实际最大增压规模为 $15\times10^8m^3/a$ 左右，占总建产规模的一半。

通过井下节流器，充分利用井底温度和地层能量；降低了井筒水合物堵塞概率，提高携液能力；降低管线运行压力，保护了储层。井口注醇，确保在天然气输送中不形成水合物，使气田在中压下稳定运行，避免集气站提前设置压缩机；注醇压力由高压降为中压，降低了甲醇注入压力，减小了甲醇泵的功率；降低了注醇管线的设计压力和壁厚；与高压集气相比，大幅度降低了甲醇的注入量；可以根据生产工况调整醇的注入量，夏季温度高时可以不注入甲醇，工况适应能力强，提高了气田平稳生产的能力；管线中压运行，相同管径输气能力增加 2~3 倍，输气能力强。

苏里格气田南区块采用的将井下节流和井丛集中注甲醇相结合的中压集气工艺方法，相对于高压集气工艺方法简单且成本低；相对于低压集气工艺集气站前期不设置压缩机，且区块增压规模远小于整体建设规模，减少了工程投资，降低了运行、管理成本。

2）集气站布局优化简化技术

针对苏里格气田南区块全丛式井，延长集气半径，形成“大井组、长半径”集气站布局优化简化技术。根据区块形状和井位部署，区块仅建集气站 4 座，与其他同规模区块建集气站 20 座以上相比，建站数量减少 80%。

3）大井组串接技术

形成“两定一集中”大井组串接技术，定井丛数量：2~3 座基本井丛接入区域井丛，区域井丛直接进站；定管线管径：采气干管 $\phi219mm$，采气支管 $\phi114mm$；集中注醇：区域井丛向所辖的基本井丛注醇。采用该技术具有简化采气管网、方便井丛接入、订货和施工方便、管理点少等诸多优势。苏里格气田南区块采气管线串接如图 3-48 所示。

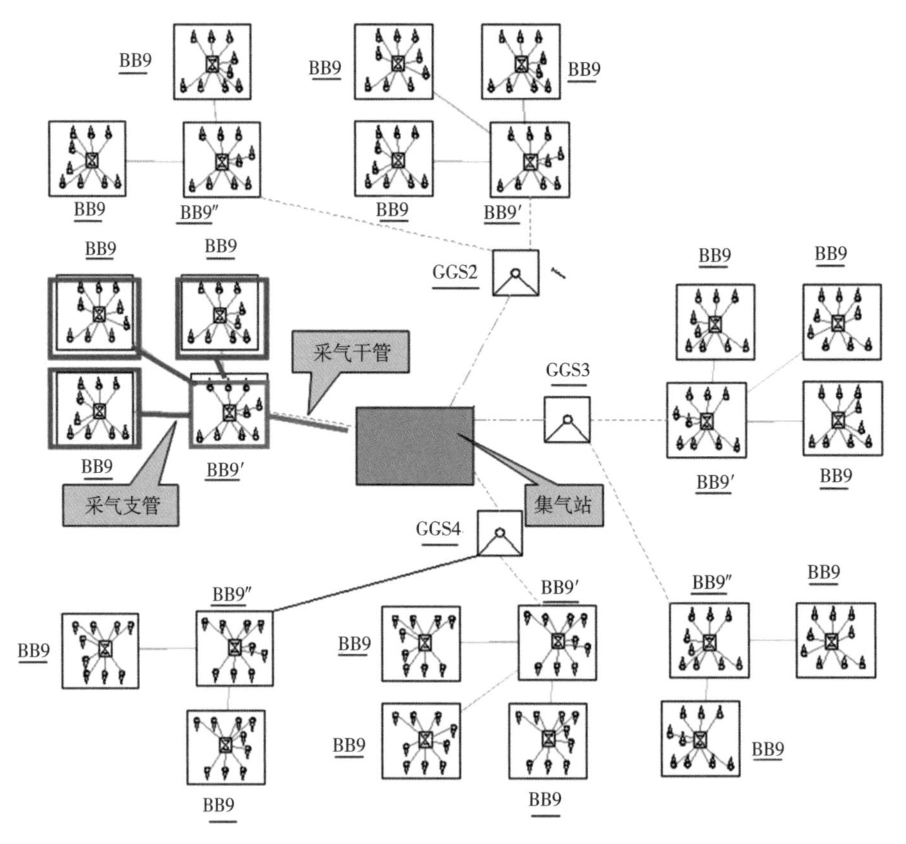

图 3-48　苏里格气田南区块采气管线串接示意图

4）井口双截断保护技术

形成井口高安全、无泄放的“双截断”保护技术。在各采气井口除设置苏里格气田已经广泛运用的高低压紧急截断阀之外，还在采气树上设置液压控制阀，两台截断阀均具有超压、失压自动截断的功能，也可以远程关闭，避免因井口超压而破坏下游管线和管线泄漏造成的事故。

5）丛式气井计量测试技术

在气田的开发过程中，需要对生产气井产气量、产水量、产油量进行准确、及时的计量，以掌握气藏状况，准确分析气井的动态，了解气层及井筒的特性，这对预测气井产能、指导气田开发、制定生产方案具有重要的意义。

采用丛式气井“不停产、密闭、移动”计量测试技术，在井丛出口管线上设置气井测试阀；配置一定数量的三相计量测试车，该测试车可将天然气进行油、气、水三相分离，并分别计量，得到气井准确的生产数据。测试时将需要测试的气井采气树顶部的测试阀与测试车进口相连，测试车出口与井丛出口的测试阀相连，实现了气井不关井测试，测试时不影响其他气井的正常生产，提高了气井的生产时率和生产效率；简化了气井测试的程序，降低了测试工作的工作强度。测试后的气、水、油再次接入原流程，避免了液体拉运和气体放空，既保护了环境，又节能降耗。

6）大规模集气站工艺

采用超大规模集气站工艺，完成苏里格气田最大规模集气站的设计。苏里格气田南区块集气站规模为（250~400）$\times10^4m^3/d$，苏南-C1、苏南-C2 站集气规模为 $400\times10^4m^3/d$，占地面积 23.52 亩，为苏里格气田最大规模集气站。

7）数字化集气站技术

采用了在苏里格气田已经推广运用的数字化集气站技术，采用“实时动态检测技术、多级远程关断技术、远程自动排液技术、紧急安全放空技术、关键设备自启停技术、全程网络监视技术、智能安防监控技术、报表自动生成技术”等 8 项关键技术，实现控制中心对数字化集气站的集中监视和控制。控制中心实现“集中监视、事故报警、人工确认、远程操作、应急处理”；集气站实现“站场定期巡检，运行远程监控、事故紧急关断、故障人工排除”，提高了气田管理水平，适应大气田建设、大气田管理的需要。

8）采出水输送技术

根据预测，达产时本区块每天采出水的水量 $400\sim500m^3$。由于产水量大，且集中分布在 4 座集气站内，采用“泵—处理厂”一次增压输水工艺技术。通过与集气支线、干线同沟敷设的采出水输送管道，将集气站分离出的采出水一次增压输送至处理厂，实现采出水的全密闭输送。

该技术与汽车拉运相比具有运行费用低，运行管理方便，输送不受外部条件影响，减少车辆运输的安全风险等优点；与气液混输相比，减少了管道的摩阻损失，减少了处理厂的压缩机装机功率，降低了能耗。

9）湿气贸易计量技术

南区块与气田其他区块共用处理厂，需要进行天然气的贸易交接计量，因厂内设置的脱油脱水、增压等工艺装置均共用，只能在处理前对原料气进行湿气计量。创新形成“湿气交接、干气分配”的特有贸易计量模式，打破国际通行的商品气贸易交接的惯例，填补国内空白，达到国际先进水平。天然气计量分配采用“计量原料气、分配商品气”原则进行，凝析油的计量、分配采用“计算理论量、分配商品量”原则进行，实现共用第五处理厂的目的，降低工程投资和运行费用。

天然气的计量、分配采用“计量原料气、分配商品气”原则进行，按照计量出的原料气（图 3-49 中的 A 和 B）的比例分配计量出的商品气（图 3-49 中的 C）。即在处理厂集气区分别就南区块和苏里格气田其他区块来气设置预分离器，经过相同的分离后采用高级孔板计量各自原料气气量，设置全组分分析仪，分析组分；混合后的原料气经脱油脱水、增压后外输，在外输出口进行商品气的计量和组分分析，根据集气区原料气的比例进行商品气的分配，并根据组分的不同进行比例的修正。湿气交接计量如图 3-50 所示。

10）智能安全保护技术

形成“三级控制、三处泄放、四级截断”智能安全保护技术，确保了气田的高安全性和高可靠性。

三级控制：SCADA 中心控制系统、站控系统、井丛 RTU 控制系统；三处泄放：BB9′/BB9″ 井丛远程放空+安全阀泄放、集气站进站远程放空、集气站分离器远程放空+安全阀泄放；四级截断：井口液压控制阀紧急截断、井口高低压紧急截断阀截断、进站气动阀紧急截断、出站气动阀紧急截断。

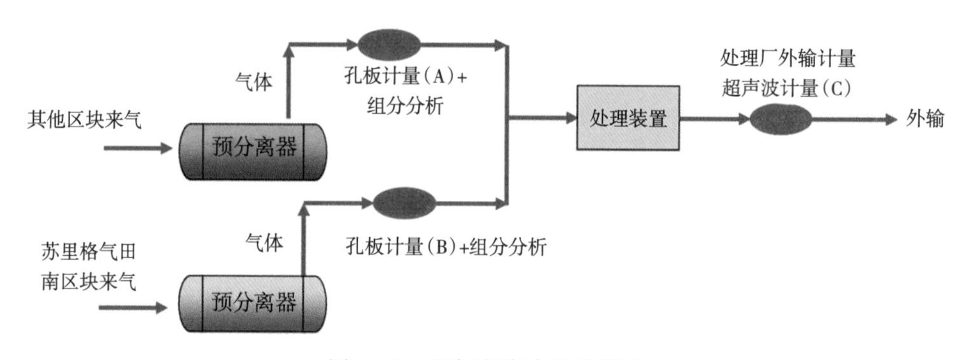

图 3-49　湿气交接计量示意图

11）EPON 无源光通信技术

采用井丛 EPON 无源光通信技术，井场数据通过光纤传至集气站，提高了井丛数据传输的可靠性，减少站场设备。

12）多方式供电技术

形成“专用电网+风光互补”相结合的供电技术，集气站和 BB9′/BB9″井丛（设有注醇泵）专网供电提高了运行的可靠性，BB9 井丛风光互补供电降低工程投资，节能减排。

4. 集输管网

本区块与苏里格气田其他区块共用处理厂，区块压力级制与其他区块基本一致，即井口截断阀及上游设计压力为 25MPa；井口截断阀下游、采气管线设计压力为 6. 3MPa；集气站设计压力为 4. 5MPa，集气干线、集气支线设计压力为 4. 5MPa，注醇管线设计压力为 8. 0MPa。区块压力系统如图 3-50 所示。

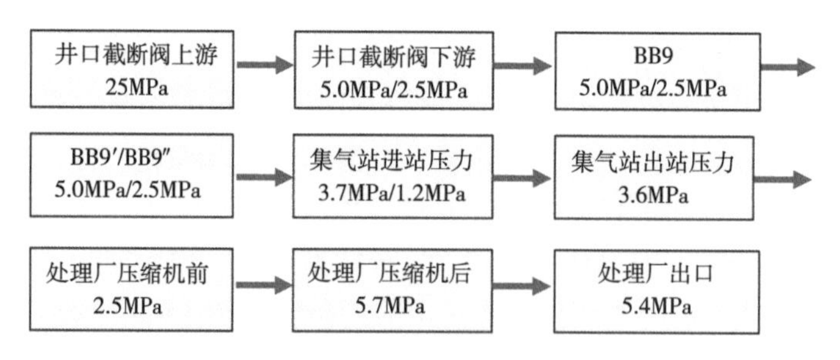

图 3-50　区块压力系统示意图

1）采气管网

采气管网按照“两定一集中”串接技术进行设计，由 4 个 BB9 组成一个 BB9′，3 个 BB9 组成一个 BB9″，BB9 的来气通过采气支管输至 BB9′/BB9″，各 BB9′/BB9″单独建采气干管接至临近的集气站，与采气支管同沟敷设注醇管线，由 BB9′/BB9″向 BB9 注醇。

（1）采气支管。

采气支管均起于 BB9 井丛，就近汇入邻近的 BB9′/BB9″井丛。

气田区域内地形起伏较小，地势较为平坦，从 BB9 进入 BB9′/BB9″的采气支管长度较短，因此均取直敷设，就近接入 BB9′/BB9″。

（2）采气干管。

采气干管均起于 BB9′/BB9″，汇入临近的集气站。

从 BB9′/BB9″进入集气站的采气干管，结合气田区域内地形起伏较小，地势较为平坦，均取直敷设就近接入集气站。集气站应尽量靠近区块中部，以节约干管投资。虽然对后期投产井的管道施工有一定限制和影响，但为了能重复利用道路以及减少占地，各 BB9′/BB9″到集气站管道尽量同侧平行敷设，这样投资较高的道路较短，管道建成后的管道巡线管理工作量较少。

2）集气管网

由于区块建集气站 4 座，按照集气站位置和建设顺序，集气管网采用辐射状结构，由苏南-C1 站建集气干线至处理厂，苏南-C2 站和苏南-C3 站建集气支线至苏南-C1 站，苏南-C4 站就近插入集气干线。集气管网管道距离短，投资低，输送余量大，便于各集气站产量的调整。

5. 集输站场

由于本区块地处沙漠腹地，环境条件恶劣，无生活依托设施，井丛均按远程控制，无人操作、值守，定期巡检维护进行设计。集气站按无人值守设计，压缩机组建成后根据生产需要可设值守人员，设计时考虑值守人员食宿需求。

1）井场

（1）流程。

①BB9 井丛。

井丛中单井天然气经井下节流后，从采气井口（带简易液压控制阀）采出，经井口节流阀到井场高低压紧急关断阀后，经孔板流量计单独连续计量后与其他 8 口气井来气汇合接入采气支管输往 BB9′井场，在汇合管路上设置甲醇注入口。井场节流阀和高低压紧急关断阀均可就地或远程关断。在外输管上安装测试闸阀，便于安装橇装移动计量分离器，对气井进行测试。

在各采气树上设有液压控制阀，在采气管线上设置有高低压紧急关断阀，阀门设置有高压、低压自动截断功能，当运行压力高于设定的高压值或低于设定的低压值时，截断阀自动关闭。阀门具有远程关断的功能，生产需要时，控制室人员可以远程开启或关闭该阀；可以确保井丛、采气管道安全、平稳运行。BB9 井丛流程如图 3-51 所示。

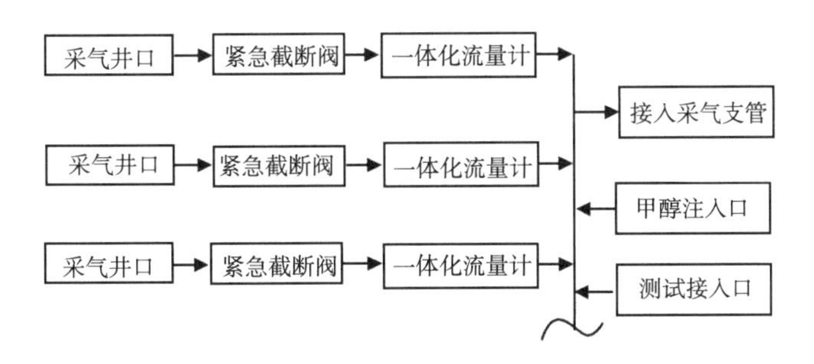

图 3-51　BB9 井丛流程示意图

②BB9′/ BB9″井丛。

BB9′/ BB9″井丛站内包括 9 口生产井，站内汇管除收集站内 9 口单井的来气，还汇集附近邻近 3 座或 2 座 BB9 井丛采气支管的来气。

本井丛中单井天然气经井下节流后，从采气井口（带简易液压控制阀）采出，经井口节流阀到井场高低压紧急关断阀后，经孔板流量计单独连续计量后与其他 8 口气井来气汇合接入采气支管输往 BB9′井场，在汇合管路上设置甲醇注入口。井场节流阀和高低压紧急关断阀均可就地或远程关断。在外输管上安装测试闸阀，便于安装橇装移动计量分离器，对气井进行测试。考虑到 BB9′/ BB9″井丛到集气站之间的采气干管定期清管的需要，以提高输送效率，在井丛设置了清管操作的清管阀。

在 BB9′/ BB9″井丛集中设置甲醇储罐、注入泵。用罐车将甲醇拉运至 BB9′/ BB9″ 的甲醇储罐内，通过与 BB9—BB9′之间采气支管同沟敷设甲醇管道，将在 BB9′/ BB9″用注入泵加压后的甲醇输至 BB9 井丛。

甲醇罐上安装呼吸阀，呼吸阀定压为 0. 18MPa，以降低甲醇消耗。设置甲醇罐液位计，液位数据上传至集气站，低液位报警；甲醇流量计数据上传至集气站，实时监控甲醇注入量。

BB9′/ BB9″不仅设有液压控制阀和高低压紧急关断阀，还在 BB9 井丛来气处和 BB9′/ BB9″ 井丛出口设有电动球阀，作为进出站紧急截断用，在紧急工况下可远程开启或关闭球阀，以提高系统的安全性。BB9′/BB9″井丛流程如图 3-52 所示。

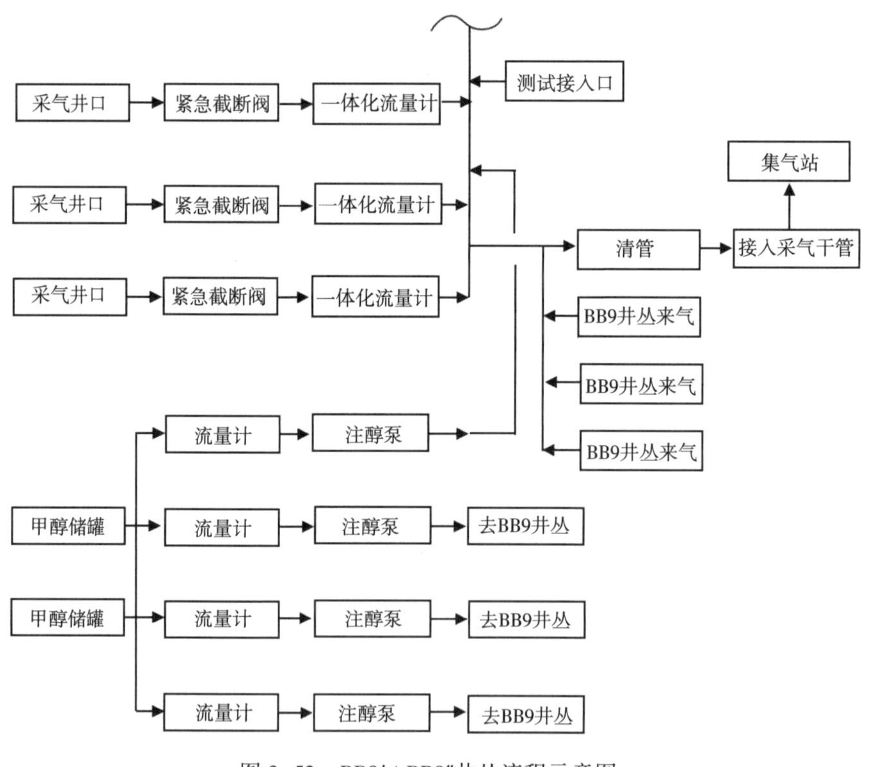

图 3-52　BB9′/ BB9″井丛流程示意图

（2）平面布置。

①BB9 井丛。

井场均在钻井工程完成后的场地中进行建设，要严格按照 GB 50183《石油天然气工程设计防火规范》的有关规定。平面布置如图 3-53 所示。

图 3-53 BB9 井丛平面布置图

②BB9′/ BB9″井丛。

井场均在钻井工程完成后的场地中进行建设。要严格按照 GB 50183《石油天然气工程设计防火规范》的有关规定。平面布置如图 3-54 所示。

图 3-54 BB9′/ BB9″井丛平面布置图

2）集气站

（1）流程。

①天然气流程。

集气站通过辐射状的采气干管汇集邻近的 BB9′/BB9″井丛来气。由于各井丛的开发顺序存在差异，可能存在中压和低压两种操作压力的井丛同时进入集气站，故在集气站分别设置了中、低压系统，各 BB9′/BB9″的来气可根据操作压力倒换阀门进入中压或低压汇管。具体天然气流程：经分离器区、压缩机区（需要增压时）、计量及自用气区、清管区等，最后出站流向处理厂或下游集气站。

②放空流程。

站内各装置区放空包括进站区放空、分离器放空、压缩机放空、计量自用气放空、外输清管放空、闪蒸罐放空等，放空进入放空总管然后接入分液罐，由分液罐出口流向放空火炬。具体放空流程：采气干管进站区安全放空（分离器安全放空、计量区、自用气、清管器发送区、压缩机安全放空）→放空总管→分液罐→放空火炬。

③排污流程。

站内各装置区排污包括分离器排污、压缩机排污，排污进入排污总管后接入闪蒸罐入口，分液罐排污接入闪蒸罐出口，在闪蒸罐出口设螺杆泵将污水通过与集气支线同沟敷设污水管线输往处理厂统一处理。排污流程：工艺设备（分离器、压缩机）→排污总管→闪蒸罐→螺杆泵→外输。

（2）平面布置。

各装置及建、构筑物之间防火间距均按四级站场进行布局。根据石油天然气工程设计防火规范要求，本站场设置固定消防给水系统。

根据生产性质和功能将集气站内分成两个区，即生产区和辅助生产区。两个区相对独立，在满足生产要求的前提下尽量减少对驻站人员的生活影响。

生产区主要包括进站区、阀组区、分离区、闪蒸罐区、分液罐区、清管区、增压区、计量及自用气。辅助生产区主要包括：值班室、休息室、工具间、厨房及盥洗间、工具间、配电间、消防水泵房等。其中值班、休息室布置在集气站进站端，消防水泵房位于最远端，减少水泵的噪声影响。

考虑到生产区内压缩机组噪声较大，压缩机位于集气站内相对于辅助生产区的最远端，并设置压缩机厂房。

放空区位于全站最小频率风向的上风侧，距集气站的围墙外不小于90m，用铁栅栏围成一个独立区域，大小为10m×10m。

集气站平面布置如图3-55所示。

图3-55　集气站平面布置图

(3) 主要设备。

①分离器。

原料气分离采用卧式高效气液分离器，该分离器综合重力分离、旋流分离、过滤分离三种分离功能，由分离筒体、积液包、旋流分离元件、气体整流元件、过滤分离元件、连通管、气体进口和气体出口等组成。该分离器将分离筒体和积液包分开设置，可以避免分离出的液体被二次带入气体，存液量大，分离效率高；过滤分离元件采用法兰结构，拆卸简单，滤芯更换方便，可根据分离精度要求，装填不同滤芯。该分离器结构简单，操作方便，分离效率高；对气体流量变化有较大适应性，特别是当气井产量降低后分离效果更好。

分离器设计压力为4.5MPa，规格为ϕ2000mm，中压时处理气量为$220\times10^4m^3/d$，低压时处理气量为$82\times10^4m^3/d$。各集气站均设数台分离器，其日处理能力应适合气田每天的最大产量及中低压流程的切换。

②天然气压缩机。

单井通过井下节流，气井井口压力将降到2.5MPa左右，进站压力1.1MPa。因此，生产过程中需增压外输。

根据现场运行及综合对比，推荐选用往复式燃气驱动的天然气压缩机组。一般集气站应根据集气站增压规模的不同，配置2~3台压缩机组，单台增压能力为$50\times10^4m^3/d$。

③放空分液罐。

放空天然气在进入站外放空立管前，经放空分液罐进行处理，避免带液天然气直接排放。放空分液罐为卧式重力式气液两相分离器。

按照放空计算，选取规格为DN2000mm，设计压力为2.5MPa。

④闪蒸罐。

闪蒸罐具有储存和闪蒸污水的双重作用，将闪蒸罐设计为压力容器，设计压力为2.5MPa，闪蒸罐气相出口接入放空总管，进入放空火炬，液相进入螺杆泵管输至处理厂。考虑污水闪蒸、缓冲以及储液功能（按照作业基地到各集气站距离，考虑不小于2h的储液空间），选取规格为DN2000mm，有效储液容积为$18m^3$。

⑤放空火炬。

火炬内有旋风分离体，在气体点燃前进行旋风分离，将凝析油、水、固体颗粒等杂质分离出来，以便放空气能顺利点燃并完全燃烧，减少环境污染，确保厂站及操作人员的安全。火炬底部设置排污阀，在每次放空前及放空后应及时排污，并对阻火丝网进行观察，如冻堵应立即解冻，以保证其阻火功能。

第四节 采出水处理工艺

一、超低渗透气田采出水特点

在气田开采过程中，部分地层水伴随天然气被采出到地面，经气液分离器分离出来，称为气田采出水。气田采出水盐含量比较高，矿化度一般在10000mg/L以上，水中含有油、砷、铬、硫化物及多种微生物，同时，还含有在生产过程中加入的缓蚀剂、甲醇、起泡剂和消泡剂等药剂，使气田采出水组分更加复杂，难于处理，不但对环境污染较大，更难以直接利用。

采出水处理因气田区域分散，站场采出水水量一般介于10~100m^3/d，其处理规模相应较小，一般集中建设采出水处理站，采出水处理站规模在200~1000m^3/d。如何更经济、高效地处理气田采出水、利用资源、减少排放、保护环境是气田开发面临的重大技术问题。

长庆气田地层水水型主要以$CaCl_2$为主，兼有$NaHCO_3$、Na_2SO_4等水型，成分复杂，具有高浊度、高矿化度、高腐蚀性、低pH值等显著特点，pH值基本处于5.5~6.5。其水质特性见表3-27。

表3-27　长庆气田水质特性

指标	靖边气田	榆林气田	苏里格气田
pH值	5.0~6.0	6.0~6.5	6.0~7.5
HCO_3^-，mg/L	426	421	294
Cl^-，mg/L	41000	43000	24000
SO_4^{2-}，mg/L	490	38.3	1850
K^++Na^+，mg/L	8500	1063	4340
Ca^{2+}，mg/L	15010	1534	5720
Mg^{2+}，mg/L	1752	129	249
总硬度（以CaO计），mg/L	54	187	7570
总铁，mg/L	115	38.9	17.5
矿化度，mg/L	75000	7086	38976
含油量，mg/L	270	350	365
悬浮物含量，mg/L	1000	200	482

二、工艺流程

采出水回注执行SY/T 6596—2016《气田水注入技术要求》中水质相关指标。

经过不断的改进和完善，形成了适合长庆鄂尔多斯盆地气田采出水处理的工艺，使气田采出水的资源效益、环境效益、气田开发效益得到有效提升。截至2015年底，长庆鄂尔多斯盆地气田建采出水处理系统36套，年采出水量450×10^4m^3，采出水回注率100%，实现了零排放。

1. 不含醇采出水处理工艺

20世纪90年代末期长庆气田开始开发，随着气田采出水日益增多，形成以“二级沉降”+“二级过滤”为主的采出水处理工艺（图3-56）。该技术先后在长庆靖边气田第一净化厂、第二净化厂和长庆榆林气田的榆林处理厂等采出水处理工程中应用。

随着气田大开发，采出水处理站数量增多，已建的采出水处理站流程较长，运行费用高，难以满足气田低成本开发的需要。为解决此问题，2011年在“二级沉降”+“二级过

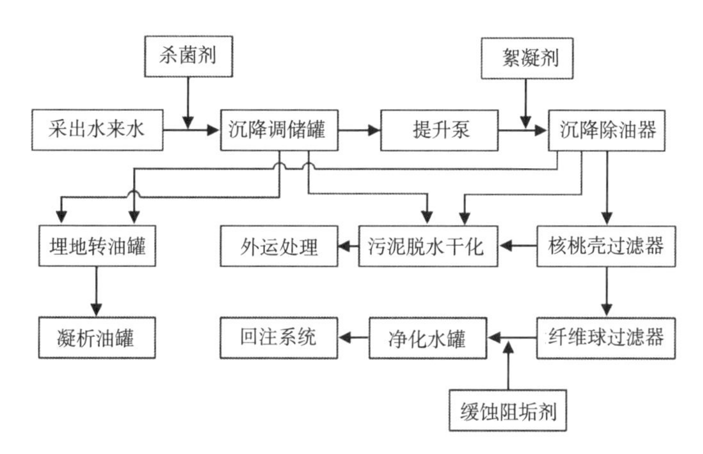

图 3-56 “二级沉降”+“二级过滤”处理工艺流程框图

滤”工艺基础上，优化简化流程。按照“前端扩大，中间缩短，后端减小”的思路，通过扩大前端沉降罐容积、增加沉降时间、提高除油效果，形成了“一级沉降”+“一级过滤”处理工艺（图 3-57）。在长庆苏里格气田第四处理厂、第五处理厂等站点应用。

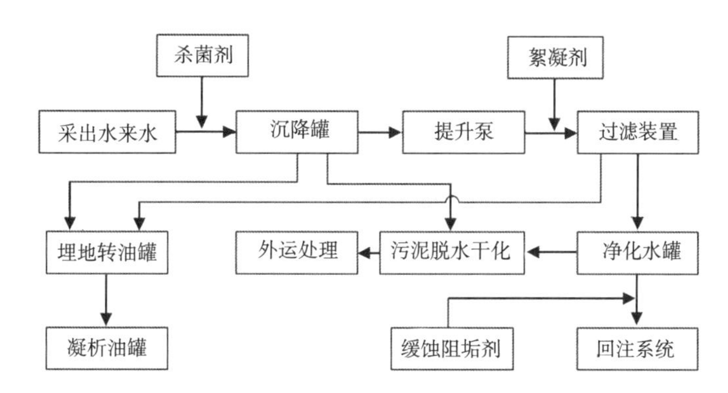

图 3-57 “一级沉降”+“一级过滤”处理工艺流程框图

2. 含醇采出水处理工艺

长庆靖边气田、长庆榆林气田等采用注入甲醇的方式防止水合物生成，注入的甲醇与管线中游离水互溶，在集气站、天然气处理厂（净化厂）与天然气分离后便产生了气田含甲醇污水。为降低采气成本，需回收甲醇循环利用，脱除甲醇后的采出水经处理达到气田回注指标后回注地层，实现地面零排放[18]。

尽管各气田含醇采出水存在较大差异，但普遍呈现偏酸性胶体状态，具有以下共性：成分复杂、高浊度、高矿化度、高腐蚀性、低 pH 值等显著特点，pH 值基本处于 5.5~6.5，各区域水质差异点主要体现在以下几方面：

根据采气工艺的不同，气田采出水水量及甲醇含量也大有差异，如采用“井口注醇、常温脱水”工艺的靖边气田含醇采出水点多、面广，甲醇含量为 5%~30%；采用“集气站注醇、低温脱油脱水”工艺的榆林气田南区含醇采出水水量大，甲醇含量高，为 20%~60%；采用“井口节流、气液混输”工艺的长北合作区含醇采出水水量大，携沙量高，甲醇含量变化幅度小；采用“井下节流、移动注醇”工艺的苏里格气田含醇采出水水量小，甲醇含量低，为3%~10%。

经过近年来的不断实践和探索，气田含醇采出水工艺相对趋于成熟，逐渐形成“一级沉降”+“一级过滤”和“一级除油”+“一级过滤”两种处理工艺。

1）沉降工艺

该工艺适合投加药剂后悬浮物下沉的含醇采出水处理，工艺核心为涡流反应沉降罐的污泥循环混凝沉淀废水处理技术，充分利用不断累积、循环的高浓污泥吸附、拦截作用。具体视水质特性确定是否投加助凝剂及助凝剂的类型，而后在水中投加定量的凝聚剂对采出水进行凝聚并形成小矾花，最后投加高分子有机絮凝剂使矾花变大，形成沉淀污泥。随后全部或部分污泥取出，重新返回到来水中循环运行，返回点在前述投加有机絮凝剂之后，利用活性污泥絮体的网捕及吸附、过滤作用净化水。该工艺的特点是抗进水水质波动效果好，节约药剂投加量，出水水质稳定。沉降处理工艺流程如图3-58所示。

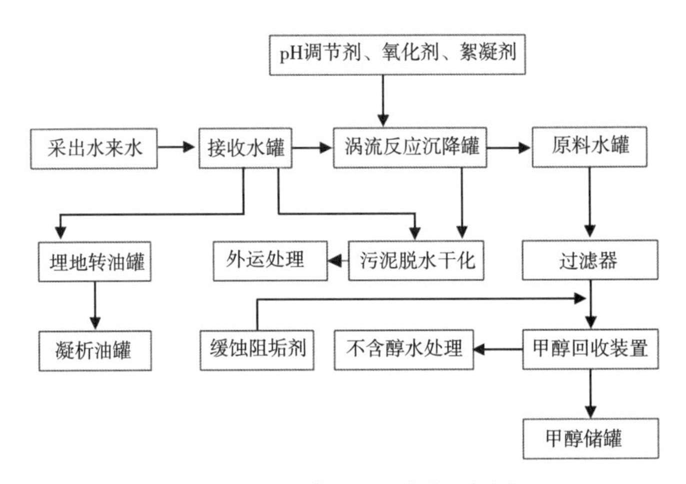

图3-58　沉降处理工艺流程框图

2008年长庆靖边气田第二天然气净化厂含醇采出水处理扩建，每天处理量约200m³，该工艺对来水水质波动适应能力强，出水水质稳定。每个月定期排泥一次，一次约15m³，沉降污泥通过泵在设备内强制循环、高度浓缩，每处理100m³含醇采出水排泥0.3~0.5m³，排泥含水率约90%。

2）上浮工艺

随着近年来气井投加大量化学药剂，包括泡排剂、缓蚀剂、阻垢剂等，集气站产出的水性质发生了很大变化，含醇采出水中类似泡排物明显增加，呈乳化及上浮现象，导致原设计混凝沉降工艺无法正常运行。鉴于此，应用了针对新井投产期采出水中大量带入的压裂液及正常采气作业添加的缓蚀剂、阻垢剂、泡排剂等高分子有机物的油浮选工艺，工艺流程如图3-59所示。

油浮选水处理技术是向要处理的污水中投加一定量的油，并经乳化，再按常规水处理方法投加混凝剂、絮凝剂及其他辅助药剂（如pH值调节剂、氧化剂）等，生成的矾花在吸附水中杂质的同时，也吸附所投加的乳化油，因油的密度小，矾花吸附了足够多的油后，其整体密度变小，当整体密度小于水的密度时，矾花即上浮，亦即达到净化污水的目的。适当增加油的投加量，会大大提高矾花的上浮速度，从而提高水处理的效率。

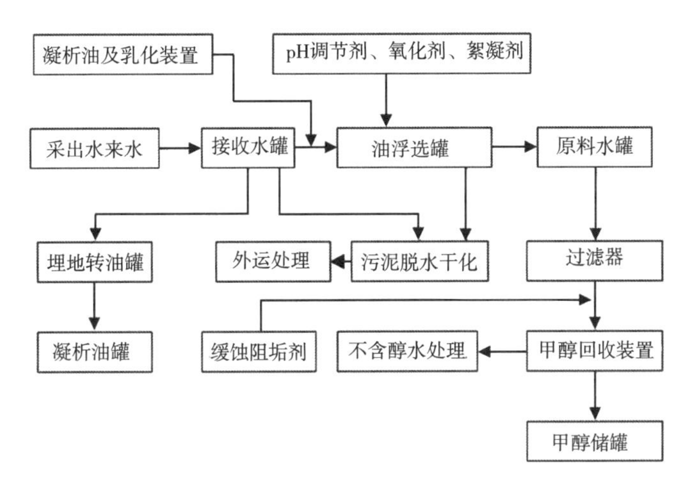

图 3-59 浮选处理工艺流程框图

2009 年，华北油田分公司大牛地气田第二甲醇污水处理站含醇污水处理工艺进行了改造[19,20]，预处理工艺由原来的下沉工艺改为上浮工艺，总体运行状况良好，水质较以前有明显改善，水质透光率达到 90%以上，较好地满足甲醇再生装置的进料要求。

三、污泥处理工艺

1. 概述

对照《国家危险废物名录》（部令第 39 号），气田生产过程中产生的含油含醇污泥为“有机溶剂废物（HW06261-006-06）”，属于 GB 13690—2009《化学品分类和危险性公示 通则》划分的“第 3 类易燃液体”和“第 6 类 有毒品”废物，必须经过无害化处理。

焚烧处理可最大限度地降解和除去危险化学品的有毒物质，实现排放物的无害化。其次，通过焚烧可以减少危险废物的体积、数量，焚烧后可减少废物体积约 70%，便于进一步处理。

鄂尔多斯盆地气区采出水水池、储罐等清掏污泥多采用高压水枪冲射、污泥泵抽吸的方式，清出的污泥含水量大于 98%。由于污泥干化池表面油膜阻碍蒸发，使污泥自然干化速度极其缓慢，成为污泥处理的瓶颈。

鄂尔多斯盆地气区分布地域广阔、行政管辖复杂，所处自然生态环境均较脆弱，地方政府对企业环保要求严格，为此开发强化蒸发污泥干化池和橇装污泥脱水装置。

2. 污泥脱水技术

1）强化蒸发污泥干化池

该池池底设“砾石+粗砂”滤层，池顶配套行车刮泥机。进入该池的含油污泥，脱水过程可分为三个步骤：首先经过池底过滤层，滤出大部分水分，收集于集水井中，再转运回污水处理单元；其次，池子表面的油层通过行车上配套的弧形刮板集中，再启动气动隔膜泵收集，少量的油膜可抛洒锯末吸附后开动行车刮到池子端头；第三步，池底滤层失效后，主要靠蒸发。表面干化的污泥用行车刮泥机推到池子端头，由双螺旋泵提升出池，装入推车送往焚烧炉，气田分布区域年蒸发量约 2500mm，而是年降雨量仅约 350mm，因此，干化池露天布置即可。

目前该干化池在气田部分水处理站场应用，干化后的污泥含水率在90%左右。强化蒸发污泥干化池如图3-60所示。

图3-60　强化蒸发污泥干化池

2）挤压式污泥脱水装置

强化蒸发污泥干化池较好地解决了气田污泥脱水干化问题，但池体占地面积大、操作环境存在风险等制约其进一步推广应用。为了解决这个问题，针对性开发了橇装污泥脱水装置。

该装置核心设备为螺旋脱水机，污泥随着螺旋轴的转动不断往前移动；沿滤饼出口方向，螺旋轴的螺距逐渐变小，环与环之间的间隙也逐渐变小，螺旋腔的体积不断收缩；在出口处背压板的作用下，内压逐渐增强，在螺旋推动轴依次连续运转推动下，污泥中的水分受挤压排出，滤饼含固量不断升高，最终实现污泥的连续脱水。挤压式污泥脱水工艺流程如图3-61所示。

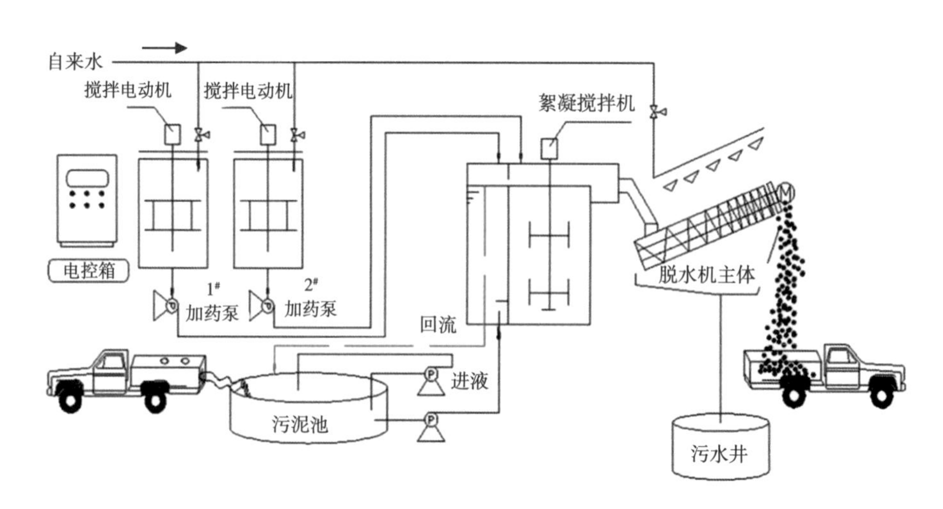

图3-61　挤压式污泥脱水工艺流程示意图

该装置于2010年在长庆靖边气田第二净化厂运行，每小时处理污泥不小于1.5m^3，处理后污泥含水率小于75%（图3-62和图3-63）。

图3-62　脱水前污泥

图3-63　脱水后的污泥

3. 污泥焚烧技术

1）敞口焚烧池

1997年，长庆靖边气田第一净化厂建成了第一座含醇污泥焚烧池（图3-64）（长4m、宽2.5m、高1m），安装35m^3/h燃气火嘴6支，焚烧污泥量约4m^3/次，焚烧时间48h。

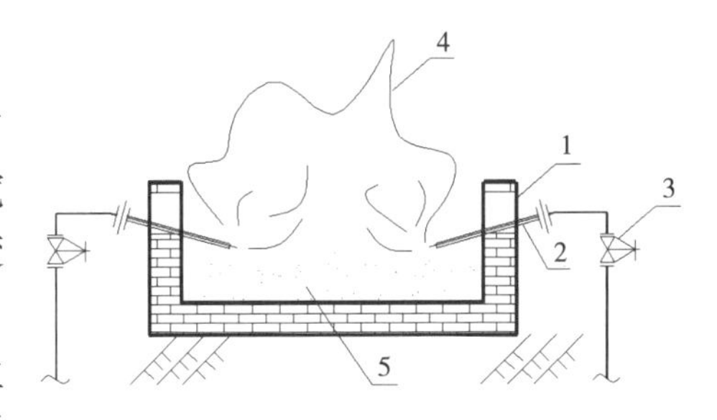

图3-64　污泥焚烧池示意图

1—焚烧池；2—火嘴；3—燃气控制阀；4—火焰；5—污泥

此污泥焚烧系统用于处理环保车间所产生污泥，包括含醇采出水处理单元产生的含醇污泥及生物活性污泥。此方式处理含醇污泥虽无爆炸安全隐患，但存在以下问题。

（1）火焰在污泥上部燃烧，热效率极低，约1%；6支火嘴同时燃烧，小时发热量约150×10^4kcal，则焚烧一窑总供给热量约7200×10^4kcal，晾晒后污泥含水率按50%计，则4m^3污泥含水量约1.8m^3，水分全部蒸发需热量95×10^4kcal（100℃汽化热539kcal/kg）。

（2）污泥中含醇及凝析油被烧去，浪费资源。

2）回转式焚烧窑

随着气田污泥量增多，敞口焚烧池在处理能力和效果上不能满足要求。在借鉴相关固废焚烧设备基础上，开发了适合气田污泥的工业危险固废焚烧装置——回转式焚烧窑，如图3-65所示。

脱水的污泥用推车送至上料斗，螺旋泵均匀上料进回转窑。回转窑入口内壁设抄板，污泥进来后随着回转窑转动，在抄板的带动下上升，同时在重力作用下落回，回转窑设置一定的倾斜角度使得污泥由进口向出口移动，污泥在下落过程中先是被燃烧辐射热烘干、而后火焰煅烧，最终由出灰口排出转窑。

经过煅烧的污泥，其中的有机物被烧去，危险废物中的酸性物质被中和成盐类固定下来，重金属元素被固熔在熟料矿物组织中，危险废物几近“零排放”。

图 3-65 污泥焚烧窑

污泥中受热挥发、分解的有机气体物，在二次燃烧室充分燃烧，无害化处理，随烟气出窑的粉尘经旋风除尘器除尘后排放。

配套的燃烧器，可根据二次燃烧室的检测温度自动调整燃气量及配风量。

2006 年，长庆靖边气田第二净化厂运行污泥焚烧窑一套，效果良好。其主要参数如下：处理量 $1m^3/h$；回转窑直径 1.2m；回转窑长度 4.5m；设备总长度 9m；一次燃烧燃气量 $20m^3/h$；二次燃烧燃气量 $40m^3/h$；干燥温度 200℃；二次燃烧温度 1100℃；排烟温度不大于 300℃。

参考文献

[1] 李时宣．长庆低渗透气田地面工艺技术［M］．北京：石油工业出版社，2015.

[2] 郑欣，王遇冬，王登海，等．影响低温法控制天然气露点的因素分析［J］．天然气工业，2006，26（8）：123-125.

[3] 刘子兵，刘祎，王遇冬．低温分离工艺在榆林气田天然气集输中的应用［J］．天然气工业，2003，23（4）：103-106.

[4] 刘祎，王登海，杨光，等．苏里格气田天然气集输工艺技术的优化创新［J］．天然气工业，2007，27（5）.

[5] 杨光，刘祎，王登海，等，苏里格气田单井采气管网串接技术［J］．天然气工业，2007，27（12）：128-129.

[6] 朱天寿，刘祎，周玉英，等．苏里格气田数字化集气站建设管理模式［J］．天然气工业，2011，31（2）：9-11.

[7] 赵勇，王晓荣，王宪文，等．苏里格气田地面工艺模式的形成与发展［J］．天然气工业，2011，31（2）：17-19.

[8] 郭揆常．矿场油气集输与处理［M］．北京：中国石化出版社，2010.

[9] 苏建华，许可方，宋德琦．天然气矿场集输与处理［M］．北京：石油工业出版社，2004.

［10］中国石油天然气股份有限公司．天然气工业管理实用手册［M］．北京：石油工业出版社，2005.
［11］王遇冬，何宗平．天然气处理与安全［M］．北京：中国石化出版社，2008.
［12］王开岳．天然气净化工艺［M］．北京：石油工业出版社，2005.
［13］王登海，王遇冬，党晓峰．长庆气田天然气采用 MDEA 配方溶液脱硫脱碳［J］．天然气工业，2005，25（4）.
［14］李亚萍，赵玉君，呼延念超，等．MDEA/DEA 脱硫脱碳混合溶液在长庆气区的应用［J］．天然气工业，2009，29（10）：107-110.
［15］张建国，王东旭，兰义飞，等．靖边气田增压开采方式优化研究［J］．钻采工艺，2013，36（1）：31-32.
［16］陈耕．西气东输工程建设丛书．第三卷：工程建设［M］．北京：石油工业出版社，2007.
［17］刘银春，王莉华，李卫，等．苏里格气田南区块天然气集输工艺技术［J］．天然气工业，2012，32（6）：69-72.
［18］李勇．长庆气田含醇污水处理工艺技术［J］．天然气工业，2003.
［19］季永强．大牛地气田地面集输工艺的优化创新［J］．油气田地面工程，2010，29（3）：43-44.
［20］毕春玉，张爱玲，殷丽丽．大牛地气田集输工艺技术指标的设计［J］．油气田地面工程，2013（3）：43-44.

第四章　工程建设模式

油气藏地面工程是油气藏开发系统工程中的一项主体工程，与油气藏、钻采等工程既相对独立又紧密联系，主要研究的是采出物的收集、处理及储运，以及与之配套的水、电、路、通信等系统和生产管理方面的建设内容。同时，也为油气藏的动态分析和调整开采方案提供科学依据。

长庆超低渗透油气藏地面工程建设是在复杂黄土高原环境下的大规模滚动建设，典型特点是多井低产、规模建设、滚动开发、点多面广、地形复杂。开发主力区块单井产量低，油井日均产量2~3t，气井日均产量（1~1.5）$\times10^4m^3$，投入大，成本控制压力大。快速开发时期，每年钻井8000口，新建油田产能500×10^4t、油田气田产能$50\times10^8m^3$以上，建设约150座站场、1500座丛式井场，建设工程量集中，有效建设时间短，难以均衡组织。

超低渗透油气藏开发思路是以提高单井产量，降低投资成本为主线。针对超低渗透油气藏的实际，重点突出如何降低地面建设和生产管理的成本，采用新技术、新模式、新机制，适应超低渗透油气藏低成本开发、大规模建设、大油田管理的需要，是本章要重点研究的问题。

“标准化设计、模块化建设、数字化管理、市场化运作”是超低渗透油气藏地面工程建设与管理的精髓。“标准化设计、模块化建设”是优质、高效、安全、超前的建设理念，“数字化管理、市场化运作”是大油田管理的新思路。

标准化设计的基本思路是“统一、规范、定型、优化”的标准化理念应用于地面工程设计中，通过统一的标准化设计文件，从设计源头把各专业、部件、环节间的相互技术关系统一起来，实现各方面的合理连接、配合与协调，使地面工程建设具有简单化、系列化、通用化的特点，适应超低渗透油气藏的的规模化建设。

模块化建设是以标准化设计文件为基础，将设备、管阀配件等部件在厂内规模化预制，然后在现场将预制好的各类模块组合装配。这样既提高了建设速度，又保证了质量。

数字化管理是将井、站场所有的设备与装置进行数字化改造处理，使所有的设备实现远程控制、数据自动采集处理、井站无人值守。

市场化运作是将地面工程建设的所有内容，都纳入市场化公开招标中，这样运作可以进一步降低建设成本。

标准化设计就是根据地面设施的功能和流程，设计一套通用的、标准的、相对稳定的、适用的地面建设很强的指导性文件。主要内容可概括为以下几个方面。

（1）站场规模系列化。根据地面系统总体布局及建设规模，确定合理的井站规模系列。系列尽量全面覆盖，适合开发建设需要。确定规模系列取决于站场工艺和设备定型化的程度，关键的工艺设备如分离器、压缩机、储罐等直接决定了站场种类和能力，因此以具有代表性关键设备的规格系列作为确定规模的基准形成系列。通过调整关键设备的数量组合和参数，形成不同的衍生系列，满足不同的需求。

（2）工艺流程通用化。通过优化工艺流程，统一建设规模和工艺过程，使井场、联合站的工艺流程和设备选型基本一致，为井场和联合站的标准化设计奠定基础。

（3）站场平面标准化。通过对井场和联合站的功能研究，在尽量减少占地和满足功能需要的基础上，对其布局进行统一规划，使每座井场和联合站的工艺装置区大小、位置统一，达到标准化设计的目的。

（4）工艺设备定型化。对井场和联合站的设备、管阀配件统一标准、统一外形尺寸、统一技术参数；同时保证质量安全可靠、运行安全、造价低廉，为规模化采购提供依据。

（5）安装、预配模块化。把每个功能分区做成独立的、标准的小型模块，各模块之间由管网连接在一起，既相互独立又相互联系，有利于设计图纸的模块组合，也给施工预制化奠定基础。

（6）管阀配件规范化。针对目前国内管线器材标准众多、互换性差的现状，统一配管标准，对管材、管线规格、管件标准、法兰标准、支管形式、连接形式等内容进行明确规定，方便采购和使用。

（7）建设标准统一化。对公用配套、站场标识、安全设计、环保措施等统一建设标准，既反映企业整体形象又节约投资、讲求实效，达到企业与周围环境的和谐统一。

（8）安全设计人性化。坚持安全第一、环保优先、以人为本的设计理念，定型的标准化设计及其工艺设备和材料选择须达到安全高效、节能环保、经济适用的要求，严格遵守安全、消防、节能、环保的标准规范。

（9）设备材料国产化。采用符合需要的国产化材料，减少进口材料的使用，是降低建设投资的重要手段。在选取主要材料如油套管、井下节流器、压缩机、分离器、阀门等设备时，与原材料、设备供货商一起进行国产化试验。气田建设的全部设备、材料均已实现国产化。

（10）生产管理数字化。充分利用自动控制技术、计算机网络技术、油气藏管理技术、数据整合技术、数据共享与交换技术，结合油气田地理环境和地质特点，集成、整合现有资源，创新技术和更新管理理念，提升工艺过程的监控水平、提升生产管理过程智能化水平，建立全油气田统一的生产管理、综合研究的数字化管理平台，实现同一平台、信息共享、多级监视、分散控制，从而达到强化安全、过程监控、节约人力资源和提高效益的目标。

模块化建设是以场站的标准化设计文件为基础，以功能区模块为生产单元，在工厂内完成模块预制，最后将预制模块、设备在建设现场进行组合装配。模块化建设的主要目的是改善施工作业环境，提高建设质量和速度，利于均衡组织站场施工生产。达到“两适应”“两提高”“两降低”“三有利”的效果。“两适应”即适应大规模建产的需要、适应滚动开发的需要；“两提高”即提高生产效率和提高建设质量；“两降低”即降低安全风险和综合成本；“三有利”即有利于均衡组织生产、有利于坚持以人为本、有利于EPC管理模式的推广。

数字化管理是在以上两项内容的基础上，将现场使用的智能化抽油机、自动化注水橇、数字化增压橇等设备采用计算机软件远程控制与数据自动采集处理，达到井站无人值守、减员增效、降低操作成本的目的。

市场化运作是将所有的工程项目与设备器材购置都纳入已规范了的市场进行招标运作，市场化运作使社会资源达到最佳配置，达到质量好、投资少的效果。

第一节　标准化设计

“标准化设计、模块化建设、数字化管理、市场化运作”地面工程建设管理模式的运行实践中，标准化设计是“四化”模式的基础。

一、站场的标准化设计

1. *超低渗透油气藏地面建设的新要求*

超低渗透油气藏产能建设是一个复杂的系统工程，也是一个动态的、不断调整和优化建设目标的过程。在其大规模、快速建设中，要求能够加快设计和建设速度，批量化的进行物资采购和施工建设，统一化、标准化、通用化的需求则十分突出。因此如何解决好多样化、不确定性与通用化、统一化之间的矛盾，成为超低渗透油气田标准化设计中亟须解决的关键问题。

1）适应站场种类、形式多样性问题

多站合一、井站合建是超低渗透油气藏地面站场建设的主要形式。通过集输、注水、供水、矿建等不同系统联合建设，可有效提高站场的集中度，充分利用公用配套设施，减少管理点和定员，但这样组合反而使得站场种类更加复杂多样化。如增压点与井场、小型注水站、小型保障点联合建设等多种形式，大大增加了系统的复杂性。

2）适应工艺参数选择变化

复杂地形对地面工艺影响大，增大了井站分散度、输送阻力和输送高差，使得站场规模和关键设备的工艺参数选择幅度变化较大。如输油泵的扬程范围为 100～600m，范围很宽。因此，选择的站场设计工艺参数必须和实际生产情况做到基本匹配，这是保证高效生产运行的关键。

3）适应平面布局调整

黄土沟壑地形站址选择难度大，平面布局为适应地形限制条件，很多时候需要变形调整；多站场联合建设平面布局的不确定性增大。

4）提高设计对滚动调整变化的应变能力

滚动开发是个伴随对地质认识不断深化的过程，很难做到开发部署方案一次成型、一次到位，势必要随钻井动态进行调整，这对地面工程的总体布局、站场选址和规模确定造成了很大难度。前期完成的设计由于地质的不确定性而难以得到有效实施，往往延缓了整体建设进程。

5）适应地面工艺的不断进步

超低渗透油气藏开发建设是与大力推行优化简化技术和数字化管理技术同步进行的，地面工艺发生了非常大的变化。一是地面地下一体化，地面工艺和井筒工艺相结合；二是地面工艺和数字化相融合，自动控制水平极大提高，生产数据采集和设备运行控制突出表现为智能化、远程化、自动化、可视化；三是通过集成创新，油、气、水高效集成处理设备大量研发和应用，进一步简化了流程。可以说，目前的超低渗透油气藏地面工艺仍然处于不断优化和完善中，标准化设计需要具有较好的灵活性加以适应。

表 4-1 超低渗透油田地面工艺衍化表

<table>
<tr><td>开发油田</td><td>马岭油田</td><td>安塞油田</td><td>西峰油田</td><td>姬塬油田</td><td>超低渗透油气藏（华庆、白豹）</td></tr>
<tr><td>开发时间</td><td>20 世纪七八十年代</td><td>20 世纪 90 年代</td><td>2003—2006 年</td><td>2006—2008 年</td><td>2008 年至今</td></tr>
<tr><td>集油工艺</td><td>掺水伴热单井单管不加热</td><td>丛式井阀组双管不加热丛式井双管不加热</td><td>丛式井单管不加热</td><td>大丛式井组单管不加热</td><td>大丛式井组单管不加热串接、油气混输</td></tr>
<tr><td>布站方式</td><td>三级布站</td><td>二级布站</td><td>二级布站</td><td>二级/二级半布站分层集输，系统公用</td><td>二级/一级半布站井站合一</td></tr>
<tr><td>计量方式</td><td colspan="2">双容积计量</td><td colspan="3">功图计量</td></tr>
<tr><td>密闭程度</td><td>开式生产</td><td>站场密闭</td><td colspan="3">井场至联合站全过程密闭、气体综合利用</td></tr>
<tr><td>脱水方式</td><td colspan="2">大罐低温沉降一段脱水</td><td colspan="3">油气水三相分离一段脱水</td></tr>
<tr><td>水处理工艺</td><td>多级沉降，简易处理</td><td>旋流+沉降二级除油、组合式多级过滤，污水回灌</td><td colspan="2">沉降+核桃壳二级除油、二级纤维球过滤，污水回注</td><td>一级沉降、一级混凝、一级精细过滤，污水回注</td></tr>
<tr><td>注水方式</td><td>双干管</td><td>单干管、小支线活动洗井</td><td colspan="2">稳流阀组配注，环网注水</td><td>供注水一体化、集中注水与分散注水相结合</td></tr>
<tr><td>自控程度</td><td>低</td><td>联合站 DCS 控制</td><td colspan="2">从井口到联合站全面数据采集监控</td><td>数字化管理，电子巡井，人工巡站</td></tr>
<tr><td>通信方式</td><td>有线话音</td><td>无线集群话音</td><td colspan="3">无线宽带+光纤通信，多媒体通信</td></tr>
</table>

2. 标准化设计方法的选择

1）模块化设计方法

实践证明，油田地面建设模块化的设计架构，能够适应超低渗透油气藏滚动开发中地面建设规模大、建设速度快和标准化超前设计对批量化、统一化、标准化、通用化的需要。

模块化设计是近年来国外普遍采用的一种先进的设计方法。目前已经扩展到许多行业，并与面向制造和装配的设计（DFMA）、并行工程（CE）、成组技术（GT）、柔性制造系统（FMS）、大规模定制（MC）等先进制造技术密切联系起来，且已将其大量应用于工业产品的设计与制造之中。模块化设计这一新的设计理论和方法是将模块化思想引入产品设计和制造中，有效地解决了产品品种、规格多样化与设计制造周期、成本之间的矛盾，在超低渗透油气藏地面建设领域成功应用尚属首例。

模块化设计是在对一定范围内的不同功能或相同功能不同性能、不同规格的产品进行功能分析的基础上，把相同或相似的功能单元或要素分离出来，用标准化原理进行统一、归并和简化，以通用模块的形式独立存在，然后通过模块的选择和组合可以构成不同功能或功能相同但性能不同、规格不同的产品，以满足市场不同需求。

对产品来说，模块化是结构典型化、部件通用化、产品系列化、组装组合化、接口标准化的综合体，模块化是标准化原理的综合运用，是标准化的高级形式。模块化的产品结构模式可用下述简明的公式表达：

新产品（系统）= 通用模块（不变部分）+专用模块（变动部分）

在这种产品构成模式中，以通用模块为主加少量专用模块就能及时而灵活地组装出多样化的新产品。模块是部件级甚至子系统级的通用件，由模块可以直接构成整个站场以至更大的复杂站场系统，从而在更高层次上实现了简化。

超低渗透油气藏地面工程的模块化设计体系，面向的是一个复杂设计产品系统，如联合站或多站合建站场的复杂性，因此以复杂站场（系统）作为研究对象，应用系统分解的方法，构建了一个自上而下的、多层级的模块化设计体系（图 4-1）。

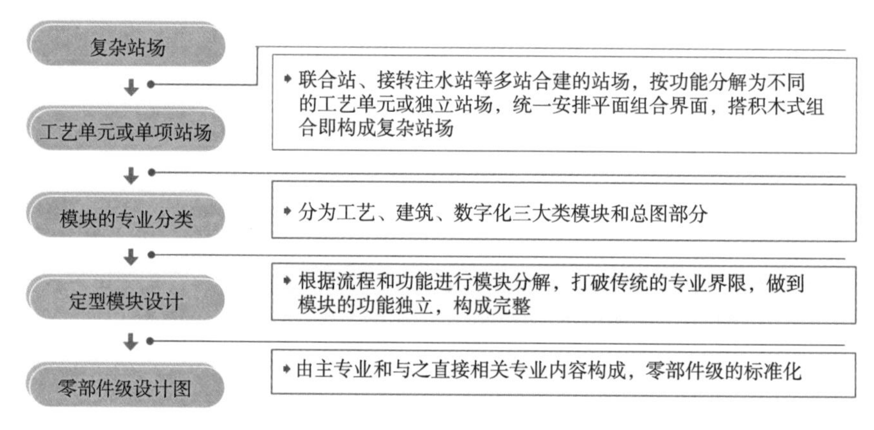

图 4-1　复杂站场逐级模块分解示意图

第一层次：联合站、合建站场或复杂站场。

第二层次：独立站场或联合站工艺单元，以组合化的形式构成复杂站场，可视为复杂站场的一个模块。

第三层次：模块，具有独立功能的标准化单元，通过模块的组合可构成完整站场。模块分为通用模块和专用模块。通用模块成系列设计，形成标准化模块系列，专用模块是为标准化站场专门设置的，一般为标准化站场的总图及配套部分。

第四层次：元件或零部件，是模块的进一步划分，是构成模块的基础。元件不具备模块的独立功能，一般包括工艺设备和管阀配件等。为保证模块的标准化，元件需要开展定型化设计。

2）模块设计体系

模块化的基础是模块，因此超低渗透油气藏地面模块化研究的重点是独立站场的标准化，形成了系统的模块设计体系，主要由以下 2 部分内容构成。

（1）标准化站场设计图集，包括平面、流程、综合管网、模块构成和选用的明细说明等。

（2）标准化模块单体图集。包括各类标准化模块以及工艺、建筑和数字化管理 3 类模块图集。

工艺模块：包括集输、注水、给排水、热工4种工艺，按工艺流程划分为不同单体，每一模块单体由直接相关设备、配管、基础、仪表、防腐等内容构成。

建筑模块：按使用功能进行划分，每一模块单体包括建筑和与之相关的暖通、照明设计等。目前标准化设计中，生活用房统一采用砖混结构，工业厂房以砖混结构为主，对大面积、大跨度、层高高的厂房可选用轻钢结构。

数字化管理模块：紧密衔接油田数字化管理的要求，对检测控制点进行标准化，统一规定了各类井（站）的监控功能划分和监控设备的配置要求，包括站控系统、通信设施、视频监控及电气配套等内容。数字化管理模块一般需单独进行集中招标、采购，由专业化工程队伍进行建设、调试，划分为独立模块。

模块单体根据工艺要求从模块图集库中挑选（图4-2），以标准化的站场平面为母版，以插件的形式拼接组合，从而快速组合形成各类标准化站场。

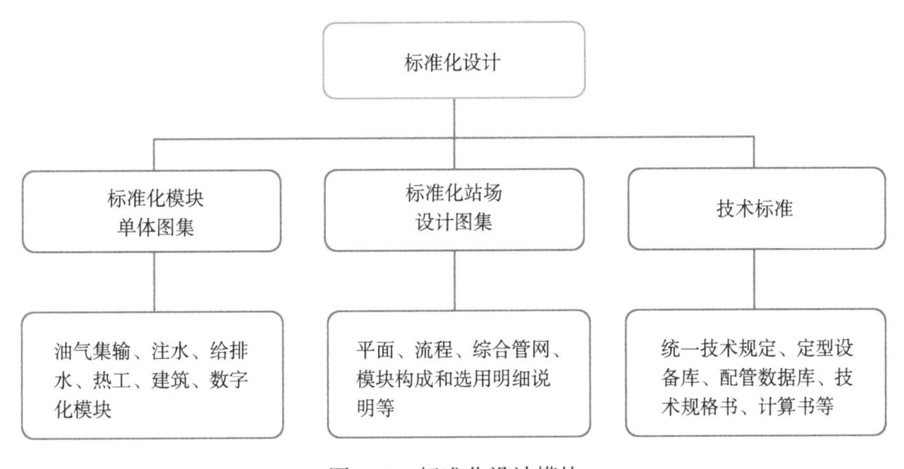

图4-2 标准化设计模块

对于复杂站场，由于平面布局较为复杂，受工艺因素、地形环境影响变化性较大，完全实现标准化设计不切实际。因此主要对其中独立站场（主要工艺单元）进行标准化设计，再通过定型站场（或工艺单元）的组合化设计或积木式拼接，形成联合站场。当外部环境制约需重新设计时，为方便和规范复杂站场设计，一般套用已经规定好的通用总图模板，局部调整。

3. 工艺流程通用化

通过优化、简化工艺流程，采用先进技术，统一系统布局和生产工艺，使同类站场工艺流程达到通用或基本一致，为地面标准化设计奠定基础。主要做法一是进行工艺定型化，二是实现流程通用化，三是实现设计规模系列化。

1）工艺定型化

先进合理的工艺是优化简化的核心内容，也是高水平标准化设计的前提和基础。在标准化设计工作中，努力实现标准化研究成果向标准化设计转化。

通过工艺的优化简化，筛选并确定一批实用、有效、节能、经济、相对成熟、流程简短的工艺，实现了工艺流程的通用化，较好地体现了地面工艺“短、小、简、优”的特点。

（1）生产流程。

油田油气集输系统：大丛式井组布局、单管不加热集输、投球清蜡、功图自动计量、油气混输、二级布站、三相分离一段脱水的油气集输工艺。

供注水系统：集中与分散相结合的供水方式、精细过滤、密闭隔氧、集中增压为主、小站增压为补充、单干管小支线、干线环网智能、稳流配水、活动洗井。

采出水处理系统：一级沉降、一级混凝、一级过滤工艺，辅助工艺采用污油污水预处理回收和污泥浓缩脱水工艺。

气田高压集气系统：靖边气田针对下古生界气藏压力下降慢和天然气含 H_2S 和 CO_2、不含凝析油的特点，采用多井高压集气、集中注醇、多井加热、间歇计量、橇装三甘醇装置集气站脱水、集中净化的工艺。

气田中低压集气系统：针对上古生界气藏压力下降快和带液生产特点，采用“井下节流，井口不加热、不注醇，简易计量，井间串接，中低压集气，常温分离，二级增压，集中处理”的工艺。

（2）管理流程。

流程化管理：以站场及其所辖井组作为一个基本生产单元，实现“站为中心，辐射到井”的流程管理，达到“井场保生产、站场保安全”的效果。

数字化管理：集成运用自控技术、通信技术、视频和数据智能分析技术等，实现基本生产单元的“多级监控、流程管理、同一平台、数据共享、智能分析、实时预警、精确定位、协同动作”功能。

扁平化管理：取消井区，精干作业区，联合站与作业区合建，实行扁平化管理，形成厂、区、站三级管理模式。

超低渗透油气藏地面工艺是在与常规油气藏地面工艺融合的基础上发展而来。其融合以《油气田开发地面建设模式分类导则》为指导，依据油田地质条件、开发方式、原油物性、地形条件等进行细分和评价，超低渗透油气藏与常规产能建设具有以下共同特点。

地质条件：超低渗透储层，单井产量平均 2～4t/d，目前 95% 的新建产能为三叠系油藏，侏罗系油藏多与三叠系油藏叠合。

原油物性：侏罗系、三叠系油藏均属轻质含蜡原油，凝固点约 20℃，富含伴生气，具有较好的流变特性，采出水矿化度极高。

开发方式：丛式井开发、滚动建产、有杆泵采油和注水开发。

地形条件：典型的黄土高原地貌，沟壑纵横。

从产能部署看，常规产能逐步与超低渗透产能趋于一致，二者的差异不大，且交错分布，两种产建方式的地面工艺模式统一是大势所趋；从技术角度看，超低渗透油气藏地面工艺是在继承常规产能建设工艺技术基础上的进一步创新发展；从现场实施效果看，超低渗透油气藏优化简化地面工艺逐渐在常规产能中推广应用，已成为油气田地面建设的主体工艺。

2）流程通用化

站场工艺流程的通用化，要求设备选型通用一致、数字化检测点和检测要求一致，最终为井场和站场的标准化设计奠定基础。

以油田联合站为例，联合站是集输系统的中心站场，规模大、功能多、工艺复杂，具有单井收球、来油计量、原油加热、原油脱水、原油外输、事故储存、污水处理及回注、烃蒸汽回收、天然气凝液回收等功能，根据实际需要有些联合站还需合建 35kV 变电所和作业区区部。

（1）集输工艺。

根据来油层位数量的不同，联合站可按单层系和双层系设置工艺流程。联合站脱水系统采用以三相分离器脱水为主，溢流沉降脱水罐脱水为辅的流程设置。

（2）单层系联合站工艺流程。

从式井组来油（设计温度 3℃）和增压点来油（设计温度 25℃）进入总机关，混合油进入收球筒收球后，与计量后接转站来油（设计温度 25℃）混合，进入加热炉，加热至 55℃后，原油进入三相分离器进行油气水分离；分离出的净化油进入净化油罐，经增压、计量、加热后外输；分离出的伴生气进入气液分离器进行二次分离，一部分作为加热炉燃料，富余伴生气进入天然气凝液回收系统或者外输；脱离出的水进入污水处理系统。

联合站站内设有加药设施，可给管道添加破乳剂和其他辅助药剂（如阻垢剂等）。

联合站工艺流程如图 4-3 所示。

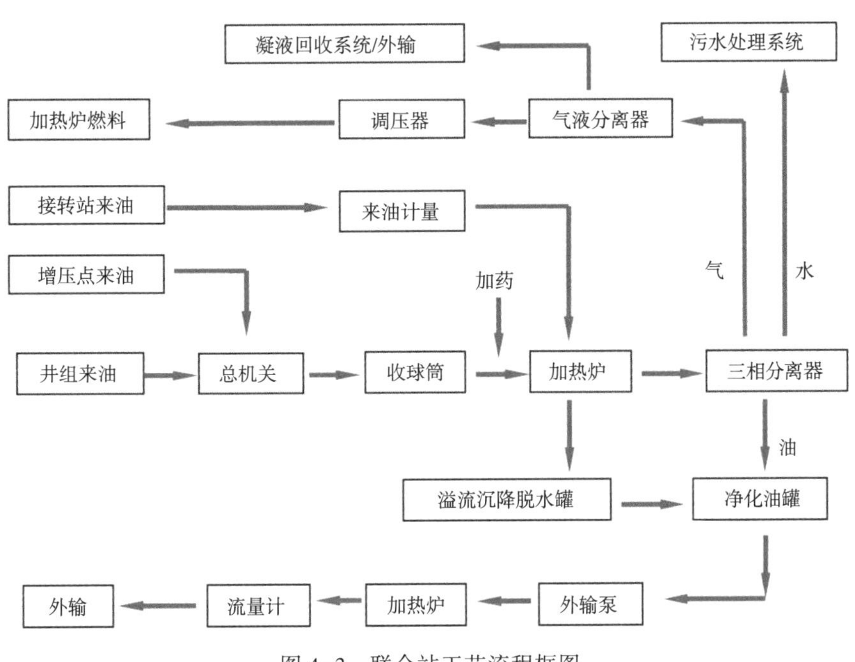

图 4-3　联合站工艺流程框图

（3）双层系联合站分层处理工艺。

各层系从式井组来油（设计温度 3℃）和增压点来油（设计温度 25℃）进入总机关，混合油进入收球筒收球后，与计量后接转站来油（设计温度 25℃）分别混合，进入加热炉，加热至 55℃后原油分别进入各层的三相分离器进行油气水分离。分离出的净化油进入净化油罐后混合，增压，计量、加热后外输；各层分离出的伴生气进入气液分离器后混合，进行二次分离，一部分作为加热炉燃料，富余伴生气进入天然气凝液回收系统或者外输；分离出的水分别进入各自的污水处理系统。联合站内设置 1 套溢流沉降脱水罐作为上述各层原油脱水的备用流程。

联合站站内设有加药设施，分别对各层添加破乳剂和其他辅助药剂（如阻垢剂等）。分层处理工艺流程示意图如图 4-4 所示。

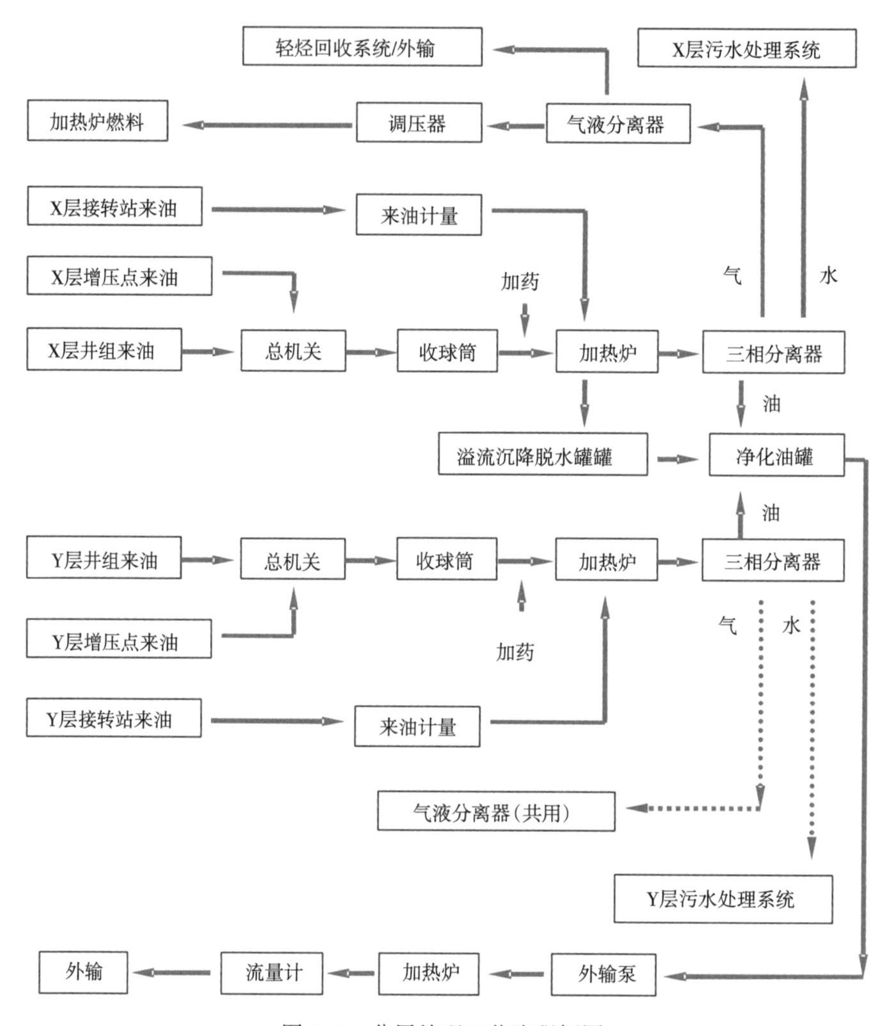

图 4-4　分层处理工艺流程框图

（4）采出水处理流程。

采出水处理目的主要是去除水中悬浮物和油粒以保证回注通道的通畅，避免堵塞地层孔隙。采出水处理采用“一级除油+一级混凝+一级过滤”工艺，过滤工艺模块预留，污泥处理系统预留。

4. 设计规模系列化

根据地面系统总体布局及建设规模，确定合理的井站规模系列，系列尽可能全面覆盖，适合开发建设需要，同时尽量整合，减少规模系列。

1）站场分类

油田站场根据性质划分为井场、增压点（接转站）、注水站、供水站、联合站、脱水站、区部共 7 大类。

气田站场主要包括井场、集气站、天然气处理厂、天然气净化厂等。

2）参数确定

主参数：设计规模。输送含水油、气、水的场站以输量（m^3/d、$10^4m^3/d$）为单位，净化油场站、天然气处理厂和净化厂以处理量（$10^4t/a$、$10^8m^3/a$）为单位，区部等驻人单位以人为单位。

第二参数：压力。统一以系统的最高公称压力（PN）定义。

3）基准系列

确定规模系列取决于站场工艺和设备定型化的程度，关键的工艺设备如泵、压缩机、储罐等直接决定了站场种类和能力，因此以具有代表性的关键设备的规格系列作为规模确定的基准，形成基准系列，同时通过调整关键设备的数量组合以及参数变化，形成不同的衍生系列，满足不同的需求（图 4-5）。

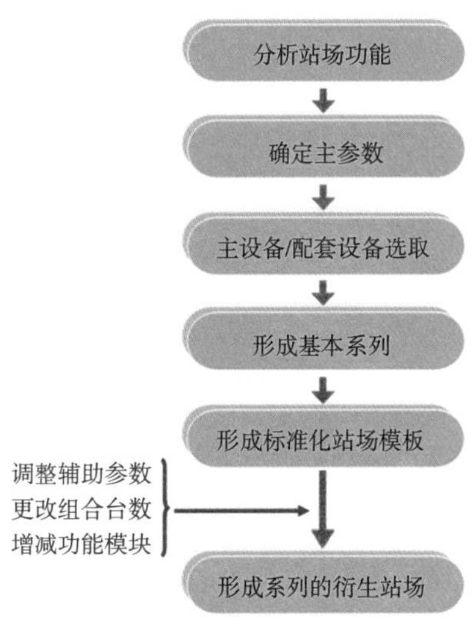

图 4-5 站场设计示意图

4）扩展衍生

如 $1500m^3/d$、PN250MPa 的注水站为基准系列，设置有 3 台五柱塞注水泵，通过增减注水泵模块的数量，可横向扩展出 $2000m^3/d$、$1000m^3/d$ 两种规模；通过调整注水泵的泵压，可纵向扩展出 PN200MPa、PN160MPa 两种压力等级；通过增减纤维球过滤器模块，可形成带/不带预处理的两种模式，组合起来将形成庞大的型谱表。为了避免站场规格过于繁多，以站场的操作弹性 70%~120%为合理范围，实现基本覆盖。

5. 平面布局标准化

在减少占地和满足功能需要的基础上，对井场布局进行统一规划，使相同功能的工艺装置区大小、方位统一，达到标准化设计的目的。

标准化的站场平面是各工艺模块布置的母版和基础。站场平面布局遵循“满足需要，缩短流程，节约用地，降低投资，保证安全，节省费用”的基本原则进行设计，做到布局定型、风格统一。

1）油田井场布局优化

油田井场布局遵循以下要点：

（1）适应超前注水要求，注水井集中布置，优先施钻。

（2）严格控制用地面积，井口间距按 5~6m 考虑。在无特殊原因的情况下，不得随意扩大井场的占地面积。

（3）简化井场设施，合并污油污水回收设置，电子巡井实现无人值守，通过优化的数字化大井组与以往 4~6 口丛式井组相比，建设投资下降 50%左右，平均单井占地节省 40%以上。大井组井场基本等同于几个相连标准化井场，平面布局参考标准化井场进行布置。

油田标准化井场采用理想平面布置，设有围墙、土筑防护堤、集水沟、集油槽、含油污水池，用于回收井口漏失污油，防止站内含油污水外排（图 4-6）。

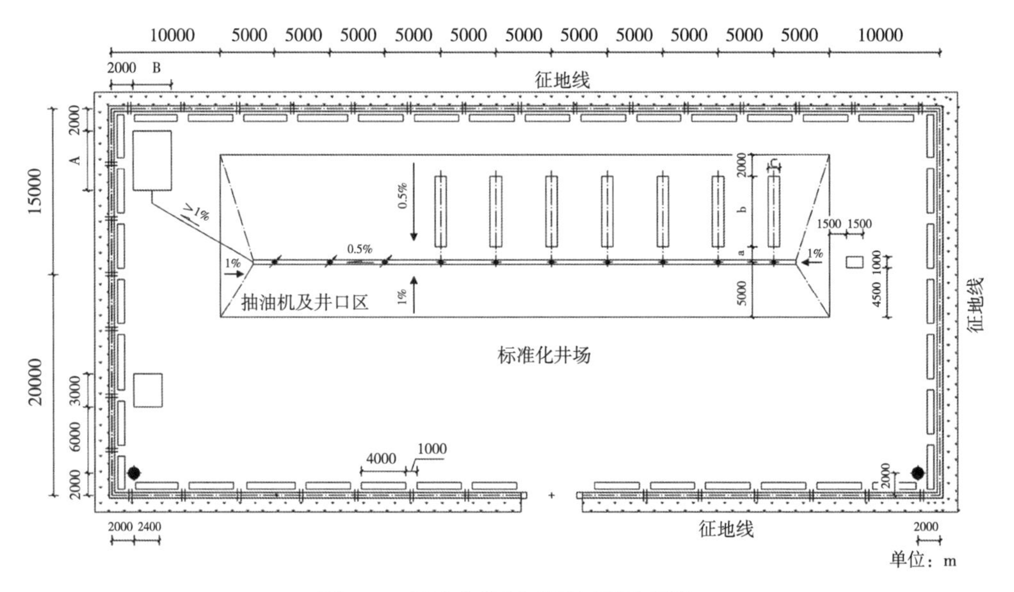

图4-6　标准化井场平面布置示意图

2）站场布局优化

站场布局遵循以下要点：

（1）设备按流程化布置。采用有效防护措施，增压点输油泵、污水处理装置等可露天布置，按流程紧凑布置工艺设备，节省占地，加快建设进度。

（2）集中控制和管理。将控制室、办公室、化验室和高低压配电间等公用设施联合布置，形成全站的控制管理中心区，并与生产区保持足够的安全距离。

（3）严格控制空地和预留地，努力提高土地利用系数。通过平面布局的优化定型，标准化站场的土地利用系数，中型站场应不低于60%，大型站场应不低于70%。

（4）考虑到地形限制、进出站流向、进站道路方向、盛行风向、建筑朝向等因素的影响，站场平面应进行镜像设计。

3）典型站场平面示例

以油田增压点为例，各类工艺设备集中布置于站场左侧，并按流程顺序集中摆放。采用露天设置，泵、阀门及埋深不足的管道防凝均采用电伴热和保温措施。生活管理区位于右侧，和生产区完全分开。生活管理区和生产区保持不小于22.5m的安全距离（图4-7）。

4）复杂站场设计

为节约用地、便于管理，各类站场通常会联合建设。各类标准化站场采用积木式的拼接，形成多站合建（如接转站、注水站、井区部联合建设）、井站合一（如增压点依托标准化井场）的建设模式。

标准化站场模块的平面设计既考虑了不同规模站场的统一性，也充分考虑了多站合建时布局的协调性。站场平面均采用近似黄金分割的矩形，骨架站场一般以54~60m为基本模数，小型站点以35m为基本模数。在站场拼接时，主要单体模块的相对位置和接口方位均不需改动，对共用部分如道路围墙、供热、场地照明、防雷接地等公用系统进行整合，即可快速完成复杂的合建站场设计（图4-8）。

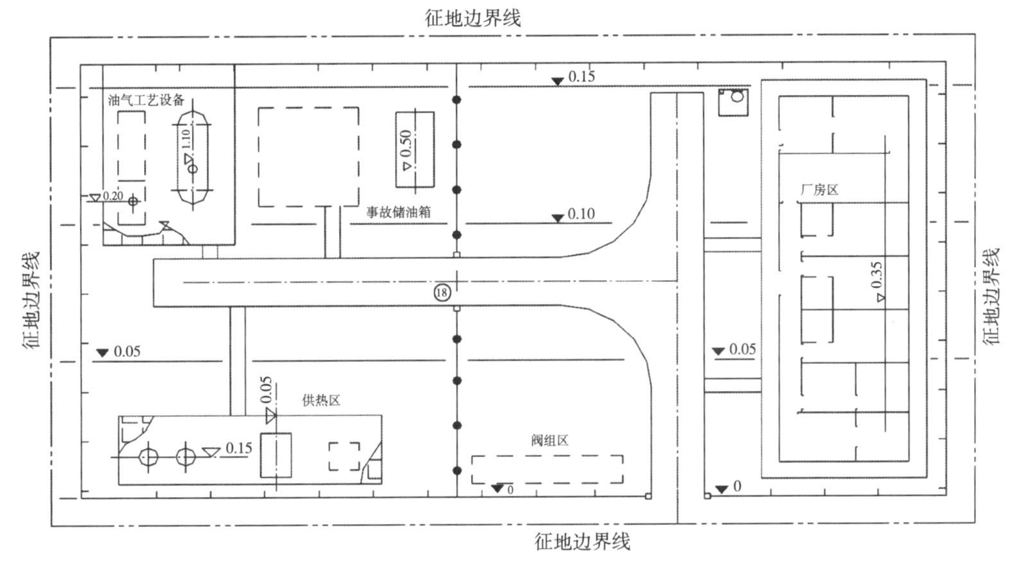

图 4-7 标准化增压点平面布置示意图

常见合建站场平面示意图如图 4-9 和图 4-10 所示。

联合站平面布局较为复杂，实行整体标准化设计具有一定难度，因此须先对主要工艺单元（功能区）进行标准化设计，再通过定型单元模块的拼接，形成联合站。工艺单元（功能区）标准化方法同中小型站场。

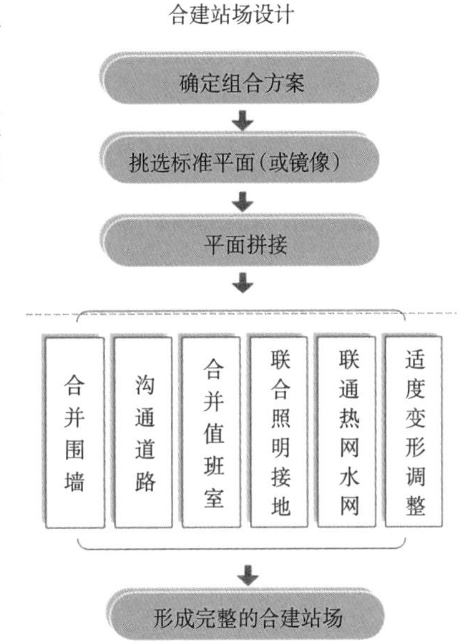

图 4-8 合建站场设计示意图

根据平面布局，功能分区如下：

（1）集输工艺区；

（2）储罐区；

（3）供热区；

（4）清污水回注系统；

（5）采出水处理系统；

（6）消防系统；

（7）综合办公区；

（8）区部；

（9）35kV 变电所等；

（10）烃蒸汽回收；

（11）天然气凝液回收；

（12）平面布局标准化。

工艺区与其他单元以道路分隔独立成区，按流程顺畅布置，泵、计量设施、加药设施置于室内，工艺厂房面临道路布置，露天工艺设施成排布置于厂房后方。

储罐区平面布置定型。3 具罐采用一字形布置，4 具罐采用方形布置，罐区周边设置环形消防车道。

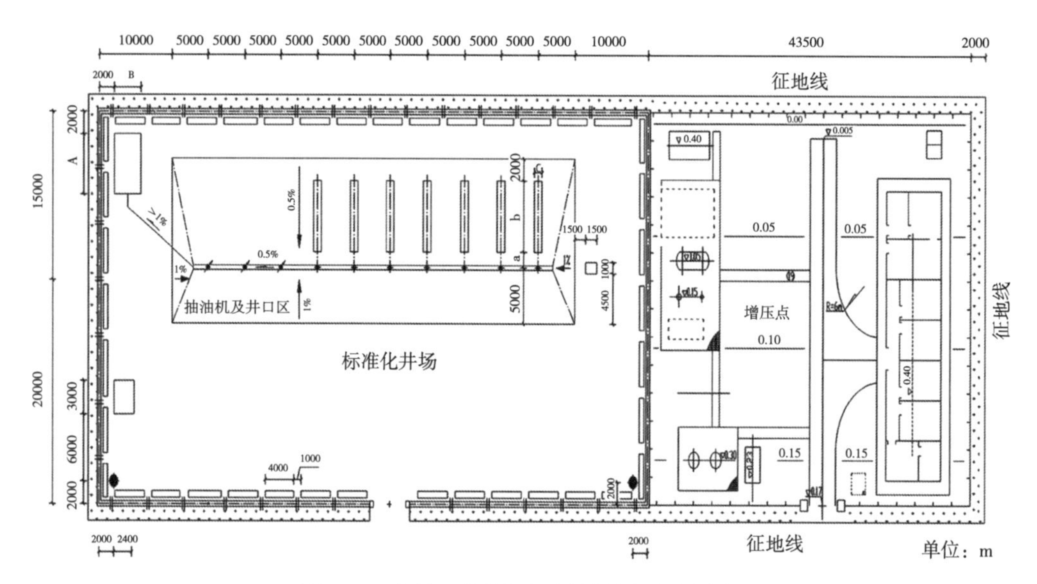

图4-9　井场+增压点合建站场平面示意图

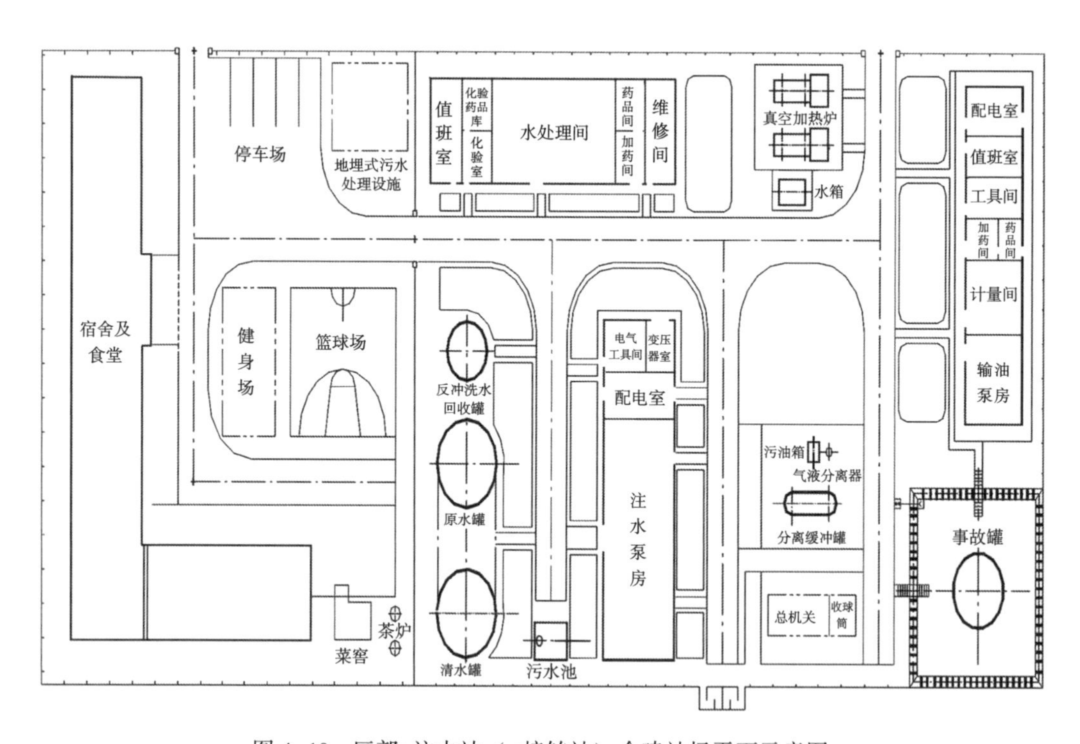

图4-10　区部+注水站（+接转站）合建站场平面示意图

研究分析认为，储罐罐容的变化是平面布局的最大影响因素，为此专门设计了通用总图模板，主要有以下三种：

（1）联合站采用3具$5000m^3$储罐，如G四联合站等。

（2）联合站采用3具$3000m^3$储罐，如H一联合站等。

（3）联合站采用4具$1000m^3$储罐，采用此典型模板的站场有H二联合站等。

6. 模块化设计

设计、安装的模块化是标准化设计的核心内容。采用三维设计手段，根据功能和组成对井站进行模块分解、定型、组合，定型的单体模块通过组装、拼接即可形成不同类型、不同规模井站的整体设计。

1）模块分解

根据超低渗透油气藏的站场特点，模块划分可以大到一个装置，也可以小到一个管阀配件，其层次是多级的，涉及的专业是多样的，因此模块划分是标准化、模块化的基础。

模块化设计的基本原则包括弱耦合原则、独立性原则、粒度适中原则、组合化原则、集成化原则、经济化原则、灵捷化原则等。

（1）弱耦合原则。弱耦合要求模块与模块之间的相关要尽量少，这对于产品设计开发以及制造中独立完成的可能性有很大影响。

（2）独立性原则。所划分的模块应当在功能上或结构上是独立的，能够进行单独的设计制造及检验，对于某些产品的模块还应考虑作为“黑盒子”单独流通的可能性。模块间的接合要素要便于连接与分离。

（3）粒度适中原则。模块分解的粒度太大，模块与模块之间的耦合度必然增加，模块化设计及制造并行开展的余地就减小；模块分解的粒度太小，则会导致产品开发及生产制造的进度过于零碎，不具有可操作性。

（4）组合化原则。对于在动态联盟企业中设计和制造完成之后的产品模块，应便于在结构上的叠加，完成产品所要求的具体结构。

（5）集成化原则。模块在功能上可有机地融合，满足产品要求的整体功能。

（6）经济化原则。模块的划分应有利于降低成本。

（7）灵捷化原则。模块的划分应与动态联盟和敏捷制造所追求的目标一致，使开发和制造过程加快，对市场和用户需求的响应力增强。

从系统观点出发，用分解的方法，构建系列化的模块体系，以满足模块化建设的需要。模块划分标准要便于采购、便于预制、便于运输、便于组装；模块体系打破了传统的专业界限，模块间保持弱耦合和独立性，各模块功能相对独立、结构完整（图 4-11）。

2）模块定型和系列化

实现模块定型和系列化的思路：一是以综合效益最优为目标，通过分离、组合、归纳、替代等方法整合模块，尽量以较少的规格来满足多种不同的需求，提高标准化的适应性和适应范围；二是把变化相对活跃的部分分解成独立的模块，并对工艺参数进行系列化设计，形成具有较强通用性、互换性的模块系列；三是同一系列的模块做到内部功能和布局定型，外部接口方位和方式固定，每一工艺模块均可视作一个独立完整的产品，提高通用性，满足互换性要求。

模块的定型是模块化设计的核心内容，同一系列的标准化模块，应具有很强的通用性、互换性，易于插件式替换。

（1）模块定型的基本要求。

内部功能和布局定型，模块所完成的功能是一致的，模块内的布局和风格保持不变，模块的设备实现定型化、系列化，模块的配管标准、要求是统一的，外部接口方位和方式

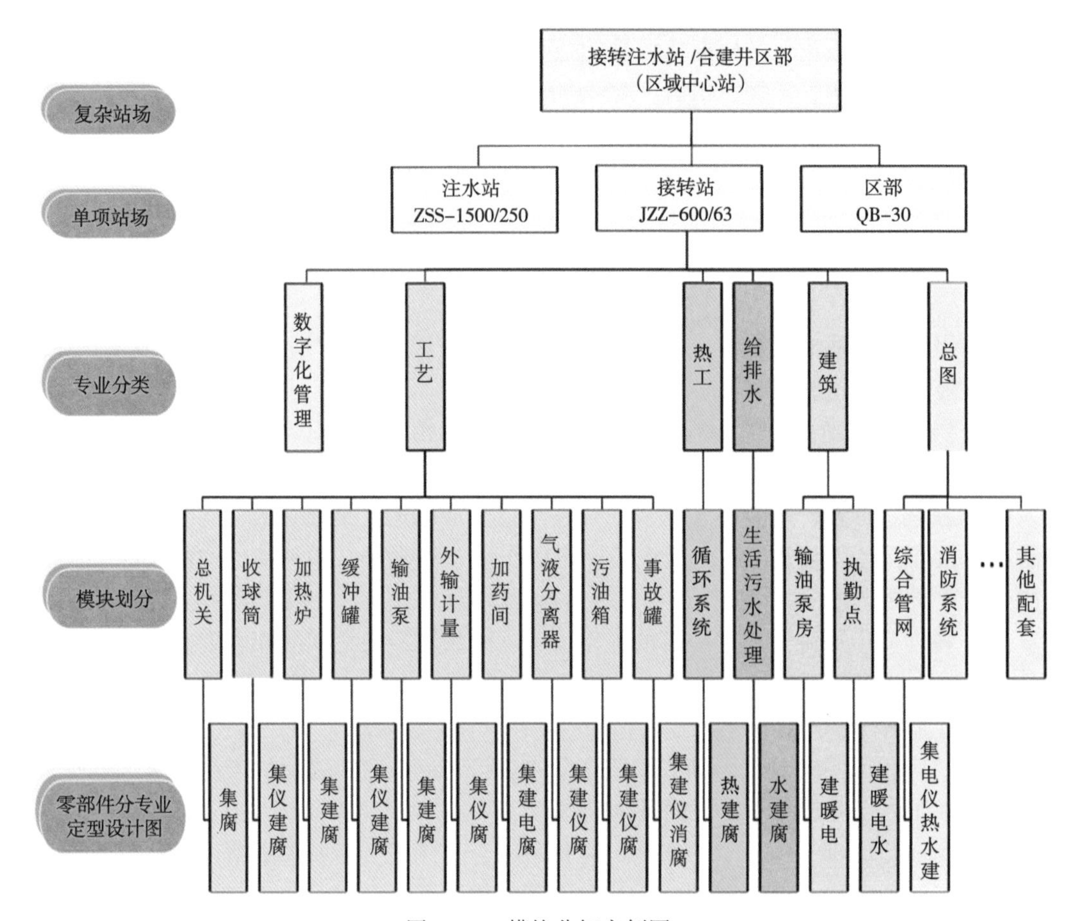

图 4-11　模块分解实例图

固定，模块的外部接口（开口）的高度，方位固化，模块的外部接口连接方式和配管标准统一、模块有正向和镜像 2 种标准，适应调整需要。

（2）工艺模块的形式。

受工程特点制约，要实现全部和严格意义上的橇装化比较困难，因此工艺模块常采用橇装化、组装化和预制化相结合的方式。对于小型设备，遵循“功能合并、整体采购”的基本原则，设备、仪表、电气及管线等按橇装式整体设计，做到结构紧凑、功能完整，如总机关、加药橇、热水循环泵橇等；对于质量和体积较大、配管较简单的设备，如加热炉、缓冲罐等，橇装化后一方面增加了成本（5%~8%），又不便于操作和运输，因此对其设备接口、配管安装、基础、防腐保温、电仪接口等进行全面的规范定型，能够实现提前预配，现场组装。

（3）建筑模块的形式。

通常工业厂房采用砖混或轻钢结构，大面积、大跨度、大高层的厂房优先选用轻钢结构。轻钢结构需注意耐火等级要求，同时避免在轻钢结构厂房中出现防爆墙。砖混结构不适用于乙级防爆建筑，需采用强制通风降低等级或轻型屋面。不同房型优劣对比见表 4-2 和表 4-3。

表 4-2 不同结构房屋优缺点比较表

	砖混结构	轻钢结构
结构特点	砖墙承重，混凝土预制（现浇）屋面梁，屋面采用预应力混凝土空心板，屋面采用女儿墙	门式钢架，屋面采用天蓝色压型钢板屋面，屋面建筑檐口采用外天沟
优缺点	优点： ①耐火等级高，防火性能好； ②保温性能好； ③隔音性能好； ④使用年限长（50 年）。 缺点： ①施工周期较轻钢结构长； ②空间布局受建筑模数限制； ③黏土砖受节能政策约束； ④不适用于乙级防爆建筑，需采用强制通风降低等级或轻型屋面	优点： ①施工简单，施工速度快，周期短； ②空间布置灵活； ③适用于乙级防爆建筑； ④易于拆迁，可重复利用； ⑤对大跨度结构，经济性好，较砖混便宜。 缺点： ①保温性能差； ②油气厂房需设置防爆墙； ③隔音性能差； ④耐火等级低，防火性能差； ⑤使用年限相对较短（25 年）

表 4-3 典型建筑模块优化成果表

厂房	建筑面积 m^2	轻钢（优化前）元/m^2	轻钢（优化后）元/m^2	砖混 元/m^2	推荐
注水泵房	416.96	1255.76	1191.00	1471.00	轻钢/砖混
水处理间	293.76	1517.22	1408.97	1580.00	轻钢/砖混
输油泵房	50.16	1541.07	1501.20	1400.00	砖混

考虑到油区环境特点和舒适度，生活房屋采用砖混结构。小型橇装设备的保温房选用轻钢结构，和设备整体吊装、运输。大型基础（抽油机基础）采用分体式预制，现场拼装。

3）模块的系列化和整合

按照工艺参数，每一设计模块均须实现系列化设计，以满足不同工艺的需要。由于滚动开发建设的不确定性以及规模化采购和建设的需要，须对同一系列模块进行整合，尽量减少系列规格，模块主要整合方法如下。

（1）调整工艺流程，减少不确定因素的影响。如将接转站进站阀组冷热油分开，热油直接进缓冲罐，以统一收球筒和加热炉盘管规格。

（2）采用合一设备或成橇设备，减少工艺模块类型。如采用油气分输和混输通用的密闭分离装置和油气分离一体化设备，智能化注水橇和数字化增压橇等，循环水泵模块依据不同站场的热负荷需求，通常合并为 5 个模块，见表 4-4。

（3）提高自动控制水平，在合理范围内减小和整合储罐或容器的缓冲容积。

（4）采用多台相同设备并联，通过调整并联数量，满足不同规模需要。

表 4-4　循环水泵模块

<table>
<tr><th>泵橇分类</th><th>适用供热范围
kW</th><th>循环泵</th><th>补水泵</th><th>卫生
热水泵</th><th>适用站场</th></tr>
<tr><td>GRBQ-Ⅰ
（供热型）</td><td>40～70kW</td><td>IGR25-160（F）
一用一备</td><td rowspan="4">IGR25-160（F）</td><td rowspan="4">无</td><td>增压点、注水站、供水站</td></tr>
<tr><td>GRBQ-Ⅱ
（供热型）</td><td>71～120kW</td><td>IGR40-160（F）
一用一备</td><td>接转站</td></tr>
<tr><td>GRBQ-Ⅲ
（供热型）</td><td>121～240kW</td><td>IGR50-160（F）
一用一备</td><td>接转站</td></tr>
<tr><td>GRBQ-Ⅳ
（供热型）</td><td>241～500kW</td><td>IGR65-160（F）
一用一备</td><td>接转站
合建站</td></tr>
<tr><td>GRBQ-Ⅴ
（供热兼洗浴型）</td><td>供热小于 240kW
洗浴小于 120kW</td><td>IGR50-160（F）
一用一备</td><td>IGR40-160（F）</td><td>IGR40-160（F）</td><td>30 人、50 人
食宿点</td></tr>
</table>

（5）分段设计。将不同级数的输油泵按出口系统压力、电动机功率合并为 2 个规格（4MPa、6.3MPa），采用变频调速、拆级改造的方法，提高泵的适应性。

（6）针对油田伴生气量大不易回收的现状，可整合加热炉规模，对小规模站点可适度提高出站温度。

（7）柔性模块设计。减小配管的压力体系规格，使不同规格模块的配管统一化，方便材料采购和预配，有利于后期改扩建的需要。如增压点输油泵出口压力体系统一规范为 4MPa，接转站输油泵出口压力统一规范为 6.3MPa，注水站的注水泵出口压力体系统一规范为 25MPa。

总体来讲，主要采取组合和替代的方式来实现模块系列化整合。组合的方法主要包括工艺设备的组合、工艺和自控的组合，替代的方法主要是以高代低、以大代小、以多代少，这种替换不是简单的替换，而是在技术经济比较的基础上进行的优化。一般来说，替代投资增加幅度在 5%～10%之间是较为合理的。当然，这种替代也不是绝对，要根据当时产建的模块需求和市场情况综合考虑。

4）模块组合

标准化站场设计图设计内容包括平面、流程、综合管网、模块构成和选用的明细说明等。标准化站场需同标准化模块相互配合使用，模块单体从模块图集库中挑选和组合，通常以标准化的站场平面为母版，以插件的形式在综合管网间进行定位拼接，从而快速组合形成各类标准化站场（图 4-12 和图 4-13）。

7. 设备定型化设计

多年来，工程技术人员始终坚持一般和通用设备依托市场，关键及核心设备自主研发的设备管理理念，目前已有数量众多的各类通用设备应用于油气田地面工程建设领域，在维持油田正常生产中发挥着举足轻重的作用。在标准化设计的实践中，设备技术创新结合超低渗透油气藏开发特点，以“工艺设备定型化”为重点，通过对流程和结构的不断优化，使油气田地面工程设备技术水平得到了快速提升，为油气田快速发展做出了积极

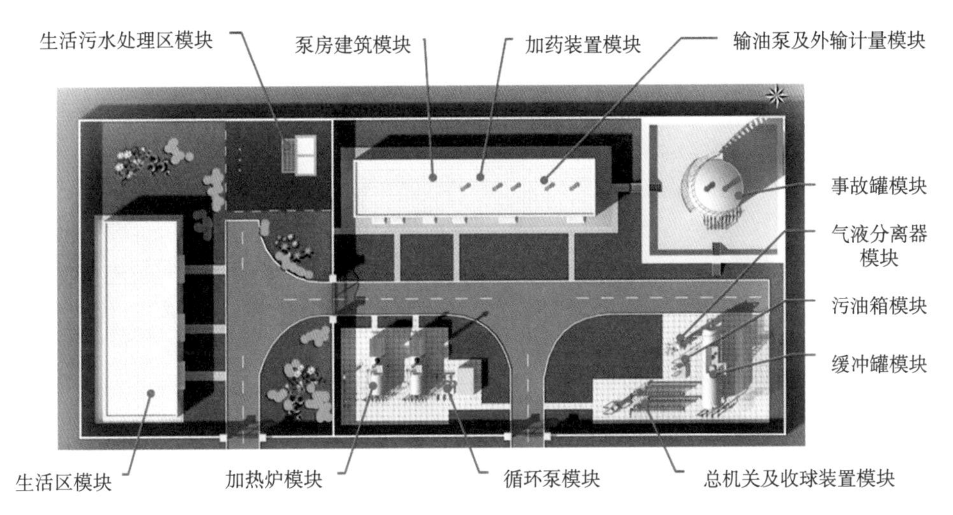

图 4-12 标准接转站模块分解示意图

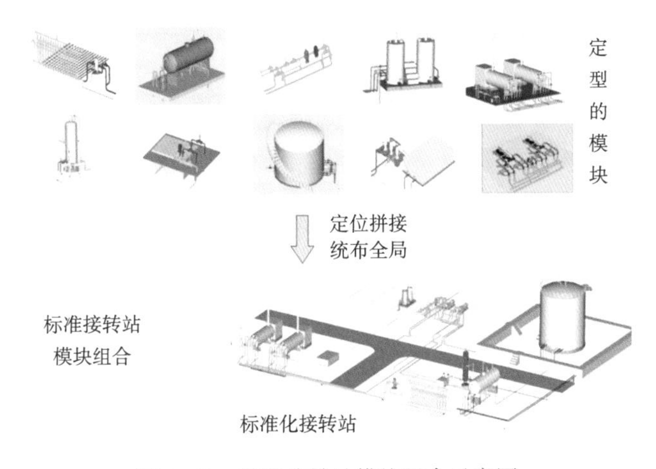

图 4-13 标准接转站模块组合示意图

贡献。

工艺设备是模块的核心构件，要求规范参数、固化尺寸，即统一设备标准、统一技术参数、统一外形尺寸、统一接口尺寸、统一订货标准。

工艺设备定型设计，是标准化设计的核心内容之一。设备定型化的基本要求如下。

（1）优先采用先进、高效、节能、环保、维护方便的设备，并注重现场实用，优选生产应用成熟的工艺设备。

（2）达到通用设备的功能和结构标准化，非标设备外形尺寸和接口方位要符合定型化的要求。

（3）要求设备的连接方式和执行标准统一，便于替换和维修。

在标准化设计中优先强化设备定型化工作。对于容器、储罐等非标设备，按照相关标准、规范进行全面修订，通过优化设备结构、规范外部接口、配套防腐保温、完善设备系列等方法，形成满足生产需要的定型图库，直接服务于标准化设计。对于外购的通用、标准设备如加热炉、输油泵、加药装置等设备，加强了设备优选与生产厂方的沟通，统一设备

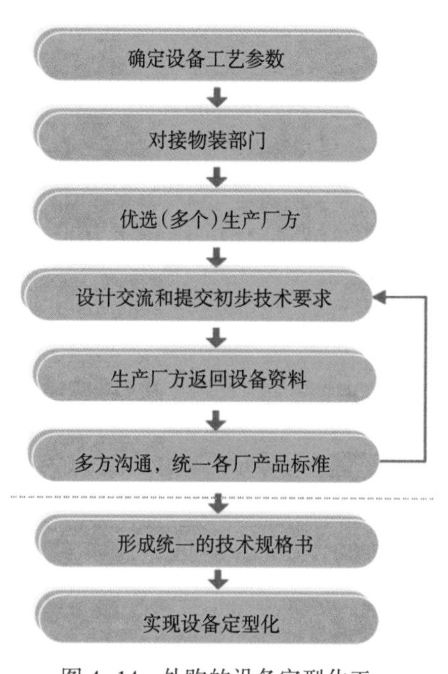

图4-14　外购的设备定型化工作流程示意图

的接口方位、规格和技术标准，提高了相同设备不同生产厂家间产品的通用性（图4-14）。

围绕破解超低渗透油气藏开发中降低建设运行成本等技术难题，设备研发以集成化、橇装化、露天化为重点，对现有生产设备进行技术创新和升级，形成了一批具有自主知识产权的一体化集成装置，推动油气田地面工程技术进步。除自加工设备容器外，在设备定型方面，基本做到可涵盖绝大部分油气田产能建设的关键设备类型。

二、标准化设计体系

标准化设计体系的建设是标准化设计标准的建设，它规定了方针、目标、职责和程序，并通过体系进行过程管理、策划、控制和改进，对标准化设计的完善、提升标准化设计水平起了至关重要的作用。在坚持和深化标准化设计技术不动摇的前提下，如何将标准化设计推向新的高度、如何通过标准化体系对标准化设计做到有效管理是标准化设计体系必须解决的问题。

标准化设计体系的建设，就是构建一个完整的标准系统。所谓标准系统，是为实现确定的目标，由若干相互依存、相互制约的标准组成的具有特定功能的有机整体，即标准系统。每个具体标准有特定功能，可以在实施中产生特定效应，即个体效应或局部效应；若干内在联系的标准组成的标准系统，也有特定功能，可以在实施中产生特定效应，即总体效应或系统效应。系统效应的大小，很大程度上取决于系统要素是否形成好的结构。标准系统要素的阶层秩序、时间序列、数量比例及相关关系，依系统目标的合理要求组合，使之稳定，并能产生较好的系统效应，这叫作结构优化原理。系统要素间秩序井然、有条不紊、相互联系、稳定牢固，整个系统具有某种特定的运动方向，则有序度高，这是维持标准系统稳定性并发挥系统功能的关键。标准系统演化、发展以及保持结构稳定性和环境适应性的内在机制是反馈控制；系统发展的状态取决于系统的实行和对系统的控制能力，这是反馈控制原理。

1. 油气田地面工程标准化设计面临的问题

（1）结构单一：主要是形成了标准化产品，包括定型站场、标准模块、通用定型图、标准化造价指标等，技术和管理支撑不足。

（2）有序性不足：标准化工作由专业或者部门组织，结合生产实际需要进行标准化产品的补充，缺乏整体统筹、规划计划。

（3）缺乏反馈控制：没有行之有效的评价体系对标准化工作成果进行反馈、提高，没有自我优化的机制。

（4）系统效应不足：单兵作战，没有形成合力。

2. 设计体系建设内容

1）顶层设计

一家公司，一个企业，为了管理好“人”“事”“物”，需要将企业内的标准按其内在联系，形成科学的有机整机，即企业标准体系。企业标准体系以技术标准体系为主体，以管理标准体系和工作标准体系相配套（图 4-15）。

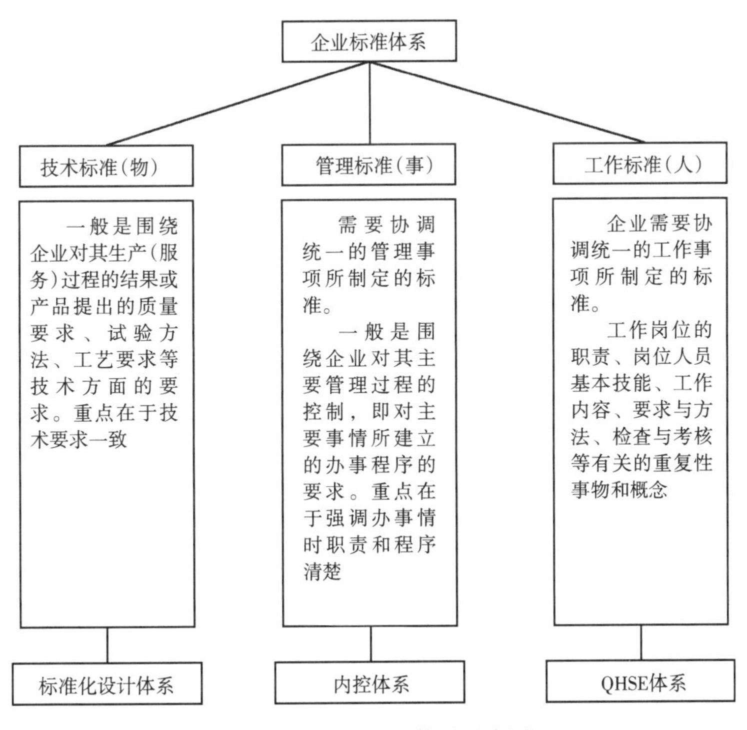

图 4-15　企业标准体系示意图

搭建体系框架，长庆标准化设计体系采用树状的层次结构，搭建“6（项目类型）×3（文件类型）”的文件架构，构建 5 级文件体系层次（图 4-16）。

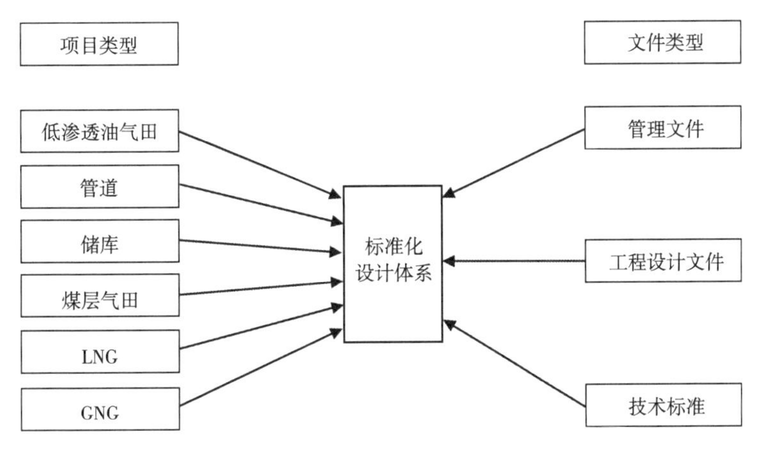

图 4-16　6（项目类型）×3（文件类型）的文件结构图

长庆油田设计业务领域主要是低渗透油气田，标准化设计体系按文件类型构建（图4-17）。将来可根据公司业务拓展情况，进行分开搭建，构建其他子体系。

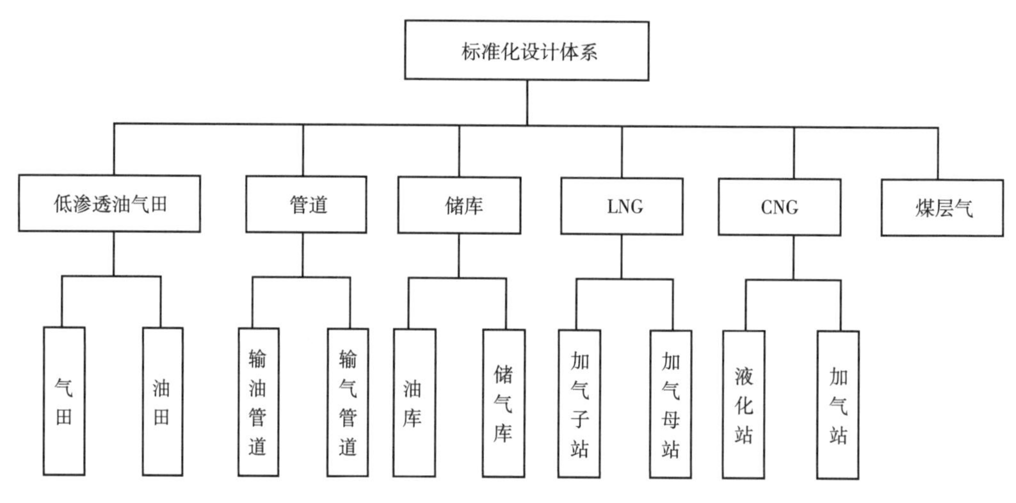

图4-17　标准化设计体系规划示意框图

标准化设计体系按文件类型构建，以工程设计文件为主体，管理文件和技术标准为支撑的标准化设计体系框架。各个文件类型采用模块化结构，按照专业、功用等进行模块划分（图4-18）。

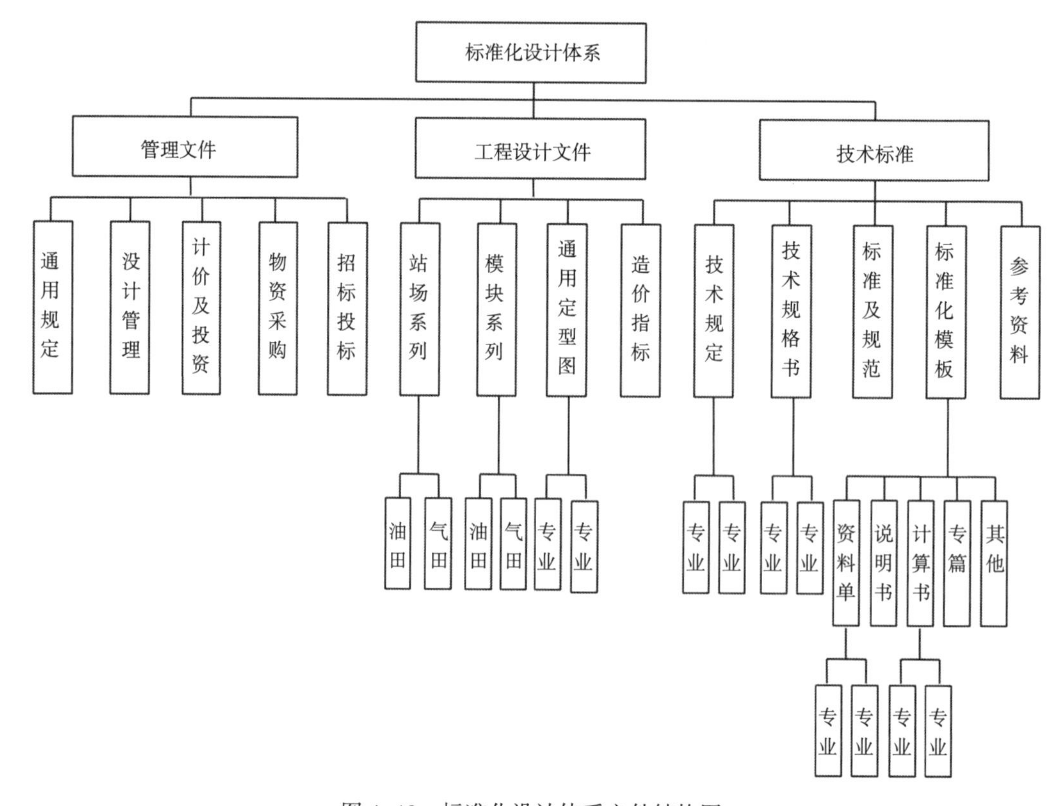

图4-18　标准化设计体系文件结构图

标准化设计体系文件可分为“6级、3层、2类”（表4–5）。

表4–5 长庆油田标准化设计体系文件层次表

文件类型	6级	3层	2类
管理文件	编制的核心、原则性规定，属于纲领性文件，涵盖设计、招投标、采购、施工及验收等方面	准则层	管理文件
技术规定	在一级指南规定的原则之下，编制的具体的、量化的技术规定和参数		技术文件
站场系列	实现特定工艺流程和功能所需不同的工艺单元或独立站场安装图纸	应用层	
模块、通用图	实现典型生产工艺的定型模块和通用定型图所需的安装图纸		
规格书、模板	规定标准化工作的采购设备材料等的基本要求 实现标准化设计中共同项的格式及模板的定型	参考层	
参考资料	收集设计相关可供参考的资料		

2）管理制度

随着标准化设计成果日益增多，标准化设计工作呈常态化、规范化趋势，成果的管理工作必须及时开展，特别是定型图纸的归档、使用、管理、完善等工作的开展需要在相关管理文件的指导下有序进行，以指导设计人员更好地应用标准化成果。

为了规范管理标准化设计的制定修订、审查发布、贯彻实施、升级更新等活动，需要规划、编制或引入了一系列管理制度，以流程梳理为基础，厘清制度、标准与流程之间的匹配关系，实现资源共享、协同工作。通过这些管理制度的严格执行，有序开展标准化设计的策划、组织、指挥、协调和监督工作，确定标准化活动的目标，建立实现目标的手段，建立正常的工作秩序，使各方面工作和谐地发展，检查计划实施的情况，纠正偏差（表4–6）。

表4–6 长庆油田标准化设计体系管理文件表

序号	名 称
1	《标准化设计体系文件编码规则》
2	《一体化集成装置编码规定》
3	《标准化设计体系文件格式编制规定》
4	《技术规格书及数据单编制格式》
5	《标准化设计评价标准》
6	《标准化站场和模块化设计流程》
7	《标准化设计管理办法》
8	《产能建设管道及组成件选用标准》
9	《压力容器设计质量手册》
10	《压力容器各级设计人员管理制度》
11	《压力容器各级设计人员培训考核管理规定》
12	《压力容器各级设计人员岗位责任制》
13	《压力容器设计工作程序》

此外，还引入了的标准化设计体系管理文件6类100项（表4-7）。

表4-7 长庆油田标准化设计体系引入管理文件表

序号	分　　类	数量
1	通用规定（2项）	2
2	设计管理（46项）	33
3	招标投标（1项）	4
4	计价及投资（6项）	5
5	物资采购（3项）	3
6	施工及验收（48项）	53
合　　计		100

3）编码体系

为方便管理和应用，按照体系主体结构框架，要对各项内容的编码规则以及格式做出统一规定，形成覆盖全面的编码体系。长庆油田的体系编码包括《标准化设计体系文件编码规则》《长庆油气田地面工程标准化设计文件编制细则》《一体化集成装置命名规定》《技术规格书及数据单格式编写规定》。

（1）管理文件、技术标准、通用定型图的编码。

执行《标准化设计体系文件编码规则》。

管理文件编码体现文件标识、项目、类别、序号、年份等，编码的基本格式为

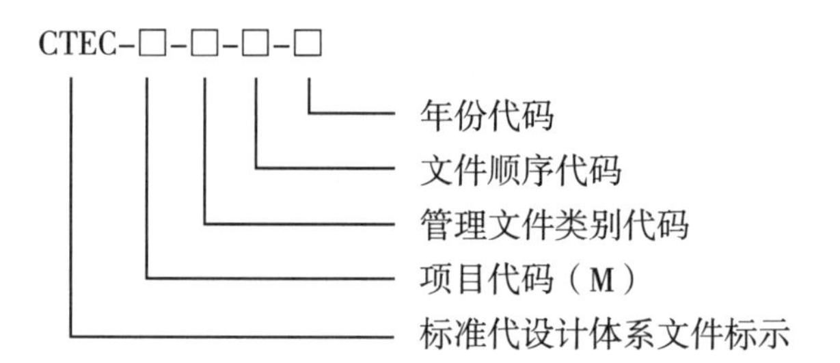

例如，《标准化设计工作流程》编号为“CTEC-M-DM-05-2013”。

技术标准编码较管理文件多一项，即专业代码，体现文件标识、项目、类别、专业、序号、年份等，编码的基本格式为

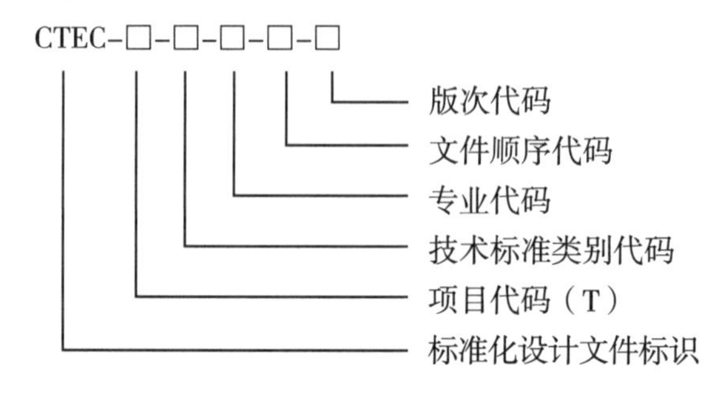

例如，《油气混输一体化集成装置技术规格书》编号为“CTEC-T-TS-OT-01-2013”。

通用定型图编码体现文件标识、项目、类别、专业等，编码的基本格式为

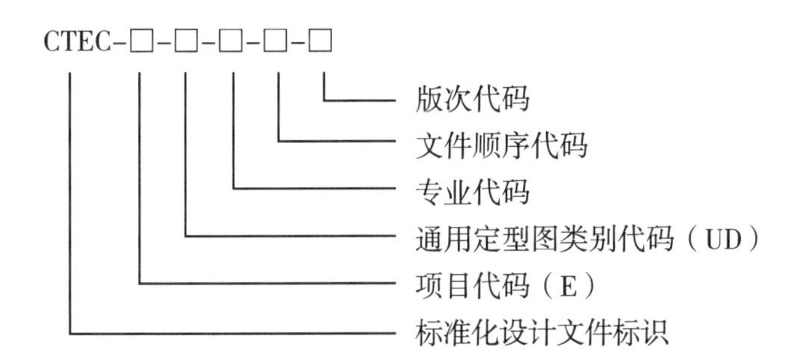

例如，《典型接线标准图集》编号为“CTEC-E-UD-EL-01-2013”。

《标准化设计体系文件编码规则》中制定了完善的代码体系，包括体系项目类别代码、管理文件类别代码、通用定型图类别代码、专业类别代码、技术标准类别代码等（表4-8至表4-12）。

表4-8　体系项目类别代码表

序号	名　　称		代码	
	中文	英文	中文	英文
1	管理文件	Management	管理	M
2	工程设计文件	Engineering design	设计	E
3	技术标准	Technical standard	技标	T

表4-9　管理文件类别代码表

序号	名　　称		代码	
	中文	英文	中文	英文
1	通用规定	General provisions	通用	GP
2	设计管理	Design management	设计	DM
3	计价及投资	Pricing & Investment	计价	PI
4	施工及验收	Construction & Acceptance	施工	CA
5	物资采购	Material procurement	采购	MP
6	招标投标	Tender and bid	招标	TB

表4-10　通用定型图类别代码表

序号	名　　称		代码	
	中文	英文	中文	英文
1	通用定型图	Universal drawings	通用	UD
2	造价指标	Cost index	造价	CI

表 4-11 专业类别代码表

序号	名称		代码	
	中文	英文	中文	英文
1	原油集输	Oil gathering and transportation	集	OG
2	天然气集输	Gas gathering and transportation	集	GT
3	长输管线	Transmission pipeline	线	TP
4	注水	Water injection	注	WI
5	电气	Electricity	电	EL
6	自控仪表	Instrumentation	仪	IS
7	防腐保温	Corrosion control & heat insulation	腐	AC
8	阴极保护	Cathodic protection	护	CP
9	机械	Mechanical	制	Me
10	通信	Telecommunication	信	TE
11	给排水	Water supply and drainage	水	WD
12	消防	Fire fighting	消	FF
13	环境保护	Environmental protection	环	EP
14	油气处理	Oil and gas treatment	处	OT
15	建筑	Architecture	建	AR
16	结构	Structure	结	ST
17	总图	Plot plan	总	PP
18	热工	Thermal energy and power engineering	热	TH
19	采暖通风	Heating, ventilation and air conditioning	暖	HV
20	燃气	Gas engineering	燃	GA
21	道路桥梁	Road and bridge	路	RB
22	储运工艺	Storage and transportation Technology	储	SA
23	工程测量	Engineering survey	测	ES
24	岩土工程	Geotechnical engineering	地	GE
25	技术经济	Estimate & budget	算	EC
26	标准化	Standardzition	标	SD
27	彩图绘制	Graphics	绘	GR

表 4-12 技术标准类别代码表

序号	名称		代码	
	中文	英文	中文	英文
1	技术规定	Technical provisions	技规	TP
2	技术规格书	Technical specifications	规格	TS
3	设计标准及规范	Design standard and code	标准	DC
4	标准化模板	Standardized template	模板	ST
5	设计参考资料	Design reference material	参考	DM

（2）标准化站场、模块的编码。

中国石油天然气股份有限公司对此类文件的编码有统一要求，即《油气田地面工程标准化设计工程设计文件编制规定（试行）》。本项目依据以上规定，结合长庆油田自身工作实际，编写《长庆油气田地面工程标准化设计工程设计文件编制细则》。

站场编码根据站场不同特点，体现所适用的站场类型、属性（油品物性、典型工艺等）、规模和典型设计参数等，编码的基本格式为

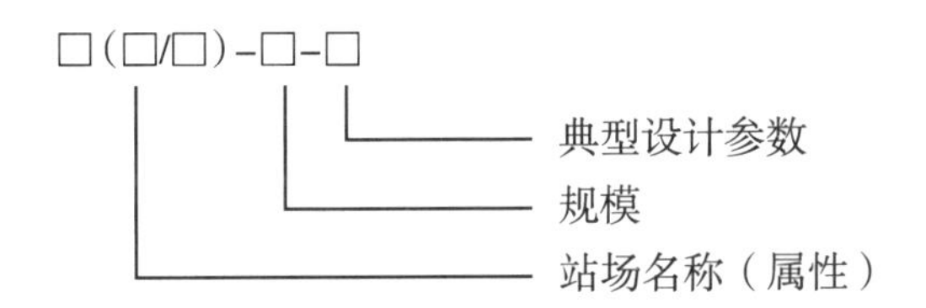

例如某规格接转站的编码为“接转站（脱水）-15-40”。

模块编码体现具体模块的名称、适用条件、主要构成或型号规格、关键设计参数和不同安装形式等，编码的基本格式为

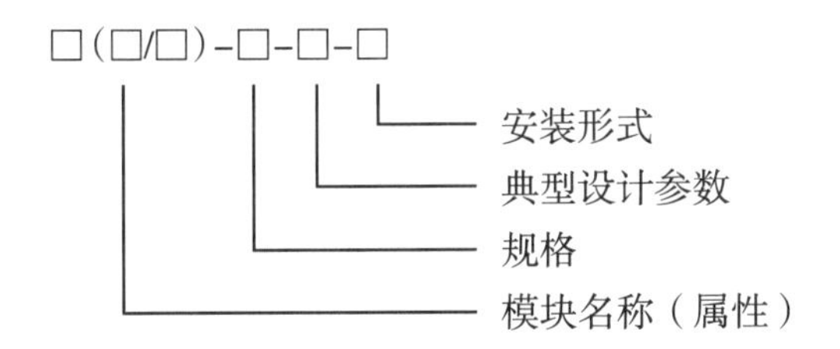

例如某模块的编码为“往复式压缩机（酸气）-25-1.0/5.0-1”。

（3）一体化集成装置编码。

执行《一体化集成装置命名规定》，装置编码体现公司代码、工艺介质、主要功能、主要参数等，例如油气混输一体化集成装置的编码为“CTEC-OG-MF-240/40”。

装置编码介质代号、采用工艺代号、功能代号以及使用场所代号见表4-13至表4-16。

表4-13 装置编码介质代号表

编号	介质	缩写
1	原油	CO
2	天然气	NG
3	伴生气	AS
4	凝析油	CL
5	油气	OG
6	油田采出水	OPW
7	气田采出水	GPW
8	清水	CW
9	污水	SE
10	热水	HW
11	污泥	SL

续表

编号	介质	缩写
12	污油	DO
13	压缩空气	CA
14	导热油	HCO
15	氮气	NI
16	酸性天然气	SG
17	甲醇	ME

表 4-14 装置编码采用工艺代号表

序号	中文词义	缩写代号
1	电加热	EH
2	泵—泵	PP
3	高压	HP
4	中低压	LP
5	含硫	S
6	同步回转	SR
7	三甘醇	TEG
8	两室	TC
9	燃料气	FG

表 4-15 装置编码功能代号表

<table>
<tr><th>序号</th><th>中文词义</th><th>缩写代号</th></tr>
<tr><td>1</td><td>混输</td><td>MF</td></tr>
<tr><td>2</td><td>接转</td><td rowspan="2">PU</td></tr>
<tr><td>3</td><td>增压（液体）</td></tr>
<tr><td>4</td><td>增压（气体）</td><td>CO</td></tr>
<tr><td>5</td><td>脱水</td><td>DE</td></tr>
<tr><td>6</td><td>收球</td><td>BC</td></tr>
<tr><td>7</td><td>供水</td><td>WS</td></tr>
<tr><td>8</td><td>分质供水</td><td>DWS</td></tr>
<tr><td>9</td><td>注水</td><td>WI</td></tr>
<tr><td>10</td><td>分离</td><td>SE</td></tr>
<tr><td>11</td><td>外输</td><td>EX</td></tr>
<tr><td>12</td><td>计量</td><td>ME</td></tr>
<tr><td>13</td><td>节流</td><td>TH</td></tr>
<tr><td>14</td><td>缓冲</td><td>BU</td></tr>
<tr><td>15</td><td>加热</td><td>HE</td></tr>
<tr><td>16</td><td>供热</td><td>HS</td></tr>
</table>

续表

序号	中文词义	缩写代号
17	加药	PT
18	注醇	AI
19	集油	CG
20	集气	GG
21	稳定	ST
22	处理	TR
23	发电	GE

表 4-16 装置编码使用场所代号表

序号	名称	英文代号	中文代号
1	联合站	CS	LHZ
2	增压点	PS（M）	ZYD
3	接转站	PS	JZZ
4	集气站	GGS	JQZ
5	变电站	TS	BDZ
6	注水站	IS	ZSZ

4）工作流程

编制了《标准化设计体系工作流程》，明确各类成果文件编制的委托、编制、审查、报批、审批、发布等工作的程序（图 4-19）。

在标准化设计应用过程中，形成了站场设计流程和模块设计流程，从而实现了标准化工作流程的全面覆盖（图 4-20 和图 4-21）。

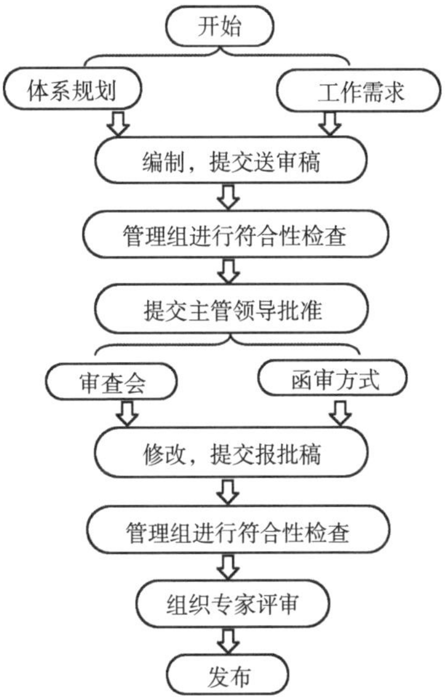

开始
体系规划
工作需求
编制，提交送审稿
管理组进行符合性检查
提交主管领导批准
审查会
函审方式
修改，提交报批稿
管理组进行符合性检查
组织专家评审
发布

图 4-19 标准化设计体系工作流程示意图

5）技术标准

技术标准是对标准化设计领域中需要协调统一的技术事项所制定或引用的标准，是设计、建设过程中共同遵守的技术依据。它是标准化设计体系的技术支撑，不仅能优化标准化设计，而且达到夯实标准化设计基础的目的。标准化体系建设中技术标准工作一是加强了技术文件的管理力度，深化专业级的技术规定、技术规格书等，形成技术标准库。二是以标准化模板来规范设计成果的表达形式，进一步规范设计人员的设计习惯。

6）管理应用

长庆油田构建了标准化设计成果管理系统，主要实现标准化设计成果的数据录入、检索查询、下载管理、权限设置、统计、数据维护、开发接口等基本功能，并能辅助实现管

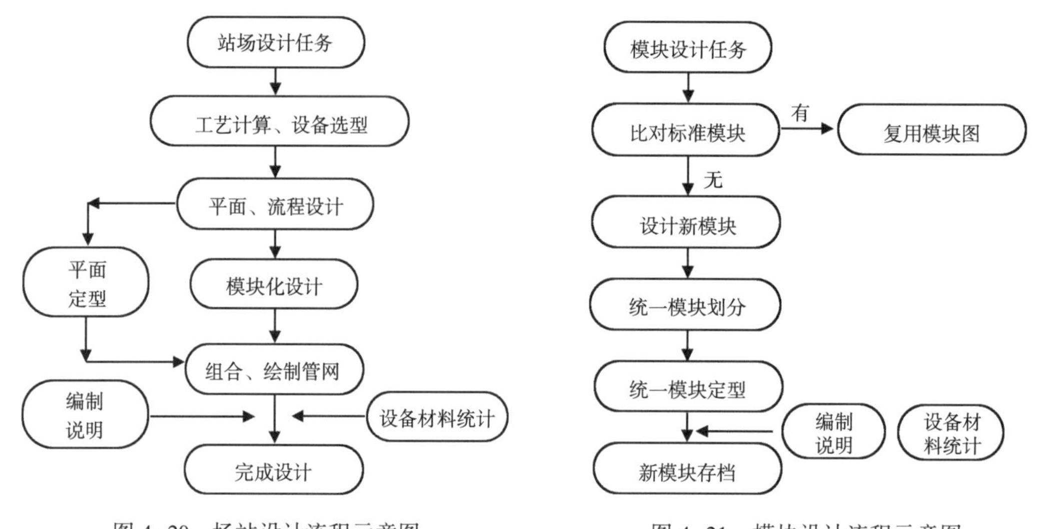

图 4-20　场站设计流程示意图

图 4-21　模块设计流程示意图

理及根据特殊需求增扩其他相应功能。结合标准化设计体系建立的完善的编码体系，应用信息化的管理技术，通过统筹考虑，反复论证，寻找保密需求与应用便利之间的平衡点。该平台的顺利搭建，为标准化设计体系管理文件的实施，提供了一个发布空间；为各部门、各专业的标准化站场、模块、通用图集提供了一个存储空间；为专业技术规定、各类标准化模板、各类参考模板、参考资料的共享提供了一个展示空间；为所有标准化成果的综合管理、有效应用提供了一个融合空间。

第二节　模块化建设

一、必要性

推行模块化建设的必要性主要有四个方面。

1. 环境保护的需要

通常一项工程的建设从前期的准备到工程完工甚至到后来的几十年的生产运行，若对工程中产生的工业垃圾、工业废气、废水、噪声、粉尘等处理不当，或多或少会对周边环境产生不同程度的污染和破坏，这些破坏反过来又阻碍企业的发展和社会进步。面对环境保护的挑战和油气田发展需要，加大技术攻关力度，科学规划，积极探索超低渗透油气藏新的建设模式，努力处理好资源开发与环境保护的关系，把对环境的影响降到最小。标准化设计、模块化建设技术的规模应用，不仅能加速站场工程建设、缩短建设周期，而且减少了对周边环境的污染，弱化了污染程度，实现保护与发展的良性循环。

2. 加快建设速度的需要

根据国家能源战略的需求，鄂尔多斯盆地要在近期实现 5000×10^4t（油气当量）工作目标，超低渗透油气藏开发进入全新的快速发展阶段。繁重的建设任务需要全新的设计理念和超常规的工程建设方法，保证设计水平、建设水平、管理水平的全面提升。结合以往油气田地面建设工程的自身特点，经过对系统最优化分析和创新完善，将标准化与模块化建设思路用于油气田场站施工，探索出一条适合超低渗透油气藏地面工程建设特点的标准化设计、模块化建设技术，减少设计周期、超前预置，加快场站进度，缩短施工周期，符合大油田管理、大规模建设要求，具有良好的技术经济效益。

3. 提高工程质量，确保油气田安全生产的需要

众所周知，油气田场站工艺管线敷设的外在质量和焊接质量严重影响油田生产的安全性能，同时，场站工艺管线材质、规格型号繁杂，为施工工艺的制定带来困难。标准化设计、模块化建设将使工艺管线材质、规格标准化，通过基地作业线加工，不受现场条件制约，便于实现加工工艺的持续改进及优化，有利于质量的提高。首先，加工基地良好的作业环境、平整的工作平台和车间、机械化操作和较大模块的预制，以及现场的组装化生产确保了工艺参数；再者，将部分工作由现场施工改为车间式施工，既减轻了劳动强度，又提高了工艺质量，如自动化焊接规避了大量施工现场手工焊接人为因素的影响，使焊接合格率上升到96%以上，从根本上保证了工程质量和安全。

4. 工程管理技术创新的需要

标准化设计、模块化建设，既是管理创新，更是技术创新。场站设计标准数据库系统的建立，是标准化设计、模块化建设的先决条件，大到油田规模、小到单个场站的设计，都有赖于形成从材料、设备、施工控制等系列的标准数据库，以支撑设计的标准化和数字化管理。标准化设计、模块化建设流水作业线的生产方式使生产程序固化，每一工序的衔接都界定清晰、管件设计标准参数具体明了，生产过程的固化，材料、规格的标准化，极大地便利了施工过程中的规范化管理。

二、模块化建设的工艺要求与主要特点

依靠先进技术工艺为支撑，模块化建设大量引入平行作业工序，将土建、安装、调试等施工作业进行深度交叉，达到缩短建造工期、提高施工质量的目的。

1. 工艺要求

模块化建设工艺流程如图4-22所示。

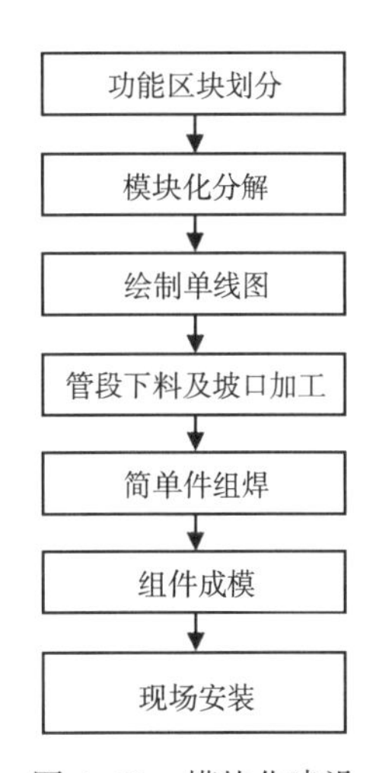

图4-22 模块化建设工艺流程示意图

功能划区：按照使用功能，将场站划分为若干模块，根据运输及吊装等条件，进而又将功能模块细分为施工预制模块，并制定相应作业指导书，指导现场作业。

分项预制：在设计模块基础上，绘制单线图，编制现场管段组装工艺卡与管段下料表，制定相应作业指导书，指导现场作业。

流水作业：从下料、坡口加工、管段组对、管线分层焊接、分片组装、整体组装、现场安装几个环节进行流水作业。

组件成模：利用单线图分段预制，分片组装，实现各功能区块的现场组配安装。

现场拼装：现场插件式快速拼装作业。

2. 主要特点

1）组件预制工厂化

建立模块化预制工厂，按照标准设计划分功能模块。一改过去场站露天施工恶劣的环

图 4-23　组件预制

境，将原有的现场施工改为厂房施工，采用先进的施工设备，实现自动化和机械化工厂作业，为高质量产品的生产提供了硬件保障（图 4-23）。

2）工序作业流水化

按照施工工艺合理配置资源，形成工序衔接、流向顺畅、各工序操作单一简捷、高效可靠的工序交接制（图 4-24 和图 4-25）。

3）过程控制程序化

编制程序化过程控制文件，健全组织机构，明确岗位职责，实现流程顺畅、规范操作、统一标准、统一标识的过程管理。

图 4-24　作业流水化

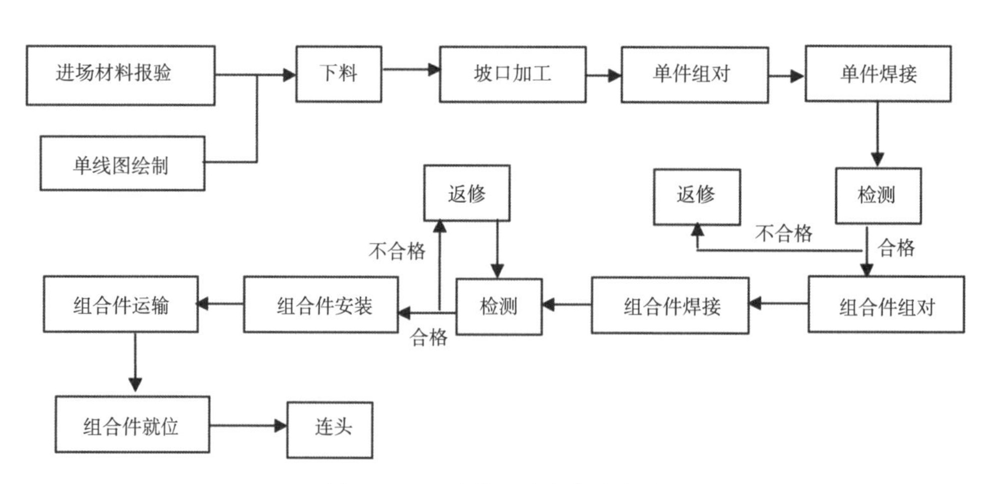

图 4-25　工序作业流水化示意图

4）模块出厂成品化

组件装配成大的模块出厂，使得产品的系列化、互换性大大增强，且方便运输。

5）现场安装插件化

模块在现场以插件形式安装（图 4-26）。现场作业尽量减小，适应快速建站，便于维修。插件式拼装高效、快速、不易变形。现场安装接头少，优化了焊口检测位置，减少高空作业，保证了工程的本质安全。

图 4-26 现场安装插件化

6）施工管理数字化

统一数据模型，整合项目管理系统，实现信息资源共享，满足施工过程数据的可追溯性及标准规范要求。

三、模块化建设的主要做法

1. 模块分解与单线图和管段图

模块是指具有标准尺寸和标准件，且主要部位具有可选性的最终产品预制单元。

1）模块的分解

（1）模块分解原则。

①工艺管线以所处专业区域划分原则。

以油田站场为例。在同一个模块，一般情况下都是输油工艺管线、水处理工艺管线、供热工艺管线等多专业工艺共同作用来实现模块的功能，虽然所属系统专业不同，但在模块化生产预制方面的各道工序都是一致的。如罐区，有输油工艺管线、采暖热回水管线、消防工艺管线等，在模块划分时将所有专业划分在一个罐区模块中。集输工艺管线的预制是模块主要的工作量，因此将采暖、消防工艺管线整体划分在储罐模块中。加热炉模块也同时包含集输工艺、采暖工艺，不因工艺所属专业进行划分。

②土建、电器仪表与工艺模块独立原则。

土建施工不牵涉管线的加工、预制，而主要是对设备基础等进行预制，这两个专业在模块化预制生产加工过程中作为两个独立作业的过程，不存在交叉；电器仪表的预制件、加工方法以及预制成品件属性与工艺管线模块预制存在很大的差别，并且电器仪表专业只能进行电器仪表件的预制，而不能进行大型模块的预制加工；再者，电器仪表预制件全站场内各个模块的预制都是相同或相似的，能形成标准件的成套加工。因此将土建和电器仪表专业与工艺安装分离，模块化生产线只进行工艺管线的预制。

③平面布置功能划分及流程细分原则。

通常可按场站各区块功能、平面布置进行模块划分。遵照平面布置功能划分及流程细分原则，罐区、加热炉、总机关等模块在流程中功能、平面布置都相对独立，比较容易划分。考虑到罐区平面布置在一个区域内，采用防火堤进行隔离，并且工艺管线预制重复性很高，可划分为一个大的模块；气液分离器、缓冲罐、污油箱等区块虽然工艺流程上具有独立的功能，但从平面布置上看比较紧凑，进行细分使得模块的数量增加，使模块化生产管理变得复杂，所以，按照平面布置划分为一个模块，各自功能相对独立，各模块在工艺管线预制上没有相似性，因此划分为独立的模块；注水系统的喂水泵、注水泵、高压阀组位于同一个站房内，则分别划分为注水泵模块、喂水泵模块以及高压阀组模块。

（2）模块接口原则。

①室内功能模块与室外总图区块。

室内布置的功能模块与室外总图区块相连接构成整个工艺流程网络。室内管线引出后与室外管线的连接长度不等，不能以焊口作为接口，按照模块分割的统一性、规范性，以及预制模块拉运过程中的防变形要求，规定室内模块与室外总图模块以墙外 1m 为界进行分割。按照上述平面布置图，经过划分后，就可将整个室内模块与室外模块进行有效分离。

经过分割，将室内模块整体划分出来，成一个大的区块（图 4-27）。

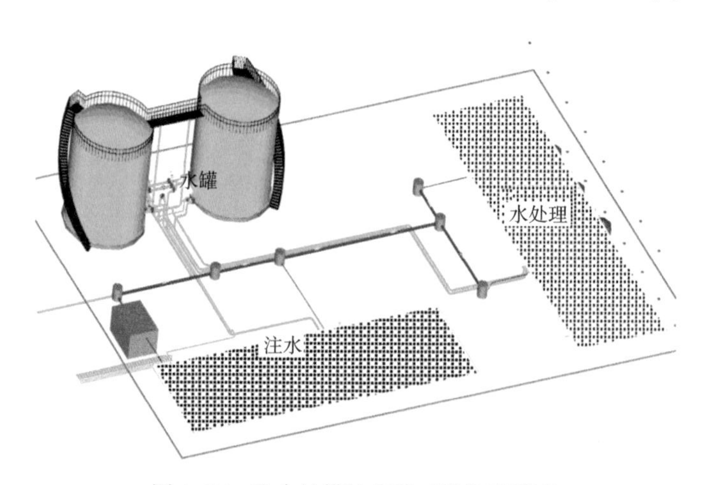

图 4-27　注水站模块布置三维仿真模型

在室外以总图模块相连接，然后对相邻室内模块进行分割。对注水站室内总模块的划分如图 4-28 至图 4-30 所示。

②相邻室内模块的分割。

两相邻室内模块一般都是通过一条或两条管径较大的埋地管线相互连接起来，为进行模块的独立完整分割，必须将连接管线断开。因为其间有一道隔墙，如果预制模块的管线

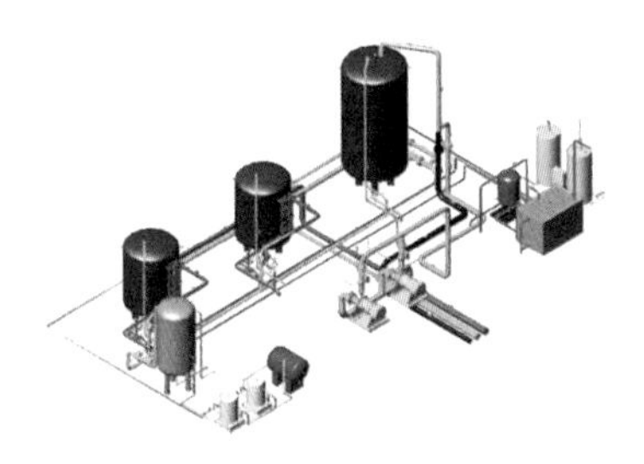

图 4-28 注水站水处理间三维仿真模型

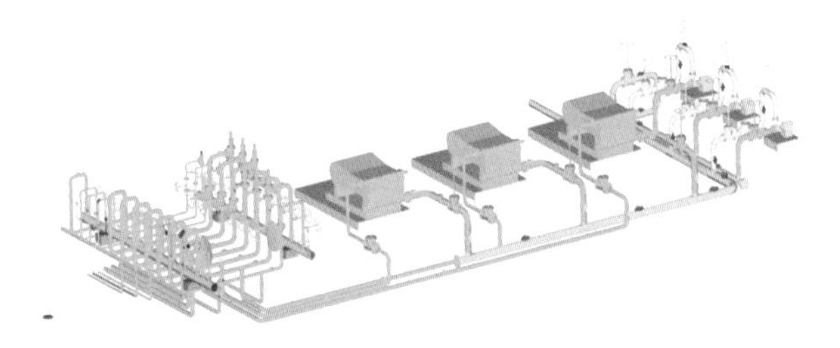

图 4-29 注水站注水泵房三维仿真模型

穿墙的长度过大，会给模块就位安装带来困难，因此，在模块分割时规定相邻模块的分割以相对简单模块一侧离墙 0.5m 为界。如果连接管线在离隔墙距离较近时有焊接点，则直接选取该点为模块分解的断点，避免施工作业量的增加。

③同一室内布置有多个模块的分割。

注水站注水泵、喂水泵、高压阀组均在同一室内进行布置，进行模块划分时，不对接口的位置进行具体的数字规定，而是以现场预制为主，规定同一室内布置的多个模块以模块与连接干线的其中一个连接焊口为分界点，这样就避免了将同根长管线进行分段的安装，避免增加工作量。

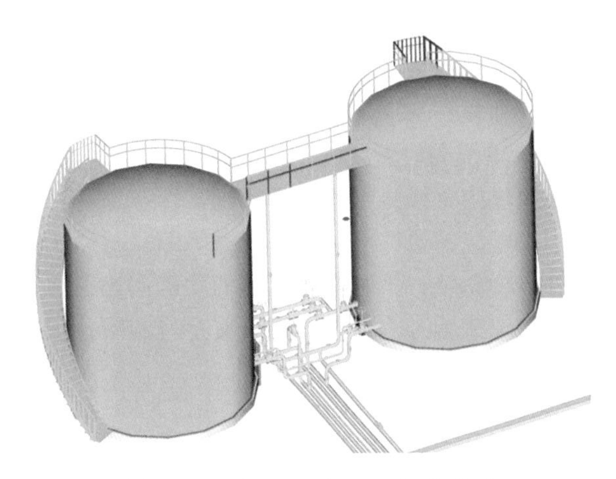

图 4-30 注水站水罐三维仿真模型

④罐区功能模块与总图区模块以防火堤为界。

首先，储罐区在场站平面布置中整体独立存在，外围以防火堤、罐区道路将其与其他功能区块完全分离。实际工程建设中，一般将防火堤以内罐的制造安装、罐区埋地管线安装等作为一个整体考虑；再者，罐区内沉降罐、脱水罐虽然功能有差异，但模块化工艺预制安装复制性很大。综合以上两方面原因，罐区功能模块的划分与总图模块以防火堤为界进行分割，形成一个大的功能模块。

⑤室外功能模块的接口。

由于室外总图埋地管网都是采用整体一次性铺设的施工原则，将室外模块按照平面区块进行整体的切割分离，在实际施工中增加了施工难度，同时也增加作业量以及施工成本，并且室外埋地管线一般规格较大，如果进行模块化预制，也给预制固定、防变形带来困难。考虑到现场安装以及模块化生产条件，室外模块以地面以下管子与埋地干线连接口为分界点进行模块分解。场站内加热炉、缓冲罐、分离器、污油箱、分离器、消防水罐区、净化水罐、除油罐等都是以模块地下引线与干管连接点为接口，将各模块独立分割出来。

⑥高压电器系统模块的接口。

高压电器系统模块由变压器、配电屏以及变压器到配电屏的母线桥组成，外部接口以户外架空线路在变压器进线柱为接口，配电屏高压开关以引出外部的电缆为界，以电缆接线端子为接口。

⑦常压电器系统模块的接口。

常压电器系统模块由配电屏引出电缆、电动机、启动控制设备、配电箱、照明器具等组成，其引入接口以配电屏出线端子为界，出线接口以电器接线盒、照明器具引入端为界。

⑧仪表模块。

仪表模块由中央控制盘、仪表柜、连接电缆以及一次仪表组成，整个模块为一个完整的系统，不进行模块分割。

2）单线图描述工艺管线方法

按照对场站模块的分解，绘制模块预制单线图。单线图绘制分两部分，首先是绘制模块的整体组装效果图，再在整体组装图的基础上对模块进行详细的分解，分解图中要对管线的信息细化到每一元件。

（1）单线图对管线的描述方法。

①模块内管线流水号的表示。

由于管线的属性不同，其压力等级、材质、质量等有不同的要求，为便于质量控制以及数据分析总结，了解模块流程的功能用途，在单线图中标注管线的属性、所属模块以及在模块中位置编号等信息，以英文字母和阿拉伯数字表示。

管线编号举例说明：

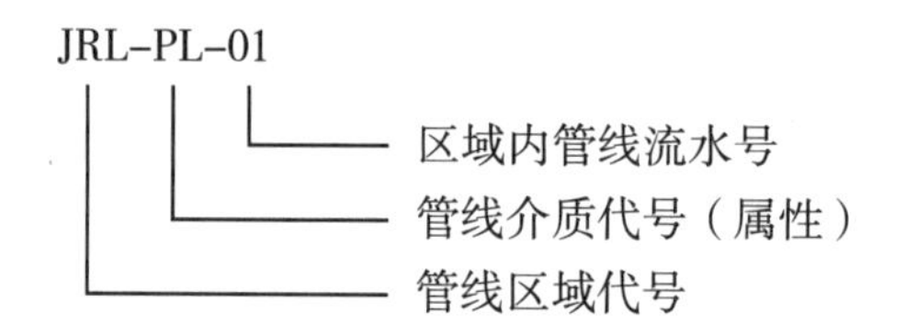

管线属性编号原则见表 4–17。

表 4–17　管线属性编号表

序号	管线代号	管线属性
1	PL	油管线
2	RG	气管线
3	CW	热水管线
4	CWR	回水管线
5	W	排污管线
6	GS	供水管线
7	JY	加药管线
8	FK	放空管线
9	ZS	注水管线

②管线焊口的编号方法。

焊接质量是模块化生产质量控制的重点，焊缝编号信息必须完整，要实现对数据的可追溯性，便于质量控制和原因分析、责任落实。

编号原则：

场站代号	区域代号	管线介质代号、区域流水号	焊口序号	焊工钢印号

在单线图中设置了焊接明细表，内容包括焊缝的外观检查、热处理情况、无损检测情况等，方便在施工时对数据的记录以及施工后对数据的收集整理。现场记录和单线图上的标识保持相互统一，在施工中将发生变更的数据及时移植到单线图中，实现全部焊口数据的真实性及可追溯性。

在现场施工中，焊工会随作业安排发生调整，并且无损检测比例口的抽取比较随意，预热、热处理都要根据现场实际来确定，因此为保证数据的真实性以及采集的及时性，设置了焊口信息栏，除了编号之外，还设置了焊工编号、预热、热处理、无损检测部分的信息表格，方便数据采集。

（2）单线图对管件及阀门的描述方法。

模块化建设以单线图指导整个预制生产过程，因此单线图的分解必须细化到图中的每一个元件。在单线图中，每一条预制管线上的元件如管段、弯头、阀门等，用①②③等进行编号。为方便统计说明，在编制时，对于规格、尺寸完全相同的管件、设备可以用相同的数字进行编号，如弯头、阀门。

单线图的管件信息栏按照一定顺序编号的管段进行材质、规格、连接方式等的描述，又对阀门、弯头从名称、型号、规格、数量方面按照标注序号一一对应，做了详细的说明，型号、规格等和图纸设计上的要求一致，在用单线图指导预制施工时，就可保证管件、设备的正确安装。

3）单线图对工艺加工过程的描述方法

单线图中包含模块化预制施工所有相关信息，可以对模块化预制的整个加工生产过程进行描述。

（1）下料。

单线图中的材料信息栏相当于一个局部的料表，可以对管段的下料加工进行指导。材料信息栏中包括管段的材质、规格，并在图中可以查到管段的长度，并且整个管线上的单个管段都有编号，不需要进行设计图纸的查阅就可以进行管段下料。

（2）组对、焊接。

下料、坡口加工完成后，进行简单件的组对。一般都是管段和弯头、管段和阀门、管段和大小头的组对焊接，在单线图上对弯头、阀门、大小头的型号等都有具体的说明。图中⑥代表的是阀门，⑦代表弯头，对号领取法兰、弯头等管件，管段与管件的连接方式均为焊接连接，以图中焊编号顺序 H01W、H02W、H04W 至 H08F 依次进行管段与弯头、管段与法兰片的组对焊接，简单件焊接完成后，以法兰的连接方式进行复杂件的安装，完成整个流水线 PL01 的预制工作（图 4-31）。

按照同样的预制加工方法和顺序，完成流水线 PL02 和 PL03 的预制生产。利用单线图上的编号顺序就可以指导完成模块分解形成的管线流水线的组对安装。

单线图上的焊接信息表实现了对焊接、无损检测等过程的数据化描述。

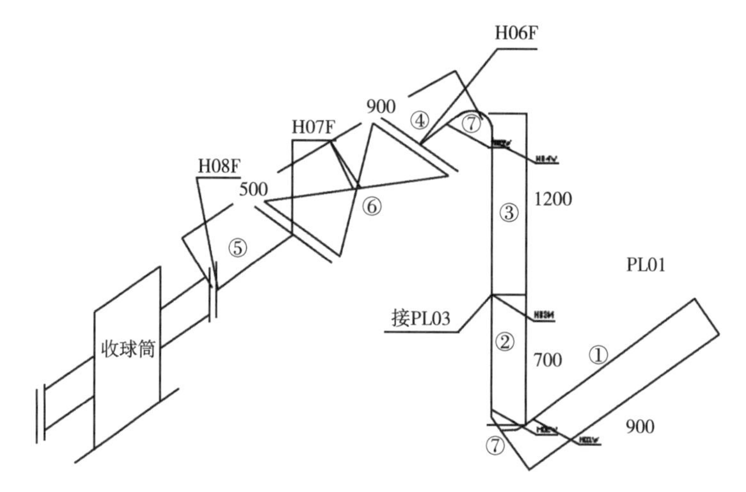

图 4-31 收球筒 PL01 管线预制单线图

（3）组件成模。

各管线流水线组装完成后，按照模块安装单线图上的管线号和安装位置，进行模块组装，形成预制成品。

收球筒模块预制是完成流水单根管线的预制后，再完成整个汇管的安装，最后通过连接的方式与整个模块相连接的，所以在连接时要明确两个连接点的位置，预制件非固定管段尺寸可以进行再加工，以保证安装精度。

收球筒模块分解预制从上而下进行，将整个模块分解成3条管线流水线，分别绘制分解单线图。按照分解单线图上的材料设备信息进行下料、组对焊接、简单件的组合以及复杂件的安装，完成每一条管线流水线的预制。组件安装是按照从下到上的顺序进行，先组合形成每一条管线，再按照安装单线图，将各管线进行组合安装形成预制模块。

对于需要在现场进行安装的大型设备，模块预制形成每一条管线流水线，然后在现场对预制成的管线进行插件式的安装。

2. 三维设备仿真模型库

三维设备仿真模型库是三维设计、设备管线安装的基础，经过近三年的不断研究与积累，借助三维辅助设计，成功地建立了三维设备仿真模型。

1）管线属性定义

如何对联合站工艺流程进行优化，以利于集中处理站进行模块化组合是工艺流程优化的重点。通过对站场工艺流程优化，提出“化整为零，功能分区，先分后合，属性定义”的工艺流程设计思路，即将站场工艺流程按功能及固定数字序号分为若干个工艺区，整座站场流程功能由工艺流程和流程框图组成。然后，对站场内所有管线属性进行属性数据化定义，以便对站场内所有管线进行数据化管理并预配管线。

2）三维设备仿真模型库

运用三维设备仿真模型库，实现对集气站、联合站、接转站、注水站等场站和工艺管线的三维设计，对管线空间走向、工艺流程、模块的空间布设和各场站布局一目了然（图4-32至图4-38）。此外，在模型中还引入属性概念，如管线的属性，属相不同管线的表示方法不同，即便是同一模块中的工艺管线，也能明显区分出其所在的管线流程系统。

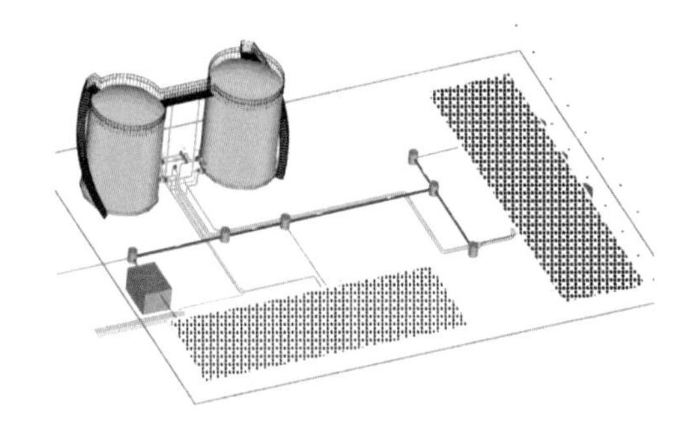

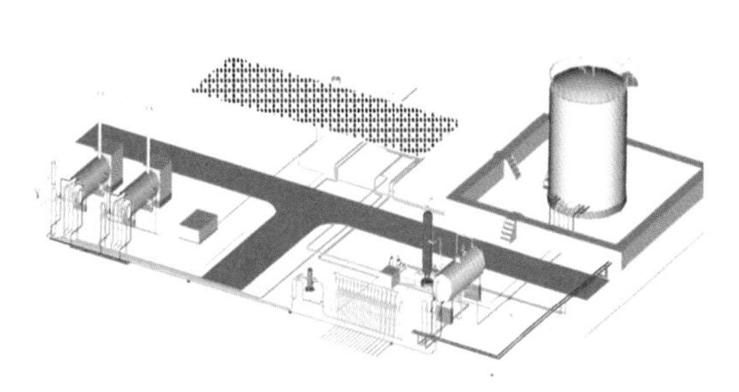

图 4-32 注水站三维仿真模型

图 4-33 接转站三维仿真模型

图 4-32 和图 4-33 设计的是标准注水站、接转站的三维仿真模型，图中管线的走向、连接、空间所处的位置、整个流程表征清楚，从三维仿真图上可以很便捷地进行布局以及流程的优化。

图 4-32 至图 4-38 中管线属性不同，表示的颜色不同，蓝色为进油管线，绿色为出油管线，红色是热回水管线，黄色为油气混合管线，从不同的颜色即可以看出管线的属性，设计中不容易混淆。

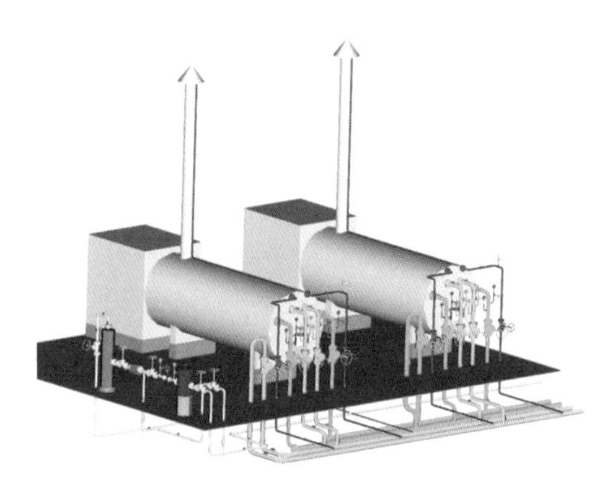

图 4-34 缓冲罐三维仿真模型

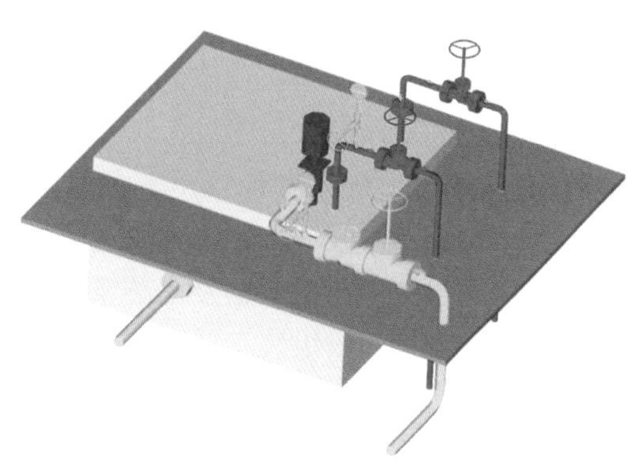

图 4-35 污油箱三维仿真模型

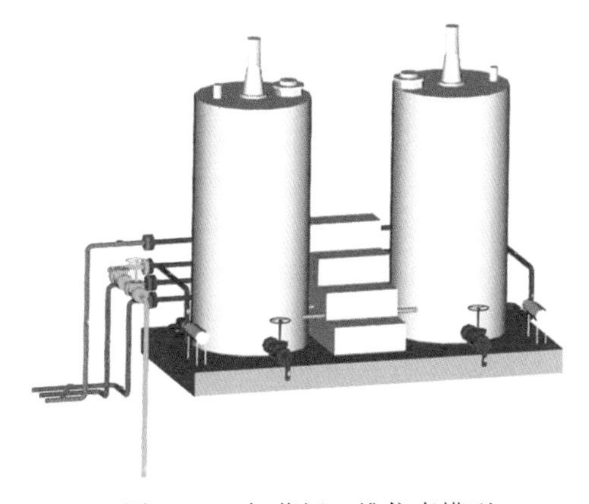

图 4-36 加药间三维仿真模型

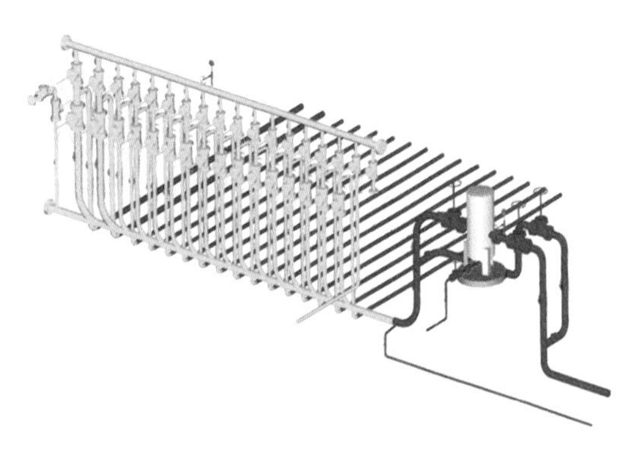

图 4-37 总机关三维仿真模型

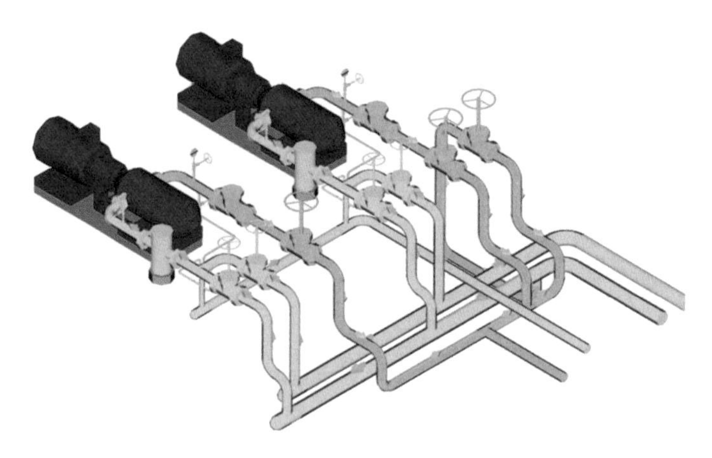

图 4-38　输油泵三维仿真模型

三维仿真设计以其直观性和易区分性，在进行场站设计时，只需从三维模块数据库中调出所需模块，进行总流程的改造与相互的连接整合，便可形成整个场站的三维设计，该方法直观高效，便于场站整体施工控制。

3. 自动统计材料、自动检查管线碰撞

三维设计是将现场具体的安装按空间坐标反映在图纸上，可借助三维辅助设计方便实现管线安装的自动检查，能够避免管线碰撞、管线接口错误、管线漏缺等管线安装二维设计中常见的问题。由于是按照空间坐标设计，根据图纸即可完成安装材料的自动统计，提高了设计速度和质量。

4. 专业模块化分解技术

模块化建设技术是对油田场站工艺安装，先分解后整合的一种施工技术。即将场站划分为几个功能模块，根据运输及吊装条件，对功能模块进一步划分为施工预制模块，绘制单线图，编制现场管段组装工艺卡和管段下料表，确定焊口编号原则，制定相应作业指导书，指导现场作业，使下料、坡口加工、管段组对、管线焊接、组合件组装等现场施工转变为工厂流水线作业，然后再将预制好的组件运输到场站，按模块进行插件式安装，形成功能模块（图 4-39）。

在井站现场可对复杂的施工流程，按照分解的多个单一工序进行组装施工，且同一功能模块具有互换的特点，可批量生产预制模块。同时，模块化建设技术引入了平行作业思路，通过各工序深度交叉施工，达到了提高工作效率和工程质量、降低安全风险的目标。

1）分项预制

首先把功能模块分解为复杂组合件，最终分解成简单组合件。

简单组合件为不多于两个管件或两个管段组合在一起的半成品工件。分为管—三通、管—弯头、管—法兰等形式，是模块分解的最小单元。简单组合件的单一性为用短管焊接作业提供了有利条件。复杂组合件为由多个简单组合件组合起来的半成品工件。

2）流水作业

流水作业的特点体现为简单、重复、高效、可靠，是将组合件预制按工序分解为多个单一工件，经过简单重复的工作来体现的（图 4-40）。

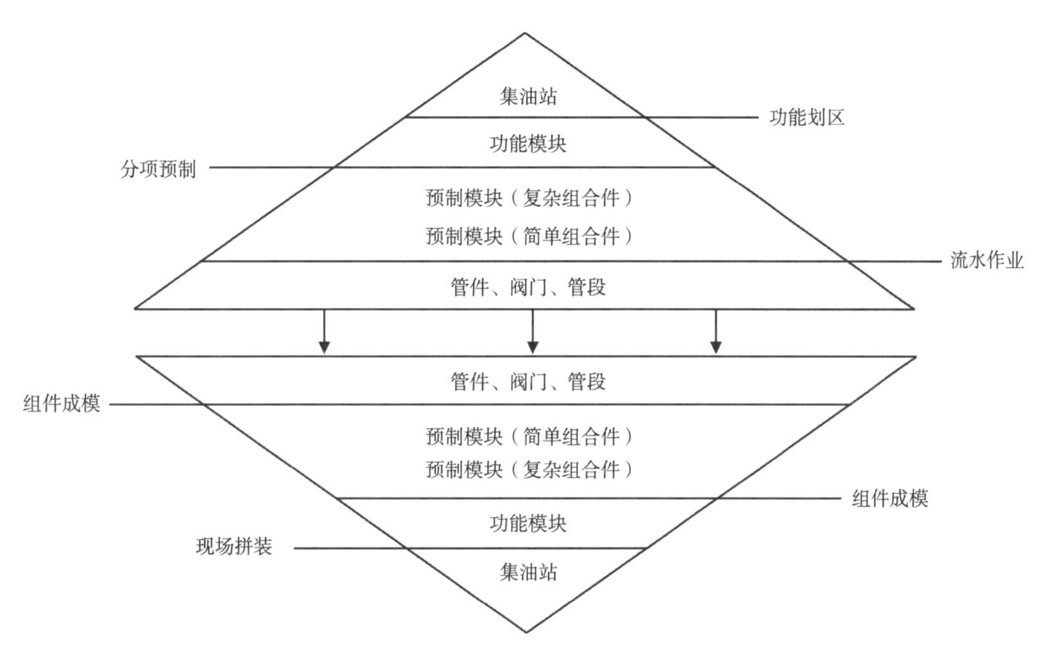

图 4-39　模块化建设技术菱形图

(a)采用带锯机、自动火焰切割机进行管材下料作业；下料精确，熔渣少，易清理

(b)采用自动坡口加工机进行坡口加工；坡口成型美观，参数规范化

(c)大型工装机具平台保证组对的精确度；组对模具适合批量生产

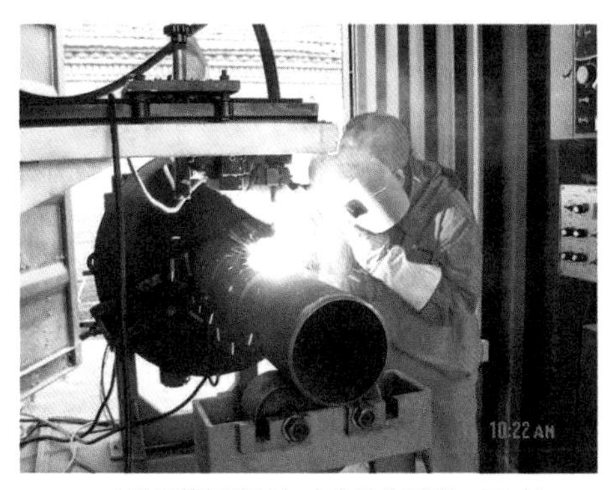

(d)短管焊接站加大自动化程度，CO_2气护焊工艺实现了焊口的优质、高效

图 4-40　流水作业

3）组件成模

组件成模，即将预制好的简单组合件，组装成若干个复杂组合件，再将复杂组合件组装成预制模块。利用管段图分段预制，分段组装，有效控制了组件的焊接变形和整体组装尺寸精度，预配质量大幅度提高；标准件系列加工成套化，加工件互换性更强，适合规模化生产；作业流程固化，操作熟练程度提高，加快了预制效率（图 4-41）。

图 4-41　组件成模

4）现场拼装

将预制模块运抵施工现场，进行插件式快速拼装，形成功能模块。采取固定夹具对预制模块进行刚性固定，防止其在运输过程出现变形（图 4-42 和图 4-43）。

图 4-42　分离器区现场拼装

图 4-43　分离器区模块

5. 工厂化预制

1）管段、管件坡口机械化加工技术

高速坡口机、带锯机和自动切割机等现代化切割设备的使用，有别于以往下料、坡口加工采用氧—乙炔火焰加工方法的不足，实现了管件作业的机械化，优势在于材料浪费小、坡口加工速度快、一次成型好，下料尺寸精确，杜绝加工误差（图 4-44）。

2）自动焊技术在联合站预制中的应用

采用短管焊接站技术，实现了联合站焊接作业工厂化，优化了焊接方位，提高了焊接机械化程度；CO_2 气体保护焊工艺，改善了焊接工艺条件，使焊缝外观成型美观，一次合格率极大提高（图 4-45）。

图 4-44　坡口加工区设置箱式坡口加工工作站

图 4-45　焊接作业区设置轨道预制移动焊接工作站

6. 站场狭窄空间检测工艺

在站场工艺管线的检测过程中，存在着高空、沟下、工序交叉等诸多问题，需要不断优化检测工艺，加快检测进度，提高施工质量。

1）双壁单影透照法

当无法采用中心透照法对管子进行检测时，如小直径管线焊缝、死口、连头等狭窄空间及几何不清晰度无法满足中心透照法要求的焊缝，应采用双壁单影透照法。对于公称直径小于 250mm 的管线环缝采用双壁单影透照法时，K 值和一次透照长度可适当放宽，但整圈焊缝的透照次数应符合下列要求。

（1）当射线源在钢管外表面的距离不大于 15mm 时，可分为不少于三段透照，互成 120°。

（2）当射线源在钢管外表面的距离大于 15mm 时，可分为不少于四段透照，互成 90°。

2）小管径接头的透照布置方法

（1）$D_0 \leqslant 89$mm 钢管对接焊缝采用双壁双影透照，焦距不得小于 600mm，射线束的方向应满足上下焊缝的影像在底片上呈椭圆形显示，焊缝投影内侧间距以 3~10mm 为宜，最大间距不超过 15mm。透照次数一般应不少于两次，即椭圆显示应在互相垂直的方向各照一次；当上下焊缝椭圆显示有困难时，可做垂直透照，透照不少于三次，互成 120°。

（2）40mm$<D_0 \leqslant 89$mm 的钢管采用平移法（向阳极侧平移），平移法要验证焊口是否在有效透照区，避免出现白头现象。

（3）$20mm<D_0\leqslant 40mm$ 的钢管宜采用角度法。射线透照小管径布置时，不需要理论计算，只需调节射线机焦点辐射角度，拉开粉线，由射线源 A 点经过焊口上表面 B 点达焊口下表面 C 点，目测或度量 CD 两点之间的距离为 3～10mm，则可立即准确确定椭圆开口间距，保证了透照工作质量，提高了检测速度。

3）检测方法现场应用

现场制作检测平台，优化检测位置，降低安全风险和施工难度，提高检测率，保证检测质量。可缩短检测周期，加大交叉作业深度，提高工作效率（图 4-46）。

图 4-46　现场检测

4）检测作业的系列化管理

根据无损检测标准和检测程序管理文件的要求，将已经探索成熟的检测工艺归纳整理，同时将特殊工件的检测工艺完善后，形成检测工艺卡，一并纳入检测管理资料数据库，用以指导检测作业人员进行规范化、系列化检测作业。

7. SCADA 系统在工程建设中的应用

油田生产运行实行远程监控，数据信息传输的水平和质量直接关系到生产管理中心的运行，运行维护及紧急情况下的关断操作，是生产运行管理的灵魂。SCADA 系统包含了现场和管理中心各计算机分机间的随机数据传输。包括各检测点的温度、流量、含水、含硫、分离器液位、污水液位等状态，各单井产量、压力及运行状况和生产报表的传递。应用 SCADA 系统可以实现远程应急操作，有效防止事故扩大，实现生产现场站、单井的远程监控。

SCADA 系统的模块化建设，是把各自动控制子系统按工艺系列分解建模，划分为不同的模块，工厂化完成一次仪表及现场配管、固定支夹具、接地系统等工艺，现场组装进行各接口的连接、电缆敷设等完成系统组合。

要实现自控系统模块化建设，就必须要解决单体检测、模块间组合调试和检测的技术问题。鉴于此，在项目研究过程中，我们历经反复实验，采用在线检测和组合调试的方法，较好地解决了各模块之间信号传输、系统误差补偿和纠正等技术难题，控制效果极佳。

四、一体化集成装置

自 2008 年开始，在鄂尔多斯油气藏的开发建设中，率先启动对油气田中小型站场的一体化、集成化、橇装化研究。2010 年 5 月，在中国石油天然气股份有限公司组织的油气田地面建设标准化设计工作第二次推进会上，长庆油田展示了已经投入运行的油气混输一体化集成装置，这套装置将井口来油进行分离、加热、缓冲、增压、控制等多种功能集为一体，配套智能远程终端控制系统，实现了井站合一、无人值守，引起了与会代表的广泛关注。也是在这次会上，中国石油天然气股份有限公司第一次明确提出各油气田要结合自身实际情况，采取直接引进、联合改造或独立研发等多种方式研制和推广一体化集成装置，一体化集成装置研发工作在中国石油各油气田全面开展。

经过国内各油气田企业的共同推动，一体化集成装置已经涵盖了包括油气集输、油气处理、油田注水、采出水处理、电气控制等多个领域。替代油气田中型站场的一体化集成装置得到规模推广，替代小型站场的一体化集成装置得到全面应用，替代大型站场的一体化集成装置的主要生产单元也取得了重要突破。一体化集成装置在某种程度上已经变成了各个油气田开发生产过程中的主力设备，处在国家油气生产的第一线。

1. 定义

油气田一体化集成装置是指应用于油气田地面生产的一类设施，结合油气田地面工程的建设规模和工艺流程的优化简化，通过将机械、电子、自控、信息等技术有机结合、高度集成，根据功能目标对各功能单元进行合理配置与布局。

油气田一体化集成装置在多功能、高质量、高可靠性、低能耗的基础上自成系统，能够独立完成油气田地面工程中一个中小型站场或大型站场中某个工艺单元的全部功能。

油气田一体化集成装置必须具备 5 个条件：一是能够替代以往的一个中小型站场，或大型站场中的一个或几个主要生产单元；二是能够远程自动控制、实现无人值守；三是能够做到安全环保、节能高效；四是运行稳定，维修方便；五是能够实现小型化、橇装化、系列化和商业化目标。

2. 主要特征

1）功能集成，灵活快捷

充分结合油气田生产实际，将机械、动力、信息采集、数据处理、自动控制等多种功能集成于一体，动静设备组合成橇，结构紧凑、布置灵活、安装方便。

2）工艺优化，简捷高效

打破了传统工艺，通过优化简化，重组简捷高效的生产工艺流程。工艺流程简化后，系统能耗得到明显降低，现场操作维护工作量也大大减少。

3）技术创新，先进适用

以标准化、信息化设计为依托，打破常规，不断进行技术优化改进和创新，加快淘汰高能耗、高污染的落后技术，确保将先进、适用、可靠的技术集成应用于装置。

3. 推广的意义

1）一体化集成装置与标准化设计

标准化设计促进了设计方式的转变。通过创新设计理念、手段和方法，提高油气田地面工程的建设质量和效率。标准化设计主要是根据油气藏类型和地面建设特点，对油气田进行合理分类，并在优化简化基础上，确定建设模式和配套工艺。通过对各类油气田站场进行模块划分，在统一站场工艺流程、平面布置、设备选型、建筑风格、站场标识以及建设标准等内容的基础上，开展模块定型图三维设计，建立模块库，通过模块组合的方式开展站场设计。

一体化集成装置是油气田地面工程标准化设计深入发展的产物，是标准化设计内涵更高层次的体现。常规中小型站场的标准化设计通常采用单一功能模块组合而成，模块种类和数量多，需分散布置。而一体化集成装置的设计更加注重工艺流程简化，更加注重功能的一体化集成，更加注重自动控制与智能化。一体化集成装置是将多功能高度集成形成的定型产品，一套装置可替代一座常规中小型站场。

2）一体化集成装置与模块化建设

标准化设计促进了采购方式的转变。标准化设计统一了设备和材料选型，实现了规模化采购和供应商优选，为降低物资采购成本、提高采购质量、缩短采购周期创造了条件。

模块化建设促进了施工方式的转变。采用模块工厂化预制和现场组装化施工的建设方式，改变了过去以现场作业为主的施工模式，消除了季节影响，改善了施工环境，减少了现场安装强度，促进了安全环保，加快了工程进度，提高了工程质量。

一体化集成装置作为一个功能完整的产品，和常规模块相比，集成度更高、功能更强、预制程度更深、现场安装工作量也更少。通过将一体化集成装置纳入模块化建设范围，全面促进了模块化建设水平的提升，更有利于缩短建设工期和加强质量控制。

3）一体化集成装置与数字化建设

数字化建设促进了管理方式的转变。通过建立数字化生产管理系统，实现了油气田生产和管理模式向自动化和智能化的转变，优化了劳动组织，控制了用工总量，强化了安全环保，降低了运行成本，提升了管理水平。

一体化集成装置作为工业化和信息化融合的产物，集机械技术、电工技术、自控技术、信息技术于一体，具有自动化、智能化的特点，能够实现生产过程自动控制和自我保护，生产数据自动采集、上传并处理，能够达到无人值守，促进信息化建设与管理。

通过规模应用，一体化集成装置替代了传统的中小型站场，优化了地面工艺，简化了地面设施，有效控制了建设和运行成本。同时，通过油气田大量中小型站场的无人值守，有效减少管理层级，全面优化组织架构和人力资源配置，减少了现场用工总量，促进了管理方式的转变，提升了油气田生产管理水平。

4. 关键及配套技术

1）结构设计

油气田一体化集成装置需要在多功能、高质量、高可靠性、低能耗的基础上自成系统，并能够独立完成一个中小型站场或大型站场中某个工艺单元的全部功能。

油气田一体化集成装置的研发需要结合油气田地面工程的特点，全面优化简化工艺流程，并将机械、电子、自控、信息等技术有机结合、高度集成，根据功能目标对各单元进行合理配置与布局。由于涉及多个专业，研发重点各不相同，大部分装置的核心部分又是压力容器，因此结构设计方面除了要严格执行国家、行业标准规范外，还需要从安全可靠、节能高效、低碳环保、经济合理等方面综合考虑。下面主要以油气混输一体化集成装置、天然气三甘醇脱水一体化集成装置等为例，对其中涉及的部分关键技术和措施进行介绍。

（1）容器内部中间隔断结构。

以油气混输一体化集成装置为例，该装置主体由加热部分和缓冲分离部分组成，而加热部分和缓冲分离部分的中间隔断结构是实现装置一体化集成的关键。

在装置研发过程中，对承压容器内部隔断结构的设计从多方面进行了考虑。首先，将隔断结构设计成“平板+筋”的组合，设计压力取缓冲分离部分的压力，受焊接变形的影响，平板厚度应与简体壁厚接近，而平板的加强筋高度需要充分考虑传热效应；其次，从受载特点的角度考虑，“平板+筋”组合的结构中心应具有足够的刚度，同时还需考虑隔板两侧的介质和温度因素；最后，平板与简体采用全焊透结构，筋与平板采用断续焊，而且加强筋在板上的设置方向与载荷方向相反，以满足强度与焊接变形控制等要求。

平板与筋组合结构示意图如图 4-47 所示。

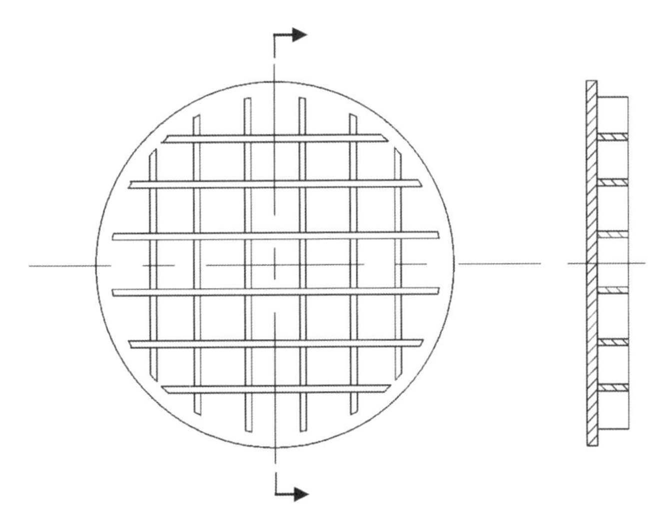

图 4-47　平板与筋组合结构示意图

（2）动设备减振措施。

集成装置通常由多个静设备、动设备、管路系统、控制系统及橇座等组成，由于动设备部件转动、系统回压以及外输泵出口弯头等原因，通常会造成管路系统振动，进而引发装置共振，如不采取措施会严重影响装置安全运行。通过调研分析、仿真模拟和现场测试，确定的主要减振措施有：

①根据类型与特点，全面优化动设备布置；

②动设备基础与橇座之间增加弹性支撑；

③外输泵出口采用大半径弯头；

④外输泵出口设置防系统回压作用的单向阀组。

（3）可拆卸式封头结构。

可拆卸式封头结构主要用于部分一体化集成装置内部构件的更换，以可拆卸式油气混输一体化集成装置为例，其结构设计要点：一是将加热段端部封头设计成一个专用可拆结构，上半部法兰与加热盘管连接，下半部法兰与火筒连接；二是考虑结构质量，在加热段内部增加了导轨和特殊支撑。

可拆卸式封头结构如图 4-48 所示。

（4）专用吊架设计。

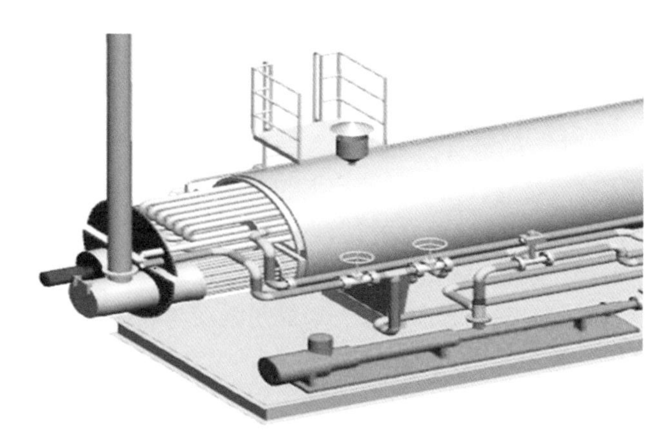

图 4-48　可拆卸式封头结构示意图

受冬季环境温度影响，在北方地区使用的大部分油气田生产设备均需保温，通常在装置运送到使用站场后进行保温作业。而一体化集成装置由于将多功能集成于一体，大部分需要在工厂进行制造、安装和试验，保温作业也需在工厂完成。如果采用传统的一个吊点四条吊绳方式吊装，起吊过程中吊绳将不可避免地损伤保温材料的保护层，直接影响保温性能，也影响产品外观。

为确保吊装安全，同时吊装过程不破坏保温材料，大胆借鉴法国航空卫星吊装思路进行一体化集成装置专用吊装工具的研发。首先构思了一个门形架，在门形架的两端设吊耳板，每个吊耳板挂两条吊绳，门形架的起吊布置为装置的宽度方向，吊车的起吊点为门形架的中央。门形架的计算模型为简支梁模型，并充分考虑局部失稳；门形架上所有受力点均需考虑剪切因素，结合结构本身受力的不均匀性，强度控制按第三强度理论考虑。同时，装置整体吊装前应制定严密的吊装方案，并通过专业软件精准确定装置重心，确保吊装安全。专用吊架吊装如图 4-49 所示。

图 4-49　专用吊架吊装

（5）罐塔组合结构。

凝析油稳定塔是凝析油稳定一体化集成装置的核心设备，为稳定塔与重沸器的组合结构形式。罐塔组合结构设计超出 GB 150《压力容器》、JB/T 4731《钢制卧式容器》、JB/T 4710《钢制塔式容器》等国内压力容器设计规范。美国焊接协会 WRC107 和 297 号公报也仅给出了强度计算方法。为简化工艺流程，通过对罐塔组合结构变形以及塔体部分的极限载荷控制的研究，采用对可比的已投入使用的结构进行对比经验设计，解决结构刚度问题，在确保设备结构安全的前提下满足工艺要求。

罐塔组合结构如图 4-50 所示。

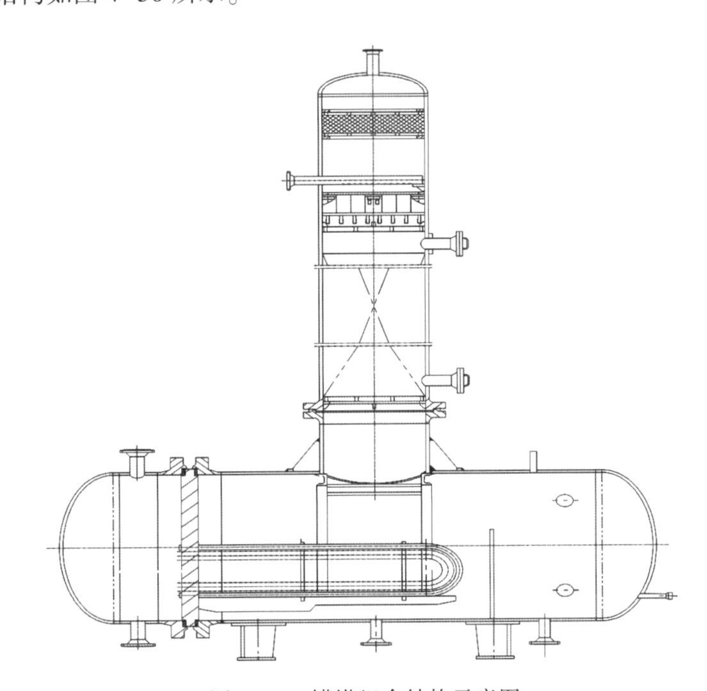

图 4-50 罐塔组合结构示意图

（6）橇座。

橇座承载着所有的动静设备，是整个一体化集成装置吊装、拉运以及结构支撑的关键部件。在橇座设计中，重点需要考虑两种工况：一是安装时的支撑工况，一般按两支点或多支点支撑考虑；二是吊装工况，因为吊装位置与现场实际支撑位置可能不一致。

2）腐蚀与防护

一体化集成装置的腐蚀包括外腐蚀和内腐蚀。

外腐蚀主要是大气腐蚀，只有和地面接触的部位属于土壤腐蚀。大气腐蚀一般指由大气中的水、氧、酸性污染物等物质的作用而引起的腐蚀。通常钢材遭受大气腐蚀有三种类型：干燥的大气腐蚀、潮湿的大气腐蚀和可见液膜下的大气腐蚀。在设计时，油气田一体化集成装置主要按大气腐蚀条件进行考虑，大气环境下防腐涂料的选择应具备一定的防腐性能、较好的耐候性能，并且保光性强。

（1）腐蚀因素。

根据介质不同，内腐蚀的因素主要有以下几个方面：

①介质酸碱性对腐蚀的影响。pH 值的变化对金属表面膜的溶解及保护膜的生成均有

影响，因而也影响到金属的腐蚀速率。当 pH 值变小时，将加速腐蚀的进行。

②介质成分及浓度的影响。不同成分和浓度的介质，对金属腐蚀有不同的影响。在非氧化性酸中（如盐酸），金属随介质浓度的增加，腐蚀速率加大。而在氧化性酸中，当浓度增大到一定数值时，金属表面生成钝化膜，腐蚀速率达到峰值，即使浓度再增加腐蚀速率也不会增大。例如碳钢、不锈钢等，在浓度约为 50%的硫酸中的腐蚀最严重，而当硫酸浓度增加到 60%以上时，腐蚀速率反而急剧下降。

③介质温度对腐蚀的影响。介质温度升高时，电解液电阻下降，阴极过程和阳极过程均被加速，腐蚀加剧。温度对钝化膜也有影响，往往在一个温度生成的膜在另一温度便会溶解，高温使钝化变得困难，腐蚀也加剧。但在有些情况下，腐蚀速率与温度的关系较复杂。例如随温度增加，氧分子溶解度减小，氧浓度下降，腐蚀速率也下降。

④介质压力对腐蚀的影响。介质压力的增加，可使溶液中溶解氧的浓度增大而加速腐蚀。如在高压锅炉内，只要有少量氧存在，便可引起剧烈的腐蚀反应。

⑤介质流速对腐蚀的影响。流速对腐蚀的影响是复杂的，在多数情况下，流速越高，腐蚀越大。溶液较快流动时，可带来更多的活性物质（如氧），加速阴极去极化过程，从而加速腐蚀；而当流速继续增大时，氧化能力使金属达到钝态，腐蚀速率反而下降。

介质流动时形成的湍流会破坏金属表面的钝化膜，从而引起严重的冲击腐蚀，有时甚至引起空泡腐蚀。

⑥电偶的影响。在实际生产中，不同的金属和合金与腐蚀介质接触时将可能产生电偶效应，电位较负的金属被腐蚀。腐蚀的动力是两金属间的电位差，电位差越大，阳极腐蚀就越严重。对于电偶腐蚀还应特别注意距离效应和面积效应。在电偶中，当阳极面积较大时，腐蚀并不显著；如果阳极面积过小，阳极的电流密度过大，就易发生严重的孔蚀。

电偶效应一般在连接处最大，距离越远，腐蚀越小。

⑦CO_2 对腐蚀的影响。在油气田生产中，设备和管线中 CO_2 腐蚀是比较严重的腐蚀问题，通常是 CO_2 溶于液相产生的碳酸与铁表面发生反应引起腐蚀。平衡状态下，液相中 CO_2 浓度与气体中 CO_2 分压有关。

⑧细菌腐蚀。细菌腐蚀只在特定条件下发生，通常受到多种因素的影响，如土壤含水分、土壤呈中性或酸性、有机质（树叶、树根、木质纤维）的类型和丰富程度、不可缺少的化学盐类，所有这些都是作为细菌食物必不可少的。此外，管子周围的土壤温度也适合细菌的繁殖。

油气田细菌腐蚀以硫酸盐还原菌（SRB）腐蚀形成的腐蚀瘤为主。腐蚀瘤最初由钢铁表面的铁细菌生成，在内外部产生氧的浓差电池加速腐蚀。腐蚀瘤内部因缺氧导致硫酸盐还原菌大量生长，产生 H_2S 并生成硫化铁（或硫化亚铁）。由于硫化物的去极化作用，以及 pH 值的降低使腐蚀进一步加速。

（2）防腐设计原则。

防腐材料应具有良好的防酸、防碱、防盐等三防性能、优异的防水性能和足够的耐油性，技术成熟可靠、价格经济合理。对于管路系统，防腐设计应易于补口补伤，并能与阴极保护联合使用。同时，防腐材料还需满足标准化、模块化设计及采购需要，并注重规模化施工的可行性。

同一类型装置中应采用相同的防腐设计结构，并按照一体化集成装置或管路系统进行配套防腐设计，施工图纸及开料统一。

对于没有保温的部位，应重点考虑材料的耐候性能和保光性能，保证美观，无漏点、流挂、起泡、失色等缺陷。

①外防腐设计要求。

装置本体和管路系统：外壁喷砂除锈达 Sa2.0 级，防腐层涂覆环氧富锌底漆二道，氟碳面漆二道，干膜总厚度应不小于 180μm。

对于需要进行保温的装置本体和管路系统，防腐层涂覆环氧富锌底漆二道，干膜总厚度应不小于 80μm。

②内防腐设计要求。

装置本体内壁喷砂除锈达 Sa2.0 级，防腐层涂覆 EP 改性环氧重防腐涂料，底漆二道，面漆二道，干膜总厚度应不小于 200μm。

3）保温技术

（1）保温特点。

保温的主要目的是节能和降耗。对于一体化集成装置，保温还应具备以下特点。

标准化：保温材料的选择应适合规模生产的需要，从材料到规格，应尽可能统一，满足生产和施工的需要。

系列化：不同的橇装设备规格和型号都按系列化考虑，在保温配套时也做相应处理。

模块化：根据工厂生产和现场检修的特点，保温结构在具备统一性的同时，对于阀门、过滤器等常检修部位，应考虑采用可拆卸结构。

（2）保温设计原则。

绝热材料应具有导热系数小、吸水率低的特性，并具有一定机械强度，其耐热性能也应满足工程需要。有机绝热材料应采用阻燃型，无机绝热材料应采用非燃烧型，不宜选择石棉材料及其制品。保温设计时，应对绝热结构的技术可靠性、施工工艺、使用寿命和成本等进行综合技术经济对比。

保护层应具有足够的强度和韧性，耐老化、防水和电绝缘性能良好，化学性能稳定。

所有材料应易于采购和施工，满足标准化采购及施工需要。同一系列装置应采用相同的绝热设计结构，并按照一体化集成装置或管路系统进行配套防腐设计，施工图纸及开料统一。

保温结构应充分考虑现场检修需要，对于常检修部位应考虑采用可拆卸结构。

（3）保温结构设计。

装置主体设备：对于一体化集成装置主体设备，外保温一般采用 50mm 厚复合硅酸盐，钢带捆扎；外保护层采用 0.5mm 厚镀锌铁皮或者哑光不锈钢，自攻螺钉连接。

管路系统：对于一体化集成装置的配管，外保温一般采用 30mm 厚复合硅酸盐，钢带捆扎；外保护层采用 0.5mm 厚镀锌铁皮或者哑光不锈钢，自攻螺钉连接。

（4）可拆卸组合式保温技术。

一体化集成装置通常对常检修部位采用可拆卸组合式保温，在不破坏保温设施的前提下便于进行设备的检修维护。

模块划分：根据装置及附件的密集程度和工艺流程，将需保温的整体对象按照模块化划分为动模块和静模块，然后分模块进行组合式保温。动模块是指保温层需要拆卸的部分，静模块是指保温层固定的部分，各模块根据一体化集成装置的工艺流程和操作规则再进行组合式保温。

结构选取：对于需要检修的装置部件，保温层主要采用可拆卸式结构。保温可拆卸组合式结构是指用于动模块的保温结构，其保温层对于阀门、过滤器、外输泵等需要检修的部位采用填充式。

对于管线等无须拆卸的部位，保温层采用传统镀锌铁丝捆扎式。

材料选择：保温材料为阻燃型防水复合硅酸盐板（毡），要求耐火极限不小于2h、憎水率大于或等于98%，厚度根据计算结果选取。

保护层采用0.5mm厚的亚光不锈钢铁皮。对于阀门、过滤器、外输泵等，将保护层压制成方箱式或半弧式结构，自攻螺钉连接；弯头采用虾米腰结构；直管段等无须拆卸的部位采用圆筒式结构，自攻螺钉连接。

可拆卸组合式保温技术施工方便快捷，可提前预制、批量生产，外表美观，结实耐压，且具有良好的防水、防晒和耐腐蚀的作用，适用于介质温度低于400℃的一体化集成装置和高密度管线及阀门等异形件的保温。

可拆卸组合式保温结构如图4-51所示。

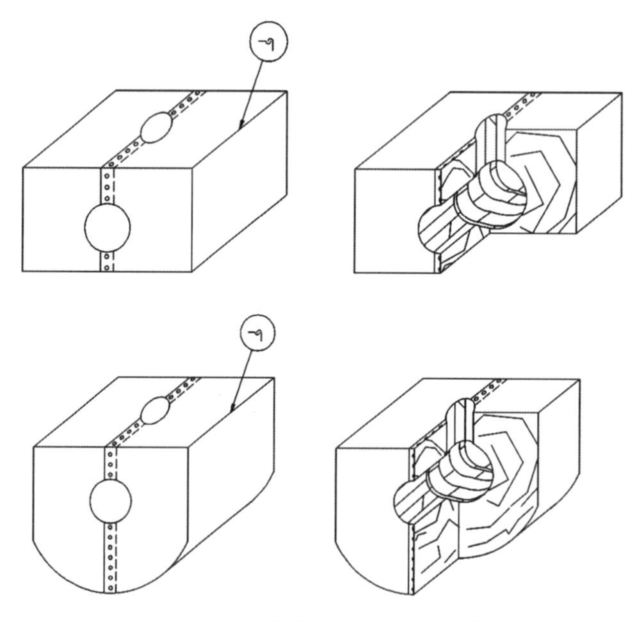

图4-51　可拆卸组合式保温结构

4）阴极保护技术

阴极保护技术是电化学保护技术的一种，其原理是向被腐蚀金属结构物表面施加一个外加电流，被保护结构物成为阴极，从而使得金属腐蚀发生的电子迁移得到抑制，避免或减弱腐蚀的发生。

对于一体化集成装置，常见的阴极保护方式为牺牲阳极阴极保护。在橇装设备中，内腐蚀远比外腐蚀严重，同时由于纳入的设备种类繁多、管线走向复杂，干扰和屏蔽现象也比较严重。通常情况下，根据设备腐蚀的严重程度，在不同部位的装置区域内利用区域阴极保护来克服这种腐蚀危险，所用方法也类似于局部阴极保护的方法。受保护的区域是没有限制的，也就是说管线与连接设备或者设备不同区域之间是没有电绝缘的，其本质是一种局部保护。局部阴极保护的目的不仅是要补偿外部阴极部件的电池电流，而且要使被保护的部件充分阴极极化，从而满足阴极保护要求。

为了使装置严重腐蚀部位达到全面的阴极保护，需保护设备内壁必须极化达到保护电位。牺牲阳极保护一般和涂层内壁保护结合使用，一体化集成装置中常用的牺牲阳极为铝合金牺牲阳极。

牺牲阳极安装示意如图 4-52 所示，铝合金牺牲阳极现场应用如图 4-53 所示。

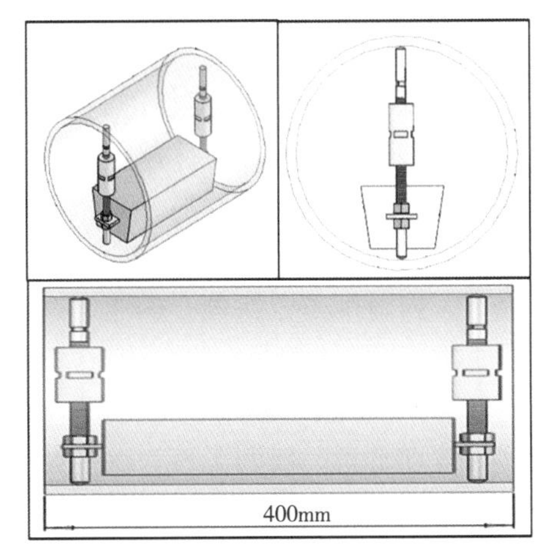

图 4-52 牺牲阳极安装示意图

图 4-53 铝合金牺牲阳极现场应用图

5. 检修与维护

随着一体化集成装置在油气田的大规模应用，传统的运行维护管理方式已经不能满足专业化运行维护服务的需要，所以需要建立一整套满足油气田生产需要、符合一体化集成装置特点的运行维护体系，以保障一体化集成装置在油气田安全平稳运行，促进油气田一体化集成装置研发与应用推广工作得到持续推进。

1）全周期运行维护体系建设

一体化集成装置运行维护保障应以提供装置全生命周期全过程服务为导向目标，全面提高服务的及时性、准确性，有效减少运行维护服务的用工和成本。运行维护保障体系至少应包括健全组织机构、建立服务体系、建设服务平台、创新服务方式等措施，开展专业化运行维护服务。

2）运行维护组织机构

在一体化集成装置研发和推广较成熟的地区，可尝试组建专业的运行维护机构和技术人员队伍，靠近用户设置服务点，并对运行维护服务团队进行技术培训，确保装置运行维护保障的质量和效率。

以中国石油长庆油田为例，首先，将传统机械制造业务转型，组建了数字化技术服务处统一进行油气田一体化集成装置的运行维护服务与管理，并在数字化技术服务处设置数字化建设项目部、远程维护技术管理中心、数字化实训基地、数字化与科技信息中心 4 个技术服务支撑机构。其次，根据长庆油田油气业务发展规划，在主要油气田生产区域设立了6个数字化技术服务大队，管辖15个服务站和11个服务点，全面覆盖长庆油气田数字化建设和一体化集成装置运行维护服务。最后，按照内部培养、公司选拔、院校引进等多种方式，组建了运行维护服务技术团队，开展专业性人才培训。

3）运行维护服务管理流程

制定管理制度。制定油气田一体化集成装置运行维护管理办法、维护队伍管理办法等制度和相应的技术标准，明确服务内容。

划分服务界面。以中国石油长庆油田组建的数字化技术服务处为例，下辖的数字化建设项目部承担油田的数字化建设任务，数字化技术服务大队承担一体化集成装置运行维护。在施工建设和装置运行维护服务过程中，均由数字化与科技信息中心提供技术支持，而运行维护服务指令由远程维护技术管理中心下达，并进行远程视频监控。

确定服务流程。一体化集成装置发生故障时，通过电话或网络报修，经过呼叫中心确认后，安排相关部门开展技术服务。对于简单问题，通过电话沟通，指导排除故障；对于复杂问题，通过调度中心依次安排工程师、专家组进行故障排除。故障排除后，将维护信息上传至档案管理信息系统，并定期安排电话回访。

确保服务质量。一体化集成装置运行维护服务过程中，需对准备、实施、验收、交付等环节进行全过程记录、闭环控制，确保运行维护服务质量。

4）运行维护服务平台

建设一体化集成装置运行维护服务的厂、队、点三级管理平台，协同工作，全面覆盖主要一体化集成装置用户，全力保障运行维护服务的实施。

按照三级管理平台，构建以信息化为支撑的远程运行维护管理系统，包括信息管理、故障智能诊断、维护任务管理、网络故障诊断、备品备件管理、数字化管理、运行维护分析管理、系统管理等系统，实现信息共享。

5）运行维护服务方式

运行维护服务单位可与主要用户签订一体化集成装置运行维护服务协议，对装置的初装投运、定期保养、仪表标定、故障维修、系统升级进行全方位服务，保障一体化集成装置的连续稳定运行。

同时结合实际情况创新一体化集成装置运行维护服务方式，将定点维护与远程维护相结合。其中，定点维护主要是依托厂、站、点等服务网点，常驻人员靠前维护，及时处理现场故障，进行定期维护保养；远程维护则是依托远程运行维护管理系统，进行远程诊断，发出维护指令，就近服务网点完成维护。

6. 应用实例

长庆油田一体化集成装置的研发应用遵循“循序渐进、持续改进、稳步推进、规模应用”的原则，从单套装置替代站内复杂工艺单元开始，逐渐扩大到采用组合装置替代大中型站场，呈现出了研发领域更加全面，推广力度逐年加大，应用效果越来越好的良好态势。

替代天然气处理厂的一体化集成装置目前处于研究试验阶段。长庆油田一体化集成装置替代常规站场情况见表4-18。

1）替代增压点

增压点是鄂尔多斯油气藏二级布站的第一级站点，主要具有集油、收球、加药、加热、混输增压、计量等功能，常用的有120m^3/d、240m^3/d两种规模。

表 4-18 长庆油田一体化集成装置替代常规站场表

替代类别	序号	替代站场
替代小型站场	1	替代增压点
替代中型站场	2	替代接转站
	3	替代脱水站
	4	替代集气站
	5	替代供水站
	6	替代注水站
替代大型站场	7	替代联合站

一体化增压点选用“油气混输一体化集成装置”为主体的设计，整个站场由 3 种装置组成，分别是油气混输一体化集成装置、集油收球加药一体化集成装置、电控一体化集成装置。相较于常规建设的增压点，采用一体化增压点可节省占地 57%，缩短建设周期 72%，降低投资 22%（表 4-19）。图 4-54 和图 4-55 分别为常规增压点和一体化增压点。

表 4-19 一体化增压点应用效果表

类别	常规增压点	一体化增压点	对比情况
建设周期，d	28~36	10~18	缩短周期 10~26d
占地面积，亩	2.1	0.9	节约占地 1.2 亩
操作人员，人/座	4	0	无人值守
建设投资，万元	211	165	节省 46 万元/座

图 4-54 常规增压点

图 4-55 一体化增压点

2）替代接转站

接转站是油田含水油区域转油的中心站场，主要有集油、收球、加药、加热、气液分离、伴生气回收利用、增压、计量等功能，常用的有 $400m^3/d$、$600m^3/d$、$800m^3/d$、$1000m^3/d$ 4 种规模。

一体化接转站选用“原油接转一体化集成装置”为主体的设计，全站由 3 种装置组成，分别是原油接转一体化集成装置、集油收球加药一体化集成装置、电控一体化集成装置。相较于常规接转站，取消了建筑物，节省占地 58%、缩短建设周期 75%、降低投资 31%（图 4-56、图 4-57 和表 4-20）。

图 4-56 常规接转站

图 4-57 一体化接转站

表 4-20 一体化接转站应用效果表

类别	常规接转站	一体化接转站	对比情况
建设周期，d	35~45	10~15	缩短周期 20~35d
占地面积，亩	3.4	1.4	节约占地 2 亩
操作人员，人/座	18	<5	驻站→巡检
建设投资，万元	320	220	节省 100 万元/座

同时采用一体化集成装置可自由组合建设，实现多层系增压点/接转站、接转站/接转站的合建，建设更加灵活。以双层系一体化接转站为例，共由 4 种、5 台装置组成，分别是 1 台油气混输一体化集成装置、2 台集油收球加药一体化集成装置、1 台原油接转一体化集成装置、1 台电控一体化集成装置。对比常规建设，可节省占地 60%以上、降低建设投资 40%以上（图 4-58 和图 4-59）。

图 4-58 双层系一体化接转站

图 4-59 多套一体化装置组合设计

3）替代脱水站

脱水站是油田区域脱水、水处理及回注的中心站场，主要有集油、收球、加药、加热、油气水三相分离、净化油增压外输、伴生气增压外输、采出水处理、采出水回注等多种功能。常用的有 300m³/d、600m³/d 、900m³/d 、1200m³/d 4 种规模。

一体化脱水站选用“原油脱水一体化集成装置”为主体的设计，共由 8 种装置组成，分别是原油脱水一体化集成装置（图 4-60）、伴生气回收一体化集成装置、集油收球加药一体化集成装置、电控一体化集成装置、采出水回注一体化集成装置、采出水处理一体化集成装置（图 4-61）、清水注水一体化集成装置、污水污泥处理一体化集成装置。

图 4-60 脱水一体化单元

图 4-61 采出水处理一体化单元

一体化脱水站已在姬塬国家示范区建成投产，来油含水 60%，处理后出站净化油含水 0.4%，处理水质达标，节约占地 52%，缩短建设周期 75%，降低建设投资 20%，减少运行费用 57%。

4）替代集气站

集气站是鄂尔多斯气藏中低压集气工艺模式第一级站点，主要具有集气、分离、计量、增压等功能。常用集气站（图 4-62）规模为（50~200）$\times 10^4 m^3/d$，可选择不同规模集气装置组合建设。

一体化集气站由 2 种装置组成，分别是天然气集气一体化集成装置、电控一体化集成装置（图 4-63）。通过应用一体化集成装置，实现了站场全面一体化，减少占地面积

图 4-62 常规集气站

图 4-63 一体化集气站

35%～45%（表 4-21）。

表 4-21　一体化集气站应用效果表

类别	常规集气站	一体化集气站	对比情况
建设周期，d	42～60	30	缩短 12～30d
占地面积，亩	6.5	4.0	节约占地 2.5 亩
操作人员，人/座	4	0	无人值守
建设投资①，万元	1968	1587	节省 381 万元

① 规模为 $50\times10^4m^3/d$。

5）替代供水站

供水站负责油田注水、生产、生活、消防用水的供给任务，供水站的主要功能是中间加压、调节水量和管理水源等功能。传统供水站主要由供水泵房、值班配电、住宿、水罐、加热炉等组成，占地 3～4 亩（图 4-64）。

一体化供水站主要由泵—泵供水一体化集成装置及辅助工房组成，实现了潜水泵—供水泵串联密闭输水，取消了调节水罐（图 4-65）。减少建筑面积 60%以上、能耗下降 20%、降低投资 20%以上（表 4-22）。

图 4-64　常规供水站

图 4-65　一体化供水站

表 4-22　一体化供水站应用效果表

序号	项　　目	常规供水站 $2000m^3/d$	一体化供水站 $2000m^3/d$
1	建设占地，亩	3～4	1.8～2.4
2	建筑面积，m^2	270	110
3	工程投资，万元	200	150
4	年电费，万元	45	25
5	年人员费用，万元	60	0
6	设计周期，周	2	1
7	施工周期，周	5	4

6）替代注水站

注水站是油田注水系统核心站场，主要有储水、清水处理、注水、配水、计量等功能。常规注水站有 500m³/d、1500m³/d 、2500m³/d 三种规模，16MPa、20MPa、25MPa 三种压力等级（图 4-66）。

一体化注水站由 4 种装置组成，分别是清水水处理一体化集成装置、清水注水一体化集成装置、清水配水一体化集成装置、电控一体化集成装置（图 4-67）。相比较于常规注水站，节省占地 30%，减少建筑面积 90%，缩短建设周期 40%（表 4-23）。

图 4-66 常规注水站

图 4-67 一体化注水站

表 4-23 一体化注水站应用效果表

项目	常规注水站	一体化注水站	对比情况
占地面积，亩	3.9	2.7	减少 30%
建筑面积，m^2	575.1	55.4	减少 90%
建设周期，d	50	30	缩短 40%
工程投资，万元	790	760	减少 4%

7）替代联合站

联合站是油田集中脱水、水处理、注水等的核心站场，主要有集油、加热、脱水、原油外输、采出水处理、清水注入、采出水回注等功能。鄂尔多斯油藏联合站主要为 30×10^4t/a 和 50×10^4t/a 两种规模，一体化联合站综合了油田一体化集成工艺主要研发成果。

30×10^4t/a 一体化联合站将常规联合站的 18 个工艺单元优化整合为 8 类 11 套装置，涵盖了集输、脱水、采出水回注、电控等联合站主体单元（表 4-24、图 4-68 至图 4-75）。

表 4-24 30×10^4t/a 一体化联合站装置组成表

序号	名 称	数量，套
1	集油收球一体化集成装置	1
2	油水加药一体化集成装置	1
3	原油计量一体化集成装置	2
4	油气两室缓冲一体化集成装置	1
5	外输计量一体化集成装置	1

续表

序号	名　　称	数量，套
6	原油加热一体化集成装置	2
7	采出水回注一体化集成装置	2
8	电控一体化集成装置	1
合计		11

图 4-68　原油加热一体化集成装置

图 4-69　油气两室缓冲一体化集成装置

图 4-70　油水加药一体化集成装置

图 4-71　集油收球一体化集成装置

图 4-72　外输计量一体化集成装置

图 4-73　采出水回注一体化集成装置

图 4-74 采出水配水一体化集成装置

图 4-75 电控一体化集成装置

庄三联、庆四联均为一体化联合站的工程应用实例（图 4-76 和图 4-77），节省占地 35%、缩短建设周期 50%，降低投资 10%。

图 4-76 庄三联合站

图 4-77 庆四联合站

第三节 数字化管理

一、油田数字化

1. 油田数字化概念

数字化就是将许多复杂多变的信息转变为可以度量的数字、数据，再以这些数字、数据建立起适当的数字化模型，把它们转变为一系列二进制代码，引入计算机内部，进行统一处理，这就是数字化的基本过程。

数字油田的概念源于数字地球。1998 年美国前副总统戈尔提出了数字地球（Digital Earth）的概念，引起了全球的关注。数字地球已成为世界科学技术界的发展热点之一。数字油田就是在数字地球这一概念的基础上产生的。

1999 年，大庆油田首次在全球范围内提出了数字油田的概念，并将数字油田作为企业发展的一个战略目标。那时数字油田还是一个较为模糊的新概念，尚处于构想阶段，但其基本思想立即得到了普遍认可。从 2000 年开始，在国内外的石油和信息技术（IT）领域的众多企业家、技术专家、学者、工程师以及管理人员中间，数字油田的概念得到进一步的研讨和发展。2001 年，数字油田被列为“十五”国家科技攻关计划重大项目。时至今日，数字油田已经成为全球石油行业关注的热门话题。

数字油田一般是指广义数字油田，它包括了以下几方面的含义：

（1）数字油田是数字地球模型在油田的具体应用；

（2）数字油田是油田自然状态的数字化信息虚拟体；

（3）数字油田是油田应用系统的集成体；

（4）数字油田是企业的数字化模型；

（5）数字油田是数字化的企业实体；

（6）数字油田的能动者是数字化的人。

2. *数字油田的系统结构*

国外油田非常重视信息化建设，虽没有明确提出建设数字油田，但都在着手建设“数字化油气公司”或“智能油田”。20 世纪 90 年代后期，数字油田的概念就在国内石油行业被提出，但这时的数字油田概念仅仅局限在勘探开发科研成果的三维可视化基础上。到 21 世纪初，国内石油行业才展开数字油田概念的讨论，比较典型的是王权提出的七层广义数字油田架构模型（图 4-78），何生厚等学者提出的基于地理信息系统（GIS）技术的数字油田的组成（图 4-79），李智、陈强等学者提出的基于虚拟可视化决策的数字油田系统结构（图 4-80）。

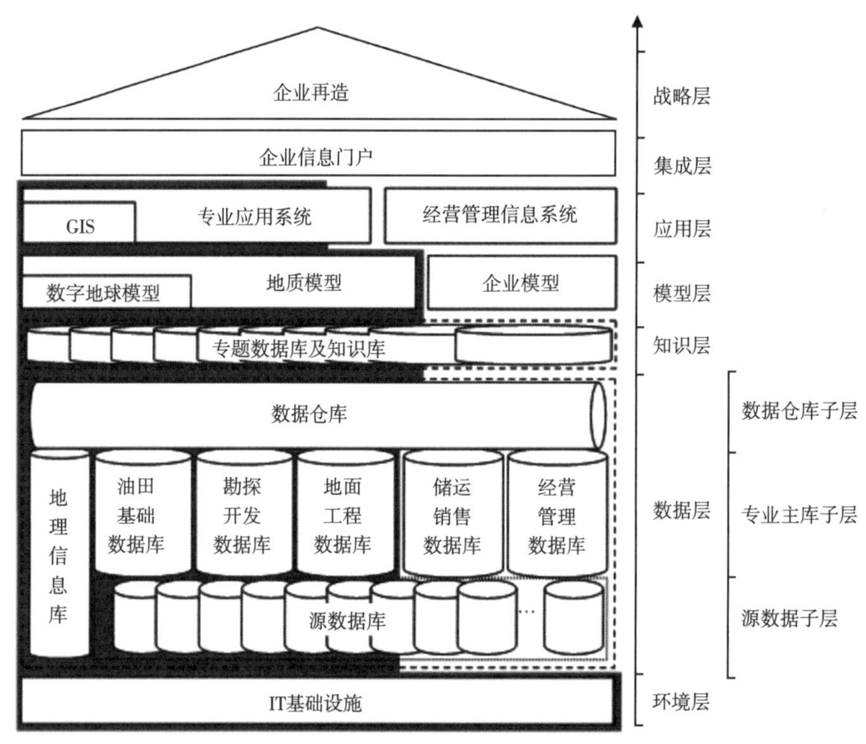

图 4-78　七层广义数字油田架构模型

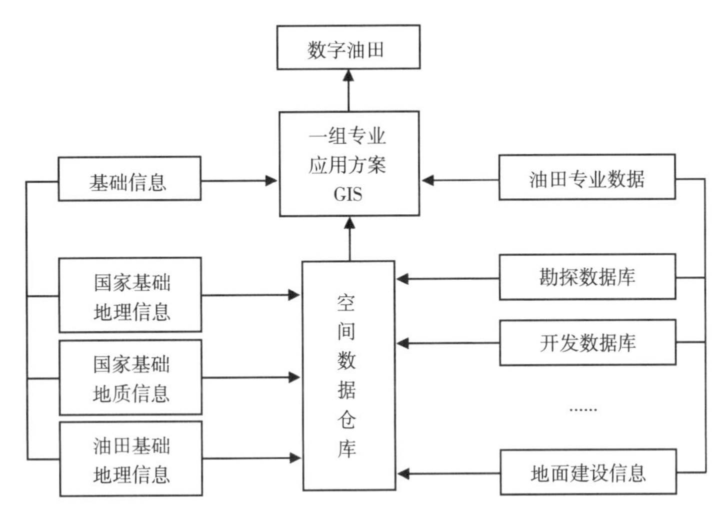

图 4-79 基于 GIS 技术的数字油田体系结构

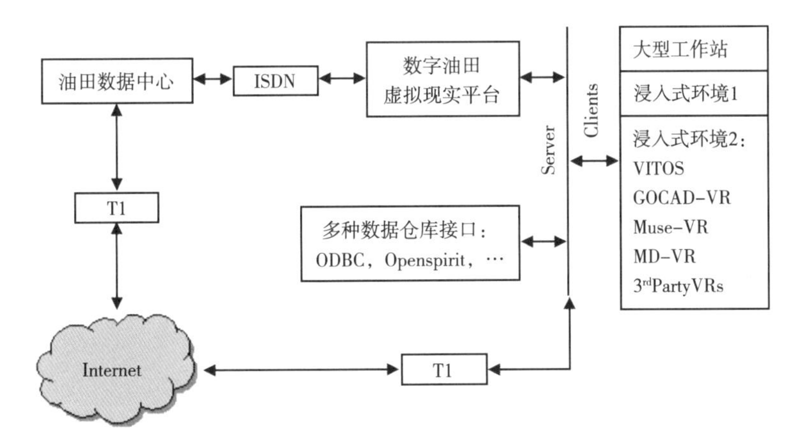

图 4-80 基于虚拟可视化技术的数字油田框架结构

王权提出的方案包含的内容比较全面，充分考虑了国内油田的具体实际，在内容上比较系统地阐述了不同流派对数字油田的认识；基于 GIS 技术的方案则偏重于油田可视化方面的应用，基于虚拟可视化决策模型的方案则更偏重于勘探开发辅助决策，对油田的生产和经营管理考虑得较少。

3. 油田数字化管理

数字化管理是指利用计算机、通信、网络、人工智能等技术，量化管理对象与管理行为，实现计划、组织、协调、服务、创新等职能的管理活动和管理方法的总称。通俗地讲就是“听数字指挥，让数字说话”。油田数字化管理系统具有以下特点。

1）权威性

油田数字化管理系统申请了国家专利，通过国家安全生产应急救援指挥中心组织的专家技术评审，成为第一个完全符合《生产安全事故应急预案管理办法》。

2）规范性

系统符合《国家应急平台体系信息资源分类与编码规范》《生产安全事故应急预案管

理办法》（国家安全生产监督管理总局令第88号）、《生产经营单位生产安全事故应急预案评审指南（试行）》（安监总厅应急〔2009〕73号）的各项要求。

3）模块性

数字化应急预案管理系统采用了面向服务架构（SOA）的架构设计，WebService标准技术接口，XML传输标准，使得系统获得随需应变的灵活特性，可以将异构跨平台的外部资源快速有效地集成到系统中来，这一点在应急管理中尤为重要。

4）数字化

通过工作流技术，将应急预案进行数字化、结构化、流程化处理，使之变成一个真正可执行的流程，使各应急联动单位能够在一个统一的平台上协同工作，大大提高了应急预案的执行效率，提升了油田管理的水平。

5）扩展性

通过电子文档管理技术，将各种异构数据有机地整合起来，并通过和应急事件、应急预案的关联，实现信息的主动推送，将本系统和其他系统有机地结合在一起，帮助一线指挥调度人员更准确地处理各种突发事件，实现“精确制导”。

6）科学性

通过数据分析技术，对现场各种数据进行分析，配合事故模拟分析系统等多系统并行，并对事件发展的趋势进行预测，为指挥决策者提供科学决策的依据。

7）集成性

多技术多学科的有机融合，将GIS技术、GPS技术、视频技术、有线无线通信技术、计算机电话集成技术（CTI）、互联网技术（Internet）和数据采集组态技术有机地融合起来，为应急事件的处理提供丰富实时的数据支持。

4. 国内石油企业数字化管理及信息化建设现状

石油行业是一个跨学科、多专业相互配合的高度技术密集型行业。石油行业的信息化一直伴随着石油行业的发展，并发挥了巨大的作用。20世纪中期，计算机技术已经在石油勘探领域得到了较为广泛的应用，并收到了显著的效果；稍后，在油气田生产及其他石油工业的各个领域，信息技术也逐步得到应用。时至今日，随着“数字油田”“数字石化”“数字石油”等新的石油行业信息化理念被普遍接受，全球石油石化企业信息新一轮的信息化竞赛已经进入了实力较量阶段。石油石化企业已经发展到了离开信息系统就无法生存的地步，全面数字化已经成为各石油企业的重要抉择。

目前，数字油田建设已成为众多石油企业，特别是上游油田企业信息化建设的核心内容，数字油田本身也成为各油田企业信息化建设的战略目标。对于下游企业，与数字油田对应的“数字石化”也得到了广泛的关注，并已经成为各石化企业信息化建设的热点。数字油田和数字石化作为数字石油最重要的两方面内容，引领着新时期石油行业的信息化。

从20世纪50年代的二维地震数据处理到20世纪80年代的三维地震数据处理，再到现在的智能作业及企业资源计划管理（ERP），石油企业发展到了离开信息系统无法生存的地步。经过多年的探索与实践，国际石油公司企业信息化应用已十分成熟，石油勘探开发信息技术应用不断推陈出新。

根据诺兰信息化建设阶段性理论模型（图4-81）描述，目前国际知名石油企业已经发展到了数据管理期，而我国绝大多数石油企业的信息化进程刚刚处于控制期（后期），一些信息化建设比较好的石油企业在整合期完成后，正积极向下一阶段迈进。

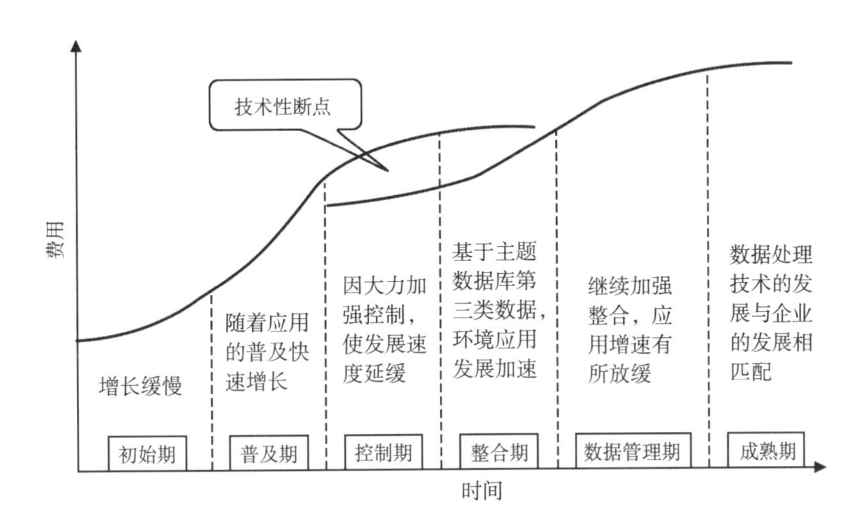

图 4-81 诺兰的 6 阶段模型

5. 油田数字化管理技术的特点

油田数字化管理技术充分利用自动控制技术、计算机网络技术、油气藏管理技术、油（气）开采工艺、地面工艺、数据整合技术、数据共享与交换技术，视频和数据智能分析技术，实现电子巡井、准确判断、精确定位，强化生产过程控制与管理。

油田数字化管理技术通过创新技术和管理理念，提升工艺过程的监控水平，提升生产过程管理智能化水平，建立全油田统一的生产管理、综合研究的数字化管理平台，达到强化安全、过程监控、节约（人力）资源和提高效益的目标。

在充分借鉴苏里格气田和西峰油田数字化建设初步经验的基础上，针对超低渗透油气藏数字化建设特点，提出超低渗透油气藏数字化建设工作的要求，“两高、一低、三优化、两提升”的建设思路，将鄂尔多斯盆地油田数字化建设推向了一个全新的高度。

6. 油田数字化建设应用前景

数字油田是油田企业生产、科研、管理和决策的综合基础信息平台。它将对油田信息化建设起着统领和导向的作用。数字油田已经表现出广阔的应用前景：

（1）数字油田建设可以大幅度提高油田勘探开发研究和辅助决策水平，促进油田的可持续发展；

（2）数字油田建设可以优化生产流程，大幅提升油田生产运行质量；

（3）数字油田建设可以促进油田改革的进一步深化，进一步提高油田经营管理水平。

规划数字地面建设，辅助科学决策，实现地上地下一体化，是油田数字化建设的核心内容。

地面工程建设是一个不断认识、不断深化的过程，需要反复地对所涉及的信息进行精细的研究。数字化地形图等基础地理信息数据库、原油集输等地面工程信息系统都是依靠 GIS 等信息技术实现的，并且已经见到了很好的效果。今后要通过建立有效的数据资源更新维护机制，准确、动态地反映油气田地面信息的演变，为地面工程的规划决策提供保障。同时，要进一步加强与勘探、开发信息的共享，加快“数字地面工程”建设，实现

“地上地下一体化”的目标。

二、数字化建设的三端五系统

超低渗透油气藏开发的数字化建设可分为三个层次、五大系统，体现同一平台、信息共享、多级监视、分散控制的独特优势，成功实现了发展方式和劳动组织架构的变革。

以油田为例，结合了超低渗透油田的特点，集成、整合现有资源，创新技术和管理理念。数字化管理以提高生产效率、减轻劳动强度、提升安全保障水平、降低安全风险为建设目标，并通过劳动组织架构和生产组织方式的变革，实现油气田现代化管理。用现代化科技信息手段改造、提升石油工业水平，走新型工业化道路。按照生产前端、中端和后端三个层次进行数字化建设。三端五系统如图 4-82 所示。

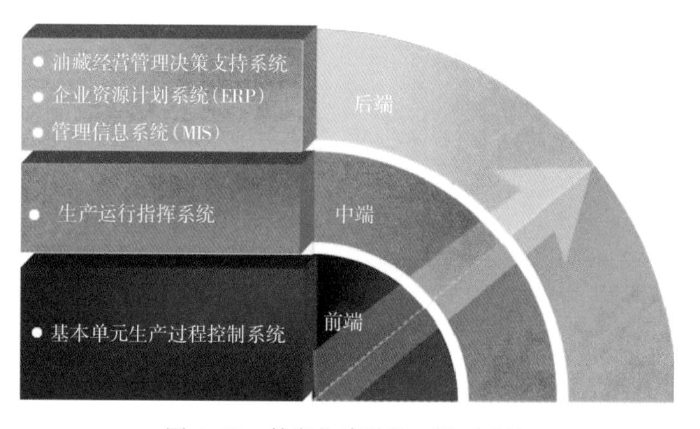

图 4-82　数字化建设的三端五系统

数字化建设原则：“五统一、三结合、一转变”。

“五统一”：标准统一、技术统一、平台统一、设备统一、管理统一。

“三结合”：生产流程与管理流程相结合，数字化管理与劳动组织架构相结合，信息化与生产组织方式相结合。

“一转变”：转变思维方式。搞好数字化关键是要解放思想、打破常规、转变思维定式，使传统的组织方式向以“数字”为灵魂的现代管理转型。

1. 前端：基本单元生产过程控制系统

前端以站为中心，辐射到单井和单井管线的基本生产单元，站控是前端基本生产单元的核心。通过数字化增压橇、注水橇、智能抽油机、连续输油、自动投球等装置、设备的推广应用，使得数万口油气井、上千座场站实现远程管理，把没有围墙的工厂变成“有围墙”的工厂。

按流程划分为以井、站为主的基本生产单元，以作业区（联合站）为主的生产管理单元，以集油系统为主的采油厂管理单元；研制并形成油井生产控制系列配套装置；开发数字化生产管理系统；对建成或改造到位的油气井站，变革、重组生产组织方式和劳动组织架构。

前端系统如图 4-83 所示。

油田数字化管理建设已在各个采油单位全面应用。在前端的建设中主要涵盖了油井示

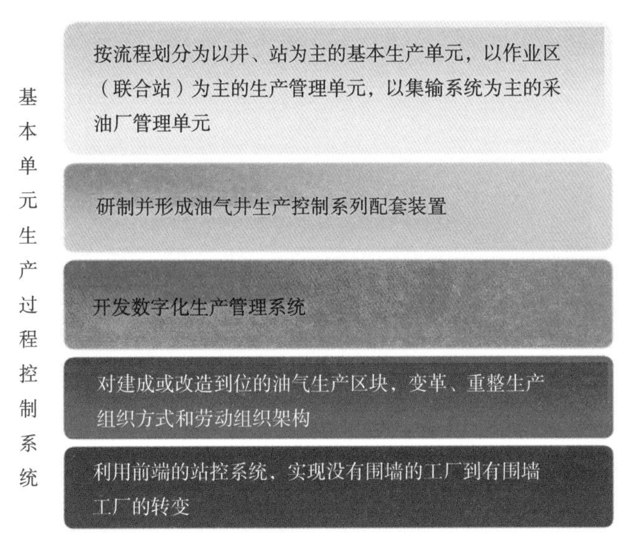

图 4-83　数字化前端系统

功图参数采集设备、抽油机电参数采集与控制模块、井场集油管线压力检测、井口视频监控、油压套压流量计数据监测、远程截断阀开关、井场自动投球装置等。

从数据监控、数据传输上分为了有线传输和无线传输，从站到站、从站到作业区以及作业区到厂的数据传输均采用有线的光缆传输。但从井到站均采用无线传输方式，无线传输的建立，既节省了成本又节省了人力，体现了极佳的数据传输优势。目前油田采用的无线传输方式主要有数传电台、GPRS、无线网桥、WiMax 等通信方式。数传电台和 GPRS 由于带宽的限制，只能监控井口压力、温度、电流、电压、位移及传输单张照片，不能实现数据的在线不间断传输。无线网桥和 WiMax 通信方式除采集单井数据外还可以实时传输连续视频。WiMax 采用最新的通信标准 802. 16e，可实现移动传输。在 80km/h 的时速下可连续移动监测视频，在 WiMax 网络的覆盖范围（半径 20km）之内还可扩充手机通信。

2. 中端：生产运行指挥系统

数字化生产指挥系统，以油、水两大系统运行为主线，结合生产岗位日常管理内容划分为 12 个子系统，形成采油厂、作业区、增压点、联合站等对站场、井场的联动监控。实现生产信息的纵向贯通、横向共享，达到生产过程的实时预警报警、强化安全、过程监控、节约人力资源和提高效率的目的。

1）采油/气厂数字化生产指挥系统

生产运行指挥系统覆盖了原油生产在线监测、原油集输在线监测、产能建设动态管理、重点油田监测、安全环保监控、应急抢险指挥及矿区综合治理等业务范围，并集成了已建的大量管理系统。做到了生产运行实时监测，作业队伍合理调度，应急抢险在线指挥（图 4-84）。

在数字化指挥中心搭建安全环保数字化信息平台，建设环境敏感区联合站以上输油泵、长输管道截断阀室、安全环保预防性基础设施等三个监控界面，为采油厂的生产管理系统应用奠定了基础，实现对“油气泄漏监控、预警、抢险”三道防线的远程监视、预警。

图 4-84 数字化中端系统

2）油田公司数字化生产指挥系统

（1）数字化生产管理中心。

按照复杂工作简单化、简单工作流程化、流程工作定量化、定量工作信息化的思路，以油、气、水几大系统为主线，结合生产岗位日常管理内容划分为多个子系统，形成采油厂、作业区、增压点、联合站等对站场、井场的联动监控。①原油生产运行监控；②原油产销监控；③原油生产安全监控；④储备库消防安全监控；⑤环境敏感区输油泵运行监控；⑥管线截断阀紧急关断监控；⑦油区主要河流与水源拦油设施及应急抢险监视；⑧应急通信设备调度；⑨油区车辆监控；⑩应急抢险指挥管理。

（2）数字化供电网络管理系统。

数字化供电网络管理系统可实现全油田供电网络的运行参数在线监控、事故智能预警、故障分析、事故过程反演、电力符合预测、电网损耗优化等功能。①电网运行监视管理；②变电所运行监控；③电网潮流监控；④运行数据记录；⑤告警查询；⑥事故反演。

（3）数字化设备远程维护管理系统。

数字化设备远程维护管理系统涵盖全油田各采油生产单位，建立数字化橇装设备的维护、保养档案，实时监视设备的运行和故障诊断，自动进行预警和报警，并对设备维护保养自动预先提示，生成和下达派工单。①数字化增压橇故障监视；②井场设备运行故障监视；③设备故障统计分析；④设备故障记录；⑤故障报警显示；⑥故障预警参数管理；⑦数字化增压点故障监视；⑧基本生产单元设备故障管理。

（4）数字化通信网络管理系统。

数字化通信网络管理系统对油田主要网络设备实施全面管理和故障监控。①网络运行监控；②事件记录。

（5）输油管道完整性管理系统。

输油管道完整性管理系统完成各原油长输管道的运行监控、泄漏监测、维保提示、故障预警和运营评价等。①管道运行监控；②管线道路监测。

3. *后端：经营管理决策支持系统*

后端以前端和中端为基础，以油气藏研究为中心，实现一体化研究，多学科协同，重点是建成以油气藏精细描述为核心的经营管理决策支持系统，配套推进企业资源计划系统

（ERP）、管理信息系统（MIS），如图 4-85 所示。

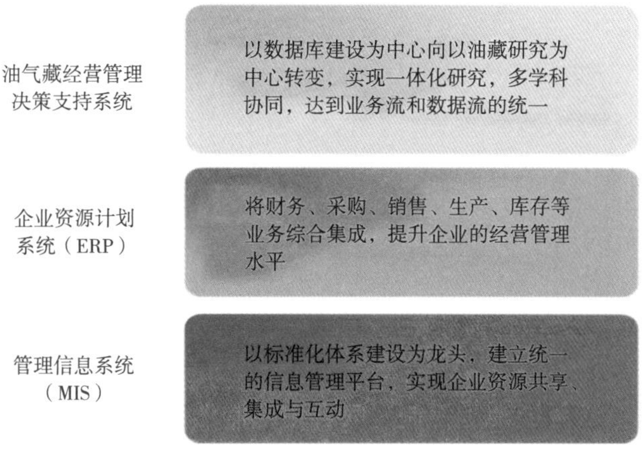

图 4-85　数字化后端系统

1）油气藏经营管理决策支持系统

以数据库建设为中心向以油气藏研究为中心转变，实现一体化研究，多学科协同，达到业务流和数据流的统一。

在前端、中端数字化建设取得重要进展的同时，把数字化与信息化建设的重点放在后端应用上，以油气藏经营管理为核心，充分利用现有软硬件资源，搭建集数据流、工作流于一体的多学科协同工作环境，实现数据收集自动化、业务运作流程化、成果展示直观化，形成有效的油气藏开发指标评价和预警系统。该项目已经完成于 2011 年正式上线运行。

2）企业资源计划系统（ERP）

将财务、采购、销售、生产、库存等业务综合集成，提升企业的经营管理水平。按照中国石油天然气集团有限公司 ERP 系统建设的整体部署，油田 ERP 项目建设克服了业务模式复杂，点多线长面广等各种困难，经过内外队伍的共同努力，全面完成了现状调研、业务分析、方案设计、系统配置、数据准备、用户培训等各阶段工作，使该项目正式上线运行。随着 ERP 的管理功能大大增强，同时集成了企业的其他管理功能，如：质量管理；设备管理；运输管理；项目管理；人力资源管理；数据采集和过程控制接口；决策控制等。使得 ERP 真正成为超低渗透油气藏各种资源管理的集成系统。

3）企业管理信息系统（MIS）

企业管理信息系统是包括整个企业生产经营和管理活动的一个复杂系统，该系统通常包括：生产管理、财务会计、物资供应、销售管理、劳动工资和人事管理等子系统，它们分别具有管理生产、财务会计、物资供应、产品销售和工资人事等工作职能。

以标准化体系建设为龙头，建立统一的信息管理平台，实现企业资源共享、集成与互动。近年来，按照中国石油天然气集团有限公司信息化建设的统一部署，结合公司管理实际，有计划地开发 GPS、电子商务、地面工程造价等 37 个管理信息系统。一个完整的 MIS 应包括：辅助决策系统（DSS）、工业控制系统（IPC）、办公自动化系统（OA）以及数据库、模型库、方法库、知识库和与上级机关及外界交换信息的接口。其中，特别是办公自动化系统（OA），与上级机关及外界交换信息等都离不开Intranet（企业内部网）的应用。可以这样说，现代企业MIS不能没有Internet，但Internet的建立又必须依赖于MIS的体系结构和软硬件环境。

4）油水井生产数据管理系统

A2项目的成功实施，实现了油、水井日数据采集、集中存储、汇总、报表查询等生产数据的有效管理。实现了油水井生产数据录入、审核、自动汇总与上传全过程统一管理和共享应用。

A2系统是用最新计算机软硬件技术、结合油田生产工艺，研制开发的实现油田生产管理全面自动化的监控和数据采集系统。该系统具有操作简单、功能齐全、性能可靠、应用广泛等特点。从现场测控管理计算机，从通信系统到管理网络，从软件到硬件，提供了完美的解决方案。

系统应用如下功能：抽油机控制、联合站控制器、水源井控制、油田自动化通信系统、自喷井控制、中控室监控和数据采集软件包、计量站控制器、注水井控制器、油田生产管理数据库、分布式客户机/服务器体系结构、报警和报警管理、实时生产过程监视、多种冗余方式、遥控现场控制设备、内置油田管理数据库（DMS）。

三、数字化管理平台

1. 开发思想

按照数据资源统一服务，公共资源一次建设，应用系统模块化建设、接口协议标准化的基本思路，全局规划，统筹考虑，实现基于面向服务架构（SOA）的数字化管理生产指挥平台。各应用模块可设数据报警限，采用预警报警功能将传统的油田管理转变为全天候、定量化、智能化的“精确制导”式的新型管理方式。真正达到“听数字指挥，让数字说话”。

数字化管理平台按油田公司级、采油厂级、作业区级和站级四级进行建设。每一级有各自要实现的确定功能。

结合当前先进的IT技术，数字化软件采用符合工厂模型的技术进行设计，支持服务器的WEB网络发布，进行实时和历史数据管理，符合B/S和C/S混合模式的管理方式，实现了与井场仪表监控、视频监控、多媒体、大型关系数据库、报警管理、大型GIS系统嵌套、先进控制、调度管理、ERP等进行无缝集成，为油田数字化提供了良好的应用平台。

IT技术自身的特点要求数字化管理平台能将传统的HMI/SCADA功能与MES、ERP等层面的功能揉为一体，同时保证能适应信息化的要求，如支持OPCUA（Unified Architecture）OPC统一架构等，与开放的基于Internet的通信标准TCP/IP、HTTP、SOAP和XML结合，支持复杂数据（包括数组、二进制结构、XML文件等）的传输等，还需要将GIS、虚拟现实、多媒体、视频等技术融入HMI/SCADA平台软件中。

2. 平台的基本功能

通过综合分析，超低渗透油气藏数字化管理平台主要体现以下7个方面的功能：生产实时监控、安全智能监控、数据自动统计、工况智能分析、方案自动生成、系统远程维护和应急救援协调，如图4-86所示。

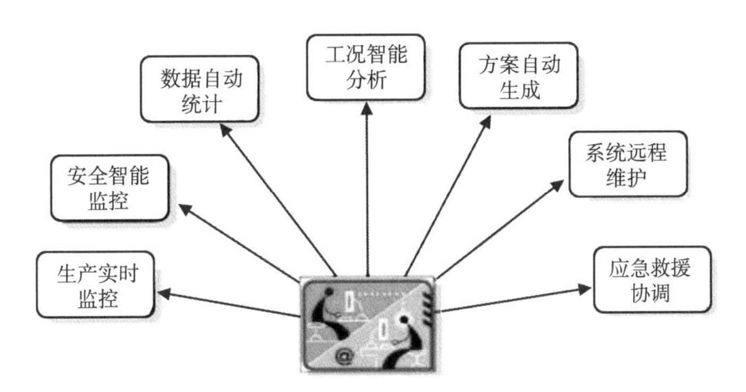

图 4-86 智能化生产管理平台的基本功能

1）生产实时监控

生产实时监控（Realtime Produce and Supervisory Control，简称 RPC），主要是将企业各个生产装置（DCS、PLC、RTU、数字仪表等）控制系统实时集中监控，并且制作报表以及对实时数据进行应用分析。

2）安全智能监控

生产管理平台监控系统能够监控其所辖区域的整个生产过程，预防和处理突发事故，实现高效率生产，将生产风险降至最低。

安全智能监控采用基于有线或无线网络，实现对重大危险源的远程实时监测和预警，企业布线前端监控点摄像机的视频信号、监测报警信号通过监测采集器与监控中心网络连接，通过光缆或无线将工作现场的视频图像、生产参数（压力、温度、浓度、液位、流量、载荷、位移等）实时地传到监控中心并挂在内部局域网的监控服务器上，实现真正意义上的数字化、远程重大危险源监测和预警。安全监管相关部门可以通过内部的局域网访问监控中心的监控服务器来实时监控现场的情况，对油田厂区进行远程的监督管理和应急调度。

3）数据自动统计

在分析油田监测及数据采集特点的基础上，研究了各种监测数据统计处理模型的运算规律、特点及其之间的联系。采用模糊数学及统计检验的方法对油田生产过程中采集的数据进行统计处理，从而增加自动化监测数据采集过程中数据预处理的智能性；利用模糊综合评价方法计算模型的运算效果，以便确定集成模型的运算时序，分析数据统计处理模型间的运算规律及关系以提高模型的集成性；并根据面向对象编程（OOP）原理，将消息运行机制引入封装的模型，从而建立了一个多功能、高度集成、智能化、自动化的监测数据统计处理模型。

4）工况智能分析

在 GIS 和 GPS 的基础上，开发数字化生产调度系统，利用采集井、站（增压点）、管线和联合站等实时数据、视频图像数据进行分析处理，自动形成作业指导建议、应急抢险辅助预案，并能够实现快速的生产调度和下发指令。

5）方案自动生成

在生产过程中，根据采集到的实际参数，按照一定的数学模型和模糊判断，生成当前预警方案或实际执行方案。

生产管理平台还可以通过集成各专家优化系统，实现油田生产调度、优化建议、措施等方案的自动生成；生产管理平台通过对设备维修保养检测的信息跟踪管理，能自动生成报警信息，并生成各种维修保养检测计划。

6）系统远程维护

系统远程维护平台完全依托现有的油田网络，实时跟踪辖区内各监控点的运行状态，并进行在线故障定位和诊断。其工作流程是：（1）前端监控软件提供系统所需各种数据，以数据库文件的形式存储于工控机中；（2）利用油田网，通过 B/S 或 C/S 模式获取所需数据信息，存储于中心数字化平台数据库中；（3）通过显示/分析/查询数据库中存储的信息，及时报告每一前端工控机和设备的运行情况；（4）对数据进行在线综合分析和处理。

7）应急救援协调

数字化管理生产平台在运行过程中，实时监控各作业点的设备，通过与数据库中参数的实时对比，按照一定的数据模型，能够及时准确地生成应急救援协调方案。还可预测危险源、危险目标可能发生事故的类别、危害程度，生成事故应急救援方案。考虑现有物质、人员及危险源的具体条件，能及时、有效地统筹指导事故应急救援行动。

（1）下达预警指令。

（2）及时向油田各单位发布和传递预警信息。

（3）油田相关单位连续跟踪事态发展，采取防范控制措施，做好相应的应急准备。

（4）油田公司应急机构进入应急准备，采取相应防范控制措施。

3. 平台框架

数字化管理生产平台总体建设框架为：一库、一平台、两系统。即一个综合数据库、一个平台、生产管理系统和智能专家系统。

1）综合数据库

综合数据库包含实时数据库和关系数据库两个不同的数据库。

（1）实时数据库。

实时数据库可用于工厂过程的自动采集、存储和监视，可在线存储每个工艺过程点的多年数据，可以提供清晰、精确的操作情况画面。用户既可浏览工厂当前的生产情况，也可回顾过去的生产情况，可以说，实时数据库对于流程工厂来说就如同飞机上的“黑匣子”。实时数据库负责整个应用系统的实时数据处理、历史数据存储、统计数据处理、数据服务请求、事件触发器管理、调度管理、资源管理、系统配置等，能够及时快速的检索数据。在油田的具体应用中，实时数据库存储包括油压、套压、温度、电压、电量、电流、浓度、液位、流量、载荷、位移等以及功图数据，采集包括注水井、配水间、注水站等数据。

（2）关系数据库。

由于油田数据量大，实时数据库只能满足简单条件的数据查询，不能满足复杂条件的数据查询，因此在使用中同时要结合关系数据库使用。对于实时数据库存储的数据可以同时存储到关系数据库。能够便利地对海量数据进行综合的分析处理，这在专家系统中尤其重要。在智能专家系统访问关系数据库时，可以按数据的收集方法分类分析处理。比如：压力超过设定值的有多少口井，这些井都是分布在那个作业区等，通过数据查询统计，专家系统可以通过生产压力分析地层情况。在分析数据时还可以按时间关系分析关系数据库中的数据，即按照被描述对象与时间的关系，可以将统计数据分为截面数据和时间数据。截面数据是指同一时间不同空间上的数据。时间数据是指同一空间不同时间上的数据。比如：在某时间段内低于 3m³/d 产量的油井都有哪些；通过功图和某些相关数据分析产量过低是怎么造成的。

2）一个平台

数字化管理平台主要是采用计算机将数据库与生产管理系统和智能专家系统有机地相互连接，同时可通过显示屏和操作系统控制整个油田生产调度工作。

3）生产管理系统

生产管理系统负责所辖区域内整个生产的协调工作和正常运行。其包括数据自动采集、异常自动报警、单井电子巡井、远程自动控制、油田自动调度、油井动态分析、生产数据管理、应急指挥抢险和设备数据管理。

数据的自动采集、电子巡井，会触发自动报警，根据实际生产需要产生联动，数字化管理平台能够按照一定的模型和在关系数据库中设定的参数，发出远程自动控制指令，即根据报警的等级，会发出油田自动调度和应急指挥抢险指令。生产管理系统中的油井动态分析、生产数据管理和设备数据管理，还可供专家对数据进行深度分析并以此为参考，来指导生产动态调整。

设备数据管理。可实现对井站动设备、阀门、一次仪表以及附件设备维修、保养、润滑、检测的自动报警及分析功能，合理安排设备的维修、保修、检测计划等，有助于科学合理地安排设备备品备件的采购库存。

4）智能专家系统

油田智能专家系统是一个面向对象的、图形化的、可定制的软件平台，用于快速构建智能专家系统的应用。这些应用实时获取生产层、控制层和管理层的大量数据，并按照最有能力的人（专家）的方式进行实时处理，提供决策建议或直接采取相应的行动，使过去需要人类专家直接参与的过程实现了自动化。智能专家系统可用于决策支持、智能监控和过程控制、故障诊断等领域。智能专家系统与油田的应用系统、数据库、控制系统、网络系统等各种外部系统紧密结合，帮助油田提高了生产效率，实现了自动化生产和监控。

智能专家系统分工艺专家系统、地质专家系统和油气藏管理三部分。

（1）工艺专家子系统。

通过建立适合超低渗透油气藏特点的专家知识库、油井故障实时诊断方法，提供采油工程设计的具体方案等。系统从油井开井实时跟踪分析油井生产情况，充分利用实时数据，分析生成日常维护方案以及生产参数的优化建议书等。利用平台产生的实时油井生产数据和油井基本数据，对各类油井生产情况进行诊断，及时反馈信息；确定油井是否在正常状态下生产；对故障进行诊断，找出故障出现的原因，提出解决方案。

（2）地质专家子系统。

利用动态数据，分析井、区块、油田的产能变化趋势，形成科学的油田开发和措施建议方案，提供指导决策支持，实现单井产能评价与配产、动态预测等功能。

（3）油气藏管理子系统。

利用工艺和地质专家系统对油井和区块分析形成的结论，结合井的动静态数据库数据、勘探、测井等信息，应用油气藏分析技术，形成分层、分区块、分油田的管理格局。为滚动开发提供决策依据，指导实现“一井一法一工艺”作业，提高单井产量和采收率。

四、数据共享及应用技术

数据共享及应用技术提出和建立了从采集、传输、处理到应用的一体化油田自动化建设新模式，打破了管理系统与监控系统间的界线，实现了自动化系统与管理系统的一体化应用，成为中国石油自动化“管控一体化”示范工程。

1. 数据整合

创建“接口统一、协议统一、驱动统一”的三统一接入技术，打破接入难点，实现接入关键技术突破，首次实现异构控制器无缝接入。提出了16位设备地址的MODBUS协议扩展规范，实现8位和16位控制器兼容，同时解决了标准MODBUS协议对控制器接入数量限制的问题。采用OPC接口规范，集成了2套SCADA、2套DCS系统，建立了集中监控平台，实现集中统一监控。运用光纤波分多路复用技术，办公网与控制网同缆双网独立安全运行，建立了克拉玛依市区中控室，实现市区远程（240km）监控。建立了自动化数据集成应用平台，实现自动化数据在生产管理、预警分析、安全环保方面的综合应用，形成全过程透明、全员参与的全新生产管理方式。

2. 标准化站控系统

长庆油田数字化管理标准站控软件是生产前端实现没有围墙工厂向有围墙工厂转变的主要技术手段，是油气生产数据链前端的软件核心组成。按照工业化软件要求，类苹果手机iphone图标界面，对标准站控软件界面功能进行优化和定型，将站内监控和井场监控分离，加入了对数字化抽油机的监控功能，优化了数据访问接口，使得软件稳定性、实用性得到全面提升。增压点标准站控；联合站标准站控；注水站标准站控；供水站标准站控。

油田数字化管理标准站控系统是按照对基本生产单元建设的“标准化设计、模块化建设”的指导方针而开发的软件。该自动化监控平台集计算机控制技术、现场数据采集技术和网络数字通信技术于一体。该系统采用了工业控制、现场数据采集与网络数据同步显示、网络通信等先进技术，可在控制室实时、准确显示各个监测点的数据，对其进行记录保存，对重要数据进行高限、低限设置，实现超限报警，增强了生产管理模式的安全性。提升工艺过程的监控水平、提升生产过程管理智能化水平，建立全油田统一的生产管理、综合研究的数字化管理平台，达到强化安全、过程监控、节约（人力）资源和提高效益的目标。

3. 联合站标准站控

联合站标准站控软件依据现场生产实际，按照联合站功能进行了区域划分，打破了传统工艺流程图绘制的制约，提高了大规模部署的可操作性，有效地缩短了部署、调试时间。2011年3月9日至29日，联合站标准站控在采油一厂高一联合站进行了真实工业环境、复杂条件下长时间的软件系统的分析和测试，站控系统成功经受了实用性的考验。

第四节　市场化运作

面对“三低”油气田开发，长庆油田分公司要实现规模效益开发，面临着开发任务重、工作量大、工程技术力量不足、外协难度大等问题。而解决这一系列问题，依靠传统的管理节奏和运作模式已无法满足快速、经济、高效的开发节奏和要求。如此大量的工作，就是在中国石油内部组织实施难度也非常大。大规模生产对资源的需求以及队伍、装备、技术等资源的匮乏，也成为长庆油田分公司大规模建设所无法回避的难题。

市场化运作是长庆油田分公司在开发苏里格气田的实践中逐步摸索出来的，并在油气田建设中全面推广。经过多年的实践探索，长庆油田分公司市场化运作逐渐完善，市场化运作日益成熟。

第一阶段：探索阶段—苏里格气田合作开发管理摸索。

2001 年长庆油田分公司第一次钻井工程公开招标，成功引进中国石油 3 个钻井公司 10 支钻井队，较好地满足了油田大规模增储上产的需要，也节省了投资。

2005 年按照“引进市场竞争机制，加快苏里格气田开发步伐”的重大决策，通过公开招投标，引入长庆局、辽河局、四川局、华北局、大港集团等 5 家中国石油未上市企业合作开发苏里格气田，加上长庆油田分公司第三采气厂，形成“5+1”的开发格局。同时，又向社会公开招标，引入工程技术队伍，充分利用社会资源参与开发。中国石油第一个气田“开发村”在苏里格诞生。

第二阶段：发展阶段。

2005 年开始，随着苏里格气田开发建设的成功运行，合作开发的管理模式在长庆油田分公司推广运用。2005—2008 年逐步建立具有供求关系、价格体系、竞争关系的勘探钻井工程技术服务市场，并由“一对一”的关联交易和市场开放两部分组成。

第三阶段：成熟阶段。

2008 年开始，中国石油授权长庆油田分公司引进民营队伍，长庆油田分公司进一步拓宽、完善配套市场化平台，使“市场化运作”更有效率。市场化的范围也由钻井、压裂、测井、试井扩大到设备配套方、材料贸易、生活服务、科技服务、土建工程施工等。

市场化运作的主要做法有以下 4 个方面。一是培育市场主体，与川庆钻探、长城钻探、中油测井、东方物探、中油运输等兄弟单位建立长期稳定战略合作伙伴关系；树立“凡是市场能够做得好的业务就放手交给市场”的理念，利用社会资源，形成多个主体共同参与、平等竞争的市场格局。二是强化市场管理，严格施工队伍资质审查，严格准入管理，构建公开、公平、透明的招投标平台；建立施工队伍业绩档案，择优录用施工队伍。三是完善市场标准，形成油田建设统一的市场标准，为引入市场力量进行大规模建设、进一步降低建设成本铺平道路。四是创新合作模式，发挥川庆、长城、渤海三个钻探公司专业化管理和主体优势，形成发展主导、利益协调、双赢互利的市场化运作新格局。

勘察设计业务：开放大型建筑市场，通过招标引进资质资信符合条件、能力良好的设计队伍承担大型土建工程设计。西安长庆科技工程有限责任公司主要承担油气田地面工程设计任务，充分发挥专业设计优势，有利于继承和发扬长庆特色的地面建设模式和技术优势，有利于油气生产和后期维护。

施工队伍准入：按照“市场配置、效率优先、提升质量”的原则，推行“两级审查、一级准入、诚信保证金制度”和工程发包的分级分类管理，提高了市场准入门槛，从队伍素质上确保工程质量；同时通过资信审查，打击了借用资质、挂靠施工等不法行为，有效防范了施工企业在安全生产、附属物赔偿、拖欠农民工工资等方面的问题。

工程招标：推行“标准场站总价招标、站外系统综合单价招标，严格控制费率招标”

的工作模式，满足了大规模建设对招标工作的要求。

工程管理：按照“统一管理、分级负责”的原则，根据工程规模和类别将施工图会审、工程招标、开工许可、单项工程验收等实行了分级管理，下移管理重心；简化了流程，加快了节奏，适应了标准化工作的新要求。

建设监理：长庆工程建设监理有限公司是长庆地面建设监理市场的主要监理力量。同时注意引入市场竞争机制，面向社会招标选择高水平、资信好的监理队伍，承担气田产建和管道、大型储罐等重点系统工程建设的监理任务。

在建设过程中，注重培育多个主体共同参与、平等竞争的市场格局，坚持做服务型甲方，及时拨付进度款，及时进行工程结算，解决了队伍资金不足的难题，提高了队伍的市场竞争力。对社会化队伍实施安全培训、指导，加大监理监督工作力度等措施，提升了队伍的管理水平、技术能力和安全素质，有效防范了安全环保和法律风险。实践证明，市场化运作确保了大规模建设的高效组织。

第五节　应 用 效 果

一、标准化设计、模块化建设

“标准化设计、模块化建设”是油气藏地面工程建设的重大变革，是油气藏产能建设现代化作业的重要标志，是超低渗透油气藏大规模建设的必由之路。超低渗透油田通过推广运用“标准化设计、模块化建设”，充分彰显了油气藏地面工程建设“标准、优质、高效、安全、超前、数字化”的优点。

1. 促进了油气田地面工程技术水平的全方位提升

一是创新了项目管理模式。“标准化设计，模块化建设”改变了项目的建设与管理机制，缩短了现场管理周期与管理流程，标准化、程序化在施工管理中得到了最佳体现，创新了超低渗透油气藏地面建设施工组织方式和项目管理模式。

二是实现了设计、采供、施工、监督的精细化管理。设计业务重复工作量大为减少，使设计人员把主要精力用于精细化设计以及施工现场的实践上，有利于提高设计水平；采供业务实现了规模化，设备、材料选型将定型化、系列化，使得订货周期缩短，产品质量、售后服务得到有效保障。此外，产品质量信息反馈和质量验收，保证了产品质量和场站运行安全；现场施工生产要素和工艺技术标准化，实现了生产流程优化、固化，由现场作业改为工厂场预制，由过去单件单人作业变为组件工厂化流水作业，有利于实现精细化施工。

三是“标准化设计，模块化建设”的推行，为设计、采供、施工等规范了操作程序，为地面工程建设推行EPC模式创造了良好的条件。

2. 提高了产能建设新井时率，保证了快速上产

“标准化设计，模块化建设”适应超低渗透油气藏滚动开发的需要，大幅度提高当年建产项目投产率和新井时率。目前超低渗透油气藏新建产能当年新井时率约为30%，若在油气田全面推广该模式，新井时率可以提高到50%左右，其经济效益十分可观。

为适应油气田滚动建产、快速建站的需要，模块化建设大量引入平行作业，运用先进

技术，将土建、安装、调试等工序深度交叉作业。根据各场站的功能和流程，实现主要模块的装配达到统一性、可靠性、先进性、经济性、适应性和灵活性的协调统一。“标准化设计，模块化建设”可通过加快设计、提前采办、超前预制，来提高油气田地面建设效率。

3. 推动了科技创新

一是创新焊接工艺，采用 CO_2/埋弧自动焊接工作站，焊接质量高、成型好；采用带锯机、等离子切割机、数控切割机快速下料；固定式管端坡口机组合进行坡口加工保证了下料精度，为保证焊口质量奠定了基础。

二是通过分项预制、组件成模，将多类型、小批量、劳动密集型作业转化为少品种 、大批量、机械化、工厂化模块制造过程，充分利用工厂模块化预制技术与先进的制造工艺，保证建设质量。土建、安装、电仪由现场交叉作业转变为不同时段的工厂化平行作业。管线单线图法预制、焊接组配防变形措施的应用，使所有模块组装后横平竖直，最大限度地消除了焊接变形，保证了模块组件装配精度及良好的互换性。

三是模块化信息管理系统的建立，实现数据共享，数模共享。管线预制设计系统、预制过程管理系统的应用，可充分利用设计数据进行预制施工图纸设计、采购与物项控制管理，并与 P3 等项目管理软件整合，使工程进度可控制、施工全过程管理、降低建设成本得到保证。信息管理系统完全满足了质量控制的可追溯性与现行工程施工规范要求。

4. 提升了场站运行水平

一是地面工艺流程优化，标准件功能统一，非标件外形尺寸统一的标准化设计，缩短了建产周期。专用设备系列化、模块化提高了设备的互换性、重复利用性和可维修性，适应油田滚动开发需要，降低了综合成本。

二是便于场站、管网的维修。推行“标准化设计、模块化建设”，由于实现了设备、材料、器具等的系列化、标准化管理，可增加相应的标准料储备，有利于建立维修工作点，做到维修抢修反应快捷、保障可靠，确保场站生产安全高效运行。

三是有利于搞好技能培训，提升技术水平。“标准化设计、模块化建设”使各场站设备、操作流程、管理规范标准统一，技术标准和操作规程统一，管理制度和考核标准统一，同类岗位、同类工种的岗位职责、工作程序、工作标准更加简明、规范。标准化场站为组织同类岗位技术培训，提供了极大地便利，提升了培训效果。

5. 增强了核心竞争力

“标准化设计、模块化建设”要求以管理理念创新为核心，以技术集成为手段，进而通过技术、管理、标准等全方位创新，推进工程施工与管理的规范化、精细化和现代化。采用先进的质量标准和管理体系，强化全员、全过程、全要素质量控制，不断提高产品、服务和工程质量，提升超低渗透油气藏地面工程技术的核心竞争力。

6. 实现了数字化管理

实现了施工全过程数字化追溯，为场站运行数字化管理提供技术支持。利用计算机辅助管理系统，通过对工程计划与进度控制、采购管理与物项控制、现场二次设计、图纸文件管理、施工过程管理、成本控制等工程项目信息的数字化管理，做到生产数据自动采集和处理，确保了信息的准确性、及时性。让过程控制及资料与施工记录、统计报表同步完成，满足质量控制与现代化工程施工规范要求。

二、数字化管理

1. 促进生产组织方式的变革

数字化是油气田生产组织方式的革命，是油气田管理方式的变革，是控制投资、降低成本、提高效率、确保安全生产的有力技术支撑。长庆油田数字化建设是建立在“五统一、三结合、一转变”基础上进行推广的。“五统一”就是“标准统一、技术统一、平台统一、设备统一、管理统一”。“三结合”就是与岗位、生产、安全相结合。“一转变”就是转变思维方式。面对 5000×10^4t 发展目标，传统的生产组织和管理方式已经不能适应当前“大油田管理、大规模建设”的需要，必须通过组织架构革新和管理流程再造提升企业发展的内动力。

数字化管理实现现场生产管理由传统的经验管理、人工巡检、“大海捞针、守株待兔”的被动方式，转变为智能管理、电子巡井、“精确制导”的主动方式，实现生产管理数字化、智能化，推动长庆油田向管理现代化转型。

2. 减少用工总量

油田老区按照“整体规划、突出重点、分步实施”的原则，对有数字化基础的西峰油田，按照“保、增、配、升”的技术思路进行数字化升级改造；对其他老油田按照“关、停、并、转”的技术思路进行数字化改造，建成了华池和好汉坡等整装区块。油田新区按照“三同时”（即同时设计，同时建设、同时运行）的原则与产能建设项目同时配套，建成华庆和环江等整装区块。

鄂尔多斯盆地油气藏的生产管理经历了三个阶段。

20 世纪 70—80 年代三级布站，20 世纪 90 年代二级半布站，2008 年新型二级布站，每一次生产流程的变革直接带动了与之相适应的劳动组织架构的变化。

2008 年新型二级布站，减少管理层级，取消集输管理人员，使行政管理与生产流程管理相统一（图 4-87）。取消井区，精干作业区，变直线职能制管理为矩阵式管理，提高用工效率（图 4-88）。劳动组织架构变化节约用人成本情况见表 4-25。

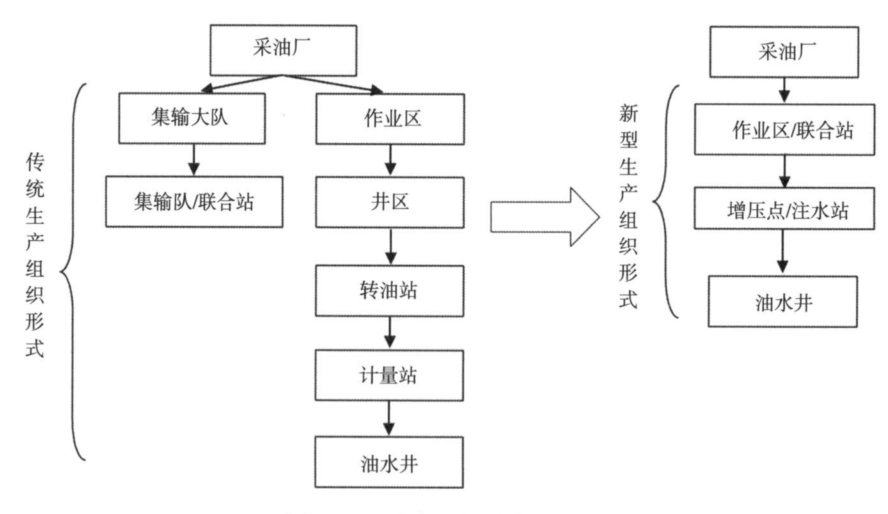

图 4-87　生产组织形式对比图

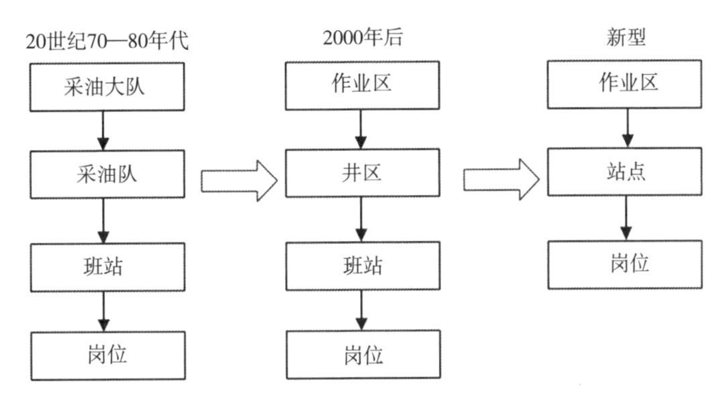

图 4-88 劳动组织架构对比图

表 4-25 劳动组织架构变化节约用人成本

时间	万吨节约用工人	节约比例%	原因	
			生产技术方面	劳动组织方面
20 世纪 70—80 年代			（1）三级布站； （2）单井	（1）四级管理：采油大队—采油队—班站—岗位； （2）机关 11 个组室
20 世纪 90 年代	2	7.1	（1）增压点代替计量站； （2）应用丛式井	（1）大队改制为作业区； （2）机关 11 个组室压缩为 4 个组室
2002 年	4	15.4	推广丛式井	（1）撤队建区； （2）将机关调整为 3 组 11 室； （3）技术、资料、化验集中作业区管理
2005 年	6	27.3	（1）推广大井组（6 口以上）； （2）运用新工艺、新技术、新设备	（1）集中巡护； （2）推行兼岗并岗
2008 年	6	37.5	（1）作业区联合站共建； （2）二级布站； （3）井站合建； （4）大井组（8 口以上）； （5）推进数字化管理	（1）按流程三级管理：作业区—站点—岗位； （2）再造作业区业务流程； （3）撤销采油井区、集输队

3. 提高劳动效率

自动定时投球代替人工投球；电子巡井、电子值勤代替驻井管护、人工巡井；自动变频输油代替人工输油，液位计大罐计量代替人工量油，减轻了工人劳动强度。电子巡井、智能分析视频监控、电子值勤、管线堵漏判断、功图计量拓展、自动投球技术、变频器控制连续输油、数字化场站工控系统，数字化生产管理平台等一系列技术的应用，相对传统的管理方式，每百万吨用工减少了 396 人。到 2015 年合同化和合同制员工达 7 万人时，实物劳动生产率即人均油气当量从 339t 上升到 772t，单井综合用人由 2.61 人下降到 0.84 人（图 4-89）。

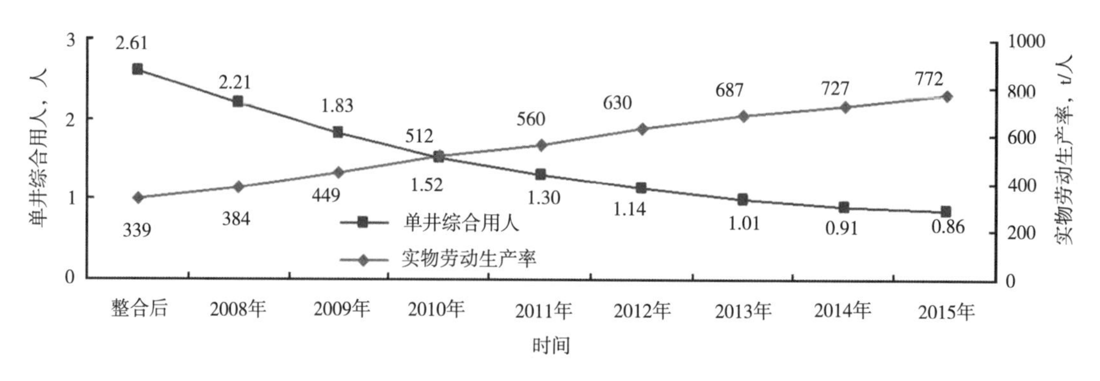

图 4-89 整合以来劳动生产率变化图

苏里格气田数字化管理前，关井需要人工到井场上手工关井，少则用几十分钟，多则几个小时，数字化管理后员工可直接在操作室实现自动开关井，时间不超过几十秒。通过数字化管理平台，苏里格气田各个开发单元实现了真正意义上的数据分析、数据整合和数据共享，结合各种数字模型、经验数据、专家系统，对生产管理过程进行智能化指导。

长庆油田数字化管理前管井工每天风雨无阻拿着笔、纸、压力表、扳手到井口看压力。量油工每天不停地倒流程阀门进行手动量油，录取产液量。数字化管理后产液量、压力通过远程计量系统显示在计算机界面上，资料录取既方便又准确。

数字化管理的最大特点就是保证了数据采集的连续性。以往油井生产资料的录取，靠员工手工定点、定时完成，不能反映油井的真实情况。现在，计算机可以 24h 实时、连续、自动记录数据，生产及管理人员在计算机上就可以随时浏览、提取实时数据，掌握每口井的生产运行情况。

4. 降低成本

井站合建、无人值守井场减少了看护设施，在保持投资基本不升的情况下实现了数字化；电子巡井减少了用工人数和车辆巡护、巡检次数，降低了生产运行成本。作业区与联合站共建、井站合建、多站合建、取消井区和倒班点，技术人员和特殊工种人员统一调配，实行专业化管理。按照这种工艺模式，百万吨建站数由 43 座降低到 24 座。

5. 提高生产质量

通过数字化管理应用提升了油气田的管理水平，催生了劳动组织架构的变革，实现了生产组织方式的改变。只要有网络的地方，就可以对大漠深处、梁峁之间的油气井、装置设备进行远程管理。数字化管理方式大大提高了生产管理水平和效率，提升了安全监控能力，降低了一线员工劳动强度，改善了生产生活条件，改变了员工过去“晴天一身土，雨天一身泥”的工作状况。

油井管理工作由感性变理性。过去，员工分析油水井只是依靠手头有限的资料进行，分析不够细致、深入。如今，所有的动态监控资料和生产管理制度，计算机都可以自动生成各种生产运行曲线和图表，员工可以快速准确地查找油水井的小层平面图、单砂体图、油水井连通图、吸水剖面图、管柱图等各种生产资料数据，对油水井的生产动态情况有一个清晰准确地掌握，并利用这些数据和曲线进行理性、科学的分析，预测各项生产要素的运行趋势，及时采取措施，保证井组的正常生产。

建成后的数字化油田，至少在六个方面发挥了作用：一是掌握了油田所有实时生产信息，还能找到油田已经勘探开发的全部资源；二是实现了部门业务网上办公、打造成功电子机关；三是实现了井场基地数据共享、自动采集，以便实时决策；四是减少了科研人员收集整理资料的时间；五是提供了全方位的生产经营信息；六是实现了油田的可视化管理。

三、市场化运作

1. 油气田建设速度迅速提高

长庆油田分公司成功的市场化运作是转变企业发展方式的创新之举。通过市场化运作，把企业内外资源有效地利用，在条件艰苦、资源有限的情况下，创造令世人瞩目的长庆速度。市场化运作是实现跨越发展的主要手段，也是建设“西部大庆”、激活后发优势的关键所在。

2. 劳动组织和生产组织进一步优化，员工总量得到有效控制

通过市场化运作，长庆油田分公司把地面建设等非核心业务外包，使得管理资源更加集中于核心业务，增强企业的弹性，优化自身的管理系统，省却很多非主业管理职能上的大量投入，精简机构和人员，缩小总体的管理幅度和非核心业务方面的管理层次，将宝贵的人力、物力、财力等资源集中于核心业务，有效地提高了整体运行效率。

3. 投资有效控制，投资效益明显提高

通过市场化运作，产能建设地面投资比重逐年下降，由 2001 年的 37%下降到 28%，出色地完成了中国石油下达的投资控制任务，而且实现了高效益增长。

第五章　超低渗透油气藏地面工程运行管理

第一节　超低渗透油气藏地面工程投产试运行

一、油田地面工程投产试运行

超低渗透油气藏地面工程投产试运行，涉及内容较广，本节选择联合站与原油外输管道的投产试运行进行介绍，集油管线、增压点、接转站的投产试运行可参照联合站与原油外输管道的投产试运行进行。

1. 联合站投产试运行（以西峰模式为例）

1）联合站概述

联合站是超低渗透油气藏原油集输和处理的中枢。站内设有集油、脱水、采出水处理、注水、化验、变电及锅炉等生产单元，主要作用是通过对原油的处理，达到“三脱”（原油脱水、脱盐、脱硫；伴生气脱水、脱油；采出水脱油）及“三回收”（污油回收、污水回收、凝液回收），生产出三种合格产品（净化油、净化污水、凝液），进行原油外输。

联合站内主要工艺流程如图 5-1 所示。

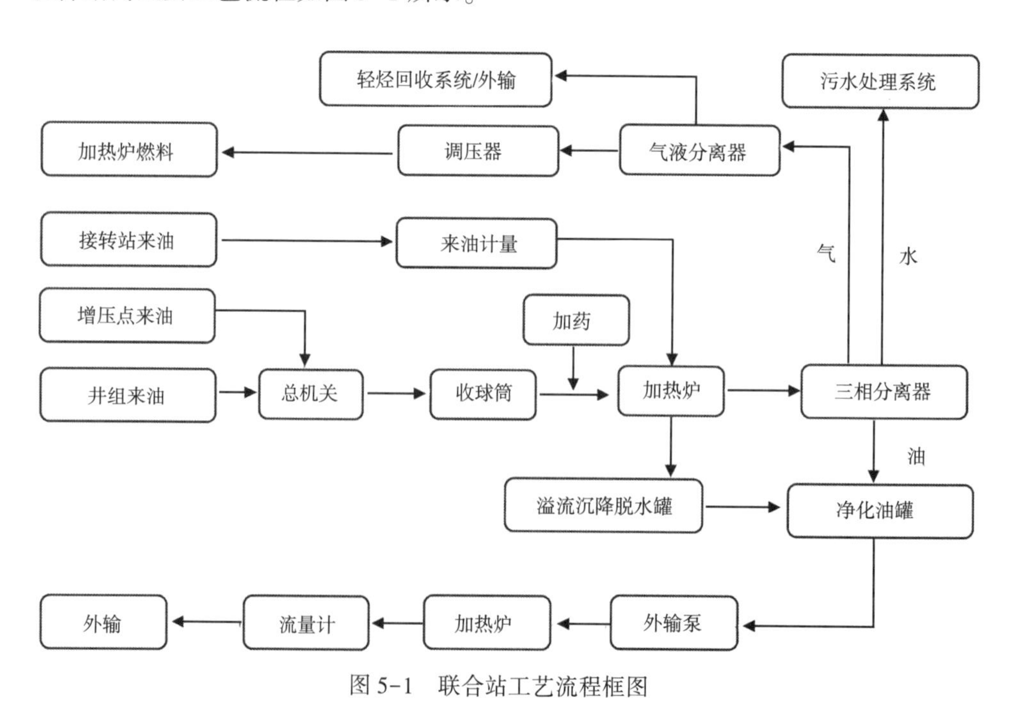

图 5-1　联合站工艺流程框图

联合站内主要有加热系统、原油处理系统、外输系统、采出水处理系统及注水系统。

其中，加热系统主要由加热炉、燃料油泵和燃料油罐组成（以原油为燃料）。原油处理系统由来油总机关、收球装置、三相分离器、缓冲罐、伴生气分液器、沉降罐、净化罐、倒罐泵、加药装置组成；外输系统由外输泵、流量计、含水分析仪组成；采出水处理系统由除油沉降罐、缓冲罐、加药装置、污油回收装置、污水池、污泥池组成，注水系统主要由单级离心喂水泵、往复式注水泵、配水装置组成。

2）联合站投产前准备

联合站投产前应成立投产试运行组，一般由采油厂主管生产运行的副厂长担任组长，由生产运行科、工艺研究所、工程项目管理室、安全环保科、数字化与科技信息中心、保卫科、产建项目组、采油作业区（基层运行单位）、EPC 总承包单位（施工单位）、设计单位、监理公司等单位组成。

（1）生产运行科：负责检查站内设备、配电系统、集油系统、外输管线系统是否满足投产条件；做好投运前及投运过程中的组织协调工作。

（2）工艺研究所：负责投运方案编制及工艺技术指导，编制联合站站内工艺流程详图及注水流程详图。

（3）工程项目管理室：负责投产试运行过程中施工作业的管理。

（4）安全环保科：制订投产试运行期间的安全环保措施，负责投运过程中的安全、环保监督工作，落实动火作业期间的安全措施。

（5）数字化与科技信息中心：负责数字化系统的调试运行。

（6）保卫科：制订投产运行期间的消防应急措施，监督落实消防器材及应急设备设施配备情况，落实动火作业期间的消防措施。

（7）产建项目组：负责督促竣工预验收检查问题的整改；督促 EPC 总承包商（施工单位）检查完善相关站内设备设施。

（8）采油作业区（基层运行单位）：制订生产管理制度、操作规程，配备生产岗位人员，完成岗位培训；做好投产人员、工具及物资准备。

（9）EPC 总承包商（施工单位）：完成竣工预验收检查问题整改；确保投运组工种齐全，设备性能良好；校验压力表、温度计、安全阀等并安装到位。

（10）设计单位：做好投运设计配合工作。

（11）监理公司：做好投运配合及施工质量的把关，确保工程符合相关设计和施工规范。

3）联合站投运条件

（1）无损检测、管线清管试压报告齐全；安全阀、压力表、温度计、变送器、火灾和可燃气体报警器等强制检定设备取得检定合格证书。

（2）锅炉、压力容器等特种设备已取得使用许可证；防雷、防静电设施安装完成并由地方主管部门验收合格；变配电设备设施经有资质的检验检测机构进行电力设备交接试验并取得合格证书。

（3）消防系统经过公安消防部门的专项验收，并取得相应消防验收意见书；向环保部门申请项目试运行并取得相关批复。

（4）投产试运行方案、应急预案已审查批复。

（5）已按照超低渗透油气藏地面工程竣工验收相关规定，完成联合站的竣工预验收，并对提出的问题逐项进行了整改。

（6）投运时，所需物资、设备、仪器、人员、资料交接等已全部到位。

4）联合站投运

联合站投运包括热系统投运、井组集油系统投运、原油处理系统投运、外输系统及管线投运、采出水处理系统投运、注水系统（含站外注水管网）投运（图5-2）。

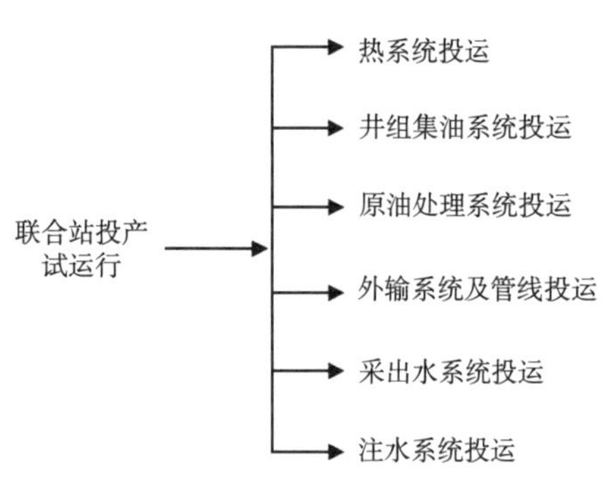

图5-2　联合站投运内容

（1）泵试运行及系统调试。

检查配电系统、循环泵、外输泵、注水泵等各类机泵供电情况，仪器仪表显示，泵（循环泵、外输泵、注水泵等站内所有的泵）单机试运行正常，完成站内电气、仪器仪表、通信等系统的联调联试。

（2）热系统投运。

燃油罐加装柴油、加热炉及热循环水箱加装水完成，核验加热炉燃油供给流程；启动燃油泵、点炉；点炉后检查加热炉各项运行参数，调试加热炉至正常运行状态。

点炉的同时，打开补水泵进出口阀与热循环水箱出口阀，启动循环泵，进行热循环管网补水。打开热循环管网出、回水管网阀及放空阀，待热循环管线放空阀有水溢出后，关闭放空阀、水箱出口阀及补水泵进出口阀，热系统投运完成。

（3）集油系统投运。

关闭油井，打开油井生产阀门，站内集输流程正常开启后，启动油井正常生产；在站内总机关处打开井组来油取样阀，排出单井集油管线内的空气，待井组原油从取样阀流出后，关闭取样阀，集油管线投运完成。

（4）原油处理系统投运。

①加药装置投运。

集输系统进油的同时，投产试运行加药装置。确认加药装置相关流程已正确启用，加药罐内清洁，加药装置不泄漏，电路正常，破乳剂、阻垢剂型号与生产要求相符；加入药剂和热水，启动搅拌泵，将药品搅拌均匀；打开加药泵进出口阀，启动加药泵。

②三相分离器投运。

a. 确认三相分离器相关流程已处于正确状态，将导水管调节至高位，确保水室含油指标达标；三相分离器进油速度需平稳，波动不得大于$\pm10m^3/h$，进油温度控制在45～55℃，油室出口含水量低于0.5%，水室出口含油量不大于150mg/L，压力不超过设备最高生产压力。

b. 合格净化油进入净化油罐（净化油罐未进油前，需保持罐内外压力平衡），不合格净化油直接进入缓冲油罐（待正常后进行反抽处理），伴生气进入伴生气分液器处理，采出水经水室出口流入沉降除油罐。

c. 三相分离器运行平稳后逐步下调导水管高度。

（5）外输系统投运。

站内配电系统、仪器仪表系统、通信系统、加热系统、原油脱水处理系统试运行正常后，投运外输系统。外输系统投运前，确保所有相关流程处于正确状态；待缓冲罐进油后，打开外输泵进口阀和放空阀，排出管线内的空气，当净化油充满进口管线和泵内时，启动外输泵，外输泵压升至额定压力后，缓慢打开外输泵出口阀，关闭放空阀，开启正常输油流程。

（6）采出水处理系统投运。

①采出水注水系统。

沉降除油罐储存的采出水达到200m³并沉降24h后，打开沉降除油罐进缓冲罐的阀门进水，当缓冲罐液位达到1/3液位后，打开缓冲罐出口，投运采出水处理系统。

②负压排泥装置投运。

打开负压排泥泵进出口阀、供水阀及除油罐排泥阀。确认流程处于正确状态，启动负压排泥泵，检测沉降除油罐至污泥池排泥情况，排泥时间10~20min。

（7）注水系统投运。

①喂水泵投运。

投运喂水泵前，确认所有相关流程已正确启用。启动喂水泵，缓慢打开喂水泵出口阀，投运喂水泵进入正常运转流程。

②注水泵投运。

注水泵投运前须空载运行数小时；注水泵空载过程中，回流阀处于打开状态，待空载完成后，打开干线阀门，缓慢关闭回流阀逐步起压，投运注水泵至正常状态。

③站外注水管网投运。

在联合站站内注水系统投运正常后，停泵、关井，对现用注水管线进行放空泄压后，进行管线连头施工，连头结束后，正确改变注水流程，启动注水泵，调节压力至正常注水压力，检查管网无渗漏，站外注水管网投运完成。

5）投产试运行HSE要求

（1）投运前的安全准备工作。

①协调好全程的生产运行工作，上下游单位、站点液量的储存及外输。

②落实EPC总承包商（施工单位）对预验收中存在的安全隐患进行整改；做好参与投产人员的安全教育与应急抢险的准备。

③落实各类安全设施及附件的配备完好，检测器材和应急防护器材的到位。

④准备齐全各类安全器材和设施及检测仪器、急救包、空气呼吸器等应急器材。

（2）投运期间的安全措施及要求。

①投运前由投产组组长按照业务管理和职责对投运人员进行职责分工和安全要求，明确投运纪律。

②投运时站内所有动火作业及其他施工作业全部停止。

③岗位操作人员、投运人员、监护人员劳保衣物及用具穿戴整齐，按投运方案进入各自负责的岗位进行操作。

④下达投产令后，正式启动投运，岗位操作人员严格按设备、设施的操作规程操作。

（3）事故应急处置预案。

联合站投产应编制具体的事故应急处置预案，如环境污染处置预案、油气泄漏处置预案、火灾及爆炸处置预案等。

2. 原油外输管道投产试运行

1）原油外输管道简介（以马惠原油外输管道为例）

原油外输管道指联合站至油田内部油库的输油管道，一般由首站、中间热泵站及末站组成，场站的主要设备由收发球筒、加热炉、外输泵、燃料油泵、转油泵、储罐、燃料油罐、污油箱等组成。线路包括穿跨越系统、截断阀室和阴极保护系统等。

2）原油外输管道投产前准备

成立原油外输管道投产试运行组，由输油处主管生产运行的副处长担任组长。投产试运行组指挥并协调原油外输管道投产过程中的系列问题，决策与投产相关的重大事项，确保管道投产过程有条不紊。

（1）生产调度组：负责投产过程的具体指挥、协调各站场操作管理，收集分析整理投产试运情况并向投产组汇报；负责监控、记录参数，发现参数出现异常时进行具体分析，并向投产组及上级调度汇报，及时采取措施进行控制。

（2）安全督察组：负责投产期间 HSE 管理工作，投产过程中进行风险分析，并提出安全处理措施和意见。组织投产前进行关于安全、消防设施、设备的使用培训，投产试运期间安全监督、检查和警戒，场站、阀室与线路的设备、设施安全检查。

（3）计量组：负责场站化验设施、设备及计量系统的投用及投运期间的原油计量。

（4）外部协调组：负责投运期间的外部公共关系协调。

（5）站场投运组：负责投产前的场站流程检查，进水、升压期间站场流程的切换及确认。紧急状况下的现场流程切换和预先处理工作。

（6）管道巡护组：负责线路工程投产条件的检查及负责进水试压时管线巡监护、清管器跟踪、漏点检测和管线应急抢险。

（7）保运组：协调指挥维抢修队伍，负责试运期间临时设施和仪表的拆除及恢复，以及整改投产过程中出现的工程问题。

（8）物资保障组：负责投产所需设备、材料等物资的准备及落实，临时物资及紧急物资的购置和发放。

3）原油外输管道投产条件

原油外输管道工程完工，线路和站场的试压符合规范要求，经预验收，工程合格。

（1）阴极保护系统已运行正常。

（2）阀门、流量计等单体设施设备调试保养完成；各类设备、阀门保护值已设定并确认无误。

（3）设备、电缆编号及管道流向标识正确。

（4）完成各项联锁保护功能及应用程序的测试，逻辑功能动作正常。

（5）SCADA 系统调试完成，具备使用条件。

（6）专用工具、投产所需备品（备件）配置到位。

（7）压力管道、压力容器等特种设备的注册登记及使用许可办理完成。

（8）防雷、防静电接地系统经过地方有关部门验收合格。

（9）消防系统及设施经地方公安消防部门验收合格。

4）介质准备

原油外输管道进行清管、预热、整体严密性试压后，通油投产。

原油外输管道投产以清水为动力推动清管器清管，做到试运行用水、预热用水、整体试压用水三者合一。投产前，需要计算投产用水量、投产用油量，根据原油外输管道沿线油源以及管道设计工艺参数，选定投产排量，比选备油方案，以确定投产储罐需求。

5）原油外输管道投产

原油外输管道投产前完成单体设备试运转、场站联动试运行，自控系统、热力系统、给（排）水系统、电力系统及通信系统等调试正常。

（1）管线的清管预热、试压。

①导通流程。

a. 阀室。

启输前，检查阀门，确保主截断阀门处于开启状态，打开放空阀，进行管线排气。

b. 首站。

导通储罐出口阀→喂油泵→加热炉旁通阀→输油泵→调节阀旁通→清管器发射装置旁通→出站总阀流程，其余流程关闭。

c. 中间热泵站。

导通进站总阀→清管器接收装置旁通→进站调节阀旁通→储罐流程，其余流程关闭。

d. 末站。

导通进站总阀→清管器接收装置旁通→调节阀旁通→消气器旁通→流量计旁通→含水分析仪旁通→（→末站储罐 / →消防应急池）流程，其余流程关闭。

②首站至中间热泵站段管线清管、预热、整体严密性试压。

流程导通后，在首站发球筒安装清管器后，首站启动输油泵，在水头通过发球筒约为250m时，打开发球筒出口阀，关闭发球筒旁通阀，发射清管器出站，在收到清管器出站信号后，管道巡护组跟踪清管器运行情况。

待清管器发射出站后，打开清管器发射装置旁通阀，关闭发球筒进出口阀；打开加热炉进出口阀，关闭加热炉旁通阀，启动加热炉对管线加温，使输水温度逐渐升高并控制在35℃左右。

水头到达中间热泵站，来水直接进中间热泵站储罐。当清管器到达中间热泵站收球筒，按操作规程接收清管器，清管器取出后检查其完好程度。中间热泵站接收到清管器后，首站停止输油泵运行。

关闭中间热泵站进站总阀和进站超压泄放系统、首站出站超压泄放系统。用首站输油泵进行升压，每小时升压不得超过1MPa。当压力分别升至$p_{试}$的30%和$p_{试}$的60%时，分别暂停试压，稳压30min，检查无异常时再升压到试压压力，$p_{试}$为设计压力值。当管线线路最低点压力达到设计压力值时，首站停止输油泵运行，关闭首站出站阀，进行首站至中间热泵站段管线试压，稳压24h（图5-3）。巡线检查的重点部位为绝缘接头（法兰）、穿跨越管线、截断阀室、仪表接头及碰口连头焊接点等部位。当最大压降不大于1%、且小于0.1MPa时，管道不破裂，目测无变形、无渗漏为合格。首站、中间热泵站出站压力稳定，管段稳压24h后，缓慢打开中间热泵站进站总阀，管线泄压。站间管线试压时，应将与线路试压无关的站内工艺管线进行隔离，防止窜压。

③中间热泵站至末站段管线清管、预热、整体严密性试压。

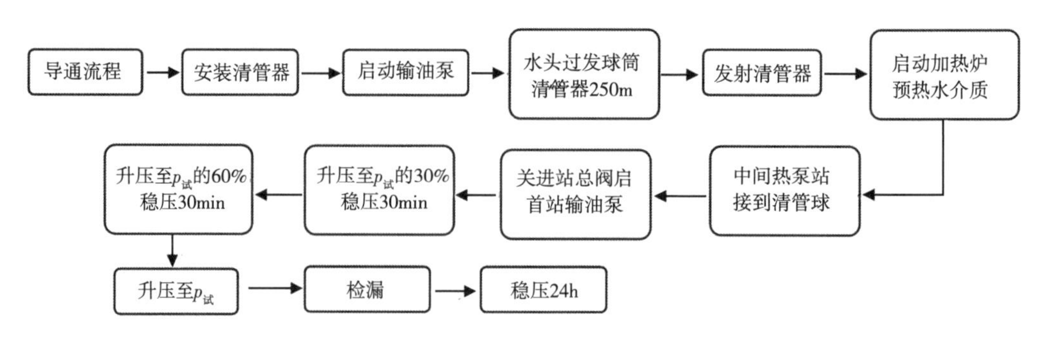

图 5-3　首站至中间热泵站段管线清管、预热、整体严密性试压顺序

中间热泵站启动输油泵后，打开发射筒出口阀，关闭发射筒旁通阀，发射清管器出中间热泵站，在收到清管器出站信号后，管道巡护组跟踪清管器运行情况。

水头到达末站，来水通过临时流程直接进入末站消防应急池或末站储罐。

当清管器到达末站收球筒，按操作规程接收清管器，清管器取出后检查其完好程度。末站接收到清管器后，中间热泵站停止输油泵运行。关闭中间热泵站出站超压泄放系统、末站进站总阀和进站超压泄放系统。

中间热泵站至末站段管线整体严密性试压与首站至中间热泵站段管线整体严密性试压方法相同（图 5-4）。

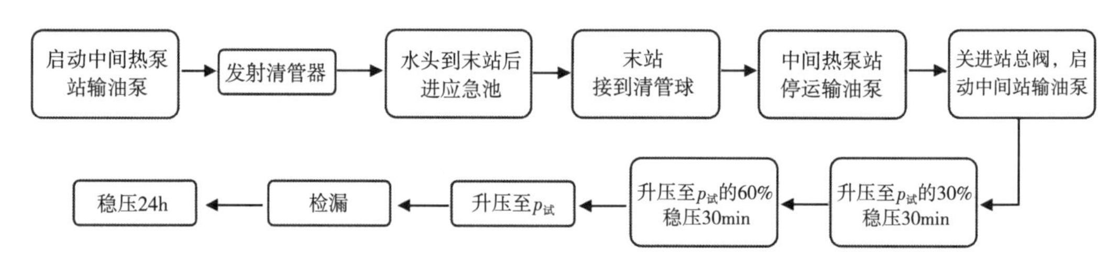

图 5-4　中间热泵站至末站段管线清管、预热、整体严密性试压顺序

原油管道全线试压结束后，投用全线水击超前保护系统（ESD、RTV 阀室等安全设施），全线采用密闭输送工艺继续向末站输水，对管线进行预热。

（2）原油外输管道全线投油。

原油外输管道输水预热完成后，全线正式投油。在预热流程的基础上，首站按倒罐操作规程由输水罐切换至合格净化油罐的正常输油流程，在油头通过加热炉后将出站油温调整到 40℃左右。

当油流通过中间热泵站清管器发射筒之前，打开清管器发射筒进（出）口阀，装入两组油水隔离塞，关闭清管器旁通阀，发射事先装好的油水隔离塞出站，并跟踪油头。

末站将进站流程由进消防应急池改为进储罐，同时做好混油头的进罐处理。当油水隔离塞进入末站收球筒，打开收球筒旁通阀，并按操作规程接收油水隔离塞，接收后检查油水隔离塞的完好程度。

末站在油头到流量计之后 5min，检查流量计出口见油后运行 1min，打开流量计，完全关闭旁通阀；当流量计见油后，按照设计工况进行各流程的试运行，连续、平稳运行

72h，完成原油外输管道的投产，转入正常运行状态。

6）投产试运行 HSE 要求

（1）站场及设备的 HSE 要求。

①站场设置醒目的安全警示标识。

②可燃气体浓度报警仪投入使用。

③投产前站场所有阀门设备编号、气液体流向等标识清楚。

④安全阀、压力表等检定合格并在有效期限内。

⑤暂不投用的管线在阀后应加法兰盲板封堵。

⑥所有设备、仪表、阀门、法兰等符合设计压力的等级要求。

⑦照明器材和通信器材必须防爆。

⑧加强对站场、阀室的安全检查，检查便携可燃气体报警仪、空气呼吸器配置。

（2）操作的 HSE 要求。

①流程切换工作应尽可能安排在白天，确有必要在夜间进行时，应有安全可靠的措施。

②各项流程操作前，填写流程操作票，并由技术人员带班进行操作。

③严格按照操作规程执行，坚决杜绝违章操作。

（3）车辆、消防的 HSE 要求。

①投产时沿线检查车辆应停放在距管线 50m 以外。

②站场的移动消防器材齐全且配备到位，参加投产人员经过培训后必须能够熟练使用。

③发生泄漏时，场站周围及泄漏点周围 200m 范围内的车辆禁止启动（带防火器具的应急、灭火车辆除外）。

二、气田地面工程投产试运行

1. 单井、集气站投产试运行（靖边气田模式）

1）集气站概述

集气站是天然气收集、调压、分离、计量等作业的站，一般兼有计量、加压、外输功能。集气站主要设备有加热炉、分离器、注醇泵、闪蒸罐、污水罐、甲醇罐、发球筒、收球筒、发电机、放空火炬等设备。集气站工艺流程如图 5-5 所示。

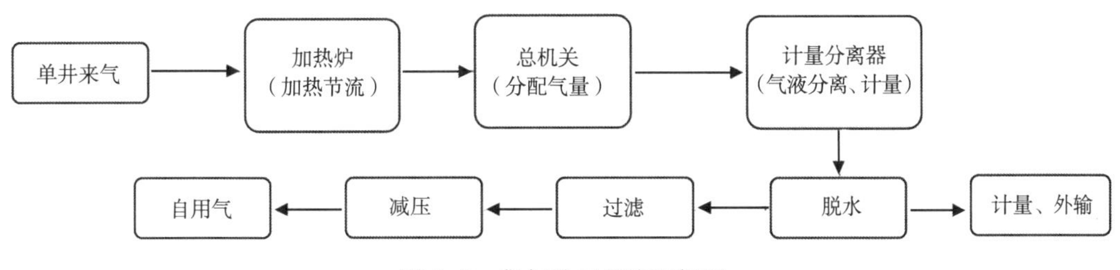

图 5-5　集气站工艺流程框图

2）单井、集气站投产前准备工作

成立投产试运行组，投产试运行组一般由采气厂主管生产运行的副厂长担任组长，主要由以下小组组成：

（1）安全组：负责安全设施和安全措施的落实，以及投产过程中的各项安全工作。

（2）技术组：组织学习投产方案，负责设备、阀门、管线的检查及投产期间集气站的吹扫、清洗、置换、试压等，投产过程各种设备、仪表技术参数的调试、控制与运行。

（3）现场操作组：主要负责投产过程中各岗位人员的组织、安排，各生产单元的操作以及各系统操作之间的联动配合。

（4）器材组：负责投产期间材料设备的组织和供应。

（5）抢险组：负责投产期间突发事件的应急处理。

3）单井、集气站投产条件

（1）集气站已通过预验收。

（2）采气树井口流程导通，采气树地面上管线已充压，且压力与井口压力持平。

（3）参与投产的员工已进行投产前的技术培训，熟悉工艺流程。

（4）组织参与投产的员工进行投产风险辨识、HSE 知识及事故应急预案培训。

（5）采气树井口阀门关闭严密灵活，井口无渗漏。集气站内设备、阀门等完好且不缺配件，所有安全附件有效可靠。

4）采气树投产

采气树结构如图 5-6 所示。

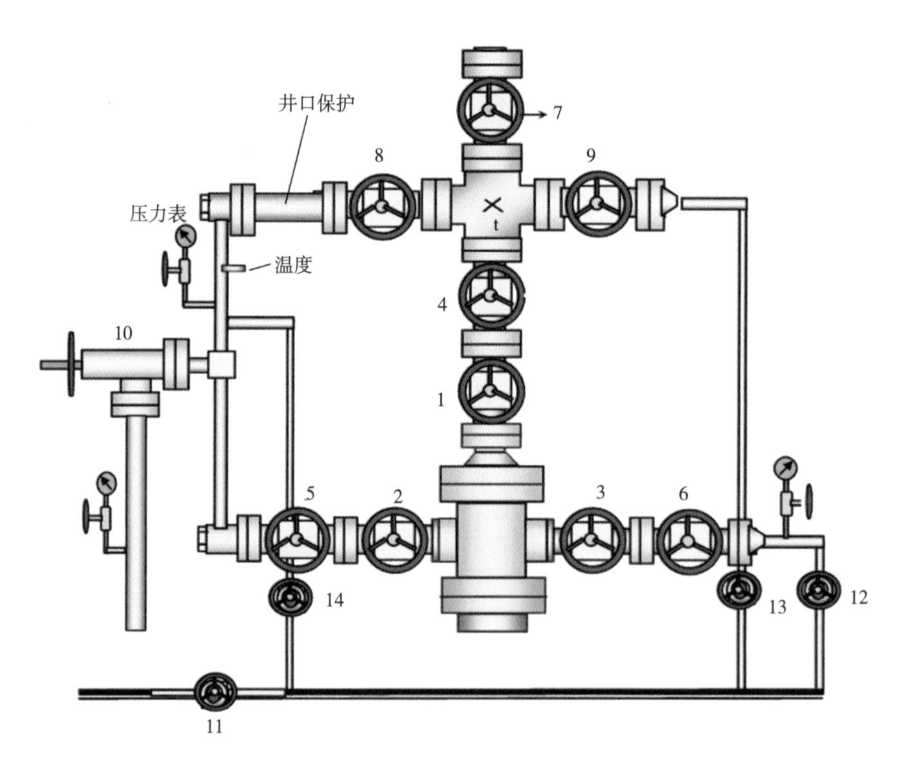

图 5-6　采气树结构

1，4—生产阀门；2，3，5，6—套管阀门；7—测试阀门；8，9—油管阀门；10—井口针阀；11—注醇总阀门；12—套管注醇阀门；13—油管注醇阀门；14—地面注醇阀门

关闭井口除 1# 阀门、2# 阀门、3# 阀门外所有阀门及井口所有注醇阀门，打开 7# 阀门、8# 阀门、9# 阀门。所有准备工作完毕后，打开井口压力表取样截止阀，轻开 5# 阀门、6# 阀门，对井口各部分管线进行置换。置换合格后关闭 5# 阀门、6# 阀门、7# 阀门、8# 阀门、9#

阀门及井口压力表取样截止阀。

录取原始套压：置换合格后，缓慢打开6#阀门对6#阀门、12#阀门之间的管线进行逐级（5MPa、10MPa、15MPa、井口压力）升压、验漏，无漏点后用40MPa、0.25级（精密压力表）压力表取准井口原始套压，并检查12#阀门是否内漏。

缓慢打开4#生产总阀为小四通部分逐级充压、验漏，缓慢打开8#阀门，对5#阀门、10#阀门、14#阀门、8#阀门之间的管线进行逐级升压、验漏，并检查10#阀门、14#阀门是否内漏，缓慢打开9#阀门阀门，对9#阀门、13#阀门之间的管线进行逐级升压、验漏，并检查13#阀门是否内漏，缓慢打开13#阀门，对11#阀门、12#阀门、13#阀门之间的注醇管线进行升压、验漏，并检查井口11#阀门是否内漏。

井口全部验漏完毕后，关闭井口除1#阀门、2#阀门、3#阀门外所有阀门及井口所有注醇阀门，并打开7#阀门对采气树泄压。

采气树投运完成。

5）集气单井管线投产

（1）氮气置换。

关闭集气单井管线进站闸阀、进站总机关上所有旋塞阀及放空针阀，打开进站压力变送器导压管放空取样截止阀，拆除投产气井进站旋塞阀，使用配套法兰与制氮车氮气出口管线连接，对单井管线进行置换。打开投产井采气树7#阀门、8#阀门、10#阀门。缓慢打开制氮车氮气控制阀，控制气流流速小于5m/s，氮气控制阀后压力小于0.3MPa，在投产井单井管线压力表取样截止阀放空处检测氧气含量与制氮气车出口一致时，氮气置换结束。

（2）天然气吹扫。

置换结束后，关闭单井进站仪表控制阀，打开采气树井口针阀，控制气流流速，采气树井口针阀节流后压力不超过0.5MPa，观察站内放空火炬无污物时吹扫结束。

（3）单井管线严密性试压。

关闭加热炉节流针阀及进站放空针阀进站闸阀后，打开单井井口针阀，采气管线缓慢升压，每级压力要求稳压30min并进行验漏，无漏点且压降率小于2%后，单井管线压力逐级升压至与井口压力持平，待压力充平后，打开单井进站各仪表控制阀，并检查各仪表工作是否正常，进行验漏，无漏点后，关闭采气树井口10#阀门、4#阀门，稳压24h，压降率小于2%，单井管线投产完成。

6）注醇泵及注醇管线投产

集气站内发电机已正常投运后，关闭注醇泵出口所有阀，打开注醇泵出口取样截止阀放空，按操作规程启动注醇泵，待采气树井口套管压力表取样阀处有甲醇后，开始用注醇泵分别升压至5.0MPa、10.0MPa、15.0MPa、20.0MPa时停止升压，每级压力稳压10min若无变化，升压至25.0MPa后稳压24h，压降率小于2%为合格，注醇管线投产完成。

7）集气站投产

集气站工艺系统投用前，进行供电系统调试、加热炉调试、采暖系统调试，确保均已处于正常工作状态。

集气站工艺投产顺序：氮气置换、氮气吹扫、天然气置换、试压检漏、投产。

（1）氮气置换。

置换前确认集气站内所有气井进站截断阀、闸阀、站内外输截断阀、自用气主阀关闭，集气站内所有流程（包括旁通流程）导通。

①分离器区的置换。

打开生产分离器、计量分离器出口阀门、打开计量分离器放空阀门，关闭生产分离器、计量分离器进口阀门，拆除生产分离器安全阀上游短节，将制氮车出口与上游法兰连接，在生产分离器、计量分离器进口压力表取样阀处、底部排污压力表用取样阀处检测含氧量小于2%时，氮气置换合格。

②生产分离器—外输系统置换。

打开外输系统截断阀、支线放空阀，关闭计量分离器放空阀，对生产分离器—外输系统氮气置换，在外输系统压力表取样阀处检测含氧量小于2%时，氮气置换合格。

③自用气系统的置换。

打开自用气主阀及旁通控制阀、放空阀，减压阀调至最大，打开燃气发电机进气阀门、采暖炉进气阀门，卡开加热炉进气截止阀，关闭外输支线放空阀门；在自用气压力表取样阀处，加热炉进气截止阀处，发电机燃气进口压力表取样阀处，采暖炉进口压力表考克处检测的含氧量小于2%时，氮气置换合格。

④生产分离器区—进站区置换。

打开生产分离器、计量分离器进口阀门、集气总机关所有阀门，进加热炉所有气井节流针阀，所有气井进站闸阀、放空阀门、进站放空节流针阀；关闭进站截断阀和自用气主阀及旁通控制阀门、放空阀门，分别在集气总机关压力表取样阀处、进加热炉所有气井节流后压力表取样阀处、所有气井进站压力表取样阀处、双筒式闪蒸分液罐顶部和底部排污压力表取样阀处进行检测，含氧量小于2%时，氮气置换合格。

（2）氮气吹扫。

①关闭进站截断阀、闸阀及外输截断阀、自用气主控阀门，打开集气站内所有流程（包括旁通流程）。

②利用制氮车将集气站内充压至0.6MPa，迅速打开外输截断阀及支线放空阀门，待放空火炬无污物排出时生产分离器—外输系统吹扫完成。

③再将集气站内充压至0.6MPa，迅速打开各气井进站放空阀门、闸阀、紧急截断阀及进站节流针阀，待放空火炬无污物排出时，生产分离器—进站区段吹扫完成。

④再将集气站内充压至0.6MPa，迅速打开自用气主控阀门，待加热炉流程末端、发电机进口压力表拆卸处、采暖炉进口压力表拆卸处无污物排出时，自用气管线吹扫完成。

（3）天然气置换。

氮气吹扫合格后，利用选定的气井气源对站内工艺生产系统进行天然气置换，站内置换压力不得大于0.1MPa。

导通集气站内所有流程（包括旁通流程），关闭所有气井进站截断阀、自用气主阀，打开外输截断阀及支线放空阀门，选定气井进站截断阀、闸板阀，选定气井进加热炉节流针阀控制气量，对站内工艺生产系统进行天然气置换。分别在各气井进站压力表取样阀处、进加热炉压力表取样阀处、集气总机关压力表取样阀处、生产分离器压力表取样阀处、计量分离器进口压力表取样阀处、排污压力表取样阀处、外输压力表取样阀处、双筒式闪蒸分液罐顶部压力表取样阀处及排污压力表取样阀处进行检测，含氧量小于2%时，天然气置换合格。

集气站工艺生产系统置换合格后，打开自用气主阀门及旁通阀门，打开自用气放空，关闭外输放空阀门，对自用气系统进行置换。在自用气压力表取样阀处、加热炉压力表取样阀处、加热炉截止阀卡开处、发电机燃气进口压力表取样阀处、采暖炉进口压力表取样阀处进行检测，含氧量小于2%时，天然气置换合格。

（4）天然气试压检漏。

关闭各气井截断阀、进站闸阀、外输主阀及旁通阀门，导通集气站内所有流程。打开选定气源井进站截断阀、闸阀，对集气站工艺生产系统进行充压验漏。充压过程分别按照2MPa、4MPa、系统压力三个等级逐级进行，升压过程不得超过0.3MPa/min，每个压力点稳压30min，稳压过程中对各设备、管线连接点、焊口、法兰检查验漏，充压至系统压力验漏合格后，关闭选定气源井进站紧急截断阀、闸阀、加热炉节流针阀，稳压24h，压降率小于1%时，天然气试压检漏完成，进气投用。

具体的操作程序应结合设计图纸进行编制，进行操作。

8）投产试运行HSE要求

（1）氮气或天然气置换过程必须严格控制参数，所有管线、设备计量配件必须保证置换到位。

（2）操作人员必须穿戴劳动保护用具，操作时站位正确，进行开关气井、切换流程、放空排污等操作时要平稳。

（3）试压过程中，严禁敲击容器设备及与其连接的任何部件。

（4）放空管线牢固可靠，阀门操作灵活；多处同时放空时，防止高压气体通过放空管线窜入低压区。放空时，必须点燃放空火炬，火炬点火放空时须有专人在放空口负责警戒。

（5）下游进气，必须对下游的操作进行检查，确认无误时上游开控制阀进气。

（6）投产时所需的投产物资、工用具应定点放置；站场内道路畅通无阻。

2. 净化厂投产试运行（靖边气田模式）

1）净化厂概述

净化厂是对原料天然气进行脱硫、脱碳、脱水、凝析油稳定、凝液回收、硫黄回收、尾气处理的全部流程或其中一部分流程的工厂。

净化厂主要由供配电系统、自控系统、通信系统、供风系统、供水系统、污水系统、集配气系统、燃料气系统、火炬放空系统、供热系统、尾气焚烧系统、净化装置系统及甲醇回收系统组成。

净化厂总工艺流程如图5-7所示。

2）净化厂投产前准备

净化厂投产前应成立投产试运组，一般由采气厂主管生产运行的副厂长担任组长，主要由以下小组组成：

（1）生产协调组：负责投产过程中生产调度、气源调配、车辆调派及应急指挥。

（2）技术组：负责编制投产方案，安排各生产单元投产工序，做好投产过程中的技术保障。

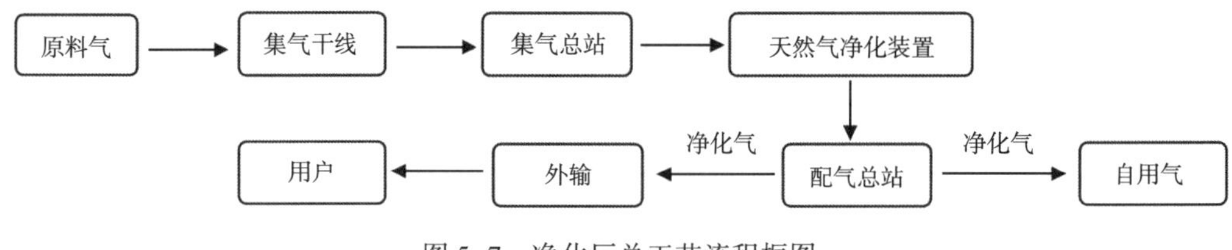

图 5-7　净化厂总工艺流程框图

（3）现场操作组：负责投产过程中各岗位人员的组织及配合，以及各生产单元的具体操作。

（4）电气组、仪表组、自控组、化验组：负责电气仪表、自控系统的调试，投产过程中水、溶液、天然气各项指标化验分析。

（5）安全组：负责安全设施、消防措施的检查落实，以及投产过程中各项安全工作。

（6）设备器材组：负责投产期间设备检查、故障排除，保证投产期间材料的组织和供应。

（7）通信组：保证投产期间通信设备设施调试、运行，确保通信畅通。

（8）消防组、抢险组：配合施工单位做好投产过程中抢险工作，要求备用车辆及其他抢险器材，及时处理投产过程中出现的意外情况。

（9）综合组：负责投产期间的医疗、后勤等工作。

3）投产前的检查

（1）工程内容检查。

①工艺管线的检查：对照设计图纸及设计变更检查工艺流程、阀门压力等级、排污阀开关状态及“8”字盲板安装正确；压力表取样截止阀、安全阀、液位计等安全附件处于完好状态；各系统（给排水系统、空氮站供风系统、集配气及燃料气系统、火炬及放空系统、尾气焚烧系统、贮料系统、净化系统、甲醇回收系统）单机设备调试完成，吹扫强度试压完成，具备投运条件。

②动设备、静设备的检查：动设备、静设备和炉类设备已按照设计文件规定内容和施工及验收规范规定的标准完成了全部安装工作。容器内清洁无杂质，进（出）管口无杂物，设备内部构件（配管、捕雾网等）安装正确、牢固；与安全阀相连阀门处于正确开关状态并锁定。

③炉类设备现场检查：至燃烧器隔断阀的公用管路、燃料气管路和工艺管路已按照相关技术规格书要求，在施工期间进行水压试验；燃烧器的控制装置和温度传感器正常。

④电气系统、仪表系统、自控系统的检查：检查电气线路，电气设备（电动机、变压器、开关柜、控制器）等；调节阀、节流装置及各种流量计安装方向正确。

⑤工艺设备、管道标识、安全警示检查：净化厂设备位号、管道介质名称和流向标识正确；厂区安全标识、警示告知牌等配备齐全。

（2）消防检查。

消防设施配备到位、齐全并在有效期内，消防泡沫罐泡沫液加注到位，消防系统双电源供电正常。

4）净化厂投产条件

（1）合规性条件。

①完成压力管道、压力容器的安装告知、监督检查及使用登记。

②完成土地、林业、水土保持等方面的地方政府批复手续。

③取得地方安监部门和环保部门的试运行批复。

④完成消防验收。

⑤防雷、防静电设施经地方主管部门检测合格。

⑥完成投产方案、应急预案等审批。

（2）人员、物资条件。

①EPC 总承包商（施工单位）投产保运人员到位，施工设备机具性能良好。

②设备厂家技术服务人员到位。

③医疗救护人员及设备、设施到位。

④消防救护人员配置到位；消防器材、消防设施配置齐全、完好，站场内消防道路、逃生通道畅通无阻。

⑤投产物资准备，备品备件、生活设施保障到位。

⑥学习投产方案，开展风险辨识，熟悉应急逃生路线，开展应急演练。

⑦岗位员工完成培训，特种作业已取得安全上岗证。

（3）工程系统条件。

①工程通过预验收。

②上游集气干线具备投运条件。

③设备和阀门保养、单机调试运行完成。

④完成供水消防系统、生活污水及生产污水系统、污水回注系统水洗。

⑤供电系统投运正常。

⑥电气、仪表、自控、通信、紧急停车系统（ESD）联校完成。

5）净化厂投产顺序

净化厂投产顺序按照先公用辅助单元、后净化装置的顺序进行投产试运行（图 5-8）。

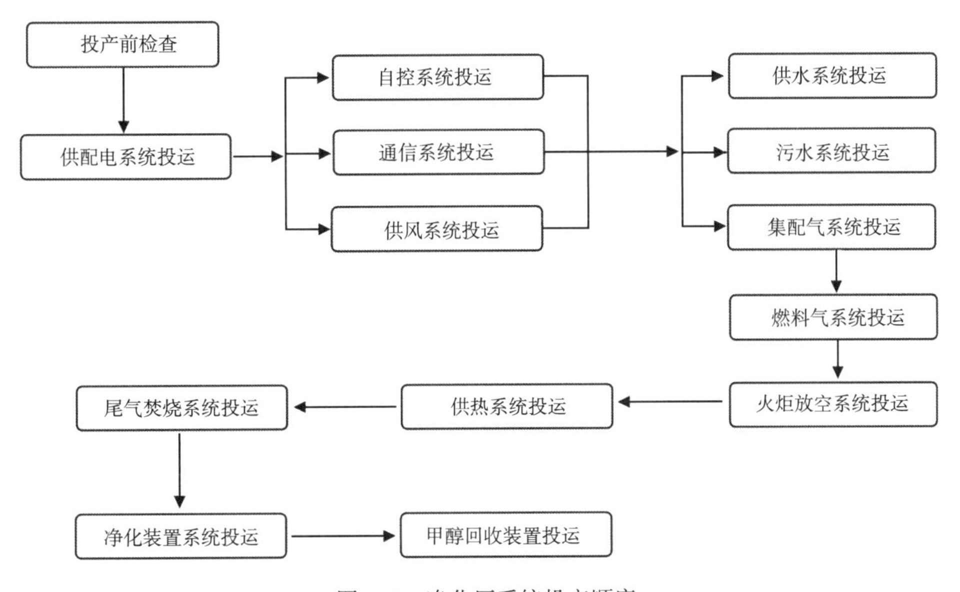

图 5-8　净化厂系统投产顺序

净化厂投产试运行步骤主要介绍为集配气、燃料气系统及净化装置的投产。

6）集配气、燃料气系统投产

（1）准备工作。

①集配气、燃料气系统设备、管线吹扫试压合格。

②氮气系统管网至集配气氮气管线置换合格，检测含氧量小于2%。

③集气干线全线贯通，具备投运条件，确认外输管线联锁阀下游采用管帽封堵。

④集配气、燃料气系统自控仪表系统联调完成。

⑤净化装置与集配气区隔离，“8”字盲板封堵。

⑥其他各单元放空阀关闭。

⑦高压、低压火炬放空流程畅通。

（2）投运程序。

集配气、燃料气系统投产程序如图5-9所示。

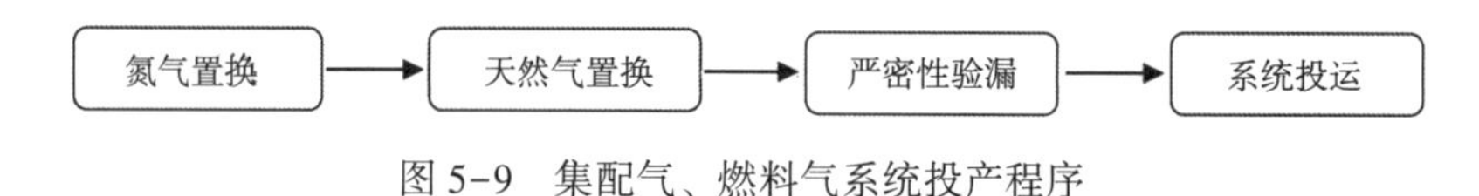

图5-9　集配气、燃料气系统投产程序

（3）氮气置换。

根据Q/SY GDJ0356—2012《天然气管道试运投产规范》的相关要求，对集气区、配气区、燃料气系统天然气管线、排污管线及放空管线进行氮气置换，以及对各单元与放空总管相连的管线进行氮气置换。通过氮气置换，置换出容器、管线内的空气，使系统内的含氧量小于2%，防止天然气置换过程形成爆炸性气体（图5-10）。

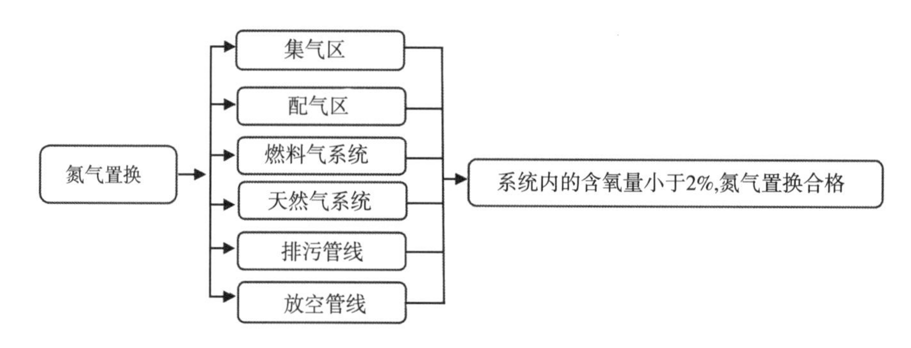

图5-10　氮气置换

具体的氮气置换步骤结合具体的设计图纸进行编制及操作。

（4）天然气置换。

根据Q/SY GDJ0356—2012《天然气管道试运投产规范》相关要求，对集气区、配气区、燃料气系统及天然气管线进行天然气置换。天然气置换之前，由电气组、仪表组、自控组、化验组人员在系统末端抽取某一氮气置换点进行含氧量检测，确定天然气置换前的含氧量小于2%。置换过程中，严格控制天然气流速不超过5m/s，置换过程中检测到甲烷含量不小于65%为合格，置换过程中采用气相色谱仪进行化验分析（图5-11）。

在天然气置换过程中，可能存在管线憋压、窜压、超压，静电、火花引起火灾、爆炸，硫化氢中毒等风险。因此在操作过程中必须严格按照天然气置换步骤进行作业，佩戴

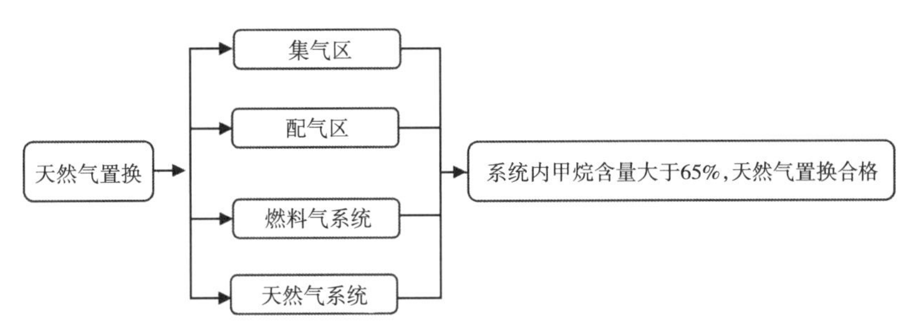

图 5-11 天然气置换

好便携式硫化氢气体检测仪，现场配备正压自给式空气呼吸器；机动车辆未经允许不得进入装置区；置换过程中必须使用防爆工具；检测时站在上风向，防止硫化氢中毒。

用天然气置换集气区、配气区、燃料气系统中的氮气后，装置进气投产。

（5）严密性验漏。

根据 Q/SY GDJ0356—2012《天然气管道试运投产规范》关要求，对集（配）气区、燃料气系统设备管线进行严密性验漏。

严密性验漏顺序为先中压后高压。升压过程中严密监测系统压力变化，派专人监控高压、中压、低压界区阀状态，控制天然气的升压速度不大于 0.3MPa/min。严密性验漏过程中每个压力等级稳压 30min，用发泡剂验漏，检查人孔、法兰、阀门密封圈，稳压期间内各连接点或密封处无泄漏为合格。

（6）进气生产。

①集气区。

集配气区、燃料气区天然气置换、严密性验漏完成后。倒通清管集气区天然气正常生产流程，集气区系统建压完成后，全开集气干线进站气液联动阀，开启集气干线计量，倒通集气区进燃料气区流程，向燃料气系统供气。

②配气区。

净化装置进气生产前，倒通配气区流程，投运外输计量，根据配产要求调节气量向下游供气，待配气区运行平稳后，投运产品气在线检测仪。

③燃料气区。

通过集气区来气管线，投运燃料气两级减压阀组，将燃料气系统压力控制在设计压力值以下向下游供气。

7）净化装置系统投产

净化厂一般建有多套净化装置。以两套（1#和 2#）净化装置为例，在 1#净化装置投运过程中，将 2#净化装置的各界区阀关闭，挂牌警示，其中天然气、酸气、放空界区阀盲板封堵。待 1#装置投运正常后，投运 2#净化装置。在 2#装置氮气置换合格后，将 2#装置天然气、酸气、放空界区阀盲板倒通，各界区阀的开关状态根据投产作业票中的操作要求进行操作。

（1）准备工作。

①净化装置区设备管线吹扫、试压合格。

②净化装置区循环泵、增压泵、酸液回流泵、三甘醇（TEG）循环泵等动设备单机调

试运行正常。

③至净化装置导热油系统投运正常，导热油管线处于备用状态。

④至净化装置循环水系统投运正常，循环水系统管线处于备用状态。

⑤集配气区、火炬放空、尾气焚烧单元投运正常。

⑥进出净化装置区天然气、酸气、放空管线界区阀关闭，“8”字盲板盲堵。

（2）投产程序如图 5-12 所示。

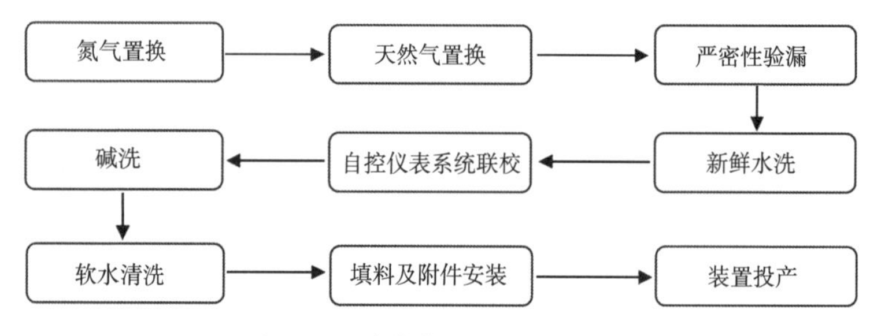

图 5-12　净化装置系统投产程序

（3）氮气置换。

净化装置氮气置换按集（配）气区、燃料气区投产中氮气置换要求进行。

①高压系统氮气置换示意图如图 5-13 所示。

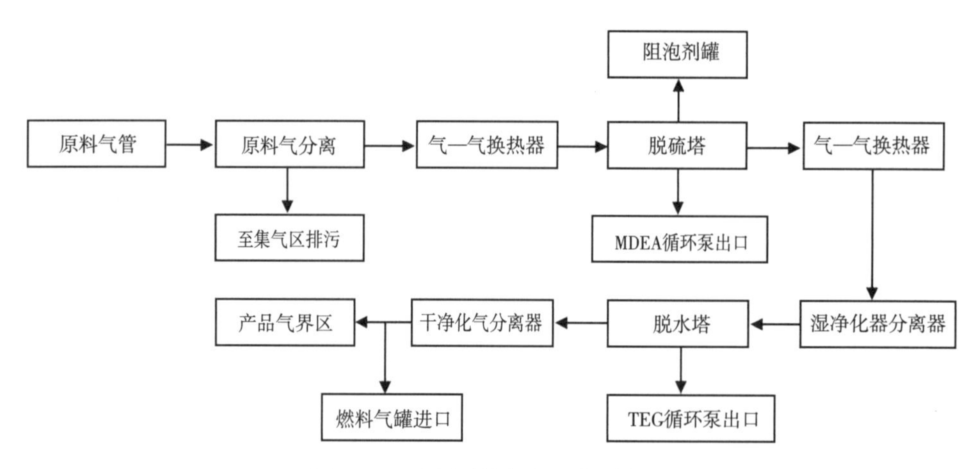

图 5-13　高压系统氮气置换示意图

高压系统氮气置换从脱硫、脱碳装置界区阀氮气管线引入氮气，在脱水装置产品气界区阀前进行排放，由远及近，依次检测，检测合格并做好相关记录。

②中压系统、低压系统置换。

中压系统、低压系统氮气置换包含脱硫脱碳单元氮气置换（图 5-14）、脱水装置氮气置换（图 5-15）、燃料气系统氮气置换、放空和退液管线氮气置换。

③燃料气系统置换。

从产品气进缓冲燃料气罐压力调节阀旁通将氮气引入燃料缓冲气罐，以燃料气罐为储气包，置换流程如图 5-16 所示。

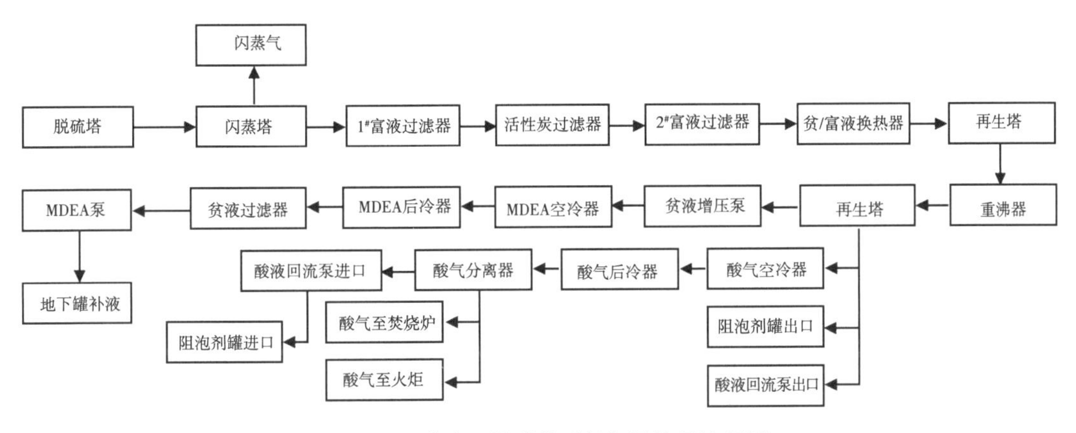

图 5-14 脱硫、脱碳单元氮气置换示流程图

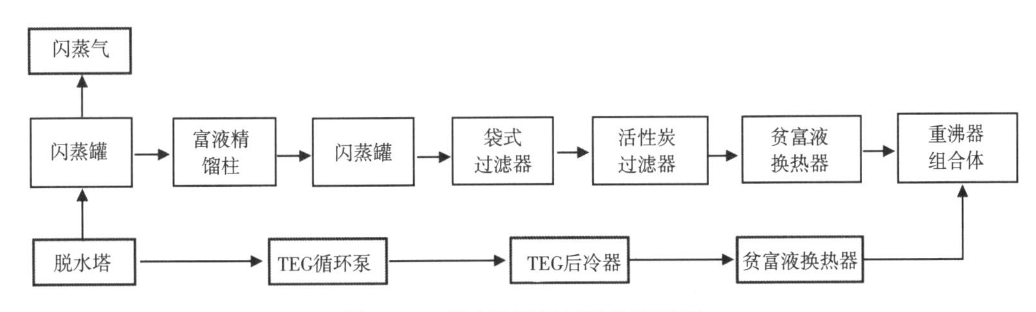

图 5-15 脱水装置氮气置换流程图

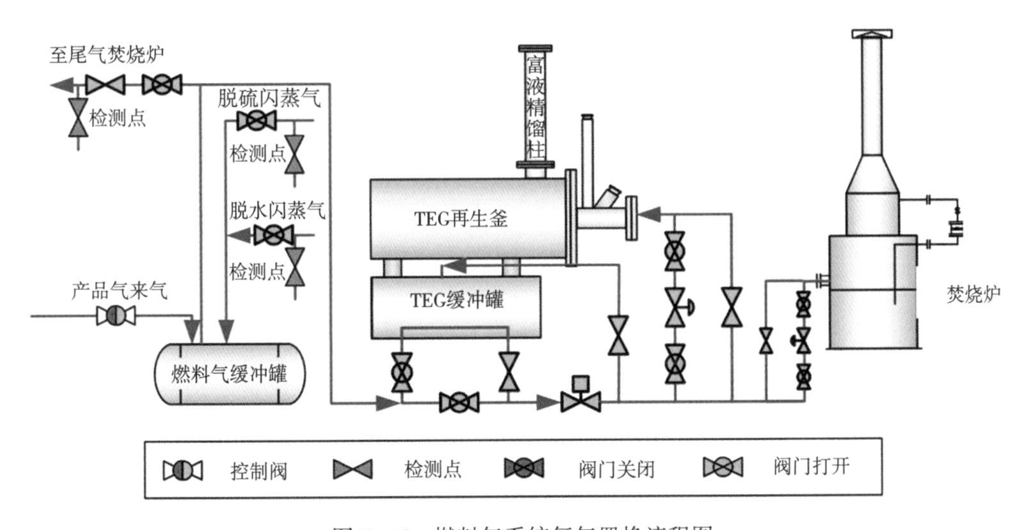

图 5-16 燃料气系统氮气置换流程图

以燃料气罐排污至集气区排污界区阀、酸气焚烧炉单元燃气进口管线界区阀、重沸器及灼烧炉为排放口，在各压力表、取样截止阀和设备排污处检测，测得氧气含量小于 2%时关闭。

④放空和退液管线置换。

净化装置区内所有管线和设备置换合格后，卡开所有安全阀下游法兰，高压系统、中压系统升压至0.4MPa，低压系统升压至0.09MPa，从各设备手动放空，将氮气引入放空管线，在各卡开点及装置区高压、低压放空总管界区阀甩头处检测氧含量，合格后恢复流程。

从各设备退液阀处将氮气引入退液总管，在地下罐放空口处检测含氧量。

氮气置换合格后，按照严密性验漏压力等级表，用氮气对脱硫低压系统、脱水中压系统、燃料气系统进行严密性验漏，验漏合格后，确认装置区界区阀盲板倒通，进行天然气置换。

（4）天然气置换。

氮气置换合格后，倒通净化装置高低压放空流程，净化装置按照高压系统、中压系统、低压系统依次进行天然气置换。

①高压系统天然气置换。

用原料气进净化装置联锁阀旁通控制天然气流速不大于5m/s，置换气体排放到火炬放空系统；高压系统置换合格后，升压至0.4MPa，作为中压系统、低压系统置换的储气包。

②中压系统、低压系统天然气置换。

a. 脱硫单元。

以脱硫塔为储气包，将贫液增压泵进出口甩头用胶皮管连接。用脱硫塔液位控制阀、溶液进塔流量调节阀旁通控制置换天然气气速，用闪蒸塔液位调节阀控制低压系统压力不大于90kPa。

b. 脱水单元。

以脱水塔为储气包，用脱水塔液位控制阀旁通控制置换天然气气速，关闭脱水单元所有中压、低压设备和管线的排污阀和排空阀，打开闪蒸罐液位控制阀旁通，倒通中压系统、低压系统，通过脱水塔液位调节阀旁通将天然气引入脱水单元中压系统、低压系统。通过富液精馏柱顶部废气排放口排放，在闪蒸罐、滤布过滤器、活性炭过滤器排气阀处及仪表排污阀处检测，合格后关闭。

用TEG循环泵出口阀为控制阀，通过TEG循环泵回流置换贫液管线，从TEG循环泵进口甩头处、出口压力表、贫液后冷器进出口甩头处检测，合格后关闭。

c. 燃料气系统。

从脱硫闪蒸塔将天然气引入燃料气罐，以燃料气罐为储气包，以燃料气罐手动放空为排放口，置换气体排至火炬放空系统，在各管线压力表甩头处、设备排污阀处及仪表排污阀处检测，合格后关闭。

（5）严密性验漏。

净化装置氮气置换合格后，用氮气对脱硫脱碳低压系统、脱水中压系统、燃料气系统进行严密性验漏，天然气置换合格后，用天然气对脱硫、脱水高压系统，脱硫中压系统进行严密性验漏。按照严密性验漏压力等级表对各系统进行升压，严密性验漏过程中每个压力等级稳压30min，采用发泡剂对系统内的法兰、螺纹连接处、放空阀、排污阀及阀门填料处进行验漏，稳压期间内各连接点或密封处无泄漏为合格。

（6）新鲜水洗。

①准备工作。

准备 $250m^3$ 的新鲜水储存于 MDEA 储罐，$40m^3$ 储存于 TEG 储罐，要求新鲜水中氯离子含量不超过 25mg/L。确认高压系统、中压系统、低压系统压力正常，系统建液。

②系统建液的建液设备、建液介质及液位等相关数据见表 5-1。

表 5-1 系统建液表

序号	建液设备	建液介质	液位
1	脱硫脱碳塔	新鲜水	50%
2	闪蒸塔	新鲜水	50%
3	再生塔	新鲜水	90%
4	脱水塔	新鲜水	50%
5	闪蒸罐	新鲜水	50%
6	缓冲罐	新鲜水	70%

③脱硫单元和脱水单元的水洗流程如图 5-17 和图 5-18 所示。

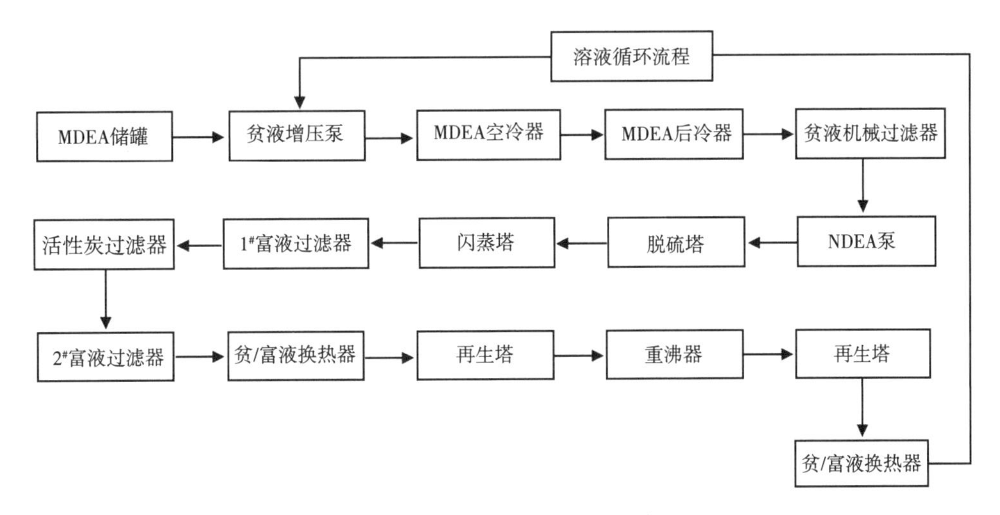

图 5-17 脱硫单元水洗流程示意图

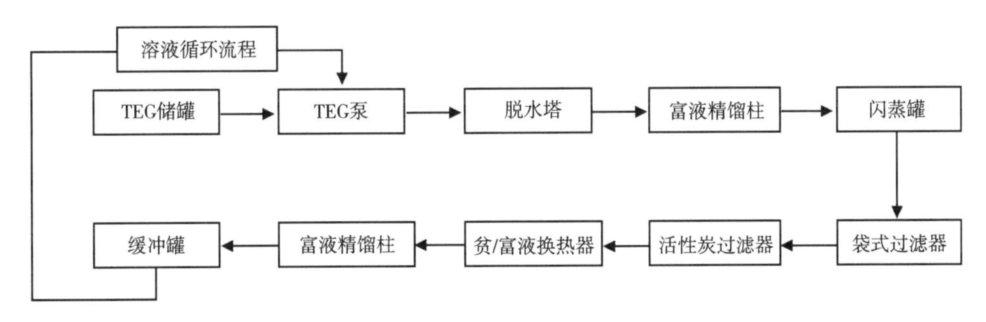

图 5-18 脱水单元水洗流程示意图

（7）自控仪表系统联校。

在净化装置新鲜水洗过程中，投运各电气仪表设备，检验仪表回路的构成完整性，信号传递能满足实际生产要求，对回路进行调整和校正；同时对分析仪表、安全仪表等特殊仪表进行联校。

（8）装置碱洗。

①脱硫脱碳单元碱液配制：倒通供热单元至MDEA配制罐凝结水流程，配制浓度为3%的碱液250m³。要求凝结水中氯离子含量不超过25mg/L。

②脱水单元碱液配制：接临时管线引凝结水至TEG配制罐，配制浓度为3%的碱液40m³。

③脱硫、脱碳单元，脱水单元进行碱洗，碱洗步骤同新鲜水洗。

④当脱硫单元碱洗循环稳定后，缓慢向脱硫重沸器通入导热油，控制升温速度不大于35℃/h。

⑤当脱水单元碱洗循环稳定后，TEG重沸器点火升温，控制升温速度不大于35℃/h。

⑥碱洗过程中检查各法兰连接，进行热紧操作。

⑦调节胺液空冷器频率，控制碱液进MDEA循环泵温度在40℃左右。

⑧热循环结束后退液。

（9）凝结水或软水清洗。

碱洗合格后，用凝结水或软水进行清洗（要要求水中氯离子含量不超过25mg/L）。以系统中水的pH值接近7，并且浊度、碱度基本不变化时为合格，凝结水或软水清洗步骤同新鲜水洗。

（10）填料安装。

装置凝结水或软水清洗完成后，分别安装各设备填料及过滤元件。完成后进行氮气置换和天然气置换及局部严密性验漏。

（11）装置开车。

①净化装置开车前准备。

检查流程，确认脱硫、脱碳单元，脱水单元的高压连通阀打开；装置区高压系统、中压系统、低压系统截断，放空系统投运正常，设备管线退液、排污阀门关闭并盲堵；所有仪表、安全附件、安全联锁系统正常投运。

溶液管线高点排气，使溶液充满整个管线；建液位过程中，防止各储罐形成负压或超压。

②冷运。

冷运前完成MDEA、溶液配制，高压系统、中压系统、低压系统建液。启动贫液增压泵、MDEA循环泵，将循环量控制在175m³/h左右。启动TEG循环泵，将循环量控制在6.6m³/h左右。冷循环期间投运过滤器。系统冷循环期间，投运相应的仪表。MDEA机械过滤器压差超过80kPa时进行更换清洗。

③热运。

a. 脱硫、脱碳单元。

检查并投运贫液后冷器、酸气后冷器的循环水。确认导热油系统投运正常，给MDEA重沸器升温，控制升温速度不大于35℃/h，控制再生塔顶温度为98℃。投运MDEA空冷器，控制贫液进泵温度为40～50℃。投运酸气空冷器，控制酸气出口温度在35～60℃之间，当酸气分离器液位达到37%时，启动酸液回流泵。热运期间投运酸气计量，及时调节酸气焚烧炉燃气量，保证焚烧炉正常运行。热循环过程对高温部位进行热紧。热循环正常后，每4h对MDEA贫液、富液各取样化验一次，直到MDEA贫液、富液浓度均在46%左右。贫液、富液中 H_2S 和 CO_2 含量均小于 0.01g/L 时，热运合格。

b. 脱水单元。

TEG 重沸器点火，控制升温速度不大于 35℃/h，控制再生釜温度在 196~200℃之间。投运 TEG 后冷器，控制 TEG 进泵温度在 50~70℃之间。投运脱水单元汽提气，汽提气流量控制在 10~30m^3/h 之间。焚烧炉点火，控制升温速度不大于 35℃/h，控制灼烧炉温度在 650℃。热循环过程对高温部位进行热紧。热循环期间当缓冲罐液位低于 60%时，脱水系统补液。热循环正常后，每 4h 对 TEG 贫液、富液取样化验一次，直到 TEG 贫液、富液浓度均达到 99.6%以上，热运合格。

（12）进气生产。

①充压、倒通天然气流程。

给净化装置充压，使装置区内高压系统压力与原料气系统压力一致，关闭原料气流量调节阀和产品气压力控制调节阀，打开原料气、产品气界区阀，倒通天然气流程。

②进气生产。

缓慢打开原料气流量调节阀、产品气压力控制调节阀，进气速度控制在 500m^3/min 左右，各点参数运行正常后将控制回路投运到自动状态。

③参数监控。

调试过程中，密切注意脱硫脱碳塔、再生塔和脱水塔的差压变化，防止溶液发泡，根据过滤器差压变化情况，更换滤芯。

④化验分析。

投产过程中每 4h 对原料气、产品气气质、MDEA 溶液、DEA 溶液、TEG 溶液取样化验，确保外输产品天然气合格。

3. 天然气外输管道投产试运行

1）天然气外输管道简介

天然气外输管道系指净化厂（处理厂）至长输管道压气站（门站）的油田内部天然气管道，一般由首站、中间清管站及末站组成，场站主要设备由收发球筒，加热炉、压缩机、计量橇等设备组成。线路由穿跨越、截断阀室、阴极保护系统组成。

2）天然气外输管道投产前准备

成立投产试运行组，总调度长由采气厂主管运行的生产副厂长担任。投产试运行组负责投产试运行组织管理及安全管理、外部协调等工作；协调解决投产过程中出现的问题，并在紧急情况下指挥处理应急情况。

（1）调度组：掌握相关规程和相关制度，熟悉场站工艺流程操作及事故预案，以调度令形式指挥全线投产。

（2）站场组：编制工艺系统操作实施细则及培训工作；负责各站场的试运投产操作，包括气头检测、置换、检漏等作业；组织对设备各项技术参数进行测定并排查与处理故障。

（3）线路组：熟悉场站、阀室和管道各关键点的进出道路，负责投产前和投产期间线路管道的安全检查和检漏工作。

（4）外部协调组：负责与地方各级政府及相关部门和单位的工作协调，管道沿线影响试运投产的水工保护、占压等问题的协调处理。

（5）投产保驾组：落实保驾队伍，试运投产过程中设备、材料、工器具、备品、备件等物资保障；组织协调 EPC 总承包商（施工单位）进行巡视、检查，并协助故障排查。

（6）电气通信仪表自动化组：编制电气、通信、仪表自动化等系统的试运实施细则，负责组织电气、通信、仪表自动化等系统的培训、操作和试运保驾。

（7）数字化信息控制中心：负责管线调控中心 SCADA 及通信系统试运投产组织管理及安全管理；协调与现场站控等各相关工作衔接配合。

（8）HSE 组：编制投产 HSE 细则，负责监督试运投产应急预案及演练的落实。

3）天然气外输管道投产条件

（1）天然气外输管道项目通过油田公司的预验收。

（2）安全与环境保护评价通过地方部门的批准。

（3）消防系统通过公安消防部门验收。

（4）防雷接地设施经地方主管部门检测合格。

（5）完成投产方案、投产作业票、应急预案、标准作业程序等的编制及审批；对投产试运行方案进行培训，开展应急演练。

（6）电气系统、通信系统、仪表系统、SCADA 系统等调试完成。

（7）运行单位生产管理组织机构健全，岗位人员培训合格，各岗位的生产管理制度、操作规程等编制完成。

（8）投产试运保驾队伍及设备就位。

（9）投产工程工艺流程和未投产工程必须实施有效隔离。

4）天然气外输管道投产流程

注氮→天然气置换→试压→试运行。

5）注氮

（1）注氮一般采用液氮车配换热装置的注氮方式；注氮装置氮气出口处应有准确、可靠的温度显示仪表和流量显示仪表，仪表检定合格并在有效检定期内；注氮车氮气出口温度范围为 5~25℃，氮气出口温度应不低于 5℃，注氮车自带的注氮管线上应安装温度显示表。

（2）在保证注氮温度的前提下，其注氮速度不应小于 4t/h。注氮期间如果不能同时满足注氮温度和注氮流量时，应优先保证注氮温度。

（3）放空氮气时，放气口检测到含氧量降至 2%时为合格；氮气纯度应在 99%以上；不得触摸液氮低温管线，严格检漏，防止冻伤。

（4）注氮人员应持有相关的操作证，对注氮设备进行检查；注氮作业现场周围 50m 范围设警戒区，有明显警戒标志，与注氮作业无关人员严禁入内，注氮作业人员应佩戴标志。

（5）注氮期间做好注氮压力、注氮温度、瞬时流量、累计流量、管线压力及注氮时间等参数的记录。压力、瞬时流量和累计流量由注氮车上仪表读取，每 30min 记录一次，根据注氮累计流量，计算氮气流速，分析注氮情况。温度值连续检测，保证进入管道的氮气温度不小于 5℃。

6）天然气置换

氮气置换合格后，开始天然气置换。天然气置换过程中，沿程检测置换情况，通过天然气收球筒放空流程进行放空。进行天然气置换过程中，对关键控制点进行天然气含量检测。在阀室内各接压力表用高密封截止阀的放空处、收球筒接压力表用高密封截止阀的放空处，检测甲烷含量在65%以上，含氧量小于2%为合格。

天然气管道全线置换期间管线中的气体界面一共有4个（图5-19），从气体下游往上游方向依次为氮气和空气混气段气头（第1个气头）、纯氮气气头（第2个气头）、天然气和氮气混气段气头（第3个气头）和纯天然气气头（第4个气头）。检测各种气头的方法如下：

（1）检测第1个气头。

用便携式含氧检测仪检测到管线中气体含氧量从21%开始下降，当降至18%，且在3min内保持下降趋势时，认为第1个气头到达。

（2）检测第2个气头。

用便携式含氧检测仪检测到管道中气体含氧量降至2%，或管道中气体含氧量降至5%且在3min内呈下降趋势时，认为第2个气头到达。

（3）检测第3个气头。

用便携式可燃气体检测仪（测量范围0~5%）检测到管道中刚有天然气出现时，认为第3个气头到达。

（4）检测第4个气头。

用便携式可燃气体检测仪（测量范围0~100%）检测，当显示甲烷值达到80%以上且在3min内呈上升趋势时，认为第4个气头到达。

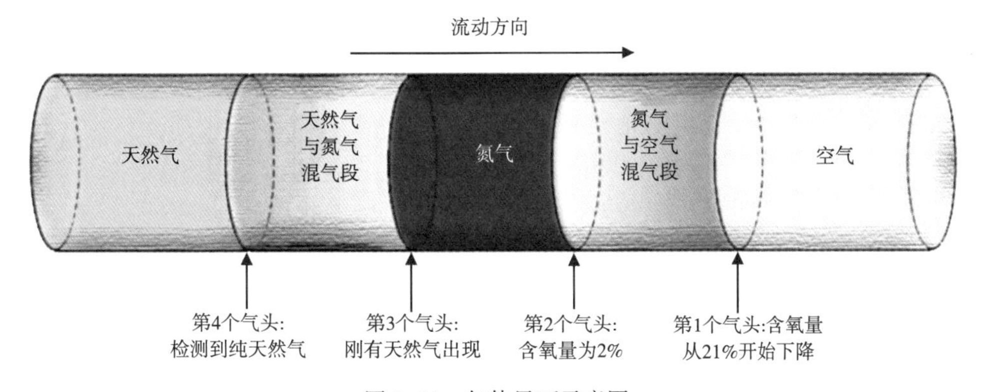

图5-19 气体界面示意图

检测仪器：用便携式含氧检测仪（测量范围0~25%）检测第1和第2个气头；
用便携式可燃气体检测仪（测量范围0~5%）检测第3个气头；
用便携式可燃气体检测仪（测量范围0~100%）检测第4个气头

7）检漏

全线置换期间，运行人员应对场站和阀室管道设备进行安全检查和泄漏检测。泄漏检测方法如下：

（1）法兰检漏。

①ϕ150mm以上（含ϕ150mm）法兰连接的检漏。

用保鲜膜在法兰连接处缠绕，在其上扎一小孔，在小孔处检测有无天然气泄漏。如果保鲜膜刚缠上，要等一段时间后再检测。如有泄漏，拆除胶带，用肥皂水（或洗涤剂加水稀释）确定漏气点位置。

②ϕ150mm 以下法兰连接的检漏。

用肥皂水（或洗涤剂加水稀释）在连接处涂抹，观察是否有气泡产生；也可直接用可燃气体检测仪 0~5% 进行检漏。

（2）其他动密封点、静密封点的检漏。

除法兰连接以外，管道设备其他动密封点、静密封点直接用可燃气体检测仪 0~5%进行检漏。

阀门内漏检测：阀门的内漏检测需根据适当的流程来进行。

8）升压

（1）升压过程中投产人员应对各工艺场站、阀室的设备和法兰进行检漏。

（2）如发现任何气体泄漏点，立即上报投产总调度长，视情况分别由保驾、抢险指挥组组织施工保驾单位及时处理。在处理过程中，投产 HSE 人员必须在场进行安全监护和检测。

（3）升压过程中如发现管道有严重泄漏、爆管、管道断裂等不能带压处理的情况，必须保证信息传递迅速且有效，同时保驾组人员须及时赶到最靠近泄漏点的上游、下游快速截断阀室，检查阀门是否自动关闭，如没有关闭应手动关闭；同时上报调控中心通知上游进气点停止进气。

（4）升压过程中严禁用坚硬器物敲击管道及设备。

9）试运行

干线升压结束后，进行 72h 试运行，标志管道试运投产结束。

10）投产试运行 HSE 要求

（1）站场、阀室及设备的 HSE 要求。

①投产前应对站场、阀室各种设备进行认真检查。

②站场、阀室投产期间必须的安全消防器材配置到位、状态良好。

③投产前站场、阀室应设置各种醒目的安全警示牌。

④投产前站场、阀室的阀门设备编号、气体流向箭头等标识应完成。

⑤现场安全阀、压力表等应检定合格并在有效期限内。

⑥投产前站场、阀室的预留口应加装盲板。

⑦站场生产区入口处应设置静电释放装置。

⑧对上游不达标的来气应有及时有效的处理措施，以保证站场设备的安全运行。

（2）操作的 HSE 要求。

①检测人员进入阀室必须有两人同时在场，一人操作，一人监护。必须先用便携式可燃气体检测仪测试并确认安全后方可进入。

②如果天然气浓度超过 1.0%，必须在经过处理措施使天然气浓度降至 1.0%以下后才能进行阀门维修等作业。

③如发现严重漏气，必须在 500m 范围内熄灭一切火源并按照预案及时采取有效措施。

④进行气头检测时，检测人员注意穿戴好防护器具（护目镜、胶皮手套等），防止气体进入眼内造成伤害，阀室内门窗打开，保持通风良好。

⑤放空、排污作业时，周围应设警戒区，并有专人监护。

⑥氮气置换空气、天然气置换氮气期间站场、阀室大量放空氮气和天然气时应安排专人用相应的气体检测仪对放空立管周围环境进行监测。放空天然气时如果检测人员在地面检测到有天然气时应暂停放空。放空氮气时如果检测人员在地面检测到空气中的含氧量低于18%时应暂停放空，等大气中的氧气含量恢复正常（21%）后再放空氮气。

⑦站场应设立风向标，以便于出现紧急情况时辨别风向。

⑧站场自用气管线置换时，气体流速不应超过各路流量计的流量上限。

⑨投产前关闭或拆下各路自用气调压箱内的微压表，以免在置换过程中因超压而损坏微压表。

第二节　超低渗透油气藏地面工程竣工验收

竣工验收是指对项目是否按照国家法律法规、标准规范和设计要求建成，以及能否合法、正常生产和使用等事项，进行全面检验和综合评价的活动。

一、竣工验收的主要内容

（1）项目建设单位的履职情况，如项目招标和合同管理、勘察设计管理、物资采购管理、承包商管理、质量管理、HSE管理、进度管理、投资管理等工作是否符合法律法规及企业规章制度要求，业主项目部、生产单位、业务主管部门等是否按照建设单位授权或委托，全面履行了项目建设管理职责。

（2）项目建设程序的依法合规情况，是否按照国家法律法规、企业规章制度的相关规定，履行了相关的报批、验收、核准、备案等手续。

（3）项目工程实体的完成情况，是否按合同、设计文件要求全部建成，质量是否符合国家法律法规、标准规范要求。

（4）项目试运行投产情况，机构设置、人员配备、规章制度建立等生产准备工作是否满足生产运行管理需要，系统使用功能和产品指标是否达到设计文件要求，是否达到了正式生产的条件。

（5）项目勘察设计质量情况，项目生产能力、生产工艺水平是否达到了可行性研究报告和初设文件的要求。

（6）其他内容。

二、地面工程项目竣工验收的级别划分与程序

1. 地面工程项目竣工验收的级别划分

超低渗透油气田地面工程项目竣工验收实行分类管理。根据投资项目性质和规模，项目划分为一类项目、二类项目、三类项目和四类项目。一类项目由勘探与生产公司组织竣工验收，长庆油田公司负责初步验收。二类项目、三类项目、四类项目由长庆油田公司组织竣工验收。一类项目、二类项目应在试运行27个月内完成竣工验收，三类项目、四类项目应在试运行13个月内完成竣工验收。

1）勘探与生产公司组织竣工验收的地面工程项目

（1）新增油田产能规模在20×10^4t/a以上（含20×10^4t/a）的地面建设项目；新增气

田产能规模在 $10×10^8m^3/a$ 以上（含 $10×10^8m^3/a$）的地面建设项目。

（2）投资规模在5亿元以上的新建、改建、扩建油气田地面工程项目和油气集输、处理、油气管道、油气储运设施等系统配套项目。

（3）规模和投资小于以上规定的，但发展潜力大，有望形成较大规模或对区域发展、技术发展有重要意义的工程项目。

（4）需要报勘探与生产分公司审批开工报告的其他油气田地面建设项目。

2）油田公司级竣工验收的地面工程项目

联合站工程、产能规模在 $10×10^4m^3$ 以及以上储油库及配套工程、计量接转注水站工程、计量拉油注水站工程、外输管道工程、变电所工程、35kV供电线路工程、道路工程、天然气处理厂工程、天然气净化厂工程及污水处理厂工程。

3）油田公司所属单位（采油厂、采气厂、输油处等生产运行管理单位）竣工验收的地面工程项目

计量接转站工程、注水站工程、拉油站（拉油点）工程、脱水站工程、供水站工程、增压点工程、卸油装置工程、原油稳定工程或凝液回收工程、单井集油集气管线、注水管线和井口安装、通信工程、抽油机安装、倒班点工程、集配气总站工程、集气站工程、集气支干线工程、单井集气管线及井口安装工程、供水工程、所有场站改扩建工程。

2. 竣工验收的程序

项目竣工验收工作分“项目竣工验收准备”和“项目竣工验收”两个阶段。

（1）项目竣工验收准备是从项目完成立项至提交项目竣工验收申请阶段，主要内容包括项目前期至施工期的资料准备、单项（单位）工程验收、试运行投产、专项验收、竣工验收文件准备等。项目竣工验收准备阶段的工作由油田公司或所属单位负责。

（2）项目竣工验收分为初步验收和竣工验收两个阶段。一类项目、二类项目由油田公司组织初步验收，勘探与生产公司组织竣工验收委员会负责竣工验收。三类项目、四类项目由油田公司组织竣工验收或所属单位负责竣工验收，三类项目、四类项目可根据实际情况确定是否设置初步验收环节。

3. 一类项目竣工验收

1）初步验收

项目初步验收在专项验收合格后进行。油田公司组织相关部门、工程质量监督机构，以及勘察、设计、施工、监理、检测等参建单位对项目进行初步验收。

（1）初步验收主要工作内容。

①检查、核实竣工文件的完整性及准确性。

②检查项目建设标准，验收质量。

③检查财务账表是否齐全，数量是否真实，开支是否合理。

④检查投产试运行情况。

⑤检查专项验收完成情况。

⑥协调验收中有争议的问题，协调项目与有关方面各部门的关系。

⑦督促问题整改。

⑧初审竣工验收报告书和单项总结。

⑨验收合格后，向竣工验收委员会提出竣工验收申请报告。

（2）初步验收程序。

①油田公司或所属单位成立初步验收小组，确定初步验收议程。

②初步验收小组听取竣工验收报告。

③工程质量监督机构通报工程质量监督情况。

④听取和审议项目生产准备和生产考核情况总结，以及勘察、设计、施工（EPC总承包）、监理等单项总结。

⑤对专项验收进行符合性审查。

⑥审查竣工文件完整性和准确性。

⑦现场查验项目建设情况。

⑧对存在问题落实相关单位限期整改。

⑨对项目做出全面评价，形成统一意见，验收小组成员签署初步验收意见。

2）竣工验收

项目经初步验收合格并完成问题整改后，油田公司按照管理权限向勘探与生产公司申请竣工验收或自行组织竣工验收。

（1）竣工验收主要工作内容。

①听取建设各方对项目建设的工作报告。

②查验工程建设情况、评审项目质量，对主要工程部位的施工质量进行验收，对工程设计的先进性、合理性、经济性进行评审。

③审查竣工项目移交生产使用的档案文件。

④检查试运行投产情况。

⑤审查专项验收完成情况。

⑥审核竣工验收报告书，签署竣工验收鉴定书。

（2）竣工验收程序。

①召开预备会议，成立验收委员会，专业分组，验收议程。

②召开首次竣工验收会议，听取各方项目建设情况汇报。

③现场验收。

④竣工验收总结会，明确验收中发现的问题及整改时间要求，讨论形成并签署竣工验收鉴定书。

4. 二类项目、三类项目、四类项目竣工验收

油田公司组织的二类项目、三类项目、四类项目中，由油田公司所属单位组织实施。但由油田公司组织竣工验收的项目，所属单位负责初步验收，验收的程序和内容与一类项目验收相同，并适当简化；由油田公司所属单位组织竣工验收的地面工程项目可直接进行竣工验收。

通常按以下步骤进行：

（1）施工单位（EPC总承包商）完成设计文件要求的工程内容，且工程竣工资料齐全，经总监理工程师确认后，报请二级单位（建设项目组）进行竣工验收。

（2）二级单位成立验收组，按照设计文件进行竣工验收，对检查出的问题提出整改意见及整改期限。

（3）竣工验收后，签署竣工验收鉴定书。

三、地面工程项目竣工验收的依据及条件

地面工程竣工验收是项目建设的最后一道程序，是全面考核项目建设成果的重要环节，是项目由建设转入正式生产运行，办理固定资产转资手续的标志。

1. 地面工程项目竣工验收的依据

（1）批准的建设项目建议书、可行性研究报告、总体开发方案地面工程部分。

（2）批准的工程勘察和设计文件、设计变更、经济签证。

（3）中国石油天然气股份有限公司及油田公司对建设项目的相关审批、修改和调整文件。

（4）现行的国家及地方有关法律、法规，中国石油天然气股份有限公司或油田公司相关管理办法和规章制度。

（5）现行的国家及行业相关施工技术标准、验收规范、质量验收标准。

（6）建设项目专项验收的批复文件。

（7）招投标文件、合同文件及相关资料。

（8）引进国外的新技术、成套设备合同及相关材料。

（9）设备技术规格书、安装说明书、使用说明书或手册。

（10）新技术、新工艺、新材料的技术鉴定书或有关质量证明文件。

（11）与项目有关的其他文件。

2. 地面工程竣工项目验收的条件

1）应及时组织竣工验收的情况

（1）生产性工程和辅助性公用、生活设施已按批准的设计文件建成，生产性工程经试运投产达到设计能力，辅助性公用设施、生活设施能够正常使用。

（2）油气生产各类场站（库）、油气水管道及其他工程的主要工艺设备、管道安装及配套设施建设，经联动负荷试车（运）合格，各系统处理能力技术指标、能耗、质量等各项指标达到设计要求。

（3）生产准备工作和必要的生活设施已按设计要求建成，并能适应投产的需要。

（4）对国外引进技术和设备的项目，按合同要求和有关规定完成验收。

（5）生产操作人员配备、生产物资准备，维抢修队伍及装备、检修能力等满足生产需要，生产性辅助设施、备品、备件和规章制度等能适应生产的需要。

（6）工程质量符合国家和行业相关法律法规及施工技术验收标准和规范等要求；工程质量监督机构出具工程质量合格意见。

（7）环境保护、安全、水土保持、消防、职业卫生的相关设施已按设计文件与主体工程同时建成使用，并通过相关部门的专项验收。节能降耗设施已按设计要求与主体工程同时建成使用，各项指标符合相关规范或设计要求。

（8）土地利用相关手续办理完毕，包括建设项目规划选址意见书、工程建设规划许可、工程用地规划许可、土地使用证书。

（9）竣工资料和竣工验收文件按规定汇编完成，竣工资料通过档案部门验收。

（10）竣工决算审计按有关规定已经完成。

2）建设项目尚未全部具备竣工验收条件，但根据实际情况需进行竣工验收的情况

（1）建设项目基本符合竣工验收条件，只是零星土建和少数非主要设备未按设计要求全部建成但不影响正常生产的，应办理竣工验收手续；对剩余工程按设计留足投资，限期完成。

（2）建设项目生产运行和操作正常，但因资源、市场等原因造成短期内无法达到设计能力的，可先办理竣工验收手续。

（3）有的建设项目或单项工程，已形成部分生产能力，或实际上生产方面已经使用，但近期不能按设计规模全部建成的，报主管部门批准后，可对已完成的工程组织验收。

（4）对于具备分期建设、分期受益条件的建设项目，部分建成后，只要相应的辅助设施配合得上，能够正常生产，应分期组织验收。

（5）对引进设备的项目，按合同建成后，在完成人员培训、投产试运、设备考核合格后，组织竣工验收。

3）已具备竣工验收条件的建设项目，应及时申请和办理竣工验收的情况

一类项目、二类项目应在试运投产后 27 个月内完成竣工验收和移交固定资产手续；三类项目、四类项目应在试运投产后 13 个月内完成竣工验收和移交固定资产手续；如按期竣工验收确有困难，经上级主管部门批准，可以延长验收期限。

3. 竣工验收中遗留问题的处理

地面建设工程在竣工验收时，如存在某些影响生产和使用的遗留问题，验收组应提出具体解决意见，做出限期整改要求。

1）遗留的尾项

（1）属于承包合同范围内的遗留尾项，要求施工单位（EPC 总承包商）在限定时间内完成。

（2）分期建设分期投产的建设项目，前一期工程验收时遗留的少量尾项，可以在建设后一期工程时一并组织实施。

2）工艺和设备缺陷

对于工艺有问题、设备有缺陷的项目，可根据不同情况区别对待：

（1）经过投产试运考核，证明设备性能确实达不到设计能力的项目，可在验收中根据实际情况重新核定设计能力。

（2）作为继续投资项目，要求建设单位进行调整、攻关，以期达到预期生产能力，或提出另行调整用途方面建议。

3）专项验收项目

涉及环境保护、职业卫生、消防、安全设施、档案等专项验收的不符合项，要严格按照有关专项验收要求整改落实。

四、地面工程项目竣工专项验收

1. 建设项目专项验收的内容

建设项目专项验收包括竣工环境保护验收、建设项目安全设施竣工验收、开发建设项目水土保持设施验收、土地利用、建设项目职业病防护设施竣工验收、消防验收、建设项目档案验收、竣工决算审计等。

2. 竣工环境保护验收

建设单位环境保护主管部门负责与政府环境保护行政主管部门联系并办理环境保护专

项（预）验收手续。凡需国家环境保护部竣工验收的地面工程项目，油田公司向中国石油天然气股份有限公司环境保护主管部门申请，由环境保护主管部门组织预验收合格后，报国家环境保护部验收。

建设单位环境保护主管部门按照国家环境保护部有关文件要求，自建设项目投入试生产日起 3 个月内，向审批该建设项目环境影响报告书、环境影响报告表或者环境影响登记表的环境保护行政主管部门，提交《建设项目环境保护设施竣工验收申请报告》和《检验报告》，申请环境保护设施的竣工验收。

试生产期间，建设单位应及时委托政府环境保护主管部门认可的环境保护监测站，对建设项目排污情况及清洁生产工艺和环境设施运转效果进行监测，并取得由环境保护监测站出具的《检验报告》。

建设单位对环境保护设施验收中提出的问题，应及时整改，并办理《建设项目环境保护设施竣工验收申请报告》审批手续。

3. 建设项目安全设施竣工验收

建设项目安全设施是指生产经营单位在生产经营活动中用于预防生产安全事故的设备、设施、装置、构（建）筑物和其他技术措施的总称。

安全设施竣工验收，检验建设项目是否按照国家法律法规、标准规范和安全设施设计专篇要求建成，能否合法、安全生产和使用的验收工作。

勘探与生产公司负责组织一类项目、二类项目安全设施竣工验收。油田公司负责组织三类项目、四类项目安全设施竣工验收，并负责向专业分公司申请一类项目、二类项目安全设施竣工验收。

安全设施竣工验收程序分为安全验收评价和安全设施竣工验收申请。

4. 开发建设项目水土保持设施验收

超低渗透油气田地面工程的土建工程完成后，及时开展水土保持设施的验收条件，一类项目、二类项目、三类项目和四类项目在试运行之日起 12 个月内应获取水土保持设施验收合格文件。

建设单位应当与水土保持方案编制单位一起，依据批复的水土保持方案报告书、设计文件的内容和工程量，对水土保持设施完成情况进行检查，编制水土保持方案实施工作总结报告和水土保持设施竣工验收技术报告，在试运行之日起 6 个月内填写《建设项目水土保持设施验收申请表》，向审批项目水土保持方案的政府相关行政主管部门申请水土保持设施验收。

5. 土地利用

建设单位负责与沿线政府土地行政主管部门、城市规划行政主管部门联系并办理土地利用验收手续。根据《中华人民共和国土地管理法》《中华人民共和国土地管理法实施条例》《中华人民共和国城乡规划法》及《中国石油天然气股份有限公司土地管理办法》的有关要求，在地面工程项目竣工验收前，建设单位应组织 EPC 总承包商、施工单位、监理单位和乡（镇）、村共同进行地貌恢复、农田复耕检查，合格后办理青苗赔偿及地貌恢复验收证书，然后到县政府土地管理部门办理由县、乡、村三级政府土地管理部门签署的土地利用合格证明。地面工程项目建设永久占地应根据国土资源部批准的建设用地规划许可证、建设用地批准书及其附件等文件内容，请县级以上人民政府土地利用管理部门参加进行验收，依法办理土地登记。在完成土地利用专项验收后，建设单位应取得“国有土地使用证”；如果建设项目在城市规划区内，建设单位还应获取“建设用地选址意见书”“建设用地规划许可证”和“建设工程规划许可证”。

6. 建设项目职业病防护设施竣工验收

《国家职业病危害风险分类管理目录》中规定的一般危害项目，建设单位应在试运行之日起6个月内自行组织验收，并按有关规定向国家或地方政府相关行政主管部门备案。

职业病危害较重或严重的建设项目，职业病防护设施竣工并完成报告书内部评审及自验收后，按要求报送安全生产监督管理部门接受其对建设项目职业病危害控制效果报告的审核以及组织的职业病防护的竣工验收。

一类项目、二类项目、三类项目和四类项目在试运行之日起12个月内应获取职业病防护设施验收合格文件。

7. 消防验收

项目试运行后，建设单位向出具消防设计审核意见的公安机关消防机构提交“建设工程消防验收申请表”并提供竣工图纸，消防产品质量合格文件等材料，进行消防专项验收。建设单位消防主管部门对消防验收中提出的问题应及时组织整改，并办理消防验收手续。不需要进行消防专项验收的项目，应到当地消防机构业务受理场所进行消防竣工验收备案。

8. 建设项目档案验收

建设单位应按照《中国石油天然气股份有限公司建设项目档案管理规定》、长庆油田公司建设项目档案管理规定等文件的要求，编制档案验收报告，向档案主管部门提出验收申请，并办理建设项目档案验收手续。

建设单位对档案验收中提出的问题应及时组织整改。

五、地面工程项目竣工文件编制与组卷

1. 竣工文件的收集范围

地面工程项目的竣工文件是指从建设项目的立项、审批、招投标、勘察、设计、施工、监理及生产准备到建成投产全过程中形成的应归档保存的纸质文件及各类相关电子音像文件。

建设项目竣工文件主要包括：可行性研究报告、任务书、勘察设计文件、上级主管部门批复文件，项目管理文件、施工文件、监理文件、工艺设备文件、涉外文件、消防文件、生产技术准备、试生产文件、财务管理文件、器材管理文件、项目竣工图及无损检测文件。

建设单位档案管理部门负责组织竣工资料的收集、整理和归档工作，各参建单位按照职责范围负责收集、整理本单位的竣工资料。

2. 竣工文件的编制要求

单项（单位）工程划分及编号：由建设单位或委托监理单位组织施工单位在工程开工前，按照石油天然气行业标准SY 4200《石油天然气建设工程施工质量验收规范 通则》的有关规定进行划分及统一编号。

竣工文件（包括竣工图）编制要求按照：《中国石油天然气股份有限公司建设项目档

案管理规定》、DA/T 28—2002《建设项目档案管理规定》、GB/T 11822—2008《科学技术档案案卷构成的一般要求》、GB/T 18894）《电子文件归档与电子档案管理规范》、GB/T 50328—2014）《建设工程文件归档整理规范》、《中国石油天然气股份有限公司建设项目管理规定》的有关要求编制。

竣工文件应在工程建设中汇集和形成，必须与工程实际情况相符，内容要真实反映工程实际情况，保证资料的原始性及真实性和准确性。

1）文字资料

（1）必须保证竣工资料的原始性和真实性。

（2）竣工资料必须与工程实际相符，并做到完整、准确、系统，满足生产、管理、维护和改扩建需要；完整是指各种文件原件齐全，签字手续完备；准确是指技术数据必须准确，保持各个部分之间的有机联系；系统是指分类科学、组卷合理。

（3）竣工资料中所用计量单位、符号、文字，以及打印、书写符合国家档案管理有关规定。

（4）竣工资料中纸质材料必须宜于长期保存，做到字迹清楚、图面整洁、不褪色，工程名称应一致。

（5）手工签署姓名、日期、鉴定验收意见时，字体必须工整，不得潦草。

（6）组卷时按照项目依据性材料、基础性材料、工程设计（含初步设计、施工图设计）、工程施工、工程监理、工程验收等排列。

①按重要程度或时间顺序排列，重要文件在前，次要文件在后，正件在前，附件在后。

②密不可分的文件资料应依序排列，批复在前，请示在后，转发文件在前，被转文件在后。

③文字资料排在前面，图纸排在后面。

2）竣工图的编制要求

（1）竣工图是竣工资料的重要组成部分，必须做到齐全、准确。竣工图记录地下、地上建（构）筑物、设备、工艺管线、电气、自动化仪表、通信设备等建筑、安装工程实际情况，要做到竣工图与设计变更资料、隐蔽工程记录和工程实际情况对口。

（2）竣工图应包括所有的施工图，其中属于国家和中国石油天然气集团公司的标准图、通用图，可在目录中注明，不作为竣工图编制。

（3）凡按施工图施工没有变更的，加盖并签署“竣工图专用章”，作为竣工图。

（4）凡有一般性图纸更改及符合杠改或划改要求的变更，可在原图上用绘图工具和碳素墨水笔修改，修改的部分加盖“竣工图核定章”，在核定依据栏中应注明更改依据，如设计变更通知单、洽商记录等的文件编号，全图修改后加盖并签署“竣工图专用章”。

（5）凡涉及结构形式、工艺平面图等重大改变及图面变更面积超过 35% 的应重新绘制竣工图，重新绘制的竣工图按原图编号末尾加注“竣”字，或在新图标题栏内注明“竣工阶段”并签署竣工图章。

（6）如果一张更改通知单涉及多图的或图纸不在同一卷册的情况，应在竣工图目录的备注或备考表中说明。

（7）竣工图图纸的折叠应符合 GB/T 10609. 3—2009《技术制图 1 复制图的折叠方

法》，即折叠成“手风琴”式4号图纸规格（297mm×210mm），图面在里，标题栏露在外右下角。装订和组卷符合竣工资料有关规定。

（8）竣工图应按单位工程编制，并有详细的编制说明和目录。

（9）竣工图应使用新（干净）的施工图，并按要求加盖、签署竣工图章。

3）竣工图编制更改办法

（1）编制竣工图时对施工图的更改应坚持“十改”“七不改”的原则；更改一般是杠改或划改；局部可以圈出更改部位，在原图空白处重新绘制。

“十改”：凡隐蔽工程、重要设备、管道、钢筋混凝土工程等，施工与原施工图的差异超过规范许可限度，必须一律改在竣工图上。①竖向布置和地面、道路标高；②工厂、装置、建筑物、管带、道路的平面布置和坐标；③工艺、热力、电气、暖通等机械设备；④管道直径、厚度、材质及管道联接方式（改变流程的）；⑤电力、电讯设备接线方式、走向、截面；⑥自动控制方式和设备；⑦设备基础、框架、主要钢筋混凝土标号和配筋；⑧地下自流管道、排水管道的坐标、标高；⑨阀门的增减、位移和型号；⑩保温结构材料。

“七不改”：为减少竣工图工作量，凡地面上易于辨认的非原则性的变异，一律不在原施工图上修改。①房屋尺寸、地面结构、门窗大样、照明灯具；②地面以上钢结构、平台梯子的尺寸和型钢规格；③以上的管道坐标、标高；④地面以上设备、管道的保温结构和厚度；⑤油罐的拼板图；⑥一般管件代用；⑦所有地面、地下不超过规范许可的施工尺寸误差。

（2）利用施工图更改，必须在更改处注明更改依据，如设计变更通知单的名称、编号、变更日期及洽商记录等的文件编号。

（3）凡一般性图纸变更符合杠改或划改要求的必须在新图上更改，并加盖签署竣工图章。

（4）无法在图纸上表达清楚的，应在标题栏上方或左边用文字说明。

（5）图纸上各种引出说明应与图框平行，引出线不交叉，不遮盖其他线条。

（6）新增加的文字说明，应在其涉及的竣工图上作相应的添加和变更。

（7）更改的施工图不得随意徒手更改，必须用绘图工具碳素墨水笔更改。

（8）凡在图纸上修改的部位均应加盖核定章，注明修改依据、核定人及监理工程师的确认。

（9）竣工图组卷时按专业编排组卷，同专业的图纸按图纸号（设计档案号）顺序排列。

4）竣工图的审核

（1）监理单位组织业主代表、设计代表、施工代表对竣工图进行审查，发现问题要求责任单位及时修改和补齐。

（2）审核竣工图内容应与施工图设计、设计变更、洽商、材料等变更相符，应与施工及质检记录相符。

3. 竣工文件的编制分工

1）建设单位组卷

可行性研究报告、任务书、设计基础文件、设计文件、项目管理文件，工艺设备文件、环境保护、职业卫生、消防、安全设施、档案等专项验收文件生产技术准备、试生产、财务、器材管理；按 DA/T 22—2015《归档文件整理规范》进行整理。

2）施工单位组卷

施工文件按已划分的单项工程、单位工程为基本单元进行组卷，或按装置、阶段、结构、专业为基本单元进行组卷。

3）监理单位组卷

监理文件按照监理项目管理、监理指令、监理内业、审核签认文件、工程检验记录五个部分组卷。

4）无损检测单位组卷

无损检测文件，一般按管理类文件、无损检测报告整理案卷。

4. 竣工文件的组卷

1）组卷原则

（1）组卷应遵循文件资料的形成规律，保持案卷内文字资料的系统联系。

（2）根据文件的数量，对于同一类文件，如一卷装订不下（厚度超过 30mm），可以进行册、分册的划分。

（3）同一卷（册）内文字资料按重要程度或时间顺序排列，重要文件在前，次要文件在后，正件在前，附件在后，批复在前，请示在后，文字在前，图纸在后。

（4）同一卷（册）内文字资料的外封面、内封面、卷内目录、备考表均采用规定的格式。

（5）竣工图按照专业划分编制组卷，并符合归档要求。

2）组卷方法及顺序

（1）建设单位。

组卷顺序为可行性研究及核准文件等前期资料，项目管理文件（征地、拆迁文件，计划、投资、统计等管理文件，招标投标、承发包合同协议等），物资、设备采购，涉外文件，科研项目，生产准备与试运投产文件，财务、资产管理文件，竣工验收文件（建设项目管理工作总结），电子音像资料等。

（2）监理单位。

①监理单位竣工资料按时间和单位工程进行组卷。

②组卷顺序为企业资质、监理管理资料、质量管理文件、进度管理文件、工程造价和索赔管理文件、HSE 管理文件、监理工作总结、电子声像资料等。

（3）勘察设计单位。

①勘察单位竣工资料按勘察标段分专业进行组卷，分别按照地质和测量两部分内容组卷；设计单位竣工资料按照专业和介质流向顺序进行组卷。

②组卷顺序为勘察和设计基础文件，设计文件；勘察设计总结；电子声像资料等。

（4）EPC 总承包商。

①EPC 总承包竣工资料按时间、介质流向、地域进行组卷。

②卷顺序为工程管理资料、物资设备类资料、生产准备与试运投产类资料、HSE 文件、征地类资料、EPC 项目管理工作总结、电子音像资料等。

（5）施工单位。

①施工单位竣工资料以项目划分原则及编号为顺序，按单位工程进行组卷。

②组卷顺序遵循通用表格在前、各专业施工技术资料在后的原则。

③组卷顺序为施工企业资质、管理文件类，物资、设备类文件类，施工记录类，HSE管理类，竣工图，施工总结，电子音像资料等。

（6）无损检测承包商。

①无损检测竣工资料按单位工程和桩号进行组卷。

②组卷顺序为无损检测企业资质、管理类文件，无损检测报告类文件，HSE 文件，无损检测工作总结，电子音像资料等。

六、地面工程项目竣工验收文件编制

竣工验收文件是建设项目的全面总结。竣工验收文件包括：竣工验收报告书、项目管理工作总结、引进工作总结、材料设备采购总结、生产准备及试运行考核总结、勘察设计总结、施工总结、无损检测总结、监理总结（建设监理工作总结和设备监理工作总结）等单项总结，项目质量评审资料，工程现场电子资料（包括光盘、照片、录音、录像），工程审计文件、决算报告，环境保护、职业卫生、消防、安全设施、档案等专项验收审批文件，竣工验收会议决议文件、竣工验收鉴定证书等。

竣工验收文件编写分工见表 5-2。

表 5-2 竣工验收文件编写分工表

<table>
<tr><th>序号</th><th colspan="2">名　称</th><th>编制负责单位</th><th>组卷单位</th></tr>
<tr><td>1</td><td colspan="2">竣工验收报告书</td><td>建设单位</td><td>建设单位</td></tr>
<tr><td rowspan="9">2</td><td rowspan="9">单项总结</td><td>项目管理工作总结</td><td>建设项目部</td><td>建设单位</td></tr>
<tr><td>勘察设计总结</td><td>设计单位</td><td>建设单位</td></tr>
<tr><td>EPC 项目总结</td><td>EPC 总承包商</td><td>建设单位</td></tr>
<tr><td>施工总结</td><td>施工单位</td><td>建设单位</td></tr>
<tr><td>监理总结</td><td>监理单位</td><td>建设单位</td></tr>
<tr><td>无损检测总结</td><td>无损检测单位</td><td>建设单位</td></tr>
<tr><td>生产准备及试运考核总结</td><td>生产单位</td><td>建设单位</td></tr>
<tr><td>材料设备采购总结</td><td>建设项目部</td><td>建设单位</td></tr>
<tr><td>引进工作总结</td><td>建设项目部</td><td>建设单位</td></tr>
<tr><td>3</td><td colspan="2">质量监督报告</td><td>质量监督单位</td><td>建设单位</td></tr>
<tr><td>4</td><td colspan="2">环境保护、职业卫生、消防、安全设施、档案等专项验收文件</td><td>建设单位</td><td>建设单位</td></tr>
<tr><td>5</td><td colspan="2">竣工验收鉴定书</td><td>竣工验收委员会</td><td>建设单位</td></tr>
<tr><td>6</td><td colspan="2">交工技术档案移交证书</td><td>建设单位</td><td>建设单位</td></tr>
</table>

第三节 超低渗透油气藏地面工程运行维护

科学的油气田运行维护可以提高超低渗透油气藏生产工艺、设备的可靠性，延长运行周期和使用寿命，确保油气藏安全、平稳、高效运行。本节内容包含超低渗透油气藏集输管线、场站运行管理和维护。

一、油气集输管线运行管理

1. 管线运行管理基本要求

（1）管线投运前，进行安全环保专项检查，落实环境风险防范措施与应急处置措施。

（2）管线投运时，随时跟踪、监控其运行状态，发现油气泄漏，应立即采取应急措施，控制事态发展，防止造成环境污染。

（3）建立油气管线定期维护管理制度，根据运行情况、年限，采取有针对性的监控、防范、维修或更换管理措施。

（4）建立、健全管道巡护制度，配备专职人员对线路进行日常巡护工作。

对于穿跨越环境敏感区、不良地质区的管线，或处于地质灾害高发期、汛期以及遭遇极端天气时，应增加巡护频次或设专人值守看护。

（5）开展管线环境安全隐患排查，建立隐患排查治理档案，及时发现并消除环境安全隐患。

（6）定期或根据管线实际情况适时开展环境风险评估，划分环境风险等级，实施环境风险分级管理。

（7）加强管线管理人员和岗位操作人员培训，确保管理人员的制度执行能力和岗位员工的操作能力满足要求。

（8）管线施工应按规定办理作业许可票，开展工作前安全分析。具体执行长庆油田公司动火作业、进入受限空间作业、挖掘作业、管线打开作业、化学清洗作业、高处作业、吊装作业、临时用电作业等作业许可管理制度。

2. 运行监控

输油管线主要监控内容包括出站瞬时流量、出站累计流量、出站温度、进站压力、进站流量、管线途经阀室压力、管线高程差等数据。

输气管线主要监控内容包括上游场站出站压力、出站流量，下游场站进站压力、进站流量等数据。

3. 运行压力

（1）管线运行最大工作压力不得超过此段管线的设计压力，并根据管线检验评价报告提供的剩余强度、可允许的压力值进行相应调整。

（2）管线出站报警压力设定值低于管线设计压力；进站高限报警压力设定值高于最高进站压力。

4. 管线阴极保护管理

（1）超低渗透油气藏集输及长输管线配套阴极保护系统。

（2）管线沿线电位分布，电位一般控制在-1.20~-0.85V之间。

（3）管线阴极保护测试桩自然电位，每年组织检测一次。管道保护电位，每6个月组织测量一次。

（4）阴极保护系统不得随意中断。

5. 管线防腐管理

（1）每年组织对管线腐蚀及防腐情况进行全面排查，并及时处理破损点。

（2）出土段、入土段管线在地面交界处采取管外包覆热收缩套或其他防护性措施。

（3）管线敷设采用套管时，管线与套管之间应采用绝缘支撑。套管端部采用防水、绝缘、耐用的材料密封。

6. 管线检验管理

建立管线检测评价制度，掌控管线防腐防护层状况、阴极保护系统有效性、管体腐蚀状况、外部环境和内部输送介质腐蚀性、管线覆土层厚度、附属设施状况等。

1）检验周期

管道根据风险评估结果确定首次检验时间。

运行年限长、防腐层失效严重、内部介质及外部环境腐蚀性较强的管道，应缩短检测评价周期。

2）检测方法

钢质管线检测方法一般采用内检测、外检测或压力试验三种。

（1）不能实施内检测的管线（公称直径 DN150mm 以下），应在分析输送介质腐蚀性、管线失效历史数据的基础上，建立管线分段区域风险评估办法，结合水压试验判断管线当前状况，辅以外检测加大开挖抽检比例进行验证。

（2）实施智能内腐蚀检测的原油管线（公称直径 DN150mm 以上），依据相关的标准和风险评估方法开展智能内腐蚀检测。

（3）管线清水试压检漏，其适应性、试压、稳压时间、泄漏点的处理执行 GB 32167—2015《油气输送管道完整性管理规范》。

3）全面检验

（1）管线全面检验要求有资质的检验单位进行，即要求有国家质量监督检验检疫总局颁发的《中华人民共和国特种设备检验检测机构核准证（综合检验机构）》DD3 资质或《中华人民共和国特种设备检验检测机构核准证（无损检验机构）》相应资质。

（2）管线的全面检验主要包括资料收集及调查、宏观检测、管线腐蚀环境检测、管线外防腐层检测评价、风险评估、开挖验证检测、管系应力分析、剩余强度评估、剩余寿命预测、下次检验日期确定等内容。

7. 资料管理

（1）建立管线基础档案提高管理水平和效率。管线档案内容包括管线使用登记表、管线设计技术文件、管线竣工资料、管线穿跨越信息、管线运行管理数据、阴极保护运行记录、管线检验报告、管线维修改造竣工资料、管线安全装置定期校验更换记录，管线泄漏等事故记录和处理报告、技术培训和员工考核档案等。

（2）建立管线的技术质量标准、工程资料、运行数据档案。开展管线数据的统计、更新、归类、分析，对所辖管线现状和隐患进行全面摸排。

（3）建立管线动态风险分布图，管线高后果区、高风险段信息表，实时掌握重点风险源、风险点及风险的变化趋势，为管线高风险段的管控提供依据。

8. 停运和退役

（1）管线临时停用时，对管线内油品或其他输送介质进行清扫，采取阀门关闭、隔离、上锁挂签等工艺安全措施进行封堵。

（2）封存管线重新投运前，对管线及附属设施进行检测。

（3）管线退役报废时，制订管线废弃处置方案，并报地方政府有关部门备案，对管线内油品和其他介质及时进行清理或置换。

二、油气集输管线运行维护

1. 管线泄漏的类型

导致油气集输管线泄漏有四种类型，即自然外力、第三方无意破坏、打眼盗油和腐蚀穿孔。

1）自然外力

因局部山体滑坡、塌陷、雨水冲刷、河流改道、水土流失或黄土自然沉陷等自然外因造成的管线隐患，致使管线悬空、裸露，严重者致使管线错断或破裂。

2）第三方无意破坏

在管线附近施工造成的机械破坏，如取土、挖掘、基建等。施工方在不清楚埋地管线的情况下，施工作业时对管线造成破坏，致使管线破漏。

3）打眼盗油

不法分子利用工具在管线上打眼或打眼装卡子，盗取原油，致使管线破漏。

4）腐蚀穿孔

管线因内壁、外壁腐蚀导致管壁变薄，在一处或多处穿孔，致使原油、采出水等输送介质泄漏，其主要表现形式为孔蚀，形成砂眼状穿孔，早期泄漏不明显，自控监测系统不易发现。

管线的腐蚀分为内腐蚀和外腐蚀。管线外腐蚀，主要是由于管线金属材质与外部的环境比如土壤、海水、大气等腐蚀性介质相接处引起的腐蚀，同时，由于有些管线外部有保温层，可能会由于其他因素引起水分在保温层下聚集（有时候还会因为管内介质的高温而使得外部水分加热）造成高腐蚀性的腐蚀区域，对管线产生保温层下腐蚀。管线内腐蚀根据管线内流体性质不同，所发生内腐蚀的类型也不一样。包括酸性腐蚀、氯离子引起的腐蚀、微生物腐蚀、应力腐蚀、焊接腐蚀等。

按管道被腐蚀部位，可分为内壁腐蚀和外壁腐蚀；按管道腐蚀形态，可分为全面腐蚀和局部腐蚀；按管道腐蚀机理，可分为化学腐蚀和电化学腐蚀等。管道内壁腐蚀是金属管道内壁因输送介质的作用而产生的腐蚀，主要有水腐蚀和介质腐蚀：水腐蚀指输送介质中的游离水，在管壁上生成亲水膜，由此形成原电池条件而产生的电化学腐蚀；介质腐蚀指游离水以外的其他有害杂质（如 CO_2、H_2S 等）直接与管道金属作用产生的化学腐蚀。长输管道内壁一般同时存在着上述两种腐蚀过程。特别是在管道弯头、低洼积水处和气液交界面，由于电化学腐蚀异常强烈，管壁大面积减薄或形成一系列腐蚀“深坑”；这些“深坑”是管道易于内腐蚀穿孔的地方。管道外壁腐蚀则视管道所处环境而异，如架空管道易受大气腐蚀；土壤或水环境中的管道，则易受土壤腐蚀、细菌腐蚀和杂散电流腐蚀。

2. 管线巡护管理

（1）建立管线巡护管理细则，明确巡护职责、巡护周期、巡护人员和巡护内容等，建立管线巡护台账，定期召开管线巡护分析会，制订布防方案等。

（2）特殊时期、特殊时段、高后果区、环境敏感区、自然灾害区及施工区需加密巡查或驻守。

（3）在巡护过程中发现的管线隐患，立即向厂生产指挥中心和所属作业区调度室汇报。

（4）在巡护过程中发现危害或有可能危害管线安全的行为，按照国家法律、行政法规的规定或相关技术规范的要求，应立即制止，并向当地公安局等相关单位报告备案。

（5）对于管线标志桩损毁、管线附属设施出现故障、较小面积的裸露和悬空等问题，管线巡护人员应及时更新或修复；对于大的冲沟、悬空、裸露，巡护人员难以自行修复的，要做翔实记录并上报厂（处）生产指挥中心和所属作业区调度室。

（6）对违章修建建筑物等占压管线或第三方施工等危及管线安全的，巡护人员要及时予以制止，并向管线所属单位、上级部门及地方政府部门报告。

（7）对隐患未得到整改的管线、高含硫管线、人口密集区的管线等要制订专项巡护与监控方案。

（8）至少每年开展一次管线高后果区识别和风险评估，根据识别及评估结果制订和更新各类管线的巡护方案。

3. 巡护检查内容

管线绝缘层有无损坏、管体有无锈蚀，管线跨越段构配件有无缺损，穿越管段稳定配件有无裸露、悬空、移位，管线测试桩、里程桩、标志桩、转角桩和警示牌有无缺损，管线埋深，管线水工保护是否完好，管线防护带内有无深根植物和违章施工行为，管线有无占压、第三方破坏现象，管线沿线有无泄漏，管线阀室是否通风良好，泄漏监测保护系统投运、工艺设备与仪器仪表设施等是否完整可靠。

4. 管线维护管理

（1）结合管线巡检，及时维护维修管线标识、警示标志。

（2）每年进行一次阴极保护系统维护。

（3）每年汛期过后，对管线的护坡、护岸、挡水墙、堡坎、管桥及涵洞等水工保护与设施等进行系统维护。

（4）在管线敷设区域存在施工的情况下，应在施工完成后，进行系统维护。

（5）一级以上的公路、铁路、大型河道、敏感水域及穿跨越特殊地段的原油管线需定期开展检测维护。

（6）穿跨越管线：跨越管段钢索出现防腐层损伤时，应进行防腐处理，一般情况下，每5~8年进行一次防腐层修复处理；跨越钢结构防腐涂层有面积大于5%的局部锈蚀或涂层露底漆、龟裂、剥落或吐锈的面积超过50%时，清理全部旧涂层，重新涂漆。

（7）管线的防腐层、保温层发现破损或管线埋深不足时应及时进行维护。

（8）清除管线两侧5m范围内深根植物。当管线风险等级发生变化后，对新增的高后果区、高风险等管段应增加相应的警示标志和监控措施，变化后的管线风险等级按照相应风险等级巡线周期开展巡管。

（9）根据管线检测结果提出有针对性的维护措施建议，包括需采取维修（维护）措施的管线位置信息，建议采取的维修（维护）手段及维修（维护）的时间要求。

三、油田场站运行管理

1. 运行监控

油田场站主要监控内容包括输油泵进出口压力、输油泵启、停参数、储油罐液位等。

2. 主要生产指标控制

1）沉降罐运行参数控制

（1）油水界面控制在 4.0~6.0m。

（2）乳化层厚度控制在 2.0m 以下。

（3）净化油层厚度控制在 2.0m 以上。

（4）罐温控制在 35~45℃。

（5）沉降罐溢流口含水率控制在 0.5%以下。

（6）沉降罐污水出口含油量控制在 150mg/L 以下。

（7）沉降时间应控制在 12h 以上。

2）三相分离器运行参数控制

（1）运行温度控制在 45~60℃。

（2）瞬时流量应符合三相分离器正常运行的要求，波动不得大于±10m^3/h。

（3）根据实际合理控制三相分离器压力。

（4）根据实际合理控制导水管高度。

（5）油室出口含水率不大于 0.5%。

（6）水室出口含油量不大于 150mg/L。

3）净化罐参数控制

（1）含水率控制在 0.5%以下。

（2）外输温度需满足下游站点进站温度要求。

（3）合理调整外输排量根据联合站库容、外输含水率及外输泵的排量。

3. 联合站主要设施运行管理

1）沉降罐运行管理

（1）沉降罐探罐。

联合站需探明沉降罐水层厚度、乳化层厚度、净化油层厚度，并测量罐温。探罐过程中遵循自上而下的探罐规则，从液位顶部每次下尺 0.5m 取样一次，判断该层位原油含水，直至探到水层。沉降罐溢流口含水率小于 0.5%时每 8h 探罐一次，溢流口含水率大于 0.5%时每 2h 探罐一次。出现乳化油反抽且溢流口含水率小于 0.5%时每 4h 探罐一次，出现乳化油反抽且溢流口含水率大于 0.5%时每 1h 探罐一次。

（2）沉降罐取样。

沉降罐取样和探罐同步进行。探罐过程中每探一个层位，取该层位样品。取样瓶需干净清洁，不容许有残留的油和水，取样后盖好瓶塞，并写好标签。

2）三相分离器运行管理

（1）油室含水率监测。

各联合站对三相分离器油室出口含水率实施在线实时监测。如出现含水率大于 0.5%时，至少每 1h 取样化验含水率 1 次，直至油室含水率合格且平稳运行。三相分离器油室取样前先开启取样阀门放空，放空管线中的死油，用干净清洁的取样瓶取样化验含水率。

（2）水室含油率监测。

三相分离器水室含油率每小时监测一次，出现水室含油率升高时应加密取样。取样前先开启取样阀门放空，用取样瓶取样，判断水室含油率。

（3）运行参数录取。

三相分离器运行参数包括运行温度、压力、油室含水率、水室含油率、瞬时流量、导水管高度、油水室液位等，其运行参数每 1h 录取一次。

3）净化罐运行管理

（1）净化罐运行。

净化罐运行参数包括罐温、液位及分层样含水率，罐温及液位每 2h 录取一次。净化罐每 8h 做分层样含水率一次，净化油外输前必须做分层样含水率，每 0.5~1m 取样一次，根据含水率情况采取相应措施，保障净化油外输前罐底 0.2m 以上原油含水率小于 0.5%，净化罐原油在反抽或外输前须排底部明水。

（2）外输含水监测。

净化油外输过程中及时监测外输含水率，每 0.5h 读取一次外输含水并填写记录，外输含水率大于 0.5%时及时上报并采取相应措施。

4）卸油台运行

优化卸油台卸油时间和原油外输时间，控制原油外输排量要求。有成套加药装置的卸油台在起输过程中启动加药泵，无成套加药装置的卸油台在卸油过程中缓慢投加破乳剂，其破乳剂投加浓度参考联合站破乳剂投加浓度。

4. 转油站、增压点运行管理

各转油站、增压点控制好原油外输温度和外输排量。间歇性输油的站点在停输和起输前做好与下游站库的沟通衔接。

5. 伴生气生产系统运行管理

（1）每 2h 对站内三相分离器、缓冲罐、气液分离器、气体流量计等设施的运行情况进行检查，当压力、流量出现异常变化时，查明原因并采取相应措施，直至恢复正常运行。

（2）轻烃厂对所接收气量精确计量并建立相应资料，发生异常情况应及时上报。

（3）对低点设有放空阀的输气管线，每天进行放空排液；冬季运行时，应增加放空次数，排空管线内积聚的油水混合物。

四、油田场站设施维护保养

超低渗透油田场站设施主要包括抽油机、各类输油泵、加热炉等，在工艺设计时通常设置备用设备设施，设施维护时不影响正常生产运行，因此油田场站的维护侧重于对主要设备设施的临停检修。

1. 抽油机维护保养

1）例行保养

每 8h 进行例行保养，项目如下：

（1）检查各部紧固螺栓，应无松动滑扣现象。

（2）检查减速箱、曲柄销及各部轴承应无异常声响。

（3）保持抽油机清洁。

（4）擦洗抽油机或登高更换零部件时，要系好安全带，地面要有人配合监护。

2）一级保养

每 720~740h 进行一级保养，项目如下：

（1）完成例保的各项内容。

（2）打开减速箱检视孔，检查齿轮啮合情况，并检查齿轮磨损和损坏情况。

（3）检查减速箱油面。

（4）清洗减速箱呼吸器。

（5）检查抽油机的平衡情况。

（6）检查刹车磨损情况，并进行调整。

（7）检查三角皮带。

（8）检查电动机、电器和线路的外部，并核对熔断器。

3）二级保养

每4200~4300h进行二级保养，项目如下：

（1）完成一级保养各项内容。

（2）拆开减速箱进行全面检查。

（3）检查减速箱齿轮和轴承的工作情况，应无严重磨损、划伤和裂纹。

（4）检查全部轴承的径向间隙及磨损情况。

（5）检查连杆铜套、曲柄销和键的工作情况。

（6）检查校正抽油机纵横水平及连杆长短是否一致。

（7）检查校对驴头与井口的对中情况。

（8）检查校正电动机水平。

（9）检查电器设备。

2. 往复泵维护保养

1）例行日常保养

（1）检查各部连接螺栓无松动。

（2）检查润滑油面高度及油的质量。

（3）检查柱塞密封圈无刺漏。

（4）检查轴承温度、动力端箱体温度。

（5）观察运动中的声响以及排液压力和排液量。

2）一级保养

运转周期500~700h的往复泵作业范围如下：

（1）例行日常保养的各项内容。

（2）检查动力端中间杆油封、曲轴油封是否漏油。

（3）检查或更换柱塞密封填料。

（4）检查阀芯及阀座的工作情况，视情况进行维修。

（5）检查电器设备是否完好。

（6）检查皮带松紧情况，并进行调整。

（7）检查蓄能器压力是否在规定范围内。

3）二级保养

运转周期1500~2000h的往复泵作业范围如下：

（1）一级保养的各项内容。

（2）检查阀芯及阀座，视阀面情况进行检修或更换。

（3）观察安全阀的灵活性，必要时检修安全阀或更换。
（4）检查蓄能器的充气压力。
（5）给电动机轴承加注润滑脂。
4）三级保养
运转周期5000~6000h的往复泵作业范围如下：
（1）二级保养的各项内容。
（2）检查泵的运动机构部分的螺栓有无松动情况，检查各部配合间隙，并进行调整。
（3）检查保养电动机电器和有关线路。
（4）检查修理运行中异常部位，更换已损坏的零件。
（5）更换曲轴箱内润滑油，视油质状况对曲轴箱进行清洗。
3. 离心泵维护保养
1）例行日常保养
作业范围如下：
（1）设备现场的整理、整顿、清扫、清洁。
（2）设备各部位紧固、防腐。
（3）检查、添加润滑油脂。
（4）采用密封盒密封的，应及时调整，控制泄漏量在规定范围内。
（5）清洗过滤器滤网。
2）一级保养
运转周期为（400±24）h的往复泵作业范围如下：
（1）完成日常保养内容。
（2）保养与设备配套的阀门。
（3）检查更换过期、失效的压力表。
（4）检查更换密封填料。
（5）检查更换润滑油脂。
3）二级保养
运转周期为（3000±24）h的往复泵作业范围如下：
（1）完成一级保养内容。
（2）检查更换平衡盘、叶轮。
（3）检查更换机械密封。
（4）检查更换联轴器。
（5）调整机泵同轴（心）度、更换弹性垫块或减振圈。
（6）检查电动机、泵的轴承并加注润滑脂。
4）三级保养
运转周期为（10000±24）h的往复泵作业范围如下：
（1）完成二级保养内容。
（2）检查更换泵轴承、泵轴。
（3）检查、更换前后轴套。
（4）检查更换轴套密封。

（5）检查更换叶轮、导叶、平衡盘。

（6）检查更换电动机轴承并加注润滑脂。

（7）清扫电动机定子和转子。

4. 单螺杆泵（曲杆泵）维护保养

每运行1000h，对设备进行以下例行保养：

（1）检查减速器内润滑油质。

（2）调整机泵同轴（心）度、更换弹性垫块或减振圈。

（3）检查电动机、泵的轴承并加注润滑脂。

（4）根据需要更换密封填料或机械密封。

5. 双螺杆泵（油气混输泵）维护保养

1）日常检查

（1）检查各种仪表指示是否正常。

（2）检查同步齿轮、齿轮箱油窗油位。

（3）检查泵机组振动情况。

（4）检查机械密封应无渗漏。

（5）每2h对机组进行情况检查一次。

2）例行保养

（1）泵进口过滤器应每720h清洗一次。

（2）电动机前、后轴承，泵的前轴承每运转2000h更换一次润滑脂，润滑脂选用二硫化钼或钙基润滑脂。

（3）每运转2000h清洗一次泵底壳。

（4）控制柜每4000h进行一次清扫保养。

6. 真空加热炉维护保养

（1）加热炉在运行一段时间后，可能会出现工质出口温度达不到要求，如果不是由于工质流量突然增大，超出加热炉额定出力或锅壳上限温度设定的问题，应判定为锅壳内有空气。此时，应重新排空，获得高效的换热效果。

（2）燃气过滤器的清洁：过滤器用于滤出燃气中的杂质、凝析油来保证燃烧器阀组的正常工作。根据使用燃气的质量，应定期清洁过滤器。

（3）在操作时，要将门窗打开，放出燃气，且严禁动火。如果使用燃油燃烧器，应根据油品种类、杂质程度，定期清洗燃油过滤器。

（4）燃气阀组的清洗：使用含有轻质油的湿气，根据使用情况，每年拆下燃气阀组和管路以清洗，除去通道内积存的油污。

（5）对于操作间内配有散热器的加热炉，在室外气温低于0℃时，给散热器供暖，过低的温度会影响燃烧器及调压阀的工作可靠性。

（6）应定期检查水位计指示刻度，缺水应及时添加；加水后，需重新进行排空操作。

（7）定期清理烟箱、打烟管，确保炉子受热面清洁。

7. 热水锅炉维护保养

1）干燥剂法保养

在锅炉停炉、锅水放净、锅内外清扫干净后，利用炉体的余热烘干锅内外的水分，也可利用热风烘烤。锅炉烘干后即可在锅炉和炉膛内放置干燥剂，然后封闭锅炉系统，使之与外界空气完全隔绝。盛装适量干燥剂的容器在锅内、炉膛内应均匀摆放，干燥剂在失效后体积膨胀，盛装的干燥剂只能占容器容积的1/3~1/2。干燥剂放入锅内15d后，打开人孔检查其是否失效。

2）湿法保养

锅内充满碱性水的保养方法称为湿法保。一般停炉时间不超过1个月的锅炉，可以采用湿法保养。在确认碱液充满锅炉后，关闭各阀门，此法可用于停炉时间相对较长的容量较小的锅炉保养。

8. 原油储罐清洗检修

1）原油储罐清洗

原油储罐在生产过程中会产生一定的淤渣，生产时需定期对罐内油品进行检验，对油品中原油物理特性具体分析，了解油品中蜡质及淤泥的含量，并根据油品凝点确定清洗所需油温，制订针对性的施工方案，以达到最佳清洗效果（图5-20）。

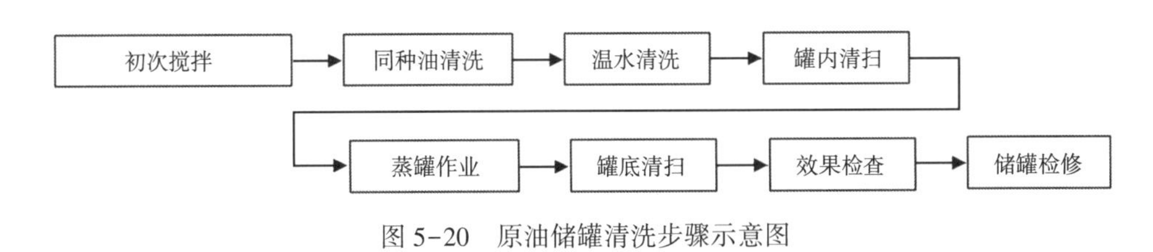

图5-20　原油储罐清洗步骤示意图

2）原油储罐检修

（1）液位计清洗：打开上面堵头用清水从上至下冲洗，清洗后流出水目测无脏物为合格。

（2）罐内附件检查：检查罐内浮顶有无异常变形、移动是否正常。

（3）罐壁测厚：用超声波测厚仪对壁厚进行检查，测定位置应有代表性，测定后应用标图记录。

（4）对罐体进行检查：罐体应无重大变形，各部位的腐蚀强度应在设计规定的范围内，内部构件连接牢固、无脱落现象。

（5）合格后，安装人孔，接管法兰、阀门等连接处无泄漏。

五、气田场站运行管理

1. 运行监控

气田场站主要监控内容包含进站压力、流量、温度，进出装置压力、流量，外输压力、流量，温度等。

2. 主要生产指标控制

1）商品天然气气质指标

天然气处理（净化）厂应每天监测外输商品气水露点温度（净化厂还须测硫化氢与二氧化碳含量），天然气处理（净化）厂每10天进行原料气与外输气的全组分分析。

2）天然气处理（净化）厂尾气二氧化硫排放指标

加强硫黄回收装置运行管理，保证尾气中二氧化硫排放量达到排放量规定标准。

3）溶剂及自用气消耗指标

以安全、节能为出发点，优化天然气处理（净化）装置运行。根据生产装置的实际情况确定溶剂消耗、自用气消耗和压缩机润滑油消耗等经济技术指标。

3. 处理（净化）厂主要设施（单元）运行管理

1）原料气预处理单元运行管理

主要监控参数包括原料气压力、原料气流量、原料气温度、原料气组分、分离器压差、分离器液位、压送罐压力和压送罐液位等。

根据原料气重力分离器和高效过滤器下部的贮液段液位情况，及时进行排液操作，保持低液位。

2）脱硫脱碳单元运行管理

主要监控运行参数包括吸收塔压差和液位、再生塔压差和液位、闪蒸塔压力和液位、重沸器蒸气压力、酸气分离器液位、再生塔顶温度、吸收塔贫液入口温度、酸气分离器入口温度、溶液循环量及浓度。

（1）加强脱硫脱碳溶液过滤，过滤器进出口差压达到规定值时，对过滤元件滤袋（滤布）进行清洗或更换。

（2）实时监控脱硫脱碳吸收塔液位、闪蒸塔液位、再生塔液位，防止液位出现大幅度波动。

（3）再生塔塔顶温度和吸收塔贫液入塔温度应控制在工艺参数设计范围内。

（4）溶液出现发泡现象时，应添加阻泡剂或适当减少处理量。

（5）用氮气保护溶液储罐中的脱硫溶剂。

（6）贫液循环泵和溶剂补充泵的进口保持正压，以防止空气吸入。

3）三甘醇脱水单元运行管理

主要监控参数包括脱水塔液位和压差、闪蒸罐液位和压力、产品气出站压力、缓冲罐液位、汽提气量、TEG循环量、重沸器温度。

（1）根据原料气气量和含水量，选择适当的三甘醇循环比等运行参数。

（2）严格控制三甘醇的再生温度，监控三甘醇溶液过滤器压差，保持溶液清洁、纯净，确保脱水质量。

（3）控制脱水塔液位，避免脱水塔低液位导致窜入闪蒸罐造成超压等事故。

（4）定期检查三甘醇溶液损失情况，损失超过正常范围应检查分析原因。

（5）过滤器进出口差压达到规定值时，对过滤元件滤袋（滤布）进行清洗或更换。

4）硫黄回收单元运行管理

（1）直接选择氧化脱硫工艺。

主要监控参数包括酸气压力、流量，空气压力、流量，酸气、空气预热温度，恒温反应器和绝热反应器床层温度、差压、出口温度，中间换热器进出口温度，硫冷凝器温度、压力、液位，硫分离器液位，中压汽包压力、液位、温度，尾气净化罐差压，尾气冷却器温度，液硫池液位，产品硫黄产量等运行参数；酸气硫化氢浓度，过程气中硫化氢浓度、二氧化硫浓度、氧气浓度，尾气中硫化氢浓度、二氧化硫浓度、氧气浓度，产品硫黄质量等分析数据。

根据尾气分析仪分析数据，调整酸气和空气量，调节硫化氢和氧气浓度比在最优控制范围内，提高硫黄回收率。根据酸气中硫化氢含量控制恒温反应器和绝热反应器的床层温度，严禁超过设备设计温度。

（2）Lo-Cat 硫回收工艺。

主要监控参数包括：酸气压力和流量、空气流量、溶液温度、主反应器液位、硫浆浓度、湿硫黄产量、熔硫釜温度、产品硫黄产量、各种药剂添加速率等运行参数；酸气 H_2S 浓度、尾气 H_2S 浓度，溶液 pH 值、氧化还原电势、相对密度、碱度、硫代硫酸盐含量、总铁浓度，湿硫黄含水量，产品硫黄质量等分析数据。

根据硫浆浓度和湿硫黄含水量，及时调整药剂添加速率，避免主反应器堵塞或硫黄含水量过高。

（3）硫黄成型装置的专项要求。

主要监测参数包括脱气池液位和温度、液硫池（罐）的液位和温度、液硫泵的出口压力、液硫过滤器的压差、循环冷却水的压力和温度、固体硫黄质量指标等参数。

硫黄成型循环冷却水系统运行状态良好，液硫输送和储存系统运行状态良好，硫黄造粒装置正常。液硫池（罐）、设备和管道系统的保温、输水正常，无泄漏。

4. 集气站的运行管理

（1）定期维护保养设备，杜绝“跑、冒、滴、漏”；加热炉液位计检查无假液位现象，确保水位符合要求；吸收塔尾阀支撑杆牢固可靠；分离器排污及时，不得出现分离器污水带入吸收塔现象；巡检过程中加强站场场地硬化的检查。

（2）安全阀、压力表经过校验。

（3）调整加热炉、重沸器、采暖炉风门及燃气压力，保证燃烧充分。发现火熄灭，先关闭气源，落实原因。点火前炉膛内通风 10min 以上，点火失败后相邻点火间隔时间不少于 20min。

（4）依据单井进站温度，在确保气井正常生产的情况下降低加热炉功率，减少加热炉用气量。夏季高温时部分集气站加热炉停止运行，定期对停运的加热炉进行大火烘炉，防止长时间停运造成火管积水腐蚀。

（5）利用夏季注醇泵停运的机会认真地对每台泵进行维护保养，彻底排除故障，提高注醇泵冬季无故障运行周期。

（6）对节流后温度、总机关压力、分离器处理能力、计量孔板误差范围、脱水橇日处理量等参数进行优化，清楚各节点的压力、温度情况和运行参数。

（7）按时清洗集气站计量装置。

（8）定时清洗甲醇罐、污水罐呼吸阀。

六、气田场站设施维护检修

超低渗透气田场站设施维护检修主要包括天然气处理（净化）厂、集气站内主要生产设施系统性检修工艺。通过年度检修计划，解决超低渗透气田场站设施生产过程中存在的技术问题和安全隐患。

1. 脱水脱烃装置区维护检修

1）换热器/加热器/预冷器维护检修

（1）清除预冷器内部污垢、脏物。

（2）抽出并清洗换热器或加热器管束。

（3）用超声波对所有对接直焊缝进行无损检测，用渗透探伤方法对弯头处所有焊缝进行无损检测。

（4）检查容器腐蚀情况。

（5）对器壁进行测厚。

（6）检修完成后进行压力试验，试压介质为洁净水。

2）低温分离器、三相分离器维护检修

（1）清除预冷器内部的污垢、脏物。

（2）更换打开的人孔、接管法兰、封头法兰的垫片。

（3）清洗液位计、内件。

（4）检查容器腐蚀情况。

（5）对器壁进行测厚。

（6）检修完成后进行压力试验，试压介质为洁净水。

2. 放空分离区维护检修

1）高低压放空分离器维护检修

（1）清除内部污垢、脏物。

（2）更换打开的人孔、接管法兰、封头法兰的垫片。

（3）清洗液位计。

（4）检查容器腐蚀情况。

（5）对器壁进行测厚。

（6）检修完成后进行压力试验，试压介质为压缩空气。

2）放空火炬维护检修

（1）检查基座稳固、无裂纹，地脚螺栓牢靠。

（2）对区域内污物进行清理，保证放空区场地干净、平整无杂草。

（3）检查绷绳松紧合适，地锚无松动。

（4）检查燃烧头有无烧损或变形，检查各构件的连接情况。

（5）检查电子点火系统，确保电磁阀阀体清洁无污物。

3. 甲醇再生装置维护检修

1）甲醇再生塔维护检修

（1）塔盘的检查、清洗或更换。

（2）清除内部脏物、污垢。

（3）检查、清洗、补充损失的填料。

（4）检查修理或更换栅板等。

（5）检查、修理外部部件，校验安全阀。

（6）对塔壁进行测厚。

（7）检查和修补塔体。

（8）检查塔基础有无裂纹、下沉；检查、紧固地脚螺栓。

（9）检查合格后对容器进行压力试验，试压介质为压缩空气。

2）再生塔顶回流罐和甲醇富液缓冲罐的检修

（1）清除内部污垢及脏物。

（2）更换打开的人孔、手孔、接管法兰、封头法兰的垫片。

（3）检查器壁与容器腐蚀情况。

（4）对器壁进行测厚。

（5）清洗液位计，检查控制阀门有无内漏。

（6）进行压力试验，试压介质为压缩空气。

4. 凝析油稳定装置

（1）将稳定塔用吊车从稳定塔重沸器上吊离，清洗塔脏物，检修完成后吊装。

（2）清除重沸器内污垢、脏物，打开封头，抽管检查。

（3）更换打开的人孔、手孔、接管法兰、封头法兰的垫片。

（4）检查器壁与容器腐蚀情况。

（5）对器壁进行测厚。

（6）进行压力试验，试压介质为压缩空气。

5. 采出水处理单元检修

（1）甲醇回收塔、换热器及压力过滤罐等设备需打开设备清洗检查，更换损坏的过滤丝网等；安全阀应每年校验一次，同时对其他机泵等设备进行保养、维护及大修。

（2）检修时对调节罐、除油罐、储水罐、回注水罐进行清淤排泥。

（3）检修中必须做好各类设备、管线的壁厚检测及腐蚀监测工作。钢制容器重点检测内外壁、内底板、顶板金属表面腐蚀状况及特殊部位（如进出口、焊缝区、排污管线）腐蚀状况。管线腐蚀重点检测管体腐蚀状况、分布，检测数据结果应做好记录。

（4）计划关停超过10d以上的采出水处理设备、设施必须进行吹扫，并采用氮气进行保护。

6. 集气站维护检修

1）加热炉维护检修

（1）拆除防爆门，进行清理。

（2）清洗加热炉内壁及盘管。

（3）检查清洗火嘴，确保畅通；检查保养燃烧器、火焰探测器；检查点火装置、火管、烟囱，并对火管、烟囱进行内部积炭清理。

（4）对烟囱根部、加热炉盘管壁进行壁厚定点检测。

（5）检查加热炉基座、烟囱绷绳基座稳固、无裂纹，绷绳无松动。

（6）检查配电箱、控制箱电缆接头无松动，控制阀门开启灵活。

（7）检查接地线良好，伴热、保温接线连接牢靠。

2）分离器维护检修

（1）对分离筒、集液筒进行内部清洗。

（2）分离器筒体及连接管件按照检修壁厚检测的相关要求进行壁厚定点检测，分析腐蚀速率。

（3）分离筒、集液筒内部附件拍照检查。

（4）清洗分离器液位计，检查排污系统阀门，确保运行正常。

（5）检查安全阀、压力表在有效期内，铭牌等附件良好且齐全。

（6）检查分离器基座（基础）无剥落、开裂，不均匀下沉和倾斜现象；接地线良好。

（7）检查伴热、保温接线连接牢靠。

（8）安全阀、压力表在有效期内，铭牌等附件良好且齐全。

3）脱水橇维护检修

（1）对富液精馏柱内部、缓冲罐内部、闪蒸罐及内部构件、重沸器、吸收塔内部、过滤器、三甘醇泵循环管路进行清洗。

（2）对富液精馏柱盘管、缓冲罐换热盘管进行验漏。

（3）检查清洗重沸器主、母火火嘴；检查烟囱，进行内部积炭清理（严禁用水进行清洗）。

（4）吹扫清洗空气滤清金属芯。

（5）按照规定进行各部件、管线壁厚定点检测。

（6）更换过滤器滤芯。

（7）检查安全阀、压力表在有效期内，铭牌等附件良好且齐全；保养燃烧器、火焰探测器，确保调节灵活。检查脱水橇烟囱基座稳固、无裂纹，绷绳无松动。检查配电箱、控制箱电缆接头无松动，控制阀门开启灵活。检查接地线良好，伴热、保温接线连接牢靠。

4）集气一体化集成装置维护检修

天然气集气一体化集成装置主要由进装置汇管、分离闪蒸罐、电动三通阀、孔板流量计等主要设备组成，主要包括天然气分离、计量流程、放空流程、排污流程、自用气流程，适用于中低压非酸性集气站场。

（1）分离闪蒸罐。

①对分离筒、集液筒进行内部清洗，确保内部清洁无污物。

②清洗分液罐内部、阻火器，确保内部无污物畅通。

③清洗液位计，确保真实有效。

④按照规定进行壁厚定点检测。

⑤检查保养阀门，确保开启灵活。检查过滤器的差压计、压力表、铭牌等外部附件良好且齐全，确保在有效使用期内。检查接地线、伴热接线连接牢靠。

（2）气液分离器维护检修参见分离器维护检修。

（3）孔板流量计，清洗孔板，检查保养阀门。

（4）电动三通阀阀门外观检查合格且无锈蚀；给转动部分加润滑油。

第四节　超低渗透油气藏地面工程HSE管理

HSE管理体系是一种先进的系统化、科学化、规范化、制度化的管理体系，推进HSE管理体系符合国际石油行业安全管理现代模式需要。HSE的核心是通过风险管理来确保组织的活动、过程和产品符合国家的法律、法规，并实现组织的HSE目标。

自1997年以来，中国石油天然气集团公司在借鉴国外先进健康安全管理体系和环境管理体系的基础上，结合行业特点和企业实际，开始建立和推行健康、安全与环境管理体系。它不仅将健康、安全、环境三种密切相关的领域结合起来，还满足了环境管理和职业安全健康管理的要求。这也是目前世界上各大石油企业普遍推行的先进管理模式。

在油气田地面建设中，通过持续不断地优化工艺，积极采用新技术、新方法，多学科联合攻关，努力实现低渗透油气藏高效的开发目标，取得了显著的经济效益和社会效益，为中国油气田开发建设创出新的模式，为低渗透油气藏的高效开发积累了有益的经验。同时，由于原油、天然气其高压、易燃、易爆、有毒的危险特性，以及所处区域自然环境较为恶劣的实际情况，对危害的辨识及防范控制措施显得尤为重要。

一、安全

1. 工程危险因素分析

1）主要物料危险因素分析

（1）原油。

原油是一种很复杂的碳氢化合物的混合物，主要由 C 和 H 两种元素组成，并含有少量 O、N、S 等元素，以及微量 Fe、Cu、P、Si 等元素。由于原油中烃类化合物组成不同，使其物理性质具有较大的差异。其危险性主要体现在以下几个方面：

①易燃性。

原油闪点温度较低，介于-6.67~32.22℃，根据 GB 50183—2004《石油天然气工程设计防火规范》的规定，石油火灾危险性分类为甲 B 类。

②易爆性。

当原油蒸气与空气混合，达到爆炸极限时，遇到点火源即可发生爆炸。物质的爆炸极限浓度范围越宽，爆炸极限浓度下限越低，该物质爆炸危险性越大。原油的爆炸极限浓度下限较低，易发生爆炸。

③易蒸发性。

原油易蒸发。原油蒸发主要有静止蒸发和流动蒸发两种。蒸发的油蒸气密度比较大，不易扩散，往往在储存处或作业场地空间地面弥漫飘荡，在低洼处积聚不散，大幅增加了火灾危险程度。

④静电荷积聚性。

原油的电阻率一般为 1011~1012Ω·cm，在管道输送时，油与管壁摩擦会产生静电，且不易消除。当静电放电时会产生电火花，其能量达到或大于石油的最小电火能并且石油的蒸气浓度处在爆炸极限范围内时，可立即引起爆炸或燃烧。

⑤扩散、流淌性。

原油有一定黏度，受热后其黏度会变小，泄漏后可流淌扩散。其蒸气密度比空气大，泄漏后的原油及挥发的蒸气易在地表、地沟、下水道及凹坑等低洼处滞留，并贴地面流动，往往在预想不到的地方遇火源而引起火灾。

⑥热膨胀性。

由温度改变引起的原油体积变化相对不大。但如着火现场附近的原油受到火焰辐射的高热时，其体积会有较大的增长（由于原油中低沸点组分会蒸发气化）。

⑦易沸溢性。

原油容易受热膨胀、沸溢。原油受热膨胀，蒸气压升高，会造成储存容器受压增加。相反，高温油品在储存中冷却，又会造成油品收缩而使储油容器产生负压。当原油含水率为 0.3%~4%时．遇高热或发生火灾时，容易产生沸溢或喷溅燃烧的油品大量外溢，甚至从罐中喷出，从而造成重大火灾事故。

（2）天然气。

天然气中含有大量的低分子烷烃混合物，属甲B易燃易爆气体，其与空气混合形成爆炸性混合物，遇明火极易燃烧或爆炸。

天然气中各主要组分火灾、爆炸特性参数见表5-3。

表5-3　天然气中主要组分火灾、爆炸特性参数表

物料名称	化学式	着火点 ℃	爆炸极限，%（体积分数）	
			下限	上限
甲烷	CH_4	537	5.3	14
乙烷	C_2H_6	515	3.0	12.5
丙烷	C_3H_8	466	2.2	9.5
丁烷	C_4H_{10}	405	1.9	8.5

（3）硫化氢（H_2S）。

H_2S为无色气体，具有臭鸡蛋气味，易溶于水、醇类、油品和原油。H_2S的分子量为34.08，熔点为-85.5℃，沸点为160.4℃，闪点不大于-50℃，液体相对密度为0.79（1.83MPa），气体相对密度为1.19，爆炸极限浓度为4.0%~46.0%。

H_2S具有多种危险性，主要因其是一种强烈的窒息性气体，同时还极度易燃，与空气混合能形成爆炸性混合物。与浓硝酸、发烟硫酸或其他强氧化剂剧烈反应，发生爆炸。H_2S气体比空气重，能在较低处扩散到相当远的地方，遇明火会引起回燃。H_2S易溶于水，其气体与水溶液对金属有强烈的腐蚀作用。

H_2S可与铁元素反应生成极易自燃的硫化铁（或硫化亚铁），硫化铁属于自热氧化自燃类型，即在常温条件下发生氧化反应产生热量。

（4）凝析油。

凝析油分为稳定凝析油和未稳定凝析油。未稳定凝析油为凝析气中分离出来的未经稳定的烃类液体，其饱和蒸气压为4~200kPa，比稳定凝析油更易挥发和扩散，其他危险性基本相同。

稳定凝析油产品符合GB 9053—2013《稳定轻烃》的2号稳定轻烃质量标准：饱和蒸气压力在夏季小于74kPa，在冬季小于88kPa。

凝析油各组分火灾、爆炸特性参数见表5-4。

凝析油为低闪点、易燃液体，为甲B类火灾危险性物质。装车过程中会有大量的易燃介质蒸气从槽车的口或接管处逸出，会形成爆炸性气体云团，一遇明火就可能引发火灾或爆炸事故。

（5）甲醇。

甲醇为无色澄清液体，有刺激性气味。熔点为-97.8℃，液体相对密度为0.79，沸点为64.8℃，相对蒸气密度为1.11，闪点为11℃，爆炸极限浓度为5.5%~44.0%。甲醇溶于水，可混溶于醇、醚等多数有机溶剂。

表 5-4 凝析油主要成分危险特性

物质名称	化学式	闪点 ℃	相对密度 （空气为 1）	着火点 ℃	爆炸下限 %（体积分数）	爆炸上限 %（体积分数）
丙烷	C_3H_6	—	1.56	466	2.2	9.5
丁烷	C_4H_{10}	—	2.05	405	1.9	8.5
戊烷	C_5H_{12}	-40	2.48	260	1.7	9.8
己烷	C_6H_{14}	-25.5	2.97	244	1.2	6.9
庚烷	C_7H_{16}	-4	3.45	204	1.1	6.7
辛烷	C_8H_{18}	12	3.86	206	0.8	6.5
壬烷	C_9H_{20}	31	4.40	205	0.7	5.6
癸烷	$C_{10}H_{22}$	46	4.90	205	0.6	5.5

甲醇燃烧时无火焰；甲醇挥发气与空气很容易形成爆炸性气体混合物，且爆炸范围很宽，遇明火和高热极易引起火灾或爆炸，储存容器遇热可以因内压上升而发生爆炸；与铬酸、高氯酸等反应剧烈，有爆炸危险。

（6）一氧化碳。

一氧化碳为无色、无臭气体。熔点为-199.1℃，沸点为-191.4℃，相对液体密度为0.79，相对气体密度为0.97，闪点为-50℃，爆炸极限浓度为12.5%~74.2%。微溶于水，溶于乙醇、苯等多数有机溶剂，易燃。

一氧化碳与空气混合形成爆炸性混合物，遇明火、高热易引起燃烧或爆炸。若遇高热，容器内压增大，有开裂和爆炸的危险。

（7）丙烷。

丙烷为无色气体，纯品无臭。相对气体密度为1.56，相对液体密度为0.58（-44.5℃），沸点为-42.1℃，熔点为-187.6℃，闪点为-104℃，爆炸极限浓度为2.1%~9.5%。

丙烷属于易燃气体，与空气混合能形成爆炸性混合物，遇热源和明火有燃烧爆炸的危险；与氧化剂接触猛烈反应。气体比空气重，能在较低处扩散到相当远的地方，遇火源会着火回燃。

2）生产工艺过程危险因素分析

（1）站场工艺过程危险因素。

①站场设备。

a. 分离设备：分离设备为站场主要设备，设备的压力、温度及液位是巡回检查的重点。一旦重点部位发生故障，均可能造成火灾、爆炸事故。

b. 加热炉：油气田站场中的加热炉等会产生明火，一旦易燃、易爆物质泄漏，将导致极大的安全事故。

c. 机泵：油气田场站机泵使用频繁，这些设备的旋转部件、传动件，若防护罩失效或残缺，人体接触时就有机械伤害的危险。在承压设备处，如果设备上的零部件固定不牢或设备超压就可能发生物体飞出，高压介质刺漏，造成人员伤害。

d. 储罐：油气田站场有大量的储存原油、采出水、凝析油、化学药剂的储罐，这些物质或是易燃易爆的，或是有毒的。在通气口中会不断排出含有烃类的混合气体；在装卸车过程中，罐区附近空气中易燃气体浓度会更大些，易造成作业人员中毒，甚至发生火灾、爆炸事故。

e. 压缩机：天然气的存在和电力的产生，使燃气压缩机组和燃气发电机成为重大火灾、爆炸危险源之一。同时，由于燃气压缩机组和燃气发电机出现天然气泄漏，不能及时通风换气；排气管没有隔热措施，排气管排放高度达不到要求、未安装火星熄灭器等，都有可能引起火灾、爆炸事故。

f. 塔器：脱水脱油平台、凝析油稳定塔、甲醇回收塔、脱硫脱碳塔等设施作业平台的高度在 2m 以上，岗位人员在这类设备设施的平台上巡检和作业均为高空作业，一旦平台、扶梯、栏杆等处有损伤、松动、打滑或不符合规范要求，当操作者不慎或失去平衡时则有高空坠落的危险。

g. 反应器：在对反应器内物料进行加热或冷却时，若对温度、压力等参数控制不当，往往会造成爆炸、火灾等事故。

②仪表。

油气藏地面工程的控制关键是压力自动监控系统。系统误差过大，会造成误判断泄漏而截断管道输送，造成不必要的经济损失；如不能及时发现较小的泄漏，将会造成大的泄漏事故。

③公用工程系统。

如果出现停电时间过长或通信系统故障，有可能给设备及管道运行带来危害。

④工艺废气排放。

油田伴生气通常作为场站自用燃料气或利用放散管进行燃烧排放；气田清管作业由于采用带压引球清管操作，会有少量输送介质采用火炬燃烧放空的方式排出。当管线或站场发生事故时，采用火炬放空方式排放。一旦点火系统出现故障，就要将管线中气体直排进大气，当这些气体与空气混合达到爆炸浓度极限时，存在爆炸危险。

⑤工艺操作。

操作人员由于自身技术水平不高或责任心不强，导致误操作或违章操作，也可能引发事故。

⑥火灾爆炸。

一旦原油、天然气发生泄漏，有引起火灾或爆炸的可能。发生火灾、爆炸的原因主要是泄漏原油、天然气及点火源的存在。

⑦物理爆炸。

站场由于生产失控、误操作等原因造成超温超压，在泄压装置同时失效情况下，可能引发物理性爆炸。其主要危害形式为冲击波，对一定范围内的人员和设备的潜在威胁较大，还可能造成二次事故的发生。

（2）管线工艺过程危险因素。

①管线腐蚀穿孔。

管线具有防腐层以保护管材。但是，由于防腐质量差、管线施工时造成防腐层机械伤害、土壤中含水、盐、碱及地下杂散电流等因素都会造成管道腐蚀，严重的可造成管线穿孔，引发事故。

②管线材料缺陷或焊口缺陷隐患。

这类事故多数是因焊缝或管道母材中的缺陷在带压输送中引起管线破裂。据四川省输气管道事故统计，约38%的事故是由于焊缝、母材缺陷引起的。

另外，管线的施工温度与输气温度之间存在一定的温度差，造成管线沿其轴向产生热应力，这一热应力因约束力变小从而产生热变形，弯头内弧向里凹，形成褶皱，外弧曲率变大，管壁因拉伸变薄，也会形成破裂。

③设备事故。

设备、设施等性能或质量不好也会引发事故。

④火灾、爆炸。

一旦输油输气管道发生泄漏，有引起火灾和爆炸的可能。

⑤物理爆炸。

集输管道由于生产失控、误操作等原因造成超温、超压，在泄压装置同时失效情况下，可能引发物理性爆炸。

3）自然和社会环境危险因素分析

（1）自然环境因素分析。

①地震。

地震是地壳运动的一种表现，其破坏性大、影响面广。地震虽然发生频率低，但因目前尚无法准确预报，具有突发的性质，一旦发生地震损失十分严重。

强烈的地震可造成储罐、管线和建筑物的破坏，造成原油、天然气、凝淅油、甲醇等物质的大量泄漏，进而引发火灾、爆炸、中毒等灾害事故，甚至造成人员伤亡。

②洪水。

夏秋季雨水集中，暴雨洪水对管线安全影响最大，高洪水期发生露管，加大了管线受冲刷面积，从而造成管线破裂、泄漏。

③黄土滑塌及坍塌。

黄土滑塌灾害是指黄土斜坡带，特别是高陡斜坡带在自然因素或人类工程活动影响下发生的特殊黄土地质灾害类型。黄土滑塌及坍塌会对管道及站场造成重大破坏。

④河岸及库岸坍塌。

由黏土质沉积物或泥质膨胀岩构成的河岸和水库岸坡，常因河水的侧向侵蚀、淘刷和水库蓄水而发生强烈的坍岸灾害，形成数米宽的坍岸带，常造成管线的裸露、悬空等，进而危及管线的安全。

⑤崩塌。

崩塌是由岩石的风化或地下水的浸泡作用，使岩石松动而引起的自然灾害。

⑥泥石流。

泥石流是一种灾害性的地质现象。泥石流往往是突然爆发、来势凶猛，可携带巨大的石块，并以高速前进，具有强大的能量，因而破坏性极大。

⑦煤矿采空区与地面塌陷。

煤矿的地下开采不仅造成采空区上部地表塌陷，还会引起塌陷区内房屋和窑洞开裂、坍塌，道路不均匀塌陷和开裂等。

⑧湿陷性黄土。

湿陷性黄土主要由马兰黄土和全新世黄土构成，在湿陷性黄土地区易出现边坡冲沟、坡面冲刷、边坡坍塌、基底陷穴等，造成站场基础变形、沉陷，管道悬空、变形等危害。

⑨膨胀性岩土。

膨胀性岩土是指遇水体积膨胀、强度衰减、失水收缩并常导致工程问题和地质灾害的岩土，主要表现在对边坡的影响和管线填埋后的冲刷等方面。

⑩盐渍化岩土。

在中国西北地区干旱、半干旱气候区的洼地或盐湖周边滩地，常常会对普通硅酸盐混凝土构筑物和钢管产生严重的腐蚀作用。

⑪雷击。

油气田井场、站场往往布置在空旷地带，站场设备、架空管线成为优良的接闪器，雷击可损坏站场电气设备，甚至引起火灾、爆炸。

⑫风沙。

西部地区风沙频繁，多刮大风，风沙对项目的影响很大。井架、火炬、电线塔杆等，由于自身的重心高、稳定性差，而其基础又在沙漠中，狂风可能使其倾倒，砸到周围设施。自控的一次仪表、变送器、温度计、压力表、液位计等就地指示仪表，都在露天环境并受到沙尘的危害，有可能使传输信号中断或接收信号不准确，失去对装置的监控能力。

（2）社会环境因素。

由于原油、天然气是易燃、易爆物质，采用带压输送，加上油气田工程本身具有站场分散的特点，工程所处的外界人文环境对工程的安全性也会造成一定的影响。

2. 危险因素防范与治理措施

1）设计中采用治理措施

（1）站场危险因素防范与治理措施。

①总图。

区域布置应根据油气站场、相邻企业和设施的特点及火灾危险性，结合地形与风向等因素，合理布置。油气站场宜布置在城镇和居住区的全年最小频率风向的上风侧。在山区、丘陵地区建设站场，宜避开窝风地段。油气场站应选择在地势平缓、开阔，且避开山洪、滑坡、地震断裂带等不良工程地质地段的区域。油气场站总平面布置应根据其生产工艺特点、火灾危险性等级、功能要求，结合地形、风向等条件，经技术经济比较确定。油气场站总平面布置应符合 GB 50183—2004《石油天然气工程防火设计规范》和 SY/T 0048《石油天然气工程总图设计规范》。油气场站内的绿化，生产区不应种植含油脂多的树木，宜选择含水分较多的树种。工艺装置区或甲类、乙类油品储罐组与其周围的消防车道之间，不应种植树木。

②工艺。

a. 油气田集输系统总工艺流程，应根据油气藏性质、开发工艺、产量、压力、温度和构造形态、驱动类型、井网布置、开采年限、逐年产量、产品方案及自然条件等因素，以提高油气田开发的整体经济效益为目标，并综合考虑确定。

b. 在油气田开发方案和井网布置的基础上，集输管网和站场应统一考虑综合规划分步实施，应做到既满足工艺要求，又符合生产管理集中简化和方便生活。

c. 整个工艺过程在密闭状态下进行，正常生产时不会发生火灾、爆炸，以及甲烷、乙烷、丙烷、硫化氢和甲醇中毒事件，装置区内有毒气体浓度应符合 GBZ1—2010《工业企业设计卫生标准》的规定。

d. 集输管线、设备及储罐安装必须保证其严密性，在生产中严格管理，防止“跑、冒、滴、漏”现象的发生。

e. 进出装置的可燃气体、可燃液体的管线，在装置边界处应设置截断阀，联合站、输油站、集气站、压气站、处理厂等重要场站应设置 ESD 系统，保证事故状态下可以紧急切断。

f. 含硫化氢生产作业现场应安装硫化氢监测系统，进行硫化氢监测。高压、含硫化氢及二氧化碳的气井应有自动关井装置。

g. 天然气增压：压缩机的各级进口应设凝液分离器或机械杂质过滤器，分离器应有排液、液位控制和高液位报警及放空等设施；压缩机应有完好的启动及事故停车安全联锁并有可靠的防静电装置。

压缩机间宜采用敞开式建筑结构。当采用非敞开式结构时，应设可燃气体检测报警装置或超浓度紧急截断联锁装置。机房底部应设计安装防爆型强制通风装置，门窗外开，并有足够的通风和泄压面积。

压缩机间电缆沟宜用砂砾埋实，并应与配电间的电缆沟严密隔开；压缩机间气管线宜地上铺设，并设有进行定期检测厚度的检测点；压缩机间应有醒目的安全警示标识和巡回检查点和检查卡；新安装或检修投运压缩机系统装置前，应对机泵、管线、容器、装置进行系统氮气置换，置换合格后方可投运，正常运行中应采取可靠的防空气进入系统的措施。

h. 天然气脱水：原料气进脱水之前应设置分离器。原料气进脱水器之前及天然气容积式压缩机和泵的出口管线上，截断阀前应设置安全阀。天然气脱水装置中，气体应选用全启式安全阀，液体应选用微启式安全阀。安全阀弹簧应具有可靠的防腐蚀性能或必要的防腐保护措施。

i. 天然气脱硫脱碳及尾气处理：酸性天然气应脱硫、脱碳、脱水。对于酸性天然气，在脱硫、脱碳前应先脱除管输产生的游离水。

在天然气处理及输送过程中使用化学药剂时，应严格执行技术操作规程和措施要求，并落实防冻伤、防中毒和防化学伤害等措施。设备、容器和管线与高温硫化氢、硫蒸气直接接触时，应有防止高温硫化氢腐蚀的措施；与二氧化硫接触时，应合理控制金属壁温。

脱硫、脱碳溶液系统应设过滤器。进脱硫、脱碳装置的原料气总管线应设安全阀。连接专门的卸压管线引入火炬放空燃烧。液硫储罐最高液位之上应设置灭火蒸汽管。储罐四周应设防火堤和相应的消防设施。含硫采出水应预先进行汽提处理，混合含油采出水应送入水处理装置进行处理。在含硫容器内作业，应进行有毒气体测试，并备有正压式空气呼吸器。放空系统的尾气凝液应全部回收。

③安全保护设施。

a. 对存在超压可能的承压设备，应设置安全阀。

b. 安全阀、调压阀、ESD 系统等安全保护设施及报警装置应完好，并应定期进行检测和调试。

c. 安全阀的定压应不大于承压设备、容器的设计压力。

d. 进站截断阀的上游和出站截断阀的下游应设置泄压放空设施。

e. 每台压缩机组至少应设置以下安全保护：进出口压力超限保护、原动机转速超限保护、启动气和燃料气限流超压保护、振动及喘振超限保护、润滑保护系统、轴承位移超限保护、干气密封系统超限保护及机组温度保护。

f. 压缩机房的每一操作层及其高出地面 3m 以上的操作平台（不包括单独的发动机平台），应至少有两个安全出口通向地面。操作平台的任意点沿通道中心线与安全出口之间的最大距离不得大于 25m。

④自动控制系统安全。

a. 自动控制系统。

油气场站应设置站控系统，对站内的工艺参数进行数据采集和处理；联合站、天然气处理厂应设 1 套监控系统，完成整个生产过程的监控、连锁保护及紧急停车、火气监测。监控系统由过程控制系统（PCS）、火灾报警和气体检测系统（FGS）和紧急停车系统（ESD）共同组成，数据上传至调度中心。将该区域内的所有生产数据，均传送至中心控制室，实现生产过程的实时监控，区域火灾、可燃气体浓度检测及截断阀紧急截断等。

b. 紧急停车系统。

油气场站设紧急停车系统，在进出站管线、重要设备进出口设置 ESD 关断阀，并在控制室和现场设手动紧急截断按钮，当发生重大异常情况时，按照全厂紧急停车程序关断相关阀门。

ESD 系统分级设置，分为厂级、装置级、设备级三级：厂级为最高级：厂级 ESD 只有在全厂火灾、设备管道出现大量泄漏或其他不可预计的灾害时启动。设置带防误动作功能的按钮。全厂 ESD 启动时，关闭全厂，厂内各装置进行泄压及干线进行泄压；同时应关闭井口。装置级：当多套或单套装置主要指标超限，或发生严重泄漏等故障情况时，使单套装置关闭。单套装置分别设置 1 个带防误动作功能的按钮。装置级 ESD 启动时，装置关闭，装置内部管道泄压。设备级：当单个设备参数越限时，实施单个设备进出口关闭，不影响装置的正常生产。

c. 火气系统。在可能发生可燃气体泄漏的工艺装置区附近，设置的可燃气体探测器，实时监视可燃气体泄漏情况。

站控系统采集各可燃气体检测探测器传来的信号，建立动态数据库。当有报警信号时，能准确地切换到相应画面，显示出报警部位、报警性质等，并具有语音及图像提示功能。

d. 视频监控系统。

在联合站、输油站、处理厂、集气站内泵房、压缩机房、分离器区等关键岗位设工业电视监控系统，设备均采用防爆型，达到随时监控，消防联动等作用。该装置日常作为管理监控手段，事故状态下辅助上级指挥同时协助查明事故原因。

⑤通信。

用于调控中心与站控系统之间的数据传输通道、通信接口应采用两种通信介质，双通道互为备用运行。站场与调控中心应设立专用的调度电话。调度电话应与社会常用的服务、救援电话系统联网。

⑥防雷、防静电。

站场内建构筑物的防雷，应在调查地理、地质、气象、环境等条件和雷电活动规律及被保护物特点的基础上，制订防雷措施。装置内露天布置的塔、容器等，当顶板厚度不小于4mm时，可不设避雷针保护，但应设防雷接地。设备应按规定进行接地，接地电阻应符合要求并定期检测。工艺管网、设备、自动控制仪表系统应按标准安装防雷、防静电接地设施。

⑦消防站和消防系统。

a. 消防设施的设置应根据其规模、油品性质、存储方式、储存温度、火灾危险性及所在区域外部协作条件等综合因素确定。

根据《中华人民共和国消防法》和国家四部委联合下发的《企业事业单位专职消防队组织条例》关于"生产、存储易燃易爆危险物品的大型企业，火灾危险性较大、距离当地公安消防队较远的其他大型企业，应设专职消防队，承担本单位的火灾扑救工作"，同时按照GB 50183—2004《石油天然气工程设计防火规范》的相关要求，油气田集输系统应根据实际情况设置三级消防站，负责油气田区域的消防戒备任务。

依据GB 50183—2004《石油天然气工程设计防火规范》中第8.1.2条规定，其他场站不设置消防给水设施，仅配置一定数量的小型移动式干粉灭火器。

b. 消防系统投运前应经当地消防主管部门验收合格。

c. 站场内建（构）筑物应配置灭火器，其配置类型和数量应符合建筑灭火器配置的相关规定。

d. 易燃、易爆场所应按规定设置可燃气体检测报警装置，并定期检定。

（2）管道危险因素防范与治理措施。

①管道选线安全原则。

a. 管道路由的选择，应结合沿线城市、村镇、交通、水利等建设的现状与规划，以及沿线地区的地形、地貌、水文、气象等自然条件，并考虑到施工和日后管道管理维护的方便，确定线路走向。

b. 管道不应通过城市水源地、飞机场、军事设施、车站、码头。因条件限制无法避开时，应采取保护措施并经国家有关部门批准。

c. 管道应避开军事区。

d. 管道选择黄土湿陷等级较弱处通过。

e. 管道应避开滑坡、崩塌、泥石流、冲沟极发育等不良地质区。

f. 优先考虑宽阔的河谷、顺直的梁、面积较大的塬线路。

②管道工艺设计安全措施。

a. 管段的最大允许工作压力应取决于以下各项的最低值：管段最薄弱环节部件的设计压力、根据人口密集和土地用途确定设计压力等级、根据管道的运行时间和腐蚀状况确定最大安全压力。

b. 埋地管道与地面建（构）筑物的最小间距应符合GB 50253—2014《输油管道工程设计规范》、GB 50251—2015《输气管道工程设计规范》的规定。

c. 埋地管道与高压输电线平行或交叉敷设时，其安全间距应符合GB 50061—2010《66kV及以下架空电力线路设计规范》、GB 50253—2014《输油管道工程设计规范》和

GB 50251—2015《输气管道工程设计规范》的规定。

d. 管线沿线应设置里程桩、转角桩、标志桩。里程桩宜设置在管线的整数里程处，每一千米一个且与阴极保护测试桩合用。管线采用地上敷设时，应在人员活动较多和易遭车辆、外来物撞击的地段，采取保护措施并设置明显的警示标识。

③管线防腐绝缘与阴极保护。

埋地管线应采取防腐绝缘与阴极保护措施，应定期检测管线防腐绝缘与阴极保护情况，裸露或架空的管线应有良好的防腐绝缘层。管线应避开有地下杂散电流干扰大的区域。电气化铁路与输油气管线平行时，应采取排流措施。大型跨越管段有接地时穿跨越两端应采取绝缘措施。

④管线监控与通信。

a. 油气生产的重要工艺参数及状态，应连续监测和记录；大型管线宜设置计算机监控与数据采集（SCADA）系统，对工艺过程、设备及确保安全生产的压力、温度、流量、液位等参数设置联锁保护和声光报警功能。

b. 安全检测仪表和调节回路仪表信号应单独设置。

c. SCADA系统配置应采用双机热备用运行方式，网络采用冗余配置，且在一方出现故障时应能自动进行切换。

d. 重要场站的站控系统应采取安全可靠的冗余配置。

⑤辅助系统。

SCADA系统及重要的仪表检测控制回路应采用不间断电源供电。在以下情况下应加装电涌防护器：A室内重要电子设备总电源的输入侧，B室内通信电缆、模拟量仪表信号传输线的输入侧，C重要或贵重测量仪表信号线的输入侧。

2）投产安全控制措施

投产过程中，可能出现泄漏或爆炸，使输送介质外泄等事故。故必须制订可行的置换方案，和一旦发生事故所采取的处理措施，投产指挥和操作人员都必须严格执行投产方案中的各项安全措施。

（1）试运投产前，对所有参加人员进行有针对性的安全教育和技术交底：要求参加投产的职工做到熟悉各项安全生产制度、岗位安全操作规程，熟悉常见事故处理方法，掌握消防灭火器材的使用方法，对参加投产的操作人员要进行详细的技术交底，进行投产操作演练，做到岗位明确、职责清楚。

（2）试运投产期间，严禁无关人员进入工艺场站；现场操作人员应穿防静电工作服并佩戴标识。

（3）严禁在场站及警戒区内吸烟，不得将火种带入现场。

（4）除工程车外，其余车辆不准进入场站和警戒区内；工程车辆必须加带防火帽。

（5）临时排放口应远离交通线和居民点，距离不少于300m。

（6）中压和高压放空立管处应设立直径为300m的警戒区。

（7）试运投产前，配齐消防器材、防爆工器具及各类安全警示牌，投入使用各可燃气体报警器。

（8）试运投产前应进行一次全面检查，检查项目为：试运投产组织和人员配备，试运投产用各类物资及装备，试运投产的临时工程及补充措施，场站、线路各类设备、阀门、仪表状态等符合试运投产方案要求，电气、仪表、自动化、通信系统调试情况。

(9) 进入阀室前应有防窒息、防爆炸措施，并至少有两人同时在场。

(10) 投产前应对管道的变形及通过能力做出总体评价。

在通球，置换及严密性试验的升压过程中，无关人员不得进入管线两侧50m以内，没有下达检查命令时，工作人员不得在管线上停留。投产领导小组下达检查命令后，各岗位人员应对站内及管线进行检漏，发现问题及时报告、处理。

在操作时应注意：

①通球置换进行时，打开收发球筒的快开盲板之前，必须关闭与之相连的阀门，才准打开放空阀卸压，待球筒内气压值为零时，才打开盲板。

②装取清管球时，要用不产生火花的有色金属工具，防止摩擦产生火花。

③收发球筒加压前，要检查防松楔块及防松螺母是否拧紧，加压及打开盲板时，操作人员不准站在盲板的前面及悬臂范围内。

(11) 应编制试运投产事故预案。

3) 运行安全控制措施

(1) 安全管理制度。

①场站的进口处应设置明显的安全警示牌及进站须知。对进入站场的外来人员应进行安全注意事项及逃生路线等应急知识的培训。

②在油气场站易燃易爆区域内进行作业时，应使用防爆工具，并穿戴防静电服和不带铁掌的工鞋，禁止使用手机等非防爆通信工具。

③机动车进入生产区，排气管应带阻火器。

④油气场站生产区不应使用汽油、轻质油、苯类溶剂等擦地面、设备和衣物。

⑤油气场站生产现场应做到无油污、无杂草、无易燃易爆物，生产设施做到不漏油、不漏气、不漏电、不漏火。

⑥在管线中心两侧5m范围内，严禁取土、挖塘、修渠、修建养殖水场、排放腐蚀性物质、堆放大宗物质、采石、建温室、垒家畜棚圈、修筑其他建构物或种植深根植物。在管线中心两侧或管线设施场区外各50m范围内，严禁爆破、开山和修建大型建（构）筑物。

⑦天然气放空时，应在统一的指挥下进行，放空时应有专人监护。

⑧应配备专业技术人员对设备、管道的系统进行日常维护等。

(2) 动火作业的安全管理。

原油、天然气集输系统维修动火，大部分都是在生产运行过程中进行的，其相应的危险性也较大。凡在管线和工艺站场动火，都必须按照规定程序和审批权限，办理动火手续。

动火施工时，必须经过动火负责人检查确认无安全问题，待措施落实，办好动火票后，方可动火。要做到“三不动火”，即没有批准动火票不动火、防火措施不落实不动火、防火监护人不到现场不动火。动火过程中应随时注意环境变化，发现异常情况时要立即停止动火。

①动火现场安全要求。

动火现场不许有可燃气体泄漏，坑内、室内动火作业前，可燃气体浓度必须经仪器检测，浓度应达到爆炸下限的 25%以下才能动火。动火现场 5m 以内应无易燃物，坑内作业应有出入坑梯，以便于紧急撤离。

②场站内管线维修的安全要求。

场站内设备集中、管线复杂、人员较多，除了遵守上述维修安全要求外，维护人员应熟悉站内流程及地下管线分布情况，熟悉所维修设备的结构、维修方法。还应注意以下内容：

a. 对动火管段必须完成隔离措施，放空管内介质，用氮气置换或用蒸气吹扫管线。该段与相连通的阀门应设置“禁止开阀”的标志并派专人看守。对边生产边检修的场站，应严格检查相连部位是否有窜漏现象，或加隔板隔断，经验测确认后方可动火。

b. 管线组焊或修口动火前，必须先做“打火试验”，防止“打炮”伤人。

c. 动火期间，要保持系统压力平稳，避免安全阀起跳。

二、环境保护

1. *污染源和污染物*

1）大气污染源和污染物

（1）施工阶段。

施工阶段的大气污染源主要有以下方面：管道、道路和站场建设施工扬尘，器材堆放、开挖、运输活动、场地侵蚀和搅拌水泥，施工机械驱动设备（如柴油机等）排放的废气及运输车辆尾气。主要污染物有 NO_x、C_mH_n、CO 及颗粒物。

（2）运行阶段。

运行阶段的污染源主要有以下方面：场站放空火炬（放散管）、硫黄回收装置、采暖设备、燃气动力设备、燃气压缩机组及站场备用发电机组等排放的废气；清管收球作业、分离器检修时，少量天然气通过火炬放空系统燃烧排放的废气、站内系统超压放空燃烧产生的废气等。

2）水污染源和污染物

（1）施工阶段。

施工阶段的水污染源主要为施工人员的生活污水及管道试压后排放的清洁废水。管道试压一般采用清洁水，试压后排放水中的污染物主要是悬浮物，生活污水的主要污染物是生化需氧量（BOD）、化学需氧量（COD）、悬浮物含量（SS）等。

（2）运行阶段。

运行阶段水污染源包括接转站、联合站、集气站、压气站、天然气处理厂及倒班生活基地排放的污水，各站场的水污染源主要有清洗设备、场地排放的生产废水，伴随原油、天然气采出的地层水，工艺装置及罐区不定期排放的少量含油、含氢污水及不定期检修排放的检修污水，职工正常生活排放的生活污水。

生产污水、废水主要污染物为油类、醇类、化学需氧量（COD）、悬浮物含量（SS）等；生活污水的主要污染物是生化需氧量（BOD）、化学需氧量（COD）、悬浮物含量（SS）等。

3）噪声污染源

（1）施工阶段。

施工作业过程中，要使用各种工程机械平整场地、开挖管沟，需要运输车辆运送材料，在岩石地段还需要采用炸药进行爆破等，由于这些施工机械、车辆的使用及人员的活动会产生噪声，对附近居民的生活产生一定的影响，同时会惊扰附近的野生动物。

(2) 运行阶段。

运行阶段的噪声源主要来自接转站、联合站、输油站、集气站、压气站、天然气处理厂，各站场的污染源主要有以下两方面：

①站内的汇管、调压阀、节流装置、分离器和火炬放空系统，这些装置在节流或流速改变时将产生空气动力噪声。

②压缩机房、燃气发电机组、冷却风机、低温分离装置、空压站、各种机泵等均会发出不同强度的机械噪声或电磁噪声。

4) 固体废物

(1) 施工阶段。

施工过程中的固体废物主要来源于场站施工、管道敷设等废弃的焊条、建筑材料、保温材料、防腐材料和工人日常生活排放的生活垃圾等。

(2) 运行阶段。

运行阶段的固体废物主要有以下方面：站场油、气、水处理装置定期清理的污泥、油泥、渣料；分离器检修（除尘）、清管收球作业时产生的废渣，主要成分为粉尘和氧化铁粉末；站场产生的生活垃圾及生活污水处理装置排出的污泥。

2. 环境保护措施

1) 大气污染防治措施

大气污染防治的具体措施如下：

(1) 采用密闭不停气清管流程，减少天然气或伴生气放空。

(2) 施工时采用塑料编织布对料堆进行覆盖，工地应实施半封闭隔离施工，如防尘隔声板护围，以减轻施工扬尘对周围空气影响。

(3) 对于清管作业及站场超压、事故排放的天然气，采用引高火炬燃烧排放，以降低有害物质排放量，有利于污染物的扩散。

(4) 线路截断阀室设放空装置，以备事故状态下有组织放空管段内余气，有利于污染物的扩散，降低因火灾、爆炸引发次生环境灾害的危险。

(5) 燃料气系统均利用天然气/伴生气为燃料，以减少污染物排放。

(6) 天然气中硫化氢通过脱硫、脱碳装置被脱除，并在硫黄回收装置转化为硫黄，尾气经尾气处理装置进一步处理后进焚烧炉焚烧后通过烟囱排入大气。

2) 水污染防治措施与水资源的保护

(1) 施工期水资源的保护。

施工期对水环境的影响主要是对地下水的影响，污染源主要是施工设备的泄漏、洗刷及垃圾的丢弃，不当排放会污染周边地区的地下水环境。但由于施工期较短，且废水排放量比较小，因此施工期水环境保护应以环境管理为主，采取以下措施：

①施工过程中，尽量选择先进的设备、机械，以有效减少“跑、冒、滴、漏”的数量及机械维修次数；机械、设备及运输车辆的冲洗、维修、保养应尽量集中于固定的维修点。

②施工人员的就餐和洗涤采用统一集中式的管理，在施工区设置旱厕，施工营地附近设化粪池和蒸发池，将粪便和餐饮洗涤污水分别收集并定期清理；生活垃圾应装入垃圾桶并定时清运；施工结束后化粪池应用土填埋并恢复植被。

③含有害物质的建筑材料（如沥青、水泥等）应设篷盖和围栏，防止雨水冲刷后渗入地下水中，对地下水造成不良影响。

④管线敷设及穿越作业过程产生的废弃土石方应在指定地点堆放，并应设篷盖和围栏，防止雨水冲刷造成不良影响。

⑤工程施工期间，加强对施工人员的管理，包括进行环境保护教育，以培养施工人员的环境保护意识，并在施工活动时注意保护环境。

⑥施工结束后，应运走废弃物和多余的方米土，保持原有地表高度，以保护地下水生态系统的完整性。

（2）运行期水污染防治措施。

接转站、联合站、集气站、压气站、天然气处理厂等运行过程中产生的污水包括正常生产采出水、检修污水和生活污水。运行过程中产生的采出水根据站场分布情况分散或集中处置，采出水处理达到相关标准后回用或回注地层；生活污水经过处理出水水质达 GB/T 18920—2002《城市污水再生利用 城市杂用水水质》的规定后可作为浇洒道路、绿化用水。

3）噪声污染防治措施

（1）站场选址尽量远离居民区及其他对噪声敏感区域，以减轻站场施工及设备运行噪声对周围居民生活等造成的影响。

（2）对于压缩机组、发电机、机泵等大型设备，应选择低噪声设备，以降低声源声级。

（3）对于压缩机、发电机、机泵等强声源设备采用室内安装、减振基础，厂房通过采用吸声建筑材料及建筑门窗吸收并屏蔽部分噪声，使场区噪声、厂界噪声达到现行国家标准要求。

（4）站场工艺确定合理的管线流速，管线以直埋敷设为主，尽量减少弯头、三通等管件，在满足工艺的前提下，控制气流速度，降低气流噪声。

（5）在燃气轮机的进气口、排气口及天然气发电机机组排气口设置消声装置，机组设置隔声机罩，减少噪声以满足 GB 12348—2008《工业企业厂界环境噪声排放标准》的要求。

（6）站场周围栽种树木进行绿化，厂区内工艺装置周围及道路两旁种植花卉、树木。这样既可吸收部分噪声，又可吸收大气中一些有害气体，阻滞大气中颗粒物质扩散。

（7）对出入高噪声区的工作人员，采取佩戴防噪耳塞或耳罩等减轻噪声对职工健康造成的危害，安排好职工的劳动和休息。

（8）在总图布置上进行闹静分区，并保证噪音源与人员集聚的办公值班地点的防噪声距离，二者之间种植高低错落的绿化隔离带。合理布局，使各站场厂界噪声达到 GB 12348—2008《工业企业厂界环境噪声排放标准》中的Ⅱ类标准。

4）固体废弃物处置措施

（1）施工期固体废物污染防治措施。

施工期产生的固体废物主要有生活垃圾和施工垃圾（废旧材料等），主要控制措施如下：

①将生活垃圾分类存放，外运至当地环卫部门指定的垃圾场。

②站场建设存在取土场和土石方弃渣的问题，在设计阶段明确取土及弃土场所的具体地点和数量，必要时修建挡土墙和排水沟，防止水土流失。

③根据当地具体情况对施工场地超前做出规划，以确保停止使用即可采取措施恢复植被或作其他用途处置，最大限度地避免水土流失。

④施工完成后，退场前承包商应清洁场地，包括移走所有不需要的设备和材料，清洁后的标准应不低于施工前的状态。施工产生的废物不得留存、埋置或抛弃在施工场地的任何地方，废物应运到工程选定并经有关部门批准的地方。

（2）运行期固体废物污染防治措施

工程运行期的固体废物主要为职工的生活垃圾、储罐清罐时的油泥，维修时产生的少量凝液以及污水产生的污泥。主要处理措施如下：

①生活垃圾分类集中收集，并运送至当地生活垃圾处理厂处理。

②清储罐时的油泥拉运至具有处理资质的厂家处理。

③在天然气输送过程中产生及天然气处理厂内分离设备形成的凝液集中回收利用，设置凝液回收罐。

④生活污泥应定期清淘，可作为农用肥利用。

5）绿化

为净化美化环境，工程建成后尽可能恢复绿化植被，在道路两侧、站场内外、生活基地等根据当地的气候特点，选择适宜的树种、草皮，因地制宜栽种防污染能力强、有较好净化空气能力、适应力强、不妨碍环境卫生的植物。站场绿化率应大于10%~20%，生活基地绿化率应大于25%~30%。消防道路与防火堤之间严禁栽种树木。

6）生态保护措施

生态环境保护措施的重点在于避免、削减和补偿施工活动对生态环境的影响和破坏，以及施工结束后对生态环境的恢复。工程设计中应考虑采取一定的生态环境保护措施，例如合理选择厂址、线路走向，尽可能避开或减少占用林木集中地段，减少占用耕地，缩小破土及毁林面积等，有助于从总体上减轻工程建设对沿线生态环境的影响。为了最大限度地减少对生态系统的破坏，需要采取以下保护措施：

（1）自然生态保护与恢复措施。

①针对不同区段的环境特点，尽可能避开沿线动植物自然保护区、林区，尽可能不占或少占良田、多年种植经济作物区和优质牧场。

②为防止对水生生态环境的影响，在穿越河流时，尽量采用定向钻穿越的方式；采用大开挖方式进行施工时，选择在枯水期进行，两岸陡坡设浆砌块石护岸，以防止水土流失。

③对于临时占地和新开辟的临时便道等区域，竣工后要进行土地复垦和植被重建工作。具体要进行土地平整、耕翻疏松机械碾压后的土地，并在适当季节选择适合的乡土树种进行植树、种草工作。

④对于施工过程中破坏的乔木和灌丛，要制订补偿措施，损失多少必须补偿多少，原

地补充或异地补充。

⑤在沙漠地区，施工之前应先剥去沙丘上至少半米厚的沙子及其中所有的根系与块茎，至少表面上30cm厚的土层应被视作表土。

⑥保护好沙地的建群种，在工程建设过程中，不要轻易破坏生长良好、大面积的建群种。

⑦加强对施工人员生态环境保护意识的教育，严禁对周围林、灌木进行滥砍滥伐，尽可能使野生动物生存环境少受影响，教育施工人员按照中国野生动植物保护法的要求，保证不猎捕并保护野生动物。

⑧施工过程中，发现有野生动物的栖息地时，应尽量避开，不得干扰和破坏野生动物的栖息及活动场所。

⑨沙地植被恢复及防沙治沙措施。工程结束后，要立即对所有主要的切割面进行固定工作，根据生态恢复的经验，植被恢复应同时配以栅栏、草方格等工程措施，植被种植时间还应根据树种的生长季节和当地的气象条件进行合理选择。

（2）施工道路沿线生态保护。

加强管理，强化施工人员的环保意识，严格限定施工行车路线，不随意开辟道路。施工结束后，对于临时占用的土地应及时采取措施以恢复植被。对于道路永久占地，应采用路旁建绿化带或异地恢复的措施，即另选择相同面积的土地进行植被的恢复工作，实施异地生态补偿，以弥补因道路施工造成的生态损失。

（3）运行期生态保护与修复措施。

应加强各种防护工程的维护、保养与管理，并对不足部分不断加强与完善。加强对道路和集气管道沿线生态环境的监测与评估，及时发现隐患，提前采取防治措施。加强对职工及集气管道沿线居民的宣传教育，避免新种植被在恢复期间遭到破坏。完成管道铺设后，应在伴行道路两侧及管道所在地进行种植当地植被，实施以植被系统建设为核心的生态修复。

7）文物保护措施

施工过程如发现文物，应要求承包商立即中止施工，等待专业的考古部门研究鉴定，经文物主管部门同意后方可继续施工。要求施工单位接受有关文物古迹鉴别和保护的基本知识及施工中偶然发现文物古迹处理程序的培训。

三、职业卫生

1. 职业危害因素分析

1）生产工艺过程的危害因素

（1）化学因素。

①有毒物质，包括原油、天然气、硫化氢、一氧化碳、二氧化碳、甲醇、乙二醇、凝析油、氮气、化学药剂、固体废物等。

②生产性粉尘。

（2）物理因素。

①异常气象条件，如高温、高湿、低温等。

②异常气压，如高气压、低气压等。

③噪声。

④振动。

⑤非电离辐射。

⑥电离辐射。

（3）生物因素。

生物性有害因素主要是生产原料和作业环境中存在的致病微生物和寄生虫。

2）劳动过程的危害因素

（1）劳动组织和劳动作息安排上的不合理。

（2）职业性心理紧张。

（3）生产定额不当或劳动强度过大。

（4）过度疲劳。

3）生产环境中的危害因素

（1）沙漠及沙化地环境。

沙漠及沙化地环境特点为干旱、少雨，空气干燥、相对湿度小，昼夜温差大，沙漠热辐射强，属干热作业环境。

（2）山地、黄土高原。

山地、黄土高原气候的特点是昼夜温差大，雨季易出现山洪。山地（特别是植被较为茂密的山地）中，各类传染病传播媒介种类较多、毒蛇及有毒昆虫品种丰富。

2. 职业危害因素防护措施

1）工程防护要求

（1）选址要求。

①厂址选择需依据中国现行的卫生、环境保护、城乡规划及土地利用等法规、标准和拟建工业企业建设项目生产过程的卫生特征、有害因素危害状况，结合建设地点的规划、水文、地质、气象等因素，以及为保障和促进人群健康需要，进行综合分析而确定。

②应避免在自然疫源地选择建设地点。

③站场宜布置在城镇和居住区的全年最小频率风向的上风侧。在山区、丘陵地区建设站场，宜避开窝风地段。

④严重产生有害气体、恶臭、粉尘、噪声且目前尚无有效控制技术的天然气站场，不得建设在居住区、学校、医院和其他人口密集的被保护区域内。

⑤排放工业废水的天然气站场严禁在饮用水源上游建站，固体废弃物堆放和填埋场必须避免在废弃物扬散、流失的场所及饮用水源的近旁。

⑥站场和居住区之间必须设置足够宽度的卫生防护距离，按《工业企业卫生防护距离标准》系列（GB 11654—2012～GB 11666—2012、GB 18053—2012～GB 18083—2012）及其他相关国家标准执行。

⑦站场应选择在地势平缓、开阔，且避开山洪、滑坡、地震断裂带等不良工程地质地段。

（2）平面布置要求。

①生产区、生活区、住宅小区、生活饮用水源、工业废水和生活污水排放点、废渣堆放场和废水处理场，以及各类卫生防护、辅助用室等工程用地，应根据工业企业的性质、

规模、生产流程、交通运输、环境保护等要求，比较后再合理布局。

②站场总平面的分区应按照厂前区内设置行政办公用房、生活福利用房，生产区内布置生产车间和辅助用房的原则处理，产生有害物质的工业企业，其生产区内除值班室、更衣室、盥洗室外，不得设置非生产用房。

③总平面布置图应包括总平面布置的建（构）筑物现状，拟建建（构）筑物位置、道路、卫生防护、绿化等内容，必须满足职业卫生评价要求。

④站场总平面布置，在满足主体工程需要的前提下，应将污染危害严重的设施远离非污染设施，产生高噪声的车间与低噪声的车间分开，热加工车间与冷加工车间分开，产生粉尘的车间与产生毒物的车间分开，并在产生作业危害的车间与其他车间及生活区之间设有一定数量的卫生防护绿化带。

⑤厂区总平面布置应做到功能分区明确。

⑥在布置产生剧毒物质、高温及强放射性装置的车间时，同时考虑相应事故防范和应急、救援设施和设备的配套并留有应急通道。

⑦高温车间的纵轴应与当地夏季主导风向相垂直。当受条件限制时，其角度不得小于45°。

⑧能布置在车间外的高温热源，尽可能地布置在车间外当地夏季最小频率方向的上风侧，不能布置在车间外的高温热源和工业窑炉应布置在天窗下方或靠近车间下风侧的外墙侧窗附近。

（3）生产工艺及设备布局要求。

①产生粉尘、毒物的生产过程和设备，应尽量考虑机械化和自动化，并应结合生产工艺采取通风措施；放散风尘的生产过程，应首先考虑采用湿式作业；有毒作业宜采用低毒原料代替高毒原料，因工艺要求必须使用高毒原料时，应强化通风排毒措施。

②产生粉尘、毒物的工作场所，其发生源的布置，应符合下列要求：放散不同有毒物质的生产过程布置在同一建筑物内时，毒性大与毒性小的有毒物质应隔开；粉尘、毒物的发生源应布置在工作地点的自然通风的下风侧。

③厂房内的设备和管道必须采取有效的密封措施。

④噪声和振动的控制在发生源控制的基础上，对厂房的设计和设备的布局需采取噪声和减振措施。

⑤噪声较大的设备应尽量将噪声源与操作人员隔开；工艺允许远距离控制的，可设置隔声操作（控制）室。

⑥噪声与振动强度较大的生产设备应安装在单层厂房或多层厂房的底层；对振幅大、功率大的设备应设计减振基础。

2）技术防护要求

（1）职业性中毒防护措施。

①采用先进的生产工艺和生产设备，生产装置应密闭化、管道化，防止有毒物质泄漏、外逸。应采用现代化先进的控制系统，可使操作人员不接触或少接触有毒物质，防止误操作造成的职业中毒事故。

②受技术条件限制，仍然存在有毒物质逸散且自然通风不能满足要求的情况，应设置必要的机械通风排毒、净化装置，使工作场所有毒物质浓度控制在职业卫生标准限制以下。

③在进入有限空间作业前，进行空气置换，确信氧含量浓度符合要求时方可进入。

④工作人员配备防护用品，如防毒器具、防化服、手套、呼吸器等。

⑤加强员工教育与培训，站内应配备急性中毒处理设备与设施，针对急性中毒危害应制订应急预案，并定期进行演练。

⑥定期对接触毒物作业的职工进行健康检查，将有中毒症状的劳动者及时调离工作岗位，使其脱离与毒物的接触，并及时治疗。

（2）振动的预防措施。

①控制振动源，应在设计、制造生产工具和机械时采用减振措施。

②创新工艺，采用减振和隔振等措施。

③限制作业时间和振动强度。

④改善作业环境，加强个体防护及健康监护。

（3）电离辐射的预防措施。

主要是控制辐射源的质和量。

（4）高温作业的防护措施。

①合理设计工艺流程。通过改进生产设备和操作方法改善高温作业的劳动条件。

②采取有效的隔热措施。隔热是防止热辐射的重要措施，可利用隔热保温层进行防护。

③通风降温。

④供给饮料和补充营养。

⑤合理安排工作时间，避开最高气温，轮换作业、缩短作业时间。

（5）焊接作业的防护措施。

①通过提高焊接机械化、自动化程度，使工人与作业环境隔离，从根本上消除电焊作业对人体的危害；通过改进焊接工艺，减少封闭结构施工，对容器类设备采用单面焊、改善破口设计等，以改善焊工的作业条件，减少电焊烟尘污染；改进焊条材料，选择无毒或低毒的焊条，降低焊接毒性危害。

②改善作业场所的通风状况，在自然通风较差的场所、封闭或半封闭结构内焊接时，必须有机械通风措施。

③加强个人防护。焊接工人必须穿戴防护眼镜、面罩、口罩、手套、防护服、绝缘鞋等。

第六章　长庆油气田地面建设 EPC 模式

设计—采购—施工（EPC）工程建设模式是指总承包商受业主委托，按照合同约定对工程建设项目的设计（Engineering）、采购（Procurement）、施工（Construction）、试运行等实行全过程或若干阶段的承包，通过建设项目各个环节的无缝衔接，有效克服设计、采购、施工相互制约和项目脱节的矛盾，提高工程建设管理水平，保证工程质量和投资效益。

2013 年，西安长庆科技工程有限责任公司（以下简称长庆设计院）抢抓机遇，积极探索 EPC 总承包建设模式，围绕油气田重点地面建设项目，通过健全、完善有效的协同工作机制，面对专项评价烦琐众多，安全环保管控越来越严，地方利益诉求越来越多等重重困难，逐步形成了具有长庆特色的以业主为主导、以设计为引领、油气田重点项目“业主+监理+EPC”的建设新模式。

第一节　概　　述

一、EPC 模式概述

1. 管理方式

业主对 EPC 总承包项目的管理一般采取过程控制模式和事后监督模式两种方式。

过程控制模式是指发包人（业主）聘请监理工程师监督总承包商“设计、采购、施工”的各个环节，并签发支付证书。发包人（业主）通过监理工程师各个环节的监督，介入项目实施过程的管理。

事后监督模式是指发包人（业主）一般不介入对项目实施过程的管理，但在竣工验收环节较为严格，通过严格的竣工验收对项目实施总过程进行事后监督。

2. EPC 管理模式特点

（1）EPC 合同模式是一种快速跟进的管理模式。与过去那种等设计图纸全部完成之后再进行招标的传统的连续建设模式不同，在初步设计方案确定后，随着设计工作的进展，完成一部分分项工程的设计后，即对这一部分分项工程组织招标，进行施工。快速跟进模式的最大优点就是可以大幅缩短工程周期，节约建设投资，可以较早地取得收益。

（2）项目整体经济性较高。EPC 总承包模式基本出发点促成了设计和施工的早期结合，充分发挥了设计和施工的优势，从而提高了项目的经济性，便于进度控制和投资控制，促进了项目的整体管理。

（3）业主易于控制及管理。EPC 总包商负责设计、采办及施工，提供全部完整的最终设施，承担了全部工程项目的所有义务；业主在工程实施过程中合同管理的对象单一简单，极大地减少了业主的管理工作，避免了人员与资金的浪费。

（4）EPC 总承包商在项目实施过程总处于核心地位。在项目实施过程中，EPC 总承包商对于设计、施工和采办全权负责，指挥和协调各分包商，处于核心地位。同时，要求 EPC 总承包商具有很高的能力和风险管理水平。

3. 国内外 EPC 管理模式的发展

EPC 总承包模式起源于 20 世纪 70 年代左右的美国，主要应用于石油化工行业。随着经济技术的快速发展，产品与服务的更新换代时间缩短，传统的工程建设模式已经不能满足快速发展的经济要求，特别是在投资金额大、建设周期长、风险与不确定性因素相比更多的行业，业主为了能够提前获取建设成果，在固定的建设时间和建设成本下为顺利完成项目而希望采用 EPC 总承包模式。

20 世纪 80 年代，项目总承包模式在美国进入快速发展时期，1996 年美国项目总承包市场份额占到非住宅建筑市场（2860 亿美元）的 24%。2004 年，美国 16%的建筑企业约有 40%的合同额来自项目总承包建造模式，5%的建筑企业约有 80%的合同额来自总承包建造模式。

中国从 20 世纪 80 年代开始，在化工、石化等行业开始进行工程总承包模式的试点，随后在其他行业逐步推广。尤其是 2003 年建设部印发了《关于培育发展工程总承包和工程项目管理企业的指导意见》（建市〔2003〕30 号），政府主管部门提倡具备条件的建设项目采用工程总承包、工程项目管理方式组织建设，大力推广工程总承包模式，行业协会和高等院校也进行了大量的理论研究和专业人才培养。2016 年，住房城乡建设部发布《关于进一步推进工程总承包发展的若干意见》（建市〔2016〕93 号），为进一步深化建设项目组织实施方式改革，推广工程总承包制，提升工程建设质量和效益，推出了 20 条政策推进工程总承包。

二、长庆特色的 EPC 项目建设模式

1. 背景

长庆油田地处中国中部，“东临市场，西接资源”的区位优势十分明显；鄂尔多斯盆地原油和天然气探明程度分别只有 32. 0%和 25. 2%，开发潜力大，属于典型的低渗透、低压、低丰度“三低”油田，是世界上著名的低渗透油气藏。面对地质条件复杂、自然条件艰苦、社会依托条件差的现实条件，长庆油田积极践行科学发展观，解放思想、实事求是，突出发展油气核心业务，大力推进“标准化设计、模块化建设、数字化管理、市场化运作”管理模式，实现了规模效益开发，油气产量连创新高。

随着长庆油田产能建设的加快，对其地面建设领域而言，传统的设计—采购—施工工程项目承发包模式不能很好地满足油田快速发展的要求，在建设过程中设计、物资采办和施工三个环节相互分离，导致的脱节、扯皮和相互制约的矛盾日益显现，工程管理模式急需改变，如何提高油田地面建设项目管理水平，探索适合长庆油田地面建设的项目管理模式，走低成本、集约化发展道路，使地面建设项目管理科学化、规范化、程序化运作，显得更具重要性和必需性。

2. 长庆油田 EPC 项目组织模式

长庆油田 EPC 项目的组织模式是以项目为中心、以业主为主导，形成业主、质量监督站、第三方监理、EPC 总承包商、施工分包商、设备供应商等六位一体的项目建设组织

模式（图6-1），其中EPC总承包商处于核心地位，对项目建设起到决定性作用。业主是项目的决策者，对项目进行全面整体管控，关注影响项目的重大因素，确保项目管理的大方向；质量监督站、第三方监理是项目建设的监管者，确保项目的进度、质量、安全目标不偏移；EPC总承包商是项目的具体实施者，负责项目的设计、采购、施工工作，确保项目能够按期、优质、高效地完成；施工分包商是项目的建设者，承担项目的施工任务。

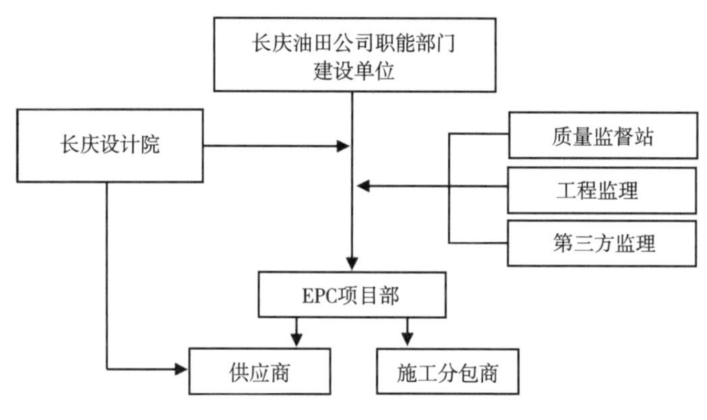

图6-1　组织机构示意图

3. 长庆特色EPC项目建设模式的特点

长庆油田油气田建设工程特点：总体规模大，但建设地点分散，点多、面广、线长，标段多；项目管理模式多样化，项目投资渠道复杂（骨架及专项、油维、EPC总承包等）；地面服从地下，设计方案需多次优化，不确定因素多，施工阶段变更较大；外部条件复杂，受外协干扰大，新进队伍外协工作存在较长的"磨合期"；低成本战略；对承包商施工能力的特殊要求：适应当地地理气候环境，需配备野外施工机具及后勤，施工工艺适应性强；能适应工程所在地多年形成的外协模式；具有较强的独立组织能力与后勤保障能力，对大企业小项目施工组织能力提出新要求。

长庆特色EPC项目建设模式以业主为主导，以设计为引领，充分整合长庆设计院深厚的技术资源优势，充分发挥设计在建设项目前期的参谋作用、设计阶段的主导作用、建设时期的服务保障作用，将设计、采购、施工及征地外协之间的一体化高度融合，减少了变更、争议、纠纷和索赔的浪费，管理各个环节更加紧密，使建设项目在一个统一的框架下展开整体工作，可有效地控制投资，缩短建设周期，提高项目建设的效率、效益、水平。

长庆设计院在EPC项目管理中注重制度建设，优化管理流程，完善体系文件，强化运行监管，确保管理体系有效运行；在EPC项目建设过程中突出"四个重视"：重视项目启动，加强前期策划；重视资格审查，加强考核评价；重视计划监督，加强组织协调；重视质量安全，加强项目检查。抓好项目全过程统筹管理，持续推进设计、采购、施工的深度融合，努力做好质量、进度、安全工作，确保项目有序、高效运行。

1）业主主导、多方参与、油气田产能骨架工程为主

2013年以来按EPC承建组织模式：大型系统工程及骨架工程由长庆设计院实行EPC总承包；中国石油等行业队伍承建，要求具备一类承包商资格。充分发挥业主主导办理征地、前期等手续，长庆油田公司招标施工承包商，外协县级以上由建设方办理，EPC项目

部及承包商办理县级以下外协手续。临时用地手续承包商办理，长庆监理、长庆检测参与，长庆技术监督站全程监督，达到多方参与，使得项目顺利实施。

2）设计服务、注重细节、发挥引擎助推作用

设计是EPC的龙头，设计质量的高低和错误的多少直接决定着项目建设质量和效益，长庆设计院充分利用设计在建设项目前的参谋作用、设计阶段的主导作用、建设时期的服务保障作用的三大技术优势，充分发挥引擎助推作用。同时，长庆设计院积极推行“现场服务型设计”工作理念，做好现场问题及业主意见的收集、整理，特别是通过优化设计，解决了建设单位在生产运行中存在的问题与不足，使项目运行更加人性化，采纳运行单位提出的合理化建议，完善设计内容，提升设计质量。

3）物质分级采购、满足项目建设需求

对于供货周期较长的大型设备，长庆设计院借助于从事初步设计优势，超前介入，收集整理信息，开展采购前准备工作，大幅缩短了设备采购周期。同时借助设计专家提供技术规格书的优势，及时审查和确认生产厂商图纸，沟通解答设备制造过程中存在的问题，缩短了设备生产周期。

一类物资采购依托油田公司物资采购管理平台，发挥了集中采购的管理优势，保证了材料设备质量，提高设备材料采购速度。二类物资由公司统一采购，保证了材料及时到位。地材及少量材料设备EPC把关承包商快速采购，实现项目材料供应无缝对接，保证项目顺利实施，同时对材料设备进行全方位质量检查验收，及时发现设备质量缺陷。

4）整合中国石油主要施工承包商、创优质工程

对于承接的EPC项目承包商，长庆油田公司通过公开招标、邀请招标等多种招标方式，在中国石油具有一类资质的施工企业如大庆建工、四川油建、新疆油建、辽河油建等大型施工企业选择，将设计与施工充分整合，优势互补，资源共享，共同将承揽项目按照优质工程标准进行建设。

5）质量第一、事前预防、持续加强质量管理

“百年大计，质量第一”，在EPC项目管理中始终以工程质量为中心，长庆设计院切实落实全面质量管理，完善质量保证体系和监督手段，强调事前预防，注重过程控制，坚持“同一个问题不在同一个地方出现，同一个问题不在同一队伍出现，同一问题不在同一年出现”；推行“第一道工序到最后一道工序，始终如一按优良工程要求施工；材料进场到工程结束，始终如一按精细化要求严格把关；第一份资料的填写到工程竣工验收始终如一按标准化要求操作；第一个焊口到最后一个垫片，工程质量始终如一经得起检查”；确保“情况在现场了解，整改在现场完成，质量在现场把控，意见在现场沟通，经验在现场总结”。

第二节　EPC模式在长庆油气田发展历程

长庆设计院是中国石油天然气集团公司最早确定的两家EPC总承包试点单位之一。2005年，长庆设计院进入工程总承包市场，承接河南省信阳—固始输气支线工程，迈出了第一步，随后承担浙江油田、内蒙古鄂尔多斯等社会市场总承包项目，同时以EPC联合体的形成参与了大唐煤制天然气管道工程（北京段）和中缅油气管道工程等多项EPC总

承包工程的建设任务，培养了一批工程管理人员，积累了丰富的 EPC 项目运行经验。2013 年，按照“一业为主、两翼齐飞、创新驱动”的战略定位，将长庆设计院 EPC 业务重心调整到长庆油田市场，积极投身长庆油气田建设，陆续承担了北四干线 B 段工程、马惠原油管道安全升级改造工程、第一净化厂采出水处理及回注站迁建工程等 EPC 项目的建设任务，项目覆盖油气田大型场站、长输管道、集输管道、供配电、道路、储罐制作等地面建设工程，保障了“西部大庆”的顺利建成和 5000 万吨持续稳产及提质增效目标的实现，使长庆设计院在长庆油田快速发展的历史征程中留下浓墨重彩，赢到了广泛信任，为实现长庆市场全占领奠定了基础。同时具有长庆特色的、以业主为主导、设计为龙头的 EPC 项目管理模式成为长庆油田地面建设工程的重要组成部分。

一、探索、成长阶段

2001—2010 年，长庆设计院在努力探索 EPC 模式，积累经验。2001 年，长庆设计院作为中国石油天然气集团公司 EPC 试点单位。2003 年，首次以 EPC 模式承担信阳—固始输气管道支线工程，包括 6 座输气站场和 204.87km 的管线，工程于 2005 年 12 月正式开工，于 2007 年 1 月竣工投产，实现了既定的安全、质量、进度各项指标。该工程 EPC 模式的成功实施，迈出了公司 EPC 总承包模式进入行业市场的第一步。2007 年，长庆设计院承担浙江油田 2007 年白驹油田及管镇油田建设工程项目。2010 年，长庆设计院承接了苏—东—准（起点为长庆苏里格气田第三天然气处理厂东侧首站，至准格尔旗末站）天然气管道杭锦旗支线工程，主要工作量为 ϕ508mm 的输气管线 26.3km，工程于 2010 年 8 月正式开工，2011 年项目竣工。

此阶段的成果是积累了经验，锻炼了队伍。

二、发展、成熟阶段

2013—2015 年，是长庆设计院 EPC 业务快速发展时期。EPC 项目管理模式探索和积累，项目组织架构逐渐完善，管理经验渐趋成熟，行业市场 EPC 业务捷报频传。长庆设计院与辽河油建组成 EPC 联合体投标，获得大唐煤制天然气管道工程（北京段一标段）的勘察设计合同；与四川油建组成 EPC 联合体投标，获得到中缅油气管道工程（云南一标段）中的勘察设计合同；独自以 EPC 模式先后承揽到山西柳林煤层气田北部作业区地面集输建设工程、石楼西煤层气开发项目 18 井区地面集输管网建设工程 、子洲县城区集中供热项目天然气输气管道工程。

长庆油田 EPC 业务打开了局面。2013 年，长庆设计院 EPC 业务重心调整到长庆油田市场，第五采气厂的北四干线 B 段工程总承包标志着长庆设计院 EPC 业务进入长庆油田产能建设市场。随后承担了以下工程：

马惠原油管道安全升级改造工程、承担了南-48 集气站工程及配套工程、采出水处理及回注站工程、陇东地区试采地面工程、庆四联合站及配套工程及陇东气田及配套工程。

北四干线 B 段工程：北四干线是苏里格气田骨架管网重要组成部分，承担着苏里格气田东部下古生界天然气输送至第五净化厂的重要任务。建设周期短，质量要求高，征借地周期长，外协形势严峻，管线通过区域地质情况复杂。于 2013 年 8 月 24 日正式开焊，同年 12 月 20 日顺利通气，有效工期历时 105d，受到油田公司好评。EPC 总承包模式在北四干线的成功实施，标志着长庆设计院 EPC 业务进入长庆油田产能建设市场，拉开了长庆油田地面产能建设 EPC 总承包模式的序幕。

2013 年以来，长庆设计院具有长庆特色的、以业主为主导、设计为龙头的 EPC 项目管理模式日渐成熟。

马惠原油管道安全升级改造工程于 2014 年 10 月 17 日开工建设，经过 268 天的艰苦奋战，与第二输油处、第三输油处同甘共苦、齐心聚力，于 2015 年 9 月 24 日一次投产成功，保证了长庆油田外输关口畅通，得到中国石油天然气股份有限公司的高度评价。马惠管道安全升级改造工程顺利投产，为 EPC 总承包管理进一步积累了宝贵的经验，推进了 EPC 总承包模式在长庆油田内部走向成熟。

第一净化厂采出水处理及回注系统迁建工程，采出水处理问题是油田建设项目竣工验收的“瓶颈”，采出水回注工艺及水质成为关注的焦点。采出水处理工程本工程为油田公司环保重点、陕西省人大督办项目，关乎油田的持续发展。2015 年 10 月 29 日，实现一次成功投产。

2015 年，马惠原油管道安全改造工程的顺利投产推动了 EPC 业务快速提升，长庆设计院 EPC 业务在长庆油田产能建设市场不断扩大，先后承接了环北储罐扩建工程、庄西复线管道工程、靖咸管线铜川改线工程等工程。

此阶段的成果如下：

（1）整章建制、合规管理、精细项目管理行为。

长庆设计院 EPC 项目秉承“细化管理制度、细化工作流程、细化工作计划、细化工作界面、细化准备工作”的“五细”工作理念，按照“查缺补漏、逐步完善、全面覆盖”的原则，着重从成本管理、质量管理、工期管理、HSE 管理、施工管理等方面入手，建立了 EPC 管理体系文件，出台了一系列 EPC 规章制度，编制了详细全面的清单、检查表格，从制度上做到了“有法可依，有章可循，有据可查，违章必究”，为后续 EPC 模式广泛应用奠定了制度基础。

（2）外部引进、内部挖潜、打造优秀管理团队。

一支优秀的管理团队是打造优质工程的关键，长庆设计院充分利用专业技术能力强的优势，抽调部分骨干设计人员，与原长庆建工转岗人员中部分施工经验丰富的管理人员组建 EPC 项目管理团队。在管理团队中提倡“团结精神、敬业精神、服务精神”，强化“敬畏意识、危机意识、廉洁意识”，要求做到“讲学习、讲思考、讲担当、讲协作、讲安全、讲质量、讲效益”。近年来，管理团队攻坚克难，统筹协调，管理水平稳健提升，使 EPC 管理优势得以充分展示。

第三节　长庆油田马惠原油管道安全升级改造 EPC 模式

马惠原油管道安全升级改造工程（以下简称“马惠管道”），是长庆设计院在长庆油田实施 EPC 项目管理模式以来建设规模最大、投资额度最大、工期要求最紧、分包单位最多工程。项目实施以来，积极推进精细化过程控制管理，突出设计龙头引领的严肃性、采购保障服务的精准性、施工实施管控的规范性，强化程序控制流程，着重计划控制管理，狠抓质量安全行为，积极突破外协瓶颈，实现了项目的既定目标，得到了业主和业界的充分肯定，为EPC总承包管理模式在长庆油田地面工程建设中的应用开启了先河。

一、工程简介

1. 项目背景

依据长庆油田2014—2020年原油开发规划方案产能部署表、长庆油田2011—2016年原油销售建议计划及长庆油田总体发展情况，2014—2020年长庆油田原油年产量维持在2505×10^4t左右。其中，陇东地区（含环江油区、陇东油区、西峰油区）产量增幅较大，是产输矛盾比较突出的地区。长庆油田原油整体流向北上为主，马惠原油管道作为长庆陇东地区原油北上外输的唯一通道已不能满足长庆油田外输需要。

马惠原油管道于1979年6月建成投产，已运行34年，由于运行时间长，腐蚀严重（图6-2），管道承压能力严重不足，存在较大的安全隐患。马惠沿线地表经过多年雨水冲刷等自然原因，造成了管线裸露的安全隐患。除此之外，马惠原油管道全线站场仅具有监视功能，不具备监控功能，各站的信息仅能做到上传至长庆调度室进行数据采集、显示、报警，且管线进出站均未设置ESD紧急切断系统，全线仅设有手动阀室，无RTU阀室，如遇管线泄漏全线无法做到紧急切断，容易造成对管道沿线环境的污染。

图6-2　管道腐蚀情况

因此，长庆油田提出对马惠原油管道的安全升级改造，意义重大：可消除生产运行安全隐患，且符合沿线地方经济发展和区域规划的需求。使陇东原油南出口咸阳、北出口惠安堡连通起来，彻底解决陇东油区原油的产输矛盾，实现灵活调配。可促进长庆油田原油外输系统的完善，形成区域相济、调配灵活的环状输油管网。可实现长庆油区内部多点插输，可减少管理层级及原油交接点，作为油田内部集输管道，可以充分依托长庆油田的地缘优势和外协优势，加快建设进度，降低整体建设投资。

2. 工程概况

马惠原油管道安全升级改造工程起于甘肃环县曲子首站，止于宁夏盐池县惠安堡储备库，横跨甘肃省和宁夏回族自治区、3个县、8个乡镇，大致呈东南向西北走向，管线全线以沟埋敷设为主。全线输送介质为净化原油，采用泵到泵加热密闭输送工艺，油料温度为22~50℃，设计输量为300×10^4t/a，设计压力为8MPa。线路主要参数见表6-1。

表 6-1　马惠原油管道线路主要参数表

站　　场	管径×壁厚，mm×mm	设计压力，MPa	设计输量，10^4t/a
曲子首站—环北插输站	ϕ273.1×6.4	6.3	100
环北插输站—洪德热泵站	ϕ323.9×6.4	6.3	200
洪德热泵站—惠安堡末站	ϕ355.6×7.1	8.0	300

马惠原油管道安全升级改造工程线路全长 188km，本工程沿线共有河流中型穿越 12 处（其中穿越环江 11 次），穿跨越冲沟 33 处，穿越小型河流、沟渠 10 次，穿越高等级公路 12 处，穿越拟建的西—银（西安—银川）铁路 7 处，穿越扬—黄（盐池—环线—定边黄河扬水工程）输水管道 14 处。共设 6 座阀室、4 座场站、4 座活保障点、1 条供气管线、35kV 变电站 1 座及外电线路 21.9km，通信工程 24.24km，伴行路 40km，本工程涉及业主及相关管理单位 8 家，施工承包商共 17 家。

3. 项目特点

马惠原油管道安全升级改造工程关联站场数量多、涉及单位多，协调工作量大，外部环境十分复杂。与现役马惠管道和油田管网多处交叉和近距离并行敷设，站场需对现役马惠管道的已建场站进行改造，部分场站须在不停输的状态下边生产边施工。受技术和运行环境制约，项目实施存在涉及面广、技术环境复杂、作业安全风险高等特点，项目建设整体难度大。

（1）途经区域广、分年分段、界面多、多业主多，有“2225”的特征：

“2”即线路途经两省区，甘肃省和宁夏回族自治区。

“2”即分段分年建设，可实现分段投产。

“2”即涉及两个板块，勘探板块和管道板块分别隶属长庆油田和管道局。

“5”即 5 家运行单位，第二输油处、第三输油处、第二采油厂、第七采油厂和管道局长庆输油气分公司。

（2）工程衔接点多，新老关系复杂，实施难度大、风险高。

①线路工程：本工程管线 12km 路由与在役马惠管道并行敷设，部分地段间距在 10m 之内，新老管线交叉 17 处，建设过程中要采取相应的安全措施确保在役管道安全运行。

②场站工程：全线 4 座站场，其中曲子、洪德及惠安堡站为老站改扩建。站场工艺设施利旧率约为 10%，辅助生产设施利旧率约为 60%，均存在新老系统衔接。

（3）自然条件差，生态脆弱，工程建设环保标准要求高。

马惠原油管道安全升级改造工程管道途经两省（区）两县，依次经过了曲子镇、木钵镇、樊家川乡、环城镇、洪德乡、山城乡、甜水镇及惠安堡共 8 个乡镇级行政区域。沿线地形地貌主要是环江阶地、黄土斜坡、黄土残塬等湿陷性黄土（图 6-3），且春季多为风沙季节，秋季为雨水季节。沿线整体生态环境脆弱，对工程建设标准提出了更高要求。

（4）线路交叉作业多，场站历史资料遗失，设计深度要求高。

本工程线路部分因甘宁两省的征借地程序不同，多次与扬黄引水工程、规划建设的银西铁路、银川—百色高速公路、在役马惠管道多次交叉，并行沿线文物较多。沿线地形地貌主要有河流阶地、黄土残塬、黄土梁峁、沙漠边缘区等，地形复杂，穿（跨）越较多，设计中须通过优化路由，规避管道在风险区敷设。涉及站场改造 3 座，历史记录部分遗失，地下不明建构筑物种类多，同时均为在运行状态。因此，项目从设计阶段开始，设计

图 6-3 马惠原油管道沿线地形地貌

人员需全程参与和跟踪项目建设，不断调整和优化设计图纸，确保项目的顺利实施。

（5）沿线途经老油区，外协环境复杂，协调难度高。

沿线地形地貌主要有河流阶地、黄土残塬、黄土梁峁、沙漠边缘区等，且该项目工程量较大，其中穿跨越 310 处，热煨弯头 1600 余个，冷弯管 1600 余个。

（6）工程建设地处油田开发老区块，历史遗留问题复杂，外协工作十分艰难。

（7）物资材料采购环节多，涉及 7~10 个流程，进口设备采供周期较长。

二、项目总体部署

按照中国石油长庆油田公司总体部署要求，经中国石油勘探与生产分公司批准，马惠原油管道安全升级改造工程采用“业主+EPC+监理”的建设模式，由长庆设计院牵头实施 EPC 总承包。按照 GB/T 50358—2017《建设项目工程总承包管理规范》，结合科技公司体系运行文件要求，项目运行过程中，突出设计龙头引领的严肃性，采购保障服务的精准性，施工管理实施的规范性，强化程序控制流程，着重计划控制管理，狠抓质量安全行为，积极突破外协瓶颈，确保项目节点目标。

1. 项目建设模式

2013 年 11 月 14 日，中国石油天然气股份有限公司组织审查《马惠原油管道安全升级改造工程可行性研究报告（0 版）》。

2014 年 3 月 25 日，《马惠原油管道安全升级改造工程可行性研究报告（1 版）》通过中国石油天然气股份有限公司组织的复审。

2014 年 5 月 4 日，中国石油天然气股份有限公司下发“关于马惠原油管道安全升级改造工程可行性研究报告”（石油计〔2014〕96 号）的批复。

2014 年 12 月 1 日，中国石油勘探与生产分公司下发了《关于对长庆油田〈关于马惠原油管道安全升级改造工程项目管理模式、总体部署和开工报告的请示〉的回函》（油勘函〔2014〕185 号），明确委托长庆油田分公司对该项目开工报告、总体部署、投产试运行方案的审批权；同意该项目采用“业主+EPC+监理”的建设模式，业主为第二输油处，由长庆设计院牵头实施 EPC 总承包。

1）项目参建单位

项目相关方及相关方关系如下：

业主：长庆油田第二输油处。

EPC 总承包商：西安长庆科技工程有限责任公司。

监理方：西安长庆监理工程有限责任公司。

施工方：由 EPC 总承包商负责招标选商。

2）项目工作流程

EPC 项目运行工作主要流程如图 6-4 所示。

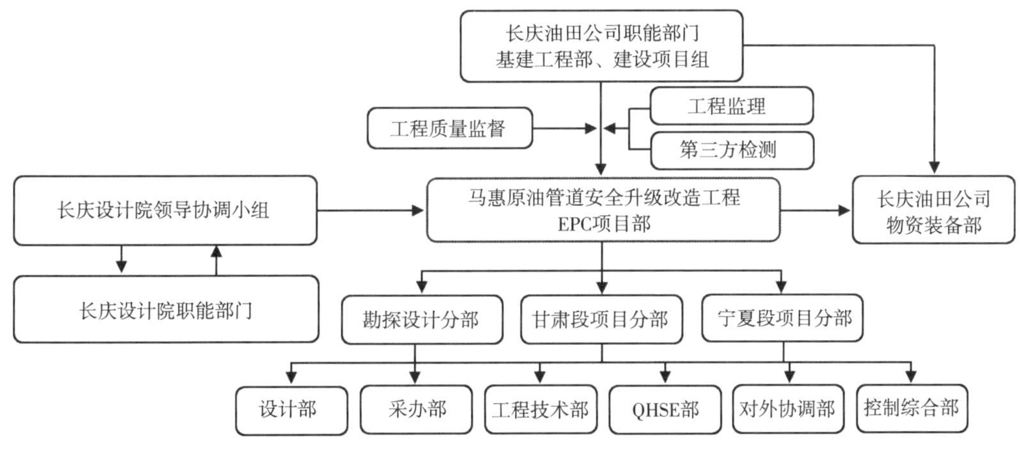

图 6-4　EPC 项目运行工作流程框图

3）项目各方关系

（1）业主与监理。

由业主委托和授权，监理对施工进行全面监理，二者之间为平等的合同关系。

受业主委托将在工程施工过程中代表业主对施工单位和检测承包商进行协调和管理，监督、监理合同履行情况，确保项目目标的实现。对项目实施过程中的信息进行收集、筛选和汇总，并定期向业主上报。

（2）业主与总承包商。

由业主委托和授权，长庆设计院马惠原油管道曲子—洪德联络线安全升级改造工程 EPC 项目部对工程设计、物资采办、工程施工实施总承包，二者之间为平等的合同关系。

长庆设计院马惠原油管道曲子—洪德联络线安全升级改造工程 EPC 项目部将在工程设计、物资采办、工程施工全过程进行协调和管理，并负责分包商的合同履行，确保目标的实现，及时收集项目实施过程中的信息，并定期向业主上报。

（3）监理与总承包商。

工程建设监理与总承包商均受雇于业主，监理与总承包商之间是平等的工作关系。

监理受业主委托，对长庆设计院 EPC 项目分包的施工单位的施工过程，进行质量、投资、进度等方面的监督管理，长庆设计院马惠原油管道安全升级改造工程 EPC 项目部应接受监理的监督。当监理与总承包商之间出现争议无法协商解决或出现涉及合同重要条款的问题时，马惠原油管道安全升级改造工程 EPC 项目部可直接向业主报告，并抄送监理。

（4）总承包商与施工分包商。

总承包商与施工分包商之间是总承包与分包的合同关系。由总承包商选择施工分包商，并经业主最终确定，总承包商对施工分包商的施工过程进行全方位的协调和管理，施工分包商接受长庆设计院 EPC 项目部的管理及业主、监理的管理与监督。

2. 项目策划

根据马惠原油管道安全升级改造工程合同和 CTEC 管理要求，结合项目的实际情况，进行项目策划，最终形成了《马惠原油管道安全升级改造工程项目管理计划》《马惠原油管道安全升级改造工程实施计划》《马惠原油管道安全升级改造工程项目管理手册》等项目文件，确定项目管理的各项原则要求、措施和进程，主要包括：明确项目目标，包括技术、质量、安全、费用、进度、职业健康、环境保护等目标；制订技术、质量、安全、费用、进度、职业健康、环境保护等方面的管理程序和控制指标；制订项目资源（人、财、物、技术和信息等）的配置计划；分析项目的风险以及采取的应对措施；明确项目标准的采用；制订项目的分包计划。

马惠原油管道安全升级改造工程按照优质、安全、高效完成项目建设，建设和谐、绿色、阳光、环保管道工程为项目管理总体目标。根据总体节点目标从工期、HSE、投产、竣工验收、投资控制、廉政六个方面进行了目标分解。

3. 机构组建

长庆设计院承担马惠原油管道安全升级改造工程 EPC 总承包，实行项目经理责任制。

马惠原油管道安全升级改造 EPC 项目经理部（以下简称马惠管道 EPC 项目部）是总承包商长庆设计院的派出机构，代表长庆设计院履行 EPC 总承包合同，并接受长庆设计院职能部门指导、监督、检查和考核。考虑到项目实施工程量大，且分布在宁夏回族自治区及甘肃省两省区内，主要面对多个业主，为便于业务协调，保质保量完成工程任务，EPC 项目部采取“总部+分部”的组织结构形式，成立马惠管道安全升级改造工程项目经理部，下设甘肃段项目分部、宁夏段项目分部和勘察设计项目分部三个项目分部。分部是总部的派出机构，是总部管理职能的延伸，代表 EPC 总部对施工现场的安全、质量、工期进行跟踪、监督、检查、考核和协调。项目组织机构如图 6-5 所示，项目参与方相互关

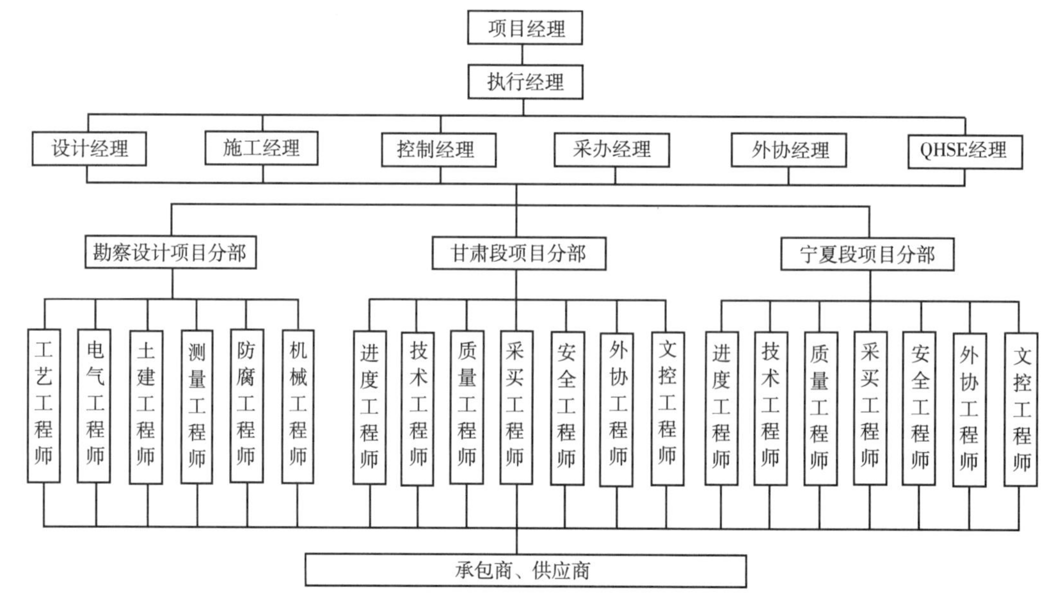

图 6-5 马惠原油管道安全升级改造 EPC 项目组织机构图

系及职责如图 6-6 所示。

根据项目机构设置制订岗位分工，明确岗位职责。

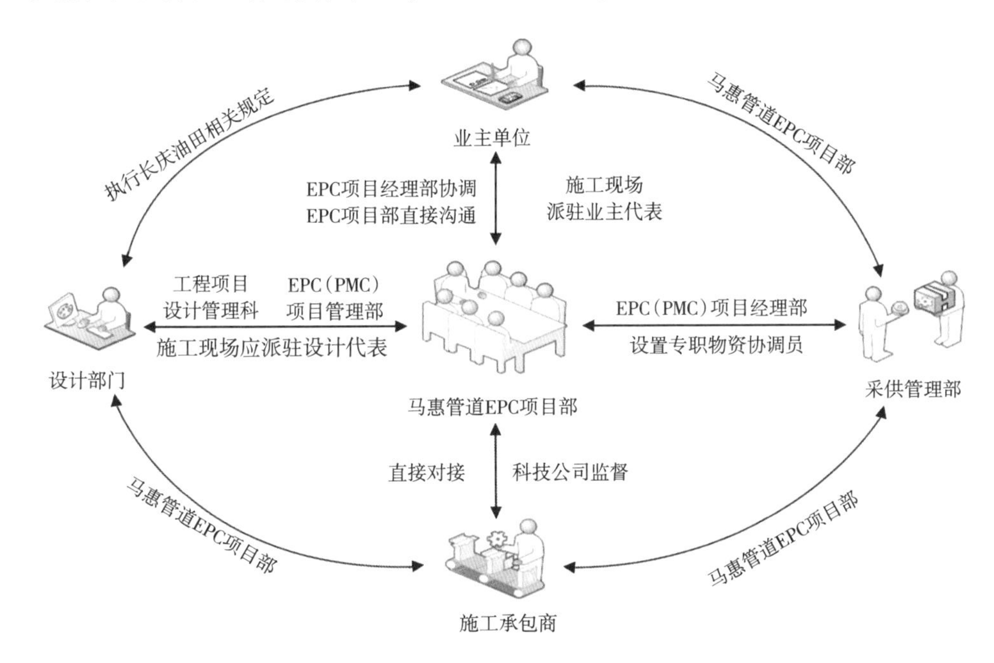

图 6-6 马惠原油管道安全升级改造 EPC 项目职责分工示意图

4. 工程招标

长庆设计院招标管理实行“统一管理、分类负责、集中组织、分级实施”的管理模式；采取“管 办分开、实体程序分开”运行机制。

遵循的原则如下：（1）公开、公平、公正，诚实信用；（2）合法、合规、合理，务实有效；（3）专业、集约、受控，规范有序；（4）竞争、择优、提升，合作共赢。

招标工作严格执行中国石油天然气集团公司及油田公司招投标相关规定，在中国石油天然气集团公司及油田公司准入的施工承包商中选择投标单位。在油田公司主管部门的指导下，经过招标，最终由 4 家具有总承包一级企业资质的中国石油下属的施工单位，承担马惠原油管道安全升级改造主体工程建设。

5. 项目指导思想

1）树立全局观念

在马惠原油管道安全升级改造工程 EPC 项目经理部的统一管理协调下，充分发挥 EPC 总承包商、工程监理等工程参建各方作用，树立全局观念，从宏观上加强对各项工作的管理。

2）以控制计划管理为主线

在工程建设中，强调以计划管理为主线，工程参建各方在统一的计划基础上共同开展项目建设工作，在具体实施过程中严格按照计划控制执行作业，及时发现偏差，并采取具体措施进行调整，实现计划的有效落实，保证项目建设目标的实现。

3）以质量安全工作为重点

为实现管线建成后的安全运行和工程交付，工程建设中必须从设计、采办、施工等方面严格执行标准规范和技术要求，确保工程建设质量。在项目建设过程中，要充分做到以人为本，确保施工作业过程中员工的人身安全。

4）以体系制度建设为保证

在马惠原油管道安全升级改造工程 EPC 项目经理部 QHSE 体系基础上，针对马惠原油管道安全升级改造工程建设特点，明确各方工作界面，建立统一的工作程序和工作标准，保证科学、有序、高效地开展工程建设。

6. 总体实施策略

马惠原油管道安全升级改造工程是首次在长庆油田地面建设实施 EPC 总承包模式的工程，长庆设计院充分发挥以设计为龙头，物资采购为保障 ，施工管理为抓手，在项目建设中以安全为前提，以质量为核心，在升级中体现水平，在改造中彰显提升。通过健全和完善有效的协同工作机制，按照整体部署，科学组织，统筹协调，依法合规，稳步推进，如期完成建设任务，并顺利投产。

1）集合优秀人才，凝聚管理团队

集中公司专业技术能力强的优势，抽调业务能力强的设计人员，施工经验丰富的管理人员，组建 EPC 项目管理团队。在管理团队中，提倡“三个精神”（团结精神、敬业精神、服务精神）、“三个意识”（敬畏意识、危机意识、廉洁意识），做到“七讲”（讲学习、讲思考、讲担当、讲协作、讲安全、讲质量、讲效益）。

团结产生力量，攻坚克难，统筹协调，管理水平稳健提升，EPC 管理优势得以充分展示。

2）培训开阔视野，学习提升效率

针对 EPC 项目管理特点，聘请国内 EPC 管理方面的知名专家，联合质监站和监理公司对项目管理人员、施工承包商、材料供应商集中进行了多次培训。同时，EPC 项目部针对项目管理工作流程、施工设计变更、物资采办、技术管理、QHSE 管理、文控管理等方面对承包商进行了全方位的培训，理顺流程，提高了工程建设效率。

3）完善制度建设，规范项目流程

按照长庆设计院管理体系要求，结合 EPC 模式特点，完善管理细则，明确工作界面，理顺工作流程，细化工作计划，夯实基础管理工作，编制了《项目建设总体部署》《项目文控手册》《项目管理手册》等文件，在 EPC 项目建设中形成用“制度管理、制度说话”的理念。

4）联通信息渠道，交流畅通及时

按照油田公司的管理模式及职能架构，结合 EPC 项目管理特点，通过互联网络，利用微信、QQ、电子邮箱等载体，与建设单位、监理公司、质检站及油田机关职能部门建立了沟通渠道，保持信息畅通。

5）依托政府支持，护航工程建设

项目所在的老油区的遗留问题多，外协工作依靠政府支持，通过多渠道、多举措争取政府支持。在项目建设过程中，针对多家施工单位外协实行“三统一”（统一归口管理、统一外协政策、统一赔偿标准）。对运行中暴露的问题进行梳理、分析，逐个突破解决。每个乡镇配置一名专职的协调员，及时掌握政府部门动向，及时解决现场问题，避免矛盾激化，为项目建设保驾护航。

6）坚持从严管理，保障目标实现

马惠原油管道安全升级改造工程沿线生态环境脆弱，沟壑纵横，建设外部环境与施工条件较差，因此，在项目建设过程中执行“五严管理”（严格安全管理，提倡以人为本；严格质量管理，争创优质工程；严格环境保护，建设绿色管道；严格费用控制，保证投资受控；严格进度控制，确保如期履约）。

7. 项目保障措施

为实现马惠原油管道安全升级改造工程建设目标，EPC 项目部重点做好项目管理及协调工作，对设计、采购和施工承包商密切跟踪协调，严格计划执行落实，及时发现偏差并采取纠偏措施，保证项目控制计划的实施，确保工程既定工期目标。

1）设计保证措施

（1）发挥长庆设计院设计优势，提前设计，为采购和前期手续办理提供支持。

（2）加大专业交流优化设计，及时出图，施工图及时到位保障施工顺利实施。

（3）加深设计施工有效结合，积极沟通，提高施工图设计质量减少设计缺陷。

（4）设计经理全程跟踪进展，现场保障，及时且合理地对现场问题作出反馈指导。

2）物资供应措施

（1）积极协调、跟踪三类采购计划落实情况，掌握物资到货周期。

（2）严格管理，加强监督，确保入库物资、进场材料检验质量合格。

（3）施工承包商加强材料管理，编号使用，确保材料对号入库，可溯、可查、可控。

（4）对甲供物资的申请、催缴，请业主予以积极协调，保障施工工期。

3）施工保证措施

（1）EPC 项目部抽调经验丰富管理人员组建项目团队，加强协调沟通，加大过程控制，依法合规开展项目管理。

（2）要求督促施工承包商履行投标承诺，落实施工资源，严格施工程序，合理衔接工序，服从统一管理，保障工程节点。

三、项目实施管理

马惠原油管道安全升级改造工程是首次在长庆地面工程建设中实施 EPC 模式建设。工程自实施以来，长庆设计院通过健全、完善、有效的协同工作机制，克服专项评价烦琐众多，安全环保管控越来越严，地方利益诉求越来越多，土地批办难度越来越大等重重困难，以设计引领建设，管理提质增效，依法合规，科学组织，现场建设历时有效工期 268 天，完成了马惠管道的建设任务，并于 2015 年 9 月一次投产成功。

1. 设计管理

2014 年 6 月 5 日，中国石油天然气股份有限公司下发《关于马惠原油管道安全升级改造工程初步设计的批复》（石油计〔2014〕113 号）。

马惠原油管道安全升级改造工程设计方面充分发挥科技公司参与西部管道、中缅管道等大型能源通道建设的优势，参照管道板块设计标准，提升马惠管道设计水平，使其功能、安全性等较同类管道大幅提升。2014 年 7 月中旬，完成施工图设计，涵盖 8 个专业、40 个总分目。

1）设计思路

马惠原油管道安全升级改造工程以“打造管道本质安全、完善管道功能”为核心，以应用新技术、新方法为手段，以降低建设、运行中的安全风险，形成安全、先进、经济的管道改造配套技术，对油田乃至国内其他同类管道的升级改造工程起示范作用。

2）设计原则

（1）以法律法规为准绳，严格执行国家、地方及行业的有关标准、规程和规范。

（2）充分结合安评、环评批复意见，确保设计合规性，提高管道的本质安全。设计全过程贯彻“安全第一、环保优先、节能降耗、以人为本、经济实用”的设计理念，遵循“适用、可靠、经济、先进”的技术原则确保工程工艺合理，运行安全可靠。

（3）采取可行的技术措施、优化设计方案，工程建成后实现安全生产、高效运营、从而获得较好的经济效益和社会效益。

（4）充分结合在役马惠原油管道运行现状，充分发挥长庆油田内部集输管网优势，认真核实已建设施的可利用性，优化设计以降低工程建设投资。

3）具体要求及保证措施

（1）设计文件质量要求及保证措施。

对设计文件的质量要求：依据初步设计审查意见开展施工图设计；严格执行国家和行业标准要求，确保内容合理、方案可行、满足现场实际需要，严格按照规范及专家审查意见进行设计，提高设计深度、精确度，减少设计差错率。设计成品文件输出在符合现行相关国家及行业规程、规范、标准的条件下，满足工程所要求的功能和使用价值，使项目投资的经济效益得到充分发挥。设计成品文件输出应满足结构安全、施工可行，符合环保、城市规划等相关部门的规定。

对设计文件质量的保证措施：对设计质量实行事前、事中、事后的全过程质量监督管理，避免设计过程中可能存在的缺陷和失误，提高工程设计质量。对设计质量实行多层次控制；EPC 项目管理部管理设计文件的质量。总体设计方案的审核重点是设计依据、设计规模、工艺流程、环境保护、投资估算等；专业方案的审核重点是设计参数、设计标准、设备和结构造型等。加强对设计图纸的审核。会同运行单位和行业专家共同对工艺方案、设备选型、概算投资等进行详细审查，确保初步设计的基本方案在施工图阶段不再发生变更。同时要求初步设计的深度必须满足设备和主要材料订货，以及工程服务招标和开展征地、供水、等公用工程和外部条件取证工作的需要。

（2）设计文件进度要求及保证措施。

①设计的进度要求：按照设计进度计划提供相关设计图纸及资料，同时在保证不影响后续采办、征地、施工作业的条件下，对非关键路径上的设计作业进行适当、合理的调整。

②对设计进度的保证措施：根据项目控制计划安排，审查设计单位各设计阶段的主要设计进度执行计划，核查各专业设计执行计划进度安排的合理性、可行性、设计专业资源投入，满足设计需要。实施设计计划执行情况周报和月报制度，定期发现设计进度滞后原因，并提出纠偏措施，在不影响控制计划的前提下，及时根据工程实际情况调整设计进度。专人负责项目的设计管理和设计联络，掌握设计进度，及时协调设计过程中发生的问题，随时对设计进度进行动态调整。

（3）保证基础设计数据准确性、及时性的措施。

积极协调工程建设当地的规划、气象、水文等部门，深入现场进行踏勘，广泛收集相关工程设计所需原始资料。审核工程勘察任务书及勘察纲要，加强对工程勘察的监督和管理。确保作为工程设计基础资料的准确性。在进行设备招标时，就向所有参加投标的设备供应商提出设备技术规格书，通过调整招标要求，缩短设备厂家基础资料的反馈时间。在供货合同文件中，对厂家返回基础设计数据资料的时间和准确性提出明确要求。建立、健全档案管理制度。对于具体问题，及时组织设计单位和设备供货商进行技术交流。

（4）组织初步设计预审及施工图设计交底、图纸会审、设计现场服务的措施。

依据工程可行性研究报告及审查意见，结合工程总体进度和设计进度计划，提前计划初步设计预审时间，并编制初步设计预审大纲。建立施工图会审和设计交底工作流程，明确工程建设各方在施工图会审和设计交底中的责任、权利和义务。设计单位必须按照批准的内控程序对施工图设计进行专业审查和逐级审查，EPC总承包商作为施工图设计的管理责任人，必须组织对施工图设计的审查，提出审查意见，签署后交付工程技术处。EPC总承包商根据审查结果及时对施工图做出修正或进行补充。设计代表的现场服务由EPC总承包商统一组织实施，设计单位应安排足够的专业设计人员配合现场施工，及时解决施工现场发生的设计问题。

（5）设计控制投资及保证概算准确性的措施。

设计控制投资的措施：要求设计单位和设计人员采用限额设计、优化设计及价值工程法等有利于造价控制和节约工程费用的设计方法，提出工程造价的限制范围，如造价计算超出限额，就进一步修改设计、修正造价，直至概算造价控制在限额以内。严格审查设计概算和施工图预算，确定工程造价的影响因素，对初步设计方案及单项设计方案进行评价，通过技术经济性分析，优选合理方案。制订详细的投资控制计划，实施造价控制报表制度，定期反映投资计划值和按设计需要的投资值（实际值）的比较结果。严格控制设计变更及主要设备和材料的选用。

保证概算准确性的措施：项目经理部及项目分部设置概算人员，对不属于工程设计人员掌握的，如征地、拆迁、拟建、贷款利息等总概算的一切费用开展编制工作。认真收集有关基础资料；广泛了解工程当地的地区定额、指标、材料价格、工资标准等。概算人员依据设计资料，对工程项目建设内容、性质、建设单位要求、建设地区的施工条件等做全面的基本了解。

（6）控制设计变更的措施。

初步设计经批准后不得随意变更。对初步设计方案和概算的变更，设计单位需编制补充初步设计文件。施工图设计变更等同于施工图设计文件，必须履行严格的审查程序。施工图设计变更在满足指导施工的同时，必须明确变更工程量，以及对工程进度、投资造成的影响。一般情况下，施工图设计不得对初步设计确定的设计方案进行变更。充分研究施工图设计变更对工程投资和进度带来的影响，综合权衡后，考虑是否采取设计变更。设计变更通知单必须标明变更原因和实施变更的费用估算，没有审批的设计变更为无效变更。

4）设计组织运行

设计人员在项目建设期间实行“贴身式”服务，共组织13个专业，全程配合施工1200余人次/年。特别对于曲子站、洪德站已运行30余年，经过多次改造，资料缺失，尤其是地下管网、各种电缆现状不明，设计人员建设期间全程追踪调整，助推工程建设。

充分考虑实际，通过优化设计，降低老站场实施风险。通过优化设计，满足洪德热泵站改造实施期间老线不停输，做到新老流程衔接，确保了投产期间新老线同时正常运行；设计时充分优化动火点位置与数量，降低实施风险。

严格落实“三同时”（同时设计、同时施工、同时投产）原则，马惠原油管道安全升级改造工程严格执行中国石油天然气集团公司下发《关于督促落实马惠原油管道安全升级改造工程安全环保“三同时”工作的通知》要求，在开工前办理完成了相关建设手续，做到了工程建设依法合规。

2. 采购管理

马惠原油管道安全升级改造工程严格执行长庆油田公司物资采购规定及中国石油物资采购规定，坚持一类物资采购依托油田公司物物资采购管理平台 ERP 系统平台，发挥了集中采购的管理优势，确保设备材料的质量，提高设备材料采购速度；二类物资由长庆设计院自行采购，根据数量、规格、型号的多少，采取招投标、竞争性谈判等方式，积极与中国石油合格物资供应商对接，确保物资及时进场。马惠管道工程物资采购涵盖 4 段线路、6 座阀室、1 座新建站、3 座扩建站、4 座保障点，涉及物资采购 10 个大类，共上报采购计划 3711 项，采购数量总数 10572 件。

对于供货周期较长的大型设备，长庆设计院充分发挥设计优势，在初步设计阶段，提前介入，收集整理物资信息，开展采购前期相关准备工作，提前上报中国石油物资采购管理平台 ERP 系统，大幅缩短了设备采购周期。同时借助设计专家提供技术规格书的优势，及时审查和确认生产厂商图纸，沟通解答设备制造过程中存在的问题，缩短了设备生产周期。

1）物资采购界面

马惠原油管道安全升级改造工程物资来源由以下 3 部分组成。

（1）甲供物资：业主采购供应物资。

甲供物资，借助第二输油处 ERP 物资采购电子平台，依托长庆油田物资采购管理部，对工程中一级物资、大宗设备通过招标选定物资供应商，签订物资供应合同，并负责中转站的管理。物资供应商接受长庆油田公司物资采购管理部、驻厂监造的监督管理。

（2）自购物资：长庆设计院采购供应物资。

自购物资，由 EPC 项目部负责范围内的物资采购，根据长庆设计院 EPC 物资采购招标实施细则，做好工程物资招标采购工作和物资中转管理，确保工程质量。

（3）乙购物资：施工承包商采购供应物资。

乙购物资，由施工承包商在现场自购的物资，由施工单位自行组织采购，通过市场调研和技术交流，选择合格供货商并建立名录，并报 EPC 项目部备案。施工单位必须严格采购程序，严格控制采购成本和质量。EPC 项目部对施工单位采购的物资进行监督和抽查。

2）采购的原则

（1）严格遴选的原则：严格控制供应商的范围和资质，选择技术先进、产品质量可靠的供应商，严格供应商资格预审等准入和淘汰制度，加强对供应商的管理，保证供货质量和使用性能。

（2）集中采购的原则：为了加强对购入设备材料售后追踪管理，便于本项目生产运行维护的集中管理，降低备品备件的储备规模和采购成本，同类同型物资尽可能集中采购以减少供应商数量。

（3）分级管理的原则：根据各类别设备材料的重要性，对各装置设备按关键、重要、一般为标准统一划分，分等级进行采购管理。

（4）与进度匹配的原则：采购合同的履行要与工程建设的进度相匹配，采购物资原则上不得超前或滞后工程建设的需用期到货，以保证施工现场有序和整齐，施工进度按计划进行。

（5）资料齐全规范的原则：为采购计划、采购合同条款、资金支付计划的顺利执行，以及物资验收、生产期维护和检修、采购档案管理等需要，EPC 承包商应提交业主所需留存的齐全规范的资料，承包方编制的文件资料应遵循本项目标准格式、采用本项目统一的设备名称、位号、材料编码及其他编号系统。

（6）接受审计监督的原则：无论招标或谈判采购，都必须全过程接受审计或监督，审计监督机构为牵头人的审计、纪检监察部门或业主的监督管理机构。

3）物资采购流程

物资采购主要依托长庆油田公司物资采购管理平台，发挥其集中采购管理的优势，利用第二输油处的 ERP 系统向物资采购管理部提供物资采购计划，采购过程的具体操作和设备监造等由物资采购管理部负责。项目物资采购严格执行中国石油物资采购界面及采购流程，发挥油田物资采购部门优势，保证了采购材料设备质量。采购过程中，积极主动与供货商协调沟通，数十次赴厂家现场督促生产供发货。同时建立大型材料中转场，确保采购物资集中管理、统一调配，做到手续不全不出库，数量不清不出库，质量不合格、设备附件、备件不全不出库，质保资料不全不出库，为工程的顺利实施提供了基础保障。物资（含现场材料的临时计划）采购流程如图 6-7 所示。

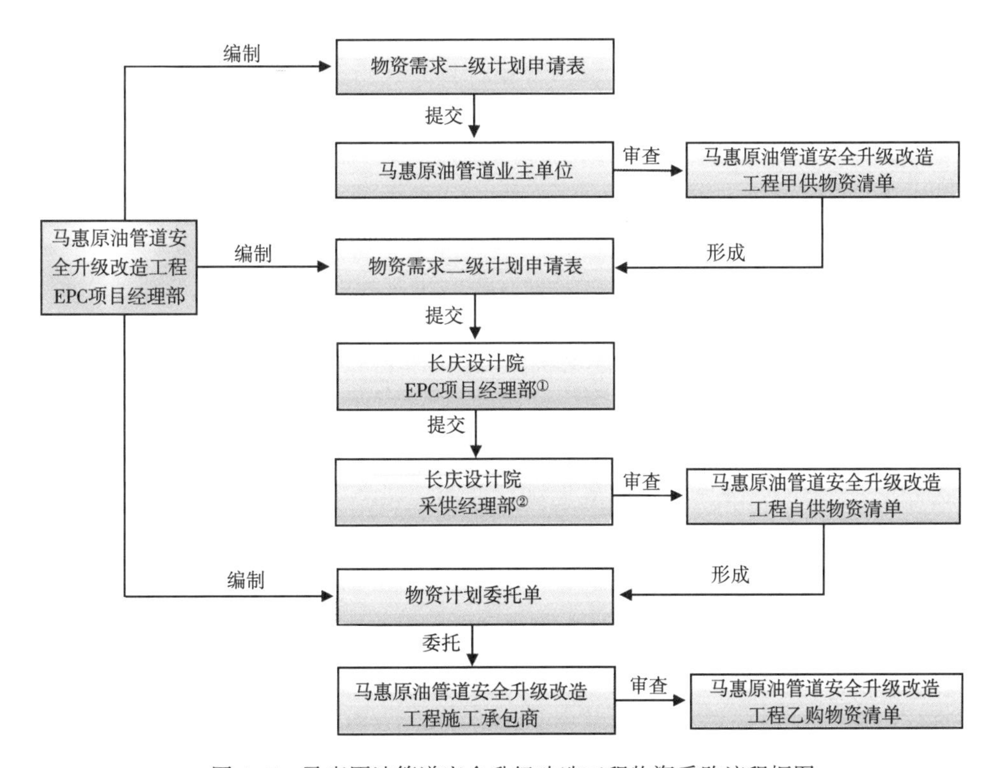

图 6-7 马惠原油管道安全升级改造工程物资采购流程框图

①采供管理部是公司 EPC 项目采供归口管理部门；②EPC 项目经理部是公司所有 EPC 项目主办部门

马惠原油管道安全升级改造工程物资接收方法见表 6-2。

表 6-2　马惠原油管道安全升级改造工程物资接收办法

甲供物资	自购物资	乙购物资
直达物资：由业主、监理单位、供货厂商共同参与验收，EPC 项目部直接接收保管； 业主库房物资：EPC 与施工承包商共同与业主办理交接领用手续，施工承包商领用保管	自购物资，由 EPC 项目部负责接货验收、入库与发放，施工承包商负责保管，同时办理教教手续	乙购物资，施工承包商负责保管和使用，同时上报 EPC 项目部，以便统一进行出入库、结算及核销工作

（1）设备材料到场后，由 EPC 项目部协调监理、采供管理部（自购）、施工承包商现场开箱检验。检验合格后，采供管理部与 EPC 项目部办理相关材料交接手续；EPC 项目部做好设备、材料的管理记录后，交于施工承包商保管。

（2）开箱检验发现的设备、材料缺件、缺陷、损伤等，坚持“谁采购、谁负责”的原则，采取措施解决开箱检验中发现的问题。

（3）EPC 项目部与采供管理部应每月核对材料采购供应明细；EPC 项目结束后，由采供管理部提供 EPC 项目采供物资清单，双方签字确认，作为后期材料核销的基准。

4）仓储管理

本部分仅针对由马惠原油管道安全升级改造工程 EPC 项目部储存保管的部分进行阐述。

（1）施工现场物资入库。

现场材料在进入现场仓库时，由 EPC 项目部材料管理人员完成相应的检验工作，检验合格后，现场材料方可入库进行发放。现场材料的开箱验收工作，由 EPC 项目部协调组织，监理人员、施工承包商、采供人员及供货商共同参与开箱验收，并签字确认验收结果。

（2）现场材料的仓储管理。

现场材料到场验收后，办理移交手续，移交施工承包商，施工承包商负责材料的保管，EPC 项目部对材料的仓储情况进行监督管理。在对施工现场材料进行管理的过程中，施工承包商应按照 EPC 项目部的要求，每周编制现场材料的状态报告，详细说明当期现场材料的型号、规格、数量及质量状态等内容，以便 EPC 项目部对材料进行统一调配。

5）施工现场剩余材料处理

施工结束后，EPC 项目部组织人员对施工现场的剩余材料做出统计，并注明材料状况，上报采供管理部门，按公司相关规定进行处理。剩余甲供物资由 EPC 项目部退还甲方进行核销，公司自购物资由 EPC 项目部向采供管理部提交剩余物资实物明细报表，采供管理部依据项目实际情况，确定项目某一时段（如保修阶段）需留存的物资数量，其他剩余物资按公司相关规定进行处理，施工承包商采购物资由施工承包商自行处理。

6）材料核销

马惠原油管道安全升级改造工程 EPC 项目施工结束后，甲供材料由 EPC 项目部组织施工承包商共同与甲方进行核销，自购材料核销由采购管理部与 EPC 项目部进行核销，形成自购设备材料清单；乙购材料核算由 EPC 项目部与施工承包商进行核销，形成乙购设备材料清单。材料核销时应坚持实物核销原则，做到账与物对应，严禁借工程项目核销该项目以外的物资。确保项目工程物资核销的准确性、真实性、完整性。

3. 施工管理

马惠原油管道安全升级改造工程 EPC 项目部坚持以合同文件和相关规范为基准，以计划管理规范各方的工作行为，以程序文件指导工程建设规范和有序实施，对工程进行动态管理，建立了规范化的 EPC 管理模式。设置机构完善、制度齐备、责任明确、精干高效的项目管理体系，高效、优质完成工程项目。

2014 年 7 月 4 日，基建工程部组织设计单位、第二输油处、第三输油处、第二采油厂、项目监理，会同油田公司业务主管部门及相关专家，进行了施工图会审，形成了《马惠原油管道安全升级改造工程施工图会审纪要》（施工图会审纪要 基建工程部 第 2 号文件）。

马惠原油管道安全升级改造工程施工过程如图 6-8 所示。

图 6-8　马惠原油管道安全升级改造工程施工过程

4. 费用管理

马惠原油管道安全升级改造工程 EPC 费用实行预算管理，项目部应设有费用估算和费用控制人员。负责编制工程总承包项目费用估算，制订费用计划和实施费用控制。项目经理对费用控制、进度控制和质量控制相互协调，实现项目的总体目标。

1）费用估算

马惠原油管道安全升级改造工程 EPC 项目部组织编制总承包项目控制估算。编制项目费用估算的主要依据为项目合同、工程设计文件、工程总承包企业决策、有关的估算基础资料及有关法律文件和规定。根据不同深度的设计文件和技术资料，采用相应的估算方法编制项目费用估算。

2）项目费用计划

EPC 项目部编制了项目费用计划，经项目经理批准后分配到各个工作单元，作为费用控制的依据和执行的基准。费用计划编制的主要依据为项目估算、工作分解结构和项目进度计划。费用计划编制应符合按单项工程、单位工程分解、按工作结构分解、按项目进度分解的要求。

3）项目费用控制

EPC 项目部采用目标管理方法对项目实施期间的费用发生过程进行控制。费用控制的主要依据为费用计划、进度报告及工程变更。费用控制应满足合同的技术、商务要求和费用计划，采用检查、比较、分析、纠正等手段，将费用控制在项目预算以内。项目部根据项目进度计划和费用计划，优化配置各类资源，采用动态管理方式对实际费用进行控制。费用控制框图如图 6-9 所示。

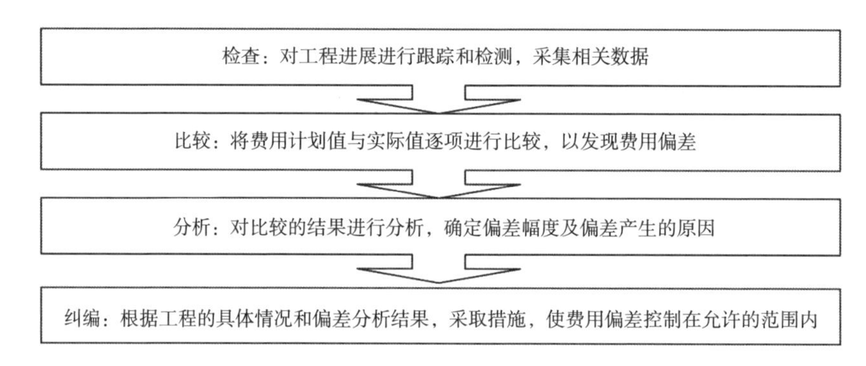

图 6-9　马惠原油管道安全升级改造工程费用控制框图

项目费用管理应建立并执行费用变更控制程序，包括变更申请、变更批准、变更实施和变更费用控制。只有经过规定的审批程序批准后，变更才能在项目中实施。

4）实施要求

（1）严格执行中国石油天然气股份有限公司关于马惠管道工程初步设计概算批复，确保投资可控。

（2）预结算严格执行油田公司工程造价管理规定，履行相关程序，逐级审查，符合内控要求。

（3）认真履行设计施工变更管理程序，严格执行先变更后施工的原则，做到有据可依。

通过项目管理的实施，实现了整个项目过程可控，总目标实现。

5. 进度管理

马惠原油管道安全升级改造工程坚持以控制计划管理为主线，EPC 项目部从项目管理、设计、物资采购和供应、地方协调、施工过程及投产运行等方面，按照合同文件及工程总体部署要求，编制完成了总体三级控制计划，由施工承包商负责以三级计划为纲编制四级执行计划，四级计划进度如图 6-10 所示。计划编制“横向到边”“纵向到底”，涵盖项目实施全过程控制要素、关键环节、资源配置。

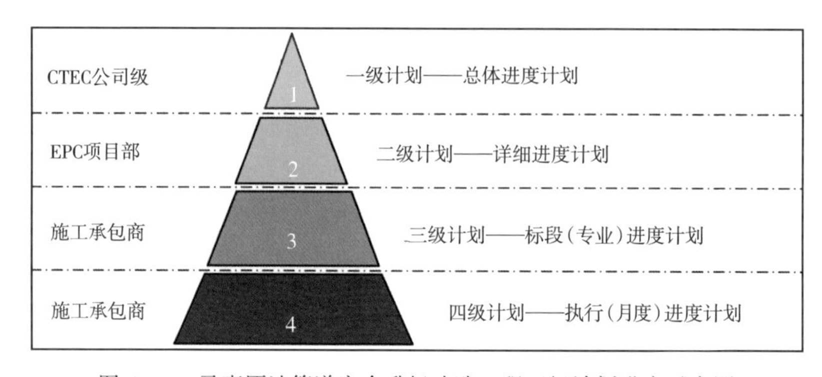

图 6-10　马惠原油管道安全升级改造工程四级计划进度示意图

1）计划的编制原则

项目的进度计划应按合同中的进度目标和工作分解结构层次，按照上一级计划控制下一级计划的进度，下一级计划深化分解上一级计划的原则制订各级进度计划。具体原则如下：

（1）实事求是：要根据可以整合的资源，结合自身的项目管理水平来编制项目实施计划，工作分解要符合工艺和作业要求。

（2）柔性管理：计划要方便实施阶段性的任务下达与管理，可实现阶段性的总结，方便监控与动态调整。

（3）合理优化：利用现有的管理工具和管理理论对项目计划进行适度优化，在满足项目质量、安全、工期的前提下，尽可能地降低成本。

（4）关键路径：项目计划要有明显的关键路径，方便作业人员快速把握项目执行重点。

（5）全员参与：项目所有部门都要参与计划编制，多听取项目组人员意见，编制完的计划要让全体员工清楚了解。

（6）可信息化：可采用网络技术信息化管理。

2）计划的编制流程

计划的编制流程如图6-11所示。

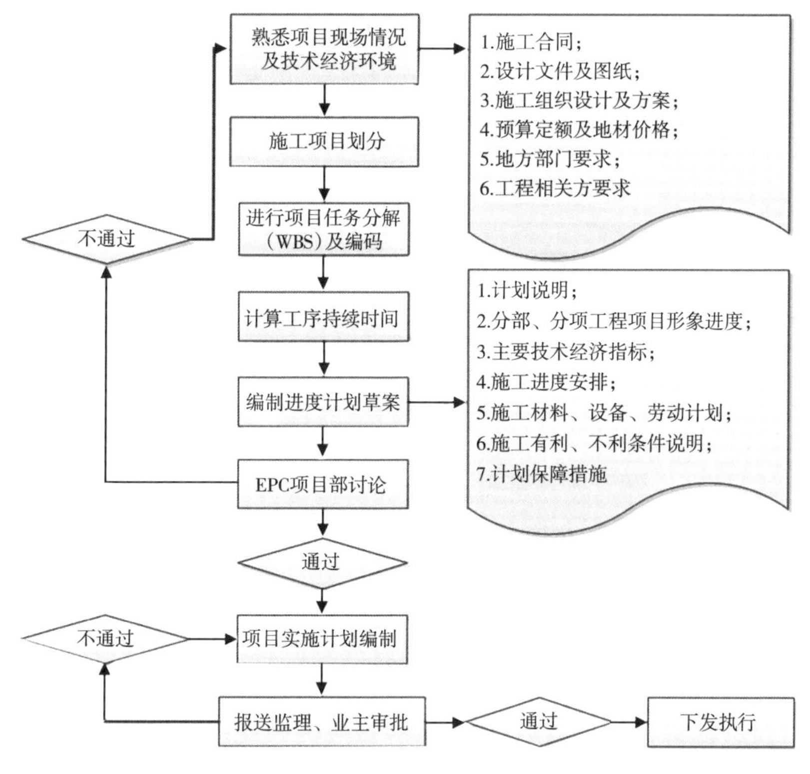

图6-11 计划编制流程示意图

3）计划的组成部分

（1）进度计划图表。

（2）进度计划编制说明。主要内容有进度计划编制依据、计划目标、关键线路说明、资源要求、外部约束条件、风险分析和控制措施。

4）计划的控制纠偏

（1）控制的依据为项目合同、项目管理计划、项目总体施工进度计划、施工承包商合同、EPC项目部制定的各级施工进度计划、施工承包商制定的各级施工进度计划。

（2）计划执行流程如图6-12所示。

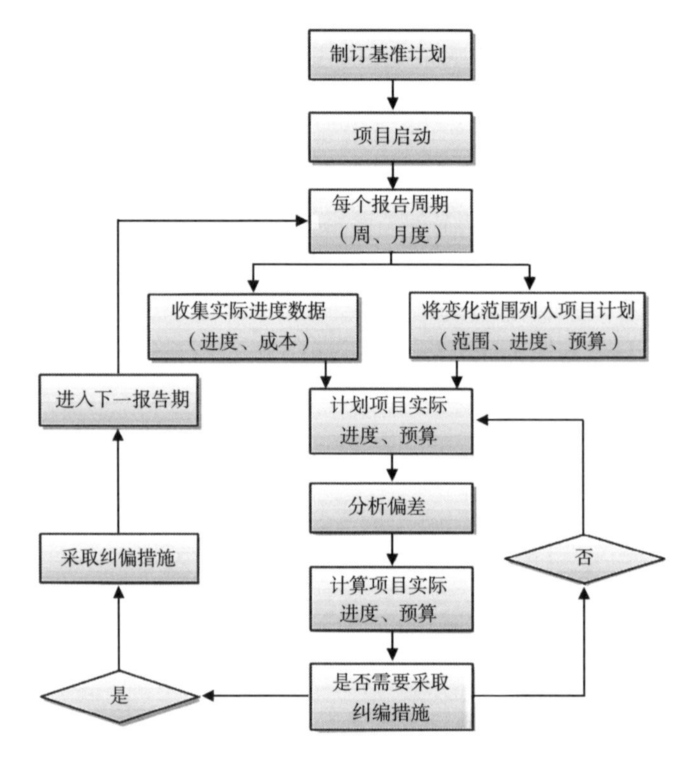

图6-12　计划执行流程示意图

在进度计划实施过程中由EPC项目部进度控制人员跟踪监督，督查进度数据的采集；及时发现进度偏差，并分析产生偏差原因。当活动拖延影响计划工期时，应及时向项目经理做出书面报告，并进行监控。马惠原油管道安全升级改造工程按照周计划、月计划发布项目进度计划执行报告，报告中分析当前进度和产生偏差原因，并提出纠正措施，设计、采购、施工重点关注环节如图6-13所示。

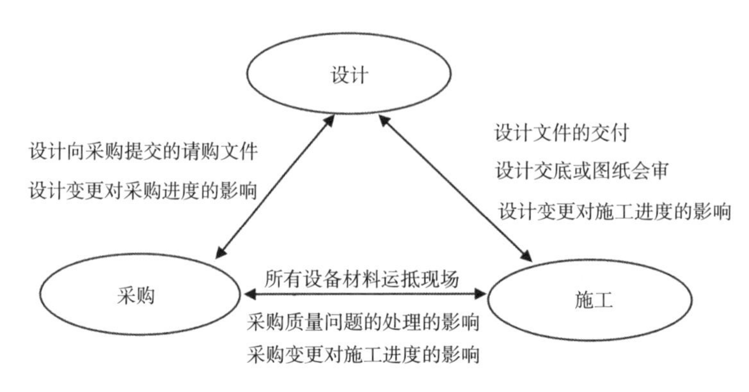

图6-13　采购施工重点环节示意图

5）进度的总结与调整

（1）整体项目进度总结：每周对设计、采办、施工各方工作进度计划进行总结，及时发现问题，采取强有力的措施确保总体进度计划的实施；每月对整体项目进度计划进行总结，各个环节是否在总体进度计划的控制范围内；整个项目完成后对项目进度计划进行全面总结。

项目进度管理总结应包括下列内容：合同工期及计划工期目标完成情况；项目进度管理经验；项目进度管理中存在的问题及分析；项目进度管理方法的应用情况；项目进度管理的改进意见。

（2）进度调整：设计、采办、施工进度若不符合 EPC 项目总体进度计划要求，必须以书面形式上报 EPC 项目部，并分析其原因、制订出进度调整的措施。项目部对设计、采办、施工制订出的进度调整方案和措施进行评审，确保总体进度计划的顺利实施。在 EPC 总承包商正式批准分包商第一次进度计划后，根据实际进度，分包商应每半个月向 EPC 总承包商提交更新的总体进度计划，经 EPC 总承包商批准后实施。

6）工期保证措施

为实现油田公司确定的工程建设目标，管理建设项目经理部重点做好项目计划工作，充分发挥 EPC 总承包资源整合优势，将设计、采购、施工工序有效交叉结合。制订合理可行的实施计划，设计、采购、施工各相关单位严格按照计划执行具体工作，相关责任处室、项目分部按照计划对执行过程进行控制，及时发现偏差并采取纠偏措施，保证项目控制计划的落实，直至最终实现工程建设的工期目标。

（1）设计保证措施。

考虑到设计是采办、征地和施工开展的前提，将技术规格书提交时间、用于招标的初步设计提交时间、征地红线图提交时间作为设计工作的关键控制节点加以控制。每个标段的施工图分批提供，保证各个标段施工的顺利实施。明确 EPC 总承包商对施工图设计的管理责任，通过设计与施工的有效结合，保证施工图的设计质量，减少施工图的设计变更，保证现场施工。

（2）物资供应措施。

①钢管供应：要求设计首先确定管径、壁厚、材质参数，明确钢管总需求量，及早锁定钢管资源，分别按照供应链，将板材、钢管、运输、到站等环节逐一落实，最终按时保证现场钢管供应。

②阀门等长周期进口物资：按照所需要的采购、制造、运输周期，倒推时间，及时组织长周期物资采购，调研各制造商生产实力，合理划分招标合同项，保证长周期设备按时到场。

③合理划分甲供物资界面，发挥 EPC 承包商在中转站管理和大宗常规线路物资采购优势，保证物资供应时间。

（3）施工保证措施。

通过招标方式确定施工单位，根据施工单位综合能力，进行评比，择优选择；工程前期对施工现场进行踏勘，对工程中的难点、控制点进行充分掌握，编制行之有效的施工组织计划，确保工程施工按期完成；合理部署施工资源，有序组织工序衔接，确保施工综合进度的实现。

6. 质量管理

在长庆设计院质量健康安全环境管理体系（QHSE体系）下，马惠管道EPC项目部完善质量管理细则，施工过程中严格按标准规范、设计要求施工，严查施工质量。组织16次专项质量大检查，对查出的问题限期整改。以多种形式展示检查出现的质量问题，通过“晒问题，照镜子”，让各施工承包商相互比对，增强质量意识，打造优质工程。诚恳接受监理公司、质量监督站在工程施工过程中提出质量问题，认真组织承包商进行质量问题整改，并且举一反三，召开质量分析会，进行深刻剖析，杜绝相关质量问题。

1）项目质量方针和目标

为保证马惠原油管道安全升级改造工程达到业主的质量要求，使该管道工程建设施工质量处于受控状态，EPC项目部依据ISO9000标准建立了全面系统的质量保证体系，并制订EPC项目部的质量方针和目标。项目建设以质量控制为重点，精心组织、科学管理，确保在合同工期内将马惠原油管道安全升级改造工程建设成为国家优质工程。

2）项目质量策划

（1）建立质量体系。

为实现项目质量目标，EPC项目部编制了《质量管理手册》《质量计划》《质量检查计划》等质量管理文件，明确规定各方在项目不同阶段的责任和义务。

（2）成立质量管理机构。

为了加强施工现场管理，严格控制各工序质量，EPC项目部成立以项目经理为领导，以项目副经理为管理者代表，以各分部经理和部门经理为成员的质量管理小组，在项目经理的领导下和质量管理办公室的组织下对各施工承包商进行项目质量管理。

（3）制订质量管理制度。

①质量考核制度：为保证质量体系的有效运行和各项制度的落实，使各施工活动的规范质量行为能切实贯彻质量管理文件的规定，处于良好的管理和控制，从而确保马惠原油管道EPC项目各项活动按照合同要求安全、优质、高效地完成，特制订《质量考核办法》，对各施工单位进行监督检查，以提高马惠原油管道安全升级改造EPC项目部的质量管理水平。

②质量奖惩制度：为保马惠线工程EPC项目质量管理的有效运行，提高施工和服务质量，使各参建单位能够贯彻质量程序和规范，严格控制各工序质量，使项目各项生产任务达到项目既定目标，EPC项目部特制订质量奖惩制度，作为对各施工单位进行监督、检查、考核的辅助措施，以提高员工的积极能动性。

③质量记录和报告制度：为使产品活动具有可追溯性，EPC项目部加强对施工承包商施工活动质量记录的控制和管理，为质量体系有效运行提供客观证据。质量记录和报告制度对质量记录的填写、传递、保管、归档、借阅和销毁，并规定了对产生重大事故或发现某项活动存在重大事故隐患时的上报制度。

3）质量控制措施

（1）设计质量控制。

严格审查设计单位自身质量保证体系的运行情况和专业资源配备，保证设计质量实现的基础。组织运行单位和行业专家审查初步设计，对主要工艺方案、设备选型方案、线路走向方案、工艺控制原理等严格把关。认真组织施工图会审和设计交底工作，审核图纸资料是否齐全、有无矛盾及错误；设计采用的数据和资料是否与实际条件相适应，能否保证施工质量和施工安全；对施工的具体技术要求及应达到的质量标准是否明确。

（2）设备、材料质量控制。

大宗物资和设备实行招标采购，优选信誉好、技术力量强的供应商；对不能招标的限额以下零星物资和特殊物资，要进行市场调研，做到货比三家，确保选择技术力量强、质量保证体系完善的供货商。

对主要设备材料实行驻厂监造，通过聘请专业机构和专家驻厂监造等手段，实施生产过程的质量控制。主要设备材料出厂前，要进行出厂质量验收，验收不合格的材料严禁出厂。

（3）施工质量控制。

施工阶段质量控制是整个工程建设质量控制的重点，EPC 总承包商、各承包商和工程监理要严格按合同、技术规范、设计图纸要求施工，以质量预控为重点，事先设定关键质量控制点，实行阶段性控制。

施工准备阶段：在开工前，严格按照程序检查施工承包商的人员资格、设备机具完好情况、进场材料质量和施工组织设计（施工方案），严格按程序进行图纸会审和设计交底。

施工前期阶段（预控和过程控制相结合）：严格按照程序对百口考核和试验段施工实施质量控制，总结新材料、新工艺、新设备的施工经验和教训并推广，特别是管道焊接，为工程全面开工奠定基础。

正常施工阶段（预控和过程控制相结合）：检查施工承包商现场 QHSE 保证体系是否正常运行，是否严格按照施工图纸、标准规范和批准的施工组织设计（施工方案）组织施工，重点控制交桩放线、管道焊接、防腐补口和管道埋深质量，并对施工过程的原材料、半成品和成品进行抽查。项目经理部和项目分部定期对施工现场进行质量检查。

验收阶段（过程控制与事后控制相结合）：按照中国石油天然气股份有限公司有关要求制订详细的验收程序和验收内容，并组织实施。对于验收过程中发现的问题，及时采取处置措施，及时按照要求进行处置，确保工程质量满足工程使用功能和安全的要求。

7. HSE 管理

落实长庆设计院 HSE 体系，根据施工内容，对线路施工、场站施工进行了危险源、环境因素辨识，编制了《应急预案》《线路工程危险因素（源）调查表》《场站工程危险因素（源）调查表》，严抓现场施工安全，使得安全风险受控、削减，确保了马惠管道建设期间无任何安全事故。将确保站内施工安全作为安全工作头等工作来抓，严格遵守油气场站管理规定，执行作业票制度，接受站场运行单位监督管理。在场站施工期间，运行单位提供了许多宝贵的建议和支持，顺利完成了油气场站改扩建施工。

1）项目健康安全与环境方针和目标

按照长庆油田公司体系文件要求及管理要求，制订了马惠管道升级改造工程项目 HSE 方针和 HSE 总目标，并对总目标进行了详细的目标分解，还针对工程特点提出了环境保护目标要求。

2）HSE 管理体系

项目经理部结合项目的实际情况，依据 Q/SY 1002.1—2013《石油天然气工业健康、安全与环境管理体系》、GB/T 28001—2011《职业健康安全管理体系 需求》、GB/T 24001—2016《环境管理体系 要求及使用指南》，并结合 EPC 项目部经营战略和健康、安全与环境管理现状，组织编制了项目HSE管理体系文件。包括HSE管理手册、HSE作业计划书、HSE作业指导书、HSE检查表等。制订了HSE部门及岗位职责，初步建立了上到监理业主、下到施工承包商的HSE管理网络。体系建立的目的是为了提高EPC项目部的健康、安全与环境管理水平，保证项目部施工生产、管理等活动都在相关健康、安全与环境的法律、法规要求范围内进行，要求最大限度地减少人员伤害、财产损失、环境破坏等事故，实现可持续发展的战略方针。

要求所有参建单位建立的HSE管理体系与项目经理部保持一致。在工程开工前，项目经理部组织工程监理对参建单位的HSE管理体系进行全面审核。

马惠原油管道安全升级改造工程项目的HSE管理体系机构分为三个层次（图6-14）。

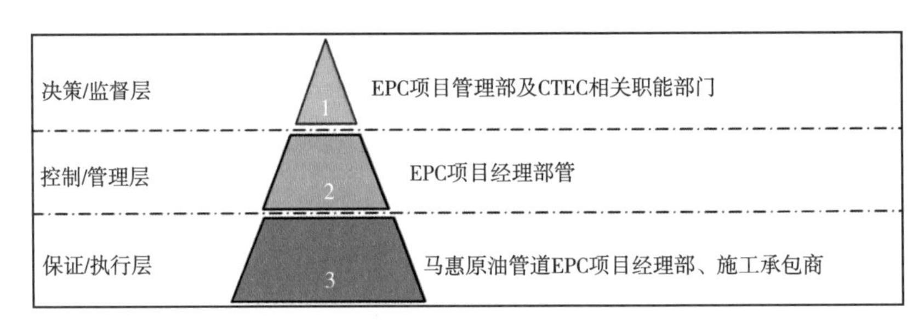

图6-14　马惠原油管道安全升级改造工程项目的HSE管理体系机构组成示意图

3）HSE管理措施

（1）设计阶段HSE管理的主要措施。

初步设计和施工图设计以“安全第一，预防为主”为原则，严格执行国家有关标准，技术水平、主要技术经济指标的先进性要符合国情。

可行性研究阶段要进行安全预评价、地质灾害评价和环境影响评价。

勘察设计、安全评价、地质灾害评价和环境影响评价应由取得相关资质的单位承担，评价内容及深度要满足国家及行业的有关规定。

选用新技术、新工艺和新材料，从本质上提高安全和环保要求。

初步设计的《健康安全环保篇》要得到HSE相关部门的批复。

（2）施工阶段HSE管理的主要措施。

签订HSE合同，明确合同双方在工程建设HSE方面的责任、权利和义务。

以项目经理部HSE管理体系为依据，建立监理和承包商HSE管理体系，落实安全生产责任制、环境保护责任制，切实做好HSE管理工作，确保HSE管理目标的实现。

严格进行开工前HSE检查，在施工过程中，检查施工承包商现场的施工组织是否按照EPC总承包商HSE管理体系、施工承包商HSE管理体系要求进行，安全、环保设施是否按照要求配置。

认真执行HSE技术标准规范，根据项目安全评价、环境评价要求，检查HSE控制措施的制订与落实情况，针对特殊问题制订专门的技术措施。

在工程建设中，应用系统工程的理论和方法，分析施工安全，制订切实可行的安全措施，并贯彻落实。

建立HSE监控机制，实时监控，及时处理现场问题，最大限度地降低HSE问题对工程产生的负面影响；建立完善的应急管理机制，制订应急措施，并落实应急资源。

（3）试运投产阶段 HSE 管理的主要措施。

严格审查试运投产方案，确保 HSE 保证体系健全、完善，HSE 保证措施具体有效。

明确投产试运过程各方 HSE 负责人，做到界面明确、责任清晰。

建立完善的投产试运应急管理措施，并落实应急资源。

检查投产试运过程中使用的各种设备、工器具是否有安全措施，确保设备、工器具的本质安全。

检查试运投产工作是否按照批复的试运投产方案进行，制订的 HSE 措施是否落实到位。

建立 HSE 监控机制，实时监控，及时处理现场问题，最大限度地降低安全问题对试运投产工作产生的不良影响。

（4）应急预案。

为了建立健全 EPC 项目经理部紧急救助体系和运行机制，规范紧急救助行为，制订了马惠原油管道安全升级改造 EPC 项目部应急预案。

EPC 项经理部成立项目部应急指挥中心，负责指挥、协调应急救援工作，其成员由有关部室负责人组成，单位成员为各施工承包商的项目经理。

要求应急小组成员 24h 保持通信畅通，保障措施到位，认真组织培训和演练，提高紧急救助能力，迅速、有序、高效地实施紧急救助行动，最大限度地减少马惠原油管道安全升级改造 EPC 项目经理部和各施工承包商的财产损失和人员。

（5）健康安全与环境管理工作界面见表 6-3。

表 6-3　职业健康安全与环境管理工作界面一览表

序号	控制项目名称或活动	施工承包商	EPC 经理部	EPC 项目管理部	西安长庆科技公司
1	EPC 项目 HSE 管理手册	执行	组织	监督	监督
2	HSE 风险识别	执行	组织	监督	监督
3	EPC 项目人员 HSE 资格认定		组织	备案	
4	承包商人员 HSE 资格认定		组织	备案	备案
5	承包商 HSE 检查计划	编制	审批	备案	备案
6	EPC 项目 HSE 检查计划		编制	备案	
7	承包商人员健康检查	上报	审查	备案	
8	EPC 项目人员健康检查		上报	备案	
9	承包商 HSE 设备的配备	上报	审查	审查	
10	承包商营地 HSE 验收	上报	审查	审查	
11	承包商 HSE 培训	组织	核查		
12	EPC 项目 HSE 培训		组织	审查	
13	一般不符合	整改	整改	复查	
14	严重不符合	整改	整改	复查	备案
15	承包商应急反应预案	编制	审查	审批	备案
16	承包商施工过程 HSE 检查	组织	抽查	备案	
17	EPC 项目组织 HSE 检查	参加	组织	监督	
18	一般 HSE 事故处理	参加	组织	监督	
19	重大 HSE 事故处理	参加	参加	组织	监督

四、项目交接投运

马惠原油管道安全升级改造工程在项目投运经验收交接后，由业主向长庆油田公司提出投产申请，经相关部门审批后业主组织投产，长庆设计院相关部门协调，马惠原油管道安全升级改造工程 EPC 项目部组织施工承包商配合投产并负责投产保运工作。

1. 项目验收交接

验收分为预验收和正式验收。预验收是指由长庆设计院内部组织对施工承包商承建的工作单元、单位、单项工程及总体工程的验收，可邀请监理、业主参加。正式验收是指业主组织对施工承包商承建的施工单元、单位工程、单项工程及总体工程的验收，由 EPC 项目部、施工承包商、设计、监理及政府监督部门参加。

1）验收程序

施工承包商申请验收、公司组织的预验收、业主组织的正式验收。

2）交接的资料

文件和审批文件，材料生产制造许可证、产品合格证书和检验（检测）记录，材料售后服务文件（售后服务合同、联系方式、联系人等），批准的工程项目变更文件、记录，项目有关会议记录，项目合同中指定提供的技术要求和特殊要求，项目合同中指定提供的标准，施工技术档案资料，施工的其他竣工资料。

3）交接流程投产

施工承包商提出交接、EPC 项目部组织交接、业主（运行方）接受、签字确认。

2. 项目试运

1）投产前准备

试运投产是由建设转为生产运行的关键环节，检验管道能否安全、高效运行和是否达到了设计要求。在项目投产运行的人力、物资和资金等资源准备完善的基础上，组织成立试运投产领导机构，考核试运投产具备的条件，审定试运投产方案和管理程序，从而使建设项目达到接收的条件和目标。

EPC 项目部投产职责：（1）编制试运投产方案、进行投产前人员培训。（2）负责投产试运准备及投产试运期的全部工作。（3）负责召集、安排自购物资供货商到现场进行服务。（4）如果在试运过程中由于非业主原因造成试运未能一次成功，EPC 项目部应立即查找、确定原因，并采取有效措施解决。

试运投产应具备条件见表 6-4。

表 6-4 试运投产应具备条件

线路工程	站场工程
①管线焊接、试压、吹扫及管线连头等工作全部完工； ②管线沿线阀室工程完工，各类阀门及管线安装完毕并验收合格，其相应通信、自控检测、数据远传等装置经调试达到设计要求； ③管线阴极保护系统具备投产条件后，验收合格并投入运行； ④站间通球扫线已实施； ⑤管线启动前，应确认全线线路截断阀为全开启状态	①站场内各系统工程按照设计完成全部安装、试压等施工工作并经验收合格； ②单体设备的保护系统已经投运； ③收发清管器装置及系统安装调试合格，快开盲板开启、关闭、密封等性能符合产品说明书要求，清管指示器的校准和试验符合要求。投产用清管器已运到指定现场位置

续表

线路工程	站场工程
站场相关专业工程	
①本工程配套消防设施应经公安消防部门验收合格； ②与各站外供电系统签订供电协议，地方供电部门确认变电所可以送电，各站外电均获得用电使用权限。各场站变电所、配电装置已通过地方供电部门验收合格，按照供电协议供电； ③变电所、配电装置的测量、控制和保护单元完好。保护、测量、控制单元显示正常。就地操作一次设备灵活、可靠。定值已按照定值整定单整定完成，并且通过校验合格； ④外电线路已经按照设计施工图的要求施工完成，各站架空线路处于可以送电正常状态； ⑤站场防雷、防静电接地装置已经按照设计施工图的要求施工完成，其接地电阻符合设计要求并出具测试报告，经当地主管部门验收合格； ⑥通信系统主、备用线路已经开通，光传输系统、软交换系统、工业电视系统运行稳定、可靠； ⑦调控中心与站场的通信测试完毕，系统通信正常	

投产前还应做好其他准备：

（1）生产管理组织机构健全，各岗位人员配齐到位，培训合格；特殊工种操作人员应取得相关部门颁发的操作证书。

（2）制订各岗位生产管理制度、操作规程，编制生产报表。

（3）组织相关部门进行投产前联合检查。

（4）试运投产方案编制：试运投产方案由 EPC 组织相关方面编制，业主相关单位及工程监理进行协助，试运投产方案主要内容包括：项目概况（说明工程项目的组成、规模、范围及合同条件等情况）；试运行方案的编制依据和编制原则；试运行指导思想、目标和标准。试运行应具备的条件；试运行的组织指挥系统。试运行进度计划；物料平衡、燃料和动力平衡；环境保护设施的建设和投运安排。职业安全及工业卫生；需要重点关注的技术难点和采取的应对措施。

2）试运投产

（1）组织和协调关系如图 6-15 所示。

（2）联动试运行。

联动试运行的组织实施，联动试运行的条件检查，联动试运行方案、联动试运行相关规定及合格标准等，按具体项目试运行方案执行。

（3）试运行过程记录。

联动试运行过程记录应包括联动试运行过程全部控制点的记录。试运行过程记录应由 EPC 项目部负责组织收集、整理和归档。

（4）试运行完工报告。

试运行结束后应由 EPC 项目部组织编制试运行完工报告。

3. 项目移交

EPC 项目部按照合同约定，按设计文件规定的工程内容全部建成后，竣工资料和验收资料准备齐全，业主按合同条款的规定进行工程验收与接收。

1）项目移交的程序

（1）试运行合格后，由 EPC 项目部以书面形式向业主提出最终验收移交要求。

（2）EPC 项目部准备工程完工证明、工程文件交接完毕证明、物资移交完毕证明、

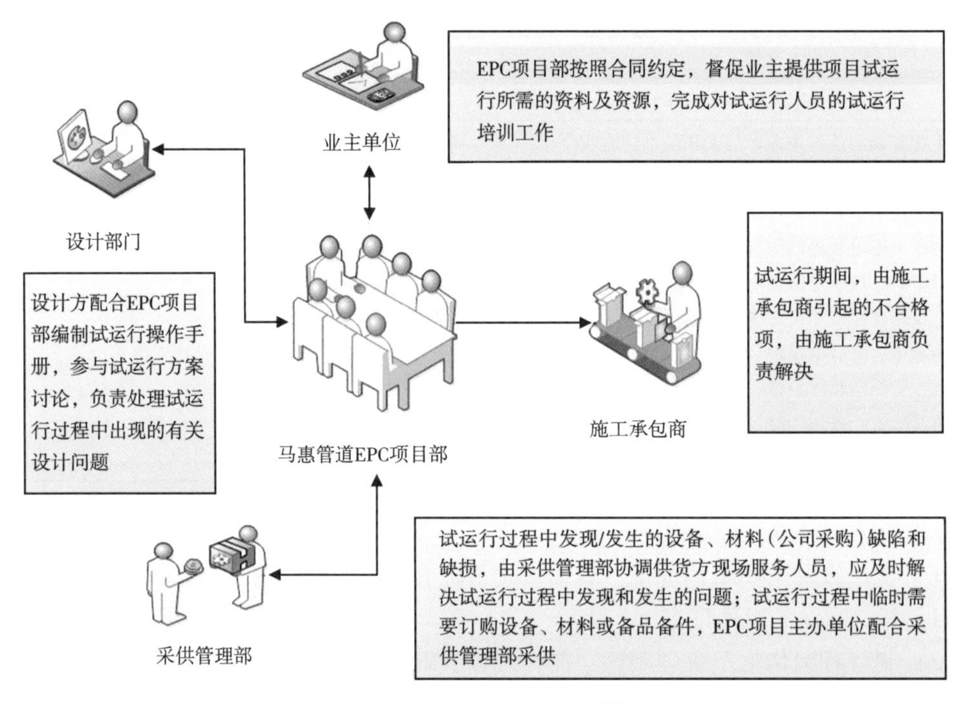

图 6-15　组织协调关系示意图

工程量审查完毕证明及其他证明文件。

（3）业主进行审查确认。

（4）举行全面审查会议，由业主、监理单位、EPC 项目部、施工承包商参加。

（5）EPC 项目部在向业主提交颁发工程验收证书的申请，移交整个项目。

（6）业主确认，全面接收整个项目，业主与项目部签署工程验收合格证书。

2）项目移交资料

（1）设计文件和审批文件。

（2）设备材料合格证书和检验、试验记录。

（3）项目变更文件、记录。

（4）项目审核会议记录。

（5）业主的技术要求和特殊要求。

（6）项目竣工技术档案资料。

（7）与项目有关的全部竣工资料。

五、项目实施评价

马惠原油管道安全升级改造工程实施 EPC 总承包管理模式，将传统模式下独立运作的设计、采购、施工实现了“三位一体”，无缝衔接，产生了“1+1+1>3”的效果，EPC 模式既发挥了设计的龙头作用，又优化了资源配置，提高效率，控制投资，降低成本，为长庆油田超低渗透地面建设提供了强力引擎。马惠原油管道竣工后的现场如图 6-16 所示。

图 6-16 马惠原油管道竣工后组图

1. 采用“业主+EPC+监理”的建设模式，产生了“1+1+1>3”的效果

（1）该建设模式为工程建设主流模式，也是中国石油天然气股份有限公司近几年推行和推荐的工程建设管理模式。

（2）通过建设过程各环节的无缝衔接，优化资源配置，大幅减少业主在项目建设中管理、组织、协调的工作量，减轻业主在建设过程中管理难度，降低业主所承担的安全风险，更好地在宏观层面掌控和监督项目的建设。

（3）以设计为龙头，发挥技术优势，将设计、采购、施工及征地外协之间的一体化和高度融合，使建设项目在一个统一的框架下展开整体工作，可有效控制投资，提高项目建设的效率效益水平。

（4）通过统筹兼顾，减少中间一些不必要的环节，确保项目建设管理精细化。

2. 充分发挥设计优势，确保项目安全，提升项目品质

1）“顶层、智能、系统”三个设计基础

（1）采取“完整性评估”技术，构建工程的顶层设计构建了“先完整性评估，后改造实施”的建设模式，以确保“利旧的安全，废弃的合理”。

（2）采用“航测+”技术，开启工程的智能设计采用高精度惯性导航和 ADS80 宽幅推扫式航测技术，影像地图制作自动化高、速度快、信息量丰富。同时采取航测技术+线路智能设计系统，实现“智能扫线、智能变坡点、智能添加水工保护、高后果区智能识别”等设计，较传统勘测及设计手段提升效率 40%以上。

（3）采用“模拟仿真”技术，优化工程的系统设计。采用国际先进的模拟仿真器

“Stoner Pipeline” 及 “Pipeline Studio” 开展了工程的 8 种稳态、13 种瞬态及泄放模拟仿真。

2）“建设、运行”两个安全核心

“建设、运行”两个安全核心内容形式如图 6-17 所示。

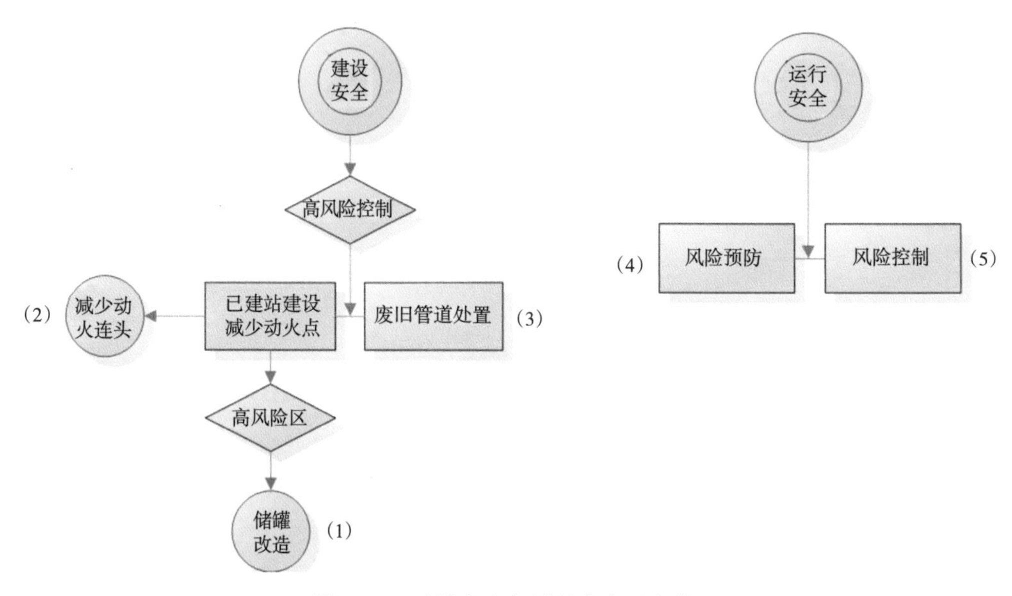

图 6-17　建设安全与运行安全两个核心

（1）储罐改造不动火新技术应用。

首次采用储罐不动火修补技术，有效地解决储罐点蚀穿孔问题，降低了施工风险，较动火焊接修复。

首次采用外贴式超声液位检测技术解决了旧储罐增加液位检测不动火施工问题，降低风险，较增设插入式检测装置，较大幅度地节约了投资。

（2）减少动火连头。

首次采用外夹式超声计量技术，可解决已建管道在线增加计量检测，确保已建管道不停输、不动火，降低改造成本。

首次采用计量、清管器收发一体化集成装置，可实施工厂提前预制，减少站内动火作业，降低了在役管道站场施工风险。

3）废旧管道处置技术

马惠管道废弃的老管线需进行相应处置，为确保实施的安全性和经济性，采取了因地制宜的处置技术。

效果：采用的废旧管道处置技术，在确保安全的前提下，可大幅降低投资，氮气封存、注浆封存每十万米成本分别只占开挖回收方式的 19%、71%。

4）风险预警技术

管道瞬变模型法泄漏检测与定位技术，通过 SCADA 系统采集的压力、流量和温度，经过软件的分析计算后，对管线进行泄漏报警及定位。

5）风险控制技术

（1）首次采用双重模块冗余独立 ESD 系统。

独立紧急停车系统（ESD）是专门设置的安全检测、报警和逻辑控制系统，它独立于各输油站场工艺过程检测和控制系统，二者之间可进行通信。采用双重模块冗余系统，保障系统安全。

安全优势：降低失效概率，系统响应速度提高，降低错误急停概率。

（2）首次在阴保系统采用固态去耦合器防护技术。

（3）首次采用电液联动执行器，精准参与水击保护。

（4）大型悬索跨技术的自主创新。

6）“功能”的优化提升

（1）首次在长庆油田应用串联泵输送工艺。

（2）首次采用光传送网（OTN）波分复用技术。

（3）采用管道阴极保护智能远传技术。

（4）输油泵房首次采用轻钢结构+桥式吊 车+吸音降噪结构结合的建筑模式。

3. 精细管理，严格过程控制，多项评比创优

马惠原油管道安全升级改造工程作为2015年长庆油田地面产建工程代表，在中国石油天然气股份有限公司2015年油气田地面建设检查中，认为长庆油田在油气田地面建设管理过程中，面对新形势的要求及各种困难，能够认真贯彻执行国家的法律、法规，以及中国石油天然气股份有限公司关于工程建设的相关制度、规定，严格执行基本建设程序。在地面工程建设中，能够积极运用诸如“业主+EPC+监理”等新的项目管理方式，科学组织、规范运作，能够及时发现和纠正不良质量行为和质量问题，地面建设工程质量总体处于受控状态。

马惠原油管道安全升级改造工程在中国石油天然气股份有限公司检查中，其综合排名、建设单位、设计单位、监理单位、安装单位、无损检测单位均获得小组第一。

4. 媒体关注

《长庆石油报》《中国石油报》等媒体以《“大动脉”北上南下（长庆油田“一体化”模式优质高效建设马惠管道纪实）》《一马当先惠四方（马惠原油管道建设实施EPC项目总承包模式综述）》等报道，详细介绍了马惠线建设，对马惠管线实施EPC模式建设取得的成绩给予了充分的肯定。

马惠原油管道安全升级改造工程开展了系列技术研究工作，共获得专利等科技创新成果26项。该工程通过采用安全评估、优化设计等措施，节约投资1.07亿元。2015年投运4个月以来，累计输送原油78.26×10^4t，输油泵、加热炉效率、管道整体输送能耗指标均达到了国内先进水平，节约运行费用约380万元，产生了良好的经济效益。

第七章　技术展望

面对鄂尔多斯盆地地质条件复杂多样、地形极端破碎、环保压力极大的现实，多年来，通过技术进步和创新驱动积极推广应用成熟技术、吸收利用实用技术、创新发展特色技术，形成了鄂尔多斯盆地低渗透油气藏地面配套技术系列。

下一步，立足长庆油气田 5000×10^4t/a 持续稳产建设主战场，坚持“自主创新、重点跨越、差异发展、低渗领先”指导方针，坚持“先进、适用、节约、人本、环保”工作理念，积极推广应用“四新”技术，加大原始自主创新开发和科技成果转化工作，创立推进长庆油气田地面工程建设系统科学发展的一整套特色技术，着力解决鄂尔多斯盆地制约油田生产、管道防护及治理、工程服务等生产发展与持续稳产的技术难题。

在油气田集输、油气长输管道、油气处理、伴生气回收、CO_2 驱油、深度脱凝液、煤层气等重点领域，核心关键技术取得更大突破，大力推广“四新”技术，加快油气田开发建设技术更新换代步伐。随着新两法实施，环保压力巨大，“十三五”期间将针对油气管道泄漏对策技术、管道水工保护措施等方面展开有针对性的研究，科研成果应用于工程实际，并取得良好效果。

（1）油田地面技术。

开展“长庆油田 5000×10^4t/a 稳产关键技术”研究与试验，重点是原油不加热集输技术机理研究、高含水油田地面工艺研究、含硫原油地面工艺技术研究及含油污泥处理工艺研究。开展低渗透油藏 CO_2 驱油与埋存（CCUS）关键技术研究与应用，重点是 CO_2 长距离管道输送技术研究，复杂条件下 CO_2 驱注入技术研究，复杂环境下 CO_2 驱采出流体集输、处理技术研究，采出液中水和含 CO_2 伴生气循环利用技术研究。开展三次采油地面工艺研究，重点是空气泡沫驱地面工艺研究和二元复合驱地面工艺研究。加大一体化集成技术研究与应用，主要包括：一体化集油收球阀组橇系列、完善一体化橇装接转装置系列、完善一体化橇装脱水装置系列、30×10^4t/a 联合站一体化集成化装置研究、泵到泵混输一体化集成装置、一体化集成计量装置和高效集成设备的研究。加大节能减排技术研究与应用，重点是井场压缩天然气（CNG）一体化装置研究和鄂尔多斯盆地低渗透油田伴生气回收工艺优化研究。

（2）气田地面技术。

开展长庆气田上古生界天然气处理技术研究；开展气田稳产及提高采收率地面综合技术研究，重点是净化厂（处理厂）能力分析及优化运行研究、气田中后期增压工艺及关键设备研究、低浓度酸气处理工艺技术研究、站内设备适应性分析及研究（分离器、排液系统适应性）、气田集输管网适应性分析。开展致密气开发地面工艺技术研究，重点是井场采出水计量工艺研究、智能开关井技术研究、高液气比气体输送工艺技术研究、中后期增压工艺及关键设备研究、站内设备适应性分析及研究（分离器、排液系统适应性）、气田集输管网适应性分析。开展一体化集成技术研究与应用，主要包括：建立一体化集成装置设计、制造、验收标准，推动规模化应用；井组集成一体化集成装置系列化及优化完善；天然气集气一体化集成装置系列化及优化完善；$150\times10^4m^3/d$ 天然气脱油脱水一体化集成装置研制。开展液化天然气（LNG）、煤层气、页岩气等新行业新技术研究；LNG 技术研究包括 LNG 站场区域平面布置和站场总平面布置技术研究、原料气预处理工艺技术研究、天然气液化及冷剂循环装置技术研究、闪蒸气增压工艺技术研究、冷剂存储流程技术研究、LNG 储罐及装车设施技术研究及低温设备和材料选择技术。煤层气地面工艺技术研究包括煤层气站场一体化集成装置研发、地面工艺优化简化工艺研究、煤层气处理工艺优化研究及煤层气标准化技术研究等。页岩气地面工艺技术研究包括页岩气开发国内外技术发展调研和资料收集，采气工艺特点研究，页岩气地面系统布站模式和压力级制技术研究，地面集气工艺研究，页岩气处理工艺研究，页岩气增压技术研究及通信、土建、水处理等配套工艺技术研究。开展节能减排技术研究与应用，重点是大中型站场降噪技术研究、采出水及污泥技术研究、天然气处理厂（净化厂）优化运行研究、大型厂站压缩机余热回收利用技术研究及压缩机优化运行技术研究。

（3）标准化设计技术。

首先做好标准化设计体系完善，做好“四个延伸”，即从主体向辅助延伸、常规站向装置延伸、中小型向大型延伸、施工图向上下游延伸。其次着手标准化设计体系扩展建设，如管道、储库、CNG、LNG 等项目的标准化体系建设。开展模块化技术研究，如模块通用性、模块划分方法、模块系列化方法等研究；加强对国际先进标准的研究及应用，以及项目安全、节能分析评价及完整性管理研究。

（4）油气处理及综合利用技术。

包括：天然气净化厂低含硫酸气处理工艺技术研究，天然气净化厂硫黄回收工艺及工艺包的研制，集气站溶液脱硫脱碳技术，量子管通环阻垢技术，伴生气 LNG、LPG 和 NGL 综合利用技术及核心工艺包，井场伴生气橇装化回收利用技术，伴生气橇装化 CNG 技术，天然气膨胀制冷技术及凝液回收工程技术研究，橇装化分子筛脱水技术，智能化天然气三甘醇脱水技术，甲醇回收热泵真空精馏工艺，甲醇回收标准化设计，电加热、导热油加热天然气三甘醇脱水一体化集成装置的研制，天然气脱硫脱碳橇装化集成装置和工艺包的研制，CO_2 液化技术研究及气田积液井降油压套气排水增产技术研究。重点开发产品包括：智能化天然气三甘醇脱水一体化集成装置、天然气分子筛脱水一体化集成装置、$0.1\times10^4m^3/d$、$0.5\times10^4m^3/d$ 伴生气回收一体化集成装置、伴生气回收 CNG 橇装化集成装置，$3\times10^4m^3/d$、$5\times10^4m^3/d$、$10\times10^4m^3/d$ 伴生气回收 LNG 橇装化集成装置，$1\times10^4m^3/d$、$2\times10^4m^3/d$ 伴生气回收混烃橇装化集成装置，$3\times10^4m^3/d$、$4\times10^4m^3/d$、$6\times10^4m^3/d$ 伴生气回收轻烃橇装化集成装置。

（5）含油污泥处理工艺。

含油污泥性质分析试验研究主要包括污泥组分、油品性质等，通过技术经济性评价论证污泥处理工艺效果。稳定化及无害化技术包括污泥干化及油泥分离技术研究（深度污泥脱水及油泥分离技术、相关脱水药剂及干化机械研究、污油回收利用技术等。

（6）长输管道技术。

管道完整性管理研究，重点开展管道完整性管理框架的研究、管道建设期完整性管理技术研究、管道运行期完整性管理技术研究、管道完整性平台需求分析。超临界 CO_2 长距离管道输送技术研究，重点开展 CO_2 泄漏监测及防护技术、优化布站技术、输送系统材料的优化技术、安全放空技术、增压设备优化选型技术和相态的选择与控制、最优管径的确定、输送管线的水力、热力计算和站场输送工艺流程的确定。原油、天然气管道站场标准化研究包含原油、天然气长输管道典型站场总图研究，原油、天然气长输管道典型流程研究，长庆油田原油干线安全升级改造研究。加大一批超期或接近服役期的原油管道进行安全升级改造的研究。规划的管道有靖—马线（起点为靖安油田靖二联合站，终点为马岭集中处理站）安全升级改造研究（1997 年建设）和安—延线（起点安塞的王窑集中处理站，终点到延安的杨山输油站）安全升级改造研究（1995 年建设）。并开展长输管道节能技术研究。

（7）建筑、结构工程技术。

①开展油气田管道穿跨越综合技术研究，主要包括：黄土地区单边定向钻技术研究、管道穿跨越防护检修技术研究。②开展油气田工业建筑防火、防爆设计及应用研究，主要包括新建建筑防火及防爆技术研究、旧工业建筑防火及防爆改造技术研究。③开展油气田应急、维抢、救援设施技术研究，建立一个完善的、切实有效的应急、救援体系是油气田应对突发事故的基本保障之一。

（8）热能动力工程技术。

①大型冷凝式水套炉完善与推广，分别对 1000kW、1200kW、1400kW、1600kW 冷凝式水套炉进行系列化研发，形成各规格加热炉设计图纸、热力计算书、烟风阻力计算书、强度计算书，编制冷凝式水套炉技术规格书、操作手册、产品标准等。②大型焚烧炉系统优化，进一步优化焚烧、脱硫工艺。形成余热锅炉设计图纸、热力计算书、烟风阻力计算书、强度计算书，脱硫装置技术规格书、产品标准等。③集中供热系统热平衡调节优化，研究供热系统气候补偿，循环泵变频调节，分时段改变流量的质调节，间接连接系统。通过研究，找出适用于长庆油田的热平衡调节技术，形成企业标准。④供热管道无补偿技术，开展供热管道无补偿理论研究、无补偿计算方法、管道热应力计算建模研究及无补偿边界条件研究。编制无补偿设计计算规定，编写无补偿设计计算软件。

（9）机械、防腐技术。

根据即将实施的标准 GB 50341—2014《立式圆筒形钢制焊接油罐设计规范》、GB 50128—2014《立式圆筒形钢制焊接储罐施工规范》，做好大型储罐参数优化、标准图设计、风险识别与安全防护措施识别等相关研究工作。对站内管道内防腐技术研究进行申报立项，在取得技术研究成果后对该技术进行推广应用；CO_2 驱油是将来长庆油田调高产收率的一个重要手段，但 CO_2 对钢材的腐蚀防护技术并不完善，因此 CO_2 对不同钢质管道腐蚀机理将是主要的研究对象。

（10）勘察技术。

研究方向为：长庆油田岩土工程信息数据库的研究与建立、综合物探技术在地质灾害查找中的应用研究、软土的动力特性研究、大型储罐地基处理效果检测、长庆油田陕北区黄土工程特性应用研究、无人机测绘技术研究、地面三维激光测绘技术研究、建立油气田地理信息系统及岩土测试试验中心发展规划。

①工程造价技术。主要研究方向一是提高工程造价、经济评价等基础工作质量和效率，二是提高工程造价管理水平。

②产品制造。提高一体化橇装设备制造的总体水平，研发出具有自主产权的新一代成橇组对设备，使一体化装置制造达到标准化、模块化、系列化，有效促进科技成果的转化速度，在科技创新方面再上新台阶。

目前，长庆油田是中国最大的油气生产基地，年产量占国内油气产量的1/6。同时担负着向北京、西安等40多个大中型城市的供气重任，年产 $400\times10^8m^3$ 天然气的能力，成为以首都北京为核心的华北地区和陕甘宁蒙区域安全稳定的气源地，截至2015年年底，长庆累计生产天然气超过 $2700\times10^8m^3$，相当于全国2014年、2015年两年产量之和。

鄂尔多斯盆地油气藏开发持续稳产，对保障国家能源安全、调整国家能源结构一级促进经济、民生发展、拉动传统工业产业转型升级，发挥着不可替代的作用。

长庆油田形成的特低渗透油气藏地面配套技术，开创了中国非常规油气田低成本开发之路，也为国内产量超 $200\times10^8t/a$ 特低渗—致密油和 $21\times10^8m^3/a$ 致密气资源的规模有效开发，提供了可借鉴的技术储备和低成本开发模式。